全国科学技术名词审定委员会

公　布

机 械 工 程 名 词

（第二版）

CHINESE TERMS IN MECHANICAL ENGINEERING

（Second Edition）

（一）

机械工程基础　机械零件与传动

2021

机械工程名词审定委员会

国家自然科学基金资助项目

科 学 出 版 社

北 京

内 容 简 介

本书是全国科学技术名词审定委员会审定公布的《机械工程名词》第二版（一）（机械工程基础、机械零件与传动）。全书分为机构与机器人学、机械动力学、机械设计与制图、机械强度、机械表面与界面、机械测量与控制、机械零件、传动等 8 部分，共 5150 条名词。这批名词是科研、教学、生产、经营以及新闻出版等部门应遵照使用的机械工程规范名词。

图书在版编目(CIP)数据

机械工程名词. 一，机械工程基础·机械零件与传动/机械工程名词审定委员会审定. —2 版. —北京：科学出版社，2021.6
ISBN 978-7-03-069102-6

Ⅰ. ①机… Ⅱ. ①机… Ⅲ. ①机械工程–名词术语 ②机械元件–名词术语 ③机械传动–名词术语 Ⅳ. ①TH-61

中国版本图书馆 CIP 数据核字(2021)第 108912 号

责任编辑：史金鹏　牛宇锋 / 责任校对：郭瑞芝
责任印制：师艳茹 / 封面设计：北京时代世启

科学出版社 出版
北京东黄城根北街 16 号
邮政编码：100717
http://www.sciencep.com
中国科学院印刷厂 印刷
科学出版社发行各地新华书店经销
*
2001 年 2 月第 一 版　开本：787×1092　1/16
2021 年 6 月第 二 版　印张：27 1/4
2021 年 6 月第一次印刷　字数：605 000
定价：228.00 元
（如有印装质量问题，我社负责调换）

全国科学技术名词审定委员会
第七届委员会委员名单

特邀顾问:路甬祥　许嘉璐　韩启德
主　　任:白春礼
副 主 任:梁言顺　黄　卫　田学军　蔡　昉　邓秀新　何　雷　何鸣鸿
　　　　　裴亚军
常　　委(以姓名笔画为序):

田立新　曲爱国　刘会洲　孙苏川　沈家煊　宋　军　张　军
张伯礼　林　鹏　周文能　饶克勤　袁亚湘　高　松　康　乐
韩　毅　雷筱云

委　　员(以姓名笔画为序):

卜宪群　王　军　王子豪　王同军　王建军　王建朗　王家臣
王清印　王德华　尹虎彬　邓初夏　石　楠　叶玉如　田　淼
田胜立　白殿一　包为民　冯大斌　冯惠玲　毕健康　朱　星
朱士恩　朱立新　朱建平　任　海　任南琪　刘　青　刘正江
刘连安　刘国权　刘晓明　许毅达　那伊力江·吐尔干
孙宝国　孙瑞哲　李一军　李小娟　李志江　李伯良　李学军
李承森　李晓东　杨　鲁　杨　群　杨汉春　杨安钢　杨焕明
汪正平　汪雄海　宋　彤　宋晓霞　张人禾　张玉森　张守攻
张社卿　张建新　张绍祥　张洪华　张继贤　陆雅海　陈　杰
陈光金　陈众议　陈言放　陈映秋　陈星灿　陈超志　陈新滋
尚智丛　易　静　罗　玲　周　畅　周少来　周洪波　郑宝森
郑筱筠　封志明　赵永恒　胡秀莲　胡家勇　南志标　柳卫平
闻映红　姜志宏　洪定一　莫纪宏　贾承造　原遵东　徐立之
高　怀　高　福　高培勇　唐志敏　唐绪军　益西桑布
黄清华　黄璐琦　萨楚日勒图　　龚旗煌　阎志坚　梁曦东
董　鸣　蒋　颖　韩振海　程晓陶　程恩富　傅伯杰　曾明荣
谢地坤　赫荣乔　蔡　怡　谭华荣

第三届机械工程名词审定委员会委员名单

顾　　问（以姓名笔画为序）：
　　　　王玉明　卢秉恒　朱森第　钟群鹏　郭东明　雒建斌
主　　任：宋天虎
副 主 任（以姓名笔画为序）：
　　　　丁　汉　王文斌　王国彪　刘　青　陈学东　陈超志
委　　员（以姓名笔画为序）：
　　　　万　敏　马国政　王　勺　王　雪　王立平　王先逵　王庆丰
　　　　王红岩　王时龙　王树新　王海斗　王雷刚　车建明　石照耀
　　　　史玉升　史耀武　宁汝新　权　龙　刘世元　刘振宇　刘检华
　　　　刘献礼　关立文　孙汉旭　孙蓓蓓　李　兵　李永堂　汪久根
　　　　张人佶　张义民　张建辉　张德远　陈文华　武传松　国为民
　　　　赵国群　赵荣国　袁巨龙　贾民平　贾成厂　钱林茂　唐　倩
　　　　黄　田　黄明辉　曹华军　彭旭东　葛晨光　韩志武　鲁中良
　　　　雷亚国　雷源忠　褚福磊　蔡茂林　谭援强　薛克敏
办公室成员：王淑芹　史金鹏　张　彤　田　旭　邹　菜

第三届机械工程基础名词审定组成员名单

组　　长：王国彪
组　　员（以姓名笔画为序）：
　　　　万　敏　马国政　王立平　王先逵　王树新　王海斗　车建明
　　　　宁汝新　刘世元　刘振宇　刘检华　关立文　孙汉旭　李　兵
　　　　汪久根　张义民　张德远　陈文华　赵荣国　贾民平　钱林茂
　　　　黄　田　韩志武　雷亚国　雷源忠　褚福磊　谭援强

第三届机械零件与传动名词审定组成员名单

组　　长：石照耀
组　　员（以姓名笔画为序）：
　　　　王庆丰　王红岩　权　龙　孙蓓蓓　张建辉　彭旭东　蔡茂林

第一届机械工程名词审定委员会委员名单

顾　　问（以姓名笔画为序）：
沈　鸿　　陆燕荪　　雷天觉　　路甬祥

主　　任：张德邻

副 主 任：姚福生　　练元坚　　朱森弟　　黄昭厚

委　　员（以姓名笔画为序）：

万长森	马　林	马九荣	马少梅	王　都	冯子珮
吕景新	朱孝录	乔殿元	关　桥	许洪基	孙大涌
李宣春	杨润俊	沈光追	宋天虎	张尔正	陈杏蒲
林尚杨	罗命钧	周尧和	宗福珍	郝贵明	胡　亮
姜　勇	高长荫	郭志坚	海锦涛	黄　浙	隋永滨
傅兰生	雷慰宗	虞和谦	樊东黎	潘际銮	戴励策

办公室成员：董春元　　杨则正　　于兆清　　符建芸

第二届机械工程名词审定委员会委员名单

顾　　问（以姓名笔画为序）：
朱森第　　陆燕荪　　钟群鹏　　徐滨士　　路甬祥

主　　任：宋天虎

副 主 任：王玉明　　钟秉林　　王松林　　陈学东　　刘　青

委　　员（以姓名笔画为序）：

马国远	王建军	王善武	方洪祖	计维斌	石治平
刘子金	刘雨亭	孙大涌	杨一凡	吴　卫	沈德昌
宋肃庆	张　华	张喜军	陈长琦	陈志远	尚项绳
赵六奇	赵钦新	徐石安	徐仲伦	黄开胜	曹树良
谭　宁	薛胜雄	瞿俊鸣			

办公室成员：吕亚玲　　于兆清　　宋正良　　谢　景　　王自严　　王丽滨

白春礼序

　　科技名词伴随科技发展而生，是概念的名称，承载着知识和信息。如果说语言是记录文明的符号，那么科技名词就是记录科技概念的符号，是科技知识得以传承的载体。我国古代科技成果的传承，即得益于此。《山海经》记录了山、川、陵、台及几十种矿物名；《尔雅》19篇中，有16篇解释名物词，可谓是我国最早的术语词典；《梦溪笔谈》第一次给"石油"命名并一直沿用至今；《农政全书》创造了大量农业、土壤及水利工程名词；《本草纲目》使用了数百种植物和矿物岩石名称。延传至今的古代科技术语，体现着圣哲们对科技概念定名的深入思考，在文化传承、科技交流的历史长河中作出了不可磨灭的贡献。

　　科技名词规范工作是一项基础性工作。我们知道，一个学科的概念体系是由若干个科技名词搭建起来的，所有学科概念体系整合起来，就构成了人类完整的科学知识架构。如果说概念体系构成了一个学科的"大厦"，那么科技名词就是其中的"砖瓦"。科技名词审定和公布，就是为了生产出标准、优质的"砖瓦"。

　　科技名词规范工作是一项需要重视的基础性工作。科技名词的审定就是依照一定的程序、原则、方法对科技名词进行规范化、标准化，在厘清概念的基础上恰当定名。其中，对概念的把握和厘清至关重要，因为如果概念不清晰、名称不规范，势必会影响科学研究工作的顺利开展，甚至会影响对事物的认知和决策。举个例子，我们在讨论科技成果转化问题时，经常会有"科技与经济'两张皮'""科技对经济发展贡献太少"等说法，尽管在通常的语境中，把科学和技术连在一起表述，但严格说起来，会导致在认知上没有厘清科学与技术之间的差异，而简单把技术研发和生产实际之间脱节的问题理解为科学研究与生产实际之间的脱节。一般认为，科学主要揭示自然的本质和内在规律，回答"是什么"和"为什么"的问题，技术以改造自然为目的，回答"做什么"和"怎么做"的问题。科学主要表现为知识形态，是创造知识的研究，技术则具有物化形态，是综合利用知识于需求的研究。科学、技术是不同类型的创新活动，有着不同的发展规律，体现不同的价值，需要形成对不同性质的研发活动进行分类支持、分类评价的科学管理体系。从这个角度来看，科技名词规范工作是一项必不可少的基础性工作。我非常同意老一辈专家叶笃正的观点，他认为："科技名词规范化工作的作用比我们想象的还要大，是一项事关我国科技事业发展的基础设施建设工作！"

　　科技名词规范工作是一项需要长期坚持的基础性工作。我国科技名词规范工作已经有 110 年的历史。1909 年清政府成立科学名词编订馆，1932 年南京国民政府成立国立编译馆，是为了学习、引进、吸收西方科学技术，对译名和学术名词进行规范统一。中华人民共和国成立后，随即成立了"学术名词统一工作委员会"。1985 年，为了更好地促进我国科学技术的发展，推动我国从科技弱国向科技大国迈进，国家成立了"全国自然科学名词审定委员会"，主要对自然科学领域的名词进行规范统一。1996 年，国家批准将"全国自然科学名词审定委员会"改为"全国科学技术名词审定委员会"，是为了响应科教兴国战略，促进我国由科技大国向科技强国迈进，而将工作范围由自然科学技术领域扩展到工程技术、人文社会科学等领域。科学技术发展到今天，信息技术和互联网技术在不断突进，前沿科技在不断取得突破，新的科学领域在不断产生，新概念、新名词在不断涌现，科技名词规范工作仍然任重道远。

110 年的科技名词规范工作，在推动我国科技发展的同时，也在促进我国科学文化的传承。科技名词承载着科学和文化，一个学科的名词，能够勾勒出学科的面貌、历史、现状和发展趋势。我们不断地对学科名词进行审定、公布、入库，形成规模并提供使用，从这个角度来看，这项工作又有几分盛世修典的意味，可谓"功在当代，利在千秋"。

在党和国家重视下，我们依靠数千位专家学者，已经审定公布了 65 个学科领域的近 50 万条科技名词，基本建成了科技名词体系，推动了科技名词规范化事业协调可持续发展。同时，在全国科学技术名词审定委员会的组织和推动下，海峡两岸科技名词的交流对照统一工作也取得了显著成果。两岸专家已在 30 多个学科领域开展了名词交流对照活动，出版了 20 多种两岸科学名词对照本和多部工具书，为两岸和平发展作出了贡献。

作为全国科学技术名词审定委员会现任主任委员，我要感谢历届委员会所付出的努力。同时，我也深感责任重大。

十九大的胜利召开具有划时代意义，标志着我们进入了新时代。新时代，创新成为引领发展的第一动力。习近平总书记在十九大报告中，从战略高度强调了创新，指出创新是建设现代化经济体系的战略支撑，创新处于国家发展全局的核心位置。在深入实施创新驱动发展战略中，科技名词规范工作是其基本组成部分，因为科技的交流与传播、知识的协同与管理、信息的传输与共享，都需要一个基于科学的、规范统一的科技名词体系和科技名词服务平台作为支撑。

我们要把握好新时代的战略定位，适应新时代新形势的要求，加强与科技的协同发展。一方面，要继续发扬科学民主、严谨求实的精神，保证审定公布成果的权威性和规范性。科技名词审定是一项既具规范性又有研究性，既具协调性又有长期性的综合性工作。在长期的科技名词审定工作实践中，全国科学技术名词审定委员会积累了丰富的经验，形成了一套完整的组织和审定流程。这一流程，有利于确立公布名词的权威性，有利于保证公布名词的规范性。但是，我们仍然要创新审定机制，高质高效地完成科技名词审定公布任务。另一方面，在做好科技名词审定公布工作的同时，我们要瞄准世界科技前沿，服务于前瞻性基础研究。习总书记在报告中特别提到"中国天眼"、"悟空号"暗物质粒子探测卫星、"墨子号"量子科学实验卫星、天宫二号和"蛟龙号"载人潜水器等重大科技成果，这些都是随着我国科技发展诞生的新概念、新名词，是科技名词规范工作需要关注的热点。围绕新时代中国特色社会主义发展的重大课题，服务于前瞻性基础研究、新的科学领域、新的科学理论体系，应该是新时代科技名词规范工作所关注的重点。

　　未来，我们要大力提升服务能力，为科技创新提供坚强有力的基础保障。全国科学技术名词审定委员会第七届委员会成立以来，在创新科学传播模式、推动成果转化应用等方面作了很多努力。例如，及时为113号、115号、117号、118号元素确定中文名称，联合中国科学院、国家语言文字工作委员会召开四个新元素中文名称发布会，与媒体合作开展推广普及，引起社会关注。利用大数据统计、机器学习、自然语言处理等技术，开发面向全球华语圈的术语知识服务平台和基于用户实际需求的应用软件，受到使用者的好评。今后，全国科学技术名词审定委员会还要进一步加强战略前瞻，积极应对信息技术与经济社会交汇融合的趋势，探索知识服务、成果转化的新模式、新手段，从支撑创新发展战略的高度，提升服务能力，切实发挥科技名词规范工作的价值和作用。

　　使命呼唤担当，使命引领未来，新时代赋予我们新使命。全国科学技术名词审定委员会只有准确把握科技名词规范工作的战略定位，创新思路，扎实推进，才能在新时代有所作为。

　　是为序。

白春礼

2018 年春

路 甬 祥 序

我国是一个人口众多、历史悠久的文明古国,自古以来就十分重视语言文字的统一,主张"书同文、车同轨",把语言文字的统一作为民族团结、国家统一和强盛的重要基础和象征。我国古代科学技术十分发达,以四大发明为代表的古代文明,曾使我国居于世界之巅,成为世界科技发展史上的光辉篇章。而伴随科学技术产生、传播的科技名词,从古代起就已成为中华文化的重要组成部分,在促进国家科技进步、社会发展和维护国家统一方面发挥着重要作用。

我国的科技名词规范统一活动有着十分悠久的历史。古代科学著作记载的大量科技名词术语,标志着我国古代科技之发达及科技名词之活跃与丰富。然而,建立正式的名词审定组织机构则是在清朝末年。1909 年,我国成立了科学名词编订馆,专门从事科学名词的审定、规范工作。到了新中国成立之后,由于国家的高度重视,这项工作得以更加系统地、大规模地开展。1950 年政务院设立的学术名词统一工作委员会,以及 1985 年国务院批准成立的全国自然科学名词审定委员会(现更名为全国科学技术名词审定委员会,简称全国科技名词委),都是政府授权代表国家审定和公布规范科技名词的权威性机构和专业队伍。他们肩负着国家和民族赋予的光荣使命,秉承着振兴中华的神圣职责,为科技名词规范统一事业默默耕耘,为我国科学技术的发展做出了基础性的贡献。

规范和统一科技名词,不仅在消除社会上的名词混乱现象,保障民族语言的纯洁与健康发展等方面极为重要,而且在保障和促进科技进步,支撑学科发展方面也具有重要意义。一个学科的名词术语的准确定名及推广,对这个学科的建立与发展极为重要。任何一门科学(或学科),都必须有自己的一套系统完善的名词来支撑,否则这门学科就立不起来,就不能成为独立的学科。郭沫若先生曾将科技名词的规范与统一称为"乃是一个独立自主国家在学术工作上所必须具备的条件,也是实现学术中国化的最起码的条件",精辟地指出了这项基础性、支撑性工作的本质。

在长期的社会实践中,人们认识到科技名词的规范和统一工作对于一个国家的科技发展和文化传承非常重要,是实现科技现代化的一项支撑性的系统工程。没有这样一个系统的规范化的支撑条件,不仅现代科技的协调发展将遇到极大困难,而且在科技日益渗透人们生活各方面、各环节的今天,还将给教育、传播、交流、经贸等多方面带来困难和损害。

　　全国科技名词委自成立以来，已走过近20年的历程，前两任主任钱三强院士和卢嘉锡院士为我国的科技名词统一事业倾注了大量的心血和精力，在他们的正确领导和广大专家的共同努力下，取得了卓著的成就。2002年，我接任此工作，时逢国家科技、经济飞速发展之际，因而倍感责任的重大；及至今日，全国科技名词委已组建了60个学科名词审定分委员会，公布了50多个学科的63种科技名词，在自然科学、工程技术与社会科学方面均取得了协调发展，科技名词蔚成体系。而且，海峡两岸科技名词对照统一工作也取得了可喜的成绩。对此，我实感欣慰。这些成就无不凝聚着专家学者们的心血与汗水，无不闪烁着专家学者们的集体智慧。历史将会永远铭刻着广大专家学者孜孜以求、精益求精的艰辛劳作和为祖国科技发展做出的奠基性贡献。宋健院士曾在1990年全国科技名词委的大会上说过："历史将表明，这个委员会的工作将对中华民族的进步起到奠基性的推动作用。"这个预见性的评价是毫不为过的。

　　科技名词的规范和统一工作不仅仅是科技发展的基础，也是现代社会信息交流、教育和科学普及的基础，因此，它是一项具有广泛社会意义的建设工作。当今，我国的科学技术已取得突飞猛进的发展，许多学科领域已接近或达到国际前沿水平。与此同时，自然科学、工程技术与社会科学之间交叉融合的趋势越来越显著，科学技术迅速普及到了社会各个层面，科学技术同社会进步、经济发展已紧密地融为一体，并带动着各项事业的发展。所以，不仅科学技术发展本身产生的许多新概念、新名词需要规范和统一，而且由于科学技术的社会化，社会各领域也需要科技名词有一个更好的规范。另一方面，随着香港、澳门的回归，海峡两岸科技、文化、经贸交流不断扩大，祖国实现完全统一更加迫近，两岸科技名词对照统一任务也十分迫切。因而，我们的名词工作不仅对科技发展具有重要的价值和意义，而且在经济发展、社会进步、政治稳定、民族团结、国家统一和繁荣等方面都具有不可替代的特殊价值和意义。

　　最近，中央提出树立和落实科学发展观，这对科技名词工作提出了更高的要求。我们要按照科学发展观的要求，求真务实，开拓创新。科学发展观的本质与核心是以人为本，我们要建设一支优秀的名词工作队伍，既要保持和发扬老一辈科技名词工作者的优良传统，坚持真理、实事求是、甘于寂寞、淡泊名利，又要根据新形势的要求，面向未来、协调发展、与时俱进、锐意创新。此外，我们要充分利用网络等现代科技手段，使规范科技名词得到更好的传播和应用，为迅速提高全民文化素质做出更大贡献。科学发展观的基本要求是坚持以人为本，全面、协调、可持续发展，因此，科技名词工作既要紧密围绕当前国民经济建设形势，着重开展好科技领域的学科名词审定工作，同时又要在强调经济社会以及人与自然协调发展的思想指导下，开展好社会科学、文化教育和资源、生态、环境领域的科学名词审定工作，促进各个学科领域的相互融合和共同繁荣。科学发展观非常注重可持续发展的理念，因此，我们在不断丰富和发展已建立的科技名词体系的同时，还要进一步研究具有中国特色的术语学理论，以创建中国的术语学派。研究和建立中国特色的术语学理论，也是一种知识创新，是实现科技名词工作可持续发展的必由之路，我们应当为此付出更大的努力。

当前国际社会已处于以知识经济为走向的全球经济时代，科学技术发展的步伐将会越来越快。我国已加入世贸组织，我国的经济也正在迅速融入世界经济主流，因而国内外科技、文化、经贸的交流将越来越广泛和深入。可以预言，21世纪中国的经济和中国的语言文字都将对国际社会产生空前的影响。因此，在今后10到20年之间，科技名词工作就变得更具现实意义，也更加迫切。"路漫漫其修远兮，吾今上下而求索"，我们应当在今后的工作中，进一步解放思想，务实创新、不断前进。不仅要及时地总结这些年来取得的工作经验，更要从本质上认识这项工作的内在规律，不断地开创科技名词统一工作新局面，做出我们这代人应当做出的历史性贡献。

2004 年深秋

卢嘉锡序

科技名词伴随科学技术而生，犹如人之诞生其名也随之产生一样。科技名词反映着科学研究的成果，带有时代的信息，铭刻着文化观念，是人类科学知识在语言中的结晶。作为科技交流和知识传播的载体，科技名词在科技发展和社会进步中起着重要作用。

在长期的社会实践中，人们认识到科技名词的统一和规范化是一个国家和民族发展科学技术的重要的基础性工作，是实现科技现代化的一项支撑性的系统工程。没有这样一个系统的规范化的支撑条件，科学技术的协调发展将遇到极大的困难。试想，假如在天文学领域没有关于各类天体的统一命名，那么，人们在浩瀚的宇宙当中，看到的只能是无序的混乱，很难找到科学的规律。如是，天文学就很难发展。其他学科也是这样。

古往今来，名词工作一直受到人们的重视。严济慈先生60多年前说过，"凡百工作，首重定名；每举其名，即知其事"。这句话反映了我国学术界长期以来对名词统一工作的认识和做法。古代的孔子曾说"名不正则言不顺"，指出了名实相副的必要性。荀子也曾说"名有固善，径易而不拂，谓之善名"，意为名有完善之名，平易好懂而不被人误解之名，可以说是好名。他的"正名篇"即是专门论述名词术语命名问题的。近代的严复则有"一名之立，旬月踟蹰"之说。可见在这些有学问的人眼里，"定名"不是一件随便的事情。任何一门科学都包含很多事实、思想和专业名词，科学思想是由科学事实和专业名词构成的。如果表达科学思想的专业名词不正确，那么科学事实也就难以令人相信了。

科技名词的统一和规范化标志着一个国家科技发展的水平。我国历来重视名词的统一与规范工作。从清朝末年的科学名词编订馆，到1932年成立的国立编译馆，以及新中国成立之初的学术名词统一工作委员会，直至1985年成立的全国自然科学名词审定委员会(现已改名为全国科学技术名词审定委员会，简称全国名词委)，其使命和职责都是相同的，都是审定和公布规范名词的权威性机构。现在，参与全国名词委领导工作的单位有中国科学院、科学技术部、教育部、中国科学技术协会、国家自然科学基金委员会、新闻出版署、国家质量技术监督局、国家广播电影电视总局、国家知识产权局和国家语言文字工作委员会，这些部委各自选派了有关领导干部担任全国名词委的领导，有力地推动科技名词的统一和推广应用工作。

全国名词委成立以后，我国的科技名词统一工作进入了一个新的阶段。在第一任主任委员钱三强同志的组织带领下，经过广大专家的艰苦努力，名词规范和统一工作取得了显著的成绩。1992 年三强同志不幸谢世。我接任后，继续推动和开展这项工作。在国家和有关部门的支持及广大专家学者的努力下，全国名词委 15 年来按学科共组建了 50 多个学科的名词审定分委员会，有 1800 多位专家、学者参加名词审定工作，还有更多的专家、学者参加书面审查和座谈讨论等，形成的科技名词工作队伍规模之大、水平层次之高前所未有。15 年间共审定公布了包括理、工、农、医及交叉学科等各学科领域的名词共计 50 多种。而且，对名词加注定义的工作经试点后业已逐渐展开。另外，遵照术语学理论，根据汉语汉字特点，结合科技名词审定工作实践，全国名词委制定并逐步完善了一套名词审定工作的原则与方法。可以说，在 20 世纪的最后 15 年中，我国基本上建立起了比较完整的科技名词体系，为我国科技名词的规范和统一奠定了良好的基础，对我国科研、教学和学术交流起到了很好的作用。

在科技名词审定工作中，全国名词委密切结合科技发展和国民经济建设的需要，及时调整工作方针和任务，拓展新的学科领域开展名词审定工作，以更好地为社会服务、为国民经济建设服务。近些年来，又对科技新词的定名和海峡两岸科技名词对照统一工作给予了特别的重视。科技新词的审定和发布试用工作已取得了初步成效，显示了名词统一工作的活力，跟上了科技发展的步伐，起到了引导社会的作用。两岸科技名词对照统一工作是一项有利于祖国统一大业的基础性工作。全国名词委作为我国专门从事科技名词统一的机构，始终把此项工作视为自己责无旁贷的历史性任务。通过这些年的积极努力，我们已经取得了可喜的成绩。做好这项工作，必将对弘扬民族文化，促进两岸科教、文化、经贸的交流与发展做出历史性的贡献。

科技名词浩如烟海，门类繁多，规范和统一科技名词是一项相当繁重而复杂的长期工作。在科技名词审定工作中既要注意同国际上的名词命名原则与方法相衔接，又要依据和发挥博大精深的汉语文化，按照科技的概念和内涵，创造和规范出符合科技规律和汉语文字结构特点的科技名词。因而，这又是一项艰苦细致的工作。广大专家学者字斟句酌，精益求精，以高度的社会责任感和敬业精神投身于这项事业。可以说，全国名词委公布的名词是广大专家学者心血的结晶。这里，我代表全国名词委，向所有参与这项工作的专家学者们致以崇高的敬意和衷心的感谢！

审定和统一科技名词是为了推广应用。要使全国名词委众多专家多年的劳动成果——规范名词，成为社会各界及每位公民自觉遵守的规范，需要全社会的理解和支持。国务院和 4 个有关部委[国家科委(今科学技术部)、中国科学院、国家教委(今教育部)和新闻出版署]已分别于 1987 年和 1990 年行文全国,要求全国各科研、教学、生产、经营以及新闻出版等单位遵照使用全国名词委审定公布的名词。希望社会各界自觉认真地执行，共同做好这项对于科技发展、社会进步和国家统一极为重要的基础工作，为振兴中华而努力。

值此全国名词委成立 15 周年、科技名词书改装之际，写了以上这些话。是为序。

卢嘉锡

2000 年夏

钱 三 强 序

　　科技名词术语是科学概念的语言符号。人类在推动科学技术向前发展的历史长河中，同时产生和发展了各种科技名词术语，作为思想和认识交流的工具，进而推动科学技术的发展。

　　我国是一个历史悠久的文明古国，在科技史上谱写过光辉篇章。中国科技名词术语，以汉语为主导，经过了几千年的演化和发展，在语言形式和结构上体现了我国语言文字的特点和规律，简明扼要，蓄意深切。我国古代的科学著作，如已被译为英、德、法、俄、日等文字的《本草纲目》、《天工开物》等，包含大量科技名词术语。从元、明以后，开始翻译西方科技著作，创译了大批科技名词术语，为传播科学知识，发展我国的科学技术起到了积极作用。

　　统一科技名词术语是一个国家发展科学技术所必须具备的基础条件之一。世界经济发达国家都十分关心和重视科技名词术语的统一。我国早在 1909 年就成立了科学名词编订馆，后又于 1919 年中国科学社成立了科学名词审定委员会，1928 年大学院成立了译名统一委员会。1932 年成立了国立编译馆，在当时教育部主持下先后拟订和审查了各学科的名词草案。

　　新中国成立后，国家决定在政务院文化教育委员会下，设立学术名词统一工作委员会，郭沫若任主任委员。委员会分设自然科学、社会科学、医药卫生、艺术科学和时事名词五大组，聘请了各专业著名科学家、专家，审定和出版了一批科学名词，为新中国成立后的科学技术的交流和发展起到了重要作用。后来，由于历史的原因，这一重要工作陷于停顿。

　　当今，世界科学技术迅速发展，新学科、新概念、新理论、新方法不断涌现，相应地出现了大批新的科技名词术语。统一科技名词术语，对科学知识的传播，新学科的开拓，新理论的建立，国内外科技交流，学科和行业之间的沟通，科技成果的推广、应用和生产技术的发展，科技图书文献的编纂、出版和检索，科技情报的传递等方面，都是不可缺少的。特别是计算机技术的推广使用，对统一科技名词术语提出了更紧迫的要求。

　　为适应这种新形势的需要，经国务院批准，1985 年 4 月正式成立了全国自然科学名词审定委员会。委员会的任务是确定工作方针，拟定科技名词术语审定工作计划、实施方案和步骤，组织审定自然科学各学科名词术语，并予以公布。根据国务院授权，委员会审定公布的名词术语，科研、教学、生产、经营以及新闻出版等各部门，均应遵照使用。

全国自然科学名词审定委员会由中国科学院、国家科学技术委员会、国家教育委员会、中国科学技术协会、国家技术监督局、国家新闻出版署、国家自然科学基金委员会分别委派了正、副主任担任领导工作。在中国科协各专业学会密切配合下，逐步建立各专业审定分委员会，并已建立起一支由各学科著名专家、学者组成的近千人的审定队伍，负责审定本学科的名词术语。我国的名词审定工作进入了一个新的阶段。

这次名词术语审定工作是对科学概念进行汉语订名，同时附以相应的英文名称，既有我国语言特色，又方便国内外科技交流。通过实践，初步摸索了具有我国特色的科技名词术语审定的原则与方法，以及名词术语的学科分类、相关概念等问题，并开始探讨当代术语学的理论和方法，以期逐步建立起符合我国语言规律的自然科学名词术语体系。

统一我国的科技名词术语，是一项繁重的任务，它既是一项专业性很强的学术性工作，又涉及亿万人使用习惯的问题。审定工作中我们要认真处理好科学性、系统性和通俗性之间的关系；主科与副科间的关系；学科间交叉名词术语的协调一致；专家集中审定与广泛听取意见等问题。

汉语是世界五分之一人口使用的语言，也是联合国的工作语言之一。除我国外，世界上还有一些国家和地区使用汉语，或使用与汉语关系密切的语言。做好我国的科技名词术语统一工作，为今后对外科技交流创造了更好的条件，使我炎黄子孙，在世界科技进步中发挥更大的作用，做出重要的贡献。

统一我国科技名词术语需要较长的时间和过程，随着科学技术的不断发展，科技名词术语的审定工作，需要不断地发展、补充和完善。我们将本着实事求是的原则，严谨的科学态度做好审定工作，成熟一批公布一批，提供各界使用。我们特别希望得到科技界、教育界、经济界、文化界、新闻出版界等各方面同志的关心、支持和帮助，共同为早日实现我国科技名词术语的统一和规范化而努力。

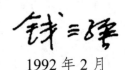

1992 年 2 月

第二版前言

机械工业是国民经济的支柱产业，是中国制造业的脊梁。机械工业在我国实现经济社会转型发展和参与全球经济合作、体现国家产业竞争力以及实现"中国制造2025"目标等方面具有战略性支撑作用。机械工业涉及面广，包括的专业门类多，是工程学科中最大的学科之一。为了振兴和发展机械工业，加强机械科学技术基础工作，第一届机械工程名词审定委员会在全国自然科学名词审定委员会（现为全国科学技术名词审定委员会）和原机械工业部的领导下，于2000年审定公布了《机械工程名词》第一版（一），并作为科研、教学、生产、经营以及新闻出版等部门的机械工程名词规范被广泛使用。十几年来，《机械工程名词》第一版（一）对于传播机械科学知识、开拓新学科、建立新理论、促进科学技术交流、推广科技成果起到了非常重要的作用。然而，随着这十几年科学技术和机械工业的快速发展、对外科技交流的不断深入以及大量新知识、新技术的产生和应用，出现了许多新的名词，并且许多原有的名词也已不再适用，需要进行更新和修正。

在全国科学技术名词审定委员会（以下简称全国名词委）的领导下，中国机械工程学会和机械工业信息研究院情报研究所于2016年4月15日共同组织成立了第三届机械工程名词审定委员会，开展《机械工程名词》第二版（一）的审定工作。《机械工程名词》第二版（一）的审定工作是在《机械工程名词》第一版（一）的基础上，按照全国名词委制定的"科学技术名词审定的原则及方法"的要求，在审定中遵循了定名的单义性、科学性、系统性、简明性和约定俗成的原则。对实际应用中存在的不同命名方法，公布时确定一个与之相对应的、规范的中文名词，其余用"又称""简称""曾称""俗称"等加以注释。加注定义时尽量不用多余或重复的字与词，使文字简练、准确。此次修订收录的名词条目由第一版的3091条增加到5150条，第二版与第一版相比，最大的变化是优化了框架结构，将"机械工程基础"部分由八个章节调整为六个章节，并对章节框架进行了重新编排和归纳整理。

在四年时间内，第三届机械工程名词审定委员会召开了两次全体委员参加的审定会议和多次由委员会主任、副主任和分组组长参加的工作会议。本审定委员会严格按照全国名词委的名词审定工作要求，经多次会议讨论确定名词框架，根据专业方向选择相关名词的撰稿人，明确词条收录原则，严格执行制定的工作计划。《机械工程名词》第二版（一）的修订初稿完成后，在经过反复多次的修改完善后，聘请相关领域的多位专家进行了复审和终审，并向机械工程领域的相关专家广泛征求意见，形成第二版最终稿。

本审定委员会对公布的《机械工程名词》第二版（一）作如下说明：

（1）本次公布的《机械工程名词》第二版（一）分为"机械工程基础"和"机械零件与传动"两部分，包括"机构与机器人学""机械动力学""机械设计与制图""机械强度""机械表面与界面”“机械测量与控制”“机械零件”“传动”八个章节。

（2）第二版的词条数量与第一版相比，有了较大增加。虽然由第一版的十个章节缩减为八个章节，但增加了本学科相关领域的内容，如“机器人学”“机械传感器”“机械测量”“机械控制”“光机电一体化”等。收词范围不但包括了本学科所属基础名词、常用名词和重要名词，也适当收录了一些同本学科交叉的其他学科的名词。

（3）各专业相同的名词原则上只出现一次，主要是基于学科系统性和重要性的原则，如有关机器人的词条放在“机器人学”，如果是不同学科相同的通用一般性名词，以其出现的先后顺序为准，放在最先出现的专业部分。有些名词虽然相同，但在不同专业的含义不同，所以在相关专业内分别给出不同的解释。

《机械工程名词》第二版（一）在审定过程中，除了两个审定组成员的辛勤付出之外，还得到了机械工程相关领域专家的大力支持，在此，本审定委员会向所有帮助完成这项工作的单位和专家表示衷心的感谢。在审定过程中，难免出现错误和疏漏，同时，名词的定名和定义也会随着科技发展不断更新，请读者在使用过程中提出宝贵意见，以便今后进一步改正和修订。

第三届机械工程名词审定委员会

2020 年 4 月

第一版前言

机械工业是国家的支柱产业，在建设有中国特色的社会主义中起着举足轻重的作用。机械工业涉及面广，包括的专业门类多，是工程学科中最大的学科之一。为了振兴和发展机械工业，加强机械科学技术基础工作，促进科学技术交流，机械工程名词审定委员会（简称机械名词委）在全国科学技术名词审定委员会（简称全国名词委）和原机械工业部领导的指导下，于1993年4月1日成立。委员会由顾问和正、副主任及委员共45人组成。其中包括7名中国科学院和中国工程院的院士及一大批我国机械工程学科的知名专家和学者，为搞好机械工程名词的审定工作提供了可靠保障。

机械工程名词的选词和审定工作是在《中国机电工程术语数据库》的基础上进行的。《中国机电工程术语数据库》是原机械工业部的重点攻关项目，历经近十年的时间，汇集了数百名高级专家的意见。因此，可以认为，机械工程名词的选词质量是可信的，它反映了机械工程学科的最新科技成就。此外，机械工程名词在选词时还参考了大量国内外术语标准以及各种词典、手册和主题词表等，丰富了词源，提高了选词的可靠性。

机械工程名词的审定工作本着整体规划，分步实施，先易后难的原则，按专业分册逐步展开。审定中严格按照全国名词委制定的《科学技术名词审定的原则及方法》以及根据此文件制定的《机械工程名词审定的原则及方法》进行。为了保证审定质量，机械工程名词审定工作在全国名词委规定的"三审"定稿的基础上，又增加了审定次数。定稿后的机械工程名词各分册，经机械名词委主任委员扩大会议讨论批准，上报全国名词委批准、公布，在全国范围内推广使用。

机械工程名词包括：机械工程基础、机械零件与传动、机械制造工艺与设备（一）、机械制造工艺与设备（二）、仪器仪表、汽车及拖拉机、物料搬运机械及工程机械、动力机械、流体机械等9个部分，分5批公布。

现在公布的《机械工程名词》（一）由机械工程基础名词和机械零件与传动名词两部分组成，共有词条3091条。两部分分别组成审定组进行了审定。机械工程基础由机构学，振动与冲击，平衡，机械制图、公差与配合，疲劳，可靠性，摩擦学，腐蚀与防护等组成。机械零件与传动由机械零件，传动组成。这两部分名词是机械工程名词中与基础学科名词关系最密切的部分。在选词和审定中特别注意了"选择本学科较基础的词、本学科特有的常用词、本学科的重要词"，避免选取属于基础学科的词。这一类词有的未入选，如力、质量、速度、加速度等物理学名词，虽然在机械工程中经常使用，但不是机械工程的基础词。有的名词，如：制动衬片的表观面积、齿廓齿顶段圆弧半径等，因其专指度过低，也未作为本学科的基本词入选。

加注定义时尽量做到不用多余的重复的字与词，以使文字简练、准确。注意不使用未被定义的概念，而有些常用概念或基础学科的名词，如表面、电流、乘积等名词均直接使用，不再加注定义。对各种专业术语标准及各种专业词典已有的名词定义，如无不当之处尽量直接使用，不再重新定义。

名词的一审、二审是由审定组的专家来完成的。审定中注意了名词的单义性、科学性、系统性、简明性和约定俗成等原则。对实际应用中存在的不同命名，选用一个规范的汉文名词，其余用"又称"、"简称"、"全称"、"俗称"等加以注释，对一些缺乏科学性，易发生歧义的定名，予以改正。对于在不同类目下出现的重复词条作了归总和剔除。对于一些类目下词条偏少也根据专家的意见进行了增补。对个别类目不合适的也作了增删调整。

经过审定组专家两次认真修改后形成的征求意见稿，在较大范围征求更多的专家的意见，在汇总各位专家意见的基础上，邀请部分在京专家讨论研究。最后于 1998 年 12 月 4 日经委员会顾问、委员审查通过。1999 年 1 月全国名词委委托陆燕荪、练元坚、朱森弟、雷慰宗、朱孝录等 5 位专家进行复审。经机械名词委对他们的复审意见进行认真的研究，再次修改并定稿，上报全国名词委批准公布。

名词审定工作是一项浩繁的基础性工作，不可避免地存在各种错误和不足。同时，名词审定工作不可能一劳永逸，现在公布的名词的定名和定义，只能反映当前的学术水平，随着科学技术的发展，随着人们的认识的提高，今后还要不断修改和审定。

《机械工程名词》(一)在审定过程中，除了两个审定组成员付出了辛勤劳动之外，还得到了(按姓氏笔画)王义行、王焕德、孙训方、刘宏才、李兴廉、肖大准、吴宗泽、吴荫顺、张展、陈克栋、胡俏、姜琪、顾唯明等专家的大力支持，并参与了有关专业名词的审定及修改工作，在此一并表示感谢。

机械工程名词审定委员会

1999 年 9 月

编 排 说 明

一、本书公布的是机械工程名词，共 5150 条，除少量顾名思义的名词外，均给出了定义或注释。

二、本书分 8 部分：机构与机器人学、机械动力学、机械设计与制图、机械强度、机械表面与界面、机械测量与控制、机械零件、传动。

三、正文按汉文名所属学科的相关概念体系排列。汉文名后给出了与该词概念相对应的英文名。

四、每个汉文名都附有相应的定义或注释。定义一般只给出其基本内涵，注释则扼要说明其特点。当一个汉文名有不同的概念时，则用(1)、(2)等表示。

五、一个汉文名对应几个英文同义词时，英文词之间用"，"分开。

六、凡英文词的首字母大、小写均可时，一律小写；英文除必须用复数者，一般用单数形式。

七、"[ ]"中的字为可省略的部分。

八、主要异名和释文中的条目用楷体表示。"全称""简称"是与正名等效使用的名词；"又称"为非推荐名，只在一定范围内使用；"俗称"为非学术用语；"曾称"为被淘汰的旧名。

九、正文后所附的英汉索引按英文字母顺序排列；汉英索引按汉语拼音顺序排列。所示号码为该词在正文中的序码。索引中带"＊"者为规范名的异名或在释文中出现的条目。

目　录

正文

机械工程基础

机械零件与传动

01. 机构与机器人学

01.01 一般名词

01.0001　机械工程　mechanical engineering
与机械和动力生产有关的一门工程学科。

01.0002　机构学　theory of mechanisms
研究机构的结构原理、运动学和动力学的一门学科。包括机构分析和机构综合两方面。

01.0003　机器　machine
由零件组成的执行机械运动的装置。用来完成所赋予的功能，如变换或传递能量、变换与传递运动和力，以及传递物料与信息。

01.0004　机构　mechanism
由两个或两个以上构件通过活动联接形成的构件系统。

01.0005　机械　machinery
机器与机构的总称。

01.0006　机械系统　mechanical system
(1)由若干个机器与机构及其附属装置组成的系统。(2)由质量、刚度和阻尼各元素所组成的系统。

01.0007　[机械]零件　machine element
又称"机械元件(machine part)"。组成机械和机器的不可分拆的单个制件，是机械的基本单元。

01.0008　部件　assembly unit, subassembly
机械的一部分，由若干装配在一起的零件所组成。

01.0009　构件　link
机构中可相对运动的单元体(用于连接相邻关节的刚体)。

01.0010　刚性构件　rigid link
受力变形可忽略不计的构件。

01.0011　弹性构件　elastic link
考虑弹性和弹性变形的构件。

01.0012　挠性构件　flexible link
在运动过程中只承受拉力的弹性构件，如带、绳等。

01.0013　固定构件　fixed link
又称"机架(ground link frame)"。机构中固结于定参考系的构件。

01.0014　运动构件　moving link
机构中可相对于定参考系运动的构件。

01.0015　输入构件　input link
机构中输入运动或动力的构件。

01.0016　输出构件　output link
机构中输出运动或动力的构件。

01.0017　主动件　driving link
又称"原动件"。机构中作用有驱动力或力矩的构件。有时也指运动规律已知的构件。

01.0018　从动件　driven link
机构中除了主动件以外随着主动件运动的其余可动构件。

01.0019　构件自由度　degree of freedom of link

构件相对于定参考系所能有的独立运动的数目。

01.0020 运动副 kinematic pair
两个构件直接接触组成的可动连接，它限制了两个构件之间的某些相对运动。

01.0021 转动副 revolve pair
组成运动副的两个构件只能绕某一轴线做相对转动的运动副。

01.0022 铰链连接 hinge, pilot pin joint
转动副的一种具体形式，即由圆柱销和销孔及其两端面所组成的转动副。

01.0023 复合铰链 compound hinges, multiple hinges, compound rotating joints
三个或更多个构件组成两个或更多个共轴线的转动副。

01.0024 圆柱副 cylindrical pair
组成运动副的两个构件能绕某一轴线做相对转动，又能沿该轴线做独立的相对移动的运动副。

01.0025 球面副 spherical pair
又称"球铰"。组成运动副的两个构件能绕一球心做三个独立的相对转动的运动副。

01.0026 球销副 sphere pin pair
组成运动副的两个构件能绕两条交于一点的轴线做两个独立的相对转动的运动副。

01.0027 球槽副 sphere trough pair
组成运动副的两个构件能绕三条交于一点的轴线做独立的相对转动，并沿着槽的轴线做独立的相对移动的运动副。

01.0028 螺旋副 helical pair, screw pair
组成运动副的两个构件只能沿轴线做相对螺旋运动的运动副。

01.0029 平面副 planar contact pair, sandwich pair
组成运动副的两个构件能沿与接触平面平行的两个方向做独立的相对移动，并绕与平面垂直的轴线做独立的相对转动的运动副。

01.0030 低副 lower pair
其元素为面接触的运动副。

01.0031 高副 higher pair
其元素为点、线接触的运动副。

01.0032 运动链 kinematic chain
用运动副连接而成的相对可动的构件系统。

01.0033 闭式运动链 closed kinematic chain
每个构件至少与其他两个构件以运动副相连接的运动链。

01.0034 开式运动链 open kinematic chain, mobile kinematic chain
在运动链中至少有一处未形成闭环的运动链。

01.0035 树状运动链 tree-like kinematic chain
无闭环的运动链。

01.0036 阿苏尔杆组 Assur group
又称"基本杆组"。自由度等于零并且不能再拆分的平面低副构件组。

01.0037 平面机构 planar mechanism
机构中所有构件都只能在相互平行的平面上运动的机构。

01.0038 空间机构 spatial mechanism
机构中至少有一构件不在相互平行的平面上运动，或至少有一构件能在三维空间中运动的机构。

01.0039 球面机构 spherical mechanism
机构中各运动构件上所有点都在同心球面上运动的机构。

01.0040 低副机构 lower pair mechanism
机构中所有运动副均为低副的机构。

01.0041 高副机构 higher pair mechanism
机构中至少有一个运动副是高副的机构。

01.0042 单环机构 single loop mechanism
只有一个闭环的机构。

01.0043 多环机构 multiloop mechanism
具有两个或更多个闭环的机构。

01.0044 单自由度机构 mechanism with single degree of freedom
自由度为 1 的机构。

01.0045 多自由度机构 mechanism with multiple degrees of freedom
自由度为 2 及 2 以上的机构。

01.0046 局部自由度 local degree of freedom, redundant degree of freedom
机构中不影响其输出与输入运动关系的个别构件的独立运动自由度。

01.0047 公共约束 general constraint
机构中由于各运动副的特性及其特殊配置而使所有运动构件共同失去自由度的约束。

01.0048 虚约束 redundant constraint, passive constraint
在机构中与其他约束重复而不起限制运动作用的约束。

01.0049 机构结构 structure of mechanism
机构中各构件用各种运动副相互连接的构造形式。

01.0050 机构简图 schematic diagram of mechanism
用特定的构件和运动副符号来表示机构的一种简化示意图，仅着重表示其机构组成特征。

01.0051 机构运动简图 kinematic diagram of mechanism
用长度比例尺画出的代表机构运动特征的简图。

01.0052 机构分析 analysis of mechanism
对机构进行结构、运动学和动力学分析。

01.0053 机构结构公式 structural formula of mechanism
计算机构自由度的公式，该公式表达了机构的构件数目、各种运动副的数目与机构自由度之间的关系。

01.0054 替代机构 substitutive mechanism
按照高副低代的条件，将一个平面高副机构用另一个运动上等效的平面低副机构代替，该平面低副机构称为原机构的替代机构。

01.0055 机构综合 synthesis of mechanism
根据对机构的结构、运动学和动力学要求进行机构设计。

01.0056 液压机构 hydraulic mechanism
利用液体驱动的机构。

01.0057 气动机构 pneumatic mechanism
利用气体驱动的机构。

01.0058 仿生机构 bio-mechanism
模拟生物运动的构造形态和功能而制作的机构。

01.0059 连杆机构 linkage mechanism
构件间只用低副连接的机构(除纯用移动副连接的楔块机构以外)。

01.0060 杆 bar, link
机构中只具有低副元素的构件。

01.0061 连架杆 side link
机构中与机架用低副相连的构件。

01.0062 曲柄 crank
与机架用转动副相连并能绕该转动副轴线整圈旋转的构件。

01.0063 摇杆 rocker
与机架用转动副相连但只能绕该转动副轴线摆动的构件。

01.0064 连杆 coupler, floating link
机构中不与机架相连的杆件。

01.0065 滑块 slider
机构中与机架用移动副相连又与其他运动构件用转动副相连的构件。

01.0066 导杆 guide bar, guide link
机构中与另一运动构件组成移动副的构件。

01.0067 导块 guide block
在机构简图中画成方块形状的导杆。

01.0068 平面连杆机构 planar linkage mechanism
所有构件间的相对运动均在平行平面内运动的连杆机构。

01.0069 空间连杆机构 spatial linkage mechanism
各构件间的相对运动包含有空间运动的连杆机构。

01.0070 低副运动链 linkage
构件间只用低副连接的运动链。

01.0071 四杆运动链 four bar linkage
具有四个双副构件的低副运动链。

01.0072 四杆机构 four bar mechanism
具有四个双副构件(包括机架)的连杆机构。

01.0073 平面铰链四杆机构 planar pivot four bar mechanism
简称"铰链四杆机构"。构件间用四个转动副相连的平面四杆机构。

01.0074 球面铰链四杆机构 spherical pivot four bar mechanism
构件间用四个轴线汇交于一点的转动副相连的四杆机构,构件上各点的轨迹位于同心球面上。

01.0075 曲柄摇杆机构 crank rocker mechanism
具有一个曲柄和一个摇杆的铰链四杆机构。

01.0076 双摇杆机构 double rocker mechanism
具有两个摇杆的铰链四杆机构。

01.0077 双曲柄机构 double crank mechanism
具有两个曲柄的铰链四杆机构。

01.0078 平行四边形机构 parallel crank mechanism
连杆与机架的长度相等、两个曲柄长度相等且转向相同的双曲柄机构。

01.0079 逆平行四边形机构 antiparallel-crank mechanism

连杆与机架的长度相等、两个曲柄长度相等但转向相反的双曲柄机构。

01.0080 曲柄滑块机构 slider crank mechanism

具有一个曲柄和一个滑块的平面四杆机构。

01.0081 对心曲柄滑块机构 centric slider crank mechanism

滑块上转动副中心的移动方位线通过曲柄旋转中心的曲柄滑块机构。

01.0082 偏置曲柄滑块机构 offset slider crank mechanism

滑块上转动副中心的移动方位线不通过曲柄旋转中心的曲柄滑块机构。

01.0083 摇杆滑块机构 slider rocker mechanism

具有一个摇杆和一个滑块的平面四杆机构。

01.0084 双滑块机构 double slider mechanism

具有两个滑块的平面四杆机构。

01.0085 导杆机构 guide bar mechanism

连架杆中至少有一个构件为导杆的平面四杆机构。

01.0086 曲柄摆动导杆机构 crank and swing guide bar mechanism, crank and oscillating guide bar mechanism

具有一个曲柄和一个摆动导杆的导杆机构。

01.0087 曲柄转动导杆机构 crank and rotating guide bar mechanism

具有一个曲柄和一个能整圈旋转的导杆的导杆机构。

01.0088 曲柄移动导杆机构 crank and translating guide bar mechanism,

scotchyoke mechanism

具有一个曲柄和一个移动导杆的导杆机构。当输入曲柄等速旋转时，输出导杆的位移呈简谐运动规律。

01.0089 摆动导杆滑块机构 slider and swing guide bar mechanism

具有一个滑块和一个摆动导杆的导杆机构。当输入导杆做等速摆动时，输出滑块的位移呈正切运动规律。

01.0090 双导杆机构 double guide bar mechanism

两个连架杆均为导杆的导杆机构。

01.0091 偏心轮机构 eccentric mechanism

曲柄做成偏心轮形状的平面四杆机构。

01.0092 肘杆机构 toggle mechanism

某些相邻构件接近共线位置时，机械效益接近于无穷大的连杆机构。

01.0093 急回运动机构 quick return mechanism

主动构件等速旋转时，做往复运动的从动构件在某一行程中的平均速度大于另一行程的平均速度的连杆机构。

01.0094 间歇运动连杆机构 dwell linkage mechanism

输入构件连续旋转时，输出构件做周期性停歇的连杆机构。

01.0095 可调连杆机构 adjustable linkage mechanism

构件长度可以调节的连杆机构。

01.0096 同源机构 cognate mechanism

能再现同一运动的不同平面连杆机构。

01.0097 直线机构 straight line mechanism

连杆上某一点能再现直线轨迹的连杆机构。

01.0098 正确直线机构 exact straight line mechanism

连杆上某一点的轨迹能在全域或一定区间内再现理论上正确直线的连杆机构。

01.0099 近似直线机构 approximate straight-line mechanism

连杆上某一点的轨迹能在一定区间再现近似直线的连杆机构。

01.0100 行程 travel

机构中输出构件两极限位置间的移动距离或摆动角度。

01.0101 行程速度变化系数 coefficient of travel speed variation, advance-to-return time ratio

在具有急回运动的机构中，当输入构件作等速旋转时，做往复运动的输出构件的空回行程与工作行程平均角速度的比值。

01.0102 极位夹角 crank angle between two limit positions

在急回运动机构中，输出构件处于两极限位置时，对应的输入曲柄两位置间所夹的锐角。

01.0103 曲柄存在条件 Grashof's criterion

在平面铰链四杆机构中，某一连架杆能成为曲柄的条件。

01.0104 凸轮 cam

具有曲线或曲面轮廓且作为高副元素的构件，该轮廓按输出运动学特性和动力学特性的要求设计。

01.0105 凸轮机构 cam mechanism

含有凸轮的机构。

01.0106 凸轮轴 camshaft

装有一个或多个凸轮的轴。

01.0107 平面凸轮机构 planar cam mechanism

所有构件间的相对运动均为平面运动的凸轮机构。

01.0108 空间凸轮机构 spatial cam mechanism, three-dimensional cam mechanism

各构件间的相对运动包含空间运动的凸轮机构。

01.0109 盘形凸轮 plate cam, disk cam

仅具有径向廓线尺寸变化并绕其轴线旋转的凸轮。

01.0110 移动凸轮 translating cam

做移动的平面凸轮。

01.0111 固定凸轮 stationary cam

固结在机架上的凸轮。

01.0112 圆柱凸轮 cylindrical cam, drum cam

轮廓曲线位于圆柱面上并绕其轴线旋转的凸轮。

01.0113 端面凸轮 end cam, face cam

轮廓曲线位于圆柱端部并绕其轴线旋转的凸轮。

01.0114 圆锥凸轮 conical cam

轮廓曲线位于圆锥面上并绕其轴线旋转的凸轮。

01.0115 凹弧面凸轮 concave globoid cam

凹圆弧回转面凸轮。

01.0116 凸弧面凸轮 convex globoid cam

凸圆弧回转面凸轮。

01.0117 球面凸轮 spherical cam

圆弧回转面为球面的凸弧面凸轮。

01.0118 圆弧凸轮 circular arc cam
以若干段光滑连接的圆弧作为轮廓曲线的盘形凸轮。

01.0119 圆弧–直线凸轮 tangent cam
以光滑连接的直线和圆弧作为轮廓曲线的盘形凸轮。

01.0120 力封闭的凸轮机构 force closed cam mechanism
利用从动件的重力、弹簧力或其他外力使从动件与凸轮保持接触的凸轮机构。

01.0121 形封闭的凸轮机构 form closed cam mechanism
依靠凸轮与从动件的特殊几何结构来保持两者接触的凸轮机构。

01.0122 等宽凸轮 yoke radial cam with flat-faced follower, constant-breadth cam
其轮廓上两平行切线间的距离保持定值的平底从动件盘形凸轮。

01.0123 等径凸轮 yoke radial cam with roller follower, constant diameter cam
其理论轮廓上相反的两向径值之和为常数的滚子从动件盘形凸轮。

01.0124 沟槽凸轮 groove cam
利用沟槽以实现形封闭的凸轮。

01.0125 共轭凸轮 conjugate cam
相互固结的一对凸轮轮廓分别与同一从动件上相应的运动副元素接触的凸轮。

01.0126 确动凸轮 positive return cam
等径凸轮、等宽凸轮、沟槽凸轮与共轭凸轮等的总称。

01.0127 圆柱分度凸轮机构 cylindrical indexing cam mechanism
凸轮连续转动，从动件产生步进分度运动的圆柱凸轮机构。

01.0128 弧面分度凸轮机构 globoid indexing cam mechanism, Ferguson cam mechanism
凸轮连续转动，从动件产生步进分度运动的弧面凸轮机构。

01.0129 反凸轮机构 inverse cam mechanism
由凸轮输出运动的凸轮机构。

01.0130 凸轮从动件 cam follower
直接从凸轮处获得运动的构件。

01.0131 直动从动件 translating follower
做往复直线运动的从动件。

01.0132 对心直动从动件 radial translating follower
尖顶或滚子中心的轨迹直线通过凸轮轴心的直动从动件。

01.0133 偏置直动从动件 offset translating follower
尖顶或滚子中心的轨迹直线不通过凸轮轴心的直动从动件。

01.0134 摆动从动件 oscillating follower
做摆动的从动件。

01.0135 凸轮工作轮廓 cam contour, cam profile
凸轮上与从动件直接接触的轮廓。

01.0136 凸轮理论轮廓 cam pitch curve
以滚子从动件为代表时，滚子中心相对于凸轮的运动轨迹。

01.0137 凸轮理论轮廓基圆 base circle of cam pitch curve, prime circle

在盘形凸轮机构中，以凸轮轴心为圆心，凸轮理论轮廓最小向径为半径所作的圆。

01.0138　凸轮工作轮廓基圆　base circle of cam contour
在盘形凸轮机构中，以凸轮轴心为圆心、凸轮工作轮廓最小向径为半径所作的圆。

01.0139　推程　rise travel
又称"升程"。从动件远离凸轮轴心的行程。

01.0140　回程　return travel
从动件移向凸轮轴心的行程。

01.0141　推程运动角　motion angle for rise travel
与从动件推程相对应的凸轮转角。

01.0142　回程运动角　motion angle for return travel
与从动件回程相对应的凸轮转角。

01.0143　近休止角　inner dwell angle
从动件在距凸轮轴心最近处停歇时对应的凸轮转角。

01.0144　远休止角　outer dwell angle
从动件在距凸轮轴心最远处停歇时对应的凸轮转角。

01.0145　无停歇运动　non dwell motion
又称"升–回–升运动 (rise-return-rise motion)"。从动件行程两端均无停歇的运动。

01.0146　单停歇运动　one dwell motion
从动件仅在其行程的起点或终点具有停歇的运动。

01.0147　升–停–回运动　rise-dwell-return motion
凸轮近休止角等于零的单停歇运动。

01.0148　升–回–停运动　rise-return-dwell motion
凸轮远休止角等于零的单停歇运动。

01.0149　双停歇运动　two dwell motion
又称"升–停–回–停运动 (rise-dwell-return-dwell motion)"。从动件在其行程的起点和终点均具有停歇的运动。

01.0150　基本运动轨迹　basic motion curve
由单一的函数式表达的从动件运动轨迹。

01.0151　组合运动轨迹　combined motion curve
由几种基本运动规律组合而成的运动轨迹。

01.0152　对称运动轨迹　symmetrical motion curve
设 T 为无因次时间，从动件在 T 与 $(1-T)$ 时的无因次位移值之和恒等于 1 的运动轨迹。

01.0153　非对称运动轨迹　unsymmetrical motion curve
设 T 为无因次时间，从动件在 T 与 $(1-T)$ 时的无因次位移值之和不恒等于 1 的运动轨迹。

01.0154　等速运动轨迹　constant velocity motion curve
从动件速度为定值的运动轨迹。

01.0155　余弦加速度运动轨迹　cosine acceleration motion curve
从动件加速度按余弦规律变化的运动轨迹。

01.0156　正弦加速度运动轨迹　sine acceleration motion curve
从动件加速度按正弦规律变化的运动轨迹。

01.0157　等加速等减速运动轨迹　constant acceleration and deceleration motion curve

从动件在一行程的前一阶段为等加速和后一阶段等减速的运动轨迹。

01.0158 多项式运动轨迹 polynomial motion curve

从动件位移用凸轮转角或时间的代数多项式表示的运动轨迹。

01.0159 改进等速运动轨迹 modified constant velocity motion curve

这种运动轨迹的位移曲线由三段曲线光滑连接而成，其中中间一段为等速运动轨迹的位移曲线，首、末两段为其他运动轨迹的位移曲线。

01.0160 改进正弦加速度运动轨迹 modified sine acceleration motion curve

这种运动轨迹的位移曲线由三段曲线光滑连接而成，其中中间一段为周期较长的正弦加速度运动轨迹的位移曲线，首、末两段为周期较短的正弦加速度运动轨迹的位移曲线。

01.0161 刚性冲击 rigid impact, rigid shock

从动件在某瞬时速度发生突变，其加速度及惯性力在理论上均趋于无穷大时所引起的冲击。

01.0162 柔性冲击 soft impact, soft shock

从动件在某瞬时加速度发生有限大值的突变时所引起的冲击。

01.0163 跨越 crossover

在沟槽凸轮机构中，由于存在侧隙，当从动件加速度方向没变时，从动件与凸轮的接触从正常工作的一侧突然变到对侧的现象。

01.0164 跨越冲击 crossover impact, crossover shock

在沟槽凸轮的机构中，由跨越引起的冲击。

01.0165 动力多项式凸轮 polydyne cam

将凸轮机构视作弹性振动系统，并按多项式真实运动规律设计的凸轮。

01.0166 位移响应 displacement response

在凸轮机构中，由于受迫振动造成从动件系统运动规律的变化而产生的输出端的实际位移。

01.0167 螺旋机构 screw mechanism

用螺旋副将主动件的转动变为从动件移动的机构。

01.0168 复式螺旋机构 compound screw mechanism

由旋向不同的两个螺旋副组成的螺旋机构。

01.0169 差动螺旋机构 differential screw mechanism

由旋向相同但导程不同的两个螺旋副组成的螺旋机构。

01.0170 瞬心线机构 centrode mechanism

组成高副的两元素为一对瞬心线的平面高副机构。

01.0171 包络线机构 envelope mechanism

组成高副的两元素为一对互包络曲线的平面高副机构。

01.0172 楔块机构 wedge mechanism

仅含有移动副的机构。

01.0173 自锁机构 self-locking mechanism

具有自锁特性的机构。

01.0174 间歇运动机构 intermittent mechanism

当主动件做连续运动时，从动件产生周期性的运动和停歇的机构。

01.0175 步进运动机构 step mechanism

输出运动具有步进运动特性的机构。

01.0176 不完全齿轮机构 incomplete gear mechanism

由轮齿不布满整个圆周的齿轮作为主动轮的齿轮机构。

01.0177 非圆齿轮机构 noncircular gear mechanism

节圆曲线不是圆形的齿轮机构。

01.0178 槽轮 geneva wheel

具有多条工作槽面的轮子，它在装有圆销的曲柄推动下实现步进运动。

01.0179 槽轮机构 geneva mechanism, maltese mechanism

由槽轮、装有圆销的曲柄和机架组成的步进运动机构。

01.0180 棘爪 pawl

两个构件间的一种爪形中介构件，用以阻止这两构件在某一方向的相对运动。

01.0181 棘轮 ratchet

具有齿形表面或摩擦表面的轮子，由棘爪推动做步进运动。

01.0182 棘轮机构 ratchet mechanism

含有棘轮和棘爪的主动件做往复运动，从动件做步进运动的机构。

01.0183 掣子 latch

一种定位元件，由它进入某一构件的凹槽或孔腔中，使该构件固定在应有的位置。

01.0184 挡块 stop

与其他构件间歇性地接触的构件，用以限制构件之间的相对运动。

01.0185 擒纵机构 escapement

通过主动摆杆上两个爪尖交替地擒纵作用，使具有齿形表面的擒纵轮做步进运动的机构。

01.0186 差动机构 differential mechanism

具有多个自由度的机构，它接受与自由度数相应的多个独立的输入运动，以产生确定的输出运动。

01.0187 柔顺机构 compliant mechanism

一种依靠构件元素具有的柔顺性来进行全部运动和力的传递的机构。

01.0188 全柔顺机构 fully compliant mechanism

输出运动全部来自柔性构件的变形的柔顺机构。

01.0189 部分柔顺机构 partially compliant mechanism

输出运动只有一部分来自于其柔性构件的变形的柔顺机构。

01.0190 双稳态柔顺机构 bistable compliant mechanism

一种力求保持两个稳定平衡位置中一个位置的特殊机构。

01.0191 微动机构 micro displacement mechanism

又称"微量进给机构"。采用特殊的驱动元件来实现在一定范围内的精确微小的移动的机构。

01.0192 微机构 micro mechanism

形状尺寸微小、操作尺度极小的机构。

01.0193 定速比机构 fixed speed ratio mechanism

在输入轴转速不变的情况下，输出轴转速也不变化的传动机构。

01.0194 变速机构 gear shifting mechanism

在输入轴转速不变的情况下，使输出轴获得不同转速的传动机构。

01.0195 摩擦轮机构 friction wheel mechanism
由两个相互压紧的圆柱摩擦轮组成，当正常工作时，主动轮可借助摩擦力的作用带动从动轮回转，并使传动基本保持固定转动比的机构。

01.0196 变胞机构 metamorphic mechanism
可变自由度和可变构件数目的机构。

01.0197 柔性机器人 flexible robot
含有柔性关节并考虑关节柔性变形的机器人。

01.0198 冗余度柔性机器人 redundant flexible robot
将冗余机器人与柔性机器人有机结合的机器人。

01.0199 灵巧手 dexterous hand
自由度不少于9、指数不少于3的机械手。

01.0200 压力角 pressure angle

不计摩擦时，从动件与凸轮在接触点的受力方向与其在该点绝对速度方向之间所夹锐角。

01.0201 变位齿轮 profile shifted gear
通过改变刀具和轮坯轴线的相对位置切制出的齿轮。

01.0202 周转轮系 epicyclic gear train
当轮系转动时，至少一个齿轮的几何轴线相对于机架位置不固定，而是绕某一固定轴线回转的轮系。

01.0203 差动轮系 differential gear train
自由度为2的周转轮系。

01.0204 行星轮系 planetary gear train
自由度为1的周转轮系。

01.0205 滑轮 pulley
由可绕中心轴转动、有沟槽的圆盘和跨过圆盘的柔索(绳、胶带、钢索、链条等)所组成的可以绕着中心轴旋转的简单机械。

01.0206 链轮 sprocket wheel
带嵌齿式扣链齿的轮子。

01.03 机构运动学

01.0207 机构运动学 kinematics of mechanism
不考虑产生运动的原因，仅从机构几何位置随时间变化的角度来研究机构的运动规律和进行机构设计的学科。

01.0208 机构运动学分析 kinematic analysis of mechanism
不考虑引起运动变化的原因，仅从机构几何位置随时间变化的角度来分析机构的运动规律。

01.0209 机构运动学综合 kinematic synthesis of mechanism
根据给定的运动学要求进行机构设计。

01.0210 构件速比 velocity ratio of link
构件瞬时速度的比值。

01.0211 机构传动比 transmission ratio
机构中瞬时输入速度与输出速度的比值。

01.0212 相对速度瞬心 instantaneous center of relative velocity

两平面运动构件上相对速度等于零的瞬时重合点。

01.0213 绝对速度瞬心 instantaneous center of absolute velocity
在某给定瞬时，平面运动构件上绝对速度等于零的点，即构件相对定参考系的速度瞬心。

01.0214 速度瞬心 instantaneous center of velocity
相对速度瞬心和绝对速度瞬心的总称。

01.0215 三心定理 Kennedy-Aronhold theorem
做相对平面运动的三个构件共有三个速度瞬心，它们位于同一直线上。

01.0216 极点速度 pole velocity
速度瞬心的位移对于时间导数的矢量。

01.0217 瞬心线 centrode
两构件做相对平面运动时，相对速度瞬心在每一构件的运动平面上的轨迹。

01.0218 定瞬心线 fixed centrode
绝对速度瞬心在定参考系平面上的轨迹。

01.0219 动瞬心线 moving centrode
绝对速度瞬心在构件运动平面上的轨迹。

01.0220 加速度瞬心 instantaneous center of acceleration
在某给定瞬时，平面运动构件上绝对加速度等于零的点。

01.0221 法向圆 Bresse normal circle
又称"交变圆（alternating circle）"。在某给定瞬时，平面运动构件上切向加速度等于零的各点连成的圆。

01.0222 切向圆 tangent circle

又称"拐点圆（inflection circle）"。在某给定瞬时，平面运动构件上法向加速度等于零的各点连成的圆。

01.0223 拐点中心 inflection center
拐点圆上所有各点切向加速度矢量方位线的交点。此点也必位于该拐点圆上。

01.0224 拐点 inflection point
在一轨迹或曲线上，曲率半径为无穷大的点。

01.0225 环点 circling point
又称"曲率驻点"。四个无限接近位置的圆点。

01.0226 环点曲线 circling point curve
平面运动某一构件上的各环点所连成的曲线。即在某给定瞬时，平面运动构件上其轨迹的曲率半径具有极值的点所连成的曲线。

01.0227 枢点 center point
又称"轴点"。四个无限接近位置的圆心点。

01.0228 枢点曲线 center point curve
又称"轴点曲线""曲率中心点曲线（pivot point curve）"。平面运动某一构件上的各枢点在定参考系上所连成的曲线，即曲率驻点曲线上各点轨迹的曲率中心所连成的曲线。

01.0229 鲍尔点 Ball's point
拐点圆与曲率驻点曲线的交点，但其中不包括绝对速度瞬心。

01.0230 欧拉–萨弗里公式 Euler-Savery equation
描述运动点、轨迹或共轭曲线的曲率中心、速度瞬心和瞬心线、拐点圆和拐点中心等之间关系的公式。

01.0231 平面旋转矩阵 planar rotation matrix
描述构件在平面运动中有限转动的矩阵。

01.0232 轴旋转矩阵 axis rotation matrix
用绕某一轴线的转动来描述构件在三维空间中有限转动的矩阵。

01.0233 欧拉角 Euler angles
表示构件在三维空间中的有限转动的三个相对转角(即进动角、章动角和自旋角)。

01.0234 欧拉旋转矩阵 Euler rotation matrix
用欧拉角来描述构件在三维空间中有限转动的矩阵。

01.0235 位移矩阵 displacement matrix
描述构件平面或空间运动总位移的矩阵。

01.0236 螺旋轴 screw axis
在有限或无限小的时间间隔内,与非平动构件某直线上各点的位移方向均平行的直线。

01.0237 瞬时螺旋轴 instantaneous screw axis
非平动构件在三维空间运动中的某给定瞬时,与某一直线上各点线速度均平行的构件角速度矢量所在的螺旋轴。

01.0238 螺旋位移矩阵 screw displacement matrix
描述构件在三维空间中绕某一轴线转动且同时沿该轴线移动的矩阵。

01.0239 瞬轴面 axode
在两构件的相对空间运动中,瞬时螺旋轴在其中任一构件上形成的直纹曲面。

01.0240 定瞬轴面 fixed axode
在定参考系上形成的瞬轴面。

01.0241 动瞬轴面 moving axode
在动参考系上形成的瞬轴面。

01.0242 线矢量 line vector
被约束在空间某一直线上的矢量。

01.0243 旋量 screw
主矢与主矩共线时的矩矢。

01.0244 极限位移奇异 extremely displacement singularity
机构在主动件的推动下运动,当从动件处于极限位置时的机构奇异。

01.0245 剩余自由度奇异 remnant-freedom singularity
在某一位形下,将机构的所有主动件都锁住后,若机构在该位形下 6 个约束变得线性相关,则不能约束掉全部自由度,而有剩余的自由度,机构表现出不稳定的奇异位形。

01.0246 瞬时几何奇异 instantaneous geometric singularity
机构在一定的几何条件和一定的位形下,当机构所有的主动件都被锁住时,6 个约束变成线性相关,机构仍具有自由度并具瞬时性的奇异位形。

01.0247 连续几何奇异 continuous geometric singularity
机构在一定的几何条件和一定的位形下,若机构所有主动件被锁住后机构仍能连续运动的奇异位形。

01.0248 瞬时自由度变化奇异 instantaneous variety-DoF singularity
机构在一定的位形下发生奇异,奇异时自由度的数目瞬时变化的奇异位形。

01.0249 自由度变化奇异 variety-DoF singularity
机构在一定的几何条件和一定的输入参数下奇异时发生自由度变化的位形。

01.0250 运动学奇异 kinematics singularity
在某些位形下机构的运动副的诸螺旋之间发生线性相关,使机构输出构件的自由度减少的机构运动奇异。

01.0251　约束奇异　constraint singularity
并联机构在某些位形时锁住所有的主动件，作用在机构或机构输出构件上的约束螺旋变成线性相关，独立的约束数目减少，机构保留的未被约束部分自由度的奇异。

01.0252　运动雅可比矩阵　kinematic Jacobian matrix
又称"广义传动比矩阵"。输入空间到操作空间之间的速度映射矩阵。

01.0253　静力雅可比矩阵　static Jacobian matrix
广义输入力与广义输出操作力的一阶影响系数矩阵。

01.0254　少自由度并联机构　lower-DoF parallel manipulator
自由度为 $2 \sim 5$ 的并联机构。

01.0255　位置正解　forward position analysis
已知机构主动副输入，求解机构动平台在空间的位置和姿态的过程。

01.0256　位置逆解　inverse position analysis
已知机构动平台在空间的位置和姿态，求解各主动副的输入的过程。

01.0257　灵活工作空间　dexterous workspace
操作器上某一参考点可以从任何方向到达的点的集合。

01.0258　可达操作空间　reachable workspace
操作器上某一参考点可以到达的所有点的集合。

01.0259　海塞矩阵　Hessian matrix
机构的二阶运动影响系数矩阵。

01.0260　查尔斯运动　Charles movement

刚体绕轴线的旋转和沿该轴线的平移运动。

01.0261　单开链　single open chain
由运动副和构件串联而成的支链。

01.0262　部分解耦性　partial decoupling
当某些输出变量只是部分输入变量的函数时，运动输入输出之间具有部分的解耦性。

01.0263　完全解耦性　complete decoupling
当运动输入输出之间存在一一对应关系时，运动输入输出之间具有完全的解耦性。

01.0264　拓扑控制解耦　topology-control decoupling
基于机构拓扑结构特征实现的控制解耦。

01.0265　尺度控制解耦　scale-control decoupling
基于机构拓扑结构与构件尺度参数的特定组合关系实现的控制解耦。

01.0266　综合冗余因子　integrated-redundant factor
包含冗余公共约束旋量数目的机构综合约束冗余因子。

01.0267　冗余机构　redundant mechanism
机构活动度大于输出构件所需自由度的机构。

01.0268　机构运动冗余度　kinematic redundancy of mechanism
机构自由度与输出构件自由度之差。

01.0269　机构运动旋量系　kinematic screw system of mechanism
机构所有子运动链的运动旋量系的并集。

01.0270　机构约束旋量系　constraint screw system of mechanism
机构所有子运动链的约束旋量的交集。

01.0271　连杆系　crank-link system

由一个或若干个子运动链构成的，以实现一定功能的运动链组合。

01.0272 各向同性 isotropic
机构的系统矩阵与其转置矩阵的乘积是对角矩阵，并且对角元素都相等的系统状态。

01.0273 连接度 connection degree
确定一杆件相对另一杆件位姿的独立参数数目。

01.0274 各向同性度 isotropic degree
机构各向同性时系统条件数的倒数。

01.0275 基本运动链 basic kinematic chain
自由度为 0，且去掉一个或若干个构件后，自由度皆大于 0 的最小闭链单元。

01.0276 任一运动链 any kinematic chain
可视为由 F 个自由度为 1 的驱动副与若干个基本运动链组成的运动链。

01.0277 部分自由度 partial degree of free-dom
机构的部分从动构件相对于机架的方位只是部分驱动输入的函数时，该机构具有部分的自由度。

01.0278 可分离自由度 separable degree of freedom
机构可以分割为两个或多个独立的子运动链，且每个支链的从动构件相对于极佳的方位只是该支链中驱动输入的函数时，该机构具有可分离的自由度。

01.0279 绝对运动 absolute motion
机构相对于定参考系的运动。

01.0280 相对运动 relative motion
机构相对于运动参考系的运动。

01.0281 位移 displacement

机构质点位置的变化。

01.0282 相对位移 relative displacement
机构质点相对某一参考系的位置变化。

01.0283 角位移 angular displacement
刚体绕旋转轴旋转时的角度变化。

01.0284 绝对速度 absolute velocity
相对于静止坐标系的速度。

01.0285 相对速度 relative velocity
相对于移动坐标系的速度。

01.0286 角速度 angular velocity
角位移对时间的导数。

01.0287 加速度 acceleration
速度关于时间的变化率。

01.0288 角加速度 angular acceleration
角速度关于时间的变化率。

01.0289 平移 translation
机构沿空间某一直线移动。

01.0290 旋转 rotation
刚体绕一点或一轴线做圆周运动。

01.0291 球面运动 spherical motion
物体上所有点在同心球面上运动的空间运动。

01.0292 周期运动 periodic motion
物体从某一时刻开始，经过一定时间，它的位移、速度、加速度等完全恢复到与该时刻的相同的运动。

01.0293 非周期运动 aperiodic motion
物体在运动过程中运动特征不重复出现的运动。

01.0294 简谐运动 simple harmonic motion

随时间按余弦(或正弦)函数变化规律的 运动。

01.04　机构动力学

01.0295　机械动力学　dynamics of machinery
研究机械系统状态变化与作用力及外部条件的关系的学科。包括机械的动态力分析、功能关系、真实运动、速度调节和机械平衡等动力学问题。

01.0296　扰动力　perturbed force
又称"干扰力"。作用在机械系统上变化的外力，它将使机械系统产生振动。

01.0297　驱动力　driving force
驱使原动件运动的力。它与作用点的速度方向相同或成锐角，并做正功。

01.0298　工作阻力　effective resistance
又称"有效阻力"。为了使机械进行正常生产工作，需要克服的与生产工作直接相关的阻力，它所做的功为有用功。

01.0299　有害阻力　detrimental resistance
机械运转时，除工作阻力以外所受的其他阻力。

01.0300　静载荷　static load
作用在给定物体系统上，大小、方向和作用点都不随时间变化的载荷。

01.0301　动载荷　dynamic load
作用在给定物体系统上，大小、方向和作用点都随时间变化的载荷。

01.0302　离心力　centrifugal force
由惯性产生的力沿着质点轨迹的主法线方向的分量。

01.0303　向心力　centripetal force
质点(或物体)做曲线运动时所需的指向曲率中心(圆周运动时即为圆心)的力。

01.0304　作用力　active force,applied force
能够产生运动或运动趋势的力。

01.0305　反作用力　reaction
当物体受到外力作用时，在约束中产生并作用在被约束物体上的力。

01.0306　动反力　dynamical reaction
又称"动压力"。由于机械各运动构件的惯性力和惯性力偶矩在运动副中所引起的附加反力。

01.0307　等效力　equivalent force
在功率相等的条件下，用作用在某一点上给定方向的假想力代替作用在机构上的某些力和力矩，则该假想力是这些力和力矩的等效力。

01.0308　冲力　impulsive force
与力所作用系统的弹变时间相比较，在很短时间间隔内存在的力。

01.0309　冲量　impulse
力在整个作用期间对时间的积分。

01.0310　确定力　deterministic force
在任何瞬时大小、方向都完全确定的力。

01.0311　随机力　stochastic force
由一组通常按概率变化的值所确定的力。

01.0312　力矩　moment
从给定点到力作用线任意点的向径和力本身的矢积。

01.0313　力偶　couple

数值相等但方向相反的两平行力，它可以用一个垂直于力偶平面的矢量来表示。

01.0314　力偶矩　moment of couple
组成一给定力偶的两个力对空间任意一点之矩的矢量和。

01.0315　力臂　arm of force, moment arm
从给定点到力作用线的最短距离。

01.0316　扰动力矩　perturbed moment
又称"干扰力矩"。作用在机构系统上周期性变化的外力矩，它将使机构系统产生受迫振动。

01.0317　驱动力矩　driving moment
驱使原动件转动的力矩，它与原动件的角速度方向相同，并做正功。

01.0318　启动力矩　starting moment
使机械启动所需的驱动力矩。

01.0319　工作阻力矩　effective resistance moment
为了使机械正常工作，需要克服的与工作直接相关的力矩。

01.0320　惯性力偶矩　inertia couple
又称"惯性力系主矩"。因运动的速度变化而引起的力偶矩。

01.0321　等效力矩　equivalent moment
在功率相等的条件下，作用在某一构件上，用于代替作用在机构上的力和力矩的假想力矩。

01.0322　平衡力矩　equilibrant moment
与作用在机构各构件上的已知外力矩和惯性力矩相平衡的外力矩。

01.0323　振动力矩　shaking moment
作用在机架上的、机械运动构件的全部惯性

力矩的矢量和。

01.0324　力平衡　equilibrium
某一系统的合力和合力矩同时为零。

01.0325　转矩　torsional moment
又称"扭矩(torque)"。作用在构件某截面上的力对过其形心且垂直于横截面的轴之力矩。

01.0326　输入转矩　input torque
作用在机构主动构件或输入构件上的转矩。

01.0327　输出转矩　output torque
由机构输出构件给出的转矩。

01.0328　力旋量　wrench
由互相平行的一个力矢量和一个力偶矢量所组成的矢量。

01.0329　等效力系　equivalent force system
在合力和对某选定点的力矩相等的条件下，可用于代替原来力系的一组力系。

01.0330　平行力系　parallel force system
作用线相互平行的一组力。

01.0331　力多边形　force polygon
用图解法进行机构力分析时所做出的力矢量多边形。

01.0332　速度多边形杠杆法　velocity polygon lever method
按虚功原理在速度多边形上直接求出机构平衡力的一种方法。

01.0333　自锁　self locking
仅在驱动力或驱动力矩作用下，由于摩擦使机构不能产生运动的现象。

01.0334　自锁条件　condition of self locking
机构产生自锁时的有关条件(包括驱动力的作用线、方向、摩擦因数和运动副结构参数等)。

01.0335 碰撞 impact
又称"撞击"。两物体之间接触点的相对法向速度不为零的突然接触。

01.0336 碰撞力 impact force
接触物体间因碰撞引起的力。

01.0337 弹性碰撞 elastic impact
两碰撞体的接触区域仅发生弹性变形的碰撞。

01.0338 非弹性碰撞 inelastic impact
两碰撞体的接触区域仅发生塑性变形的碰撞。

01.0339 微元功 elementary work
一个力和它的作用点处的微元位移的标量积。

01.0340 单摆 simple pendulum
用一根绝对挠性且长度不变、质量可忽略不计的线悬挂一个质点，在重力作用下在铅垂平面内做周期运动，就成为单摆。

01.0341 复摆 compound pendulum
在重力作用下绕一水平轴线做周期性自由摆动的刚体。

01.0342 等效构件 equivalent link
与机构中某一构件运动状态相同，其动力学方程式可用来代替机构动力学方程式的假想构件。

01.0343 等效质量 equivalent mass
又称"简化质量"。在动能相等的条件下，可用来代替机构各构件质量的等效构件上一点的假想质量。

01.0344 转动惯量 moment of inertia
构件中各质点或质量单元的质量与其到给定轴线的距离平方的乘积的总和。

01.0345 极转动惯量 polar moment of inertia
轴对称的构件相对于它的对称轴线的转动惯量。

01.0346 惯性积 product of inertia
构件中各质点或质量单元的质量与其到两个相互垂直平面的距离的乘积的总和。

01.0347 惯性主轴 principal axis of inertia
又称"主惯性轴"。在一个空间直角坐标系中，构件的两个惯性积都等于零时的公用坐标轴。

01.0348 主转动惯量 principal moment of inertia
构件相对于惯性主轴的转动惯量。

01.0349 惯性张量 inertia tensor
相对于固定在构件上的坐标轴系统，它是一个对称矩阵，其元素是三个转动惯量和三个惯性积的负值。

01.0350 等效转动惯量 equivalent moment of inertia
又称"简化转动惯量"。在动能相等的条件下，可用来代替机构各构件转动惯量上的等效构件绕其转动轴的假想转动惯量。

01.0351 回转半径 radius of gyration
又称"惯性半径"。在转动惯量不变的条件下，设想构件的质量集中在某一点，该点到转动轴的距离。

01.0352 效率 efficiency
有用功率与驱动功率的比值。

01.0353 机械的瞬效率 instantaneous efficiency of machinery
机械在某瞬时的有用功率对驱动功率之比值。

01.0354 机械的循环效率 cyclic efficiency of machinery
在机械稳定运转的一个循环内，有用功率对

驱动功率之比值。

01.0355 机械效益 mechanical advantage
机械的输出力矩（或力）对其输入力矩（或力）之比值。

01.0356 周期性速度波动 periodic speed fluctuation
机械在稳定运转时，通常由驱动力与阻力的等效力矩或（和）机械的等效转动惯量的周期性变化所引起的主动轴角速度的周期性波动。

01.0357 非周期性速度波动 aperiodic speed fluctuation
机械运转时由驱动力或（和）阻力的无规律变化所引起的主动轴角速度波动。

01.0358 飞轮 flywheel
具有适当转动惯量、起贮存和释放动能作用的转动构件。

01.0359 飞轮矩 moment of flywheel
飞轮的质量与当量直径平方的乘积。

01.0360 盈亏功 increment or decrement of work
在机械稳定运转阶段一个循环内的某一时间间隔中，驱动力所做功与阻力所做功的差值。

01.0361 调速器 governor,speed regulator
调节机器的非周期性速度波动使之进入稳定运转状态的装置。

01.0362 离心调速器 centrifugal governor
利用离心力的变化来调节非周期性速度波动的调速器。

01.0363 机构平衡 balance of mechanism
为了减小或消除各构件的惯性力和惯性力偶矩所引起的振动、附加动压力和减少输入

转矩波动而采用的改变质量分布、附加机构等的措施。

01.0364 转子静平衡 static balance of rotor
对于宽度不大（通常直径与宽度之比大于或等于 5）的回转体，可以近似认为其不平衡质量分布在同一回转平面内，为消除质心与转动轴不重合的影响而采用调整其质量分布的措施。

01.0365 转子动平衡 dynamic balance of rotor
不平衡质量分布在不同的几个回转平面内的回转体，为消除不平衡影响，调整其质量分布，使旋转轴与主惯性轴之一相重合的措施。

01.0366 机械平衡 balance of machinery
机构平衡和转子平衡的总称。

01.0367 平衡质量 balancing mass
在平衡措施中所增加或减少的质量。

01.0368 平衡转速 balancing speed
转子在动平衡时所采用的转速。

01.0369 质径积 mass radius product
质量与其所在点的向径的乘积。

01.0370 固定支承 fixed support
使物体上一个给定点位置保持不变的支承。

01.0371 可动支承 movable support
限制物体上给定点只能有沿一个方向运动的支承。

01.0372 弹性支承 elastic support
在被支承件的压力作用下会产生弹性变形的支承。

01.0373 弹性动力学分析 elastodynamic analysis

分析弹性构件机构的位移、速度、加速度、外力、应力、应变等，其中假定构件的真实运动为刚性和弹性运动的叠加，而计算弹性运动时，除外力外仅考虑刚性运动时的惯性力。

01.0374 运动弹性动力学 kineto-elastody-namics

运动弹性动力学分析和运动弹性动力学综合的总称。

01.0375 运动弹性动力学分析 kineto-elasto-dynamic analysis

分析弹性运动时弹性构件的位移、速度、加速度、应力和应变量，此时除外力外，应计及弹性运动与刚性运动的耦合的惯性力。

01.0376 运动弹性动力学综合 kineto-elasto-dynamic synthesis

满足预定运动速度条件下的位移、速度、加速度，传递的力和力矩，应力和应变等要求，设计具有弹性构件的机构。

01.0377 几何约束 geometric constraint

与系统内质点的坐标有关，还可能与时间有关的约束。

01.0378 微分约束 differential constraint

与系统内各质点的坐标和坐标对时间的一阶导数有关，还可能与时间有关的约束。

01.0379 [机构动力学]连续系统 continuous system

各处的物理特性参数(如质量、刚度等)是连续分布的系统。

01.0380 [机构动力学]离散系统 discrete system

各处的物理特性参数(如质量、刚度等)不是连续分布的系统。

01.0381 变质量系统 variable mass system

总质量和（或）质量分布随时间而变化的系统。

01.0382 力 force

施加于物体上可改变其静止或运动状态的作用。

01.0383 法向反作用力 normal reaction

反作用力在垂直于物体表面的分力。

01.0384 切向反作用力 tangential reaction

反作用力在与物体表面相切方向的分力。

01.0385 相对力 relative force

其值等于质点质量与其相对于动参考系的加速度负值之乘积的惯性力。

01.0386 惯性力 inertial force

使质点保持原有运动状态倾向的力，其数值是质点的质量与加速度的乘积，方向与加速度相反。

01.0387 压力 compressive force

作用于物体表面且方向指向该物体的力的法向分量。

01.0388 发动机 engine

将其他能量转变为机械能的机器。

01.0389 随机振动 random vibration

振幅在任意时刻不能精确确定的振动。

01.0390 自由振动 free vibration

在一段时间内，系统不受外激励作用而产生的振动。

01.0391 受迫振动 forced vibration

系统受到持续的外激励产生的振动。

01.0392 阻尼 damping

耗散系统能量的任意影响因素。

01.0393 固有频率轨迹跃迁 natural frequency loci veering
由质量或(和)刚度分布偏离对称而产生的两条固有频率轨迹快速接近但迅速转向分开的突变现象。

01.0394 固有频率分裂 natural frequency splitting
对于旋转对称构件,由质量和(或)刚度分布不对称造成的重合固有频率分裂为两个互异值的动力学现象。

01.0395 相位调谐 phase tuning
由机构的拓扑结构对称性及时变脉动内激励产生的激励对受迫振动行为的影响。

01.0396 动力调谐 dynamic tuning
由机构的拓扑结构对称性及时变脉动内激励导致的自由、受迫及参激振动行为的影响。

01.0397 含间隙机构 mechanism with joint clearance
考虑机构运动副间隙影响的机构。

01.0398 超谐共振 superharmonic resonance
在考虑非线性因素的机械系统中,激励频率为固有频率的整数倍时发生的共振。

01.0399 亚谐共振 subharmonic resonance
在考虑非线性因素的机械系统中,激励频率为固有频率的整数倍分之一时发生的共振。

01.0400 横越冲击 transverse impact
在几何封闭的凸轮机构中和各种间歇机构中存在的一种冲击现象。

01.0401 动态静力分析 kinetostatic analysis
将惯性力计入静力平衡方程来求出平衡静载荷和动载荷而需在驱动构件上施加的输入力或力矩,以及各运动副中的反作用力。

01.0402 动力学反问题 inverse dynamics
已知机构的运动状态和阻力(力矩),求解应施加于主动件上的平衡力(力矩),以及各运动副中的反力的过程。

01.0403 动力学正问题 forward dynamics
已知机构的驱动力(力矩)和阻力(力矩)的变化规律,求解机构的实际运动规律的过程。

01.05 机器人学

01.0404 自主能力 autonomy
基于当前状态和感知信息,无人为干预地执行预期任务的能力。

01.0405 机器人 robot
具有两个或两个以上可编程的轴,以及一定程度的自主能力,可在其环境内运动以执行预期任务的机构。

01.0406 工业机器人 industrial robot
在工业自动化中使用的、自动控制的、可重复编程的、多用途的机器人。它可对三个或三个以上轴进行编程,可以是固定式或移动式。

01.0407 服务机器人 service robot
除工业自动化应用外,能为人类或设备完成任务、有用的机器人。

01.0408 个人服务机器人 personal service robot
用于非营利性任务的,一般由非专业人士使用的服务机器人。

01.0409 专用服务机器人 professional service robot
用于营利性任务的,一般由培训合格的操作员操作的服务机器人。

01.0410 机器人系统 robot system
由(多)机器人、(多)末端执行器和为机器人完成任务所需的任何机械、设备、装置及传感器构成的系统。

01.0411 机器人学 robotics
研究机器人设计、制造和应用的一门学科。

01.0412 工业机器人单元 industrial robot cell
包含相关机器、设备、相关的安全防护空间和保护装置的一个或多个机器人系统。

01.0413 工业机器人生产线 industrial robot line
由在单独的或相连的安全防护空间内执行相同或不同功能的多个机器人单元和相关设备构成的生产线。

01.0414 协作操作 collaborative operation
在规定的工作空间内,专用设计的机器人与人直接合作工作的状态。

01.0415 协作机器人 collaborative robot
为与人直接交互而设计的机器人。

01.0416 智能机器人 intelligent robot
具有依靠感知其环境、和(或)与外部资源交互、调整自身行为执行任务能力的机器人。

01.0417 人–机器人交互 human-robot interaction, HRI
人和机器人通过用户接口交流信息和动作来执行任务的过程。

01.0418 构形 configuration
在任何时刻均能完全确定机器人外形轮廓的所有关节的一组位移值。

01.0419 杆件 link
用于连接相邻关节的刚体。

01.0420 棱柱关节 prismatic joint
又称"滑动关节(sliding joint)"。两杆件间的组件,能使其中一杆件相对于另一杆件做直线运动。

01.0421 回转关节 rotary joint
又称"旋转关节(revolute joint)"。连接两杆件的组件,能使其中一杆件相对于另一杆件绕固定轴转动。

01.0422 圆柱关节 cylindrical joint
两杆件间的组件,能使其中一杆件相对于另一杆件移动并绕一移动轴转动。

01.0423 球关节 spherical joint
两杆件间的组件,能使其中一杆件相对于另一杆件在三个自由度上绕一固定点转动。

01.0424 机座 base
安装操作机第一个杆件原点的平台或构架。

01.0425 机械接口 mechanical interface
位于操作机末端,用于安装末端执行器的安装面。

01.0426 末端执行器 end effector
为使机器人完成其任务而专门设计并安装在机械接口处的装置。

01.0427 末端执行器连接装置 end effector coupling device
位于手腕末端的法兰或轴和把末端执行器固定在手腕端部的锁紧装置及附件。

01.0428 末端执行器自动更换系统 automatic end effector exchange system
位于机械接口和末端执行器之间能自动更换末端执行器的联结装置。

01.0429 夹持器 gripper
供抓取和握持用的末端执行器。

01.0430 直角坐标机器人 rectangular robot

又称"笛卡儿坐标机器人(Cartesian robot)"。手臂具有三个棱柱关节、其轴按直角坐标配置的机器人。

01.0431 圆柱坐标机器人 cylindrical robot
手臂至少有一个回转关节和一个棱柱关节，其轴按圆柱坐标配置的机器人。

01.0432 极坐标机器人 polar robot
又称"球坐标机器人(spherical robot)"。手臂有两个回转关节和一个棱柱关节，其轴按极坐标配置的机器人。

01.0433 摆动式机器人 pendular robot
机械结构包含一个万向节转动组件的极坐标机器人。

01.0434 关节机器人 articulated robot
手臂具有三个或更多个回转关节的机器人。

01.0435 SCARA 机器人 SCARA robot
具有两个平行的固转关节，以便在所选择的平面内提供柔顺性的机器人。

01.0436 并联机器人 parallel robot
全称"并联杆式机器人(parallel link robot)"。手臂含有组成闭环结构的杆件的机器人。

01.0437 轮式机器人 wheeled robot
利用轮子实现移动的机器人。

01.0438 腿式机器人 legged robot
利用一条或更多条腿实现移动的机器人。

01.0439 双足机器人 biped robot
利用两条腿实现移动的腿式机器人。

01.0440 履带式机器人 crawler robot, tracked robot
利用履带实现移动的机器人。

01.0441 仿人机器人 humanoid robot
具有躯干、头和四肢，外观和动作与人类相似的机器人。

01.0442 示教再现机器人 playback robot
在示教程序控制下操作的机器人。

01.0443 操作机 manipulator
曾称"机械手"。用来抓取和(或)移动物体、由一些相互铰接或相对滑动的构件组成的多自由度机器。

01.0444 外骨骼 exoskeleton
带有与人体关节相当的，且随其所依附的机体一起运动的关节的机构。

01.0445 移动平台 mobile platform
能使移动机器人实现运动的全部部件的组装件。

01.0446 自动导引车 automated guided vehicle, AGV
沿标记或外部引导命令指示的，沿预设路径移动的移动平台，一般应用在工厂。

01.0447 运动学正解 forward kinematics
已知一机械杆系关节的各坐标值，求该杆系内两个部件坐标系间的数学关系。

01.0448 运动学逆解 inverse kinematics
已知一机械杆系内两个部件坐标系间的关系，求该杆系关节各坐标值的数学关系。

01.0449 自由度 degree of freedom, DoF
在任意时刻完全确定机械系统位置所需要的独立的广义坐标数。

01.0450 [机器人]冗余自由度 redundant mobility
机器人自由度超出定义所需完成任务的独立变量数的数量。

01.0451 轴 axis

用于定义机器人以直线或回转方式运动的方向线。

01.0452 位姿 pose
机器人空间位置和姿态的合称。

01.0453 路径 path
一组有序的位姿。

01.0454 轨迹 trajectory
基于时间的路径。

01.0455 绝对坐标系 world coordinate system
又称"世界坐标系"。与机器人运动无关,参照大地不变的坐标系。

01.0456 相对坐标系 relative coordinate system
与地球具有相对运动的坐标系。

01.0457 机座坐标系 base coordinate system
参照机座安装面的坐标系。

01.0458 关节坐标系 joint coordinate system
参照关节轴的坐标系,每个关节坐标是相对前一个关节坐标或其他某坐标系来定义的。

01.0459 工具坐标系 tool coordinate system, TCS
参照安装在机械接口上的工具或末端执行器的坐标系。

01.0460 最大空间 maximum space
由制造厂所定义的机器人活动部件所能掠过的空间加上由末端执行器和工件运动时所能掠过的空间。

01.0461 限定空间 restricted space
由限位装置限制的最大空间中不可超出的部分空间。

01.0462 操作空间 operational space, operating space
当实施由任务程序指令的所有运动时,实际用到的那部分限定空间。

01.0463 工作空间 working space
手腕参考点所能掠过的空间。其是由手腕各关节平移或旋转的区域附加于该手腕参考点的。

01.0464 安全防护空间 safeguarded space
由周边安全防护(装置)确定的空间。

01.0465 协作工作空间 collaborative workspace
在安全防护空间内,机器人与人在生产活动中可同时在其中执行任务的工作空间。

01.0466 工具中心点 tool centre point, TCP
参照机械接口坐标系,为一定用途而设定的点。

01.0467 坐标变换 coordinate transformation
将位姿坐标从一个坐标系转换到另一个坐标系的过程。

01.0468 奇异 singularity
在雅可比矩阵不满秩时出现的现象。

01.0469 示教编程 teach programming
通过手工引导机器人末端执行器,或手工引导一个机械模拟装置,或用示教盒来移动机器人,逐步通过期望位置的方式实现编程的方法。

01.0470 离线编程 off-line programming
在与机器人分离的装置上编制任务程序,再输入到机器人中的编程方法。

01.0471 [机器人]点位控制 pose-to-pose control

又称"PTP 控制(PTP control)"。用户只将指令位姿加于机器人，而对位姿间所遵循的路径不作规定的控制。

01.0472　连续路径控制　continuous path control
又称"CP 控制(CP control)"。用户将指令位姿间所遵循的路径加于机器人的控制步骤。

01.0473　轨迹控制　trajectory control
包含速度规划的连续路径控制。

01.0474　传感控制　sensory control
按照外感受传感器输出信号来调整机器人运动或力的控制。

01.0475　运动规划　motion planning
按照所选插补类型，机器人的控制程序确定用户编程的各指令位姿间机械结构各关节如何运动的过程。

01.0476　柔顺性　compliance
机器人或某辅助工具响应外力作用时的柔性。

01.0477　伺服控制　servo-control
机器人控制系统控制机器人的致动器以使实到位姿尽可能符合指令位姿的过程。

01.0478　路径点　fly-by point, via point
一个示教或编程的指令位姿。机器人各轴到达该位姿时将有一定的偏差，其大小取决于到达该位姿时各轴速度的连接曲线和路径给定的规范(速度、位置偏差)。

01.0479　示教盒　pendant, teach pendant
与控制系统相连，用来对机器人进行编程或使机器人运动的手持式单元。

01.0480　遥操作　teleoperation
由人从远地实时控制机器人或机器人装置的运动。

01.0481　用户接口　user interface
在人-机器人交互过程中，人和机器人间交流信息和动作的装置。

01.0482　联动　simultaneous motion
在单个控制站的控制下，两台或多台机器人的同时运动。它们可用共有的数学关系实现协调或同步。

01.0483　限位装置　limiting device
通过停止或导致机器人停止的所有运动来限制最大空间的装置。

01.0484　程序验证　program verification
为确认机器人路径和工艺性能而执行一个任务程序。

01.0485　负载　load
在规定的速度和加速度条件下，沿着运动的各个方向，机械接口或移动平台处可承受的力和(或)扭矩。

01.0486　额定负载　rated load
正常操作条件下作用于机械接口或移动平台且不会使机器人性能降低的最大负载。

01.0487　极限负载　limiting load
由制造厂指明的、在限定的操作条件下、可作用于机械接口或移动平台且机器人机构不会被损坏或失效的最大负载。

01.0488　附加负载　additional load
又称"附加质量(additional mass)"。机器人能承载的附加于额定负载上的负载。它并不作用于机械接口，而作用于操作机的其他部位，通常是在手臂上。

01.0489　最大力矩　maximum moment
又称"最大扭矩(maximum torque)"。除惯性作用外，可连续作用于机械接口或移动平台而不会造成机器人机构持久损伤的力矩(扭矩)。

01.0490　位姿准确度　pose accuracy
又称"单方向准确度(unidirectional pose accuracy)"。从同一方向趋近指令位姿时,指令位姿和实到位姿均值间的差值。

01.0491　位姿重复性　pose repeatability
全称"单方向位姿重复性(unidirectional pose repeatability)"。从同一方向重复趋近同一指令位姿时,实到位姿散布的不一致程度。

01.0492　多方向位姿准确度变动　multidirectional pose accuracy variation
从三个相互垂直方向多次趋近同一指令位姿时,所达到的实到位姿均值间的最大距离。

01.0493　位姿稳定时间　pose stabilization time
从机器人发出"到位"信号开始至机械接口或移动平台的震荡衰减运动或阻尼运动到达规定界限为止所经历的时间段。

01.0494　位姿超调　pose overshoot
机器人给出"到位"信号后,趋近(指令)路径和实到位姿间的最大距离。

01.0495　位姿准确度漂移　drift pose accuracy
经过一规定时间位姿准确度的变化。

01.0496　位姿重复性漂移　drift of pose repeatability
经过一规定时间位姿重复性的变化。

01.0497　路径准确度　path accuracy
指令路径和实到路径均值间的差值。

01.0498　路径重复性　path repeatability
多次实际到达路径之间的不一致程度。

01.0499　最小定位时间　minimum posing time
机械接口或移动平台从静止状态开始,运行一段预定距离后,到达静止状态所经历的最少时间(包括稳定时间)。

01.0500　分辨率　resolution
机器人每轴或关节所能达到的最小位移增量。

01.0501　环境地图　environment map
又称"环境模型(environment model)"。利用可分辨的环境特征来描述环境的地图或模型。

01.0502　定位　localization
在环境地图上识别或分辨移动机器人的位姿。

01.0503　地标　landmark
用于移动机器人定位的、在环境地图上可辨别的人工或自然物体。

01.0504　障碍　obstacle
(位于地面、墙或天花板上的)阻碍预期运动的静态或动态物体、装置。

01.0505　导航　navigation
依据定位和环境地图决定并控制行走方向的过程。

01.0506　传感器融合　sensor fusion
通过融合多个传感器的信息来获得更完善信息的过程。

01.0507　任务规划　task planning
通过生成由子任务和运动组成的任务序列来解决要完成的任务的过程。

01.0508　物理变更　physical alteration
机械系统的变更。

01.0509　可重复编程　reprogrammable
无需物理变更即可更改已编程的运动或辅助功能。

01.0510　机器人装置　robotic device
具有工业机器人或服务机器人的特征,但缺

少可编程的轴的数目或自主能力程度的执行机构。

01.0511 移动机器人 mobile robot
基于自身控制、可移动的机器人。

01.0512 工业机器人系统 industrial robot system
由(多)工业机器人、多末端执行器和为使机器人完成其任务所需的任何机械、设备、装置、外部辅助轴或传感器构成的系统。

01.0513 操作员 operator
从事机器人或机器人系统启动、监控和停机等预期操作的人员。

01.0514 编程员 programmer
进行机器人或机器人系统任务程序的编制人员。

01.0515 受益人 recipient
又称"受服者(beneficiary)"。与服务机器人交互而获得其服务之便利的人。

01.0516 安装 installation
机器人就位,并将其与动力电源和其他必要的基础设施部件等进行连接的过程。

01.0517 试运行 commissioning
安装后,设定、检查机器人系统并验证机器人功能的过程。

01.0518 集成 integration
将机器人和其他设备或另一台机器(含其他机器人)组合成能完成如零部件生产的有益工作的机器系统。

01.0519 机器人合作 robot cooperation
多个机器人之间交流信息和动作,共同确保其运动的有效作用,以完成任务的过程。

01.0520 致动器 actuator
全称"机器致动器(machine actuator)""机器人致动器(robot actuator)"。用于实现机器人运动的动力机构。

01.0521 机器人手臂 robotic arm
又称"主关节轴(primary axes)"。简称"手臂(arm)"。操作机上一组互相连接的长形的杆件和主动关节。其用以定位机器人手腕。

01.0522 机器人手腕 robotic wrist
又称"副关节轴(secondary axes)"。简称"手腕(wrist)"。操作机上在手臂和末端执行器之间的一组相互连接的杆件和主动关节。其用以支承末端执行器并确定末端执行器位置和姿态。

01.0523 机器人腿 robotic leg
简称"腿(leg)"。通过往复运动和与行走面的周期性接触来支撑及推进移动机器人的杆件机构。

01.0524 机座安装面 base mounting surface
机器人与其支承体间的连接表面。

01.0525 脊柱式机器人 spine robot
手臂由两个或更多个球关节组成的机器人。

01.0526 全向移动机构 omni-directional mobile mechanism
能使移动机器人实现朝任一方向即时移动的轮式结构。

01.0527 指令位姿 commond pose
又称"编程位姿(programmed pose)"。由任务程序给定的机器人位姿。

01.0528 实到位姿 attained pose
机器人响应指令位姿时实际到达的位姿。

01.0529 校准位姿 alignment pose
为对机器人设定一个几何基准所给定的位姿。

01.0530 机械接口坐标系 mechanical interface coordinate system
参照机械接口的坐标系。

01.0531 移动平台坐标系 mobile platform coordinate system
参照移动平台某一部件的坐标系。

01.0532 机器人手腕参考点 robotic wrist reference point
又称"机器人手腕原点(robotic wrist origin)""机器人手腕中心点(robotic wrist centre point)"。机器人手腕中两根最内侧副关节轴(即最靠近主关节轴的两根)的交点；若无此交点，可在手腕最内侧副关节轴上指定一点。

01.0533 移动平台原点 mobile platform origin
又称"移动平台参考点(mobile platform reference point)"。移动平台坐标系的原点。

01.0534 任务程序 task program
为定义机器人或机器人系统特定的任务所编制的运动和辅助功能的指令集。

01.0535 控制程序 control program
定义机器人或机器人系统的能力、动作和响应度的固有的控制指令集。

01.0536 任务编程 task programming
简称"编程(programming)"。编制任务程序的行为。

01.0537 人工数据输入编程 manual data input programming
通过开关、插塞盘或键盘生成程序并直接输入到计算机控制系统的过程。

01.0538 主从控制 master-slave control
从设备(从)复现主设备(主)运动的控制方法。

01.0539 操作方式 operating mode
又称"操作模式(operational mode)"。机器人控制系统的状态。

01.0540 自动方式 automatic mode
又称"自动模式"。机器人控制系统按照任务程序运行的一种操作方式。

01.0541 手动方式 manual mode
又称"手动模式"。通过按钮、操作杆以及除自动操作外对机器人进行操作的操作方式。

01.0542 自动操作 automatic operation
机器人按需要执行其任务程序的状态。

01.0543 停止点 stop-point
一个示教或编程的指令位姿。机器人各轴到达该位姿时速度指令为零且定位无偏差。

01.0544 操作杆 joy stick
能测出其位姿和作用力的变化并将结果形成指令输入机器人控制系统的一种手动控制装置。

01.0545 示教再现操作 playback operation
可以重复执行示教编程输入任务程序的一种机器人操作。

01.0546 机器人语言 robot language
用于描述机器人任务程序的编程语言。

01.0547 保护性停止 protective stop
为达到安全防护目的而允许运动停止并保持程序逻辑以便机器人重启的一种操作中断类型。

01.0548 安全适用 safety-rated
其特征是具有安全功能，该安全功能含有特定的安全相关性能。例如：安全适用的慢速，安全适用的监测速度，安全适用的输出。

01.0549 单点控制 single point of control
操作机器人的能力，以使机器人运动的启动

仅能来自一个控制源而不能被其他控制源所覆盖的控制方式。

01.0550 慢速控制 reduced speed control, slow speed control
运动速度限制在≤250mm/s 的机器人运动控制方式。

01.0551 正常操作条件 normal operating conditions
为符合制造厂所给出的机器人性能而应具备的环境条件范围和可影响机器人性能的其他参数值(如电源波动、电磁场)。

01.0552 单关节速度 individual joint velocity
又称"单轴速度(individual axis velocity)"。单个关节运动时指定点所产生的速度。

01.0553 路径速度 path velocity
机器人沿路径每单位时间内位置的变化。

01.0554 单关节加速度 individual joint acceleration
又称"单轴加速度(individual axis acceleration)"。单个关节运动时指定点所产生的加速度。

01.0555 路径加速度 path acceleration
机器人沿路径每单位时间内速度的变化。

01.0556 距离准确度 distance accuracy
指令距离和实到距离均值间的差值。

01.0557 距离重复性 distance repeatability
在同一方向上重复同一指令距离时,各实到距离间的不一致程度。

01.0558 路径速度准确度 path velocity accuracy
当运行同一指令路径时,指令路径速度和实到路径速度均值间的差值。

01.0559 路径速度重复性 path velocity repeatability
对于给定的指令路径速度,各实到速度的不一致程度。

01.0560 路径速度波动 path velocity fluctuation
按给定的指令速度沿给定的指令路径运行时产生的最大和最小速度间的差值。

01.0561 静态柔顺性 static compliance
作用于机械接口的每单位负载下机械接口的最大位移量。

01.0562 标准循环 standard cycle
在规定条件下机器人完成典型任务时的运动顺序。

01.0563 绘制地图 mapping
又称"地图生成(map generation)""地图构建(map building)"。利用环境中几何的和可探测的特征、地标和障碍建立环境地图来描述环境的过程。

01.0564 行走面 travel surface
移动机器人行走的地面。

01.0565 航位推算法 dead reckoning
又称"航迹推算法"。从已知初始位姿,移动机器人仅利用内部测量值获取自身位姿的方法。

01.0566 机器人传感器 robot sensor
用于获取机器人控制所需的内部和外部信息的传感器(转换器)。

01.0567 本体感受传感器 proprioceptive sensor
又称"内部状态传感器(internal state sensor)"。用于测量机器人内部状态的机器人传感器。

01.0568　外感受传感器　exteroceptive sensor
又称"外部状态传感器(external state sensor)"。用于测量机器人所处环境状态或机器人与环境交互状态的机器人传感器。

01.0569　医疗机器人　surgical robot
用于医院、诊所的医疗或辅助医疗的机器人。

01.0570　单孔手术　laparoendoscopic single-site surgery, LESS
在一个 15~40 mm 的小切口上置入多个穿刺器或多孔道穿刺器，再置入手术器械进行手术的操作方式。

01.0571　自然腔道手术　natural orifice transluminal endoscopic surgery, NOTES
一种经过人体自然体腔，如口腔、阴道、尿道等，进行手术操作的方式。

01.0572　形状记忆聚合物　shape memory polymers, SMP
具有初始形状的制品在一定的条件下改变其初始条件并固定后，通过外界条件(如热、电、光、化学感应等)的刺激又可恢复其初始形状的高分子材料，如聚氨酯等。

01.0573　保护鞘　sheath
单孔手术机器人中，通过单一切口进入腹腔内的主体部分。其内含有多个手术器械通道。

01.0574　丝传动　wire driven
一种运用钢丝实现自由度远距离驱动的传动方式。

01.0575　模型预测控制　model predictive control, MPC
是一类特殊的控制。它的当前控制动作是在每一个采样瞬间通过求解一个有限时域开环最优控制问题而获得。

01.0576　并联机构　parallel mechanism
动平台和定平台通过至少两个独立的运动链相连接，机构具有两个或两个以上自由度，且以并联方式驱动的一种闭环机构。

01.0577　约束奇异点　constraint singularity
并联机构在某位形时锁住所有的主动件，作用在机构或机构输出构件上的约束螺旋变成线性相关，独立的约束数目减少，机构保留了未被约束掉的部分自由度，由此产生的奇异点。

01.0578　分叉运动　bifurcated motion
机构经过奇异位置时构型呈现两种分支特性，进而会导致不同的运动性能和运动范围的现象。

01.0579　过约束　overconstraint
在机构及机械系统中，通过可动连接对构件加上了各种约束，其中有些约束可能与其他约束对系统产生的制约相重复的约束。

01.0580　冗余度　redundancy
机构活动度与输出构件自由度之差。

01.0581　奇异位形　singularity configuration
又称"奇异构型"。当机构运动进入某种临界状态时所具有的特定位形。在这种临界状态下，机构的实际自由度数不再与其理论自由度数相等，即存在两种情况：机构丧失了应有的自由度；机构获得了额外的自由度。

01.0582　矢量变换　vector transformation
改变矢量从一个坐标系到另一个坐标系的描述。

01.0583　速度精度　velocity accuracy
指令速度和实到速度均值间的差值。

02. 机械动力学

02.01 一般名词

02.0001 位移 displacement
表征物体上一点相对于参考系的位置变化。

02.0002 速度 velocity
位移的变化率。

02.0003 加速度 acceleration
速度的变化率。

02.0004 加加速度 jerk
加速度的变化率。

02.0005 惯性参考系统 inertial reference system
固定在空间，或作匀速直线运动的坐标系统或参考系。

02.0006 惯性力 inertial force
质量被加速时所产生的反作用力。

02.0007 声学 acoustics
研究声波的产生、传播接收和效应的科学。

02.0008 声音 sound
能引起听觉的声振。

02.0009 振荡 oscillation
相对于给定的参考系，一个为时间函数的量值与其平均值相比,时大时小交替地变化的现象。

02.0010 惯性系统 seismic system
依靠弹性元件将一个质量连接到参考基座所构成的系统，系统中通常还包括阻尼元件。

02.0011 单自由度系统 single-degree-of-freedom system
在任意时刻只要一个广义坐标即可完全确定其位置的系统。

02.0012 多自由度系统 multi-degree-of-freedom system
在任意时刻需要两个或更多的广义坐标才能完全确定其位置的系统。

02.0013 离散系统 discrete system
具有有限个广义坐标的系统。

02.0014 连续系统 continuous system
具有无限个广义坐标的机械动力学系统。

02.0015 惯性矩 moment of inertia
物体各个微元(质量元)的质量与其到转轴垂直距离平方之积的总和(积分)。

02.0016 惯性积 product of inertia
物体各个微元(质量元)的质量与它们到两个相互垂直平面距离之积的总和(积分)。

02.0017 刚度 stiffness
作用在弹性元件上的力或力矩的增量与相应作用方向的位移或角位移的增量之比。

02.0018 柔度 compliance
刚度的倒数。

02.0019 传递函数 transfer function
在线性定常系统中，当初始条件为零时，系统的响应(或输出)与激励(或输入)的拉普拉斯变换之比。

02.0020 传递率 transmissibility
系统受迫振动的响应与激励的无量纲复数比。

02.0021 过冲 overshoot
最大瞬态响应超过了期望响应。

02.0022 欠冲 undershoot
最大瞬态响应低于期望响应。

02.0023 激励 excitation
能使系统产生响应的某种外作用力或其他输入。

02.0024 响应 response
激励作用引起的反应，系统的输出量。

02.0025 复激励 complex excitation
以振幅和相位角形式的复数表示的激励。

02.0026 复响应 complex response
对于给定激励，系统的响应以振幅和相位角的复数形式表示的响应。

02.0027 谐波激励 harmonic excitation
具有一定频率的外部谐波力作用于某个系统，该谐波力具有基频及倍频特性，或者是若干简谐波的叠加激励。。

02.0028 机械阻抗 mechanical impedance
线性定常机械系统中激励力相量与响应的速度相量之比。

02.0029 驱动点阻抗 driving point impedance
机械系统中同一点的激励力相量与速度相量的复数比。

02.0030 传递阻抗 transfer impedance
机械系统中一点的激励力相量与另一点速度相量的复数比。

02.0031 自由阻抗 free impedance
系统所有其他连接点自由（即约束力为零）

时，施加的复激励力与其复速度响应之比。

02.0032 约束阻抗 blocked impedance
当所有输出的自由度连接到无限机械阻抗负载上时的输入阻抗。

02.0033 频率响应函数 frequency response function
(1)简谐激励时，稳态输出相量与输入相量之比。(2)瞬态激励时，输出的傅里叶变换与输入的傅里叶变换之比。(3)平稳随机激励时，输出和输入的互谱与输入的自谱之比。

02.0034 单位脉冲响应函数 unit impulse response function
线性定常系统在初始条件为零时受到一单位脉冲函数力激励后的位移响应。

02.0035 机械导纳 mechanical mobility
机械阻抗的倒数。

02.0036 驱动点导纳 driving-point mobility
机械系统中同一点的速度相量与力相量的复数比。

02.0037 传递导纳 transfer mobility
机械系统中一点的速度相量与另一点激励力相量的复数比。

02.0038 加速度导纳 acceleration mobility
以频率为自变量的加速度的频谱或力的频谱或频谱密度之比。

02.0039 动刚度 dynamic stiffness
系统或结构在特定的动态激励作用下抵抗变形的能力。

02.0040 视在质量 apparent mass
响应为加速度时的机械阻抗。

02.0041 质心 center of mass
与物体(质点系)质量分布有关的一个点。若假想该质点系的总质量集中于该点，则其对于坐标轴的矩等于该系各质点质量对同一坐标轴矩之和。

02.0042 旋转轴 axis of rotation
物体绕其旋转的瞬时线。

02.0043 临界转速 critical speed

又称"共振转速(resonant speed)"。系统产生共振的特征转速。

02.0044 转子挠曲主振型 rotor flexural principal mode
转子在挠曲临界转速运行时出现的振型。

02.02 机 械 振 动

02.0045 机械振动 mechanical vibration
描述机械系统运动或位置的量值绕其平衡位置做往复运动的现象。

02.0046 周期振动 periodic vibration
自变量经过某一相同增量后其值能再现的周期量的振动。

02.0047 准周期振动 quasi-periodic vibration
波形略有变化的周期振动。

02.0048 简谐振动 simple harmonic vibration
自变量为时间的正弦函数的振动。

02.0049 准正弦振动 quasi-sinusoidal vibration
波形很像正弦波,但其频率和(或)振幅有相当缓慢变化的振动。

02.0050 确定性振动 deterministic vibration
可以由时间历程的过去信息预知未来任一时刻瞬时值的振动。

02.0051 角位移 angular displacement
由物体的某一旋转自由度表征的位移。

02.0052 角振动 angular vibration
与物体上某一点的三个旋转自由度有关的振动。

02.0053 角速度 angular velocity

由物体的某一旋转自由度表征的速度。

02.0054 随机振动 random vibration
在未来任一给定时刻,其瞬时值不能精确预知的振动。

02.0055 窄带随机振动 narrow-band random vibration
频率分量仅仅分布在某一窄频带内的随机振动。

02.0056 宽带随机振动 broad-band random vibration
频率分量分布在宽频带内的随机振动。

02.0057 白随机振动 white random vibration
在关注的频谱范围内,任一固定带宽(或单位带宽)内具有相同能量的振动。

02.0058 粉红随机振动 pink random vibration
在与频带中心频率成正比的带宽(如倍频程带宽)内具有相等功率的振动。

02.0059 平稳振动 stationary vibration
统计特性不随时间变化的振动。其振幅不随时间的变化而增大或减小。

02.0060 非平稳振动 non-stationary vibration
统计特性随时间变化的振动。其振幅随时间的变化而增大或减小。

02.0061 同频振动 once per revolution vibration

由转子每旋转一周引起的振动。其频率与转速的相应频率相同。

02.0062 倍频振动 multiple frequency vibration

频率相当于转速相应频率整数倍的振动。

02.0063 噪声 noise

不同频率、不同强度无规则地组合在一起的声音。如电噪声、机械噪声，可引申为任何不希望有的干扰。

02.0064 随机噪声 random noise

在未来任一给定时刻，其瞬时值都不能精确预知的噪声。

02.0065 正态随机噪声 normal random noise

又称"高斯随机噪声（Gaussian random noise）"。其瞬时值为正态分布的随机噪声。

02.0066 白噪声 white noise

在感兴趣的频率范围内，每单位带宽内有相等功率的噪声或振动。

02.0067 粉红噪声 pink noise

在与频带中心频率成正比的带宽（如倍频程带宽）内具有相等功率的噪声或振动。

02.0068 优势频率 dominant frequency

在谱密度曲线上与最大值对应的频率。

02.0069 稳态振动 steady-state vibration

连续的周期振动。

02.0070 瞬态振动 transient vibration

非稳态、非随机持续时间短暂的振动。

02.0071 受迫振动 forced vibration

由外激励作用导致系统产生的振动。

02.0072 自由振动 free vibration

激励或约束去除后出现的振动。

02.0073 纵向振动 longitudinal vibration

细长弹性体沿其纵轴方向的振动。

02.0074 弯曲振动 bending vibration

使弹性体产生弯曲变形的振动。

02.0075 扭转振动 torsional vibration

弹性体绕其纵轴产生扭转变形的振动。

02.0076 自激振动 self-excited vibration

在非线性系统内由非振荡能量转换为振荡能量而形成的振动。

02.0077 参数振动 vibration of parametric excitation

因外来作用使系统参数（如摆长、转动惯量、刚度等）按一定规律变化而引起的振动。

02.0078 非线性振动 nonlinear vibration

系统中某些参数有非线性特征，只能用非线性微分方程描述的振动。

02.0079 张弛振动 relaxation vibration

在一个周期内，运动量有快速变化段和缓慢变化段的振动。

02.0080 跳跃 jump

在非线性系统中，当激振力幅值保持不变而频率缓慢地单调增大或单调减小时，受迫振动响应的振幅或相位会出现突然变化的现象。前者称为振幅跳跃，后者称为相位跳跃。

02.0081 颤振 flutter, chatter

（1）弹性结构（如翼状结构）在均匀气流中由于受到气动力、弹性力和惯性力的耦合作用而发生的自激振动。（2）切削加工过程中，由振动位移延时反馈所导致的动态失稳现象。

02.0082 弛振 galloping
弹性结构受非流线型结构的流体(气动力是角度的非线性函数)诱发作用而产生的自激振动。

02.0083 混沌 chaos
在确定性的非线性动态系统中出现的貌似随机的、不能预测的运动。它对初始条件有极其强烈的敏感性。

02.0084 环境振动 ambient vibration
与给定环境有关的所有的振动,通常是由远近振源产生的振动的综合效果。

02.0085 附加振动 extraneous vibration
除了主要研究的振动以外的全部振动。

02.0086 非周期振动 aperiodic vibration
不具有周期性的振动。

02.0087 椭圆振动 elliptical vibration
振动点的轨迹为椭圆形的振动。

02.0088 直线振动 rectilinear vibration
振动点的轨迹为直线的振动。

02.0089 圆振动 circular vibration
振动点的轨迹为圆形的振动。

02.0090 振动模态 modal of vibration
机械系统动态特性的一种表征,它基于系统的振动经解耦后,由一组彼此独立的单自由度振荡器的振动叠加原理。

02.0091 模态分析 modal analysis
将线性定常系统振动微分方程组中的物理坐标变换为模态坐标,使方程组解耦,成为一组以模态坐标及模态参数描述的独立方程。

02.0092 模态参数 modal parameter

模态的特征参数,即振动系统的各阶固有频率、振型、模态质量、模态刚度与模态阻尼。

02.0093 模态刚度 modal stiffness
与特定的振动模态相关的刚度元素。

02.0094 模态密度 modal density
每单位带宽的模态数。

02.0095 耦合模态 coupled modes
由于模态之间能量的传递而相互影响的非独立模态。

02.0096 非耦合模态 uncoupled modes
由于模态之间没有能量传递而彼此独立的振动模态。

02.0097 阻尼固有模态 damped natural mode
阻尼机械系统的固有模态。

02.0098 无阻尼固有模态 undamped natural mode
无阻尼机械系统的固有模态。

02.0099 固有振动模态 natural mode of vibration
系统自由振动时的振动模态。

02.0100 振型 mode shape
机械系统某一给定振动模态的,在某一固有频率下,由中性面或中性轴上的点偏离其平衡位置的最大位移值所描述的图形。

02.0101 基本振型 fundamental mode
振动系统在最低固有频率时的振型。

02.0102 耦合振型 coupled modes
在一个系统中,同时存在的、互不独立的、相互间具有能量传递的振型。

02.0103 非耦合振型 uncoupled modes

在一个系统中，同时存在的、彼此独立的、相互间没有能量传递的振型。

02.0104　振动烈度　vibration severity
极大值、平均值、均方根值或其他描述振动的参数中的一个或一组指定值。它可适用于瞬时数据或平均后的数据。

02.0105　阻尼　damping
能量随时间或距离的耗散。

02.0106　临界阻尼　critical damping
对于单自由度系统，在自由振动中处于振荡与非振荡瞬间的临界状态所对应的阻尼值。

02.0107　结构阻尼　structural damping
由结构内的内部摩擦引起的结构内的阻尼。

02.0108　阻尼器　damper
通过能量耗散的方法来减少冲击或振动幅值的装置。

02.0109　激振器　vibration exciter
专门设计用于产生振动，并能将该振动传递到其他结构或设备的机器。

02.0110　缓冲器　dashpot
机械系统中与线性系统黏性阻尼有关的阻抗元件。

02.0111　振动发生器　electromagnetic vibration generator
由电磁铁和磁性材料的相互作用而产生激振力的振动机器。

02.0112　电动振动发生器　electrodynamic vibration generator
由恒定磁场和位于其中并通以适当交变电流的可动线圈的互相作用而产生激振力的振动发生器。

02.0113　液压振动发生器　hydraulic vibration generator
通过合适的驱动装置，利用液压产生激振力的振动发生器。

02.0114　振动发生器系统　vibration generator system
由振动发生器及其操作所必需的相关设备组成的系统。

02.0115　非平衡质量振动发生器　unbalanced mass vibration generator
由不平衡质量块旋转或往复运动产生激振力的振动发生器。

02.0116　共振式振动发生器　resonance vibration generator
由在共振频率激励的振动系统产生激励力的振动发生器。

02.0117　压电振动发生器　piezoelectric vibration generator
由压电晶体作为激振力产生单元的振动发生器。

02.0118　磁致伸缩振动发生器　magnetostrictive vibration generator
由磁致伸缩换能器作为激振力单元的振动发生器。

02.0119　隔振器　vibration isolator
用于减弱或消除振动在某频段传输的隔离器。

02.0120　动力吸振器　dynamic vibration absorber
在某一频率范围内，通过将能量转移到共振的辅助系统来减弱主系统振动的装置。调节辅助系统的作用力与主系统的激振力反向。

02.0121　动力减振器　dynamic vibration absorber
频率特性与振幅相关的辅助振动系统，它可

用于改变与其相连的主系统的振动特性。

02.0122 集总质量 lumped mass
在模型简化过程中，将连续体质量离散化为有限个质量后的有限个质量。

02.0123 交越频率 cross-over frequency
（振动环境试验）振动的某一特性从一种关系转变为另一种关系时的频率。

02.0124 振动试验 vibration test
为测定产品或试件在振动条件下的品质和行为而进行的试验，如响应测量、振动环境试验、动态特性测定试验和载荷识别试验等。

02.0125 共振试验 resonance test
为检验产品是否会因共振发生破坏，在产品共振频率下，按规定幅值的加速度或位移，在规定时间内所做的振动试验。

02.0126 耐振试验 endurance test
为检验产品在规定的振动条件下的动强度、疲劳性能及工作性能所做的试验。

02.0127 模态试验 modal test
为确定系统模态参数所做的振动试验。通常先由激励和响应关系得出频率响应矩阵，再由曲线拟合等方法识别出各阶模态参数。

02.0128 冲击试验 shock test
为检验产品或试件承受冲击载荷能力而做的试验。

02.0129 连续冲击试验 bump test
检验产品或试件承受多次重复冲击载荷能力的试验。

02.0130 振幅 amplitude
振动的幅值可能达到的最大值。

02.0131 波节 node
在机械系统中某一波场特性的振幅为零的点、线或面。

02.0132 波腹 antinode
在机械系统中某一波场特性的振幅为峰值的点、线或面。

02.0133 波列 wave train
以相同（或近似相同）的速度行进、周期通常也几乎相同的连续出现的有限个波。

02.0134 波长 wave length
在正弦波传播方向上，某给定瞬间且相位差为 2π 的两个连续对应点间的距离。

02.0135 纵波 longitudinal wave
波的质点位移沿着波的传播方向的波。

02.0136 横波 transverse wave
波的质点位移垂直于波的传播方向的波。

02.0137 压缩波 compressional wave
在弹性介质中传播的压缩或拉伸应力波。

02.0138 剪切波 shear wave
在弹性介质中传播的剪切应力波。

02.0139 表面波 surface wave
与固体的自由边界（或两种介质的交界面）关联的波，表面或交界面处的质点的运动轨迹为一个椭圆，其主轴垂直于表面且中心在无扰动面上。

02.0140 波阵面 wave front
在某一给定时刻具有相同相位的行波的各点的轨迹。

02.0141 平面波 plane wave
波阵面为平行平面的波。

02.0142 球面波 spherical wave
波阵面为同心球面的波。

02.0143 驻波 standing wave
振幅的空间分布固定不变的波。

02.0144 声频 audio frequency
正常情况下可听到的声波的任何频率。

02.0145 过程阻尼 process damping
切削加工过程中，因后刀面与工件表面相互干涉而产生的阻尼。

02.0146 动态切屑厚度 dynamic chip thickness
切削加工过程中，由刀具振动引起的切屑厚度。

02.0147 共振 resonance
系统受迫振动时，激励频率与系统固有频率重合时所产生的系统响应突然增大的现象。

02.0148 共振频率 resonance frequency
系统出现共振时的频率。

02.0149 反共振 antiresonance
对于两个自由度的强迫振动，当激振力的频率为某一值时，会出现一个振动静止的现象。

02.0150 反共振频率 antiresonance frequency
系统反共振现象出现的频率。

02.0151 共振速度 resonant speed
激发系统共振的特征速度。

02.0152 次谐波共振响应 subharmonic response
机械系统所呈现的具有某种共振特性的响应，其周期为激励周期的整数倍。

02.0153 拍 beat
两个频率略有差别的振荡合成后所产生的幅值呈周期性变化的振荡。

02.0154 拍频 beat frequency
两个频率略有差别的振荡的频率差的绝对值。

02.0155 旋转运动 rotational motion
用三个局部转动坐标或角坐标的变化所描述的物体运动，即围绕 x 轴、y 轴和 z 轴的纯转动。

02.0156 平移运动 translational motion
物体上某一点的空间坐标呈现出线性变化的运动，通常由 x-y-z 方向的一组局部坐标来描述。

02.03 机械冲击

02.0157 机械冲击 mechanical shock
能激起系统瞬态扰动的力、位置、速度或加速度的突然变化。

02.0158 冲击脉冲 shock pulse
在短于系统固有周期的时间内发生的以运动量或力的突然升降来表示的冲击激励形式。

02.0159 冲击激励 shock excitation
作用于系统并产生机械冲击的激励。

02.0160 冲量 impulse
力与力作用时间的积分。

02.0161 冲击运动 shock motion
由冲击激励所产生的瞬态运动。

02.0162 连续冲击 bump
试验所用的多次重复的冲击。

02.0163 理想冲击脉冲 ideal shock pulse

可以用简单时间函数描述的冲击脉冲。

02.0164 半正弦冲击脉冲 half-sine shock pulse

时间历程曲线为半正弦波的理想冲击脉冲。

02.0165 后峰锯齿冲击脉冲 final peak sawtooth shock pulse

时间历程曲线为三角形的，即运动量由零线性地增加到最大值，然后在一瞬间降落到零的理想冲击脉冲。

02.0166 前峰锯齿冲击脉冲 initial peak sawtooth shock pulse

运动量在一瞬间上升到最大值，然后线性地减少到零的理想冲击脉冲。

02.0167 对称三角形冲击脉冲 symmetrical triangular shock pulse

时间历程曲线为等腰三角形的理想冲击脉冲。

02.0168 正矢冲击脉冲 versine shock pulse

时间历程曲线为自零开始的正矢（正弦平方）曲线。

02.0169 矩形冲击脉冲 rectangular shock pulse

时间历程曲线为矩形的理想冲击脉冲。

02.0170 梯形冲击脉冲 trapezoidal shock pulse

时间历程曲线为梯形的理想冲击脉冲。

02.0171 标称冲击脉冲 nominal shock pulse

带有给定公差的特定冲击脉冲。

02.0172 冲击脉冲的标称值 nominal value of shock pulse

针对规定公差所给出的冲击脉冲规定值（如峰值或持续时间）。

02.0173 冲击脉冲持续时间 duration of shock pulse

冲击脉冲的运动量上升到某一设定的最大值的分数值和下降到该值的时间间隔。

02.0174 脉冲上升时间 pulse rise time

简单冲击脉冲的运动量从某一设定的最大值的较小分数值上升到另一设定的最大值的较大分数值所需要的时间间隔。

02.0175 脉冲下降时间 pulse drop-off time

简单冲击脉冲的运动量从某一设定的最大值的较大分数值下降到另一设定的最大值的较小分数值所需要的时间间隔。

02.0176 爆炸波 blast wave

由于爆炸或大气压力、水压力的急剧变化所形成的压力脉冲及随之产生的介质的运动。

02.0177 冲击波 shock wave

伴随有通过介质或结构的冲击传播的位移、压力或其他变量的冲击时间历程。

02.0178 冲击试验机 shock testing machine

对系统施加可控的和可再现的机械冲击的试验设备。

02.0179 冲击响应谱 shock response spectrum

又称"冲击谱(shock spectrum)"。将受到机械冲击作用的一系列单自由度系统的最大响应(如位移、速度或加速度)作为各个系统固有频率的函数的描述。

02.0180 冲击吸收器 shock absorber

通过能量的耗散来减弱机械系统冲击响应的装置。

02.0181 示振仪 vibrograph

能显示振动波形的振荡记录，通常自成系统的机械式仪器。

02.0182 振动计 vibrometer

具有一路或多路与位移或速度成比例的输出(通常为电压)的仪器。

02.04　状态监测与诊断

02.0183　采样频率　sampling frequency
对于均匀的采样数据,单位时间内采样的点数。

02.0184　采样周期　sampling period
两个连续采样点之间的持续时间。

02.0185　频率分辨率　frequency resolution
两相邻谱线之间的频率差。

02.0186　谱线数　number of lines
频谱上离散谱线的个数。

02.0187　谱泄漏　spectral leakage
傅里叶变换时使用有限时窗引起信号在频率轴分布扩展的现象。

02.0188　滤波器　filter
一种选频装置,只允许一定频带范围的信号通过,同时极大地衰减其他频率成分。

02.0189　倒频谱　cepstrum
对功率谱的对数值进行傅里叶逆变换,将复杂的卷积关系变为简单的线性叠加。

02.0190　滚珠通过内圈频率　ball pass frequency of the inner race
滚动轴承的滚动元件通过内圈上的缺陷时产生的频率。

02.0191　滚珠通过外圈频率　ball pass frequency of the outer race
滚动轴承的滚动元件通过外圈上的缺陷时产生的频率。

02.0192　滚珠自旋频率　ball spin frequency
滚动轴承绕轴承外壳旋转时其每个滚动元件的自旋频率。

02.0193　轴承保持架损坏频率　fundamental train frequency
当保持架存在故障时,滚动轴承产生的振动频率。

02.0194　陀螺力矩　gyroscopic moment
转子绕对称轴高速旋转时,当旋转轴在空间中改变方位时所表现出的抗阻力。

02.0195　挠曲振动　flexural vibration
产生挠曲的物体的振动。这种挠曲能够产生物体内弹性(或塑性)变形。

02.0196　涡动　whirling
转子的单个元件在不平衡力作用下偏离静挠曲的变形引起的转子的运动。

02.0197　油膜振荡　oil whip
滑动轴承支撑的转子由于液体轴承切向力的新增而产生的自激振动。

02.0198　喘振　surging
流体机械中介质受到周期性吸入和排出的激励作用而发生的机械振动。

02.0199　晃动　sloshing
充注部分液体的运动容器中液体自由液面的振动。

02.0200　齿轮啮合频率　gear mesh frequency
相互啮合的一对齿轮轮齿之间入啮和脱啮的频率。

02.0201　不对中　misalignment
转子与支撑轴承轴心线不重合或相邻两转子轴心线不重合的现象。

02.05 转子系统

02.0202 转子 rotor
轴颈由轴承支承的旋转体。

02.0203 刚性转子 rigid rotor
工作在第一临界转速以下的转子。

02.0204 挠性转子 flexible rotor
又称"柔性转子"。由于弹性挠曲而不能满足刚性转子定义的转子。

02.0205 准刚性转子 quasi-rigid rotor
能在低于转子发生明显挠曲的转速下，进行良好平衡的挠性转子。

02.0206 外悬 overhung
位置在支承跨度以外，如外悬质量、外悬校正平面。

02.0207 内质心转子 inboard rotor
质心在两轴颈之间的双轴颈转子。

02.0208 外质心转子 outboard rotor
质心不在支承之间的双轴颈转子。

02.0209 完全平衡的转子 perfectly balanced rotor
不平衡量为零的理想转子。

02.0210 轴颈 journal
转子上与轴承接触或由轴承支承着的在其中旋转的部分。

02.0211 轴颈中心线 journal axis
连接轴颈两端横截面中心的直线。

02.0212 轴颈中心 journal center
轴颈中心线与轴承横向合成力作用的轴颈径向平面的交点。

02.0213 质量偏心距 mass eccentricity
刚性转子的质心与转子轴线间的距离。

02.0214 局部质量偏心距 local mass eccentricity
垂直于转子轴线切出的小的轴向单元的质心与转子轴线间的距离。

02.0215 轴承支架 bearing support
将负载由轴承传递给结构主体的部件或组合件。

02.0216 平衡转速 balancing speed
平衡转子时的转速。

02.0217 慢转速偏差 slow speed runout
在不平衡量未引起明显振动的低转速时，转子表面上测得的偏差。

02.0218 工作转速 service speed
转子在最终装配后或现场状态下工作的转速。

02.0219 配合件 fitment
本身无轴又必须安装在某转轴或心轴上，才能够测量出不平衡量的工件。

02.0220 各向同性的轴承支架 isotropic bearing support
在任何径向上具有相同的动态特性的轴承支架。

02.0221 定心接口 spigot
为保持同心，转子联轴器所采用的接口形式。

02.0222 振型偏心距 modal eccentricity
第 n 阶振型不平衡量除以第 n 阶模态质量的值。

02.0223 振型灵敏度 modal sensitivity
振型位移矢量的变化量与振型偏心距（振型

不平衡量除以模态质量)的变化量的比值。

02.0224 刚性自由体 rigid free-body
具有刚性的内部连接而无外部约束的质点系。

02.0225 刚性自由体不平衡 rigid free-body unbalance
(在平衡机上)当围绕旋转轴产生旋转运动时,由于离心力的作用,存在于任一旋转刚性自由体中的状态。

02.0226 刚性自由体平衡 rigid free-body balancing
检验并在必要时调整刚性自由体的质量分布,以保证主轴位置在规定范围之内的工艺过程。

02.0227 仿真转子 dummy rotor
(在平衡过程中)代替转子或转子部件有相当刚性及同样动态特性[质心位置、质量和惯性矩]的装置。

02.06 平衡与平衡装备

02.0228 不平衡 unbalance
由于转子质量中心偏离旋转中心,导致旋转过程中产生离心力,并以振动的方式作用于转子轴承时,该转子所处的状态。

02.0229 静不平衡 static unbalance
中心主惯性轴平行偏离于轴线的不平衡状态。

02.0230 准静不平衡 quasi-static unbalance
中心主惯性轴与转子轴线在质心以外的某一点相交的不平衡状态。

02.0231 偶不平衡 couple unbalance
中心主惯性轴与转子轴线在质心相交的不平衡状态。

02.0232 动不平衡 dynamic unbalance
中心主惯性轴与转子轴线既不平行又不相交的不平衡状态。

02.0233 不平衡量 amount of unbalance
转子某平面上不平衡的量值,不涉及不平衡的相角位置,它等于不平衡质量和其质心至轴线距离的乘积。

02.0234 不平衡质量 unbalance mass
位于转子特定半径处的质量,该质量与向心加速度的乘积等于不平衡离心力。

02.0235 不平衡相角 angle of unbalance
又称"不平衡相位"。在垂直于转子轴线的平面内并随转子一起旋转的极坐标系中,不平衡质量位于给定坐标系中的极角。

02.0236 不平衡矢量 unbalance vector
大小为不平衡量,方向为不平衡相角的矢量。

02.0237 不平衡力 unbalance force
在给定转速下,由转子某校正平面上的不平衡引起的在该平面的离心力(相对于转子曲线)。

02.0238 合成不平衡 resultant unbalance
沿转子分布的所有不平衡矢量的矢量和。

02.0239 合成不平衡力 resultant unbalance force
当转子围绕其轴线旋转时,相对于轴线上任意一点,转子所有质量单元的离心力系的合力。

02.0240 不平衡力矩 unbalance moment
在包含转子质心和轴线的平面上,转子某质量单元的离心力对于某参考点的力矩。

02.0241 合成不平衡力矩 resultant moment unbalance

在包含转子质心和轴线的平面上，转子所有质量单元的离心力系对于某参考点的合成力矩。

02.0242 不平衡力偶 unbalance couple
在合成不平衡力为零的情况下，转子所有质量单元的离心力系的合成力偶。

02.0243 不平衡度 specific unbalance
转子单位质量的不平衡量。在静不平衡时，相当于转子的质量偏心距。

02.0244 初始不平衡 initial unbalance
平衡前转子上存在的不平衡量。

02.0245 受控初始不平衡 controlled initial unbalance
对转子各部件进行单件平衡以及对转子进行仔细的设计、制造和装配使初始不平衡减至最小的过程。

02.0246 剩余不平衡 residual unbalance
平衡后转子上剩余的不平衡量。

02.0247 平衡允差 balance tolerance
对于刚性转子，某径向平面(测量平面或校正平面)不平衡量的容许值。当测得的不平衡量最大值低于该值时，转子不平衡状态认为合格。

02.0248 初始振动 initial vibration
平衡前转子或轴承座的振动。

02.0249 剩余振动 residual vibration
平衡后转子或轴承座的振动。

02.0250 振型不平衡允差 modal unbalance tolerance
对应于某一振型所规定的等效振型不平衡量的最大值。在该振型下，低于该值的不平衡状态认为合格。

02.0251 热致不平衡 thermally induced unbalance
由温度变化而引起的转子的不平衡状态。

02.0252 不平衡灵敏度 sensitivity to unbalance
机器本身对不平衡变化反应的量度，在数值上以振动矢量变化对不平衡变化的比值表示。

02.0253 局部灵敏度 local sensitivity
又称"影响系数"。转子在规定转速下，在指定测量平面上位移或速度矢量变化对某一平面上不平衡矢量变化的比值。

02.0254 平衡 balancing
检验并在必要时调整转子的质量分布，以保证在相应于工作转速的频率下，剩余不平衡或者轴颈振动和(或)作用于轴承的力在规定范围内的工艺过程。

02.0255 单面[静]平衡 single-plane [static] balancing
调整刚性转子的质量分布，保证剩余的静不平衡量在规定范围内的工艺过程。

02.0256 双面[动]平衡 two-plane [dynamic] balancing
调整刚性转子的质量分布，保证剩余的动不平衡量在规定范围内的工艺过程。

02.0257 转位 indexing
为得到所要求的位置，将转子或转子组件转动某一角度。

02.0258 转位不平衡 indexing unbalance
一个转子组件的两个部件相对转位之后不平衡的变化。这种不平衡的变化通常是由于单个部件的不平衡、配合(定位)面的偏差和(或)配合松动引起的。

02.0259 多面平衡 multiplane balancing

需要在两个以上校正平面上进行不平衡校正的任何平衡过程，用于挠性转子平衡。

02.0260 质量定心 mass centering
确定主惯性轴的过程，对轴颈、中心或其他有关表面进行机械加工，使由这些表面确定的旋转轴尽量接近主惯性轴。

02.0261 转子现场平衡 rotor field balancing
转子在原配轴承和支承结构上而不是在平衡机上进行的平衡过程。

02.0262 挠性转子低速平衡 low speed balancing of flexible rotor
被平衡挠性转子在能视为刚性转子的转速下进行的平衡过程。

02.0263 挠性转子高速平衡 high speed balancing of flexible rotor
被平衡挠性转子在不能视为刚性转子的转速下进行的平衡过程。

02.0264 测量平面 measuring plane
垂直于转子轴线,用于测量不平衡矢量的平面。

02.0265 校正[平衡]平面 correction [balancing] plane
垂直于转子轴线，用于校正不平衡的平面。

02.0266 校正方法 method of correction
为把不平衡或由不平衡引起的振动或振动力减小到某一允许差值,采用的调整转子质量分布的方法。

02.0267 试验质量 test mass
配合校验转子用于测试平衡机的严格规定的质量。

02.0268 差分试验质量 differential test masses
加到转子同一横截面完全相反的两个位置上的表示不同不平衡量的两个试验质量。

02.0269 差分不平衡 differential unbalance
两个差分试验质量之间不平衡的差值。

02.0270 精细平衡 trim balancing
校正转子小的剩余不平衡的工艺过程。

02.0271 逐步平衡 progressive balancing
将一个或两个部件加于平衡轴上，然后在这些部件上校正组装件的不平衡的工艺过程。

02.0272 校正质量 correction mass
在给定的校正平面上，为把不平衡减小到所要求的范围，附加于转子的质量(转子相反位置除去的质量)。

02.0273 标定质量 calibration mass
某已知质量,用于:(1)与校验转子一起,以标定平衡机;(2)在某种类型的第一个转子上,标定软支承平衡机,以校正该转子和同类型的转子。

02.0274 试加质量 trial mass
任意(或由先前对同样转子的经验)选择并加在转子上以确定转子响应的质量。

02.0275 平面转换 plane transposition
在不是初始测量平面的其他平面上确定不平衡量的过程。

02.0276 振型平衡 modal balancing
平衡挠性转子的一种方法,分别在有影响的各阶挠曲主振型下进行不平衡校正,使振幅减小到规定范围之内。

02.0277 影响系数法 influence coefficient method
根据线性振动理论,求得影响系数,以进行平衡的一种转子平衡方法。

02.0278 转子平衡等级 balance quality grade
对于刚性转子,以转子不平衡度与转子最大工作角速度之积作为分级的量值。

02.0279　合格界限　acceptability limit
规定的不平衡量的最大值，低于该值时转子不平衡状态认为合格。

02.0280　平衡机　balancing machine
测量转子不平衡的机器。可用于调整被平衡转子的质量分布，以减少轴颈的基频振动力矩或作用到轴承的力。

02.0281　非旋转式平衡机　non-rotation balancing machine
用于在非旋转情况下支撑刚性转子并提供静不平衡量值和相角数据的平衡机。

02.0282　旋转式平衡机　rotational balancing machine
用于支撑转子，使其旋转，并且测量由转子不平衡引起的基频的振动和力的平衡机。

02.0283　静平衡机　static balancing machine
为完成单面平衡提供数据的重力式平衡机或离心式平衡机。

02.0284　动平衡机　dynamic balancing machine
为完成双面平衡提供数据的离心式平衡机。

02.0285　低于共振平衡机　below-resonance balancing machine
平衡转速低于转子和支撑所组成系统固有频率的平衡机。

02.0286　谐振式平衡机　resonance balancing machine
平衡转速等于转子和支撑所组成系统固有频率的平衡机。

02.0287　高于共振平衡机　above-resonance balancing machine
平衡转速高于转子和支撑所组成系统固有频率的平衡机。

02.0288　补偿式平衡机　compensating balancing machine
带有机内校正力系统以消除转子中不平衡力的平衡机。

02.0289　直读式平衡机　direct reading balancing machine
能直接指示任意两个测量平面上不平衡相角位置和不平衡质量单位数的平衡机。其校正平面干扰较小，对于某种类的第一个转子不需要单独标定。

02.0290　回转直径　swing diameter
平衡机能容纳的最大转子直径。

02.0291　现场平衡设备　field balancing equipment
不安装在平衡机上，而是在装配好的机器上进行平衡操作并提供数据的组合测量仪器。

02.0292　配重　counterweight
加在旋转体上的重量块，以减少在某一所要求的位置上计算出的不平衡。

02.0293　补偿器　compensator
安装在平衡机内，可使转子的初始不平衡为零（通常以电气方式），以加快平面设定和标定过程的装置。

02.0294　灵敏度开关　sensitivity switch
用于改变不平衡量最大值的控制器，标明量程或比例，通常以10∶1或更小分档。

02.0295　相角指示器　angle indicator
用于指示不平衡相角的仪器。

02.0296　相角参考发生器　angle reference generator
用于产生确定转子相角位置信号的装置。

02.0297　相角参考标志　angle reference marks

用于表示固定在转子上的相角参考系的标志。

02.0298　矢量测量装置　vector measuring device
用于测量和显示不平衡矢量的不平衡量值和不平衡相角的装置。通常用点或线表示。

02.0299　分量测量装置　component measuring device
用于测量和显示选定的不平衡矢量分量的不平衡量值和不平衡相角的装置。

02.0300　平衡机最小响应　balancing machine minimum response
在规定条件下，平衡机检测和指示最小不平衡能力的量度。

02.0301　平衡机准确度　balancing machine accuracy
在规定条件下，平衡机能够测量给定不平衡量值和不平衡相角的极限值。

02.0302　校正平面干扰　correction plane interference
在给定转子的某一校正平面上，不平衡量的变化所引起的另一校正平面上平衡机指示值的改变。

02.0303　平衡机灵敏度　balancing machine sensitivity
在规定条件下，平衡机的不平衡示值的增量。表示为：不平衡每单位增量指示器的位移或数字读数。

02.0304　自平衡装置　self-balancing device
在正常运转过程中，对于不平衡量的变化能自动进行补偿的装置。

02.0305　最小可达剩余不平衡量　minimum achievable residual unbalance
平衡机能使转子达到的剩余不平衡量的最小值。

02.0306　标称最小可达剩余不平衡量　claimed minimum achievable residual unbalance
制造者对其制造的平衡机指定的并按照GB/T 4201—2006规定的方法测定过的最小可达剩余不平衡量的值。

02.0307　平衡操作　balancing run
（在平衡机上）包括一次测量操作和相应校正过程的操作。

02.0308　摆重　bob weight
平衡时，装于曲轴销上的附重，以模拟活塞或连杆组件的旋转和往复质量部分。

02.0309　虚假不平衡示值　phantom unbalance indication
除不平衡以外与基频同频的信号所导致的不真实的不平衡示值。

02.0310　平衡轴承　balancing bearing
专用的滚动轴承。通常已减小间隙，用在低速平衡机上支承转子。

02.0311　平衡心轴　balancing arbor
在其上装工件，供平衡用的机加工过的轴。

02.0312　平衡心轴不平衡偏置　unbalance bias of a balancing arbor
加于平衡心轴的某已知的不平衡量。

02.0313　偏置质量　bias mass
加于平衡心轴以产生所要求的心轴不平衡偏置的质量。

02.0314　主转子　master rotor
可在已知位置上添加标定质量并用于定期检验标定平衡机的标定转子。

02.0315　节杆　nodal bar
通过轴承与挠性支承着的刚性转子连接的刚性杆。其运动基本与（转子）轴线的运动平行。

02.0316　标定转子　calibration rotor
用于标定平衡机的转子(通常是一批转子中的第一个)。

02.0317　试验转子　test rotor
为检验平衡机而设计的适当质量的刚性转子。这种转子已平衡到足以能用加重方法引入准确的不平衡,其量值和相角位置具有高度的重复性。

03. 机械设计与制图

03.01　机　械　设　计

03.01.01　一　般　名　词

03.0001　机械设计　mechanical design
根据使用要求对机械的工作原理、结构、运动方式、力和能量的传递方式、各种零件的材料和形状尺寸、润滑方法等进行构思、分析和计算并将其转化为具体的描述以作为制造依据的工作过程。

03.0002　产品设计　product design
根据使用要求,经过研究、分析和设计,提供产品生产所需的全部解决方案的工作过程。

03.0003　机械设计学　mechanical design science
将机械产品设计的共性技术与理论化的设计方法有机结合,形成的一门研究机械产品设计的规律、过程、原理、方法与工具的综合性学科。

03.0004　设计方法学　design methodology
研究设计规律、设计程序及设计中思维和工作方法的一门综合性学科。

03.0005　设计类型　design type
根据设计涉及的工作量和创新程度不同,对产品设计工作进行的分类。

03.0006　设计过程　design process
又称"设计流程"。设计者为完成设计所采取的一系列活动步骤。

03.0007　设计工具　design tool
完成设计过程所需的软硬件辅助工具,如计算机、仿真软件、绘图工具等。

03.0008　设计规范　design specification
经批准颁发的从事设计工作所必须遵循的规范。

03.0009　设计准则　design criterion
在设计时所必须遵循的一些基本原则。

03.0010　设计知识　design knowledge
能用于产品设计与决策的各种信息与经验的总和。

03.0011　设计资源　design resource
用于产品设计的资源要素的总和,包括智力资源、知识资源、工具资源与设计能力。

03.0012　设计目标　design objective
产品设计预期达到的效果,包括功能、性能、成本、时间、环境和服务等目标。

03.0013 设计约束 design constraint
设计变量间应满足的相互制约和相互依赖的关系。

03.0014 设计变量 design variable
又称"设计参数"。产品设计过程中，可以根据设计目标和设计约束改变取值的设计量。

03.0015 新型设计 new-type design
设计过去没有过的新型产品。

03.0016 创新设计 innovation design
创新理念与设计实践的结合，设计出在原理、功能、机构、结构、外观、材料或工艺等方面与现有产品有本质变化的产品，能够满足用户或市场的新需求，在市场中竞争取胜的设计。

03.0017 改进设计 improved design
又称"产品改良设计"。对原有传统的产品进行优化、充实和改进的再开发设计。

03.0018 适应性设计 adaptive design
在总的方案原理基本保持不变的情况下，对现有产品进行局部更改，以满足变化的产品设计需求的设计。

03.01.02 设 计 流 程

03.0019 需求设计 requirement design
对机械系统或产品需要解决的问题进行详细分析，确定机械系统的具体设计要求和设计约束的设计。

03.0020 概念设计 conceptual design
在明确任务之后，经过抽象化，拟定功能结构，寻求适当的作用原理及其组合，确定出基本的求解路径，得出求解方案的设计。

03.0021 原理设计 principle design
对机械系统或产品基本规律、基本方法的设计。

03.0022 总体设计 overall design
又称"概要设计"。对全局问题的设计，形成产品设计总的解决方案，例如确定总体参数和总体布置等。

03.0023 整机设计 complete machine design
根据机械产品的设计需求，确定影响产品整体性能的主要技术参数、功能部件构成与总体布局，并协同电气、自动化、软件等系统设计实现各部件与系统设计的集成的设计。

03.0024 系统设计 system design
通过系统分析确定整体方案后，为达到最优的系统性能指标而对系统进行的设计。

03.0025 方案设计 scheme design
根据机械产品的功能要求，确定产品的组成、功能、结构及接口等原理方案的设计。

03.0026 技术设计 technical design
对产品进行全面的技术规划，完成产品的主要计算和主要零部件的设计，确定零部件结构、尺寸、配合关系以及技术条件。

03.0027 功能设计 functional design
确定系统的总功能，规定系统各主要部分的功能及它们之间关系的设计。

03.0028 详细设计 detailed design
将设计方案进行细化，确定产品功能的具体实现方法和零部件结构、尺寸等设计参数，设计出满足设计需求的机械产品的设计。

03.0029 机构设计 mechanism design
对机械系统中机构的设计，包含机构型式设计、运动设计和运动分析等。

03.0030 运动学设计 kinematics design

确定机械系统中构件的位置随时间的变化规律的设计。

03.0031 动力学设计 dynamics design
确定机械系统中构件的受力与运动之间的关系及变化规律的设计。

03.0032 零部件设计 machinery parts design
从机器的工作原理、承载能力、构造和维护等方面研究机械零部件的设计问题，包括确定零件形状和尺寸、选择零件材料以及保证零件工艺性等。

03.0033 结构设计 structure design
在总体设计的基础上，根据所确定的原理方案，选定结构布局、材料和结构尺寸等技术工作的总称。

03.0034 布局设计 layout design
确定产品整体布置以及组成零部件间相互位置关系和相互运动关系的设计。

03.0035 配置设计 configuration design
对一组预先给定的可配置产品的组件进行组合，寻找满足用户需求的配置结果的设计方法。

03.0036 造型设计 shape design
全称"工业造型设计"。又称"外形设计"。设计出美的、艺术的产品外观，满足功能结构与审美要求的设计。

03.0037 精度设计 precision design
又称"公差设计"。在满足产品功能、性能和可装配性的前提下，合理定义、分配零件和产品的公差，以成本最小和质量最高为目标进行的产品设计。

03.0038 人机工程设计 ergonomics design
综合考虑人、机器、环境三要素的关系，合理分配人与机器的功能，创造最优的人机关系，最佳的系统效益和最舒适的工作环境的设计。

03.0039 装配设计 assembly design
确定产品及部件的装配顺序、装配方法、装配技术要求和检验方法及装配所需设备、工夹具、时间、定额等技术内容的设计。

03.0040 工艺设计 process planning
编制各种工艺文件和设计工艺装备的设计。

03.0041 工装设计 tooling design
对产品制造过程中所使用的各种工具包括刀具、夹具、磨具、量具、检具、辅具、钳工工具和工位器具等的设计。

03.0042 定型设计 final design
根据批量试产中所出现的问题，对设计作相应修改，最终固化成可供正式生产使用的设计。

03.01.03 设 计 方 法

03.0043 系统化设计理论 systematic design methodology
从产品整体系统出发，在总结产品各设计领域理论、方法和经验的基础上，应用自然科学和社会科学的多种现代理论与工程产品方法而建立的一套完整的系统化产品设计理论。

03.0044 综合设计理论 product comprehensive design theory
以顾客需求为驱动，以获得优良功能与综合性能为目标的一种多学科融合交叉的全功能和全性能优化的设计理论与方法。

03.0045 集成设计理论 integrated design theory
集成多层次多学科设计理论与方法进行产

品设计的理论。

03.0046 耦合设计理论 coupling design theory

分析产品的各级子系统之间和子系统内部的功能之间、参数之间、功能与参数之间的相互作用与相互影响关系，通过耦合传播分析和解耦，完成产品设计的理论。

03.0047 公理化设计理论 axiomatic design theory

由基本公理、法则指导的设计方法。

03.0048 独立公理 independent axiom

保持功能要求独立性的基本公理。

03.0049 信息公理 information axiom

力求使设计信息量最小的基本公理。

03.0050 数字化设计 digital design

采用数字化的设计方法、技术、工具与环境，利用数字化的设计资源与设计知识，实现产品生命周期全数字化定义，为产品加工、制造、使用、维护提供全数字化依据的设计。

03.0051 虚拟设计 virtual design

利用虚拟现实技术进行产品的设计。在虚拟环境中进行产品设计与仿真，实现产品全生命周期的虚拟开发。

03.0052 串行设计 sequential design

产品设计的各个阶段按顺序方式进行，一个阶段的工作完成后，下一个阶段的工作才开始，各个阶段依次进行的设计。

03.0053 并行设计 concurrent design

对产品及相关过程进行并行和集成的系统化工作模式，使设计人员充分考虑产品全周期的所有要素，并行进行不同阶段的设计，提高产品研发效率。

03.0054 协同设计 collaborative design

为了完成某一设计目标，由两个或两个以上设计主体，通过一定的信息交换和相互协作机制，共同完成产品的设计。

03.0055 网络化设计 network design

按照市场需求，利用网络技术灵活组织分散的跨地区、跨行业的设计资源，按照资源优势互补的原则，迅速组合设计共同体，完成某一产品的设计，以便快速推出高质量、低成本的新产品。

03.0056 全生命周期设计 life cycle design

考虑设计、生产、使用直至废弃后回收等产品生命周期全过程，进行产品功能、性能、质量、成本、环保等多目标分析与优化的设计。

03.0057 面向装配的设计 design for assembly

又称"可装配性设计"。在设计阶段充分考虑产品装配约束，以减少装配时间和成本为目标的设计方法。

03.0058 面向制造的设计 design for manufacturing

又称"可制造性设计"。在设计阶段充分考虑产品制造约束，以减少制造成本和时间为目标的设计方法。

03.0059 面向拆卸的设计 design for disassembly

又称"可拆卸设计"。在设计阶段充分考虑产品拆卸难易程度，以结构可拆卸、拆卸易操作为目标的设计方法。

03.0060 面向维修的设计 design for maintenance

又称"可维修性设计"。在设计阶段充分考虑产品的维修难易程度，以故障零件便于拆卸、维修时间和成本低为目标的设计方法。

03.0061 面向质量的设计 design for quality
又称"保质设计"。将质量保证措施与设计过程有机结合，在设计阶段尽可能早地考虑产品功能、性能、材料及其可加工性、可装配性、可测试性、可靠性等影响其生命周期质量的众多因素，确保按设计文件制作的产品实现用户对其性能和质量的全面需求的设计方法。

03.0062 面向成本的设计 design for cost
在满足用户需求的前提下，通过分析和研究产品全生命周期中各部分的成本组成情况，对原设计中影响成本的过高费用部分进行修改，以达到降低成本的设计方法。

03.0063 面向环境的设计 design for environment
考虑产品开发过程中的环境因素，尽量减少产品全生命周期中对环境产生不良影响的设计方法。

03.0064 绿色设计 green design
又称"生态化设计"。以产品整个生命周期的环境资源属性为核心的设计理念和方法。

03.0065 绿色设计评价 green design evaluation
对产品生命周期全过程的"绿色"程度的评价，包括环境属性指标、资源属性指标、能源属性指标及经济属性指标。

03.0066 回收设计 recycling design
在产品设计时充分考虑产品零部件及材料回收的可能性、回收价值大小、回收处理方法、回收处理结构工艺等问题，以达到零部件及材料资源的充分有效利用，以减少环境污染的一种设计思想和方法。

03.0067 节能降耗设计 energy-saving design
将产品运行能耗作为设计要素予以考虑的产品设计方法。

03.0068 低碳设计 low carbon design
能达到减少温室效应排放效果的设计。这种方法能够实现人和自然的和谐发展，保证产品和生态之间的平衡。

03.0069 可重用设计 reusable design
在设计中充分考虑可修改性和可重组性，使系统整体稳定性高、可重用性好的设计方法。

03.0070 轻量化设计 lightweight design
在确保产品性能指标的前提下，尽可能降低产品重量，以达到减重、降耗、环保、安全指标的设计方法。

03.0071 优化设计 optimization design
以最优化理论为基础，以计算机为手段，根据设计所追求的性能目标建立目标函数，在满足给定的各种约束条件下，寻求最优设计方案的一种设计方法。

03.0072 功能优化设计 functional optimization design
根据用户需求，以产品功能最优为目标的设计方法。

03.0073 结构优化设计 structural optimization design
根据给定的性能指标和约束条件，求出最优结构设计方案的设计方法。

03.0074 拓扑优化设计 topology optimization design
根据给定的性能指标和约束条件，在给定区域内对产品材料分布进行优化的设计方法。

03.0075 形状优化设计 shape optimization design
根据给定的性能指标和约束条件，确定产品结构的边界形状或者内部几何形状的设计方法。

03.0076 多学科优化设计 multidisciplinary optimization design

集成多学科知识,把多个学科的设计模型综合在一起进行协调优化,获得产品整体最优解的设计方法。

03.0077 田口方法 Taguchi method

在产品设计和制造过程中考虑产品的稳健性,通过在设计源头控制产品质量,抵御制造和使用中的噪声和不可控因素干扰的产品设计方法。

03.0078 稳健优化设计 robust optimization design

在田口方法基础上,将稳健性概念与优化方法相结合的产品设计方法,包括以稳健性指标为优化目标的优化设计和以稳健性指标为约束条件的优化设计方法。

03.0079 动态优化设计 dynamic optimization design

以产品的固有频率、振型或动力响应为目标函数或约束条件,使产品达到高性能的设计方法。

03.0080 智能设计 intelligent design

以人工智能技术为实现手段,使计算机更多、更好地承担设计中的各种复杂任务的一种设计方法。

03.0081 基于知识的设计 knowledge-based design

将设计数据提升为信息、转化为知识,继而积累为企业智力资产,指导产品设计的设计方法。

03.0082 设计专家系统 design expert system

将设计专家的知识和思考解决问题的方法、经验和诀窍组织整理且存储在计算机中,模拟设计专家的思维过程,解决产品设计问题的智能计算机系统。

03.0083 发明问题解决理论 TRIZ theory

又称"TRIZ 理论"。基于知识的、面向人的解决关于设计创新与发明问题的系统化理论。

03.0084 直觉思维法 intuitive thinking method

充分利用直觉思维和灵感思维来得到问题新的解法或新的发现的方法。

03.0085 推理思维法 reasoning thinking method

在逻辑推理、启发思考和强制联想的基础上,将一个复杂问题细分为一些较为简单的小问题,通过分析每一个问题的各种影响因素,有针对性、有步骤地推理,寻求解法的方法。

03.0086 联想创造法 associative creative method

通过启发、类比、联想、综合等技法,创造出新的设想,以解决问题的方法。

03.0087 组合创新法 combination innovative method

利用事物间的内在联系,对已有的知识和现有成果进行新的组合,从而产生新的方案的方法。

03.0088 模糊设计 fuzzy design

应用模糊数学知识,将各种模糊因素对设计结果的影响进行定量化分析,指导产品的设计。

03.0089 六西格玛设计 design for six sigma

按照合理的流程、运用科学的方法准确理解和把握顾客需求,对新产品进行健壮设计,使产品在低成本下实现六西格玛质量水平,同时使机械产品本身具有抵抗各种干扰的能力的设计方法。

03.0090　质量功能展开设计　quality function deployment design
一种用户驱动的产品系统设计方法，通过质量屋将用户需求依次展开为工程特性、零部件特性、工艺特性和生产要求，实现技术与市场的有效集成。

03.0091　动态设计　dynamic design
在产品设计、制造与使用过程中，按照结构、功能与环境等因素的演变规律，对设计对象的功能与性能进行动态规划、评价、决策与优化的活动，使产品具有良好的质量的设计方法。

03.0092　稳健设计　robust design
又称"鲁棒设计"。使机械产品性能对设计变量的变异不敏感，在设计变量发生变化的情况下，仍能满足产品性能需求的一种设计方法。

03.0093　优势设计　advantage design
为产品创建竞争优势的设计思想、原理和技术，是一种面向市场竞争、以创造产品竞争优势为目的的设计方法。

03.0094　三次设计法　cubic design method
又称"三阶段设计"。建立在试验设计技术基础之上，在新产品开发过程中进行系统设计（第一次设计）、参数设计（第二次设计）和容差设计（第三次设计）三阶段设计的设计方法。

03.0095　快速响应设计　rapid response design
以时间为评判标准，在保证产品设计功能全面、技术先进的同时，以缩短产品研发周期为目标的产品设计方法。

03.0096　变型设计　variant design
为适应新的需要对已有的机械作部分的修改或增删而发展出不同于标准型的变型产品的设计方法。

03.0097　参数化设计　parametric design
根据设计需求的变化，对产品局部结构、尺寸和约束关系进行调整后，自动完成产品模型中相关部分的改动或更新的设计方法。

03.0098　继承设计　inheritance design
对已有产品进行设计更新，以提高其性能、降低其制造成本的设计方法。

03.0099　通用化设计　universal design
在相互独立的系统中，选择和确定具有功能互换性或尺寸互换性的子系统或功能单元的标准化形式的设计方式。

03.0100　标准化设计　standardized design
在一定时期内，面向通用产品，采用共性条件，制定统一的标准和模式，开展的使用范围比较广泛的设计方法。

03.0101　系列化设计　serial design
通过对同一类产品发展规律分析与技术经济比较，对产品的主要参数、型式、尺寸、基本结构等做出合理安排与计划的设计方法。

03.0102　相似性设计　similar design
在相似理论指导下，通过模化方法和模型试验，实现系列产品的设计。

03.0103　变异性设计　aberrance design
简称"变异设计"。在产品已有基型基础上，为了满足客户需求而进行的一种改变现有机械的结构组成、布置方式或尺寸的产品结构设计方法。

03.0104　定制设计　customization design
通过模块化、配置设计和变型设计等技术，使最终产品在外部多样化与内部少样化之间达到综合最优，帮助企业以尽可能短的交货期和低价格向客户提供高质量的个性化产品的设计。

03.0105 产品族设计 product family design
根据预定义的产品零部件集及它们之间的相互约束关系，在给定用户个性需求时，只需通过一个常规产品的配置过程，迅速完成一系列用户定制产品的设计。

03.0106 模块化设计 modular design
将系统划分为若干具有不同用途（或性能）并可互换的模块，经不同的组合，以满足不同需要的设计方法。

03.0107 产品平台化设计 product platform design

通过在产品平台基础上添加、删除、替换一个或多个模块，衍生出满足用户个性化需求的不同产品，或者增实现产品衍生的设计方法。

03.0108 产品平台 product platform
整个系列产品所采用的共同要素的集合。包括共用的系统架构、子系统、模块/组件和技术。

03.0109 反求设计 reverse design
又称"逆向设计"。对已存在产品的实物、软件或影像进行解剖、分析、重构和再创造，开发出同类新产品的设计方法。

03.01.04 设 计 工 具

03.0110 计算机辅助设计 computer aided design
以计算机为工具，辅助设计者完成产品设计，达到提高产品设计质量、缩短产品开发周期、降低产品成本的目的的设计。

03.0111 产品信息建模 product information modeling
对产品的各类信息进行表达，用于支持产品的开发过程。

03.0112 产品装配建模 product assembly modeling
在计算机内部对产品的装配信息进行表达，是一种集成化的信息建模方法。

03.0113 数字样机 digital prototype
又称"虚拟原型""虚拟样机"。融合虚拟现实与仿真技术，将分散的产品设计开发和分析过程集成到一起，构建的数字化虚拟产品原型系统。数字样机支持设计者、制造者和使用者在产品研发早期进行产品设计优化、性能测试、制造仿真和使用仿真。

03.0114 基于模型的定义 model based definition

将产品的所有相关设计定义、工艺描述、属性和管理等信息都附着在产品三维模型中的数字化定义方法。

03.0115 多学科联合仿真 multidisciplinary joint simulation
根据产品设计需求，在分析产品各学科要素性质及其相互关系的基础上，建立能够描述产品各学科之间约束关系的仿真模型。据此进行试验或定量分析，以获得正确决策所需的各种信息。

03.0116 灵敏度分析 sensitivity analysis
模型特性和行为对其输入变量或参数扰动的效应分析。

03.0117 有限元分析 finite element analysis
又称"有限元法"。将连续体离散化为若干有限大小的单元体，对实际物理问题进行模拟求解的分析方法。

03.0118 计算机辅助工程 computer aided engineering
利用计算机对工程和产品进行性能与安全可靠性分析，对其未来的工作状态和运行行为进行模拟，及早发现设计缺陷的技术。

03.0119 产品数据管理 product data management

管理与产品相关的所有数据和过程的技术。

03.0120 工程数据库管理 engineering database management

对工程设计中产生的数据进行采集、分类、存储、检索、更新和维护等工作。

03.01.05 机械仿生学

03.0121 仿生工程 bionic engineering

模仿生物功能原理解决工程问题的工程技术。

03.0122 仿生学 bionics

通过生物系统的功能解析、仿生模型构建，并最终应用于实际产品的生物与技术交叉学科。

03.0123 工程仿生学 engineering bionics

利用仿生工程的手段，将生物的功能特点应用到工程产品的学科分支。

03.0124 机械仿生学 bionic mechanical engineering

将人类与自然生命组织的功能和进化过程延伸到机械产品的学科分支。

03.0125 生物灵感 bioinspiration

通过对生物系统的观测得到的创造性的灵感。

03.0126 单元仿生 simple bionics, single-factor bionics

又称"简单仿生"。模仿生物形态、结构、材料或构形等单一因素的仿生。

03.0127 耦合仿生 coupled bionics

模拟生物多因素耦合、协同作用的仿生。

03.0128 仿生设计 biomimetic design

基于仿生学原理的设计方法。

03.0129 仿生机械系统 biomimetic mechanical system

基于仿生学原理的机械系统。

03.0130 仿生机构 bio-mechanism

模仿生物运动原理的机构。

03.0131 仿生结构 biomimetic structure

又称"结构仿生"。模仿生物原型的宏观或微纳结构。

03.0132 仿生表面 biomimetic surface

全称"仿生功能表面"。模仿生物功能原理的表面。

03.0133 仿生传感 biomimetic sensing

又称"仿生感知"。模仿生物探测、响应、反馈等感知原理，制造机械传感系统的技术。

03.0134 仿生驱动 biomimetic actuation

模仿生物驱动机理，制造机械运动与动力系统的技术。

03.0135 仿生机器人 biomimetic robot

模仿人类或生物功能或特性制造的机器人。

03.0136 生物制造 biomanufacturing

以细胞、活性分子和生物材料为基本成形单元，实现生物组织及器官的生理属性、结构及机能的体外制造的技术。

03.0137 仿生制造 bionic manufacturing

通过模仿生物的组织结构、功能原理或运行模式，制造人工产品的技术。

03.0138 仿生减阻 bionic resistance reduction

模拟生物体表特征或运动行为从而减小运动界面的摩擦阻力的方法。

03.0139 仿生耐磨 anti-wear bionic
模拟生物体表形态、结构、材料等特征以提高表面磨损抗力的方法。

03.0140 仿生脱附 bionic adhesion
模拟生物体表形态、结构、材料等特征以降低工作表面对接触介质的黏附能力的方法。

03.0141 仿生自洁 bionic self-cleaning
模仿生物体表形态、结构、材料等特征以提高工作表面对接触介质的自我清理能力的方法。

03.0142 仿生止裂 bionic anti-cracking
模仿生物体抑制裂纹原理以降低裂纹萌生与扩展的能力。

03.0143 仿生变色 bionic discoloration
模仿生物体化学色或结构色生成原理而进行的色彩转换设计。

03.0144 仿生隐形 bionic stealth
基于生物伪装原理以改变目标物体的可探测性。

03.0145 仿生抗冲蚀 bionic anti-erosion
模仿生物与气、固、液等介质接触特征以提高零部件表面抗冲刷能力。

03.0146 仿生降噪 bionic noise reduction
模仿生物低噪声控制原理以降低系统工作时产生的噪声。

03.0147 仿生智能 bionic intelligence
模拟生物感知、控制与驱动等特征以提高系统对环境的自我响应能力。

03.0148 仿生修复 bionic repairing
模仿生物对自身损伤自行恢复的特性以提高系统对损伤的恢复能力。

03.0149 仿生建模 bionic modeling
模仿生物功能部位建立的数学、物理、几何、原理等模型。

03.0150 仿生成形 bionic forming
模仿生物成形过程的方法。

03.0151 生物加工成形 bio-forming
直接利用生物的加工成形的工艺方法。

03.0152 生物去除成形 bio-removal
利用微生物代谢功能去除加工成形的工艺方法。

03.0153 生物复制成形 bio-replication
以生物表面为模板直接复制逼真仿生形貌的工艺方法。

03.0154 生物约束成形 bio-template forming
以生物微粒为模板直接外包覆或内沉积制作微纳功能微粒的工艺方法。

03.0155 生物生长成形 bio-growing forming
利用生物生长及代谢产物控制结构生成的工艺方法。

03.0156 生物组装成形 bio-assembly forming
以生物功能化微粒为原料自组装或人工排列成形功能结构的工艺方法。

03.0157 生物合成成形 bio-synthetic forming
以生物分子为原料合成并成形的工艺方法。

03.0158 生物矿化成形 bio-mineralization
以生物原型为模板对生物材质置换或改质的工艺方法。

03.02 机 械 制 图

03.02.01 一 般 名 词

03.0159 机械制图 machanism drawing
用图样确切表示机械的结构形状、尺寸大小、工作原理和技术要求的技术。

03.0160 计算机辅助绘图 computer aided drawing
利用计算机帮助设计人员进行绘图工作的技术。

03.0161 图 drawing
用点、线、符号、文字和数字等描绘事物几何特性、形态、位置及大小的一种形式。

03.0162 工程图样 engineering drawing
简称"工程图"。根据投影原理及国家标准规定表示工程对象的形状、大小以及技术要求的图。

03.0163 简图 diagram
由规定的符号、文字和图线组成示意性的图。

03.0164 详图 detail
表明生产过程中所需要的细部构造、尺寸及用料等全部资料的详细图样。

03.0165 平面图 plan
建筑物、构筑物等在水平投影上所得的图形。

03.0166 立面图 elevation
建筑物、构筑物等在直立投影上所得的图形。

03.0167 零件图 detail drawing
表示零件结构、大小及技术要求的图样。

03.0168 装配图 assembly drawing
表示产品及其组成部分的连接、装配关系的图样。

03.0169 毛坯图 model drawing
零件制造过程中,为采用铸造、锻造等非切削加工方法制作坯料时提供详细资料的图样。

03.0170 型线图 lines plan
用成组图线表示物体特征曲面(如船体、汽车车身、飞机机身等表面)的图样。

03.0171 表格图 tabular drawing
用图形和表格表示结构相同而参数、尺寸、技术要求不尽相同的产品的图样。

03.0172 空白图 blank drawing
对结构相同的零件或部件,不按比例绘制且未标注尺寸的典型图样。

03.0173 外形图 figuration drawing
表示产品外形轮廓的图样。

03.0174 安装图 installation drawing
表示设备、构件等安装要求的图样。

03.0175 管系图 piping system drawing
表示管道系统中介质的流向、流经的设备以及管件等连接、配置状况的图样。

03.0176 方案图 scheme drawing
概要表示工程项目或产品设计意图的图样。

03.0177 设计图 design drawing
在工程项目或产品进行构形和计算过程中所绘制的图样。

03.0178 施工图 production drawing
表示施工对象的全部尺寸、用料、结构、构造以及施工要求,用于指导施工用的图样。

03.0179 总布置图 general plan
表达机械系统各组成部分的布局及之间关联情况的平面图样。

03.0180 原理图 schematic diagram
表示系统、设备的工作原理及其组成部分的相互关系的简图。

03.0181 框图 block diagram
表示某一系统工作原理的一种简图。其中，整个系统或部分系统连同其功能关系均用称为功能框的符号或图形以及连线和字符表示。

03.0182 流程图 flow diagram
表示生产过程中事物各个环节进行顺序的简图。

03.0183 电路图 circuit diagram
用图形符号，表示电路设备装置的组成和连接关系的简图。

03.0184 接线图 connection diagram
表示成套装置、设备或装置的电路连接关系

的简图。

03.0185 逻辑图 logic diagram
主要用二进制逻辑单元图形符号所绘制的电路简图。

03.0186 算图 graph
运用标有数值的几何图形或图线进行数学计算的图。

03.0187 表图 chart
用点、线、图形和必要的变量数值，表示事物状态或过程的图。

03.0188 草图 sketch
以目测估计图形与实物的比例，按一定画法要求徒手(或部分使用绘图仪器)绘制的图。

03.0189 原图 original drawing
经审核、认可后，可作为原稿的图。

03.0190 底图 traced drawing
根据原图制成的可供复制的图。

03.02.02 二 维 制 图

03.0191 图纸幅面 format
图纸宽度与长度组成的图面。

03.0192 比例 scale
图中图形与实物相应要素的线性尺寸之比。

03.0193 尺寸 dimension
用特定长度或角度单位表示的数值，并在技术图样上用图线、符号和技术要求表示出来。

03.0194 标题栏 title block
由名称及代号区、签字区、更改区和其他区组成的栏目。

03.0195 明细栏 item block

由序号、代号、名称、数量、材料、重量、备注等内容组成的栏目。

03.0196 图框 border
图纸上限定绘图区域的线框。

03.0197 简化画法 simplified representation
包括规定画法、省略画法、示意画法等在内的图示方法。

03.0198 规定画法 specified representation
对标准中规定的某些特定表达对象，所采用的特殊图示方法。

03.0199 省略画法 omissive representation
通过省略重复投影、重复要素、重复图形等

达到使图样简化的图示方法。

03.0200 示意画法 schematic representation
用规定符号和(或)较形象的图线绘制图样的表意性图示方法。

03.0201 分角 quadrant
又称"象限"。用水平和铅垂的两投影面将空间分成的各个区域。

03.0202 第一角画法 first angle method
将物体置于第一分角内，并使其处于观察者与投影面之间而得到正投影的方法。

03.0203 第三角画法 third angle method
将物体置于第三分角内，并使投影面处于观察者与物体之间而得到正投影的方法。

03.0204 投影法 projection method
投射线通过物体，向选定的面投射，并在该面上得到图形的方法。

03.0205 投影面 projection plane
投影法中，得到投影的面。

03.0206 投影 projection
根据投影法所得到的图形。

03.0207 中心投影法 central projection method
投射线汇交一点的投影法。

03.0208 平行投影法 parallel projection method
投射线相互平行的投影法。

03.0209 正投影法 orthogonal projection method
投射线与投影面相垂直的平行投影法。

03.0210 正投影 orthogonal projection
根据正投影法所得到的图形。

03.0211 斜投影法 oblique projection method
投射线与投影面相倾斜的平行投影法。

03.0212 斜投影 oblique projection
根据斜投影法所得到的图形。

03.0213 轴测投影 axonometric projection
将物体连同其参考直角坐标系，沿不平行于任一坐标面的方向，用平行投影法将其投射在一个投影面上所得到的图形。

03.0214 透视投影 perspective projection
用中心投影法将物体投射在一个投影面上所得到的图形。

03.0215 镜像投影 reflective projection
物体在平面镜中的反射图像的正投影。

03.0216 标高投影 indexed projection
在物体的水平投影上，加注其某些特征面、线以及控制点的高程数值的正投影。

03.0217 视图 view
根据有关标准和规定，用正投影法将机件向投影面投影所得到的图形。

03.0218 基本视图 base view
正六面体的六个面称为基本投影面，物体向基本投影面投射所得的视图。

03.0219 三视图 three-view drawing
观测者从上面、左面、正面三个不同角度观察同一个空间几何体而画出的图形。

03.0220 主视图 front view
由前向后投射所得的视图。

03.0221 俯视图 top view
由上向下投射所得的视图。

03.0222 左视图 left view
由左向右投射所得的视图。

03.0223 右视图 right view
由右向左投射所得的视图。

03.0224 仰视图 bottom view
由下向上投射所得的视图。

03.0225 后视图 rear view
由后向前投射所得的视图。

03.0226 斜视图 oblique view
物体向不平行于基本投影面的平面投影所得的视图。

03.0227 剖视图 sectional view
假想用剖切面剖开机件，将处在观察者和剖切面之间的部分移去，将其余部分向投影面投影所得的图形。

03.0228 全剖视图 full sectional view
用剖切平面完全地剖开物体所得的剖视图。

03.0229 半剖视图 half sectional view
当物体在同一投影面上的视图和剖视图都是对称图形时，将对称中心线一侧的半个视图和另一侧的半个剖视图合并成一个图形。以对称中心线为界，由半个视图反映物体外部形状，半个剖视图表示内部形状的图形。

03.0230 局部剖视图 partial sectional view
用剖切平面局部地剖开机件所得的视图。

03.0231 旋转剖视图 rotary sectional view
当用一个剖切平面不能通过机件的各内部结构，而机件在整体上又具有回转轴时，可用两个相交的剖切平面剖开机件，将剖面的倾斜部分旋转到与基本投影面平行，然后进行投影得到的视图。

03.0232 轴测图 axonometric drawing
用平行投影法将空间形体和确定其位置的空间直角坐标系，沿不平行于任一坐标平面的方向，投影到投影面上得到的图形。

03.0233 正等侧轴测图 isometric drawing
将形体放置成使它的三条坐标轴与轴测投影面具有相同的夹角，然后向轴测投影面作正投影的轴测图。

03.0234 斜二侧轴测图 oblique dimetric drawing
简称"斜二测图"。将形体放置成使它的一个坐标面平行于轴测投影面，然后用斜投影方法向轴测投影面进行投影的轴测图。

03.0235 向视图 reference arrow view
未按投影关系配置的视图。

03.0236 断面图 section drawing
假想用剖切平面将机件的某处切断，仅画出该剖切面与机件接触部分的图形。

03.0237 展开图 developing drawing
空间形体表面在平面上展平后获得的图。

03.0238 局部放大图 drawing of partial enlargement
将图样中所表示的物体部分结构，用大于原图形的比例所绘出的图形。

03.0239 局部视图 local view
仅将机件的某一部分向基本投影面投射所得的视图。

03.0240 截交线 transversal line
截平面与立体表面的交线。

03.0241 相贯线 intersecting line
立体与立体相交时其表面产生的相交线。

03.0242 平面迹线 path line of the plane
空间的平面与投影面的交线。

03.0243 轴间角 shaft angle
轴测轴之间的夹角。

03.02.03 三 维 制 图

03.0244 三维建模 three-dimensional model-
ing
应用三维机械计算机辅助设计软件建立零
件或装配体的三维模型的过程。

03.0245 三维数字模型 three-dimensional
digital model
在计算机中，反映产品集合要素、约束要素
和工程要素的模型。

03.0246 实体 solid body
形成封闭体积的面和棱边形成的三维几何体。

03.0247 实体造型 solid modeling
描述几何模型的形状和属性的信息并存于
计算机内，由计算机生成具有真实感的可视
的三维图形。

03.0248 特征 feature
与一定功能和工程语义相结合的几何形状
或工程信息表达的集合。

03.0249 零件特征树 feature tree of part
model
以树状图形式体现零件设计过程及其特征
(例如点、线、面、体等)组成的表示方法。
其反映模型特征间的相互逻辑关系。

03.0250 平面立体 planar object
由平面多边形包围而成的立体。

03.0251 曲面立体 curved surface object
由曲面或曲面与平面包围而成的立体。

03.0252 拉伸 extrusion
实体表面、实体边缘、曲线或者链接曲线沿

指定矢量方向生成实体。

03.0253 回转 revolve
草图截面或曲线等二维对象绕指定旋转轴
旋转一定角度生成实体。

03.0254 扫掠 sweeping
实体表面、实体边缘、曲线或者链接曲线沿
一定的轨道生成实体或片体。

03.0255 放样 loft
将一个二维形体对象作为沿某个路径的剖
面而形成复杂的三维对象。

03.0256 引导线 guide line
扫掠过程中的轨道。

03.0257 抽壳 hollow
按照指定厚度抽空实体，形成一个全封闭的
有固定厚度的壳体。

03.0258 边倒圆 edge fillet
用指定的倒圆半径将实体边缘变成圆柱面
或圆锥面。

03.0259 面倒圆 face fillet
用指定倒圆半径对实体或者片体边面进行
的倒圆，倒圆面相切于所选择的平面。

03.0260 倒角 chamfer
把工件的棱角切削成一定的斜面。

03.0261 放缩 scaling
按照一定比例对实体进行放大或缩小。

03.0262 组合体 combined substance

由基本几何体经过叠加、切割、相交或相切等形式组合而成的立体。

03.0263 布尔运算 Boolean operation
两个或两个以上物体通过并集、差集、交集运算得到新实体的运算。

03.0264 求和运算 union operation
将两个或两个以上实体合并为单个实体的运算。

03.0265 求差运算 difference operation
从目标实体中去除部分实体得到新实体的运算。

03.0266 求交运算 intersection operation
由两个实体特征的共有部分或重合部分得到新实体的运算。

03.0267 几何镜像 mirror operation
将几何体沿指定的对称轴或对称平面进行反射变换的操作。

03.0268 几何平移 move operation
将几何体沿指定的矢量方向与移动距离进行移动或复制的操作。

03.0269 几何旋转 rotation operation
将几何体沿指定的旋转轴与旋转角度进行旋转或复制的操作。

03.0270 自顶向下设计 top-down design
设计时从系统角度入手，针对设计目的，综合考虑形成产品的各种因素（专业技术现状、工艺条件和设计手段等），确定产品的性能、组成、相互关系和实现方式，形成设计的总体方案；然后在此基础上分解设计目标给分系统具体实施，分系统从上级系统获得必需的相关参数等，并在上级系统确定的边界内开展设计，最终完成总体性能相对最优的设计方法。

03.0271 自底向上设计 bottom-up design
独立于装配体设计各个零件，然后把设计完成的零部件自下而上地逐级装配成部件、组件直至完整的产品的设计方法。其间每个零部件应符合上一层装配体规定的外形尺寸、外部接口尺寸和相对位置尺寸。

03.0272 从底向上装配法 bottom-up assembly method
先创建部件的几何模型，再组合成子装配，由底向上逐级装配，最后生成装配部件的装配方法。

03.0273 从顶向下装配法 top-down assembly method
在装配级中创建与其他部件相关的部件模型，在装配部件的顶级向下产生子装配和部件的装配方法。

03.0274 零件 part
用于装配产品的基本组成单元。

03.0275 装配 assembly
在装配过程中建立部件之间的连接功能。

03.0276 装配单元 assembly unit
装配模型中参与装配操作的零件或组件。

03.0277 子装配 subassembly
比最高级装配级别低的装配。

03.0278 装配结构树 hierarchical tree of assembly model
体现装配模型层次关系的树状表达形式。

03.0279 几何要素 geometrical element
三维数字模型所包含的表达零件几何特征的模型几何和辅助几何等要素。

03.0280 约束要素 constraint element
三维数字模型所包含的表达零部件内部或

零部件之间约束特性的要素，如尺寸约束、关系约束、形状约束、位置约束等。

03.0281 工程要素 engineering element
三维数字模型所包含的表达零件工程属性的要素，如材料名称、材料特性、质量、技术要求等。

03.0282 装配建模 assembly modeling
应用三维机械计算机辅助设计软件进行三维零件、组件装配设计，并形成装配模型的过程。

03.0283 装配约束 assembly constraint
在两个装配单元之间建立的关联关系，能够反映模型之间的静态定位和动态连接装配关系。

03.0284 骨架模型 skeleton model
在装配模型中用于控制装配模型布局和整体规划的特殊零件，主要由基准面、轴、点、坐标系、控制曲线和曲面等构成，在自顶向下设计中常作为装配单元设计的基准参照。

03.0285 成熟度 mature degree
在工程开始前对设计完成及完善程度的量化描述。

03.02.04 公差、偏差与配合

03.0286 公称尺寸 nominal size
又称"基本尺寸""名义尺寸"。产品设计时定义的理想尺寸。

03.0287 公差域 tolerance zone
又称"公差带"。限制实际要素变动量的区域。

03.0288 基准 datum
用来确定生产对象上几何要素间几何关系所依据的点、线、面。

03.0289 尺寸要素 feature of size
由一定大小的线性尺寸或角度尺寸确定的几何形状。

03.0290 定形尺寸 shaping dimension
用来确定几何元素大小的尺寸。

03.0291 总体尺寸 general dimension
几何体在长、宽、高三个方向的最大尺寸。

03.0292 定位尺寸 location dimension
用来确定几何元素或零件的位置的尺寸。

03.0293 尺寸链 dimension chain
在零件加工或机器装配过程中，由互相联系的尺寸按一定顺序首尾相接排列而成的封闭尺寸组。

03.0294 基准制 datum system
以两个相配合的零件中的一个零件为基准件，并确定其公差带位置，而改变另一个零件(非基准件)的公差带位置，从而形成各种配合的一种制度。

03.0295 锥度 taper
两个垂直圆锥轴线截面的圆锥直径之差与该两截面之间的轴向距离之比。

03.0296 表面粗糙度 surface roughness
加工表面具有的较小间距和微小峰谷的不平度。

03.0297 直线度 straightness
限制实际直线对理想直线的变动量。

03.0298 平面度 flatness
限制被测实际表面对其理想平面的变动量。

03.0299　圆度　circular degree
限制被测实际圆对理想圆的变动量。

03.0300　圆柱度　roundness
限制实际被测圆柱面对其理想圆柱面的变动量，通过任一垂直截面最大尺寸与最小尺寸的差值进行评定。

03.0301　圆锥形状公差　conical form tolerance
限制被测实际圆锥对理想圆锥的变动量，包括素线直线度公差和截面圆度公差。一般圆锥形状公差不单独给出，而由圆锥直径公差带限制。

03.0302　圆锥角公差　conical angle tolerance
圆锥角的允许变动量。

03.0303　圆锥直径公差　conical diameter tolerance
圆锥直径的允许变动量，一般以最大圆锥直径为基本尺寸。

03.0304　给定圆锥直径公差　given conical diameter tolerance
在垂直于圆锥轴线的给定截面内，圆锥直径的允许变动量。

03.0305　线轮廓度　profile of any line
限制实际曲线对理想曲线的变动量。

03.0306　面轮廓度　profile of any plane
被测实际面轮廓相对于理想轮廓的变动量。

03.0307　平行度　parallelism
限制被测要素的实际方向，与基准相平行的理想方向之间所允许的变动量。

03.0308　垂直度　perpendicularity
评价直线之间、平面之间或直线与平面之间的垂直状态的变动量。

03.0309　倾斜度　inclination
限制被测要素的实际方向，对与基准成任意给定角度的理想方向之间所允许的变动量。

03.0310　同轴度　coaxiality
限制被测轴线相对于基准轴线所允许的变动量。

03.0311　对称度　degree of symmetry
限制实际要素的对称中心面（或中心线、轴线）对理想对称平面所允许的变动量。

03.0312　圆跳动　cycle run-out
被测要素绕基准轴线回转一周时，由位置固定的指示器在给定方向上测得的最大与最小读数之差。

03.0313　全跳动　total run-out
被测实际要素绕基准轴线做无轴向移动的连续回转，同时指示器沿理想素线连续移动，由指示器在给定方向上测得的最大与最小读数之差。

03.0314　径向圆跳动　radial run-out
被测回转表面在同一横截面内实际表面上各点到基准轴线间距离的最大变动量。

03.0315　表面结构　surface structure
在有限区域上的表面粗糙度、表面波纹度、纹理方向、表面几何形状及表面缺陷等表面特性的总称。

03.0316　几何公差　geometric tolerance
几何特征的公差。

03.0317　公差带图　drawing of tolerance range
表示某一尺寸的偏差范围的图形，在实用中为了简化，常不画出孔、轴的全部，而只画出孔、轴的公差带来分析问题。

03.0318　同心度　coaxiality

当被测要素为圆心(点)或薄型工件上的孔、轴的轴线时，可视作点而不是线，其对基准的同轴度。

03.0319 位置度 position degree
用来控制被测实际要素相对于其理想位置的变动量。其理想位置由基准和理论正确尺寸确定。

03.0320 轮廓最大高度 maximum height of the profile
在一个取样长度内最大轮廓峰高和最大轮廓谷深之和，用 R_z 表示。

03.0321 轮廓算术平均偏差 profile arithmetic average error
在一个取样长度内轮廓偏距绝对值的算术平均值，用 R_a 表示。

03.0322 互换性 interchangeability
同一规格零件不经挑选和修配加工就能顺利装配到机器上，并能满足功能要求的特性。

03.0323 不完全互换性 limited interchangeability
又称"有限互换"。仅组内零件可以互换，组与组之间不可互换的互换性。

03.0324 完全互换性 absolute interchangeability
又称"绝对互换"。当零件在装配或者更换时，不需选择，不需辅助加工与修配的互换性。

03.0325 内互换 internal interchangeable
部件或机构内部组成零件间的互换性。

03.0326 外互换 outer interchangeable
部件或机构与其相配件间的互换性。

03.0327 孔 hole

工件的内表面，主要为圆柱形内表面，也包括其他形状内表面。

03.0328 轴 shaft
支承转动件，传递运动或动力的机械零件。

03.0329 实际尺寸 actual size
通过测量所得的尺寸。

03.0330 极限尺寸 limits of size
允许尺寸变化的两个界限值，以基本尺寸为基数来确定。

03.0331 最大极限尺寸 high limit
允许尺寸变化的两个界限值中大的极限尺寸。

03.0332 最小极限尺寸 low limit
允许尺寸变化的两个界限值中小的极限尺寸。

03.0333 尺寸偏差 deviation
简称"偏差"。某一尺寸减其基本尺寸所得的代数差。

03.0334 上偏差 upper deviation
最大极限尺寸减其基本尺寸所得的代数差。

03.0335 下偏差 lower deviation
最小极限尺寸减其基本尺寸所得的代数差。

03.0336 极限偏差 limit deviation
上偏差与下偏差的统称。

03.0337 实际偏差 actual deviation
实际尺寸减其基本尺寸所得的代数差。

03.0338 基本偏差 fundamental deviation
用以确定公差带相对于零线位置的上偏差或下偏差。一般指靠近零线的那个偏差。

03.0339 配合 fit
基本尺寸相同的，相互结合的孔和轴公差带

之间的关系，用以表达结合松紧程度的功能要求。

03.0340　间隙　clearance
孔的尺寸减去相配合的轴的尺寸所得的代数差，此差为正时是间隙。

03.0341　过盈　interference
孔的尺寸减去相配合的轴的尺寸所得的代数差，此差为负时是过盈。

03.0342　间隙配合　clearance fit
具有间隙(包括最小间隙等于零)的配合。

03.0343　过盈配合　interference fit
具有过盈(包括最小过盈等于零)的配合。

03.0344　过渡配合　transition fit
可能具有间隙或过盈的配合。

03.0345　实际要素　real feature, actual feature
零件实际存在的要素。

03.0346　尺寸公差　dimensional tolerance
简称"公差"。允许的尺寸变动量，等于最大极限尺寸与最小极限尺寸之代数差的绝对值。

03.0347　形状公差　form tolerance
单一实际要素的形状所允许的变动全量。

03.0348　位置公差　position tolerance
关联实际要素的位置对基准所允许的变动量。

03.0349　定向公差　orientation tolerance
关联实际要素对基准方向上允许的变动全量。

03.0350　定位公差　location tolerance
关联实际要素对基准在位置上所允许的变动全量。

03.0351　跳动公差　runout tolerance
关联实际要素绕其基准线回转一周或连续回转时所允许的最大跳动量。

03.0352　零线　zero line
公差与配合中确定偏差的一条基准直线。

03.0353　公差带代号　symbol of tolerance zone
由代表基本偏差的字母和代表公差等级的数字组成的代表公差带状态的代号。

03.0354　尺寸公差带　tolerance zone of size
在公差带中，上下偏差所限定的区域。

03.0355　配合公差带　fit tolerance zone
在公差带中，间隙或过盈的上下偏差所限定的区域。

03.0356　延伸公差带　projection tolerance zone
根据零件的功能要求，位置度和对称度公差带需延伸到被测要素的长度界限之外时的公差带。

03.0357　标准公差　standard tolerance, fundamental tolerance
标准规定的，用以确定公差带大小的任一公差。

03.0358　公差单位　standard tolerance unit
计算标准公差的基本单位，它是基本尺寸的函数。

03.0359　公差等级　tolerance grade
确定尺寸精确程度的等级。

03.0360　最小间隙　minimum clearance
对于间隙配合，孔的最小极限尺寸减轴的最大极限尺寸所得的代数差。

03.0361　最大间隙　maximum clearance
对于间隙配合或过渡配合，孔的最大极限尺寸减轴的最小极限尺寸所得的代数差。

03.0362 最小过盈 minimum interference
又称"最小干涉"。对于过盈配合，孔的最大极限尺寸减轴的最小极限尺寸所得的代数差。

03.0363 最大过盈 maximum interference
又称"最大干涉"。对于过盈配合或过渡配合，孔的最小极限尺寸减轴的最大极限尺寸所得的代数差。

03.0364 配合公差 variation of fit, fit tolerance
允许间隙或过盈的变动量。

03.0365 基孔制 hole basic system of fits
基本偏差为一定的孔的公差带，与不同的基本偏差的轴的公差带形成各种配合的一种制度。

03.0366 基准孔 basic hole
基孔制的孔为基准孔，标准规定的基准孔其下偏差为零。

03.0367 基轴制 shaft basic system of fits

基本偏差为一定的轴的公差带，与不同基本偏差的孔的公差带形成各种配合的一种制度。

03.0368 基准轴 basic shaft
基轴制中的轴，标准规定的基准轴其上偏差为零。

03.0369 最大实体状态 maximum material condition
孔或轴位于极限尺寸之内且具有最多材料量时的状态。

03.0370 最大实体尺寸 maximum material size
最大实体状态下的极限尺寸。

03.0371 最小实体状态 least material condition
孔或轴具有允许的材料量为最少时的状态。

03.0372 最小实体尺寸 least material size
最小实体状态下的极限尺寸。

04. 机 械 强 度

04.01 一 般 名 词

04.0001 力学性能 mechanical property
材料在力作用下显示的与弹性和非弹性反应相关或包含应力-应变关系的性能。

04.0002 力学试验 mechanical testing
测定力学性能的试验。

04.0003 试件 specimen
又称"试样"。通常按照一定形状和尺寸加工制备的用于试验的材料或部分材料。

04.0004 应力 stress

通过作用点给定物体单位平面上作用的力。

04.0005 最大应力 maximum stress
交变应力中具有最大代数值的应力。

04.0006 最小应力 minimum stress
交变应力中具有最小代数值的应力。

04.0007 平均应力 mean stress
交变应力中，最大应力和最小应力的平均值。

04.0008 轴向应力 axial stress

施加力方向上的应力分量。

04.0009　正应力　normal stress
垂直于给定平面的应力分量。

04.0010　切应力　shear stress
又称"剪应力"。相切于给定平面的应力分量。

04.0011　名义应力　nominal stress
载荷除以原始截面面积得到的应力。

04.0012　真实应力　true stress
载荷除以受载后实际的横截面面积得到的应力。

04.0013　应变　strain
由外力所引起的物体尺寸和形状的单位变化量。

04.0014　最大应变　maximum strain
交变应变中具有最大代数值的应变。

04.0015　最小应变　minimum strain
交变应变中具有最小代数值的应变。

04.0016　平均应变　mean strain
交变应变中，最大应变和最小应变的平均值。

04.0017　轴向应变　axial strain
施加力方向上的线性应变量。

04.0018　横向应变　transversal strain
垂直于施加力方向的线性应变量。

04.0019　正应变　normal strain
又称"线应变(linear strain)"。某一方向上微小线段因变形产生的长度增量与原长度的比值，伸长时为正。

04.0020　切应变　shear strain

又称"剪应变"。两个相互垂直方向上的微小线段在变形后夹角的改变量。以弧度表示，角度减小时为正。

04.0021　名义应变　nominal strain
长度改变量除以原始长度(标距长度)得到的应变。

04.0022　真实应变　true strain
考虑受载过程中应变增量而得到的应变。

04.0023　弹性应变　elastic strain
材料或构件在施加载荷后发生形变，卸载后能恢复的应变。

04.0024　塑性应变　plastic strain
材料或构件在施加载荷后发生形变，卸载后不能恢复的应变。

04.0025　热应变　thermal strain
在一定条件下，当材料受到热作用，由于温度的上升或下降，发生的几何形状和尺寸的应变。通常用温度形变曲线或热机械曲线等方法来描述，等于热膨胀系数与温度变化量的乘积。

04.0026　弹性模量　modulus of elasticity
又称"杨氏模量"。低于材料比例极限的应力与相应应变的比值。

04.0027　泊松比　Poisson ratio
低于材料比例极限的轴向应力所产生的横向应变与相应轴向应变的比值。

04.0028　剪切模量　shear modulus of elasticity
材料在切应力作用下，在弹性变形比例极限范围内，切应力与切应变的比值。

04.0029　弹性极限　elastic limit
材料在应力完全释放时能够保持没有永久应变的最大应力。

04.0030 强度 intensity
(1)零件承受载荷后抵抗发生断裂或超过容许限度的残余变形的能力。(2)阻止失效发生的任何因素。

04.0031 硬度 hardness
材料抵抗变形,特别是压痕或划痕形成的永久变形的能力。

04.0032 布氏硬度 Brinell hardness
材料抵抗通过硬质合金球压头施加试验力所产生永久压痕变形的度量单位。

04.0033 压痕试验 indentation test
用压痕硬度计进行的试验。试验时使用规定的力,在规定的条件下和试验周期内,将一个规定形状的压头压入材料表面,用以测定材料的特定参数。

04.0034 压痕硬度 indentation hardness
对一个规定几何形状和尺寸的压头,在规定的条件下和试验循环内,施加试验力压入材料中使其产生塑性变形压成压痕,以该压痕平均压力表示的特定的量值单位。

04.0035 压痕模量 indentation modulus
按平面应变压痕模量计算的试样的平均各向同性杨氏模量的估计值。

04.0036 努氏硬度 Knoop hardness
材料抵抗通过金刚石菱形锥体压头施加试验力所产生永久压痕变形的度量单位。

04.0037 马氏硬度 Martens hardness
材料抵抗通过金刚石棱锥体(正四棱锥体或正三棱锥体)压头施加试验力所产生塑性变形和弹性变形的度量单位。压头的表面积是根据压痕深度和压头面积函数计算的。

04.0038 洛氏硬度 Rockwell hardness
材料抵抗通过硬质合金或钢球压头,或对应

某一标尺的金刚石圆锥体压头施加试验力所产生永久压痕变形的度量单位。

04.0039 维氏硬度 Vickers hardness
材料抵抗通过金刚石正四棱锥体压头施加试验力所产生永久压痕变形的度量单位。

04.0040 里氏硬度 Leeb hardness
用规定质量的冲击体在弹性力作用下以一定速度冲击试样表面,用冲头在距试样表面1mm处的回弹速度与冲击速度的比值计算硬度值。

04.0041 延性 ductility
材料在断裂前塑性变形的能力。

04.0042 韧性 toughness
材料在塑性变形和断裂过程中吸收能量的能力。

04.0043 冲击韧性 impact toughness
材料在冲击载荷作用下抵抗变形和断裂的能力。

04.0044 抗拉强度 tensile strength
材料拉伸断裂前能够承受的最大拉应力,为试样断裂前承受的最大载荷与试样原始横截面积之比。

04.0045 屈服强度 yield strength
材料开始发生宏观塑性变形时所需的应力。对存在明显屈服效应的材料为其下屈服极限;对不存在明显屈服效应的材料,一般规定塑性变形量达到0.2%时的应力为条件屈服强度。

04.0046 抗压强度 compressive strength
材料抵抗压缩载荷而不失效的能力。为试样压缩失效前承受的最大载荷与试样原始横截面积之比。

04.0047 抗扭强度 torsional strength

材料扭转破坏时所承受的最大扭矩的切应力。

04.0048　屈服准则　yield criterion
在多向应力条件下，材料发生屈服的判据，如最大切应力判据和形状改变能判据。

04.0049　特雷斯卡屈服准则　Tresca yield criterion
在一定变形条件(温度、变形速率等)下，当最大切应力达到某极限值时，材料发生屈服。

04.0050　米泽斯屈服准则　Mises yield criterion
在一定变形条件(温度、变形速率等)下，当应力偏张量的第二主不变量(或材料内一点处的等效应力)达到某极限值时，材料发生屈服。

04.0051　双剪屈服准则　twin-shear yield criterion
在一定变形条件(温度、变形速率等)下，当三个主切应力中两个较大的主切应力之和达到某极限值时，材料发生屈服。

04.0052　莫尔准则　Mohr criterion
当材料发生剪切破坏时，破坏面上的剪应力和正应力之间存在函数关系，该函数关系可以利用莫尔圆的概念通过试验结果来建立。

04.0053　全量理论　total theory of plasticity
又称"塑性形变理论"。塑性力学中用全量应力和全量应变表述弹塑性材料本构关系的理论。

04.0054　简单加载　simple loading
若应力张量各分量之间的比值在加载中保持不变，按同一参数单调增加的加载过程。

04.0055　增量理论　incremental theory of plasticity
用增量形式表示应力–应变本构关系的理论。

04.0056　包辛格效应　Bauschinger effect
在金属塑性加工过程中正向加载引起的塑性应变强化导致金属材料在随后的反向加载过程中呈现塑性应变软化(屈服极限降低)的现象。

04.0057　各向同性强化　isotropic hardening
又称"等向强化"。在塑性变形过程中，加载面随塑性变形增长而均匀膨胀，始终保持着相似的形状的特性。

04.0058　随动强化　kinematic hardening
在塑性变形过程中，加载面的大小和形状不变，仅整体地在塑性变形方向上做刚性移动的特性。

04.0059　应变硬化　strain hardening
材料经过屈服阶段之后，内部组织发生变化，导致继续变形需要增大应力，材料重新呈现抵抗继续变形的能力。

04.0060　应变软化　strain softening
材料试件经一次或多次加载和卸载后，进一步变形所需的应力比原来的要小，即应变后材料变软的现象。

04.02　结　构　疲　劳

04.0061　疲劳　fatigue
材料、零件、构件在循环载荷作用下，在一处或几处产生局部永久性累积损伤而产生裂纹，经一定循环次数后，裂纹扩展突然完全断裂的过程。

04.0062　机械疲劳　mechanical fatigue
材料、零件、构件在循环应力和应变作用下，在一处或几处逐渐产生局部永久性积累损伤，经一定循环次数后，产生裂纹或突发性断裂的过程。

04.0063 蠕变疲劳 creep fatigue
由蠕变和疲劳交互作用引起的损伤而导致的失效过程。

04.0064 热机械疲劳 thermo-mechanical fatigue
温度循环与应变循环或（和）应力循环叠加的疲劳。

04.0065 腐蚀疲劳 corrosion fatigue
材料、零件、构件在腐蚀环境和循环应力（应变）的复合作用下所导致的疲劳。

04.0066 循环蠕变 cyclic creep
在常幅应力控制下，应变不断提升的现象。

04.0067 循环松弛 cyclic relaxation
在常幅应力控制下，应变不断下滑的现象。

04.0068 单轴疲劳 uniaxial fatigue
材料、零件、构件在单向循环载荷作用下所产生的失效过程。

04.0069 多轴疲劳 multiaxial fatigue
又称"复合疲劳"。材料、零件、构件在多向循环载荷作用下所产生的失效过程。

04.0070 低周疲劳 low-cycle fatigue
材料、零件、构件在接近或超过其屈服强度的循环应力作用下，经 $10^2 \sim 10^5$ 次塑性应变循环次数而产生的疲劳。

04.0071 高周疲劳 high-cycle fatigue
材料、零件、构件在低于其屈服强度的循环应力作用下，经 10^6 以上循环次数而产生的疲劳。

04.0072 超高周疲劳 super high-cycle fatigue
材料、零件、构件在低于其传统疲劳极限的循环应力作用下，经 10^8 及以上循环次数而产生的疲劳。

04.0073 高温疲劳 high temperature fatigue
材料、零件、构件在高温环境下产生的蠕变与应变循环叠加的疲劳。

04.0074 低温疲劳 low temperature fatigue
材料、零件、构件在低温环境下，在循环应力作用下的疲劳。

04.0075 热疲劳 cyclic temperature loading fatigue
材料、零件、构件在温度循环变化下由于循环热应力所导致的疲劳。

04.0076 多冲疲劳 multi-impulse fatigue
材料、零件、构件在重复冲击载荷下所导致的疲劳。

04.0077 接触疲劳 contact fatigue
材料、零件、构件在循环接触应力作用下，产生局部永久性累积损伤，经一定的循环次数后，接触表面产生麻点，浅层或深层剥落的过程。

04.0078 微动疲劳 fretting fatigue
两接触固体表面在接触力和小幅度往复相对运动的作用下，接触表面上可能产生的疲劳。

04.0079 声疲劳 acoustical fatigue
由高声压水平的噪声场使结构件产生的疲劳破坏。

04.0080 循环载荷 cyclic loading
周期性或非周期性经一定时间后重复出现的动载荷。

04.0081 恒幅载荷 constant loading
循环载荷中，所有峰值载荷均相等和所有谷值载荷均相等的载荷。

04.0082 变幅载荷 variable amplitude loading

循环载荷中，所有峰值载荷、谷值载荷不是定值的载荷。

04.0083 随机载荷 random loading
循环载荷中，峰值载荷和谷值载荷的大小及其序列是随机出现的一种变幅变频载荷。

04.0084 疲劳强度 fatigue strength
材料、零件和结构件对疲劳破坏的抗力。

04.0085 N次循环后的疲劳强度 fatigue strength at N cycles
在规定的应力比下，使试样的寿命为 N 次循环后能承受的应力幅值。

04.0086 疲劳强度指数 fatigue strength exponent
衡量材料疲劳循环应力与寿命关系的幂次数，即在对数 S-N 曲线的斜率。对于一般金属材料，通常为–0.05 ~ 0.12。

04.0087 疲劳强度设计 fatigue strength design
对于承受交变载荷的零件和构件，根据疲劳强度理论和疲劳试验数据，决定其合理的结构和尺寸的机械设计方法。

04.0088 疲劳极限 fatigue limit
指定循环基数下的中值疲劳强度。循环基数一般取 10^7 或更高一些。

04.0089 应力集中 stress concentration
受载零件或构件在形状、尺寸急剧变化的局部出现应力增大的现象。

04.0090 应力松弛 stress relaxation
材料在一定的温度和约束承载状态下，总应变（弹性应变和塑性应变）保持不变，而应力随时间的延长逐渐降低的现象。

04.0091 应变集中 strain concentration
受载零件或构件在形状尺寸突然改变处出现应变增大的现象，应变集中处就是应力集中处。

04.0092 应力集中系数 stress concentration factor
在材料的弹性范围内，最大局部应力与名义应力的比值。

04.0093 理论应力集中系数 theoretical stress concentration factor
按弹性理论计算所得缺口或其他应力集中源处的局部最大应力与相应的名义应力的比值。

04.0094 有效应力集中系数 effective stress concentration factor
又称"疲劳缺口系数"。在载荷条件和绝对尺寸相同时，无应力集中的光滑试样与有应力集中的缺口试样的疲劳强度之比。

04.0095 迟滞回线 hysteresis loop
材料进入塑性经多次循环达到稳定状态后，一次循环中的应力-应变回路。

04.0096 循环硬化 cyclic hardening
在低周疲劳试验中进行等应变（或等应力）控制的情况下，应力（或应变）随循环的增加而增加（或减小），然后达到稳定的现象。

04.0097 循环软化 cyclic softening
在低周疲劳试验中进行等应变（或等应力）控制的情况下，应力（或应变）随循环的增加而减小（或增加），然后达到稳定的现象。

04.0098 循环应变硬化指数 cyclic strain hardening exponent
表示材料循环应力幅度与塑性应变增量关系的幂次数。

04.0099 循环强化系数 cyclic strength coefficient
又称"循环强度系数"。表示疲劳加载时应力幅度与塑性应变增量幂之间的比例关系。

04.0100 循环屈服强度 cyclic yield strength
循环应力–应变曲线 0.2%应变偏值处的屈服强度。

04.0101 应力幅 stress amplitude
交变应力中，最大应力与平均应力的差值。

04.0102 应变幅 strain amplitude
交变应变中，最大应变与平均应变的差值。

04.0103 应力变程 stress range
最大应力与最小应力的差值。

04.0104 应变变程 strain range
最大应变与最小应变的差值。

04.0105 应力比 stress ratio
交变应力中，最小应力与最大应力的比值。

04.0106 应变比 strain ratio
疲劳过程中任一循环最小与最大应变的比值。

04.0107 对称循环 symmetry cycle
恒幅循环载荷中，最大载荷与最小载荷的绝对值相等、符号相反的循环。

04.0108 不对称循环 asymmetry cycle
恒幅循环载荷中，最大载荷与最小载荷的绝对值不相等的循环。

04.0109 脉动循环 pulsation cycle
循环载荷中，最小载荷等于零的循环。

04.0110 疲劳延性系数 fatigue ductility coefficient
用以表征塑性应变增量与寿命之间的比例关系。

04.0111 循环应力–应变曲线 cyclic stress-strain curve
在低周疲劳试验中，经过一定次数的循环后，应力应变的变化趋于稳定，迟滞回线接近于封闭环的应力–应变曲线。

04.0112 应力–寿命曲线 S-N curve
在疲劳试验中，得到的各应力 S 与其相应的寿命 N 之间关系的曲线。

04.0113 概率–疲劳应力–寿命曲线 P-S-N curve
考虑不同概率值的一组疲劳应力–寿命曲线。

04.0114 疲劳极限线图 fatigue limit diagram
在规定的破坏寿命下，根据不同的应力比得到的疲劳极限画出的图。

04.0115 等寿命曲线 equal-life curve
应用疲劳极限线图的画法，把常规疲劳试验的主要参量都画在同一张纸上的曲线图。

04.0116 保持时间 holding time
疲劳试验中，力学试验变量(载荷、应变、位移)在循环中所保持恒定的时间。

04.0117 寿命估算 life estimation
根据疲劳强度设计理论，对机器及其主要零部件在使用条件下进行疲劳寿命的预估。

04.0118 概率寿命估算 probability life estimation
根据疲劳强度设计理论，对机器及其主要零部件，在使用条件下考虑零部件的易损性、服役工况和重要程度等因素，针对不同概率进行的疲劳寿命预估。

04.0119 尺寸系数 size factor
除试样尺寸外其他情况均相同时，非标准尺寸试样的疲劳极限与同材料标准尺寸试样的疲劳极限的比值。

04.0120 表面硬化 surface hardening

利用喷丸、辊压、表面淬火等工艺,增加表层材料硬度并产生残余压应力以提 高疲劳强度的强化方法。

04.0121 表面加工系数 surface machining factor

某种机加工试样的疲劳极限与磨光标准试样的疲劳极限的比值。

04.0122 表面强化系数 surface strengthening factor

对试样表面进行某种强化工艺后,其疲劳极限与未进行强化工艺试样的疲劳极限的比值。

04.0123 载荷-时间历程 load-time history

载荷随时间变化的历程。

04.0124 载荷谱 loading spectrum

将实测的载荷-时间历程舍去小载荷,进行简化及处理后得到的用于疲劳试验的加载谱。

04.0125 载荷顺序效应 sequence effect of loading

载荷峰与谷的排列顺序对疲劳寿命的影响。

04.0126 断口反推理论 fractography inverse theory

对疲劳断口微观形貌进行定量分析,反推疲劳裂纹试样承受载荷、疲劳裂纹扩展长度、疲劳裂纹扩展速率、疲劳裂纹扩展剩余寿命等量值的理论。

04.0127 疲劳裂纹长度 fatigue crack length

从参考平面到裂纹尖端的主平面尺寸的测量尺寸。

04.0128 疲劳试验 fatigue test

为评定材料、零部件或整机的疲劳强度及疲劳寿命所进行的试验。

04.0129 疲劳试样 fatigue test piece

疲劳试验中所用的样品。

04.0130 单点试验法 one-point testing method

又称"常规试验法"。在每个应力水平下只试验一个试样,在应力–寿命平面上得到一个试验点。

04.0131 成组试验法 group test method

在每个应力水平下用一组试样进行试验的方法,以提高精确度。

04.0132 升降试验法 up and down test method

一种测定材料疲劳极限值的方法。该法规定,凡一根试样不到 10^7 循环破坏,则随后的一次试验就要在低一级的应力下进行;凡前一次试样越出,则随后的一次试验就在高一级的应力下进行,直到全部完成试验为止。

04.0133 循环计数法 cycle counting method

将连续的载荷-时间方程离散成一系列的峰值和谷值,并进行循环计数统计处理的方法。

04.0134 雨流计数法 rain flow counting method

又称"塔顶法"。以一个应力应变迟滞回线作为一个循环的计数方法。该方法因像雨从塔顶往下流而得名。

04.03 结 构 损 伤

04.0135 损伤演化 damage evolution

在外载或环境作用下,由细观结构缺陷(如微裂纹、微孔隙等)萌生、扩展等不可逆变化

引起的材料或结构宏观力学性能的劣化过程。

04.0136 疲劳累积损伤 cumulative fatigue

damage

在交变载荷下零件产生的损伤，随着循环次数的增加而累积。

04.0137 损伤模型 damage model

根据原始材料的本构关系，建立损伤材料的本构模型，进行数值分析，推算损伤演变规律的数学表达式。

04.0138 初始损伤尺寸 original damage size

结构中可能存在的缺陷的尺寸。一般取生产线上无损检验的最大不可检缺陷尺寸。

04.0139 损伤准则 damage criterion

在复杂应力状态下材料开始进入损伤的条件。

04.0140 损伤区 damage zone

材料发生损伤的区域。

04.0141 微缺陷 micro defect

晶体中尺寸通常在微米或亚微米数量级范围内的缺陷。

04.0142 位错 dislocation

晶体材料的一种内部微观缺陷，即原子的局部不规则排列（晶体学缺陷）。

04.0143 微孔洞 micro hole

晶体中大量空位的微型聚集体。

04.0144 微裂纹 micro crack

小于裂纹扩展临界尺寸的裂纹。

04.0145 剪切带 shear band

用于研究材料（如金属玻璃）的塑性变形。材料在高应变速率下，集中在局部区域的剪切变形。

04.0146 弹性损伤 elastic damage

全称"弹脆性损伤"。弹性材料中由应力作用而导致的损伤。材料发生损伤后没有明显的不可逆变形。

04.0147 塑性损伤 plastic damage

金属发生塑性变形直至断裂破坏的过程，是金属中的空洞不断扩展的过程。

04.0148 蠕变损伤 creep damage

又称"黏塑性损伤"。材料在蠕变过程中产生的损伤。

04.0149 机械损伤 mechanical damage

机械零件在一定的工作条件（载荷、应力、环境、操作水平等）下工作，经过一定时间后，所出现的某种形式的损伤。

04.0150 疲劳损伤 fatigue damage

材料承受高于疲劳极限的交变应力时，每一循环都使材料产生一定量的损伤，导致疲劳强度下降的现象。

04.0151 腐蚀损伤 corrosion damage

材料、零件、构件在腐蚀环境和循环应力（应变）的复合作用下导致疲劳所产生的损伤。

04.0152 辐照损伤 radiation damage

中子、射线的辐射，原子撞击引起的损伤。

04.0153 冲击损伤 impact damage

结构受冲击载荷产生的损伤。

04.0154 损伤容限设计 damage tolerance design

结构一旦产生损伤仍能维持额定载荷下所需的剩余强度的一种安全设计方法。

04.0155 结构完整性评估 structural integrity assessment

对关系到工程结构安全性、经济性和功能性的结构的强度、刚度、损伤容限及耐久性（或疲劳安全寿命）等结构所要求的结构特性进行综合评估。

04.0156 剩余强度 residual strength
结构的损伤随使用时间的延续而累积在失稳断裂之前任一时刻有效的实际净强度。

04.0157 细观损伤力学 meso-damage mechanics
根据材料细观成分的单独的力学行为，如基体、夹杂、微裂纹、微孔洞和剪切带等，采用某种均匀化方法，将非均质的细观组织性能转化为材料的宏观性能，建立分析计算理论的学科。

04.0158 损伤变量 damage variable
表征材料或结构劣化程度的量度。直观上可理解为微裂纹或空洞在整个材料中所占体积的百分比。

04.0159 有效应力 effective stress
在考虑损伤效应时，实际应力必须表示为与有效承载面积相关的内力分布集度。

04.0160 损伤驱动力 damage driving force
材料发生损伤的内在驱动力。

04.0161 应变等价假定 strain equivalence assumption
应力作用在受损材料上引起的应变与有效应力作用在无损材料上引起的应变等价的假定。基于应变等价假定，受损结构的本构关系可通过无损时的形式描述，只需将其中名义应力换成有效应力即可。

04.0162 应力等价假定 stress equivalence assumption
损伤状态下真实应变对应的应力和与虚构无损状态下有效应变对应的应力等价的假定。

04.0163 能量等价假定 energy equivalence assumption
损伤状态下真实应变和应力对应的弹性余能和虚构无损伤状态下有效应变和有效应力对应的弹性余能等价的假定。

04.0164 破损安全结构 damage safety structure
损伤容限设计中，一旦出现破损仍可避免出现所不希望的事故的结构。

04.04 结 构 断 裂

04.0165 张开型裂纹 opening mode crack
又称"Ⅰ型裂纹"。承受拉伸载荷，裂纹面与载荷方向垂直的裂纹。

04.0166 滑开型裂纹 sliding mode crack
又称"Ⅱ型裂纹"。裂纹面受与其平行的平面内的剪切载荷作用，载荷方向与裂纹方向一致的裂纹。

04.0167 撕开型裂纹 tearing mode crack
又称"Ⅲ型裂纹"。裂纹面受与其平行的平面内的剪切载荷作用，载荷方向与裂纹方向垂直的裂纹。

04.0168 复合型裂纹 mix mode crack
处于多向变形状态的裂纹。

04.0169 穿透裂纹 penetrated crack
贯穿构件壁厚截面的裂纹形状的一种，以裂纹半长作为其特征尺寸。

04.0170 表面裂纹 surface crack
材料表面形成的裂纹。

04.0171 角裂纹 corner crack
结构尖角处形成的裂纹。

04.0172 内埋裂纹 embedded crack
材料内部形成的裂纹。

04.0173 裂纹尖端场 crack tip field

裂纹尖端附近的应力应变场。

04.0174 裂纹扩展能量释放率 crack extension energy rate

裂纹扩展单位面积时系统释放的弹性能，记为 G。

04.0175 断裂韧性 fracture toughness

又称"断裂韧度"。构件材料应力强度因子的临界值。

04.0176 断裂准则 fracture criterion

构件发生断裂的临界条件。

04.0177 脆性断裂 brittle fracture

构件未经明显的变形而发生的断裂。断裂时材料几乎没有发生过塑性变形。

04.0178 韧性断裂 ductile fracture

构件经过大量变形后发生的断裂。主要条件是超过工作压力，特征是发生了明显的宏观塑性变形（不包括压缩失稳），且产生延性断裂。

04.0179 应变能密度因子理论 strain energy density factor

一种基于局部应变能密度场的断裂理论。

04.0180 J 积分 J integral

与积分路径无关的闭合回路或表面积分。用来表征裂纹前缘周围地区的局部应力-应变场，在塑性效应不可忽视的地方提供能量释放速率。对于非线性弹性裂纹体，用来表征对应表观裂纹扩展时的势能变化。

04.0181 裂纹张开位移 crack-tip opening displacement

裂纹扩展时其尖端张开的位移。

04.0182 J 阻力曲线 J-R curve

表征金属材料延性断裂行为的一项重要指标，通常采用多试样法求得。

04.0183 裂纹尖端张开角 crack tip opening angle

在外载荷的作用下，裂纹尖端两表面间的张开角。

04.0184 疲劳裂纹扩展 fatigue crack growth

疲劳裂纹尺寸的增量。

04.0185 脆断温度 brittle temperature

以具有一定能量的冲锤冲击试样时，当试样开裂概率达到 50%时的温度。

04.0186 裂纹尖端塑性区 plastic zone of crack tip

裂纹尖端附近材料发生塑性变形的区域。

04.0187 韧脆转变温度 ductile-brittle transition temperature

对体心立方晶体金属或者某些密排六方晶体金属及合金，当温度低于某一定值时，材料由韧性状态转变为脆性状态的温度。

04.0188 三点弯曲试件 three point bending specimen

用于放在有一定距离的两个支撑点上，在两个支撑点中点上方对标本施加向下的载荷，在三个接触点形成相等的两个力矩时即发生三点弯曲，将于中点处发生断裂的试件。

04.0189 紧凑拉伸试件 compact tension specimen

用于紧凑拉伸试验中确定金属材料平面应变断裂韧性、疲劳裂纹扩展速率等参数的标准化试件。

04.0190 小范围屈服 small scale yielding

塑性区尺寸比裂纹尺寸及净面尺寸小一个数量级以上时的屈服。

04.0191 平面应变断裂韧度 plane-strain fracture toughness

当含裂纹材料的裂纹前缘处于平面应变和小范围屈服条件下，裂纹发生失稳扩展的临界应力强度因子，它是材料的固有力学性质。

04.0192 临界 J 积分 critical J integral

当含裂纹材料的裂纹刚开始扩展时的 J 积分。

04.0193 裂纹尺寸 crack size

在裂纹的主平面上得到的裂纹平均长度(或深度)。

04.0194 应力强度因子 stress intensity factor

反映弹性体裂纹尖端应力场奇异性强弱程度的一个参量。

04.0195 最大应力强度因子 maximum stress intensity factor

交变载荷下，带裂纹的零件或构件裂纹尖端的最大的应力强度因子值，此值对应于最大载荷，并随裂纹的增长而变化。

04.0196 最小应力强度因子 minimum stress intensity factor

交变载荷下，带裂纹的零件或构件裂纹尖端的最小的应力强度因子值，此值对应于最小载荷，当应力比等于或小于零时此值为零。

04.0197 应力强度因子幅度 stress intensity factor range

一次循环中的最大与最小应力强度因子值的代数差。

04.0198 有效应力强度因子幅度 effective stress intensity factor range

考虑疲劳循环卸载过程中裂纹闭合效应的应力强度因子幅度。

04.0199 应力强度因子判据 stress intensity factor criterion

又称"K 判据"。根据应力强度因子和断裂韧度的相对大小建立裂纹失稳扩展脆性断裂的断裂判据。

04.0200 正则化 K 梯度 normalized K-gradient

应力强度因子随裂纹长度增加而变化的比率。

04.0201 疲劳裂纹扩展速率 fatigue crack propagation speed

疲劳裂纹尺寸在单位时间内的增量。

04.0202 疲劳裂纹扩展门槛值 fatigue crack growth threshold

疲劳裂纹扩展速率趋近于零时，应力强度因子范围渐近线的值。对于多数材料，门槛值定在 10^{-8} mm/cycle 对应的应力强度因子范围。

04.0203 疲劳裂纹扩展速率方程 fatigue crack propagation rate equation

描述疲劳裂纹扩展速率与应力强度因子范围关系曲线的方程。

04.0204 概率疲劳裂纹扩展速率方程 probabilistic fatigue crack propagation rate equation

根据不同概率建立的疲劳裂纹扩展速率方程。

04.0205 裂纹扩展寿命 crack propagation life

交变载荷下，零件或构件从初始裂纹尺寸扩展到临界裂纹尺寸所经历的寿命。

04.0206 裂纹形成寿命 crack initiation life

交变载荷下，零件或构件的薄弱环节从无裂纹经损伤发展形成宏观裂纹所需的循环次数(寿命)。

04.0207 短裂纹扩展寿命 short crack propagation life

裂纹萌生之后，疲劳裂纹在低于疲劳裂纹扩

展门槛值以下扩展所经历的循环次数。

04.0208　长裂纹扩展寿命　long crack propagation life
疲劳裂纹在高于疲劳裂纹扩展门槛值以上至裂纹加速扩展失效所经历的循环次数。

04.0209　疲劳裂纹扩展寿命预估　fatigue crack propagation life estimation
根据疲劳裂纹扩展速率方程进行积分，估算试样疲劳裂纹扩展直至失效剩余的循环次数。

04.0210　概率疲劳裂纹扩展寿命预估　probabilistic estimation of fatigue crack propagation life
对概率疲劳裂纹扩展速率方程进行积分，估算不同概率条件下，试样疲劳裂纹扩展直至失效剩余的循环次数。

04.0211　能量释放率判据　energy release rate criterion
又称"G 判据"。根据能量释放率和临界能量释放率的相对大小建立裂纹失稳扩展脆性断裂的断裂判据。

04.0212　断裂力学分析　fracture mechanics analysis
研究带裂纹材料、零件或构件中裂纹开始扩展的条件和扩展、断裂的力学分析方法

04.0213　弹塑性断裂力学分析　elastic-plastic fracture mechanics analysis
裂纹前沿整个截面未达到完全屈服，而裂纹尖端塑性区又不可忽略。考虑弹塑性进行的断裂力学分析。

04.0214　原始裂纹尺寸　original crack size
零件或构件制成后来自原材料或制造过程形成的已存在的裂纹尺寸。

04.0215　有效裂纹尺寸　effective crack size
考虑到裂纹尖端塑性变形影响而增大了的裂纹尺寸。

04.0216　临界裂纹尺寸　critical crack size
在一定的应力下，试验到达失稳断裂时的裂纹尺寸。

04.0217　裂纹扩展阈值　threshold of crack extension
又称"裂纹扩展门槛值"。对应于已有裂纹不再扩展的应力强度因子值。

04.05　结构可靠性

04.0218　可靠性　reliability
产品在规定的条件下和规定的时间内完成规定功能的能力。

04.0219　失效　failure
产品丧失完成规定功能能力的事件。

04.0220　故障　fault
产品不能执行规定功能的状态。通常指功能故障。故障通常是产品本身失效后的状态，但也可能在失效前就存在。

04.0221　可靠度　reliability
产品在规定的条件下和规定的时间内，完成规定功能的概率。

04.0222　失效率　failure rate
又称"故障率(fault rate)"。工作到某时刻尚未失效的产品，在该时刻后单位时间内发生失效的概率。

04.0223　平均寿命　mean life
寿命的平均值。

04.0224 可靠寿命 reliable life
产品在给定可靠度时的寿命。

04.0225 设计寿命 design life
产品设计时的预计不失去使用功能的有效使用时间。

04.0226 使用寿命 service life
产品从开始使用到无论从技术上还是经济上考虑都不宜再使用，而必须大修或报废时的寿命单位数。

04.0227 剩余寿命 residual life
从检查产品技术状态时刻开始到其变为极限状态为止的能工作时间之总和。

04.0228 疲劳寿命 fatigue life
又称"循环次数"。材料在疲劳破坏前所经历的应力循环数。

04.0229 平均失效前时间 mean time to failure, MTTF
在规定的条件下和规定的时间内，产品寿命总数与故障产品总数之比。它是不可修产品的一种基本可靠性参数。

04.0230 平均故障间隔时间 mean time between failures, MTBF
又称"平均无故障间隔"。在规定的条件下和规定的期间内，产品寿命总数与故障总次数之比。它是可修产品的一种基本可靠性参数。

04.0231 失效模式 failure mode
产品失效的表现形式。

04.0232 失效机理 failure mechanism
引起失效的物理、化学或其他的原因和过程。

04.0233 故障模式与影响分析 fault modes and effect analysis, FMEA
研究产品的每个组成部分可能存在的故障模式，并确定各个故障模式对产品其他组成部分和产品要求功能影响的一种定性的可靠性分析方法。

04.0234 故障模式影响与危害度分析 fault modes effects and criticality analysis, FMECA
同时考虑故障发生概率与故障危害等级的故障模式与影响分析。

04.0235 故障树 fault tree
表示产品的组成部分或外界事件，以及它们的组合导致产品的一种给定故障模式的逻辑图。

04.0236 故障树分析 fault tree analysis, FTA
用故障树的形式进行分析的方法。用于确定哪些组成部分的故障模式或外层事件或它们的组合，可能导致产品出现一种已给定的故障。

04.0237 可靠性设计 reliability design
为了满足产品的可靠性要求而进行的设计。

04.0238 应力强度干涉模型 stress strength interference model
根据应力分布和强度分布的干涉程度来确定可靠性的方法。

04.0239 无限寿命设计 infinite life design
以产品使用寿命无限长为依据所进行的设计。

04.0240 有限寿命设计 finite life design
以产品指定寿命为依据进行的设计。

04.0241 等寿命设计 equal-life design
以产品各部件具有相等的服役寿命为依据所进行的设计。

04.0242 可靠性预测 reliability prediction
根据产品各组成部分的可靠性，预测产品在

规定的工作条件下的可靠性所进行的工作。

04.0243 可靠性分配 reliability allocation
产品设计阶段，将产品可靠性定量要求按给定的准则分配给各组成部分的过程。

04.0244 可靠性试验 reliability test
为验证、评价与分析产品的可靠性而进行的各种试验。

04.0245 可靠性评估 reliability assessment
利用产品研制、试验、生产、使用等过程中收集到的数据和信息来估算和评价产品的可靠性。

04.0246 维修性 maintainability
产品在规定的条件下和规定的时间内，按规定的程序和方法进行维修时，保持或恢复到规定状态的能力。

04.0247 安全性 safety
产品所具有的不导致人员伤亡、系统毁坏、重大财产损失或不危及人员健康和环境的能力。

04.0248 可用性 availability
产品在任一时刻需要和开始执行任务时，处于可工作或可使用状态的程度。

05. 机械表面与界面

05.01 机械表界面行为及特征

05.01.01 一 般 名 词

05.0001 表面 surface
凝聚相（固体、液体）与气体（或真空）之间的区域。

05.0002 界面 interface
物质相与相的分界面。

05.0003 界面层 interfacial layer
构成两相边界一定厚度的空间区域。

05.0004 边界层 boundary layer
高雷诺数绕流中紧贴物面的黏性力不可忽略的流动薄层。

05.0005 液体边界层 liquid boundary layer
固液边界高雷诺数绕流中紧贴物面的黏性力不可忽略的液体流动薄层。

05.0006 凝聚相 condensed phase
由大量粒子组成，并且粒子间有很强相互作用的系统。

05.0007 表面力 surface force
作用在物体外表面上与表面积大小成正比的力。

05.0008 表面张力 surface tension
液体表面层由于分子引力不均衡而产生的沿表面作用于任一界线上的张力。

05.0009 界面张力 interfacial tension
在固液、固气、液液、液气等两相接触的界面处，单位面积内两种物质的分子，各自相对于本相内部相同数量的分子过剩自由能之总值。

05.0010 表面能 surface energy
创造物质表面时，破坏分子间化学键所需消耗的能量。

05.0011 表面自由能 surface free energy
保持相应的特征变量不变，每增加单位表面积时，相应系统自由能的增值。

05.0012 界面能 interfacial energy
界面处原子排列混乱而使系统升高的能量。

05.0013 界面势垒 interface barrier potential
使位置经过充分调整的单位面积的界面原子离开原来的稳定位置所需要的能量在单位滑动距离中的总和。

05.0014 界面行为 interface behavior
又称"界面效应"。不同形态或不同种类的两种物质在接触界面上发生的一系列物理或化学反应过程。

05.0015 界面行为控制 interface behavior control
控制接触界面上发生的一系列物理或化学反应的过程。

05.0016 表面效应 surface effect
随着颗粒直径的变小，比表面积（表面积/体积）和表面原子的比例将会显著增加，引起表面原子具有很高的活性且极不稳定，致使颗粒表现出不一样特性的现象。

05.0017 尺寸效应 size effect
由材料整体或局部尺寸的微小化引起的机理及性能等特异性变化的现象。

05.0018 初生表面 nascent surface
又称"新生表面(neonatal surface)"。完全无污染的固体表面，如在超高真空中形成的表面。

05.0019 亚表面 subsurface
固体表面下紧靠表面的部分，无明确尺寸界定。

05.0020 表面结构 surface structure
固体表面表层原子的排列情况，包括表面各层原子的种类、密度、键长、键角和排列状况等。

05.0021 亚表面结构 subsurface structure
固体表面下紧靠表面的部分形成的结构。

05.0022 表面重构 surface reconstruction
高分子聚合物表面为适应环境，从一个状态到另一个状态的变化过程。

05.0023 构性关系 quantitative structure property relationship
物质的结构与性质之间的本质关系。

05.0024 微凸体 asperity
固体表面上微小的不规则凸起。

05.0025 表面形貌 surface topography
固体表面与微观峰谷的形态及分布有关的几何形状。

05.0026 表面波纹度 surface waveness
固体表面主要因机械加工系统的振动而形成的有一定周期性的形状和起伏的特征量度。

05.0027 最佳表面粗糙度 optimum roughness
保证摩擦副能最有效磨合或具有最大耐磨性或最佳密封性的表面粗糙度。

05.0028 综合表面粗糙度 combined surface roughness
组成摩擦副的两个表面的轮廓均方根偏差平方和的平方根值，应用于流体润滑计算。

05.0029 基准线 reference line
用于测定表面粗糙度参数的理想直线。

05.0030 表面轮廓[线] surface profile
由垂直于基准面的平面与被测表面相交所得的曲线。

05.0031 轮廓偏距 profile departure
在表面轮廓[线]上的点与某基准线之间的距离。

05.0032 轮廓算术平均中线 arithmetical mean centre line of the profile
划分表面轮廓[线]并与其走向一致的基准线。在取样长度内，该线与两侧的峰谷组成闭合曲线所围的面积相等，该线近似于中线。

05.0033 轮廓峰高 profile peak height
在一组峰谷范围内，中线至表面轮廓[线]峰点之间的距离。

05.0034 轮廓谷深 profile valley depth
在一组峰谷范围内，中线至表面轮廓[线]谷点之间的距离。

05.0035 轮廓最大平均高度 maximum height of profile
在取样长度内，五个最大轮廓峰高和五个最大轮廓谷深平均值之和。

05.0036 轮廓算术平均偏差 arithmetic mean deviation of the profile
在取样长度内，轮廓偏距绝对值的算术平均值，可用于描述表面粗糙度。

05.0037 轮廓均方根偏差 root mean square deviation of the profile
在取样长度内，轮廓偏距的均方根值。

05.0038 轮廓峰顶线 line of profile peaks
通过表面轮廓[线]最高点并平行于中线的直线。

05.0039 轮廓谷底线 line of profile valleys
通过表面轮廓[线]最低点并平行于中线的直线。

05.0040 轮廓最大高度 maximum peak to valley height
固体表面轮廓峰顶线和轮廓谷底线之间的距离。

05.0041 轮廓水平截距 profile section level
某一平行于中线且与表面轮廓[线]相交的直线与轮廓峰顶线间的距离。一般用微米表示，也可以用轮廓最大高度的百分数表示。

05.0042 轮廓支承长度 profile bearing length
某一与中线平行的直线在表面轮廓[线]上所截得的各线段长度之和的均方根值。

05.0043 轮廓支承长度率 profile bearing length ratio
用轮廓支承长度与取样长度之比表示的在某一与中线平行的直线上的支承程度。

05.0044 轮廓支承长度率曲线 curve of the profile bearing length ratio
表达轮廓支承长度率与轮廓水平截距之间相互关系的曲线。

05.01.02 固体表面及其接触

05.0045 接触 contact
两个物体接近并发生受力或（和）变形的相互关系。

05.0046 固体接触力学 solid-contact mechanics
研究两固体因受压接触后产生的局部应力和应变分布规律的学科。

05.0047 滚动接触力学 rolling contact mechanics

研究相互接触的物体之间相对运动、相互作用以及由此引起的弹塑性变形、磨损失效等问题的学科。

05.0048　颗粒界面力学　particles interface mechanics
又称"粉体界面力学(powder interface mechanics)"。研究颗粒与基体界面之间结合状态的学科。

05.0049　分形接触力学　fractal contact mechanics
基于分形理论建立的两接触表面间的接触理论模型，研究两物体因受压相接触后产生的局部应力和应变分布规律的学科。

05.0050　粗糙峰接触理论　asperity peak contact theory
当任意两个面相互接触的时候，粗糙的表面使得实际接触并不是发生在整个表面上，而是在一些不连续的区域中，这些区域被称为粗糙峰。研究粗糙峰接触行为和规律的理论。

05.0051　弹塑性接触　elastoplastic contact
固体的接触表面中一部分处于材料的弹性变形状态，另一部分处于材料的塑性变形状态的接触。

05.0052　赫兹接触　Hertzian contact
赫兹(Hertz)提出的一种描述两个椭球表面固体接触的接触模型。在该接触下的面积称为赫兹接触面积，在该面积上的压力称为赫兹接触压力。注：在固体理想接触基础上，运用材料力学、弹性力学及弹塑性力学进行分析计算，得到由载荷产生的接触压力分布和接触区尺寸，进而获得接触表面附近及固体内部的应力分布。

05.0053　JKR 接触模型　JKR contact model
1971 年，约翰逊(Johnson)、肯德尔(Kendall)和罗伯茨(Roberts)在赫兹接触理论的基础上，考虑了接触面内黏着力对弹性体变形的影响，从而建立的接触模型。

05.0054　DMT 接触模型　DMT contact model
1975 年,杰里亚金(Derjaguin)、穆勒(Muller)和托波罗夫(Toporov)在赫兹接触理论的基础上，考虑了作用在接触面外长程黏着力对接触的影响，从而建立的接触模型。

05.0055　滚动接触　rolling contact
一物体在另一物体表面做滚动或滚动加滑动的接触。

05.0056　纯滚动　pure rolling
一物体在另一物体表面接触点于接触那一瞬间为相对静止，没有任何的相对滑动的滚动。

05.0057　滚滑　rolling and sliding
一物体在另一物体表面接触点存在有相对滑动的滚动。

05.0058　蠕滑　creep
固体材料长期受到应力作用下产生的缓慢移动或变形的行为。

05.0059　切向微动　tangential fretting
机械紧配合面在切向方向发生微小位移的运动。运动方向垂直于界面受力面。

05.0060　径向微动　radial fretting
机械紧配合面在法向方向发生微小位移的运动。运动方向平行于界面受力面。

05.0061　转动微动　rotational fretting
机械紧配合面在法向方向发生微幅角位移的运动。旋转面与界面受力面平行。

05.0062　扭动微动　torsional fretting
机械紧配合面在法向方向发生微幅角位移

的运动，旋转面与界面受力面垂直。

05.0063 载荷法向力 load normal force
施加在互相接触物体上且垂直于接触表面的外力。

05.0064 接触表面 contact surface
两物体无限靠近(从工程量级到分子、原子尺度)且形成相互作用的有共同边界的表面。

05.0065 接触面积 contact area
表面接触区域的面积总和。

05.0066 名义接触面积 nominal contact area
接触表面的宏观面积，由接触物体的外部尺寸决定。

05.0067 实际接触面积 real contact area
物体实际接触部分微小面积的总和。

05.0068 接触应力 contact stress
外力作用下在固体接触表面上所产生的应力。

05.0069 比压 specific pressure
单位名义接触面积上的正压力。注:单位真实接触面积上的正压力称为真实比压。

05.0070 同曲表面 conformal surface
曲率中心位于接触表面同一侧的两个曲面。注：曲率中心位于接触表面两侧的称为异曲表面。

05.0071 牵引 traction

通过摩擦力或切向力使物体在另一物体表面产生相对运动的行为。

05.0072 牵引应力 tractive stress
在牵引过程中通过接触表面传递的切向应力。

05.0073 制动 braking
使运行中的机车、车辆及其他运输工具或机械等停止运动或减低速度的动作。

05.0074 摩擦能量转换 friction energy conversion
通过摩擦力对物体做功使物体的能量发生转换或传递。

05.0075 黏附 adhesion
固体表面剩余力场与其紧密接触的固体或液体的质点相互吸引的现象。

05.0076 固体黏附 solid adhesion
相接触的固体表面间发生的黏附现象。

05.0077 闪温 flash temperature
两接触物体相对运动及相互作用时，在一些微凸体接触点上产生的局部瞬时的最高温度。

05.0078 转移膜 transfer film
剪切过程中，从一个配副转移到另一个配副表面的表面层。

05.0079 釉面 glaze
材料在摩擦过程中形成硬而光滑的陶瓷质表层。

05.01.03 固-液界面

05.0080 固-液界面 solid-liquid interface
固体和液体物质间原子长程有序与长程无序的过渡区。

05.0081 密封 seal

防止流体或固体微粒从相邻结合面间泄漏以及防止外界杂质如灰尘与水分等侵入机器设备内部零部件的措施。分为静密封和动密封两大类。

05.0082 润湿 wetting
液体与固体接触时，沿固体表面扩展的现象。

05.0083 润湿性 wettability
液体介质在固体表面上润湿的程度。通常用润湿角表示。

05.0084 接触角 contact angle
固体表面的液滴在固-液-气三相交界面处的气-液相接口与固-液相接口之间的夹角。

05.0085 静态接触角 static contact angle
在平衡条件下测试得到的接触角。

05.0086 动态接触角 dynamic contact angle
在非平衡条件下测试得到的接触角。

05.0087 前进角 advancing angle
液固界面取代气固界面后形成的接触角。

05.0088 后退角 receding angle
气固界面取代液固界面后形成的接触角。

05.0089 接触角滞后性 hysteresis of contact angle
真实固体表面在一定程度上或者粗糙不平或者化学组成不均一，使得实际物体表面上的接触角并非如杨(Young)方程所预示的取值唯一，而是在相对稳定的两个角度之间变化的现象。上限为前进接触角 θ_A，下限为后退接触角 θ_R，二者差 $\Delta\theta = \theta_A - \theta_R$ 定义为接触角滞后性。

05.0090 亲水性 hydrophilicity
固体表面带有极性基团的分子对水的亲和能力。可以吸引水分子，或溶解于水。

05.0091 疏水性 hydrophobicity
一个分子(疏水物)与水互相排斥的物理性质。

05.0092 铺展 spreading
液体在另外一种不互溶的液体表面自动展开成膜的过程。母液极性大，子液极性小，子液中混入活性剂，均有利于铺展。

05.0093 集聚 aggregation
又称"聚集"。固体表面的液体膜流动聚合形成微小液滴的过程。

05.0094 边滑 boundary lubrication
由流体润滑过渡到干摩擦(摩擦副表面直接接触)过程之前的临界状态。是不光滑表面之间，发生部分表面接触的润滑状况。

05.0095 黏滑 stick slip
物体在滑动时，摩擦力和相对速度发生循环波动的现象。静、动摩擦系数的不同是引起黏滑现象的根本原因。

05.0096 界面微滑移 interface microslip
流体在固液边界处存在微小滑移现象，由此引起液体的流动阻力减小。

05.0097 双电层效应 electric double layer effect
在两种不同物质的界面上，正负电荷分别排列形成双电层的现象。如在溶液中，固体表面常因表面基团的解离或自溶液中选择性地吸附某种离子而带电。由于电中性的要求，带电表面附近的液体中必有与固体表面电荷数量相等但符号相反的多余的反离子。带电表面和反离子构成双电层。

05.0098 吸附 adsorption
在摩擦学系统中起润滑作用的材料中的某些物质，尤其是极性物质，借助范德瓦耳斯力或键合力黏附在固体表面，使被黏附分子浓度升高的表面富集现象。

05.0099 物理吸附 physisorption
又称"范德瓦耳斯吸附"。由吸附质和吸附剂分子间作用力所引起的吸附作用。

05.0100 化学吸附 chemisorption

吸附质分子与固体表面原子(或分子)发生电子的转移、交换或共有,形成吸附化学键的吸附作用。

05.0101 脱附 desorption
又称"解吸"。吸附的逆过程。使被吸附的组分达到饱和的吸附剂中析出,吸附剂得以再生的操作过程。即被吸附于界面的物质在一定条件下,离逸界面重新进入体相的过程。

05.0102 界面膜 interfacial film
一种物质在界面发生吸附(富集于界面)使界面自由能降低,故物质易在界面吸附,形成一层成分与流体相内部不同的部分,其中溶质的浓度远大于相内部,由于物质富集而形成的界面层。

05.0103 分子膜 molecular film
以分子聚合物为材料制成的薄膜。

05.0104 有序分子膜 organized molecular film
借助分子间弱的非共价键的相互作用,在二维表面上将双亲性功能分子缀密连锁在纳米尺度内形成有序的功能分子膜。

05.0105 分子自组装膜 molecule self-assembled film
通过有机分子在固体表面吸附而形成的有序分子膜。

05.0106 LB膜 Langmuir Blodgett film, LB film
将兼具亲水头和疏水尾的两亲性分子分散在水面上,经逐渐压缩其水面上的占有面积,使其排列成单分子层,再将其转移沉积到固体基底上所得到的一种膜,可以是单层或多层。

05.0107 分子沉积膜 molecular deposition film
静电相互作用形成的分子膜。

05.0108 流–固界面滑移阻力 slip resistance of fluid-solid interface
界面滑移时受到的阻力。

05.0109 化学机械抛光 chemical mechanical polishing
使用化学腐蚀及机械力对加工过程中的硅晶圆或其他衬底材料进行平坦化处理的技术,属于半导体器件制造工艺中的一种技术。

05.0110 罗宾德效应 Rehbinder effect
又称"列宾捷尔效应"。固体与表面活性剂相互作用使表面或近表层的机械性能发生变化的现象。

05.0111 克雷默效应 Kramer effect
在变形或断裂的新表面释放出电子的现象。这些电子被称为外激电子。

05.0112 罗素效应 Vogel-Colson-Russell effect
在暴露于水蒸气和氧气中的初生表面上形成过氧化氢的现象。

05.02 摩 擦 学

05.02.01 一 般 名 词

05.0113 摩擦学 tribology
研究做相对运动物体的相互作用表面、类型及其机理、中间介质及环境所构成的系统的行为与摩擦及损伤控制的科学与技术。

05.0114 摩擦 friction

阻止两物体接触表面发生切向相互滑动或滚动的现象。

05.0115　磨损　wear
物体表面相对运动时，工作表面物质损失或产生残余变形的现象。

05.0116　润滑　lubrication
用润滑剂减少两摩擦表面之间的摩擦和磨损或其他形式的表面破坏的措施。

05.0117　摩擦物理　tribophysics
研究由机械摩擦作用引起物理现象的学科分支。

05.0118　摩擦化学　tribochemistry
研究摩擦表面上发生的化学反应及其变化对摩擦学影响规律的学科分支。

05.0119　微观摩擦学　microtribology
又称"纳米摩擦学"。在原子、分子和纳米尺度上研究摩擦界面之间的摩擦、磨损、黏着行为及机理的摩擦学分支学科。

05.0120　绿色摩擦学　green tribology
研究涉及生态平衡以及环境与生物影响的各种摩擦学问题的分支学科。

05.0121　口腔摩擦学　oral tribology
研究口腔复杂环境下的各种摩擦学问题的交叉学科。

05.0122　空间摩擦学　space tribology
研究空间环境因素作用下摩擦学问题的分支学科。

05.0123　海洋摩擦学　marine tribology
研究围绕海洋开发所涉及的装备（系统）中存在的相互作用界面间摩擦学问题的分支学科。

05.0124　制造摩擦学　manufacture tribology
研究制造过程和制造技术中摩擦学问题的分支学科。

05.0125　生物摩擦学　biotribology
关于生物体、生物材料、仿生运动器件的摩擦学分支学科。

05.0126　皮肤摩擦学　skin tribology
研究与人体皮肤相关的摩擦学问题的学科，是生物摩擦学的分支学科。

05.0127　工业摩擦学　industrial tribology
又称"应用摩擦学（applied tribology）""工程摩擦学（engineering tribology）"。是摩擦学的一个分支学科，主要是关于摩擦学的技术和研究结果在工业领域或工程实际中的应用。

05.0128　摩擦学系统　tribological system
由若干个摩擦学元素通过摩擦学行为联系起来，且与环境之间具有输入和输出关系的系统。

05.0129　摩擦学设计　tribological design
运用摩擦学知识和相关数据，基于摩擦学系统理论，综合考虑多种因素的摩擦学系统优化设计。

05.0130　摩擦副材料　rubbing pair material
构成摩擦副的材料。它包括摩擦材料、减磨材料、耐磨材料和自润滑复合材料等。

05.0131　滑动　sliding
摩擦副在固定接触面上的相对运动。

05.0132　滚动　rolling
摩擦副公接线或点上的两表面速度的大小和方向相同，而接触线或点不断改变的相对运动。

05.0133　滚动速度　rolling velocity
滚动摩擦副中，其球心或柱中心线的切向相对运动速度。

05.0134 阿蒙顿–库仑定律 Amontons-Coulomb's law

古典摩擦学定律，即：(1)摩擦力的大小与接触面间的法向力成正比，而与接触面积的大小无关。(2)摩擦力的方向总与接触表面相对运动速度的方向相反。(3)摩擦力的大小与接触面间的相对滑动速度无关。(4)静摩擦力大于动摩擦力。

05.02.02　摩　擦

05.0135 摩擦[表]面 friction surface

发生摩擦的固体相互作用表面。

05.0136 摩擦学元素 tribo element

在摩擦学系统中发生摩擦作用的单个组元。每个组元可有一个或多个摩擦[表]面。

05.0137 [摩擦]工况 [friction] condition

在摩擦过程中摩擦副相对运动时的载荷、速度、行程及环境温度、真空度、运行介质等条件。

05.0138 摩擦副 rubbing pair, tribopair

由两个相对运动又相互作用的摩擦学元素构成的最小系统。作为摩擦副的物体互称为对摩副。

05.0139 滑滚运动 combined sliding and rolling

固体接触表面同时发生滑动和滚动的相对运动。

05.0140 滑滚率 sliding-roll ratio

做滑滚运动的物体其滑动速度与滚动速度之比。

05.0141 往复滑动 reciprocating sliding

周期性改变运动方向并平行于接触表面的滑动。

05.0142 微动 fretting

名义上无相对运动的固体接触表面间的微小距离的往复切向或法向运动。通常仅指一种运动形式而不涉及磨损或其他损伤，其单程距离称为微动振幅，每秒往复次数称为微动频率。

05.0143 微观滑动 microslip

(摩擦学)固体的接触表面内仅局部发生微小切向位移，而其余部分仍相对静止的滑动。

05.0144 摩擦功 friction work

摩擦力与移动距离的乘积。

05.0145 摩擦传动 friction drive

利用摩擦副之间的摩擦力传递运动、力或力矩功的技术。如摩擦轮、皮带轮、摩擦离合器等的应用。

05.0146 摩擦制动 friction brake

利用摩擦副间的摩擦力做功来消耗动能，以降低物体运动速度或终止相对滑动的技术。

05.0147 制动静摩擦系数 static friction coefficient of braking

在摩擦制动时摩擦副之间的相对滑动速度达到零值瞬间的摩擦系数。

05.0148 摩擦功率 friction power

摩擦力与滑动速度的乘积。

05.0149 摩擦力 frictional force

当两接触构件间存在正压力时，阻止两构件相对运动(或相对运动趋势)的切向阻力。

05.0150 摩擦能量耗散 friction energy dissipation

摩擦过程中，机械能向热能、声能、光能等形式转换，从而引起系统做功能力下降的过程。

05.0151 鲍登–泰伯理论 Bowden-Tabor theory
又称"摩擦二项式定律"。鲍登和泰伯提出的用摩擦副间的微凸体焊合、剪切机制描述摩擦力的学说。

05.0152 摩擦力矩 frictional moment
组成运动副的两构件上，由于两运动副元素之间的摩擦力所引起的阻止两构件相对转动的力矩。

05.0153 摩擦起电 electrification by friction
两个不同的物体因摩擦而带电的现象。

05.0154 摩擦力矩稳定系数 steady coefficient of friction moment
摩擦力矩的平均值与最大值之比。

05.0155 制动效率损失 loss of brake efficiency
制动摩擦在运行中受热引起摩擦系数下降所造成的制动效率降低。

05.0156 制动容量 brake capacity
制动器中摩擦副的制动(部件承受)力、吸收功率等的许用极限。

05.0157 滚动摩擦 rolling friction
两接触物体接触点的速度的大小和方向相同的摩擦。

05.0158 滑动摩擦 sliding friction
两接触面具有不同速度或方向的摩擦。

05.0159 转动摩擦 pivoting friction, spin friction
两构件在接触区的公法线附近阻碍相对转动的摩擦。

05.0160 静摩擦 static friction
两物体有相对运动趋势，但未产生相对运动时的摩擦。

05.0161 极限摩擦 limiting friction
两构件表面在相对滑动即将开始瞬间的静摩擦。

05.0162 动摩擦 kinetic friction
两构件表面在相对运动时出现的摩擦。

05.0163 摩擦系数 frictional coefficient
阻止两物体相对运动的摩擦力与作用在该两物体接触表面的法向力的比值。

05.0164 静摩擦系数 coefficient of static friction
极限摩擦力与法向力的比值。

05.0165 动摩擦系数 coefficient of kinetic friction
全称"滑动摩擦系数"。相对滑动时的摩擦力与法向力的比值。

05.0166 当量摩擦系数 equivalent coefficient of friction
为了把不同形状、不同接触状况的两构件间的摩擦力或摩擦力矩计算公式简化而引入的摩擦系数的当量值。

05.0167 平均动摩擦系数 mean coefficient of kinetic sliding friction
滑动摩擦过程中的动摩擦系数平均值。

05.0168 瞬间动摩擦系数 instantaneous coefficient of kinetic friction
随时间而发生变化的动摩擦系数的瞬时值。

05.0169 摩擦角 angle of friction
两构件开始相对滑动的瞬间在接触点上的总反力和其公法线间所夹的角度。

05.0170 摩擦锥 cone of friction
两构件开始相对滑动的瞬间总反力以公法线为轴线旋转形成的锥体表面。

05.0171 摩擦圆 circle of friction
以轴颈中心为圆心，以当量摩擦系数与轴颈半径的乘积为半径所作的圆。

05.0172 摩擦面温度 frictional surface temperature
(1)摩擦的宏观接触表面的平均温度。(2)摩擦的实际接触表面的瞬时温度。

05.0173 许用摩擦面温度 allowable frictional surface temperature
不发生烧伤等异常损伤或功能异常下降所容许的摩擦面温度。

05.0174 磨合 running in
摩擦初期改变摩擦表面几何形状和表面层物理机械性能(摩擦相容性)的过程。

05.0175 静摩擦力矩 static friction torque
摩擦副处于静摩擦状态下所产生的力矩。

05.0176 动摩擦力矩 kinetic friction torque
摩擦副处于动摩擦状态下所产生的力矩。

05.0177 力矩曲线 torque curve
动摩擦力矩相对于速度或时间而变化的曲线。

05.0178 [摩擦]力矩容量 torque capacity
摩擦力矩的许用极限。

05.0179 平均动摩擦力 mean kinetic friction force
滑动过程中产生的动摩擦力的平均值。

05.0180 平均摩擦半径 mean friction radius
对于圆盘离合器和盘式制动器，摩擦面最大半径与最小半径的和的二分之一。

05.0181 当量摩擦半径 equivalent friction radius
摩擦副摩擦合力的作用半径。

05.0182 流体摩擦 fluid friction
由流体的黏滞阻力或流变阻力引起的内摩擦。

05.0183 干摩擦 dry friction
常用于表示名义上无润滑的摩擦。

05.0184 湿式摩擦 wet friction
有油或其他液体存在时所发生的摩擦。

05.0185 库仑摩擦 Coulomb friction
摩擦力正比于法向载荷的摩擦。

05.0186 静摩擦力 static friction force
即最大静摩擦力，相对运动即将开始瞬间的摩擦力。

05.0187 动摩擦力 kinetic friction force
两物体相对运动时的摩擦力。

05.0188 焊合 welding
摩擦过程中直接接触的金属表面在一定压力下形成的局部固态连接现象。

05.0189 黏着 adhesion
摩擦过程中固体接触表面间因分子力作用或原子间键合而发生了互溶或焊合现象。

05.0190 黏着系数 coefficient of adhesion
分开黏着表面所需的法向拉力与发生黏着所施的法向力的比值。

05.0191 摩擦相容性 frictional compatibility
在摩擦和磨损过程中由给定材料组成的摩擦副抵抗黏着的性能。在摩擦和磨损中显示出良好磨合性能的材料被视为有良好的相容性，反之则为不相容。

05.0192 减摩性 antifriction ability

作为摩擦副的材料在一定条件下降低或维持较低摩擦系数的性能。该性能不是材料的固有属性，而是与摩擦副材料和[摩擦]工况密切相关的服役性能。

05.0193 摩擦热脉冲 friction induced thermal impulse

非稳定运行的摩擦副装置(如制动器、离合器等)在工作过程中产生的脉冲式发热现象。

05.0194 摩擦升华 friction induced sublimation

物体表面摩擦引起材料由固态直接转变为气态的现象。

05.0195 摩擦裂解 tribocracking

高沸点石油产品受摩擦作用的分解过程。

05.0196 摩擦聚合物 tribopolymer

介质因摩擦发生聚合反应而生成的有机化合物。

05.0197 摩擦振荡 frictional oscillation

又称"摩擦颤动(frictional vibration)"。摩擦系数随相对运动速度变化而引起摩擦学系统振动的效应。

05.0198 摩擦噪声 friction induced noise

在摩擦学系统运行时，由摩擦副振动引起的噪声。

05.0199 覆盖系数 covering coefficient

摩擦副中摩擦片与对偶件实际接触面积与表观面积的比值。

05.0200 [摩擦]热影响层 heat affected layer

摩擦磨损引起的温升导致材料的化学组分、组织、物理和力学性能发生变化的部分。

05.0201 热斑 heat spot

由于局部过热，摩擦表面产生斑点状的变质部分。

05.0202 烧伤 burning

摩擦热引起的温升使固体表面产生热变质的现象。

05.0203 发汗 sweating

高温作用使低溶点物从摩擦材料上如出汗似地渗出的现象。

05.0204 烧结金属摩擦材料 sintered metalic friction material

以金属粉末为基体添加适量润滑剂组分和摩擦材料组分所组成的，采用烧结方法制成的摩擦材料。

05.0205 金属陶瓷摩擦材料 ceramic friction material

添加一定比例具有陶瓷性能的金属氧化物的摩擦材料。

05.0206 半金属摩擦材料 semimetalic friction material

将石棉无机纤维、金属增强纤维、高碳铁粉和填料，以树脂为黏结剂，采用热压工艺制成的摩擦材料。

05.0207 无石棉摩擦材料 asbestos-free friction material

不含石棉纤维的有机摩擦材料。

05.0208 纸基摩擦材料 paper base friction material

以石棉、纸浆等为基体，添加适量填料，以树脂为黏结剂，采用造纸和热压工艺制成的摩擦材料。

05.0209 金属摩擦材料 full metallic friction material

用铸铁或钢材制成的摩擦材料。

05.0210 高弹性摩擦片 elastomer friction plate

以氟橡胶等为基体，添加适量填料制成，能承受高比压的摩擦片。

05.0211 对偶材料　mating material
与摩擦材料构成摩擦副的配偶材料。

05.02.03　磨　损

05.0212 磨损量　wear loss
在磨损过程中，摩擦副的材料接触表面变形或表层材料流失的量，通常可用体积、质量、几何尺度等表示。

05.0213 磨损率　wear rate
测得的磨损量对于[摩擦]工况中某一特定条件参量的变化率，通常可用单位行程、单位时间、单位载荷或一个运行周期的磨损量表示。

05.0214 正常磨损　normal wear
设计允许范围内的磨损。

05.0215 轻微磨损　mild wear
磨损量非常微小的磨损。

05.0216 严重磨损　severe wear
磨损量较大的磨损，此时磨屑通常表现为较大的碎片或颗粒。

05.0217 毁坏性磨损　catastrophic wear
摩擦表面急速破坏或改变形状，致使零件寿命缩短或失效的磨损。

05.0218 干磨损　dry wear
名义上无润滑的摩擦副的磨损。

05.0219 机械磨损　mechanical wear
滑动、滚动或重复冲击等机械作用所产生的磨损。

05.0220 机械化学磨损　mechano-chemical wear
机械和化学两因素耦合作用所产生的磨损。

05.0221 磨料磨损　abrasion, abrasive wear
又称"磨粒磨损"。在摩擦过程中，硬颗粒或摩擦副表面的硬微凸体对固体表面挤压和沿表面运动所引起的损伤或材料流失的磨损。

05.0222 黏着磨损　adhesive wear
黏着作用使摩擦副表面之间发生冷焊和材料迁移而引起的磨损。

05.0223 冲击磨损　impact wear
材料表面受到外来物体冲击力作用而引起的局部材料损失或剥落的磨损。

05.0224 冲蚀磨损　erosion wear
简称"冲蚀"。固体表面受到小而松散的流动粒子冲击，造成表层材料逐渐流失或表面损伤的一种特殊的磨损形式。流动的粒子一般为多相流中的粒子，气流中带有的小固体颗粒称为喷砂冲蚀，液流中带有的小固体颗粒称为料浆冲蚀，高速液滴称为雨蚀，流体中夹有气泡称为空蚀。

05.0225 电蚀磨损　electro erosion wear
电流的通过造成接触表面材料移失的一类磨损现象。

05.0226 空蚀　cavitation
又称"穴蚀"。处于空化环境中的固体表面受气泡溃灭和洞穴状腐蚀的反复作用造成表面材料逐渐流失的一种冲蚀现象。

05.0227 涂抹　smearing
由于在摩擦副之间塑性流动或材料转移，较软材料的磨屑以薄层形式附着于摩擦表面上的轻微磨损。

05.0228 胶合 scuffing
在高速重载传动中，瞬时的高温高压导致接触区的金属局部黏结在一起，继而在表面产生沟纹状磨痕的一种磨损形式。

05.0229 点蚀 pitting
因表面疲劳作用导致材料流失，在摩擦表面留下小而浅的锥形凹坑的损伤形式。

05.0230 剥落 spalling
在摩擦表面因解除疲劳而产生鳞片状磨屑并出现深而大凹坑的损伤形式。

05.0231 拉宾洛维奇公式 Rabinowicz's equation
在磨粒磨损中，通过拉宾洛维奇模型推出，材料以[微]犁削或塑性流动机理产生的体积磨损量的公式。

05.0232 磨粒 abrasive particle
引起磨料磨损的硬颗粒。

05.0233 塑性流动 plastic flow
又称"塑性变形"。(摩擦学)在磨粒的机械力作用下，摩擦副表层材料产生的不可逆变形。

05.0234 [微]犁削 [micro-] ploughing
又称"[微]犁沟"。硬质磨粒犁过摩擦副固体表面形成微小沟槽的损伤现象。

05.0235 微切削 micro-cutting
磨料(硬质磨粒或硬突起)划过摩擦副固体表面，造成表面产生磨屑并直接流失的现象。

05.0236 凿削 gouging
硬质磨粒从材料表层凿下大颗粒磨屑并形成较深且不连续沟槽的损伤现象。

05.0237 微断裂 micro-fracture
硬质磨粒在材料表层引起微裂纹萌生、扩展和断裂脱落的破坏现象。

05.0238 划伤 scratching
又称"刮伤"。微凸体的滑动作用造成固体摩擦表面上出现划痕的一种磨损。

05.0239 咬合 galling
在滑动的固体摩擦表面局部出现撕裂的损伤。这种损伤常伴随有材料的塑性流动和[材料]转移。

05.0240 嵌藏性 embed ability
轴瓦材料在滑动中嵌藏磨屑和其他外来硬颗粒以降低这些硬颗粒划伤摩擦副表面或减缓磨粒磨损倾向的能力。

05.0241 磨料侵蚀 abrasive erosion
含有硬颗粒的流体几乎平行于固体表面相对运动而产生的磨损。

05.0242 侵蚀磨损 erosive wear
含有硬颗粒的流体相对于固体表面运动，使固体表面受到冲蚀作用而产生的磨损。

05.0243 气蚀磨损 cavitation wear
固体相对于液体运动时，液体中气泡在固体表面附近破裂，产生的局部冲击高压或局部高温引起的机械磨损。

05.0244 流体侵蚀 fluid erosion
由液流、气流或含有液珠的气流的作用而产生的磨损。

05.0245 冲击侵蚀 impact erosion, impingement erosion
含有硬颗粒的流体几乎垂直于固体表面相对运动而产生的磨损。

05.0246 气体侵蚀 cavitation erosion
固体相对于气蚀状态的液体运动而产生的表面破坏。

05.0247 犁沟 ploughing, plowing

又称"犁皱"。在相对滑动中，硬颗粒或两表面中的硬微突体使较软表面发生塑性变形而形成犁痕式的破坏。

05.0248 剥层 delamination
在接触应力作用下，摩擦[表]面及附近表层的塑性流动不断积累，使其次表面萌生裂纹并平行于表面扩展，最后裂纹折向表面使材料以薄片状脱落。

05.0249 黏着力 adhesive force
两固体摩擦接触时，接触表面间的相互吸引力。

05.0250 转移 transfer
在摩擦副滑动或滚动过程中，因摩擦黏着形成连接而使材料由一表面转移到另一表面的现象。

05.0251 冷焊 cold weld
在摩擦学中，两直接接触表面在常温、低温下形成的黏着。

05.0252 黏焊 scuffing
相对运动的摩擦[表]面之间由于闪温过高使许多小接触点出现焊接并在相对滑动中被撕裂的磨损。

05.0253 擦伤 scratching
在摩擦表面的滑动方向上形成细而浅的犁痕式破坏。

05.0254 咬死 seizure
摩擦表面产生严重黏着或转移，使相对运动停止的现象。

05.0255 选择性转移 selective transfer
在润滑过程中，摩擦表面产生的一种摩擦副材料成分有选择性的特殊的金属转移效应。

05.0256 阿查德模型 Archard model

描述黏着磨损并根据真实接触面积、材料屈服应力和被撕裂下的微凸体体积推导出来的以计算单位磨损行程下的磨损量的一种简单模型。

05.0257 氧化磨损 oxidative wear
摩擦表面与氧相互作用而形成氧化膜的磨损。

05.0258 剥蚀 pitting
疲劳磨损时从摩擦表面以颗粒形式分离出磨屑，并在摩擦表面留下"痘斑"的磨损。

05.0259 初始剥蚀 initial pitting
又称"初始点蚀"。滚动运动初期消除局部高应力区的磨合阶段，因表面接触应力超过接触疲劳极限而产生的，并随磨合完成而停止的剥蚀。

05.0260 沟蚀 fluting
规律地产生痘斑而连成沟槽的一种剥蚀形式。

05.0261 锤击磨损 peening wear
磨损表面极小面积上受反复冲击而使材料脱落的一种疲劳磨损形式。

05.0262 微动磨损 fretting wear
两接触表面在一定法向力下低幅相对振荡而产生的磨损。

05.0263 微动腐蚀 fretting corrosion
以化学反应为主的微动磨损。

05.0264 腐蚀磨损 corrosion wear
以化学或电化学反应为主的磨损。

05.0265 攻角 attack angle
又称"冲击角"。流体的运动方向与被冲击表面切线之间的夹角，是冲蚀中特殊的[摩擦]工况参量。

05.0266 冲击速度 impact velocity

流体与被冲击表面之间的相对速度。但在模型的理论描述中应是冲击靶材表面粒子的速度，它是冲蚀中特殊的[摩擦]工况参量。

05.0267 冲蚀量 erosion loss
在冲蚀中固体表层材料流失或表面损伤造成的磨损量，可以用体积、质量或几何尺寸表示。

05.0268 平均冲蚀深度 mean depth of erosion
用被冲击固体的某特定表面区域内材料流失的平均厚度表示的冲蚀量。通常由体积损失除以相应的面积计算出，体积由测定的质量损失除以材料密度求得。

05.0269 冲蚀率 erosion rate
单位时间内由冲蚀造成的被冲击表面的材料流失量。

05.0270 空化 cavitation
当流道中水流局部压力下降至临界压力(一般接近汽化压力)时，水中气核成长为气泡，气泡的聚积、流动、分裂和溃灭过程的总称。

05.0271 净正吸头 net positive suction head
流体中的总压力和蒸汽压力之差。由液体的等效高度或"头"表示。

05.0272 空穴数 cavitation number
确定液流中发生空化倾向的一个无量纲数。

05.0273 冲蚀腐蚀 erosion corrosion
冲蚀和腐蚀对金属表面的协同作用造成材料流失的现象。

05.0274 扩散磨损 diffusive wear
相对运动的两接触表面由于发生相互扩散而引起的磨损。

05.0275 热磨损 thermal wear
摩擦副材料在滑动和滚动过程中因发生热

作用软化、熔化或蒸发现象而产生的磨损。

05.0276 原子磨损 atomic wear
两相对运动接触表面受温度、应力、成分梯度的影响，一些原子从一表面移至另一表面的磨损。

05.0277 磨合磨损 wear in running-in
摩擦副在磨合期间的磨损。

05.0278 分子机械磨损 molecule mechanical wear
机械作用和分子或原子力同时作用所产生的磨损。

05.0279 电剥蚀 electrical pitting
界面放电使金属脱落而形成空穴的现象。

05.0280 磨损状态转化 transition wear mode
从轻微磨损转变为严重磨损或从严重磨损转变为轻微磨损的现象。

05.0281 相对磨损 relative wear
被试验材料的磨损与标准材料在相同条件下的磨损量的比值。

05.0282 相对磨损率 relative wear rate
试验材料磨损率与在相同条件下的标准材料磨损率的比值。

05.0283 磨损系数 coefficient of wear
摩擦副材料的体积磨损和软材料流动极限之乘积对摩擦功(滑移距离与载荷之乘积)的比值。

05.0284 [轴承]磨损因子 wear factor
又称"轴承比磨损率"。以系数方式表达的滑动轴承的一种磨损率，用轴承径向线磨损量与比压和行程的乘积之比表示。

05.0285 耐磨性 wear resistance

材料在一定条件下抵抗磨损的性能，通常用磨损率的倒数表示。

05.0286 抗咬性 anti-seizure property
摩擦副材料在润滑瞬间破坏时抵抗咬死的能力。

05.0287 疲劳磨损 fatigue wear
又称"表面疲劳"。当在摩擦接触区受到滑动、滚动或滑滚运动的循环应力超过材料的疲劳极限，在表面或近表层中萌生裂纹，并逐步扩展，导致材料表面断裂剥落的磨损。

05.0288 相对耐磨性 relative wear resistance
试验材料与标准材料在相同条件下的耐磨性之比。

05.0289 磨损机理 wear mechanism
对摩擦副表面损伤程度、变形形式或表层材料逐渐流失过程和原因的描述。

05.0290 磨损转型 transition of wear mechanism
在一定条件下磨损机理发生相互转变的行为及特征效应。

05.0291 磨损[机制]图 wear [mechanism] map
根据不同[摩擦]工况下的磨损试验或计算结果，按照磨损机理的异同将其各部分用分界线或分界面划分开，构成若干区域的二维或多维图。以表征发生每种机理的条件、范围及变化趋势。

05.0292 磨痕 wear track
固体表面经磨损后在摩擦[表]面上留下的损伤痕迹。是评定磨损机理的重要依据之一。

05.0293 磨屑 wear debris
在磨损过程中从参与摩擦的固体表面上脱落下来的细微颗粒。是评定磨损机理的重要依据之一。

05.0294 磨合性 running-in property
摩擦副在摩擦初期改善表面接触特性，使其摩擦系数、磨损率和摩擦热减小的能力。

05.0295 氢致磨损 hydrogen wear
简称"氢磨损"。在摩擦过程中，金属材料副与含氢环境，如烃基、梭基的润滑剂或水溶液发生摩擦化学反应，析出氢并扩散在摩擦[表]面内，导致裂纹萌生和扩展以加速表层材料流失的一种磨损。

05.02.04 润 滑

05.0296 润滑系统 lubrication system
向润滑部位供给润滑剂的一系列的给油脂、排油脂及其附属装置的总称。

05.0297 润滑膜 lubricating film
在相互摩擦表面间由易剪切物质形成的薄膜。

05.0298 润滑状态 state of lubrication
又称"润滑类型"。对润滑膜形成原理和特征的描述。一般分为流体润滑、弹性流体动力润滑、边界润滑、混合润滑、薄膜润滑和固体润滑等状态。

05.0299 流体润滑 fluid lubrication
相对运动的摩擦表面被气体或液体完全隔开的润滑状态。

05.0300 混合润滑 mixed lubrication
同时存在流体润滑和边界润滑的润滑状态。

05.0301 自润滑 self-lubrication

通过在承载基体中复合进具有低摩擦系数的固体润滑剂，以减小摩擦表面间的摩擦力或其他形式的表面破坏作用的润滑状态。

05.0302 静压润滑 hydrostatic lubrication
通过外部供给加压的气体或液体润滑介质，进入摩擦副之间并产生具有一定刚度和承载力的稳定润滑膜的润滑状态。

05.0303 颗粒润滑 particle lubrication
将固体材料以颗粒（粉末）状态直接导入摩擦副，使摩擦间隙中充满固体颗粒状态，利用微小颗粒的摩擦、变形、碰撞、挤压和滑滚等微观运动，减少做相对运动两表面的接触，保护表面免于损伤的润滑状态。

05.0304 固液复合润滑 solid-liquid phase composite lubrication
将固相润滑材料加工成微米、亚微米级的固体微粒，并通过特殊配方和工艺稳定措施分散到液相的润滑油中，凭借固体润滑微粒自动填充修复机制，伴随润滑油流动附着在摩擦机械表面，形成兼具液相润滑和固相润滑的复合润滑膜，从而改善摩擦表面粗糙度，降低摩擦阻力，节约能量的消耗的润滑状态。

05.0305 水润滑 water lubrication
采用水作为润滑介质，通过外部设备使水进入到摩擦副之间并形成润滑水膜的润滑状态。

05.0306 乏油润滑 starved-oil lubrication
摩擦副之间不能充分供油，润滑油不能充满整个接触区域的一种润滑状态。

05.0307 超滑 super-lubricity
又称"近零摩擦"。全称"超润滑"。摩擦副的摩擦系数趋近于零的润滑状态。

05.0308 润滑材料 lubricating material

用于润滑或制备润滑剂的各类材料，包括油、脂、粉末、膜层、水、乳化剂、填加料等物质。

05.0309 润滑油 lubricating oil
在基础油中加入添加剂制备的最常用的液体润滑剂。

05.0310 润滑脂 grease
将稠化剂均匀地分散在润滑油中而得到的半流体或黏稠膏状的润滑剂。

05.0311 非牛顿行为 non-Newton behavior
润滑油表现出不符合牛顿黏性定律，即润滑油的剪切应力与剪切应变速率不成正比的现象。

05.0312 切削润滑剂 cutting lubricant
材料切削过程中的润滑介质。

05.0313 高温润滑剂 high temperature lubricant
高温环境下为机械零部件提供有效润滑并保持良好的润滑性能的润滑介质。

05.0314 离子液体润滑剂 ionic liquid lubricant
在室温或室温附近呈液态的、完全由正负离子构成的熔盐体系的润滑介质。一般由特定的、体积相对较大的有机阳离子和体积相对较小的无机或有机阴离子通过库仑力结合构成，是一种挥发性极低、热稳定性和黏温性俱佳的润滑剂。

05.0315 干膜润滑剂 dry film lubricant
将固体润滑剂和特殊溶剂油均匀散布于不可燃溶剂中的一种液态特种润滑剂。

05.0316 润滑性 lubricity
俗称"油性"。润滑剂减少摩擦和磨损的能力。

05.0317 黏度 viscosity
又称"黏滞系数"。全称"动力黏度"。量度流体黏滞性大小的物理量。液体、拟液体或拟固体物质抗流动的体积特性，即受外力作用流动时，分子间所呈现的内摩擦或流动内阻力。

05.0318 运动黏度 kinematic viscosity
流体的动力黏度与同温度下该流体密度的比值。

05.0319 表观黏度 apparent viscosity
非牛顿流体流动时其内部阻力特性的量度。其值为在规定的剪应变率下，剪应力与剪应变率之比。

05.0320 黏度比 viscosity ratio
同一流体在50℃下与100℃下的运动黏度值之比。

05.0321 黏温系数 viscosity-temperature coefficient
同种润滑油在 0℃和 100℃时运动黏度值之差与该油在50℃时运动黏度的比值

05.0322 黏弹性 visco-elasticity
在一定条件(低温或高压)下，润滑剂对应力的响应兼有弹性固体和黏性流体的双重特性。

05.0323 稠度 consistency
润滑脂在规定的剪切力或剪切速度下变形的程度。

05.0324 斯 stokes
厘米·克·秒制的运动黏度单位。

05.0325 泊 poise
厘米·克·秒制的动力黏度单位。

05.0326 黏[度]–温[度]方程 ASTM viscosity temperature equation
运动黏度与热力学温度的关系式。

05.0327 黏[度]–温[度]斜率 ASTM viscosity temperature slope
黏度–温度曲线的斜率。

05.0328 压黏系数 pressure viscosity coefficient
黏度与压力对数曲线的斜率。

05.0329 巴勒斯方程 Barus equation
动力(或绝对)黏度与压力的关系式。

05.0330 宾厄姆固体 Bingham solid
一种理想形态固体。它只是在超过一定应力(屈服应力或屈服点)后，才开始明显地流动，其流动速度变化率与所受应力和屈服应力之差成正比。

05.0331 假塑性 pseudoplastic behaviour
黏度随剪切应力增大而减小的现象。

05.0332 [润滑脂]脱水收缩 syneresis [of grease]
液体从凝胶中逐渐分离，即润滑油从润滑脂中逐渐分离出来的现象。

05.0333 [润滑脂]针入度 penetration [of grease]
标准针锥在规定重量(150g±0.25g)、时间(5s)和温度(25℃)的条件下针入标准杯内的润滑脂的深度，以每 1/10mm 的深度作为针入度的单位。

05.0334 锥阻值 cone resistance value, CRV
用针锥静沉陷方法测定的润滑脂屈服应力值。

05.0335 润滑脂时效硬化 age-hardening [of grease]
润滑脂的稠度随储藏时间的延长而增大的现象。

05.0336 渗析 bleeding
油或其他液体从润滑脂中析出的现象。

05.0337 重力流动性 slumpability
容器内的润滑脂在重力作用下流入泵或油桶的能力。

05.0338 触变性 thixotropy
由剪切作用造成稠度降低的自行恢复能力。

05.0339 亮漆膜 lacquer
润滑中，燃料和润滑剂高温氧化或聚合而在摩擦表面上形成的沉积物。

05.0340 漆膜 varnish
润滑中，燃料和润滑油或轴承材料的有机组分，在高温和空气中氧化和(或)聚合所产生的褐色或黑色的薄层漆状沉积物(固体碳化物)。

05.0341 胶质 gum
润滑中，由于燃料和润滑油氧化和(或)聚合产生的一种黑色或深棕色橡胶状黏性沉积物。

05.0342 泥渣 sludge
油中具有形成沉淀物倾向的固体物质和液体物质的聚集体。

05.0343 清净性 detergency
润滑油在清洗、溶解、分散内燃机高温时形成的漆膜、积炭等氧化产物而保持清净的能力。

05.0344 润滑脂特性 grease property
润滑脂长期存放或使用时，其减摩和抗磨能力衰减的特性。

05.0345 积碳 carbon deposit
燃料油和润滑油或轴承材料的有机组分在高温下分解和碳化所产生的褐色或黑色沉积物。

05.0346 固体润滑分散液 solid lubricant dispersion
又称"固体润滑悬浮液"。起固体润滑作用的物质微细固体颗粒在水、油或各种溶剂中的胶体分散体系。

05.0347 絮凝 flocculation
起润滑作用的物质中胶体粒子沉淀聚集的现象。

05.0348 流变学 rheology
从应力、应变、温度和时间等方面来研究物质变形和(或)流动的物理力学。

05.0349 牛顿流体 Newtonian fluid
没有剪切弹塑性的理想流体。其剪切应力正比于剪切率。

05.0350 纳维–斯托克斯方程 Navier-Stokes equations
黏性流体动量守恒方程，流体动力润滑的基本方程式。

05.0351 雷诺方程 Reynolds equation
黏性流体动量守恒和质量守恒的综合方程，是流体动力润滑的基本方程式。

05.0352 承载能力 load carrying capacity
在摩擦副正常运转时所能承受的最大载荷。

05.0353 彼得罗夫方程 Petroff equation
计算同心圆完全流体润滑轴承摩擦功率损失的方程。

05.0354 挤压数 squeezing number
计算气体挤压膜润滑的无量纲数。

05.0355 克努森数 Knudsen number
气体润滑中表征气体平均自由程影响的无量纲数，符号 Kn。

05.0356　哈特曼数　Hartman number
计算磁流体润滑的无量纲数，符号 Ha。

05.0357　马丁方程　Martin equation
马丁于 1916 年基于雷诺方程导出的刚性圆柱接触表面做相对运动时的油膜厚度方程。

05.0358　道森–希金森方程　Dowson-Higginson equation
计算弹流润滑的油膜厚度方程。

05.0359　动压油膜　dynamic oil film
流体润滑轴承中，依靠轴颈在轴承中运动维持的油膜。

05.0360　挤压油膜　squeeze oil film
两摩擦[表]面沿法向接近时，由于挤压作用形成动力(因挤压效应产生)的油膜。

05.0361　压力楔　pressure wedge
具有一定黏性的流体流入楔形间隙而产生的压力增加区域。

05.0362　油膜动力特性　oil film dynamic characteristic
通常指油膜刚度和油膜阻尼。

05.0363　油膜失稳　oil film instability
在油膜动力特性作用下轴心所处的不稳定平衡状态，即丧失了动力稳定性的状态。

05.0364　润滑特性　lubrication characteristic
摩擦副的静特性，包括承载能力、摩擦功耗、润滑剂流量和温升；动特性包括润滑膜的刚度、阻尼和稳定性。

05.0365　润滑状态区域图　region map of lubrication
按各种线接触弹流油膜厚度计算公式及其适用范围绘制的曲线图。为方便计算，采用统一的无量纲参数。

05.0366　临界油膜厚度　critical oil film thickness
可将两摩擦[表]面完全隔开的最小油膜厚度。

05.0367　轴承特性数　bearing characteristic number
评价滑动轴承工作状态的无因次数。

05.0368　赫西数　Hersey number
评价轴承性能的无因次数，以单位投影面积上的载荷(p)、表面速度(v)和动力黏度(η)表示：$p/(\eta v)$；此参数通常用其倒数形式 zN/p 表示，式中 z—动力黏度；N—转速；p—压力。

05.0369　斯特里贝克曲线　Stribeck curve
表达摩擦系数和无量纲量 zN/p 的关系曲线。

05.0370　欧克魏克数　Ocvirk number
评价径向滑动轴承性能的无因次数，与单位宽度上的载荷、半径间隙、轴承半径、轴承宽度、轴承直径、表面速度和动力黏度有关。

05.0371　索末菲数　Sommerfeld number
评价径向滑动轴承承载性能的无因次数，与单位宽度上的载荷(p)、半径间隙(c)、轴承半径(r)、表面速度(v)和动力黏度(η)有关，表示为：$p/[\eta v \cdot (c/r)^2]$。

05.0372　压缩特性数　compressibility number
气体润滑计算中考虑气体可压缩性影响的无量纲参数。

05.0373　油膜涡动　oil whirl
当径向滑动轴承支撑的刚性转轴的旋转速度超过由润滑膜动力学特性和转轴质量所决定的临界速度时，转轴在静平衡位置附近出现的不稳定涡动状态，这时的涡动频率略小于转频的一半。

05.0374　泰勒涡流　Taylor vortices

在径向轴承中，位于两同心圆柱面之间环形区的流体在一定转速下由层流变成环状涡流的流动状态。

05.0375　空穴效应　cavitation effect
油膜间隙发散或摩擦[表]面分离造成油膜压力降低，出现负压，从而形成空穴使油膜不连续的现象。

05.0376　热楔　thermal wedge
由于润滑剂受热膨胀而引起的润滑膜压力增大来承受载荷的现象。

05.0377　挤压效应　squeeze effect
(1)多孔含油零件受压而提供润滑剂的现象。(2)沿公法线方向相互接近的两表面之间保留流体膜的现象。

05.0378　补偿作用　compensation
恒压式流体静压轴承中，利用轴承供油口或供气泵出口与进油口之间的流动阻力(节流器)来保持其工作能力的作用。

05.0379　沟道效应　channeling
在轴承或齿轮系统中，润滑脂或黏性油形成空气沟道使润滑膜不完整的现象。

05.0380　缺油　oil starvation
又称"乏油"。摩擦副在润滑剂供应不足的情况下运转的一种润滑状态。

05.0381　干涸润滑　parched lubrication
供油严重不足，导致油膜极薄的润滑状态。

05.0382　气击　air hammer
气体静压轴承在工作过程中发生的共振现象。

05.0383　气体润滑　gas lubrication
两相对运动摩擦表面被气体润滑剂隔开的润滑。

05.0384　液体润滑　fluid lubrication
摩擦表面被液体润滑剂隔开的润滑。

05.0385　半液体润滑　semi-liquid lubrication
传递载荷的液体润滑材料只是部分地隔开相对运动摩擦表面的润滑。

05.0386　固体润滑　solid film lubrication
利用固体润滑材料阻隔运动副间的直接接触并减轻其摩擦磨损的润滑。

05.0387　气体动力润滑　aerodynamic lubrication
摩擦表面依靠其间气膜中自行产生的压力而被完全隔开的气体润滑。

05.0388　气体静力润滑　aerostatic lubrication
摩擦表面依靠从外部压入其间隙的气体而被完全隔开的气体润滑。

05.0389　液体动力润滑　hydrodynamic lubrication
摩擦表面依靠其间液膜中自行产生的压力而被完全隔开的液体润滑。

05.0390　液体静力润滑　hydrostatic lubrication
摩擦表面依靠从外部压入其间隙的液体而被完全隔开的液体润滑。

05.0391　弹性流体动力润滑　elasto-hydrodynamic lubrication
摩擦表面间的摩擦和流体润滑膜的厚度取决于摩擦表面材料的弹性变形及润滑剂流变特性的润滑。

05.0392　塑性流体动力润滑　plasto-hydrodynamic lubrication
摩擦表面间的摩擦和流体润滑膜的厚度取决于摩擦表面材料的塑性变形及润滑剂流变特性的润滑。

05.0393 流变动力润滑 rheodynamic lubrication
润滑剂流变(非牛顿)特性起主导作用的润滑。

05.0394 磁流体动力润滑 magneto-hydrodynamic lubrication, MHD lubrication
以磁流体作为润滑剂,电磁力起显著作用的流体动力润滑。

05.0395 边界润滑 boundary lubrication
摩擦表面间的摩擦和磨损取决于表面材料性能和润滑剂除黏度外的性能的润滑。

05.0396 极压润滑 extreme pressure lubrication
相对运动两表面的摩擦和磨损取决于润滑剂在重载下与摩擦表面产生化学反应的润滑。

05.0397 相变润滑 phase change lubrication
以润滑剂熔(软)化来实现的润滑。

05.0398 薄膜润滑 thin film lubrication
润滑膜厚度与表面粗糙度处于同数量级,以致润滑特性不仅取决于润滑剂的黏性,还与润滑剂物理化学性质和摩擦表面特性有关的润滑。

05.0399 厚膜润滑 thick film lubrication
在工作载荷下润滑膜厚度远大于表面微凸体高度,无表面粗糙效应的润滑。

05.0400 润滑方式 methods of lubrication
向摩擦表面供给润滑剂的方法。

05.0401 连续润滑 continuous lubrication
润滑剂连续地送入摩擦表面的润滑方式。

05.0402 间歇润滑 periodical lubrication
润滑剂周期性地送入摩擦表面的润滑方式。

05.0403 循环润滑 circulating lubrication
使润滑剂循环流过摩擦表面的润滑方式。

05.0404 油浴润滑 bath lubrication
摩擦表面部分或完全地浸在润滑油池中的润滑方式。

05.0405 油雾润滑 mist lubrication
引油入气流形成雾状,用油雾来润滑摩擦表面的润滑方式。

05.0406 油环润滑 oil ring lubrication
用直径比轴径大的环与轴一起旋转,将下面贮油器中的润滑油带至轴颈上的润滑方式。

05.0407 油垫润滑 pad lubrication
用毛毡或类似材料制成的油垫向摩擦表面供给润滑剂的一种润滑方式。

05.0408 滴油润滑 drop feed lubrication
间歇而规律地滴油至摩擦表面以保持润滑的润滑方式。

05.0409 溢流润滑 flood lubrication
润滑油以低压连续送入摩擦表面并溢出的润滑方式。

05.0410 润滑剂 lubricant
加入两个相对运动表面之间,能减少或避免摩擦磨损的物质。

05.0411 润滑油特性 lubricant property
专指润滑液减少摩擦和控制磨损的能力和性质。

05.0412 苯胺点 aniline point
等体积苯胺与待测油样混合物相互溶解的最低平衡溶解温度。

05.0413 酸值 acid value, acid number
中和 1g 润滑油中的酸所需的氢氧化钾毫克数。

05.0414 碘值 iodine number
被测试的 100g 润滑油吸收碘的克数。

05.0415 残碳值 carbon residue value
在规定条件下润滑油、润滑脂受热蒸发后剩下的黑色残留物占油品总质量的百分比。

05.0416 抗乳化度 anti-emulsifying degree
在规定条件下使润滑油和水混合并乳化的程度。其量度一般用一定温度下静置后油、水完全分离所需的时间来表示，时间越短，抗乳化度越高。主要用来评定汽轮机油的脱乳化能力。

05.0417 硫化润滑剂 sulfurized lubricant
含有硫或硫化物的润滑剂，高温时会与摩擦表面反应并生成保护膜。

05.0418 氯化润滑剂 chlorinated lubricant
含有氯化物的润滑剂，高温时会与摩擦表面反应并生成保护膜。

05.0419 硫氯化润滑剂 sulfochlorinated lubricant
含有氯化物和硫化物的润滑剂，高温时会与摩擦表面反应并生成保护膜。

05.0420 极压润滑剂 extreme pressure lubricant
含有极压添加剂的润滑油或润滑脂。

05.0421 添加剂 additive
添加到润滑剂中以提高某些原有特性或获得新特性的物质。

05.0422 表面活性剂 surfactant
能形成吸附界面膜，降低表面张力的物质。

05.0423 触变材料 rheopectic material
在恒定剪切应力作用下黏度随时间延长而变化的材料。剪切应力卸除后，其黏度又缓慢地恢复到初始值。

05.0424 润滑剂相容性 lubricant compatibility
评定润滑剂或润滑剂组分之间能够混合，而无有害效应(如形成沉淀物，降低使用特性等)的量度。

05.0425 剪切安定性 shear stability
润滑剂在剪切作用下保持其黏度和黏度有关等特性的能力。

05.02.05 摩擦学测试

05.0426 摩擦学试验 tribology test
模拟摩擦副的摩擦工况以确定试验参数，或在一定加速条件下进行摩擦学行为研究的试验。

05.0427 摩擦试验机 tribometer
测量相对运动表面间的法向力和摩擦力及其相互关系的仪器或试验装置。

05.0428 四球试验机 four-ball tester
由一个转动钢球与三个静止钢球组成点接触的摩擦副做单向滑动的试验机。可在混合润滑和边界润滑区工作，多用于评定润滑油

极限承载能力的试验。

05.0429 往复试验机 reciprocating tester
由销试样与平板式样组成点接触或面接触的摩擦副做往复滑动的试验机，如 SRV 试验机，多工作于干摩擦、混合润滑和边界润滑区，可用于评价润滑油、固体润滑材料及耐磨材料的试验。

05.0430 销盘试验机 pin on disk tester
由销试样与转动圆盘试样组成点接触或面接触的摩擦副做单向滑动的试验机，如国内仿制苏联 X-4b 的 ML-10 试验机，多用

于干摩擦，也有以砂布(纸)覆盖转动圆盘与销试样对磨，可进行材料的磨粒磨损试验。

05.0431 环块试验机 ring-block tester
由块状试样与转动圆环试样组成线接触或面接触的摩擦副做单向滑动的试验机，常用于润滑油、润滑脂的规格试验。

05.0432 双辊试验机 double-roll tester
由测试辊轮与试样走轮组成摩擦副，通过测试辊轮与试样走轮相互间的摩擦、撞击，对试样产生冲击振荡和磨损的试验机，常用于二轮、四轮箱包的测试。

05.0433 润滑膜厚测试仪 film thickness tester
运用磁学或光学等手段测量试样或材料表面润滑薄膜厚度的一种仪器。

05.0434 接触疲劳试验机 contact fatigue tester
由两圆盘(或球/盘、球/柱)试样组成摩擦副，两圆盘的周面接触(或球/盘、球/柱接触)保持不同线速度运动，其互相接触表面之间做相对的滚动或滑滚运动的试验机，可进行疲劳磨损试验。

05.0435 铁谱仪 ferrograph
利用磁场作用，从使用过的润滑油样品中分离出磨屑，并使其按照尺寸大小有序的沉积到玻璃基片(铁谱片)上，可以显微观察、检测和分析故障及探索磨损机理的一种仪器。

05.0436 微动试验机 fretting tester
研究相互压紧的金属表面间因小振幅振动而产生的一种复合形式的磨损的试验机。

05.0437 滚动试验机 rolling tester
使一侧试样固定，另一侧试样以恒定的速度旋转，并以点接触或面接触的形式做单向滚动的试验机。

05.0438 滚动轴承试验机 rolling bearing test machine
将测试滚动轴承内圈固定在电机主轴上以一定速度旋转，并对旋转的测试轴承外圈施加各种给定波形的载荷(或位移)的试验机。

05.0439 滑动轴承试验机 sliding bearing test machine
将滑动轴承试样固定在主轴上往复运动，并对轴承的滑动面施加各种给定波形的载荷(或位移)的试验机。

05.0440 纳米划痕仪 nano scratch tester
用于测试纳米或微米尺度下各种镀层、涂层、薄膜与基底的结合强度以及松散材料的黏附性能的仪器。

05.0441 摩擦力显微镜 friction force microscope
研究材料表面原子量级摩擦学行为的仪器。一般由原子力显微镜经过改进而成，其工作参数指标与之相同。

05.0442 表面力仪 surface force apparatus
研究在大气、真空或液体环境中分子量级光滑的两个表面之间点接触下的黏着和摩擦学行为的仪器。可同时测量纳米精度的摩擦副间隙。

05.0443 流变仪 rheometer
测量液体的剪应力-剪切速率曲线的仪器。适用于润滑油的性能评定。

05.03 腐蚀与防护

05.03.01 一般名词

05.0444 腐蚀 corrosion
材料（通常指金属）与环境间的物理-化学相互作用，其结果是使材料的性能发生变化，并常可导致材料、环境或由它们作为组成部分的技术体系的功能受到损伤。

05.0445 腐蚀效应 corrosion effect
腐蚀体系的任何部分因腐蚀而引起的变化。

05.0446 腐蚀体系 corrosion system
由一种或多种金属和对腐蚀有影响的环境整体所组成的体系。

05.0447 腐蚀环境 corrosion environment
含有一种或多种腐蚀剂的环境。

05.0448 腐蚀剂 corrosive agent
与给定金属接触时能使金属发生腐蚀的物质。

05.0449 腐蚀失效 corrosion failure
腐蚀导致体系功能完全丧失的状态。

05.0450 腐蚀产物 corrosion product
由腐蚀作用所形成的物质。

05.0451 氧化皮 scale
高温下在金属表面生成的固体腐蚀产物层。

05.0452 铁锈 rust
主要由含水氧化铁构成的可见腐蚀产物。

05.0453 铜绿 patina
铜和铜合金在腐蚀环境中生成的绿色锈层。

05.0454 腐蚀深度 corrosion depth
受腐蚀的金属表面某一点与其原始表面间的垂直距离。

05.0455 腐蚀速率 corrosion rate
单位时间内金属腐蚀效应的数值。

05.0456 等腐蚀线 iso-corrosion line
腐蚀行为图中表示具有相同腐蚀速率的线。

05.0457 腐蚀性 corrosivity
给定的腐蚀体系内，环境对金属腐蚀的能力。

05.0458 耐蚀性 corrosion resistance
在给定的腐蚀体系中金属所具有的抗腐蚀能力。

05.0459 耐候性 weathering resistance
金属或覆盖层耐大气腐蚀的性能。

05.0460 腐蚀倾向 corrosion likelihood
在给定的腐蚀体系中，定性或定量表示预期的腐蚀效应。

05.0461 临界湿度 critical humidity
导致金属腐蚀速率剧增的大气相对湿度临界值。

05.0462 保护性气氛 protective atmosphere
具有防蚀组分的封闭气体环境。

05.0463 溶解氧 dissolved oxygen
溶解于溶液中的氧。

05.0464 人造海水 artificial sea water
用化学试剂模拟海水的化学成分配制的水溶液。

05.0465 应力腐蚀界限应力 stress corrosion threshold stress
在给定的试验条件下，导致应力腐蚀裂纹萌生和扩展的临界应力值。

05.0466 应力腐蚀界限强度因子 stress corrosion threshold intensity factor

在平面应变条件下导致应力腐蚀裂纹萌生的临界应力强度因子值。

05.0467 腐蚀疲劳极限 corrosion fatigue limit

在给定的腐蚀环境中，金属经特定周期数或长时间而不发生腐蚀疲劳破坏的最大交变应力值。

05.0468 活态 active state

可钝化金属未形成钝态前或已钝化的金属表面由于电位降低而丧失钝态后所发生的活性溶解状态；也指非钝化金属的自然活性溶解状态。

05.0469 去钝化 depassivation

由金属表面钝化膜的除去或破坏而引起腐蚀速率的增加。

05.0470 活化剂 activator

具有活化(去钝化)作用的化学试剂。

05.0471 敏化处理 sensitizing treatment

使金属(通常是合金)的晶间腐蚀敏感性明显提高的热处理。

05.0472 防蚀 corrosion protection

全称"防腐蚀"。人为地对腐蚀体系施加影响以减轻腐蚀损伤。

05.0473 免蚀态 immunity

当某金属的负电位足够大，它在溶液中的平衡离子活度低于某一临界值时，腐蚀效应消失或者可以忽略不计时腐蚀体系的状态。

05.0474 保护度 degree of protection

通过防蚀措施使特定类型的腐蚀速率减小的百分数。

05.0475 过保护 over protection

在电化学保护中，使用的保护电流比正常值过大时所产生的效应。

05.0476 点蚀系数 pitting factor

又称"孔蚀系数"。最深腐蚀点(小孔)的深度与由重量损失计算得到的"平均腐蚀深度"的比值。

05.03.02 腐 蚀 类 型

05.0477 化学腐蚀 chemical corrosion

金属在非电化学作用下的腐蚀(氧化)过程。通常指在非电解质溶液及干燥气体中，纯化学作用引起的腐蚀。

05.0478 气体腐蚀 gaseous corrosion

在金属表面上无任何液相条件下，金属仅与气体腐蚀剂反应所发生的腐蚀。

05.0479 大气腐蚀 atmospheric corrosion

在环境温度下，以地球自然大气作为腐蚀环境的腐蚀。

05.0480 微生物腐蚀 microbial corrosion

与腐蚀体系中存在的微生物作用有关的腐蚀。

05.0481 海洋腐蚀 marine corrosion

在海洋环境中所发生的腐蚀。

05.0482 土壤腐蚀 soil corrosion

在环境温度下，以土壤作为腐蚀环境的腐蚀。

05.0483 均匀腐蚀 uniform corrosion

在与腐蚀环境接触的整个金属表面上几乎以相同速度进行的腐蚀。

05.0484 局部腐蚀 localized corrosion

腐蚀破坏主要集中于局部区域，而其他部分

几乎未遭腐蚀的现象。

05.0485 沟状腐蚀 groovy corrosion
具有腐蚀性的某种腐蚀产物由于重力作用
流向某个方向时所产生的沟状局部腐蚀。

05.0486 孔蚀 pitting corrosion
产生点(小孔)状的腐蚀，且从金属表面向内
部扩展，形成孔穴。

05.0487 缝隙腐蚀 crevice corrosion
由于狭缝或间隙的存在，在狭缝内或近旁发
生的腐蚀。

05.0488 沉积物腐蚀 deposit corrosion
由于腐蚀产物或其他物质的沉积，在其下面
或周围发生的腐蚀。

05.0489 水线腐蚀 waterline corrosion
由于气液界面的存在，沿着该界面附近发生
的腐蚀。

05.0490 环形腐蚀 ring form corrosion
管材内壁沿圆周产生的环状腐蚀，常发生在
金属焊接和锻压加工的热影响区域。

05.0491 选择性腐蚀 selective corrosion
某些组分或组成相不按其在合金中所占的
比例进行反应所发生的合金腐蚀。

05.0492 黄铜脱锌 dezincification of brass
黄铜中优先失去锌的选择性腐蚀。

05.0493 石墨化腐蚀 graphitic corrosion
灰铸铁中金属组分优先失去，保留石墨的选
择性腐蚀。

05.0494 晶间腐蚀 intergranular corrosion
沿着或紧挨着金属晶粒边界发生的腐蚀。

05.0495 焊接腐蚀 weld corrosion

焊接接头中，焊缝区及其近旁发生的腐蚀。

05.0496 刀口腐蚀 knife line corrosion
沿着(有时紧挨着)焊接或铜焊接头的焊料/
母材界面产生的狭缝状腐蚀。

05.0497 丝状腐蚀 filiform corrosion
在非金属涂层下面的金属表面发生的一种
细丝状腐蚀。

05.0498 层间腐蚀 layer corrosion
锻、轧金属内层的腐蚀，有时导致剥离，即
引起未腐蚀层的分离。

05.0499 磨损腐蚀 erosion corrosion
由磨损和腐蚀联合作用而产生的材料破坏
过程。

05.0500 微动腐蚀磨损 fretting corrosion
wear
由腐蚀和两固体接触面间有微小振幅的振
动而引起的磨损之耦合作用所产生的材料
破坏过程。

05.0501 应力腐蚀 stress corrosion
由残余或外加应力和腐蚀耦合作用所产生
的材料破坏过程。

05.0502 季裂 season cracking
冷加工的黄铜，在含氨和氯离子的大气中所
发生的破坏过程。

05.0503 应力腐蚀破裂 stress corrosion
cracking
由应力腐蚀所引起的材料破裂。

05.0504 龟裂 crazing
表面产生网状细裂纹。

05.0505 穿晶破裂 transgranular cracking
腐蚀裂纹穿过晶粒的扩展。

05.0506 晶间破裂 intergranular cracking
腐蚀裂纹沿晶界扩展。

05.0507 碱脆 caustic embrittlement
碳钢和不锈钢等材料在碱溶液中由拉伸应力和腐蚀的联合作用而产生的破坏过程。

05.0508 氢脆 hydrogen embrittlement
金属或合金因吸收氢而引起的韧性或延性降低的过程。

05.0509 氢鼓泡 hydrogen blister
金属中过高的氢内压使金属在其表面或表面下面形成鼓泡的现象。

05.0510 热腐蚀 hot corrosion
金属表面在高温下氧化及与硫化物或其他污染物（如氯化物）反应的复合效应而形成熔盐，使金属表面正常的保护性氧化物熔解、离散和破坏，从而加速腐蚀的现象。

05.0511 辐照腐蚀 irradiation corrosion
金属在遭受辐照的腐蚀环境中所发生的腐蚀。

05.0512 杂散电流腐蚀 stray-current corrosion
由杂散电流引起的腐蚀。

05.0513 外加电流腐蚀 impressed current corrosion
由外加电流的作用而引起的电化学腐蚀。

05.0514 双金属腐蚀 bimetallic corrosion
用不同的金属或其他电子导体作为电极而形成的电偶腐蚀。

05.0515 电偶腐蚀 galvanic corrosion
由腐蚀电池的作用而产生的腐蚀。

05.0516 热偶腐蚀 thermogalvanic corrosion
两个部位间的温度差异引起的电偶腐蚀。

05.0517 老化 weathering
涂膜或合成材料受大气环境作用发生的品质劣化。

05.0518 电化学腐蚀 electrochemical corrosion
在电解质溶液中或金属表面上的液膜中，服从电化学反应规律的金属腐蚀过程。

05.0519 腐蚀电池 corrosion cell
腐蚀体系中形成的短路原电池。腐蚀金属是它的一个电极。

05.0520 浓差腐蚀电池 concentration corrosion cell
由电极表面附近腐蚀剂的浓度差异引起的电位差而形成的腐蚀电池。

05.0521 差异充气电池 differential aeration cell
由电极表面附近氧的浓度差异引起的电位差而形成的腐蚀电池。

05.0522 活态–钝态电池 active-passive cell
分别由同一金属的活态和钝态表面构成阳极和阴极的腐蚀电池。

05.0523 电偶序 galvanic series
在某给定环境中，以实测的金属和合金的自然腐蚀电位高低依次排列的顺序。

05.0524 杂散电流 stray-current
在非指定回路上流动的电流。

05.0525 腐蚀电位 corrosion potential
金属在给定腐蚀体系中的电极电位。

05.0526 自然腐蚀电位 free corrosion potential
没有净电流从研究金属表面流入或流出时的腐蚀电位。

05.0527 钝化　passivation
因金属表面有腐蚀产物生成而出现的腐蚀速率明显降低的现象。

05.0528 临界钝化电位　critical passivation potential
在活化-钝化极化曲线上，对应于最大腐蚀电流的腐蚀电位。超过该值，金属由活态转变为钝态，在一定电位区段内，金属处于钝态。

05.0529 临界钝化电流　critical passivation current
相应于临界钝化电位的腐蚀电流。

05.0530 钝态　passive state
又称"钝性"。腐蚀体系中的金属因钝化所导致的状态。

05.0531 钝态电流　passive current
金属处在钝态下的腐蚀电流。

05.0532 再活化电位　reactivation potential
电位负向回扫，在极化曲线上使钝态金属开始发生电化学活化时的腐蚀电位。

05.0533 过钝化电位　transpassivation potential
金属处在过钝态下的最低电位。

05.0534 过钝态　transpassive state
当电位增加时，阳极钝化的金属在极化曲线上表现出以腐蚀电流明显增加为特征的状态，且不发生点蚀。

05.0535 点蚀电位　pitting potential
又称"孔蚀电位"。在钝态表面上能引起点蚀的最低电极电位值。

05.0536 阳极控制　anode control
腐蚀速率受阳极反应速度的限制。

05.0537 阴极控制　cathode control
腐蚀速率受阴极反应速度的限制。

05.0538 扩散控制　diffusion control
腐蚀速率受到达或离开电极表面的腐蚀剂或腐蚀产物的扩散速度所限制。

05.0539 欧姆控制　ohmic control
腐蚀速率受阴、阳极间电阻的限制。

05.0540 混合控制　mixed control
腐蚀速率受两种或两种以上控制因素同时作用的限制。

05.0541 极化电阻　polarization resistance
电极电位增量和电流增量的比值。

05.0542 电化学保护　electrochemical protection
通过对金属电位的电化学控制所获得的腐蚀保护。

05.0543 保护电位范围　protective potential range
适应于特定目的，使给定腐蚀体系金属达到合乎要求的耐蚀性所需的腐蚀电位值的区间。

05.0544 临界保护电位　critical protective potential
为进入保护电位范围所必须达到的腐蚀电位临界值。

05.0545 保护电流密度　protective current density
从恒定在保护电位范围内某一电位的电极表面上流入或流出的电流密度。

05.0546 阳极保护　anodic protection
通过提高可钝化金属腐蚀电位到相应于钝态之电位所实现的电化学保护。

05.0547 阴极保护　cathodic protection

通过降低腐蚀电位而实现的电化学保护。

05.0548 牺牲阳极保护 sacrificial anode protection
从连接辅助阳极与被保护金属构成的腐蚀电池中获得保护电流所实现的电化学保护。

05.0549 牺牲阳极 sacrificial anode

靠着自身腐蚀速率的增加而提供电偶阴极保护的辅助电极。

05.0550 外加电流保护 impressed current protection
由外部电源提供保护电流所实现的电化学保护。

05.03.03 腐 蚀 保 护

05.0551 腐蚀保护 corrosion protection
改进腐蚀体系以减轻腐蚀损伤。

05.0552 保护覆盖层 protective coating
用于金属表面能提供腐蚀保护的材料层。

05.0553 缓蚀剂 corrosion inhibitor

以适当浓度存在于腐蚀体系中且不显著改变腐蚀介质浓度却又能降低腐蚀速率的化学物质。

05.0554 挥发性缓蚀 volatile corrosion inhibitor
能以蒸气的形式到达金属表面的缓蚀剂。

05.03.04 腐 蚀 试 验

05.0555 腐蚀试验 corrosion test
为评定金属的腐蚀行为、腐蚀产物污染环境的程度、防蚀措施的有效性或环境的腐蚀性所进行的试验。

05.0556 实用[腐蚀]试验 service test
在实用条件下进行的腐蚀试验。

05.0557 自然环境腐蚀试验 field corrosion test
在自然环境(例如空气、水或土壤)中进行的腐蚀试验。

05.0558 服役腐蚀试验 service corrosion test
在服役环境下进行的腐蚀试验。

05.0559 模拟腐蚀试验 simulative corrosion test
在模拟实用条件下进行的腐蚀试验。

05.0560 加速腐蚀试验 accelerated corrosion test

在比实用条件苛刻的情况下进行的腐蚀试验。目的是在比实用条件更短的时间内得出可相对比较的结果。

05.0561 全浸试验 immersion test
试样全浸在试验溶液中的腐蚀试验。

05.0562 间浸试验 alternate immersion test
将试样浸泡在试验溶液中一定时间,然后提出液面使之干燥一定时间,如此重复操作进行的腐蚀试验。

05.0563 晶间腐蚀试验 intercrystalline corrosion test
将金相磨光试样在特定的酸液中进行热蚀或电解浸蚀,而后在显微镜下观察沿晶腐蚀的网状组织和晶间裂纹并进行评定,或作弯曲(90°),检验表面状态,如光泽、发纹痕迹和裂缝等,并进行评定。

05.0564 大气暴露试验 atmospheric exposure

test

将试样暴露在自然环境中的腐蚀试验。

05.0565　盐雾试验　salt spray test
将试样置于用氯化钠等溶液制成的雾状环境中，在规定的条件下所进行的腐蚀试验。

05.0566　点滴腐蚀试验　dropping corrosion test
检查金属表面上化学保护层以及铝和铝合金阳极氧化膜等的耐腐蚀性的试验。

05.0567　腐蚀膏试验　corrodokote test
将腐蚀剂制成膏状物涂于电镀层上，使电镀层加速腐蚀的试验。

05.0568　加速老化试验　accelerated weathering test
又称"人工老化试验"。模拟并强化自然户外气候对试件的破坏作用的实验室试验，即试件暴露于人工产生的自然气候成分中进行的实验室试验。

05.0569　湿热试验　heat and moisture test
在交变高温、高湿或恒定高温、高湿条件下，检查产品或试件电气性能及锈蚀性等的试验。

05.0570　锈蚀等级　rusting grade
金属表面锈蚀程度的分级。

06. 机械测量与控制

06.01　一　般　名　词

06.0001　测控技术　measurement and control technology
测量与控制技术的统称。主要涉及检测技术、自动控制技术与仪器仪表的结合。

06.0002　测控电路　measurement and control circuit
用于测量控制的电路。测控系统的重要组成部分。

06.0003　测控终端　measuring and controlling terminal
可以直接对测控设备进行控制的设备。

06.0004　测量技术　measurement technology
采用特定的仪器对特定的物理量进行测量的技术。

06.0005　传动机构　transmission mechanism
把动力从机器的一部分传递到另一部分，使机器或机器部件运动或运转的构件或机构。

06.0006　传感技术　sensing technology
从自然信源获取信息，并对之进行处理（变换）和识别的一门多学科交叉的现代科学与工程技术。

06.0007　机械工程传感器　sensors in mechanical system
简称"机械传感器"。感受规定的被测量并按一定规律转换成可用输出信号的器件或装置。用于检测机械系统自身、操作对象与作业环境的状态，为有效控制机械系统的运行提供必需的相关信息。

06.0008　干涉测量　interferometry
通过干涉的方法，以光程差改变为基准进行的长度等物理量的测量方法。

06.0009　工业机器人　industrial robot
面向工业领域的多关节机械手或多自由度的机器人。

06.0010　光电检测　optoelectronic inspection
利用光纤通信和光电子器件，对处于高电位的各种物理量进行测量和传输的检测技术。

06.0011　机电一体化　mechatronics
由计算机技术、信息技术、机械技术、电子技术和控制技术等相融合构成的一门独立的交叉学科，用以解决一些较为复杂的工程问题。

06.0012　光机电一体化　optomechatronics
在机电一体化的基础上融合光学技术形成的一门独立的交叉学科。

06.0013　光能驱动技术　light driving technology
利用形状记忆合金本身的伸缩和端部吸附的特性，加上光的通断实现所要求的动作的技术。

06.0014　机床本体　machine body
机床加工运动的支撑平台及执行部件，能完成零件加工或成形的机床主要部件。

06.0015　机械电子工程　mechatronics engineering
又称"机电整合学"。以电子硬件、计算机程序或软件对机械进行控制的工程技术。

06.0016　机械电子技术　mechatronics technology
由机械学、微电子学和信息技术三者有机结合而成的技术科学。

06.0017　激光技术　laser technology
采用激光的手段，对特定目标进行加工或者检测的技术。

06.0018　精密机械　precision machine
具有精密结构与性能的机械产品。

06.0019　控制技术　control technology
通过控制理论、光电控制、可编程控制、流体传动控制等技术实现对工程或机电系统的控制的技术。

06.0020　控制系统　control system
由被控系统及其施控系统（装置）组成的系统。

06.0021　离线检测　offline inspection
区别于在线检测和在位检测，需要把工件从加工位置挪动到测量机上再进行测量的技术。

06.0022　在线检测　online inspection
不停止对工件的加工，直接对其检测的技术。

06.0023　气压传动　pneumatic transmission
以压缩空气为动力源来驱动和控制各种机械设备以实现生产过程机械化和自动化的一种技术。

06.0024　柔性系统　flexible system
由统一的信息控制系统、物料储运系统和一组数字控制加工设备组成，能适应加工对象变换的自动化机械系统。

06.0025　数控机床　computer numerical control machine tools, CNC machine tool
按加工要求预先编制程序，由控制系统发出数值信息指令进行加工的机床。

06.0026　数控系统　numerical control system
能按照零件加工程序的数值信息指令进行控制，使机床完成工作运动并加工零件的一种控制系统。

06.0027　伺服控制　servo-control

借助于伺服机构实现的系统控制。

06.0028　微机电系统　microelectromechanical system, MEMS
结构尺寸或操作范围在微米范围内的机电系统。

06.0029　无损探伤　non-destructive test, NDT
不产生物理或者化学变化的情况下对设备进行探伤。

06.0030　误差补偿　error compensation
通过对误差进行采集，之后在软件中进行补偿从而提高精度的技术。

06.0031　在位检测　*in-situ* inspection
工件不离开加工位置，直接对其检测的技术。

06.0032　制造网络　manufacturing network
不同制造装备、车间、企业，企业间的各类设计、制造、资源、管理等信息、数据或指令，通过网络连接、传输、集成和应用，形成能提供企业各类制造服务的网络或网络系统。

06.0033　智能控制技术　intelligent control technology
通过智能算法实现对信息的处理、反馈以及

控制决策的控制方式。主要用来解决那些用传统方法难以解决的复杂系统的控制问题。

06.0034　智能化系统　intelligent system
由现代通信与信息技术、计算机网络技术、行业技术、智能控制技术汇集而成的针对某一个方面应用的系统。

06.0035　智能仪器　intelligent instrument
含有微型计算机或者微型处理器的测量仪器，拥有对数据的存储运算逻辑判断及自动化操作等功能的仪器设备。

06.0036　状态监测　condition monitoring
对设备运行时的某些特征参数进行测试，与规定的标准值进行比较，以判断设备工作状态是否正常的检查方法。

06.0037　自动测试技术　automatic test technology
使用自动测量仪进行测量和试验的技术。

06.0038　自适应系统　adaptive system
在环境变化的影响下，通过对系统的监测，自动调整系统的参数，使系统具有适应环境变化，获得与事先给定目标相一致的最优性能的控制系统。

06.02　机械传感器

06.0039　执行器　actuator
又称"驱动件""驱动器""操动件""促动器"。将能源转换成机械动能的装置，并用来控制驱使物体进行各种预定动作。

06.0040　数字式传感器　digital transducer, digital sensor
又称"自源传感器"。输出信号为数字量或数字编码的传感器。

06.0041　结构型传感器　mechanical structure

type transducer, mechanical structure type sensor
利用机械构件（如金属膜片等）的变形或位移检测被测量的传感器。

06.0042　智能化传感器　smart transducer, smart sensor
对传感器自身状态具有一定的自诊断、自补偿、自适应以及双向通信功能的传感器。

06.0043　伺服式传感器　servo transducer,

servo sensor

利用伺服原理，将被测量变化转换成可用输出电信号的传感器。

06.0044 隧道效应式传感器 tunneling transducer, tunneling sensor

利用隧道效应，将被测量变化转换成可用输出信号的传感器。

06.0045 特种传感器 special transducer, special sensor

能感受特种被测量信号（高冲击、高过载等）并转换成可用输出信号的传感器。

06.0046 高冲击传感器 high impact transducer, high impact sensor

能感受高幅度、短时间的尖脉冲信号并转换成可用输出信号的传感器。

06.0047 高分辨率传感器 high resolution transducer, high resolution sensor

感受被测量的最小变化的能力很高的传感器。

06.0048 高过载传感器 high overload transducer, high overload sensor

能承受很高载荷的被测量并转换成可用输出信号的传感器。

06.0049 高精度传感器 high precision transducer, high precision sensor

测量观测结果、计算值或估计值与真值（或被认为是真值）之间的接近程度很高，可以很真实地还原物体的本质的传感器。

06.0050 高频响传感器 high frequency transducer, high frequency sensor

频率响应很快的传感器。

06.0051 高温传感器 high temperature transducer, high temperature sensor

能感受很高温度并转换成可用输出信号的传感器。

06.0052 有源传感器 active transducer, active sensor

不依靠外加能源工作的传感器。

06.0053 无源传感器 passive transducer, passive sensor

依靠外加能源工作的传感器。

06.0054 多功能传感器 multi-function transducer, multi-function sensor

能感受两种或两种以上被测量的传感器。

06.0055 复合传感器 composite transducer, composite sensor

由多种不同类型的敏感元件或传感器组合而成、具有多种功能的传感器。

06.0056 传感网络 transducer network, sensor network

由多个传感器构成、用于输出大空间范围中多点或多参量传感信号的网络。

06.0057 传感阵列 transducer array, sensor array

由多个传感器构成、用于输出多点或多参量信号的阵列。

06.0058 绝压传感器 absolute pressure transducer, absolute pressure sensor

能感受绝对压力并转换成可用输出信号的传感器。

06.0059 力传感器 force transducer, force sensor

能感受外力并转换成可用输出信号的传感器。

06.0060 力矩传感器 torque transducer, torque sensor

能感受力矩并转换成可用输出信号的传感器。

06.0061 速度传感器 velocity transducer, velocity sensor

能感受速度并转换成可用输出信号的传感器。

06.0062 线速度传感器 linear acceleration transducer, linear acceleration sensor

能感受线速度并转换成可用输出信号的传感器。

06.0063 加速度传感器 acceleration sensor

能感受加速度并转换成可用输出信号的传感器。

06.0064 角度传感器 angle transducer, angle sensor

能感受角度并转换成可用输出信号的传感器。

06.0065 角速度传感器 angular velocity transducer, angular velocity sensor

能感受角速度并转换成可用输出信号的传感器。

06.0066 位移传感器 displacement transducer, displacement sensor

能感受位移量并转换成可用输出信号的传感器。

06.0067 线位移传感器 line displacement sensor

将直线机械位移量转换成相应的电信号的一种传感器。

06.0068 角位移传感器 angle displacement sensor

将角度变化量转换成相应电信号的一种传感器。

06.0069 位置传感器 position transducer, position sensor

能感受物体的位置并转换成可用输出信号的传感器。

06.0070 微传感器 micro transducer, micro sensor

利用微加工技术制造的传感器。

06.0071 厚度传感器 thickness transducer, thickness sensor

能感受物体厚度并转换成可用输出信号的传感器。

06.0072 表面粗糙度传感器 surface roughness transducer, surface roughness sensor

能感受物体表面粗糙度并转换成可用输出信号的传感器。

06.0073 表压传感器 gauge pressure transducer, gauge pressure sensor

能感受相对于环境压力的压力并转换成可用输出信号的传感器。

06.0074 差压传感器 differential pressure transducer, differential pressure sensor

能感受两个测量点压强差并转换成可用输出信号的传感器。

06.0075 超声[波]传感器 ultrasonic transducer, ultrasonic sensor

能感受超声波并转换成可用输出信号的传感器。

06.0076 尺度传感器 dimension transducer, dimension sensor

能感受物体的几何尺寸并转换成可用输出信号的传感器。

06.0077 冲击传感器 shock transducer, shock sensor

能感受冲击量并转换成可用输出信号的传感器。

06.0078 振动传感器 vibration transducer, vibration sensor

能感受机械运动振动参量(机械振动速度、

频率、加速度等)并转换成可用输出信号的传感器。

06.0079 谐振式传感器 resonator transducer, resonator sensor

利用谐振原理,将被测量变化转换成谐振频率变化、谐振振幅变化或相位(差)变化的传感器。

06.0080 姿态传感器 attitude transducer, attitude sensor

能感受物体姿态(轴线对重力坐标系的空间位置)并转换成可用输出信号的传感器。

06.0081 电感式传感器 inductive transducer, inductive sensor

以将被测量变化转换成电感量变化为原理的一类传感器,是一种利用线圈自感或互感系数的变化来实现非电量电测的装置。

06.0082 电流传感器 electric current transducer, electric current sensor

能感受电流并转换成可用输出信号的传感器。

06.0083 电容式传感器 capacitive transducer, capacitive sensor

将被测量变化转换成电容量变化的传感器。

06.0084 电位器式传感器 potentiometric transducer, potentiometric sensor

利用电阻体上可动触点位置的变化,将被测量变化转化成电压比变化的传感器。

06.0085 电学量传感器 electric quantity transducer, electric quantity sensor

能感受电学量并转换成可用输出信号的传感器。

06.0086 电压传感器 voltage transducer, voltage sensor

能感受电压并转换成可用输出信号的传感器。

06.0087 电阻式传感器 resistive transducer, resistive sensor

将被测量变化转换成电阻变化的传感器。

06.0088 霍尔式传感器 Hall transducer, Hall sensor

利用霍尔效应,将被测量变化转换成可用输出信号的传感器。

06.0089 磁学量传感器 magnetic quantity transducer,magnetic quantity sensor

能感受磁学量并转换成可用输出信号的传感器。

06.0090 磁场强度传感器 magnetic field strength transducer, magnetic field strength sensor

能感受磁场强度并转换成可用输出信号的传感器。

06.0091 磁式氧传感器 magnetic oxygen transducer, magnetic oxygen sensor

利用氧分子的顺磁特性,测量氧成分的传感器。

06.0092 磁通传感器 magnetic flux transducer, magnetic flux sensor

能感受磁通量并转换成可用输出信号的传感器。

06.0093 磁致伸缩式传感器 magnetostrictive transducer, magnetostrictive sensor

利用磁致伸缩效应,将被测量变化转换成可用输出信号的传感器。

06.0094 磁阻式传感器 reluctance transducer, reluctance sensor

利用磁阻效应,将被测量变化转换成可用输出信号的传感器。

06.0095 浮子式物位传感器 float level transducer, float level sensor

利用流体中浮子的垂直位置随物（液）位而变化的原理，将感受的被测物位转换成可用输出信号的传感器。

06.0096 光学量传感器 optical quantity transducer, optical quantity sensor
能感受光（学量）并转换成可用输出信号的传感器。

06.0097 光电隔离 optical isolation
在光机电一体化技术中，对光电信号进行隔离从而避免干扰的方法。

06.0098 光电管 phototube
可使光信号转换成电信号的基本光电转换器件。

06.0099 光电开关 photoelectric switch
全称"光电接近开关"。利用被检测物对光束的遮挡或反射，由同步回路选通电路，从而检测物体的有无的光电器件。

06.0100 光电转速传感器 photoelectric speed sensor
一种基于光电技术测量转速和线速度的传感器。

06.0101 激光传感器 laser transducer, laser sensor
能感受激光（量）并转换成可用输出信号的传感器。

06.0102 光纤传感器 optical fiber transducer, optical fiber sensor
利用光纤技术和有关光学原理，将感受的被测量转化成可用输出信号的传感器。

06.0103 光纤光栅传感器 fiber grating sensor
通过外界物理参量对光纤布拉格（Bragg）波长的调制来获取传感信息，是一种波长调制型光纤传感器。

06.0104 光纤温度传感器 optical fiber temperature sensor
利用部分物质吸收的光谱随温度变化而变化的原理，分析光纤传输的光谱了解实时温度。

06.0105 照度传感器 illuminance transducer, illuminance sensor
又称"照度计"。能感受表面照度并转换成可用输出信号的传感器。

06.0106 图像传感器 image transducer, image sensor
能感受光学图像信息并转换成可用输出信号的传感器。

06.0107 CCD 图像传感器 charged coupled device
又称"电荷耦合器件"。一种用于探测光的硅片，由时钟脉冲电压来产生和控制半导体势阱的变化，实现存储和传递电荷信息的固态电子器件。

06.0108 CMOS 图像传感器 CMOS image sensors
一种典型的固体成像传感器。由像敏单元阵列、行列驱动器、时序控制逻辑、AD 转换器、数据与控制接口等几部分组成，器件集成在同一块硅片上。工作过程包括复位、光电转换、积分、读出等部分。

06.0109 硅微传感器 silicon microsensor
以硅为基体材料的微传感器。

06.0110 红外传感器 infrared sensor
以红外线为介质的传感器。

06.0111 红外探测器 infrared detector
将入射的红外辐射信号转变成电信号输出的器件。

06.0112 热导式气体传感器 thermal conductivity gas transducer, thermal conductivity gas sensor

利用不同气体的热传导率不同的原理，将感受的气体转换成可用输出信号的传感器。

06.0113 热电式传感器 thermoelectric transducer, thermoelectric sensor

将被测量变化转换成热生电动势变化的传感器。

06.0114 热流传感器 heat flux transducer, heat flux sensor

能感受热流并转换成可用输出信号的传感器。

06.0115 温度传感器 temperature transducer, temperature sensor

能感受温度并转换成可用输出信号的传感器。

06.0116 晶体管温度传感器 transistor temperature transducer, transistor temperature sensor

利用半导体晶体管的电流–温度输出特性，将感受到的温度转换成可用输出信号的传感器。

06.0117 热释电式温度传感器 pyroelectric temperature transducer, pyroelectric temperature sensor

利用感受被测物体发出的热辐射量，通过热释电效应，将被测物体温度转换成可用输出信号的传感器。

06.0118 辐射式温度传感器 radiation temperature transducer, radiation temperature sensor

利用物体的热辐射特性与温度之间的关系来实现将辐射能转化为电信号的传感器。

06.0119 双金属片温度传感器 bimetallic temperature transducer, bimetallic temperature sensor

利用两种不同热膨胀系数的金属结合成的双金属片作为敏感元件的温度传感器。

06.0120 热学量传感器 thermodynamic quantity transducer, thermodynamic quantity sensor

能感受热学量并转换成可用输出信号的传感器。

06.0121 辐射热探测器 radiant heat detector

对光谱中长波段(红外光)敏感，进行探测的器件。

06.0122 压电式传感器 piezoelectric transducer, piezoelectric sensor

将被测量变化转换成材料受机械力作用产生静电电荷或电压变化的传感器。

06.0123 压力传感器 pressure transducer, pressure sensor

能感受压强并转换成可用输出信号的传感器。

06.0124 压阻式传感器 piezoresistive transducer, piezoresistive sensor

利用压阻效应，将被测量变化转换成可用输出信号的传感器。

06.0125 转子流量传感器 rotor flow transducer, rotor flow sensor

利用机械转子的转动频率随被测流体速度变化的原理，将感受的流体流量转换成可用输出信号的传感器。

06.0126 涡轮式流量传感器 turbine flow transducer, turbine flow sensor

利用多叶片转子为敏感元件，将感受的流体流量转换成可用输出信号的传感器。

06.0127 微波多普勒传感器 microwave Doppler sensor

利用反射波的频率变化与发射物体的运动速度有关的多普勒效应来探测物体的运动的传感器。

06.0128 物位传感器 level transducer, level sensor
能感受物位(液位、料位)并转换成可用输出信号的传感器。

06.0129 物性型传感器 physical property type transducer, physical property type sensor
利用材料的物理特性及其各种物理、化学效应检测被测量的传感器。

06.0130 迎角传感器 angle-attack transducer, angle-attack sensor
用来测量飞机迎角的传感器装置。

06.0131 应变[计]式传感器 strain gauge transducer, strain gauge sensor
将被测量变化转换成因产生应变而导致电阻变化的传感器。

06.0132 硬度传感器 hardness transducer, hardness sensor
能感受材料硬度并转换成可用输出信号的传感器。

06.0133 噪声传感器 noise transducer, noise sensor
能感受噪声并转换成可用输出信号的传感器。

06.0134 重量传感器 weighing transducer, weighing sensor
又称"称重传感器"。能感受物体重量并转换成可用输出信号的传感器。

06.0135 集成传感器 integrated transducer
全称"单片集成传感器"。又称"硅传感器"。利用微电子工艺,将敏感元件连同信号处理电子线路制作在一块半导体芯片上的传感器。

06.0136 传感器特性 sensor characteristic
传感器的输入量和输出量之间的对应关系。

06.0137 传感器静态特性 static characteristics of sensor
传感器输入不随时间而变化的特性,表示传感器在被测量各个值处于稳定状态下输入输出的关系。

06.0138 传感器动态特性 dynamic characteristics of sensor
传感器输入随时间而变化的特性,表示传感器对随时间变化的输入量的响应特性。

06.0139 传感器精度 sensor accuracy
测量值与真值的最大差异。在真值附近正负三倍标准差的值与量程的比值。

06.0140 传感器零漂和温漂 the sensor zero drift and temperature drift
温度或其他原因导致传感器在检测的基准零点发生变化,偏离零点位置的现象。

06.03 机 械 测 量

06.0141 x 方向轴向平行度误差 axial parallelism error in x direction
一对齿轮的轴线,在其基准平面上投影的平行度误差(在等于齿宽的长度上测量)。

06.0142 y 方向轴向平行度误差 axial parallelism error in y direction
一对齿轮的轴线,在垂直于基准平面且平行于基准轴线的平面上投影的平行度误差(在等于齿宽的长度上测量)。

06.0143 阿贝比长原理 Abbe comparator principle
在进行长度测量时，为减小测量误差，观测点应位于计量标准分划尺的延长线上的原理。

06.0144 安全裕度 safety margin
测量中的总的不确定度的允许值。主要由测量器具的不确定度允许值及测量条件引起的测量不确定度允许值两部分组成。

06.0145 包容要求 envelope requirement
设计时应用边界尺寸为最大实体尺寸的边界，来控制单一尺寸要素的实际尺寸和形状误差的综合结果，要求该要素的实际轮廓不得超出这边界，并且实际尺寸不得超出最小实体尺寸的要求。

06.0146 被测量 measurand
被测量对象的物理特征量。

06.0147 比较法 comparison method
(1)将被测表面对照粗糙度样板，借助肉眼或放大镜、比较显微镜比较的方法。(2)用手摸靠感觉来判断被加工表面的粗糙度的方法。

06.0148 壁厚千分尺 wall thickness micrometer
利用螺旋副原理，对弧形尺架上的球形测量面和平测量面间分隔的距离进行读数的一种测量管子壁厚的工具。

06.0149 边界控制原则 boundary control principle
检验实际被测量要素是否超出给定的边界，以判断合格与否的原则。

06.0150 标准不确定度 standard uncertainty
全称"标准测量不确定度"。以标准偏差表示

的测量不确定度。

06.0151 标准圆柱法 standard cylinder method
将被测圆弧与按其半径的极限尺寸(或基本尺寸)制造的标准圆柱相比较，以确定其合格性的测量方法。

06.0152 表面粗糙度评定长度 evaluation length of surface roughness
测量表面粗糙度时，评定轮廓所必需的一段长度。

06.0153 表面粗糙度取样长度 sampling length of surface roughness
用于判别具有表面粗糙度特征的一段基准线长度。

06.0154 表面粗糙度实际轮廓线 actual profile of surface roughness
由垂直于基准面的平面与被测表面相交所得的轮廓曲线。

06.0155 表面粗糙度轮廓算术平均中线 arithmetic average line of surface roughness profile
在取样长度范围内，划分实际轮廓为上下两部分，且使上下两部分面积相等的线。

06.0156 表面粗糙度轮廓最小二乘中线 least squares line of surface roughness profile
具有几何轮廓形状并划分轮廓的基准线。

06.0157 表面加工纹理 surface processed texture
对表面进行机械加工后，在表面上形成的微观加工痕迹。

06.0158 表面加工纹理方向 direction of surface texture

机械加工后的工作表面，其加工痕迹（即纹理）呈现的方向性。

06.0159　不内缩方式　no inside shrink way
规定验收极限等于工件的最大实体尺寸或最小实体尺寸，即安全裕度等于零的方式。

06.0160　不确定度报告　uncertainty budge
对测量不确定度的陈述。包括测量不确定度的分量及其计算和合成。

06.0161　测得量值　measured quantity value
简称"测得值"。代表测量结果的量值。

06.0162　测量　measurement
又称"计量"。以确定量值为目的的一组操作。

06.0163　测量不确定度　measurement uncertainty
表征合理赋予被测量的量值的分散性，并与测量结果相联系的参数。

06.0164　测量不确定度 A 类评定　type A evaluation of measurement uncertainty
简称"A 类评定"。在规定测量条件下测得的量值用统计分析的方法进行的测量不确定度分量的评定。

06.0165　测量不确定度 B 类评定　type B evaluation of measurement uncertainty
简称"B 类评定"。用不同于测量不确定度 A 类评定的方法对测量不确定度分量进行的评定。

06.0166　测量单位　measurement unit
为了保证测量的准确度，建立的一个统一而可靠的测量单位基准。

06.0167　测量范围　measurement range
在允许误差限内计量器具的被测量值的范围，即计量器具所能测得最大值与最小值的范围。

06.0168　测量方法　measuring method
测量时所采用的测量原理。测量器具和测量条件的总和。

06.0169　测量复现性　measurement reproducibility
简称"复现性"。在完全一样的测量条件下的测量精密度。

06.0170　测量函数　measurement function
在测量模型中，由输入量的已知量值计算得到的值是输出量的测得值时，输入量与输出量之间的函数关系。

06.0171　测量结果　result of measurement
与其他的相关信息一起被赋予测量的一组量值。

06.0172　测量精度　measurement accuracy
表示测量值与真值的接近程度。

06.0173　测量精密度　measurement precision
简称"精密度"。表示在相同条件下，同一试样的重复测定值之间的符合程度。

06.0174　测量力　measuring force
测量过程中，测量头与被测件之间的接触力。

06.0175　测量模型　measurement model
测量中涉及的所有已知量间的数学关系。

06.0176　测量模型输出量　output quantity in a measurement model
简称"输出量"。用测量模型中由输入量的值计算得到的测得值的量。

06.0177　测量模型输入量　input quantity in a measurement model
简称"输入量"。为计算被测量的测得值而必须测量的，或其值可用其他方式获得的量。

06.0178 测量特征参数原则 measuring characteristic parameter principle

测量实际被测要素上具有代表性的参数(即特征参数)来表示形位误差值的原则。

06.0179 测量跳动原则 measuring beating principle

实际被测要素绕基准轴线回转过程中,沿给定方向测量其对某参考点或线的变动的原则。

06.0180 测量误差 measurement error

简称"误差"。测得的被测对象的物理量值减去其真值所得的量值。

06.0181 测量重复性 measurement repeatability

简称"重复性"。相同测量程序、相同操作者、相同测量系统、相同操作条件和相同地点,并在短时间内对同一或相类似被测对象重复测量的一组测量数据之平均差值。

06.0182 测量坐标值原则 measuring coordinate value principle

测量实际被测要素的坐标值(如直角坐标值、极坐标值、圆柱坐标值),并经过数据处理获得形位误差值的原则。

06.0183 测长机 measuring machine

以线纹尺的刻度或光波波长作为已知长度,利用机械测头进行接触测量的光学长度测量工具。

06.0184 测长仪 length measuring instrument

一种由精密机械、光学系统和电气等部分相结合而成的,用于进行长度计量的高精度仪器。

06.0185 定位精度 positioning accuracy

空间实体位置信息与其真实位置之间的接近程度。

06.0186 齿厚偏差 tooth thickness deviation

在分度圆柱面上,齿厚的实际值与公称值之差,对于斜齿轮系指法向齿厚。

06.0187 齿距 pitch

又称"周节"。被测齿轮相邻两同侧齿面在分度圆上的弧长。

06.0188 齿距绝对测量 absolute measurement of pitch

利用分度装置和定位装置直接测出被测齿轮各齿的实际位置对其理论位置的偏离的测量。测量结果可以用齿距偏差(线值)表示,也可以用齿距角偏差(角值)表示。

06.0189 齿距相对测量 relative measurement of pitch

以任意 k 个齿的实际齿距为基准齿距,将被测齿轮一圈上其他 k 个齿内齿距与基准齿距相比较,获得相对齿距偏差,再根据齿距的圆周封闭原理,确定齿距偏差的测量。齿距相对测量分为逐齿测量、跨齿测量、对径测量。

06.0190 齿距累积误差 accumulative pitch error

分度圆上,任意两个同侧齿面间的实际弧长与公称弧长之差的最大绝对值。

06.0191 齿距偏差 pitch variation

在分度圆上,实际齿距与公称齿距之差。

06.0192 齿圈径向跳动 radial run-out of gear ring

在齿轮一转范围内,测头在齿槽内与高中部双面接触,测头相对于齿轮轴线的最大变动量。

06.0193 齿向误差 tooth alignment error

在分度圆柱面上,齿宽有效部分范围内(端面倒角部分除外),包容实际齿线的两条最近的设计齿线之间的端面距离。

06.0194 触针法 tracer method

又称"针描法"。一种接触式测量方法。利用仪器的测针与被测表面相接触并使测针沿其表面轻轻划过以测量表面粗糙度的一种测量法。

06.0195 粗大误差 gross error
又称"寄生误差"。超出在规定条件下预期的误差。

06.0196 带表卡尺 dial caliper
又称"附表卡尺"。通过机械传动系统，将两测量爪相对移动转变为指示表指针的回转运动，并借助尺身刻度和指示表对两测量爪相对移动所分隔的距离进行读数的一种通用长度测量工具。

06.0197 单面啮合综合测量 comprehensive measuring of single mesh
将被测齿轮与理想精确的测量齿轮在公称安装中心距下啮合传动，测量实际转角对理论转角的误差，可以测出被测齿轮的切向综合误差和一齿切向综合误差的测量方式。

06.0198 单一中径 single pitch diameter
一个假想的圆柱或圆锥的直径。该圆柱或圆锥的母线通过牙型上沟槽宽度等于1/2基本螺距的位置。

06.0199 电动轮廓仪 electric contourgraph
利用驱动箱拖动传感器，对物体的轮廓、二维尺寸、二维位移进行测试与检验的仪器。

06.0200 电感式比较仪 inductive comparator
采用电感传感器将尺寸的微小变化转换成电信号进行测量的一种仪器。

06.0201 定义不确定度 definitional uncertainty
被测量定义中细节量有限所引起的测量不确定度分量。

06.0202 独立原则 independence principle
图样上对某要素注出或未注出的尺寸公差与几何公差各自独立，彼此无关，分别满足各自要求的原则。

06.0203 对滚法 rolling method
根据渐开线形成的原理，以直尺对基圆盘的纯滚动形成的标准渐开线与实际被测齿形相比较，确定齿形误差的测量方法。单盘式和万能式渐开线检查仪都是利用这种原理测量齿形误差的。

06.0204 对径测量 diameter measurement
将测量器具的两个测头对径安置在被测齿轮的两齿廓上，即测量跨距数的相对齿距偏差，逐齿测得被测齿轮对径位置的相对齿距偏差，取最大值和最小值之差的一半作为该被测齿轮的齿距累积误差的测量方法。

06.0205 法向间隙 normal backlash
装配好的齿轮副，当工作齿面接触时，非工作齿面间的最小距离。

06.0206 反射式测厚 reflection thickness measurement
利用射线照射被测物体，由于材料对射线具有反射和散射作用，会产生反射强度的衰减，被测物体的成分、厚度、密度及表面状态变化都会导致这种衰减程度变化的测量方法。

06.0207 分度值 division value
又称"刻度值"。计量器具标尺上每个刻度间距所代表的量值。

06.0208 复现性测量条件 reproducibility condition
不同地点、不同操作者、不同测量系统，对同一或相类似被测对象重复测量的一组测量条件。

06.0209 感应同步器 inductosyn
一种测量长度或角度的精密传感器件。利用两个平面形绕组的互感随位置而变化的原理工作。可分为测量长度(直线位移)的直线感应同步器和测量角度(转角位移)的圆感应同步器(又称旋转感应同步器)。

06.0210 干涉法 interferometry
一种利用光学干涉原理来测量表面粗糙度的方法。

06.0211 杠杆比较仪 lever comparator
一种借助于杠杆传动,使测杆的直线位移变成指针角位移的机械式指示仪器。

06.0212 杠杆齿轮比较仪 leverage gears comparator
一种借助于杠杆和齿轮传动,将测杆的直线位移变成指针角位移的指针式量仪。

06.0213 高度量规 height gauge
用于检查非孔、非轴的高度和台阶高度等长度尺寸的量规。

06.0214 工具显微镜 tool microscope
应用直角或者极坐标原理通过显微镜瞄准而实现二维测量的一种光学仪器,包括大、小工具显微镜和万能工具显微镜。

06.0215 工作量规 working gauge
操作者在制造工件螺纹过程中所用的螺纹量规。

06.0216 弓高弦长法 arch-height and chord-length method
利用平面几何中不在同一直线的三点决定一个圆的原理来间接测量不完整圆弧的半径的测量方法。

06.0217 公法线平均长度偏差 average length deviation of common normal line
在齿轮一周范围内,公法线长度的平均值与公称值的差值。

06.0218 公法线长度变动 length change of common normal line
在齿轮一周范围内,实际公法线长度的最大值与最小值的差值。

06.0219 光电自准直仪 photoelectric auto-collimator
采用光电装置瞄准反射像的自准直仪。

06.0220 光滑工件验收原则 acceptance principle of smooth workpiece
所用检验方法应只接收实际尺寸位于极限尺寸之内的工件的原则。

06.0221 光滑极限量规 smooth limit gauge
具有以孔或轴的最大极限尺寸和最小极限尺寸为公称尺寸的标准测量面(测头),能反映控制被检孔或轴边界条件的无刻线长度测量器具。

06.0222 光切法 light-sectioning method
将一束平行光带以一定角度投射于被测表面上,光带与表面轮廓相交的曲线影像即反映了被测表面的微观几何形状的测量方法。

06.0223 光切显微镜 light-section microscope
用光截法原理来测量工件表面粗糙度的测量仪器。

06.0224 光隙法 light gap method
测量时在量块组和被测工件上放一检验平尺(或刀口尺),在保证检验平尺与量块工作面良好接触的条件下,根据平尺(或刀口尺)与被测工件之间透光缝隙的大小、形状与位置,确定被测尺寸与量块组尺寸之间的差值,从而计算出被测尺寸的测量方法。

06.0225 光学比较仪 optical comparator

简称"光学仪"。利用光学杠杆放大原理，将微小的位移量转换为光学影像的移动量的仪器。

06.0226 光学分度头 optical dividing head
具有光学分度装置并用光学系统显示分度数值的分度头。

06.0227 光学探针法 optics probe method
采用透镜聚焦的微小光点取代金刚石针尖，表面轮廓度高度的变化通过检测焦点误差来实现测量的方法。

06.0228 滚动轴承几何精度 geometric precision of rolling bearing
滚动轴承的轴承内径、外径、宽度的尺寸公差。

06.0229 滚动轴承旋转精度 rotating precision of rolling bearing
滚动轴承回转中心线的空间位置相对于理想中心线空间位置的偏差，主要的影响因素包括：内圈和外圈的径向跳动、内圈和外圈端面对滚道的跳动、内圈基准端面对内径的跳动和外表面母线对基准端面的倾斜度等位置度误差。

06.0230 合成标准不确定度 combined standard uncertainty
全称"合成标准测量不确定度"。由在一个测量模型中各输入量的标准测量不确定度获得的输出量的标准测量不确定度。

06.0231 横向轮廓 horizontal profile
垂直于表面加工纹理方向的平面与实际表面相交所得的轮廓线。

06.0232 横向莫尔条纹 crosswise Moiré fringe
两块节距相等的光栅相叠合且栅线形成的交角较小时所形成的条纹。

06.0233 花键单项测量 splined key single measurement
在产品的单批小批量生产中，用通用量具分别对各尺寸进行单项测量，并检测键宽的对称度、键齿（槽）的等分度和大小径的同轴度等形位误差项目的测量方式。

06.0234 花键综合检验 splined key comprehensive test
在产品的大批量生产中，用综合通规来检验小径、大径、键宽的作用尺寸，包括上述的位置度（等分度、对称度）和同轴度等形位误差，用单项止端量规分别检验尺寸的最小实体尺寸的测量方式。检验合格的标志是综合通规能通过，而止规不应通过。

06.0235 回程误差 retrace error
当被测的量不变时，在相同的条件下，计量器具沿正、反行程在同一点上测量结果的最大差异。

06.0236 机械比较仪 mechanical comparator
利用相对法进行测量的长度测量工具。主要由测微仪和比较仪座组成。

06.0237 基本牙型 basic tooth type
削去原始三角形的顶部和底部所形成的内外螺纹共有的理论牙型。它是确定螺纹设计牙型的基础。

06.0238 基节 basipodium
(1)相邻两同侧齿面在基圆上的距离。(2)相邻两侧齿面在基圆柱的切平面上的法向距离。

06.0239 基准平面 base plane
包含基准轴线，并通过另一轴线中点所形成的平面。两条轴线中的任一条均可以作为基准轴线。

06.0240 基准线 baseline
评定表面粗糙度参数的给定线。

06.0241 计量光栅 metrological optical grating
由大量等宽等间距的狭缝构成的光学器件，常用于几何量（如角度、位移等）的计量与测试。刻线间隔较大，一般每毫米数十至数百条。

06.0242 检验方箱 inspection box
在平台测量中，用于零部件的平行度、垂直度等的检验和划线，具有六个工作面的正方体。

06.0243 检验平尺 check-out flat ruler
主要指用作直线或平面基准的量尺。

06.0244 渐开线齿轮公法线 common normal line of involute gear
任意两齿异侧齿面间的公法线，即基圆切线。

06.0245 渐开线极角 involute polar angle
过渐开线上一点的径向线与过渐开线起始点的径向线之间的夹角。

06.0246 交点尺寸 crossing point size
工件上实际存在的线与面之间的交点或交线的坐标位置的尺寸。

06.0247 角度块 angular gauge block
全称"角度量块"。形状为三角形或四边形，以两个测量平面间的夹角为标准角的实物量具，可复现或提供给定的已知角度量值。

06.0248 角度量规 angle gauge
一种极限量规。由一对对称角度分别等于工件最大极限角度和最小极限角度的量规组成，用于检验工件实际角度的合格性。

06.0249 接触斑点 contact spot
装配好的齿轮副在轻微的制动下，运转后齿面上分布的接触擦亮痕迹。

06.0250 截面检验锥度量规 section test conicity gauge
通过对给定截面直径的检验，判定圆锥工件合格性的特殊锥度量规。

06.0251 径向圆光栅莫尔条纹 Moiré fringe of radial circular optical grating
两块节距不等、中心重合的径向圆光栅所构成光栅副，形成与光栅刻线方向相同的径向莫尔条纹。如果两块光栅节距相等，则形成亮或暗的光闸式条纹。

06.0252 径向综合误差 radial comprehensive error
被测齿轮与理想精确的测量齿轮双面啮合时，在被测齿轮一转内的双啮中心距的最大变动量。

06.0253 绝对误差 absolute error
某量值的测得值和真值之差。

06.0254 卡尺 caliper
一种测量长度、内外径、深度的量具。

06.0255 可逆要求 reversible requirement
在不影响零件功能的前提下，当被测轴线、被测中心平面等被导出要素的几何误差值小于图样上标注的几何公差值，允许被测尺寸要素的尺寸公差值大于图样上标注的尺寸公差值的情况。

06.0256 刻度间距 scale span
计量器具标尺上两相邻刻线中心线间的距离。

06.0257 刻线式量规 reticle gauge
是通过刻线中心间距来标志被测件公差带宽度的一种定值计量器具，在汽车、摩托车、航空、航天等制造业中有广泛应用。

06.0258 跨齿相对测量 relative measurement across tooth

将被测齿轮的齿圈等分为 m 段，每段 k 个齿，然后将每段 k 个齿的实际齿距与任意选定的基准齿距相比较，测得各段相对齿距偏差，再根据圆周封闭原理确定各段绝对齿距偏差的测量方法。

06.0259　扩展不确定度　expanded uncertainty
全称"扩展测量不确定度"。合成标准不确定度与一个大于 1 的数字因子的乘积。

06.0260　立式测长仪　vertical length meter
具有立式结构，用于测量工件长度尺寸的测量仪器。

06.0261　立式接触干涉仪　vertical contact interferometers
应用光波干涉原理，采用比较法测量长度的高精度仪器。

06.0262　量块　gauge block
又称"块规"。用耐磨材料制造，横截面为矩形，并具有一对相互平行测量面的一种实物量具。其测量面可以和另一量块的测量面相研合而组合使用，也可以和具有类似表面质量的辅助体表面相研合而用于量块长度的测量。

06.0263　量块的"等"　the "grade" of gauge block
根据量块长度的测量不确定度划分的分类。量块分为六"等"。

06.0264　量块的"级"　the "level" of gauge block
根据量块的制造精度划分的分类。量块按其制造精度分为 00 级、0 级、1 级、2 级、3 级和 K 级。

06.0265　灵敏限　sensitive limit
又称"迟钝度"。引起量仪示值可察觉变化的被测量的最小变化值。

06.0266　零的测量不确定度　null measurement uncertainty
测得值为零时的测量不确定度。

06.0267　轮廓单峰间距　single peak distance of profile
两相邻单峰的最高点之间的距离投影在中线上的长度。

06.0268　轮廓单峰平均间距　single peak average distance of profile
在取样长度内，轮廓的单峰间距的平均值。

06.0269　轮廓算术平均中线　arithmetic average median line of profile
具有几何轮廓形状、在取样长度内与轮廓走向一致的基准线。

06.0270　轮廓最小二乘中线　least square median line of profile
具有几何轮廓形状并划分轮廓的基准线。在取样长度内使轮廓线上各点的轮廓偏距的平方和最小。

06.0271　轮廓峰　profile peak
在取样长度内轮廓与中线相交，连接两相邻交点向外的轮廓部分。

06.0272　轮廓峰顶线　peak line of profile
在取样长度内平行于基准线并通过轮廓最高点的线。

06.0273　轮廓峰高　peak height of profile
中线至轮廓峰最高点之间的距离。

06.0274　轮廓谷　profile valley
在取样长度内轮廓与中线相交，连接两相邻交点向内的轮廓部分。

06.0275　轮廓谷底线　valley line of profile
在取样长度内平行于基准线并通过轮廓最

低点的线。

06.0276 轮廓谷深 valley depth of profile
中线至轮廓峰最低点之间的距离。

06.0277 轮廓水平截距 horizontal intercept of profile
轮廓峰顶线和平行于它并与轮廓相交的截线之间的距离。

06.0278 轮廓算术平均偏差 arithmetic average deviation of profile
在取样长度内，轮廓偏距绝对值的算术平均值。

06.0279 轮廓微观不平度间距 micro unevenness distance of profile
含有一个轮廓峰和相邻轮廓谷的一段中线长度。

06.0280 轮廓微观不平度平均间距 micro unevenness average distance of profile
在取样长度内，轮廓微观不平度的间距的平均值。

06.0281 轮廓微观不平度高度 micro unevenness height of profile
轮廓峰高和相邻轮廓谷深之和。

06.0282 轮廓支承长度 bearing length of profile
在取样长度内，一平行于中线的线与轮廓相截所得到的各段接线长度之和。

06.0283 轮廓支承长度率 bearing length ratio of profile
轮廓支撑长度与取样长度之比。

06.0284 轮廓最大峰高 maximum peak height of profile
在取样长度内，从轮廓峰顶线至中线的距离。

06.0285 轮廓最大高度 maximum height of profile
在取样长度内，轮廓峰顶线和轮廓谷底线之间的距离。

06.0286 轮廓最大谷深 maximum valley depth of profile
在取样长度内，从轮廓谷底线至中线的距离。

06.0287 螺距极限偏差 screw pitch limit deviation
螺距实际尺寸相对公称尺寸之差的允许变动的界限值。

06.0288 螺距累积极限偏差 screw pitch accumulation limit deviation
在规定的螺纹长度内，螺纹牙型任意两同侧表面间的轴向实际尺寸相对于公称尺寸之差的允许变动的界限值。

06.0289 螺距轴向极限偏差 screw pitch axial limit deviation
实际螺旋线对理论螺旋线的轴向实际偏差允许变动的界限值。

06.0290 螺距误差中径当量 pitch diameter equivalent of error in pitch
将螺距误差换算成中径的数值。

06.0291 螺纹百分尺 screw thread dial gauge
用于测量低精度螺纹中径的测量工具。

06.0292 螺纹旋合长度 thread engagement length
两个相互配合的螺纹沿着螺纹轴向方向相互旋合部分的长度。

06.0293 莫尔条纹 Moiré fringe
当两块光栅叠合在一起时，在一定的方向上便可以看到一种明暗相间的、有一定规律的条纹。

06.0294 目标不确定度 target uncertainty
全称"目标测量不确定度"。根据测量结果的预期用途,规定作为上线的测量不确定度。

06.0295 内径千分尺 inside micrometer
利用螺旋副原理对主体两端球形测量面间的分隔距离进行读数的通用内尺寸测量工具。

06.0296 内缩方式 inside shrink way
规定验收极限是从工件的最大实体尺寸或最小实体尺寸分别向工件公差带内移动一个安全裕度来确定的测量方式。

06.0297 扭簧比较仪 torsional spring comparator
利用扭簧元件作为尺寸的转换和放大机构,将测量杆的直线位移转变为指针在弧形刻度盘上的角位移,并由刻度盘进行读数的一种测量仪器。

06.0298 频率响应范围 frequency response range
为获得足够精度的输出响应,仪器所允许的输入型号的频率范围。

06.0299 平板 platform
又称"平台"。上表面稳定且平面度良好的实物量具,可作为基座使用并为工件检测或划线提供公共参考平面。

06.0300 平板检测 testing on platform
在平板上,利用一般通用量具(卡尺、千分尺、指示表等)、辅助量具(平板、角尺、正弦规等)、长度基准(量块)和其他辅具(心轴、圆柱、圆球等)来测量工件的尺寸和角度的方法。

06.0301 平直度检查仪 straightness tester
用来测量平面度或直线度的仪器。其工作原理和自准直光管一样,位于准直物镜焦平面上的刻线标记由于光源的照明和物镜的成像作用,以平行光束射出,遇到平面反射镜后返回,被物镜重新成像在分划板上。立方棱镜则透过胶合面成像到分划板上。

06.0302 期间精密度测量条件 intermediate precision condition of measurement
简称"期间精密度条件"。除了相同测量程序、相同地点,以及在一个较长时间内对同一或相类似的被测量对象重复测量的一组测量条件外,还可包括涉及改变的其他条件。

06.0303 千分尺 micrometer
又称"螺旋测微器"。利用尺架支承两个测砧,其中一个测砧与精密螺杆连接,利用螺旋副原理或利用线位移传感器技术对螺杆移动距离进行读数,测量测砧之间物体的外尺寸、内尺寸或深度的一种测量仪器。按不同被测尺寸的特点设计有不同的外形结构,如外径千分尺、内径千分尺、深度千分尺等。

06.0304 切向圆光栅莫尔条纹 Moiré fringe of tangential circular optical grating
两块基圆直径相等、方向相反且基圆中心重合的切向圆光栅组成光栅副,形成的环形莫尔条纹。这种条纹在长度方向上自行封闭成一圆环,其运动方向与光栅副相对转动的方向垂直。

06.0305 切向综合误差 bear pair tangential comprehensive error
被测齿轮与理想精确的测量齿轮单面啮合时,在被测齿轮一转内的实际转角与公称转角之差的总幅度值(以分度圆弧长计值)。

06.0306 取样长度 sample length
用于判断具有表面粗糙度特征的一段基准线长度。

06.0307 三爪内径千分尺 three point internal micrometers
通过螺旋塔形阿基米德螺旋体将三个均匀

分布的测量爪沿半径方向推出，利用螺旋副原理进行读数的测量工具。

06.0308　三坐标测量机　coordinate measuring machine
通过测量物体上点的三维直角坐标实现对物体三维轮廓的数字化测量，进而检测物体的几何尺寸和形位误差等的仪器。它是自 20 世纪 60 年代发展起来的一种高效率的精密测量仪器。

06.0309　射线传感技术　ray sensor technology
感受放射线(如 X、γ 射线等)并将其转换成可用输出信号的传感技术，常用于测量材料厚度和内部尺寸等。

06.0310　深度量规　depth gauge
检查非孔、非轴的深度和台阶高度等长度尺寸的量规。

06.0311　深度千分尺　depth micrometer
应用螺旋副转动原理将回转运动变为直线运动的一种量具。

06.0312　实际表面　actual surface
与周围介质分隔的表面。

06.0313　实际轮廓　actual profile
平面与实际表面相交所得的轮廓线。

06.0314　实验标准偏差　experimental standard deviation
又称"试验标准差"。对同一被测量进行 n 次测量所得到的偏差，表征测量结果分散性的量。

06.0315　示值变动性　variation of indication
在测量条件不变的情况下，对同一被测的量进行多次重复测量读数，其结果的最大差异。

06.0316　示值范围　indication range
由计量器具所显示或指示的最小值至最大值的范围。

06.0317　示值误差　indication error
计量器具的示值和被测量的真值之间的差值。

06.0318　手提式齿距仪　portable pitch instrument
在仪器本体上有可按被测齿轮模数调节其位置的固定量爪，带有微调装置的指示表可示出活动量爪的位移，两个定位脚可以由锁紧螺钉固定，以实现仪器在被测齿轮上的定位的测量工具。

06.0319　数显卡尺　digital caliper
以数字显示测量示值的长度测量工具，是一种测量长度、内外径的仪器。

06.0320　数显式电子测微仪　digital display type electronic micrometer gauge
一种将测头的直线位移转换为电感量的变化，经放大和模数转换后，以数字量表示测量结果的量仪。

06.0321　双面啮合综合测量　comprehensive measurement of double flank rolling
将被测齿轮与理想精确的测量齿轮在无侧隙的紧密啮合状态下传动，测量其中心距的变动的测量方法。可以测出被测齿轮的径向综合误差和一齿径向误差。

06.0322　单频激光干涉仪　single-frequency laser interferometer
基于激光干涉原理，以波长作为标准对被测长度进行度量的仪器。

06.0323　双频激光干涉仪　double-frequency laser interferometer
在单频激光干涉仪的基础上，基于塞曼分裂效应和频率牵引效应发展而成的一种外差式干涉仪，具有抗干扰能力强的特点。

06.0324 随机误差 random error
在同一条件下，多次测量同一量值时，绝对值和符号以不可预定方式变化的误差。

06.0325 台阶式量规 stepped gauge
具有台阶形或不同尺寸插入件的插入型功能量规，多用于检测锥度较大、直径公差较小，即圆锥直径公差的轴向换算量小于0.3mm 的工件。

06.0326 通规 pass gauge
操作者检查工件的体外作用尺寸是否超出其最大实体尺寸(孔的最小极限尺寸和轴的最大极限尺寸)的测量器具。

06.0327 通用量具 general inspection tool
测量范围和测量对象较广的量具。一般可直接得出精确的实际测量值。

06.0328 透射式测厚 transmission thickness measurement
利用射线透过被测物体时，由于材料对射线具有吸收作用和散射作用，会产生强度的衰减，进而测量被测物体厚度的测量方法。被测物体的厚度或密度都会导致射线衰减程度的变化。

06.0329 弯板 angle block
在平台测量中，用作标准直角的工具。

06.0330 万能测齿仪 universal gear instrument
用于测量直齿或斜齿圆柱、圆锥齿轮和蜗轮的齿距、即节、公法线和齿圈径向跳动等多项尺寸误差的仪器。

06.0331 微观不平度 10 点高度 ten-point height unevenness of profile
在取样长度内，5 个最大的轮廓峰高的平均值和 5 个最大轮廓谷深的平均值之和。

06.0332 微机式数显测微仪 micro-computer digital display micrometer
一种将数显测微仪、数据采集器和微型计算机联系在一起的长度测量仪器。

06.0333 卧式测长仪 horizontal length meter
以一精密刻线尺为标准，利用显微镜读数的高精度长度量仪，主要用于测量工件的外尺寸，也可通过内测钩或电眼装置测量工件的内尺寸以及测量内、外螺纹的中径。

06.0334 误收 wrong collection
在检验过程中，发生的错误判断。

06.0335 系统误差 systematic error
在同一条件下，多次测量同一量值时，绝对值和符号保持不变，或在条件改变时，按一定规律变化的误差。

06.0336 相对标准不确定度 relative standard uncertainty
全称"相对标准测量不确定度"。标准不确定度除以测得值得到的绝对值。

06.0337 相对误差 relative error
绝对误差与被测量的真值的比值。

06.0338 相关尺寸 relevant size
在视图上表示与给定直角坐标系的两坐标轴既不平行、也不垂直的直线(或曲线)或平面(或曲面)位置的两个坐标尺寸。

06.0339 相关系数 correlation coefficient
两个随机变量之间相互依赖性的度量。它等于两个变量间的协方差除以各自方差之积的正平方根。

06.0340 响应时间 response time
从被测量发生变化到仪器给出正确示值所经历的时间。

06.0341 校对量规 proofreading gauge
用于检验工作量规是否合格的螺纹量规。

06.0342 校正值 corrected value
又称"修正值"。为消除系统误差用代数法加到测量结果上的值。

06.0343 协方差 covariance
两个随机变量相互依赖性的度量。它是两个随机变量各自的误差之积的期望。

06.0344 斜齿轮接触线误差 contact line error of helical gear
在基圆柱的切平面内，平行于公称接触线并包容实际接触线的两条最近的直线之间的法向距离。

06.0345 斜度 slope
棱体高之差与平行于棱并垂直于一个棱面的两个截面之间的距离的比值。

06.0346 斜向莫尔条纹 slant Moiré fringe
由两块节距不相等的光栅以某一交角构成光栅副，形成的光栅条纹。这种条纹介于横向和纵向之间的莫尔条纹，方向与光栅刻线方向之间有一倾角。

06.0347 形状误差 form error
实际被测要素对理想被测要素的误差。

06.0348 牙侧角 flank angle
在螺纹牙型上，牙侧与螺纹轴线的垂线间的夹角。

06.0349 牙型半角 half of thread angle
牙型角的一半。

06.0350 牙型角 thread angle
在螺纹牙型上，两相邻牙侧间的夹角。

06.0351 验收极限 acceptance limit determination
检验工件尺寸时判断合格与否的尺寸界限。

06.0352 验收量规 checking gauge
检验部门或用户代表在验收工件螺纹时所用的螺纹量规。

06.0353 样板比较法 template comparison method
凭触觉和视觉(也可借助放大镜、比较显微镜)将被测表面和已知表面粗糙度数值的标准样板进行比较，来判断被测表面粗糙度的方法。

06.0354 要素 feature
构成零件几何特征的理想点、线、面的统称。

06.0355 一般锥度量规 normal conicity gauge
综合检验一般锥度工件的圆锥角误差、圆锥直径误差、圆锥截面直径误差和圆锥形位误差的量规。

06.0356 一齿径向综合误差 radial comprehensive error of a tooth
被测齿轮与理想精确的测量齿轮双面啮合时，在被测齿轮一齿距角内的双啮中心距的最大变动量。

06.0357 一齿切向综合误差 tangential comprehensive error of a tooth
被测齿轮与理想精确的测量齿轮单面啮合时，在被测齿轮一齿距角内的实际转角与公称转角之差的最大幅度值(以分度圆弧长计值)。

06.0358 仪器测量不确定度 instrumental measurement uncertainty
由所用测量仪器或测量系统引起的测量不确定度的分量。

06.0359 印模法 copying method
利用某些塑性材料做成块状印模，贴合在被

测表面上，取下后，在印模上存有被测表面的轮廓形状，然后对印模的表面进行测量，得出原来零件的表面粗糙度的测量方法。

06.0360 游标卡尺 vernier caliper
利用游标原理对滑尺移动距离进行读数，并对直尺上刻度进行细分读数的卡尺，是一种测量长度、内外径、深度的量具，由主尺和附在主尺上能滑动的游标两部分构成。

06.0361 与理想要素比较原则 compared with ideal element principle
将实际被测要素与其理想要素相比较的原则。量值由直接法或间接法获得，理想要素用模拟方法获得。

06.0362 圆度仪 roundness measuring equipment
是一种利用回转轴法测量工件圆度误差的测量仪器，分为传感器回转式和工作台回转式两种。测量时，被测件与精密轴系同心安装，精密轴系带着电感式长度传感器或工作台做精确的圆周运动。圆度仪由仪器的传感器、放大器、滤波器、输出装置组成。

06.0363 圆周侧隙 circumferential backlash
装配好的齿轮副中，当一个齿轮固定时，另一个齿轮所能转过的节圆弧长的最大值。

06.0364 圆周封闭原则 circumferential closed principle
对于圆周分度器件(如刻度盘，圆柱齿轮等)的测量，在同一圆周上所有夹角之和等于360°，即所有夹角误差之和等于零。

06.0365 长度计量标准 the length of the measurement standard
在尺寸传递和溯源中体现长度单位的自然标准或实物标准。

06.0366 长度量值传递系统 length measurement transmission system
为了保证全国的量值统一，需要把单位长度基准的量值依次、逐级、准确地传递到计量器具上，在全国范围内建立一套完整且严密的组织和技术系统，即为长度量值传递系统。

06.0367 正弦规 sine gauge
利用三角法测量角度的一种精密量具。

06.0368 直角尺 right angle ruler
在平台测量中，用作测量标准直角(90°)的量具。

06.0369 止规 stop gauge
检查工件的局部实际尺寸是否超出其最小实体尺寸(孔的最大极限尺寸和轴的最小极限尺寸)的测量器具。

06.0370 指示表法 indication table method
将被测工件放在平板上，再组合相应尺寸的量块组，以平板为基准，用指示表测出工件与量块组尺寸的差值，从而计算出工件的尺寸的测量方法。

06.0371 指针式电感比较仪 pointer type inductance comparator
一种将测头的直线位移转换为电感量的变化，经放大后再转换为指针角位移的量仪。

06.0372 中径 pitch diameter
一个假想圆柱或圆锥的直径。该圆柱或圆锥的母线通过牙型上沟槽和凸起宽度相等的位置。

06.0373 中心距偏差 center distance deviation
在齿轮副的齿宽中间平面内，实际中心距与公称中心距之差。

06.0374 逐齿相对测量 relative measurement by point
选定任一齿距作为基准齿距，测量其他各齿

距相对基准齿距偏差的过程。

06.0375　逐齿坐标点测量　by coordinate measurement

将被测齿轮置于选定的平面坐标系中，逐齿测出齿面上各采样点的坐标值，并在坐标系中按顺序排列，绘成整体误差曲线的测量方法。

06.0376　自准直仪　autocollimation

按照自准直原理设计、由准直平行光管和平面反射镜组成，用于测量小角度的精密测量仪器。

06.0377　纵向莫尔条纹　longitudinal Moiré fringe

两块节距相近(不相等)的光栅在叠合时栅线保持平行，即栅线交角为零，形成的莫尔条纹。

06.0378　最大实体要求　maximum material requirement

设计时应用边界尺寸为最大实体实效尺寸的边界，来控制被测要素的实际尺寸和几何误差的综合结果，要求该要素的实际轮廓不得超出这个边界，并且实际尺寸不得超出极限尺寸。

06.0379　最小包容区域　minimum containment zone

与形状公差带的形状相同、包容实际被测要素、具有最小宽度或最小直径的区域。

06.0380　最小实体要求　least material requirement

设计时应用边界尺寸为最小实体实效尺寸的边界，来控制被测要素的实际尺寸和几何误差的综合结果，要求该要素的实际轮廓不得超出这边界，并且实际尺寸不得超出极限尺寸。

06.0381　作用中径　virtual pitch diameter

在规定的旋合长度内，恰好包容实际螺纹的一个假想螺纹的中径。

06.0382　坐标测量　coordinate measurement

以测量仪器的平台为参考平面建立机械坐标系，采集被测工件表面上的被测点的坐标值，并投射到空间坐标系中，构建工件的空间模型的技术。

06.0383　坐标法　coordinate method

在平面直角坐标系或平面极坐标内，逐点测量实际被测齿形的坐标值，再与设计齿形对应点的理论坐标值相比较，确定齿形误差的测量方法。

06.04　机　械　控　制

06.0384　h_∞控制　h_∞ control

基于h_∞范数作为性能指标的控制理论。

06.0385　PID 控制器　PID controller

又称"比例-积分-微分控制器"。由比例单元 P、积分单元 I 和微分单元 D 并联组成的控制器。

06.0386　半闭环控制　semi-closed loop control

以控制的中间输出作为反馈对系统进行反馈控制的控制。

06.0387　比例控制器　proportional controller

产生比例控制作用的控制器。

06.0388　闭环控制　closed-loop control

被控的输出以一定方式反馈到控制的输入端，和输入信号一同对系统施加控制的控制。

06.0389　采样控制　sampling control

时间上不连续地取得参比变量和被控变量，利用以一定时隔采样并具有保持作用的元件产生操纵的控制。

06.0390 传递函数 transfer function
线性系统在零初始条件下，输出量的拉普拉斯变换与输入量的拉普拉斯变换之比。

06.0391 点位控制 point-to-point control
数控系统只控制刀具或机床工作台，从一点准确地移动到另一点，而点与点之间运动的轨迹不需要严格控制的控制方式。

06.0392 点位控制系统 point-to-point control system
控制系统只精确控制运动的终点位置，而对中间的运动轨迹和速度不需要严格控制的系统。

06.0393 定常系统 time-invariant systems
又称"时不变系统"。物理上的结构和参数不随时间变化的系统。

06.0394 反馈控制 feedback control
根据反馈信息调节被控对象的行为，使之保持预定状态的控制过程。

06.0395 分布式控制系统 distributed control system
以微处理器为基础，采用控制功能分散、显示操作集中、兼顾分而自治和综合协调设计原则的控制系统。

06.0396 复合控制器 complex controller
带有前馈控制系统的反馈控制器。它的作用是使系统能以稳定的零误差跟踪已知的输入信号。

06.0397 工业控制计算机 process control computer
具有采集来自工业生产过程的模拟式和数字式数据能力并能向工业过程发出控制信号的数字计算机。

06.0398 过程控制 process control
工业中以温度、压力、流量、液位和成分等工艺参数作为被控变量的自动控制。

06.0399 滑模控制 sliding mode control
又称"变结构控制"。根据系统当前的状态不断变化控制器的结构，从而使系统按照滑动模态规定的规律运行的控制方法。

06.0400 混合控制系统 hybrid control system
由实时决策子系统和实时数值反馈子系统组成的复杂控制系统。

06.0401 积分控制器 integral controller
产生积分作用的控制器。

06.0402 集散式控制系统 distributed control system, DCS
控制功能分散、显示操作集中、兼顾分而自治和综合协调的控制系统。

06.0403 集中控制系统 centralized control system
所有输出控制由同一控制中心来完成的控制系统。

06.0404 计算机辅助质量控制 computer-aided quality control
利用计算机进行质量控制的过程，包括试制和批量管理。

06.0405 计算机数字控制 computer numerical control
利用一个专用的可存储程序的计算机执行一些或全部的基本数字控制功能的数控系统。

06.0406 开放式控制系统 open control system
具有高度模块化的特征，有一定的标准来约束并且可以进行二次开发的控制系统。

06.0407 开环控制 open-loop control
系统的输出与输入之间不存在反馈，控制的结果不影响当前控制的控制系统。

06.0408 可编程控制器 programmable logical controller, PLC
曾称"可编程逻辑控制器"。通过编程可实现顺序控制、定时、计数和数学运算，通过输入输出接口实现机械产品的控制的工业控制装置。

06.0409 控制阀 control valve
利用一个活动部件来开、关或部分地挡住一个或多个的开口或通道，使液流、空气流或其他气流或大量松散物料可以流出、堵住或得到调节的一种装置，多用于自控系统中的执行器。

06.0410 控制器 controller
按照预定顺序改变主电路或控制电路的接线和改变电路中电阻值来控制电动机的启动、调速、制动和反向的主令装置。

06.0411 离散控制系统 discrete control system
含有离散信号的控制系统。

06.0412 连续控制 continuous control
时间上连续地取得参比变量和被控变量，由连续作用产生操纵变量的控制。

06.0413 连续控制系统 continuous control system
所有控制信号都是连续信号的控制系统。

06.0414 轮廓控制 contouring control
数控系统对 2 个或 2 个以上运动坐标的位移和速度进行相关的控制，使合成的平面或空间的运动轨迹能满足加工要求的控制方式。

06.0415 轮廓控制系统 contouring control system
能对 2 个或 2 个以上的进给轴进行连续控制，使其合成为空间一定的运动轨迹，进而满足工件型面加工要求的数控系统。

06.0416 模糊控制 fuzzy control
利用模糊数学的基本思想和理论的控制方法。

06.0417 模糊控制系统 fuzzy control system
能够实现模糊控制的系统。

06.0418 模型参考自适应控制 model reference adaptive control
包含理想系统模型并能以模型的工作状态为标准自行调整参数的适应控制。

06.0419 前馈控制 feed forward control
在没有得到反馈信息之前就对系统可能受到的干扰做出预测，提前采取措施来抵消干扰的控制方法。

06.0420 神经网络控制 neural network control
一种基于神经网络的智能控制方法，为解决复杂的非线性、不确定、不确知系统的控制问题开辟了新途径。

06.0421 时序控制 sequential control
按预定的时间顺序自动完成一系列预定的各项控制。

06.0422 实时控制系统 real-time control system
能对输入做出快速响应、快速检测和快速处理，并能及时提供输出操作信号的计算机控制系统。

06.0423 手动控制 manual control
由人直接或间接干预的控制。

06.0424 数字控制 numerical control
用数字化信号对机床运动及其加工过程进行控制的控制方式。

06.0425 数字控制系统 digital control system
利用离散化数据和运算实现系统控制的控制系统。

06.0426 顺序控制 sequence control
按照生产工艺预先规定的顺序，在各个输入信号的作用下，根据内部状态和时间顺序，在生产过程中各个执行机构自动有序地进行操作的控制方式。

06.0427 顺序控制系统 sequential control system
按照预先规定的次序完成一系列操作的控制系统。

06.0428 微电控制系统 micro-electronic control system
采用微电子技术进行控制的系统。

06.0429 微控制器 microcontroller
将微型计算机的主要部分集成在一个芯片上的单芯片控制装置。

06.0430 线性控制系统 linear control system
状态变量和输出变量相对于输入变量可以用线性关系描述的控制系统。

06.0431 学习控制 learning control
靠自身的学习功能来认识控制对象和外界环境的特性，并相应地改变自身特性以改善控制性能的控制方式。

06.0432 预测控制 predictive control
全称"模型预测控制"。以预测模型为基础，采用滚动优化和反馈校正等策略来实现系统的控制。

06.0433 远程控制 remote control
在异地通过计算机网络异地拨号或双方都接入网络等手段，连通需被控制的设备从而进行控制的技术。

06.0434 智能控制 intelligent control
具有人工智能可自主控制机器实现控制目标的自动控制技术。

06.0435 智能控制系统 intelligent control system
具有人工智能的工程控制和信息处理的系统。

06.0436 专家控制 expert control
具有大量的知识与经验库，模拟人类专家的决策过程，实现对系统的控制。

06.0437 自动控制 automatic control
在无人直接参与的情况下，利用外加的设备或装置，使机器、设备或生产过程的某个工作状态或参数自动地按照预定的规律运行的控制方式。

06.0438 自动控制系统 automatic control system
在无人直接参与下，可使生产过程或其他过程按期望规律或预定程序进行的控制系统。

06.0439 自适应控制 adaptive control
在无人的干预下，随着运行环境改变而自动调节自身控制参数，以达到最优控制的控制方式。

06.0440 最优控制 optimal control
在满足一定约束条件下，使被控系统的性能指标达到最佳状态的控制。

06.05 光机电一体化

06.0441 导轨 guideway
金属或其他材料制成的槽或脊，可承受、固定、引导移动装置或设备并减少其摩擦的一种装置。

06.0442 电动执行机构 electric actuator
利用电作为动力源的执行机构。

06.0443 电液伺服系统 electro-hydraulic servo system
由电信号处理装置和液压动力机构组成的反馈控制系统。

06.0444 分布式数字控制 distribute numerical control, DNC
将若干台数控设备直接连接在一台中央计算机上，多台计算机分别控制不同的对象或设备，各自构成子系统，各子系统间有通信或网络互连关系，由中央计算机负责数控设备程序的管理和传送的控制方式。

06.0445 复合传动 composite transmission
将各种传动与控制技术进行有机地匹配、组合而构成的一种传动方式。

06.0446 工业自动化 industrial automation
使工业产品进行自动化生产的过程。

06.0447 工业自动化生产 industrial automatic production
工业生产中通过尽量减少人力的操作，充分利用动物以外的能源与资讯方法，以参数控制为手段实现生产过程自动控制的生产方式。

06.0448 机电伺服系统 mechatronics servo system
以机械位移作为输入，与机械式反馈装置组成闭环反馈的控制系统。

06.0449 计算机辅助测试 computer-aided test
利用计算机协助进行测试的一种方法。

06.0450 计算机辅助工艺规划 computer-aided process programming
通过向计算机输入被加工零件的原始数据、加工条件和加工要求，由计算机自动地进行编码、编程，直至最后输出经过优化的工艺规程卡片的过程。

06.0451 计算机辅助设施规划 computer-aided facilities planning
以设施规划中的先进技术为指导，以计算机辅助设计等先进技术为支撑，实现现代设施的有效规划。

06.0452 计算机辅助生产管理 computer-aided production management
利用计算机高速、准确、大量地处理数据的能力，辅助管理各项生产业务工作的管理方式。

06.0453 计算机辅助制造 computer-aided manufacturing
利用计算机，通过各种数值控制机床和设备，自动完成离散产品的加工、装配、检测和包装的制造过程。

06.0454 计算机集成制造系统 computer integrated manufacturing system
在数字自动化生产技术的基础上，通过网络及计算机技术把分散在产品设计制造过程中各种孤立的数字自动化子系统有机地集成起来，形成适用于多品种、小批量生产，实现整体效益的集成化智能制造系统。

06.0455 交流传动技术 AC drive technology
通过对交流电和直流电的变化来进行动力传输的技术。

06.0456 流水线 assembly line
又称"装配线"。每一个生产单位只专注处理某一个工序的工作，以提高工作效率及产量的一种工业生产方式。

06.0457 纳米机电系统 nano-electromechanical system, NEMS
特征尺寸在 1~100nm、以机电结合为主要特征，基于纳米级结构新效应的机电系统。

06.0458 气动执行机构 pneumatic actuator
又称"气压执行机构"。利用有压气体作为动力源的执行机构。

06.0459 人机接口 man-machine interface
人与计算机之间建立联系、交换信息的输入/输出设备的接口。这些设备包括键盘、显示器、打印机、鼠标器等。

06.0460 人机系统 human-machine system
由人和机器构成并依赖于人机之间相互作用而完成的具有一定功能的系统。

06.0461 柔性制造单元 flexible manufacturing cell, FMC
由一台或数台数控机床或加工中心构成的加工单元。该单元根据需要可以自动更换刀具和夹具，加工不同的工件。

06.0462 柔性制造系统 flexible manufacturing system, FMS
由统一的信息控制系统、物料储运系统和数台数控设备组成的，能适应加工对象变换的智能自动化机电制造系统。

06.0463 柔性装配自动化系统 flexible assembly system, FAS
由柔性装配和自动化控制有机结合的自动装配系统。

06.0464 柔性自动化 flexible automation
又称"可变编程自动化"。加工程序灵活可变的机电自动化。

06.0465 上位机 master computer
生产管理系统中，能发出操控命令的计算机。

06.0466 下位机 slave computer
生产管理系统中，直接控制设备获取设备状况的计算机。

06.0467 生产线 production line
产品生产过程所经过的路线。即从原料进入生产现场开始，经过加工、运送、装配、检验等一系列生产活动所构成的路线。

06.0468 生产线控制系统 production line control system
由工件传送系统和控制系统组成，将一组自动机床和辅助设备按照工艺顺序联结起来，实现产品全部或部分制造过程的生产系统。

06.0469 实时数据采集 real-time data acquisition
实时地从传感器和其他待测设备等模拟和数字被测单元中自动采集非电量或者电量信号，送到上位机中进行分析和处理的工作方式。

06.0470 输送带 conveyor
输送过程中起承载和运送物料作用的橡胶与纤维、金属复合制品，或者是塑料和织物复合的制品。

06.0471 数据库管理系统 database management system
一种操纵和管理数据库的大型软件，用于建立、使用和维护数据库。

06.0472 数字工厂 digital factory
以产品全生命周期的相关数据为基础，在计算机虚拟环境中，对整个生产过程进行仿真、评估和优化，并进一步扩展以实现整个产品生命周期制造的数字化生产模式。

06.0473　数字制造　digital manufacturing
在虚拟现实、计算机网络、快速原型、数据库和多媒体等支撑技术的支持下，根据用户需求，对产品、工艺和资源等信息进行分析、规划和重组，实现产品设计和制造过程的仿真以及原型制造，进而快速生产出达到用户要求性能的产品的整个数字制造全过程。

06.0474　调节机构　correcting element
用执行机构驱动直接改变操纵变量的机构。

06.0475　微电子机械系统　micro-electromechanical system
大小在毫米量级以下，构成单元尺寸在微米、纳米量级的可控制的微型机电装置，是集成微机构、微传感器、微执行器以及信号处理与控制等功能于一体的机电系统。

06.0476　微加工技术　microfabrication technology
加工微小尺寸零件的生产加工技术。

06.0477　微型电动机　micro-motor
一类体积、容量较小，输出功率一般在数百瓦以下的电动机。

06.0478　微型电机–机电系统　micro-electromechanical system, MEMS
简称"微系统""微机械"。以微电子技术(半导体制造技术)为基础，融合了光刻、腐蚀、薄膜、LIGA、硅微加工、非硅微加工和精密机械加工等技术，是集微传感器、微执行器、微机械结构、微电源微能源、信号处理和控制电路、高性能电子集成器件、接口、通信等于一体的微型器件或系统。

06.0479　无人化工厂　fully-automatic factory
又称"全自动化工厂""自动化工厂"。全部生产活动由计算机进行控制，生产第一线配有机器人而无须配备工人的工厂。

06.0480　系统自校准　system self-calibration
通过反馈控制自动改变控制参数以实现校准目的的一种系统校准方法。

06.0481　液动执行机构　hydraulic actuator
利用有压液体作为动力源的执行机构。

06.0482　液压泵　hydraulic pump
在密闭的工作空间内，通过对工作液体进行吸、压，实现将机械能转换为液压能的动力元件。

06.0483　液压系统　hydraulic system
通过改变液体压强来改变作用力而做功的机电系统。

06.0484　气动传动　pneumatic transmission
用气体压力能来转换或传递机械能的传动方式。

06.0485　气压泵　pneumatic pump
通过电动机、柴油机等带动，依靠密闭工作容积的改变实现对空气气压的控制和调节，进而按照要求输出不同气压的空气，是气压系统将机械能转换为气压能的动力元件。

06.0486　气压系统　pneumatic system
通过改变气体压强来改变作用力而做功的机电系统。

06.0487　电动传动　electric transmission
利用电动机将电能转换为机械能，以驱动机械系统的运动部件工作的传动。

06.0488　圆弧插补　circular interpolation
给出两端点间的插补数字信息，借此信息控制刀具与工件的相对运动，使其按规定的圆弧加工出理想曲面的一种插补方式。

06.0489　运动传递　motion transfer
通过一定的机构对设备的运动进行传动的技术。

06.0490 执行机构 actuator
用来传递、变换运动与动力的装置。

06.0491 直线插补 line interpolation
一种插补方式，在此方式中，两点间的插补沿着直线的点群来逼近，沿此直线控制刀具的运动。

06.0492 自动仓库 auto warehouse
具有自动存储、自动提取物品等功能的仓库。

06.0493 自动化车间 automatic workshop
自动地完成部分或者全部的产品加工过程的车间。

06.0494 自动换刀装置 automatic tool changer
能自动更换加工中所用工具的装置。

06.0495 自动检测技术 automatic measurement technology
又称"非电量检测技术"。是将各种非电量转换为电信号，再通过测量该电信号来检测原非电量的技术。在测量和检验过程中完全不需要或仅需要很少的人工干预而自动进行并完成的检测技术，主要包括自动测量、自动保护、自动诊断、自动信号提取、自动信号转换、自动信号处理等技术，可以提高自动化水平和程度，减少人为干扰因素和人为差错，提高生产过程或设备的可靠性及运行效率。

06.0496 自动生产线 automatic production line
由工件传送系统及控制系统，将一组自动机床和辅助设备按照工艺顺序联结起来，能自动完成产品全部或部分制造过程的生产系统。

06.0497 计算机接口 computer interface
微处理器或微机与外界的连接部件。用于实现 CPU 与外界的信息交换。

06.0498 变频调速器 frequency convertible governor
把工频电源(50Hz 或 60Hz)变换成各种频率的交流电源，以实现电机变速运行的设备。

06.0499 伺服驱动 servo driving
在控制指令的指挥下，控制驱动执行机构，使机械系统的运动部件按照指令要求进行运动的驱动方式。

06.0500 步进伺服驱动 stepping servo driving
采用步进电动机作为能换部件，实现对机械系统的伺服驱动。

06.0501 直流伺服驱动 direct current servo driving
采用直流电动机作为能换部件，实现对机械系统的伺服驱动。

06.0502 交流伺服驱动 alternating current servo driving
采用交流电动机(同步电动机、异步电动机)作为能换部件，实现对机械系统的伺服驱动。

06.0503 PLC 控制 PLC control
在传统的顺序控制器的基础上引入微电子技术、计算机技术、自动控制技术和通讯技术而形成的一代新型工业控制方式，用可编程控制器来取代继电器、执行逻辑、记时、计数等顺序控制功能，建立柔性的程控系统。

06.0504 单板机 single board computer
将一个计算机的主要部件都集成在一块电路板上的专用计算机。

06.0505 单片机 single chip microcomputer
将一台计算机的主要部件都集成到一块芯片之中的计算机。

06.0506 总线控制 bus control
通过计算机系统的公共通信干线来传送控制

信号和时序信号，以实现对机械系统的控制。

06.0507 脉冲宽度调制 pulse width modulation, PWM

简称"脉宽调制"。利用微处理器将输入的模拟信号变换为数字信号(脉冲)，进而实现对模拟电路控制的一种技术，广泛应用在测量、通信、功率控制与变换等领域中。

07. 机 械 零 件

07.01 紧 固 件

07.01.01 一 般 名 词

07.0001 紧固件 fastener
用于连接和紧固零部件的元件。

07.0002 机械连接 machinery joining
以机械方式构成的连接。包括动连接和静连接。

07.0003 动连接 movable connection
被连接件的相对位置在工作时能够按需要变化的连接。

07.0004 静连接 fixed connection
被连接件的相对位置在工作时不能也不允许发生变化的连接。

07.0005 过盈连接 interference fit connection
依靠包容件(孔)和被包容件(轴)配合的过盈量实现的连接。

07.0006 胀接 expanded connecting
依靠管子和管板变形来达到密封和紧固的连接。

07.0007 螺纹连接 screwed joint
通过螺纹构成的连接，多为可拆卸连接。

07.0008 键联接 key joint
用键将轴和轮毂连接成一体的连接方式。

07.0009 型面连接 profile shaft connection
利用非圆剖面的轴与相应的毂孔构成的连接。

07.0010 销连接 pinned joint
用销钉固定零件相对位置的连接。

07.0011 铆钉连接 riveted joint, riveting
简称"铆接"。借助铆钉形成的不可拆卸连接。

07.01.02 螺 纹

07.0012 螺旋线 helix
点沿圆柱或圆锥表面做螺旋运动的轨迹，该点的轴向位移与相应的角位移成正比。

07.0013 螺纹 screw thread
牙型截面通过圆柱或圆锥的轴线，并沿其表面的螺旋线运动所形成的连续凸起。

07.0014 圆柱螺纹 parallel screw thread
在圆柱表面上形成的螺纹。

07.0015 圆锥螺纹 taper screw thread
在圆锥表面上形成的螺纹。

07.0016 外螺纹 external thread

在圆柱或圆锥外表面上形成的螺纹。

07.0017 内螺纹 internal thread
在圆柱或圆锥孔表面上形成的螺纹。

07.0018 螺纹副 screw thread pair
内、外螺纹相互旋合形成的连接。

07.0019 单线螺纹 single start thread
沿一条螺旋线所形成的螺纹。

07.0020 多线螺纹 multi start thread
沿两条或两条以上的螺旋线形成的螺纹，该
螺旋线在轴向等距分布。

07.0021 右旋螺纹 right hand thread
顺时针旋转时旋入的螺纹。

07.0022 左旋螺纹 left hand thread
逆时针旋转时旋入的螺纹。

07.0023 完整螺纹 complete thread
牙顶和牙底均具有完整形状的螺纹。

07.0024 不完整螺纹 incomplete thread
牙底完整而牙顶不完整的螺纹。

07.0025 螺尾 washout thread
向光滑表面过渡的牙底不完整的螺纹。

07.0026 有效螺纹 useful thread
由完整螺纹和不完整螺纹组成的螺纹，不包
括螺尾。

07.0027 自攻螺纹 tapping screw thread

07.0028 木螺钉螺纹 wood screw thread

07.0029 螺纹牙型 form of thread
在通过螺纹轴线的剖面上，螺纹的轮廓形状。

07.0030 原始三角形 fundamental triangle

形成螺纹牙型的三角形，其底边平行于螺纹
的轴线。

07.0031 原始三角形高度 fundamental triangle height
由原始三角形底边到此底边相对的原始三
角形顶点间的径向距离。

07.0032 设计牙型 design profile
设计给定的牙型，该牙型相对于基本牙型规
定出功能所需的各种间隙和圆弧半径。

07.0033 牙顶 crest
螺纹凸起的顶部，连接相邻两个牙侧的螺纹
表面。

07.0034 牙底 root
螺纹沟槽的底部，连接相邻两个牙侧的螺纹
表面。

07.0035 牙侧 flank
连接牙顶与牙底的螺纹侧表面。

07.0036 牙顶高 addendum
螺纹牙型上，牙顶到中径线的径向距离。

07.0037 牙底高 dedendum
螺纹牙型上，牙底到中径线的径向距离。

07.0038 牙型高度 thread height
螺纹牙型上，牙顶到牙底在垂直于螺纹轴线
方向上的距离。

07.0039 牙顶圆弧半径 radius of rounded crest
牙顶上呈圆弧部分的半径。

07.0040 牙底圆弧半径 radius of rounded root
牙底上呈圆弧部分的半径。

07.0041 公称直径 nominal diameter

代表螺纹尺寸的直径，通常指螺纹大径的基本尺寸。

07.0042　[螺纹]大径　major diameter
与外螺纹牙顶或内螺纹牙底相切的假想圆柱或圆锥的直径。

07.0043　[螺纹]小径　minor diameter
与外螺纹牙底或内螺纹牙顶相切的假想圆柱或圆锥的直径。

07.0044　[螺纹]顶径　crest diameter
外螺纹的大径或内螺纹的小径。

07.0045　[螺纹]底径　root diameter
外螺纹的小径或内螺纹的大径。

07.0046　[螺纹]中径　pitch diameter
假想圆柱或圆锥的直径，该圆柱或圆锥的母线通过螺纹牙型上的沟槽和牙厚宽度相等。该假想圆柱或圆锥称为中径圆柱或中径圆锥。

07.0047　[螺纹]基准直径　gauge diameter
设计给定的内锥螺纹或外锥螺纹的基本大径。

07.0048　螺纹轴线　axis of thread
中径圆柱或中径圆锥的轴线。

07.0049　中径线　pitch line
中径圆柱或中径圆锥的母线。

07.0050　螺距　pitch
相邻两牙在中径线上对应两点间的轴向距离。

07.0051　[螺纹]导程　lead
同一条螺旋线上的相邻两牙在中径线上对应两点间的轴向距离。

07.0052　螺纹升角　lead angle
在中径圆柱或中径圆锥上，螺旋线的切线与

垂直于螺纹轴线的平面间的夹角。

07.0053　螺纹牙厚　thread ridge thickness
在螺纹牙型上，一个螺纹牙的两侧在中径线上的轴向距离。

07.0054　螺纹槽宽　thread groove width
在螺纹牙型上，一个螺纹沟槽的两侧在中径线上的轴向距离。

07.0055　大径间隙　major clearance
在设计牙型上，同轴装配的内螺纹牙底与外螺纹牙顶之间的径向距离。

07.0056　小径间隙　minor clearance
在设计牙型上，同轴装配的内螺纹牙顶与外螺纹牙底之间的径向距离。

07.0057　螺纹装配长度　length of assembly
两个配合螺纹旋合的轴向长度。

07.0058　螺纹接触高度　thread contact height
相互配合的内、外螺纹，牙型接触部分上下边缘在垂直于螺纹轴线方向上的距离。

07.0059　旋紧余量　wrenching allowance
内、外锥螺纹旋合之后余下的有效螺纹长度。

07.0060　[螺纹]行程　stroke
内、外螺纹相对转动某一角度所产生的相对轴向位移量。

07.0061　螺纹精度　tolerance quality
由螺纹公差带和旋合长度共同组成的衡量螺纹质量的综合指标。

07.0062　螺距偏差　deviation in pitch
螺距的实际值与其基本值之差。N 个螺距偏差系指跨 N 牙螺距的实际值与其基本值之差。

07.0063　螺距累积误差　cumulative error in

pitch

在规定的螺纹长度内，任意两同名牙侧与中径线交点间的实际轴向距离与其基本值之差的最大绝对值。

07.0064 导程偏差 deviation in lead
导程的实际值与其基本值之差。

07.0065 导程累积误差 cumulative error in lead

在规定的螺纹长度内，同一螺旋面上任意两牙侧与中径线交点间的实际轴向距离与其基本值之差的最大绝对值。

07.0066 牙侧角偏差 deviation of flank angle
牙侧角的实际值与其基本值的差值。

07.0067 行程偏差 deviation of stroke
行程的实际值与其基本值的差值。

07.01.03　螺栓、螺柱

07.0068 螺栓 bolt
配用螺母的圆柱形带螺纹的紧固件。

07.0069 双头螺柱 stud
两端均有螺纹的圆柱形紧固件。

07.0070 U 形螺栓 stirrup bolt, U-bolt

07.0071 扁圆头固定螺栓 mushroom head anchor bolt

07.0072 平头固定螺栓 flat head anchor bolt

07.0073 带用螺栓 belting bolt

07.0074 卡箍螺栓 clip bolt

07.0075 六角头螺栓 hexagon bolt

07.0076 六角头凸缘螺栓 hexagon bolt with collar

07.0077 六角头法兰面螺栓 hexagon bolt with flange

07.0078 六角头盖形螺栓 acorn hexagon head bolt

07.0079 八角头螺栓 octagon bolt

07.0080 十二角头法兰面螺栓 12 point flange screw, bihexagonal head screw

07.0081 弹性螺栓 spring bolt

07.0082 活节螺栓 eye bolt

07.0083 地脚螺栓 foundation bolt

07.0084 T 形螺栓 T-head bolt, hammer head bolt

07.0085 圆头带榫螺栓 cup nib bolt

07.0086 沉头带榫螺栓 flat countersunk nib bolt

07.0087 带退刀槽螺柱 stud with under cut [groove]

07.0088 腰状杆螺柱 waisted stud

07.0089 全螺纹螺柱 stud bolt

07.0090 焊接螺柱 welded stud

07.01.04　螺　钉

07.0091　螺钉　screw
具有各种结构形状头部的螺纹紧固件。

07.0092　自攻螺钉　tapping screw

07.0093　自切螺钉　thread cutting screw

07.0094　翼形螺钉　wing screw
又称"蝶形螺钉"。螺钉头有伸出两翼的
螺钉。

07.0095　凸缘螺钉　collar screw
螺钉头下有直径较大的圆盘(代替垫圈)的
螺钉。

07.0096　轴位螺钉　shoulder screw
具有不同直径(即有台阶)杆身的螺钉。

07.0097　吊环螺钉　lifting eye bolt
头部为环状的螺钉，通常用于起吊。

07.0098　滚花高头螺钉　knurled thumb screw

07.0099　平片头螺钉　flat leaf screw

07.0100　旋棒螺钉　tommy screw

07.0101　T 形槽螺钉　T-slot screw

07.0102　面板螺钉　cover screw

07.0103　无头螺钉　headless screw

07.0104　方头螺钉　square head screw

07.0105　方头凸缘螺钉　square head screw
with collar

07.0106　锻槽沉头螺钉　countersunk head
screw with forged slot

07.0107　开槽无头倒角端螺钉　slotted head-
less screw with flat chamfered end

07.0108　开槽圆柱头螺钉　slotted cheese head
screw

07.0109　开槽盘头螺钉　slotted pan head
screw

07.0110　开槽沉头螺钉　slotted countersunk
flat head screw

07.0111　开槽半沉头螺钉　slotted raised coun-
tersunk oval head screw

07.0112　开槽带孔球面柱头螺钉　slotted cap-
stan screw

07.0113　开槽圆头螺钉　slotted round head
screw

07.0114　开槽盘头自攻螺钉　slotted pan head
tapping screw

07.0115　开槽沉头强攻螺钉　slotted counter-
sunk flat head drive screw

07.0116　开槽圆柱头自切螺钉　slotted cheese
head thread cutting screw

07.0117　六角头自攻螺钉　hexagon head tap-
ping screw

07.0118　六角头自切螺钉　hexagon head
thread cutting screw

07.0119　内六角无头凹端螺钉　hexagon

socket headless screw with cup point

07.0120 内六角圆柱头螺钉 hexagon socket head cap screw

07.0121 内六角沉头螺钉 hexagon socket countersunk flat cap head screw

07.0122 十字槽盘头螺钉 cross recessed pan head screw

07.0123 十字槽沉头螺钉 cross recessed countersunk flat head screw

07.0124 十字槽半沉头螺钉 cross recessed raised countersunk oval head screw

07.0125 十字槽盘头自切螺钉 cross recessed pan head thread cutting screw

07.0126 木螺钉 wood screw

07.0127 六角头木螺钉 hexagon head wood

07.0128 方头木螺钉 square head wood screw

07.0129 开槽圆头木螺钉 slotted round head wood screw

07.0130 开槽沉头木螺钉 slotted counter sunk flat head wood screw

07.0131 开槽半沉头木螺钉 slotted raised countersunk oval head wood screw

07.0132 十字槽盘头木螺钉 cross recessed pan head wood screw

07.0133 十字槽沉头木螺钉 cross recessed countersunk flat head wood screw

07.0134 十字槽半沉头木螺钉 cross recessed raised countersunk oval head wood screw

07.01.05　螺　塞

07.0135 螺塞 screw plugs

07.0136 六角头螺塞 hexagon head screw plug

07.0137 内六角螺塞 hexagon socket screw plug

07.0138 内六角管塞 hexagon socket pipe

plug

07.0139 六角头管塞 hexagon head pipe plug

07.0140 内四方螺塞 square socket screw plug

07.0141 方头螺塞 square head screw plug

07.01.06　螺　母

07.0142 螺母 nut
（1）具有内螺纹并与螺栓配合使用的紧固件。（2）具有内螺纹并与螺杆配合使用，用以

传递运动或动力的机械零件。

07.0143 六角螺母 hexagon nut

07.0144 六角薄螺母 hexagon thin nut

07.0145 六角凸缘螺母 hexagon nut with collar

07.0146 六角法兰面螺母 hexagon nut with flange

07.0147 六角垫圈面螺母 washer faced hexagon nut

07.0148 大六角螺母 heavy series hexagon nut

07.0149 焊接六角螺母 hexagon weld nut

07.0150 方螺母 square nut

07.0151 冲压方螺母 square nut without chamfer

07.0152 地脚螺母 foundation nut

07.0153 方凸缘螺母 square nut with collar

07.0154 焊接方螺母 square weld nut

07.0155 三角凸缘螺母 triangle nut with collar

07.0156 八角螺母 octagon nut

07.0157 五角螺母 pentagon nut

07.0158 十二角法兰面螺母 12 point flange nut

07.0159 六角开槽螺母 hexagon slotted nut

07.0160 六角冠状螺母 hexagon castle nut

07.0161 六角冠状薄螺母 hexagon thin castle nut

07.0162 盖形螺母 acorn nut

07.0163 盖形薄螺母 cap nut

07.0164 圆螺母 round nut

07.0165 滚花高螺母 knurled nut with collar

07.0166 滚花薄螺母 knurled thin nut

07.0167 开槽圆螺母 slotted round nut

07.0168 侧面开槽圆螺母 slotted round nut for hook-spanner

07.0169 侧面带孔圆螺母 round nut with set pin holes in side

07.0170 端面带孔圆螺母 round nut with drilled holes in one face

07.0171 翼形螺母 wing nut
有两侧翼，可用手指拧紧或旋松的螺母。

07.0172 吊环螺母 lifting eye nut

07.0173 扁环螺母 flat nut

07.01.07 垫 圈

07.0174 垫圈 washer
放在螺母或螺钉头与被连接件之间的薄金属垫。

07.0175 平垫圈 plain washer

07.0176 单面倒角平垫圈 single chamfer

plain washer

07.0177 方垫圈　square washer with round hole

07.0178 方孔圆垫圈　round washer with square hole

07.0179 方斜垫圈　square taper washer

07.0180 弹性垫圈　spring washer
具有弹性的可防止螺栓或螺母松动的垫圈。

07.0181 尖钩端弹性垫圈　single coil spring lock washer with tang ends

07.0182 鞍形弹性垫圈　curved spring washer

07.0183 波形弹性垫圈　wave spring washer

07.0184 锥形弹性垫圈　conical spring washer

07.0185 弹簧垫圈　helical spring lockwasher
弹簧簧丝断面为矩形的单圈螺旋形垫圈。

07.0186 双圈弹簧垫圈　double coil spring lock washer

07.0187 外齿锁紧垫圈　external teeth lock washer

07.0188 内齿锁紧垫圈　internal teeth lock washer

07.0189 锥形[外齿]锁紧垫圈　conical [external toothed] lock washer

07.0190 外锯齿锁紧垫圈　external teeth serrated lock washer

07.0191 内锯齿锁紧垫圈　internal teeth serrated lock washer

07.0192 锥形锯齿锁紧垫圈　conical serrated external toothed lock washer

07.0193 单耳止动垫圈　tab washer with long tab

07.0194 双耳止动垫圈　tab washer with long tab and wing

07.0195 外舌止动垫圈　external tab washer

07.0196 内舌止动垫圈　internal tab washer

07.01.08　挡　　圈

07.0197 挡圈　[closing] ring
紧固在轴上的圈形机件，可以防止装在轴上的其他零件窜动。

07.0198 轴肩挡圈　ring for shoulder

07.0199 轴端挡圈　lock ring at the end of shaft

07.0200 螺钉锁紧挡圈　lock ring with screw

07.0201 开口挡圈　"E" ring

07.0202 弹性挡圈　circlip, snap ring
用弹簧制成的开口挡圈。

07.0203 钢丝挡圈　roundwire snap ring

07.0204 夹紧挡圈　grip ring

07.0205 钢丝锁圈　round wire circlip

07.01.09 键、花键

07.0206 键 key
置于轴和轴上零件的槽或座中，使二者周向固定以传递转矩的连接件。

07.0207 键槽 key way
轴和轮毂孔表面上为安装键而制成的槽。

07.0208 平键 flat key
矩形或方形剖面而厚度、宽度不变的键。

07.0209 普通平键 general flat key

07.0210 导向平键 feather key, dive key
固定在轴上，工作时允许轴上零件沿轴滑动的平键。

07.0211 滑键 feather key
固定在轮毂上，工作时与轮毂一起沿轴上的键槽移动的键。

07.0212 薄型平键 thin [flat] key

07.0213 半圆键 woodruff key

07.0214 楔键 taper key
矩形或方形剖面，宽度不变而厚度上有斜度的键。

07.0215 普通楔键 general taper key

07.0216 钩头楔键 gib head taper key

07.0217 切向键 tangential key

07.0218 鞍形键 saddle key

07.0219 花键 spline
轴和轮毂上有多个凸起和凹槽构成的周向连接件。

07.0220 矩形花键 rectangle spline
键齿两侧面为平行于通过轴线的径向平面的两平面的花键。

07.0221 渐开线花键 involute spline
齿形是渐开线的花键。

07.01.10 销

07.0222 销 pin
俗称"销子"。贯穿于两个零件孔中，主要用于定位，也可用于连接或作为安全装置中过载易剪断元件。

07.0223 圆柱销 cylindrical pin, straight pin, paraller pin

07.0224 普通圆柱销 general cylindrical pin

07.0225 螺纹圆柱销 cylindrical pin with external thread

07.0226 内螺纹圆柱销 cylindrical pin with internal thread

07.0227 弹性圆柱销 spring type straight pin, spring pin

07.0228 圆锥销 conical pin, taper pin

07.0229 普通圆锥销 general taper pin

07.0230 内螺纹圆锥销 taper pin with internal thread

07.0231 螺尾圆锥销 taper pin with external thread

07.0232 开尾圆锥销　taper pin with split

07.0233 槽销　grooved pin

07.0234 直槽销　straight grooved pin

07.0235 锥槽销　taper grooved pin

07.0236 圆头槽销　round head grooved pin

07.0237 沉头槽销　countersunk grooved pin

07.0238 销轴　clevis pin with head

07.0239 带孔销　pin with split pin hole

07.0240 开口销　cotter pin, split pin

07.0241 安全销　safety pin

07.0242 快卸销　quick release pin

07.01.11　铆　钉

07.0243 铆钉　rivet
一种金属制一端有帽的杆状零件，穿入被连接的构件后，在杆的外端打、压出另一头，将构件压紧、固定。

07.0244 半圆头铆钉　semi-round head rivet, button head rivet

07.0245 小半圆头铆钉　semi-round head rivet with small head

07.0246 平锥头铆钉　cone head rivet

07.0247 沉头铆钉　countersunk head rivet

07.0248 半沉头铆钉　oval countersunk head rivet

07.0249 扁圆头铆钉　flat round head rivet

07.0250 大扁圆头铆钉　truss head rivet

07.0251 平头铆钉　flat head rivet

07.0252 扁平头铆钉　thin head rivet

07.0253 半空心铆钉　semi-tubular rivet

07.0254 扁圆头半空心铆钉　oval head semi-tubular rivet

07.0255 大扁圆头半空心铆钉　truss head semi-tubular rivet

07.0256 平锥头半空心铆钉　cone head semi-tubular rivet

07.0257 沉头半空心铆钉　countersunk head semi-tubular rivet

07.0258 扁平头半空心铆钉　thin head semi-tubular rivet

07.0259 无头铆钉　headless rivet

07.0260 空心铆钉　tubular rivet

07.0261 管状铆钉　pipe type rivet

07.0262 标牌铆钉　rivets for rame plate

07.02 联 轴 器

07.0263 联轴器 coupling
联结两轴或轴与回转件，在传递运动和动力过程中一同回转，在正常情况下不脱开的一种装置。

07.0264 刚性联轴器 rigid coupling
由刚性传力件组成的联轴器。

07.0265 套筒联轴器 sleeve coupling
利用公用套筒以某种方式联结两轴的联轴器。

07.0266 凸缘联轴器 flange coupling
利用螺栓联结两半联轴器的凸缘以实现两轴联结的联轴器。

07.0267 夹壳联轴器 split coupling
利用两个沿轴向剖分的夹壳以某种方式夹紧实现两轴联结的联轴器。

07.0268 齿式联轴器 gear coupling
利用内外齿啮合以实现两半联轴器联结的联轴器。

07.0269 十字滑块联轴器 Oldham coupling
利用中间滑块在其两侧半联轴器端面的相应径向槽内滑动，以实现两半联轴器联结的联轴器。

07.0270 滑块联轴器 NZ claw type coupling
又称"NZ 爪型联轴器"。由两个各带双爪的联轴器和一个方形滑块组成的滑块联轴器。

07.0271 链条联轴器 chain coupling
利用公用链条同时与两个齿数相同的并列链轮啮合，以实现两半联轴器联结的联轴器。

07.0272 万向联轴器 universal joint
在角向、径向、轴向有较大位移时可传递转矩的联轴器。

07.0273 双万向联轴器 double universal joint
由两个单万向联轴器串联而成，在满足一定的条件下，其主、从动轴的角速度比等于1。

07.0274 十字轴式万向联轴器 universal coupling with spider
利用十字轴式的中间件以实现不同轴线间两轴联结的万向联轴器。

07.0275 球笼式同步万向联轴器 synchronizing universal coupling with ball and sacker
利用若干钢球置于分别与两轴联结的内外星轮槽内，以实现所联两轴转速同步的万向联轴器。

07.0276 弹性联轴器 resilient shaft coupling
利用弹性元件的弹性变形以补偿两轴相对位移、缓和冲击和吸收振动的联轴器。

07.0277 金属弹性元件联轴器 coupling with metallic elastic element
具有金属弹性元件的联轴器。

07.0278 簧片联轴器 flat spring coupling
利用若干簧片组按不同方式布置，以实现两半联轴器弹性连接的联轴器。

07.0279 蛇形弹簧联轴器 serpentine steel flex coupling
利用蛇形弹簧嵌在两半联轴器凸缘上的齿间内，以实现两半联轴器弹性连接的联轴器。

07.0280 波纹管联轴器 coupling with corrugated pipe
利用波纹管，以焊接或其他联结方式与两半联轴器联结，以实现两轴弹性连接的联轴器。

07.0281 牙嵌式联轴器 jaw and toothed coupling

柔轮与输出连接盘以矩形牙相嵌的联轴器。

07.0282 膜片联轴器 diaphragm coupling

利用薄弹簧片，以螺栓或其他联结方式与两半联轴器联结，以实现两轴弹性连接的联轴器。

07.0283 非金属弹性元件联轴器 coupling with non-metallic elastic element

具有非金属弹性元件的弹性联轴器。

07.0284 轮胎式联轴器 coupling with rubber type element

利用轮胎状橡胶元件，以螺栓与两半联轴器联结，以实现两轴弹性连接的联轴器。

07.0285 橡胶金属环联轴器 coupling with rubber metal ring

利用橡胶硫化黏结在金属上的圆环形组合件，以螺栓与两半联轴器联结，以实现两轴弹性连接的联轴器。

07.0286 橡胶套筒联轴器 coupling with rubber sleeve

利用套筒形橡胶元件联结两轴的弹性联轴器。

07.0287 橡胶块联轴器 coupling with rubber pads

利用若干块状橡胶元件嵌在两半联轴器的相应槽内，以实现两半联轴器弹性连接的联轴器。

07.0288 橡胶板联轴器 coupling with rubber plates

利用圆环形或其他形状的橡胶板，以螺栓交错地与两半联轴器弹性连接的联轴器。

07.0289 多角形橡胶联轴器 coupling with polygonal rubber element

利用含轴截面为圆形的多角环状橡胶元件，以螺栓交错地与两半联轴器弹性联接的联轴器。

07.0290 弹性套柱销联轴器 pin coupling with elastic sleeve

利用一端带有弹性套的柱销装在两半联轴器凸缘孔中，以实现两半联轴器弹性连接的联轴器。

07.0291 梅花形弹性联轴器 coupling with elastic spider

利用梅花形弹性元件置于两半联轴器凸爪之间，以实现两半联轴器弹性连接的联轴器。

07.0292 弹性柱销联轴器 elastic pin coupling

利用若干非金属材料制成的柱销置于两半联轴器凸缘的孔中，以实现两半联轴器弹性连接的联轴器。

07.0293 弹性柱销齿式联轴器 gear coupling with elastic pins

利用若干非金属材料制成的柱销置于两半联轴器与外环内表面之间的对合孔中，以实现两半联轴器连接的联轴器。

07.03 离 合 器

07.03.01 各种离合器

07.0294 离合器 clutch

主、从动部分在同轴线上传递动力或运动时，具有接合或分离功能的装置。

07.0295 操纵离合器 controlled clutch

必须通过操纵，接合元件才具有接合或分离功能的离合器。

07.0296 自控离合器 auto-controlled clutch
在主动部分或从动部分，某些性能参数变化达到规定限度时，接合元件具有自行接合或分离功能的离合器。

07.0297 机械离合器 mechanically controlled clutch
在机械机构直接作用下具有离合功能的离合器。

07.0298 电磁离合器 electromagnetic clutch
在电磁力作用下具有离合功能的离合器。

07.0299 液压离合器 hydraulically controlled clutch
在液体压力作用下具有离合功能的离合器。

07.0300 超越离合器 overrunning clutch
利用主、从动部分的速度变化或旋转方向的变换，具有自行离合功能的离合器。

07.0301 滚柱离合器 roller clutch
用滚柱和星轮、滚柱和外滚道组成摩擦副的超越离合器。

07.0302 楔块离合器 sprag clutch
用楔块和内、外滚道组成摩擦副的离合器。

07.0303 棘轮离合器 ratchet clutch
由棘轮、棘爪组成嵌合副的离合器。

07.0304 气压离合器 pneumatically controlled clutch
在气体压力作用下具有离合功能的离合器。

07.0305 离心离合器 centrifugal clutch
在离心体的离心力直接作用下具有离合功能的离合器。

07.0306 安全离合器 safety clutch
确保传递的转矩或转速不超过某限定值的离合器。

07.0307 弹性离合器 flexible clutch
具有弹性传递动力或运动作用，又有阻尼作用的离合器。

07.0308 刚性离合器 rigid clutch
具有刚性传递动力或运动作用，而无阻尼作用的离合器。

07.0309 单向离合器 one-way clutch
只能在一个旋转方向传递动力或运动的离合器。

07.0310 双向离合器 twin-direction clutch
能在正反两个旋转方向传递动力或运动的离合器。

07.0311 常开离合器 normally disengaged clutch
除去操纵力后处于分离状态的离合器。

07.0312 常合离合器 normally engaged clutch
除去操纵力后处于接合状态的离合器。

07.0313 同步离合器 synchro clutch
主、从动部分转速同步后自动接合，负转差时自动分离的离合器。

07.0314 双作用离合器 dual clutch
又称"双联离合器"。具有一个主动部分、两个从动部分的离合器。

07.0315 嵌合式离合器 positive clutch
主、从动部分的接合元件采用机械嵌合副的离合器。

07.0316 牙嵌离合器 jaw clutch
用爪牙状零件组成嵌合副的离合器。

07.0317 齿形离合器 toothed clutch

用内齿和外齿组成嵌合副的离合器。

07.0318 销式离合器 pin-type clutch
用销和销座零件组成嵌合副的离合器。

07.0319 键式离合器 key-type clutch
用键和键座零件组成嵌合副的离合器。

07.0320 摩擦式离合器 friction clutch
主、从动部分的接合元件采用摩擦副的离合器。

07.0321 片式离合器 disc clutch
又称"盘式离合器"。用圆环片的端平面组成摩擦副的离合器。

07.0322 圆锥离合器 cone clutch
用圆锥侧面组成摩擦副的离合器。

07.0323 摩擦块离合器 friction block clutch
又称"块式离合器"。用摩擦块端面与对偶件组成摩擦副的离合器。

07.0324 胀圈离合器 expansion ring clutch
用胀圈的外圆柱面与对偶件组成摩擦副的离合器。

07.0325 扭簧离合器 torsional spring clutch
用扭簧的内圆柱面与对偶件组成摩擦副的离合器。

07.0326 闸带离合器 brake-band clutch
用闸带的内圆柱面固定摩擦材料与对偶件组成摩擦副的离合器。

07.0327 闸块离合器 brake shoe clutch
用闸块的外圆面固定摩擦材料与对偶件组成摩擦副的离合器。

07.0328 鼓式离合器 drum clutch
用圆柱面作为摩擦副的离合器。

07.0329 隔膜离合器 diaphragm clutch
又称"膜片式离合器"。空气压力通过隔膜片施加到摩擦副上的离合器。

07.0330 气胎离合器 pneumatic tube clutch
又称"轮胎式离合器"。空气压力通过气胎施加到摩擦副上的离合器。

07.0331 磁粉离合器 magnetic powder clutch
主、从动部分间隙中充填磁粉，借助于磁粉间的结合力和磁粉与工作面之间的摩擦力传递动力或运动的离合器。

07.0332 干式离合器 dry clutch
接合元件在干摩擦条件下工作的离合器。

07.0333 湿式离合器 wet clutch
又称"浸油离合器"。接合元件在有润滑条件下工作的离合器。

07.0334 调速离合器 variable speed clutch
又称"油膜离合器"。主动部分转速恒定，从动部分的转速通过油膜作用可无级调速的离合器。

07.03.02　离合器主要零部件

07.0335 主动部件 driving part
与驱动件相连接，输入动力或运动的部件。

07.0336 从动部件 driven part
与被驱动件相连接，输出动力或运动的部件。

07.0337 接合机构 engaging mechanism
具有使接合元件产生接合动作的部件。

07.0338 分离机构 disengaging mechanism
具有使接合元件产生分离动作的部件。

07.0339 接合元件 engaging element
能实现主、从动部分离合功能的嵌合副或摩擦副。

07.0340 隔膜片 diaphragm
用耐油橡胶和特种纤维等制成的，具有弹性、起接合机构作用的零件。

07.0341 弹性部件 flexible assembly
弹性离合器中既有弹性传递动力或运动作用，又有阻尼作用的部件。

07.0342 [离合器]限位装置 [clutch]caging device
保证弹性部件的扭转角不超过某限定值的部件。

07.0343 支承盘 supporting plate
限制弹性部件的轴向移动距离并起支承作用的零件。

07.0344 滑移件 sliding component
沿螺旋花键做轴向滑移以操纵离合器的部件。

07.0345 磁轭 magnetic yoke
装有激磁线圈并和衔铁组成磁路的铁芯。

07.0346 衔铁 armature
与磁轭组成闭合磁路并可做轴向移动的铁芯。

07.0347 滚道 race
接合元件(滚柱与外圈或内圈)接触的圆柱表面。

07.0348 星轮 star wheel
具有星状的零件。

07.0349 楔块 sprag
工作面由多个圆弧面组成，与外圈接触的工作圆弧的圆心同与内圆接触的工作圆弧的

圆心有偏心距的异形块状零件。

07.0350 内片 inner plate
内圆周面与内传动件相嵌合，其端面同外片端面组成摩擦副的圆环片。

07.0351 外片 outer plate
外圆周面与外传动件相嵌合，其端面同内片端面组成摩擦副的圆环片。

07.0352 内传动件 inner driving medium
与内片嵌合在一起传递动力或运动的零件。

07.0353 外传动件 outer driving medium
与外片嵌合在一起传递动力或运动的零件。

07.0354 芯片 core plate
端面可与摩擦衬片和摩擦材料层做成一体的金属片或非金属片。

07.0355 摩擦衬片 friction facing
用摩擦材料制成的片状零件。

07.0356 摩擦片 friction plate
芯片和摩擦衬片或摩擦材料层组成的部件。

07.0357 对偶件 mating plate
端面同摩擦片组成摩擦副的金属件。

07.0358 承压盘 bearing disc
承受摩擦副推力的圆盘。

07.0359 压盘 pressure plate
对摩擦副施加压力的圆盘。

07.0360 压紧弹簧 pressure spring
压紧摩擦副、产生摩擦力的弹簧。

07.0361 回位弹簧 return spring
压紧力卸除后，使接合元件恢复到起始位置的弹簧。

07.0362 分离弹簧 release spring

离合器分离时，保证主、从动部件之间有一定间隙的弹簧。

07.0363 膜片弹簧 diaphragm spring

具有弯曲形状，起压紧摩擦副和分离机构作用的盘状弹簧。

07.0364 扭转弹簧 torsional spring

在扭簧离合器中依靠其弹性产生摩擦力以传递动力或运动的弹簧。

07.0365 胀圈 expansion ring

依靠其开胀弹性产生摩擦力以传递动力或运动的、带有缺口的金属圈。

07.0366 气胎 pneumatic tube

表面可固定摩擦元件，用橡胶和特制帘布等制成的具有弹性且能传递动力或运动的环形密封气囊。

07.0367 摩擦鼓部件 drum assembly

圆柱表面上固定有气胎和摩擦元件的圆筒件。

07.0368 鼓轮 drum

以圆柱面为摩擦工作面，同摩擦元件组成摩擦副的零件。

07.0369 内锥体部件 inner cone assembly

空心金属圆台外表面上固定有摩擦衬片或摩擦材料层，并与外锥体内表面组成摩擦副的部件。

07.0370 外锥体 outer cone part

等壁厚的空心圆台，其内表面与内锥体部件外表面组成摩擦副的零件。

07.0371 闸块 brake shoe

闸块离合器中，外圆柱面固定有摩擦材料的部件。

07.0372 磁粉 magnetic powder

呈球形或卵形并具有软磁性的耐热金属粉末（颗粒）。

07.0373 铜基摩擦片 copper base friction plate

以铜粉或铜合金粉为基体，添加适量的摩擦和润滑组元，采用粉末冶金工艺与芯片烧结制成的摩擦片。

07.0374 铁基摩擦片 iron base friction plate

以铁粉为基体，添加适量的摩擦和润滑组元，采用粉末冶金工艺与芯片烧结制成的摩擦片。

07.0375 喷涂摩擦片 spray-coated friction plate

采用热喷涂工艺将摩擦材料和芯片制成一体的摩擦片。

07.0376 碳基摩擦材料 carbon base friction material

以碳素粉末或碳纤维为基体，添加适量有机黏结剂及填料，采用热压成形工艺制成的摩擦材料。

07.0377 石棉摩擦材料 asbestos friction material

在石棉纤维中添加适当填料，以树脂为黏结剂，采用热压工艺制成的摩擦材料。

07.0378 碳-碳复合材料 carbon-carbon composite material

利用碳纤维（或碳布）采用反复碳化或气相沉积工艺制成的摩擦材料。

07.03.03　离合器性能参数

07.0379 接合过程 engaging process

操纵离合器后，使从动部分随主动部分运转

直至同步的过程。

07.0380　缓冲接合过程　buffer engaging process
操纵离合器后，为了减少冲击，使从动部分所传递的转矩缓慢地增加，并使其转速平稳缓慢地达到和主动部分同步运转的过程。

07.0381　分离过程　disengaging process
操纵离合器后，使从动部分与主动部分分离，产生异步运转直至从动部分完全分离的过程。

07.0382　接合时间　engaging time
接合过程所需要的时间。

07.0383　分离时间　disengaging time
分离过程所需要的时间。

07.0384　接合转速　engaging rotating speed
离合器主、从动部分开始接合时，主动部分的转速。

07.0385　接合频率　engaging frequency
离合器单位时间内的接合次数。

07.0386　楔角　locking angle
楔块与内圈和外圈两个接触点的公切线之间的夹角。

07.0387　撑角　strut angle
楔块与内圈和外圈两个接触点的连线同离合器中心到内接触点的半径线之间的夹角。

07.0388　外撑角　outer strut angle
楔块与内圈和外圈两个接触点的连线同离

合器中心到外接触点的半径线之间的夹角。

07.0389　滑差　slip
离合器的主动部分转速和从动部分转速之差。

07.0390　摩擦副数　number of friction pairs
摩擦副传递动力或运动时有效的摩擦接触副数。

07.0391　离合器负转差　negative speed difference of clutch
离合器的从动部分转速和主动部分转速之差。

07.0392　离合器带排转矩　drag torque of clutch, idle torque of clutch
又称"拖拽转矩""空转转矩"。在离合器分离状态下，从动轴上残存的转矩。

07.0393　静摩擦因数　coefficient of static friction
在静摩擦状态下，摩擦副的接触面上所产生的最大摩擦力与法向作用力(正压力)的比值。

07.0394　动摩擦因数　coefficient of sliding friction
在滑动摩擦状态下，摩擦副的接触面上所产生的最大摩擦力与法向作用力(正压力)的比值。

07.0395　衰退　degeneration
由接合过程或外界等因素造成摩擦副的性能变化而引起离合器工作能力下降的现象。

07.0396　恢复　recuperation
摩擦副出现衰退现象后，恢复正常工作性能的过程或现象。

07.04 制 动 器

07.04.01　各种制动器

07.0397　制动器　brake
具有使运动部件(或运动机械)减速、停止或保持停止状态等功能的装置。

07.0398　直接接触式制动器　direct contact brake
制动部件与运动部件(或运动机械)直接接触的制动器。

07.0399　非直接接触式制动器　non-direct contact brake
制动部件与运动部件(或运动机械)不直接接触的制动器。

07.0400　摩擦制动器　friction brake
制动部件与运动部件(或运动机械)构成摩擦副的制动器。

07.0401　非摩擦制动器　non-friction brake
制动部件与运动部件(或运动机械)不直接摩擦的制动器。

07.0402　常开制动器　normally disengaged brake
驱动部件停止工作时不具有制动功能的制动器。

07.0403　常闭制动器　normally engaged brake
驱动部件停止工作时具有制动功能的制动器。

07.0404　单向制动器　unidirectional brake
只在一个旋转方向上具有制动功能的制动器。

07.0405　双向制动器　bi-directional brake
在两个旋转方向(左转或右转)上都具有制动功能的制动器。

07.0406　干式制动器　dry brake
在干摩擦条件下工作的制动器。

07.0407　湿式制动器　wet brake
在有润滑条件下工作的制动器。

07.0408　液压制动器　hydraulically brake
借助液体压力的作用,产生(或消除)制动功能的制动器。

07.0409　气压制动器　pneumatically brake
借助气体压力的作用,产生(或消除)制动功能的制动器。

07.0410　电磁制动器　electromagnetic brake
借助电磁力的作用,产生(或消除)制动功能的制动器。

07.0411　惯性制动器　inertia brake
借助惯性力的作用,产生(或消除)制动功能的制动器。

07.0412　重力制动器　gravity brake
借助重力的作用,产生(或消除)制动功能的制动器。

07.0413　离心制动器　centrifugal brake
借助离心力的作用,产生(或消除)制动功能的制动器。

07.0414　机械制动器　mechanical brake
借助机械的作用,产生(或消除)制动功能的制动器。

07.0415　人力制动器　manual brake
借助人力的作用,产生(或消除)制动功能的制动器。

07.0416　自锁制动器　self-locking brake

借助运动部件(或运动机械)自重的作用产生(或消除)制动功能的制动器。

07.0417　牙嵌式制动器　jaw brake
制动部件与运动部件(或运动机械)直接接触构成嵌合副的制动器。

07.0418　鼓式制动器　drum brake
用圆柱面作为摩擦副接触面的制动器。

07.0419　带式制动器　band-brake
用制动带的内侧面作为摩擦副接触面的制动器。

07.0420　盘式制动器　disk brake
用圆盘的端面作为摩擦副接触面的制动器。

07.0421　钳盘式制动器　caliper disk brake
摩擦材料仅能覆盖制动盘工作表面一小部分的盘式制动器。

07.0422　固定钳盘式制动器　disk brake with fixed caliper
制动钳固定，在制动盘两侧均具有加压机构的钳盘式制动器。

07.0423　浮动钳盘式制动器　disk brake with floating caliper
仅在制动盘一侧设有加压机构的制动钳，借钳体本身的浮动对盘的另一侧产生压紧力的钳盘式制动器。

07.0424　全盘式制动器　complete disk brake
摩擦材料能覆盖制动盘全部工作表面的盘式制动器。

07.0425　多片盘式制动器　multiple disk brake
具有多个摩擦副的盘式制动器。

07.0426　圆锥制动器　cone brake
用圆锥面作为摩擦副接触面的制动器。

07.0427　块式制动器　block brake
又称"闸瓦制动器""闸块制动器"。用制动瓦总成内圆柱面作为摩擦副接触面的制动器。

07.0428　外抱式制动器　external contacting brake
又称"抱闸式制动器"。制动部件的内表面同运动部件(或运动机械)的外表面构成摩擦副的制动器。

07.0429　内胀式制动器　internal expanding brake
又称"胀闸式制动器"。制动部件的外表面同运动部件(或运动机械)的内表面构成摩擦副的制动器。

07.0430　楔块制动器　wedge brake
用楔块迫使制动部件同运动部件(或运动机械)接触(或分离)，产生(或消除)制动功能的制动器。

07.0431　凸轮制动器　cam brake
用凸轮迫使制动部件同运动部件(或运动机械)接触(或分离)，产生(或消除)制动功能的制动器。

07.0432　柱塞制动器　plunger brake
用柱塞迫使制动部件同运动部件(或运动机械)接触(或分离)，产生(或消除)制动功能的制动器。

07.0433　推杆制动器　pushrod brake
用推杆部件迫使制动部件同运动部件(或运动机械)接触(或分离)，产生(或消除)制动功能的制动器。

07.0434　单蹄制动器　one shoe brake
只有一个制动蹄的内胀式制动器。

07.0435　双蹄制动器　two shoe brake

具有对称均布的两个制动蹄的内胀式制动器。

07.0436 领蹄制动器 leading shoe brake
制动蹄为领蹄的鼓式制动器。

07.0437 从蹄制动器 trailing shoe brake
制动蹄为从蹄的鼓式制动器。

07.0438 气胎制动器 pneumatic tube brake
又称"罗管式制动器"。用气胎部件作为制动部件的鼓式制动器。

07.0439 磁粉制动器 magnetic powder brake
制动部件与运动部件借助于磁粉间的电磁吸力形成的磁粉链，同工作面之间的摩擦力产生制动功能的制动器。

07.0440 电磁涡流制动器 electromagnetic whirlpool brake
制动部件与运动部件借助于电磁感应产生的电涡流的作用而具有制动功能的制动器。

07.0441 磁滞制动器 magnetic remanence brake
制动部件与运动部件借助于磁滞的作用而具有制动功能的制动器。

07.0442 水涡流制动器 water whirlpool brake
制动部件与运动部件借助于水涡流的作用而具有制动功能的制动器。

07.0443 安全制动器 safety brake
当运动部件(或运动机械)传递的转矩或转速超过某限定值时，对运动部件(或运动机械)具有制动功能的制动器。

07.0444 缓速[制动]器 retarder
使运动中的机动车辆速度降低，但又不使之停止的制动装置，特别是在下坡时起缓速作用。电磁式缓速器(电力辅助制动器 electromagnetic retarder)属于其中的一种。

07.0445 行车制动器 service brake
用以使行驶中的运动机械减速或停驶的制动器。

07.0446 驻车制动器 parking brake
使停驶的运动机械(包含坡道停机)保持其静止的制动器。

07.04.02 制动器主要零部件

07.0447 制动衬片 brake lining
作为摩擦工作面，用摩擦材料制成起制动作用的片状零件。

07.0448 制动蹄 brake shoe
外圆柱面可与制动衬片或摩擦材料制成一体的零件。

07.0449 制动鼓 brake drum
以内圆柱面为摩擦工作面，同制动蹄总成组成摩擦副的零件。

07.0450 制动盘 brake disk
以端平面为摩擦工作面的圆盘形运动部件。

07.0451 制动钳 brake calliper
钳(形)体两内侧面装有摩擦块，同制动盘端面组成摩擦副的部件。

07.0452 制动钳板臂 brake calliper plate yoke
把驱动部件的作用力直接施加到制动钳部件和制动盘组成的摩擦副上的部件。

07.0453 制动臂 brake arm
外抱式制动器中，把驱动部件的作用力直接施加到制动部件和运动部件(或运动机械)

接触面上的部件。

07.0454 制动衬块 brake pad
把内圆柱面作为摩擦工作面，用摩擦材料制成的零件。

07.0455 制动瓦 shoes of brakes
同制动臂连接，内圆柱面上可安装制动衬块的零件。

07.0456 制动轮 brake wheel
以外圆柱面为摩擦工作面，同制动带组成摩擦副的零件。

07.0457 制动钢带 brake steel belt
一端固定在基体部件上，另一端采用可调联结固定在杠杆部件上，内侧面可安装制动衬带的零件。一般用钢制造。

07.0458 制动衬带 brake lining
安装在制动钢带内侧面，用摩擦材料制成的带状零件。

07.0459 制动带 brake belt
由制动钢带和制动衬带组成的部件。

07.0460 领蹄 leading shoe
又称"紧蹄"。制动蹄总成张开时的转动方向与制动鼓旋转方向相同。

07.0461 从蹄 trailing shoe
又称"松蹄"。制动蹄总成张开时的转动方向与制动鼓旋转方向相反。

07.0462 制动块 brake piece
安装在气胎外圆柱面上(或安装在制动钳部件中)，用摩擦材料制成的块状零件。

07.0463 外锥盘 external cone plate
金属圆台内表面与内锥盘部件外表面组成摩擦副的零件。

07.0464 制动气室 brake chamber
将气压力转换成机械力，通过制动臂或杆系使制动器动作的部件。

07.04.03 制动器性能参数

07.0465 制动力 braking force
制动部件与运动部件(或运动机械)间产生的直接迫使运动机械减速、停止的力。

07.0466 制动力矩 braking torque
制动部件与运动部件(或运动机械)间产生的直接迫使运动机械减速、停止的力矩。

07.0467 制动滞后 brake hysteresis
施加制动与放松制动的过程中，对应于某一相同的制动力矩的两作用力的差值。

07.0468 水平制动 level braking
仅制动运动部件(或运动机械)的惯性质量。

07.0469 垂直制动 vertical braking
运动机械被制动的有惯性质量和垂直载荷，而且以垂直载荷为主。

07.0470 有效制动距离 active braking distance
在有效工作时间内运动部件(或运动机械)运行的路程。

07.0471 有效工作时间 active working time
又称"有效制动时间"。常开制动器中，从制动力矩开始产生到制动力矩消失所经过的时间。常闭制动器中，从稳定制动力矩开始下降到制动力矩恢复到稳定制动力矩所经过的时间。

07.0472 制动器反应时间 reaction time of

brake

从驱动部件开始动作到制动部件开始产生(或开始消除)制动力矩所经过的时间。

07.0473 主工作时间 main working time

常开制动器中，制动力矩基本保持某一稳定值的时间。常闭制动器中，制动力矩等于零的时间。

07.0474 放松时间 release time

又称"释放时间"。驱动部件停止工作到制动力矩等于零所经过的时间。

07.0475 制动力矩增长时间 increasing time of brake torque

从制动力矩开始产生到制动力矩达到某一稳定值所经过的时间。

07.0476 总制动距离 total braking distance

在总工作时间内运动部件(或运动机械)运行的路程。

07.0477 总工作时间 total working time

又称"总制动时间"。制动器反应时间和有效工作时间之和。

07.0478 单位摩擦功 unit friction work

又称"单位制动功"。摩擦副在接合和制动过程中，单位表观面积上产生的摩擦功。

07.0479 单位摩擦功率 unit friction power

又称"滑摩功率""制动功率"。摩擦副在接合和制动过程，单位面积在单位时间内产生的摩擦功。

07.0480 许用摩擦功 allowable friction work

又称"许用滑摩功""许用制动功"。在接合和制动过程中，摩擦副允许的最大单位摩擦功。

07.0481 许用摩擦功率 allowable friction

power

又称"许用滑摩功率""许用制动功率"。在接合和制动过程中，摩擦副允许的最大单位摩擦功率。

07.0482 制动频率 braking frequency

单位时间内的制动次数。

07.0483 制动转速 braking rotational speed

开始制动时，运动部件(或运动机械)的转速。

07.0484 制动减速度 braking deceleration

由于制动部件的作用，运动部件在一定的时间内获得的减速度。

07.0485 平均制动减速度 mean braking deceleration

制动过程中的两个瞬时速度之差，与两个瞬时速度的时间间隔比值。

07.0486 热载荷值 thermic load value

离合器在滑动及制动器在制动过程中不断产生热量，热量的大小可用滑摩功和滑摩功率曲线表示。热载荷值即滑摩功与滑摩功率的乘积。

07.0487 许用热载荷值 allowable thermic load value

保证离合器制动器不会烧伤，允许的最大热载荷值。

07.0488 制动副数 number of braking pairs

制动过程中有效的接触摩擦副数。

07.0489 制动拖滞 braking drag

制动器放松不彻底或制动部件发胀引起的非制动作用期间的轻微制动现象。

07.0490 热衰退 heat fade

制动过程中，制动摩擦热的影响使制动效果衰减的现象。

07.0491 过恢复 over recovery
热衰退和油（或水）衰退现象消失后，制动效果高于衰退前的现象。

07.0492 制动颤振 brake chatter
制动过程中，制动器发生小振幅振动的现象。

07.0493 制动噪声 brake noise
制动过程中，制动器产生的噪声。

07.0494 制动跳动 braking hop
制动过程中，引起运动机械（或运动部件）跳动的现象。

07.0495 制动失效 braking failure
制动过程中，由于制动器某些零部件损坏或发生故障，运动部件（或运动机械）不能保持停止状态或不能按要求停止运动的现象。

07.0496 制动 NVH braking noise vibration harshness
制动时引发的噪声、振动及不平顺性。

07.0497 制动安全系数 braking safety coefficient
制动力矩大于负载力矩的倍数。

07.05 滑 动 轴 承

07.05.01 一 般 名 词

07.0498 轴承 bearing
用于确定旋转轴与其他零件相对运动位置，起支承或导向作用的零部件。

07.0499 滑动轴承 plain bearing
仅发生滑动摩擦的轴承。

07.05.02 滑动轴承形式

07.0500 整体式滑动轴承 solid bearing

07.0501 剖分式滑动轴承 split plain bearing

07.0502 滑动轴承系统 plain bearing unit
包括滑动轴承的摩擦学系统。

07.0503 径向滑动轴承 plain journal bearing
承受径向（垂直于旋转轴线）载荷的滑动轴承。

07.0504 止推滑动轴承 plain thrust bearing
承受轴向（沿着或平行于旋转轴线）载荷的滑动轴承。

07.0505 径向止推滑动轴承 thrust journal plain bearing
同时承受径向载荷和轴向载荷的滑动轴承。

07.0506 静载滑动轴承 steadily loaded plain bearing
承受大小和方向均不变的载荷的滑动轴承。

07.0507 动载滑动轴承 dynamically loaded plain bearing
承受大小和（或）方向变化的载荷的滑动轴承。

07.0508 动压轴承 hydrodynamic bearing
利用相对运动副表面的相对运动和几何形状，借助流体黏性把润滑剂带进摩擦面之间，依靠自然形成的流体压力油膜使运动副表面分开的润滑方法为流体动力润滑的一类轴承。

07.0509 静压轴承 hydrostatic bearing
在滑动轴承与轴颈表面之间输入高压润滑

剂以承受外载荷，使运动副表面分离的润滑方法为流体静力润滑的一类轴承。

07.0510 液体动压轴承 hydrodynamic bearing
在完全液体动力润滑状态下工作的滑动轴承。

07.0511 液体静压轴承 hydrostatic bearing
在液体静力润滑状态下工作的滑动轴承。

07.0512 气体动压轴承 aerodynamic bearing
在气体动力润滑状态下工作的滑动轴承。

07.0513 气体静压轴承 aerostatic bearing
在气体静力润滑状态下工作的滑动轴承。

07.0514 动静压混合轴承 hybrid bearing
既能在流体静力润滑状态下工作，又能在流体动力润滑状态下工作的滑动轴承，还能同时在流体静力润滑和流体动力润滑下工作的滑动轴承。

07.0515 固体润滑轴承 solid film lubricated bearing
用固体润滑剂润滑的滑动轴承。

07.0516 无润滑轴承 unlubricated bearing
工作前和工作时不加润滑剂的滑动轴承。

07.0517 自润滑轴承 self-lubricating bearing
用轴承材料、轴承材料成分或者固体润滑剂镀覆层做润滑剂的滑动轴承。

07.0518 多孔质轴承 porous bearing
用多孔性材料制成，其孔隙可充以润滑剂的滑动轴承，或其孔隙可作为节流器的流体静压轴承。

07.0519 磁力轴承 magnetic bearing
利用磁场力使轴悬浮的滑动轴承。

07.0520 静电轴承 electrostatic bearing
利用电场力使轴悬浮的滑动轴承。

07.0521 自位滑动轴承 plain self aligning-bearing
能相对于轴表面自行调整轴线位置的滑动轴承。

07.0522 浮环轴承 floating ring bearing
在轴和轴承之间有一浮动环的径向滑动轴承。

07.0523 瓦块轴承 pad bearing
支承面由若干瓦块组成的滑动轴承。

07.0524 可倾瓦块轴承 tilting pad bearing
支承面由若干瓦块组成，而各瓦块在流体动压作用下能相对于轴表面自行调整位置的滑动轴承。

07.0525 圆形滑动轴承 circular plain bearing
内孔各横截面均为圆形的滑动轴承。

07.0526 非圆滑动轴承 noncircular plain bearing
内孔横截面为非圆形的滑动轴承。

07.0527 椭圆轴承 elliptic bearing
具有椭圆工作表面的滑动轴承。

07.0528 单层滑动轴承 monolayer plain bearing
轴瓦仅由一层材料制成的滑动轴承。

07.0529 多层滑动轴承 multilayer plain bearing
轴瓦由几层不同材料制成的滑动轴承。

07.0530 多层金属轴承 multilayer metallic bearing
轴瓦由几层不同金属或合金制成的滑动轴承。

07.0531 粉末冶金轴承 powder metallurgy bearing

用粉末冶金材料制成的滑动轴承。

07.0532 塑料轴承 plastic bearing
用聚合物制成或具有聚合物衬层的滑动轴承。

07.0533 宝石轴承 jewel bearing
用金刚石、宝石等非金属硬质材料制成的滑动轴承。

07.0534 橡胶轴承 rubber bearing
用橡胶制成的滑动轴承。

07.0535 多楔滑动轴承 lobed plain bearing
滑动表面由多个斜面组成，在工作时沿其圆周形成若干流体动压楔的滑动轴承。

07.0536 多油楔轴承 multi-oil wedge bearing
轴瓦与轴颈间形成多个油楔的滑动轴承。

07.0537 多油叶轴承 bobed bearing
能双向回转，各油楔具有正向与反向收敛两个部分的多油楔轴承。

07.0538 挤压油膜轴承 squeeze oil film bearing
两滑动表面相对运动使润滑膜中产生沿旋转运动方向法向的压力，从而使旋转轴表面和轴承完全分离的滑动轴承。

07.05.03 滑动轴承组件的结构要素

07.0539 滑动表面 sliding surface
轴和轴承上发生滑动摩擦的表面。

07.0540 油环 oil ring
由旋转轴支撑或密封，用来传递润滑油到滑动轴承的环形片。

07.0541 止推环 thrust collar
被止推轴承支承而传递轴向载荷的轴环或固定在轴上的圆环。

07.0542 滑动轴承孔 plain bearing bore
与轴颈相配的径向滑动轴承内孔。

07.0543 滑动轴承座 plain bearing housing
用于装配滑动轴承的机架。

07.0544 滑动轴承座孔 plain bearing housing bore
轴承座中与轴瓦或轴套外表面相配的孔。

07.0545 [滑动轴承]轴套 [plain] bearing bush
径向滑动轴承中与轴颈相配的整体式管状元件。

07.0546 卷制轴套 bearing wrapped bush
用轴承材料或敷有轴承材料的钢带卷制而成的薄壁轴套。

07.0547 [滑动轴承]轴瓦 [plain] bearing liner
径向滑动轴承中与轴颈相配的对开式元件。

07.0548 翻边轴瓦 flanger bearing liner
一端或两端具有凸缘的轴瓦。

07.0549 翻边轴套 flanger bearing bush
一端或两端具有凸缘的轴套。

07.0550 轴瓦衬背 bearing liner backing
多层轴瓦或轴套上支持衬层而使轴承具有所需强度和(或)刚度的金属基体。

07.0551 轴承减摩层 bearing anti-friction layer
多层轴瓦或轴套的一层减摩材料。

07.0552 轴承磨合层 bearing running-in layer

为改善磨合性而敷于轴承减摩层上的一层材料。

07.0553 轴承衬 bearing liner
为了改善轴承的耐磨性、减磨性等性能，贴附在轴瓦表面的用轴承合金制成的薄层。

07.0554 瓦块 pad
组成瓦块轴承的承受载荷的元件。

07.0555 止推垫圈 thrust washer
为承受轴向载荷而通常与径向滑动轴承一起使用的环形板或两个半环形板。

07.0556 油槽 oil groove
滑动表面上供给和分布润滑油的沟槽。

07.0557 油孔 oil hole
滑动轴承上衬背与滑动表面之间用于供给和分布润滑油的孔。

07.0558 油道 oil duct

润滑油进入油孔的通道。

07.0559 油腔 oil recess, oil pocket
轴承滑动表面上用于贮油和分布油的凹槽。

07.0560 封油面 land
液体静压轴承和动静压轴承中环绕油腔的工作表面。

07.0561 [静压轴承]补偿器 compensator
流体静压轴承和动静压轴承中，利用节流器或恒流量阀使压力得到自动调节以适应载荷及其变化的器件。

07.0562 节流器 restrictor
定压供油或气的流体静压轴承中，置于进口前的流量自动调节器件。

07.0563 恒流量阀 constant flow valve
定量供油或气的流体静压轴承中，使各腔进油或气量保持某固定值的器件。

07.05.04 滑动轴承尺寸特性

07.0564 滑动轴承孔径 plain journal bearing inside diameter
径向滑动轴承内孔的直径。

07.0565 滑动轴承宽度 plain journal bearing width
轴瓦或轴套的轴向宽度。

07.0566 宽径比 width diameter ratio
滑动轴承宽度与孔径的比值。

07.0567 滑动轴承直径间隙 diametral clearance of plain journal bearing
滑动轴承孔直径与轴颈直径的差。

07.0568 滑动轴承半径间隙 radial clearance of plain journal bearing

滑动轴承孔半径与轴颈半径的差。

07.0569 滑动轴承轴向间隙 axial clearance of plain journal bearing
止推轴承中轴与轴承之间的最大可能窜动量。

07.0570 滑动轴承相对间隙 relative clearance of plain bearing
滑动轴承直径间隙与轴颈直径的比值，或半径间隙与轴颈半径的比值。

07.0571 轴瓦壁厚 bearing liner wall thickness
轴瓦在给定半径上内外表面之间的距离。

07.0572 轴套壁厚 bearing bush wall thickness

轴套在给定半径上内外表面之间的距离。

07.0573 轴承减摩层厚度 bearing material layer thickness
轴承衬背上的一层减摩材料厚度。

07.0574 轴瓦半圆周长 half peripheral length of bearing liner
轴瓦外表面的周向长度。

07.0575 测量高出度 nip, crush
在预定的试验载荷下，将轴瓦压入检验座孔时轴瓦超过检验座孔半圆周长的尺寸。

07.0576 轴瓦对口面平行度 inclination of bearing parting face
沿轴瓦轴向全长量得的轴瓦对口面与检验座对口面的不平行偏差值。

07.0577 自由弹张量 free spread
轴瓦自由状态下在对口面处外径与轴承座孔直径的差。

07.0578 轴瓦[瓦口]削薄量 bearing bore relief
轴瓦对口面处内表面的壁厚削薄量。

07.05.05　滑动轴承材料及其性能

07.0579 磨合性 running-in ability
轴承材料在特定轴的材料以及特定润滑剂下，经初期磨合后，保证低摩擦、高耐磨性和抗咬合的性能。

07.0580 结合能力 bonding
衬层材料同衬背材料结合成具有足够结合强度的轴承的性能。

07.0581 抗咬黏性 seizure
摩擦学系统中轴承材料的抗咬黏性能。

07.0582 温度稳定性 temperature stability
轴承材料在很宽的温度范围之内都能保持所需性能的能力。

07.0583 轴瓦贴合度 bedding degree of bearing liner
轴瓦外表面与轴承座或检验座内表面的实际接触面积与名义接触面积的比值。

07.0584 减摩轴承材料 anti-friction bearing material
具有滑动轴承所需的减摩特性的材料。

07.0585 烧结轴承材料 sintered bearing material
烧结工艺制成的轴承材料。

07.0586 复合轴承材料 composite bearing material
由不同组分(金属、塑料、固体润滑剂)合成的轴承材料。

07.0587 自润滑轴承材料 self-lubricating bearing material
不外加润滑剂而呈现低摩擦因数的轴承固体材料。

07.0588 [摩擦]顺应性 frictional conformability
轴承材料靠表层的弹塑性变形来补偿滑动表面初始配合不良的性能。

07.0589 嵌入性 embeddability
轴承材料容许硬质颗粒嵌入而减轻刮伤或磨粒磨损的性能。

07.0590 抗疲劳性 fatigue resistance
轴承材料抵抗疲劳破坏的性能。

07.0591　[滑动轴承]滑动速度　sliding velocity
两个物体相对滑动时其接触点上的切向速度之差。

07.0592　轴承径向载荷　bearing radial load
沿滑动轴承轴线垂直方向作用的载荷。

07.0593　轴承轴向载荷　bearing axial load
沿滑动轴承轴线方向作用的载荷。

07.0594　轴承润滑油流量　oil flow in bearing
单位时间由轴承流出的润滑油总量。

07.0595　轴承旋转阻转矩　bearing torque resistance
轴与轴承做相对旋转时旋转件和润滑膜界面上各点的切向力与其旋转半径之乘积的总和。

07.0596　轴心轨迹　orbit of axle center
轴颈旋转中心相对于轴承中心的运动轨迹。

07.0597　[滑动轴承]压缩数　compressibility number
气体轴承计算中表示气体压缩效应对轴承性能影响程度而用的一个无量纲参数。

07.0598　磨损度　wear intensity
实际磨损量与规定的允许磨损量之比值。

07.0599　轴承承载能力　bearing load carrying capacity
滑动轴承正常运转时所能承受的最大载荷。

07.0600　轴承连心线　bearing center line
轴颈中心和轴承中心的连线。

07.0601　[滑动轴承]偏心距　eccentricity
轴颈中心对径向滑动轴承内孔中心的径向偏移量。

07.0602　偏心率　relative eccentricity
偏心距与半径间隙的比值。

07.0603　偏位角　attitude angle
轴承连心线与载荷方向的夹角。

07.0604　载荷角　load angle
载荷方向与固定坐标极轴的夹角。

07.0605　楔效应　wedge effect
黏性流体按收敛方向流入楔形间隙而产生压力的效应。

07.0606　压缩效应　compression effect
气体轴承中气体从大间隙流入小间隙时受到压缩而引起压力升高的效应。

07.0607　轴承投影面积　bearing projected area
滑动轴承工作表面沿载荷方向投影得到的面积。

07.0608　轴承压强　bearing mean specific load
滑动轴承载荷与投影面积的比值。

07.0609　衬背材料　backing material
用于制造轴承衬背的材料。

07.0610　扩散效应　diffusion effect
气体轴承中气体在节流孔周围发散性地流出而引起气膜压力分布畸变的效应。

07.0611　临界油膜厚度　oil film critical thickness
保证把轴与轴承滑动表面完全隔开的油膜厚度最小容许值。

07.0612　临界气膜厚度　gas film critical thickness
保证把轴与轴承滑动表面完全隔开的气膜厚度最小容许值。

07.0613 最小油膜厚度 minimum oil film thickness

在某一瞬时的油膜厚度最小值。

07.0614 最小气膜厚度 minimum gas film thickness

在某一瞬时的气膜厚度最小值。

07.0615 油膜刚度 oil film stiffness

油膜承载力对偏心距的导数，即油膜承载力增量与偏心距增量的比值。

07.0616 气膜刚度 gas film stiffness

气膜承载力对偏心距的导数，即气膜承载力增量与偏心距增量的比值。

07.0617 气膜振荡 gas whirl

气体滑动轴承运转时出现的失稳现象。

07.06 滚 动 轴 承

07.06.01 一 般 名 词

07.0618 滚动轴承 rolling bearing

在承受载荷和彼此相对运动的零件间有滚动体做滚动运动的轴承。

07.06.02 各种滚动轴承

07.0619 单列轴承 single row bearing

沿圆周有一列滚动体的滚动轴承。

07.0620 双列轴承 double row bearing

沿圆周有两列滚动体的滚动轴承。

07.0621 多列轴承 multi row bearing

沿圆周有多于两列的滚动体，承受同一方向载荷的滚动轴承。

07.0622 满装滚动体轴承 full complement bearing

无保持架的轴承，每列滚动体周向间的间隙总和小于滚动体直径并尽可能小，用使轴承有良好的性能。

07.0623 角接触轴承 angular contact bearing

公称接触角大于 0°，并小于 90° 的滚动轴承。

07.0624 刚性轴承 rigid bearing

能阻抗滚道间轴心线不准位的轴承。

07.0625 调心轴承 self-aligning bearing

一滚道是球面形的，能对两滚道轴心线间的角偏差及角运动作适应性自调整的滚动轴承。

07.0626 外调心轴承 external aligning bearing

利用与调心外座圈、调心座垫圈或座表面相配的套圈或垫圈的球形面，对其轴心线与轴承座轴心线间的角偏差作适应性调整的滚动轴承。

07.0627 剖分轴承 split bearing

套圈及保持架作径向剖开的滚动轴承。

07.0628 米制轴承 metric bearing

外形尺寸及公差用米制计量单位表示的滚动轴承。

07.0629 英制轴承 inch bearing

外形尺寸及公差用英制计量单位表示的滚动轴承。

07.0630 开型轴承 open bearing

无防尘盖或无密封圈的滚动轴承。

07.0631 密封圈轴承 sealed bearing
一面或两面装有密封圈的滚动轴承。

07.0632 防尘盖轴承 shielded bearing
一面或两面装有防尘盖的滚动轴承。

07.0633 闭型轴承 capped bearing
带有密封圈或防尘盖的滚动轴承。

07.0634 预润滑轴承 prelubricated bearing
制造厂已经填充润滑剂的滚动轴承。

07.0635 飞机机架轴承 airframe bearing
用于飞机机架(飞机控制表面、襟翼、门以及各自的机构)的滚动轴承。大多数为满装滚动体轴承,且其基本圆柱内孔和外表面密封隔离。

07.0636 铁路轴箱轴承 railway axle box bearing
铁路轴箱专用的滚动轴承。

07.0637 仪器精密轴承 instrument precision bearing
精密仪器专用的滚动轴承。

07.0638 组配轴承 matched bearing
配成一对或一组的滚动轴承。

07.0639 向心轴承 radial bearing
主要用于承受径向载荷的滚动轴承,其公称接触角在 0°到 45°范围内。

07.0640 径向接触轴承 radial contact bearing
公称接触角为 0°的向心轴承。

07.0641 向心角接触轴承 angular contact radial bearing
公称接触角在 0°到 45°之间的向心轴承。

07.0642 外球面轴承 insert bearing

有外球面和带锁紧件的宽内圈向心轴承。

07.0643 锥孔轴承 tapered bore bearing
内圈有锥孔的向心轴承。

07.0644 凸缘轴承 flanged bearing
在其一个套圈(一般是外圈或圆锥外圈)上有外径向凸缘的向心轴承。

07.0645 滚轮[滚动]轴承 track roller [rolling] bearing
有厚截面外圈的向心轴承,可作为轮子在导轨上滚动。

07.0646 万能组配轴承 universal matching bearing
任意选择两套或多套相同的向心轴承进行任意组配使用,都可以得到预先对成对或成组安装所规定特性的轴承。

07.0647 推力轴承 thrust bearing
主要用于承受轴向载荷的滚动轴承,其公称接触角在 45°到 90°之间。

07.0648 轴向接触轴承 axial contact bearing
公称接触角为 90°的推力轴承。

07.0649 角接触推力轴承 angular contact thrust bearing
公称接触角大于 45°但小于 90°的推力轴承。

07.0650 单向推力轴承 single direction thrust bearing
只能在一个方向承受轴向载荷的推力轴承。

07.0651 双向推力轴承 double direction thrust bearing
可以两个方向承受轴向载荷的推力轴承。

07.0652 直线[运动]轴承 linear [motion] bearing

两滚道在滚动方向上有相对直线运动的滚动轴承。

07.0653 循环球[滚子]直线轴承 recirculating ball [roller] linear bearing
有循环球[滚子]的直线运动滚动轴承。

07.0654 球轴承 ball bearing
滚动体是球的滚动轴承。

07.0655 向心球轴承 radial ball bearing
滚动体是球的向心轴承。

07.0656 沟型球轴承 groove ball bearing
滚道是沟型的向心球轴承，沟的横截面圆弧半径略大于球的半径。

07.0657 深沟球轴承 deep groove ball bearing
每个套圈均具有横截面大约为球的周长三分之一的连续沟型滚道的向心球轴承。

07.0658 锁口球轴承 counterbore ball bearing
去掉内圈或外圈的一个挡边，用可防止轴承散开的锁口代替的沟型球轴承。

07.0659 装填槽球轴承 filling slot bearing
在沟型球轴承每个套圈的一个挡边上有装填球槽的轴承。

07.0660 磁电机球轴承 magneto ball bearing
外圈只有一侧挡边，且外圈可分离的径向接触沟型球轴承。内径为4~20mm的小型轴承，一般用于小型发电机、回转仪、计量仪器等。

07.0661 三点接触球轴承 three point contact ball bearing
对于单列角接触球轴承，当受纯径向载荷时，每个受载荷的球与一沟道有两点接触，而与另一沟道有一点接触。受纯轴向载荷时，每个球与每一沟道只有一点接触。

07.0662 四点接触球轴承 four point contact ball bearing
对于单列角接触球轴承，当受纯径向载荷时，每个受载荷的球与两个沟道各有两点接触，而受纯轴向载荷时，各有一点接触。

07.0663 推力球轴承 thrust ball bearing
滚动体是球的推力轴承。

07.0664 双列单向推力球轴承 double row single direction thrust ball bearing
具有双列球的同心滚道且承受相同方向载荷的单向推力球轴承。

07.0665 滚子轴承 roller bearing
滚动体是滚子的滚动轴承。

07.0666 向心滚子轴承 radial roller bearing
滚动体是滚子的向心轴承。

07.0667 圆柱滚子轴承 cylindrical roller bearing
滚动体是圆柱滚子的滚动轴承。

07.0668 圆锥滚子轴承 tapered roller bearing
滚动体是圆锥滚子的滚动轴承。

07.0669 滚针轴承 needle roller bearing
滚动体是滚针的向心轴承。

07.0670 冲压外圈滚针轴承 drawn cup needle roller bearing
外圈由薄钢板精密冲压成形的向心滚针轴承，结构空间小，且具有较大负荷容量，可一端封口或两端开口。

07.0671 调心滚子轴承 spherical roller bearing
滚动体是球面滚子的向心轴承。

07.0672 交叉滚子轴承 crossed roller bearing

有一列滚子的角接触滚动轴承，相邻滚子交叉成十字配置，以使一半滚子(相间配置)承受一个方向的轴向载荷，而相反方向的轴向载荷由另一半滚子承受。

07.0673 推力滚子轴承 thrust roller bearing
滚动体是滚子的推力轴承。

07.0674 推力圆柱滚子轴承 cylindrical roller thrust bearing
滚动体是圆柱滚子的推力轴承。

07.0675 推力圆锥滚子轴承 tapered roller thrust bearing
滚动体是圆锥滚子的推力轴承。

07.0676 推力滚针轴承 needle roller thrust bearing
滚动体是滚针的推力轴承。

07.0677 推力调心滚子轴承 spherical thrust roller bearing
滚动体是球面滚子的推力调心滚动轴承。

07.06.03 滚动轴承零件

07.0678 轴承套圈 bearing ring
具有一个或几个滚道的向心轴承的环形零件。

07.0679 内圈 inner ring
滚道在外表面的轴承套圈。

07.0680 外圈 outer ring
滚道在内表面的轴承套圈。

07.0681 轴承垫圈 bearing washer
具有一个或几个滚道的推力轴承的环形零件。

07.0682 轴圈 shaft washer
安装在轴上的轴承垫圈。

07.0683 座圈 housing washer
安装在座内的轴承垫圈。

07.0684 中圈 central washer
两面均有滚道的轴承垫圈。

07.0685 平挡圈 loose rib
一个可分离的基本上是平的垫圈，以其无装配倒角的端面作为向心圆柱滚子轴承外圈或内圈的一个挡边。

07.0686 斜挡圈 separate thrust collar

一个可分离的有"L"形截面的圈，以其带大内径的端面作为向心圆柱滚子轴承内圈的一个挡边。

07.0687 中挡圈 guide ring
在具有两列或多列滚子的滚子轴承内的一个可分离的圈，用于隔离各列滚子并引导滚子。

07.0688 止动环 locating snap ring
具有恒定截面的单口环，装在环形沟里，使滚动轴承在外壳内或轴上进行轴向定位。

07.0689 锁圈 retaining snap ring
具有恒定截面的单口环，装在环形沟里，作为挡圈将滚子或保持架限定在轴承内。

07.0690 隔圈 spacer [ring]
是环形零件，用以保持两个轴承套圈或轴承垫圈之间规定的轴向距离的环形圈。

07.0691 密封圈 sealing ring
由一个或几个零件组成的环形罩，固定在轴承的一个套圈或垫圈上并与另一套圈或垫圈接触或形成窄的迷宫间隙，防止润滑油漏出及外物侵入。

07.0692 防尘盖 [bearing] shield

通常由薄金属板冲压而成的环形罩，固定在轴承一个套圈或垫圈上，遮住轴承内部空间，但不与另一套圈或垫圈接触。

07.0693 护圈 flinger
附在内圈或轴圈上的一个零件，利用离心力以增强滚动轴承防止外物侵入的能力。

07.0694 滚动体 rolling element
在滚道间滚动的球、滚子或滚针。

07.0695 球 ball
球形滚动体。

07.0696 滚子 roller
有对称轴并在垂直其轴心的任一平面内的横截面均呈圆形的滚动体。

07.0697 滚针 needle roller
长度与直径之比率大于2.5的小直径圆柱滚子。

07.0698 保持架 cage
部分地包裹全部或部分滚动体，并随之运动的轴承零件，用以隔离滚动体，通常还引导滚动体并将其保持在轴承内。

07.0699 隔离件 [rolling element] separator
位于相邻的滚动体之间并随之运动的轴承零件，用于隔离滚动体。

07.0700 [滚动轴承]滚道 raceway
滚动轴承承载部分的表面，适于作为滚动体的滚动轨道。

07.0701 挡边 rib
平行于滚动方向并突出滚道表面的窄凸肩，用于支承和引导滚动体并使其保持在轴承内。

07.0702 装填槽 filling slot
在轴承套圈或轴承垫圈的挡边或沟肩上用于装入滚动体的槽。

07.06.04 滚动轴承配置及分部件

07.0703 成对安装 paired mounting
两套同一规格的滚动轴承端面对端面地安装在同一轴上的一种安装方式，工作时可将其视为一个整体，轴承可以背对背、面对面或串联式安装。

07.0704 组合安装 stack mounting
三套或更多套滚动轴承端面对端面地安装在同一轴上的一种安装方式，工作时可将其视为一个整体。

07.0705 背对背配置 back-to-back arrangement
两套滚动轴承相邻外圈的受载端面相对的安装方式。

07.0706 面对面配置 face-to-face arrangement
两套滚动轴承相邻外圈的前面对前面的安装方式。

07.0707 串联配置 tandem arrangement
两套或多套滚动轴承相邻外圈以受载端面对非受载端面的串接安装方式。

07.0708 分部件 sub-unit
可以自由地从轴承上分离下来的组件。

07.0709 可互换分部件 interchangeable sub-unit
可由同组的其他分部件替换而不影响轴承功能的分部件。

07.0710 圆锥内圈组件 cone assembly
由一个圆锥内圈、圆锥滚子组和保持架组成的分部件。

07.0711 无内圈滚针轴承 needle roller bearing without inner ring
由一个外圈、滚针组和保持架组成的分部件。

07.0712 外形尺寸 [bearing] boundary dimension
限定轴承外形的一种尺寸。基本外形尺寸为内径、外径、宽度(或高度)及倒角尺寸。

07.0713 尺寸方案 dimension plan
包括滚动轴承外形尺寸的系统或表。

07.0714 轴承系列 bearing series
具有逐渐增加的尺寸,在大多数情况下有相同的接触角且外形尺寸之间有一定关系的一组特定类型的滚动轴承。

07.0715 尺寸系列 dimension series
宽度系列或高度系列与直径系列的组合。对于圆锥滚子轴承,还包括角度系列。

07.0716 直径系列 diameter series
轴承外径的递增系列,每一标准轴承内径有一外径系列,而且两直径之间经常有一特定关系。

07.0717 宽度系列 width series
轴承宽度的递增系列,每一直径系列的每一轴承内径有一宽度系列。

07.0718 高度系列 height series
轴承高度的递增系列,每一直径系列的每一轴承内径有一高度系列。

07.0719 角度系列 angle series
接触角的特定范围。

07.0720 轴承内径 bearing bore diameter
向心轴承的内圈内径或推力轴承的轴圈内径。

07.0721 轴承外径 bearing outside diameter
向心轴承的外圈外径或推力轴承的座圈外径。

07.0722 轴承宽度 bearing width
限定向心轴承宽度的两个套圈端面之间的轴向距离。对于单列圆锥滚子轴承是指外圈背面与内圈背面之间的轴向距离。

07.0723 径向倒角尺寸 radial chamfer dimension
套圈或垫圈的假想尖角到套圈或垫圈的端面与倒角表面交线间的距离。

07.0724 轴向倒角尺寸 axial chamfer dimension
套圈或垫圈的假想尖角到套圈或垫圈的内孔或外表面与倒角表面交线间的距离。

07.0725 凸缘宽度 flange width
凸缘两端面之间的距离。

07.0726 凸缘高度 flange height
凸缘的径向尺寸。外凸缘的高度是凸缘外表面与外圈外表面之间的径向距离。

07.0727 止动环槽直径 snap ring groove diameter
止动环槽的圆柱表面的直径。

07.0728 止动环槽宽度 snap ring groove width
止动环槽两端面间的轴向距离。

07.0729 止动环槽深度 snap ring groove depth
止动环槽的圆柱表面与外圆柱表面之间的径向距离。

07.0730 调心表面半径 aligning surface radius

调心座圈、调心座垫圈、调心外圈或调心外座圈的球形表面的曲率半径。

07.0731 调心表面中心高度 aligning surface center height

推力轴承的调心座圈的球形背面的曲率中心与相对的轴圈背面之间的轴向距离。

07.0732 接触角 contact angle

垂直于轴承轴线的平面与经轴承套圈或垫圈传递给滚动体的合力作用线之间的夹角。

07.0733 载荷中心 load centre

经套圈或垫圈传递给一列滚动体的合力与轴承轴线的交点。

07.0734 公称接触点 nominal contact point

轴承零件处于正常相对位置时，滚道表面上滚动体与之接触的点。

07.06.06　滚动轴承与公差关联的尺寸

07.0735 滚道接触直径 raceway contact diameter

在滚道上通过名义接触点的圆的直径。

07.0736 滚道中部 middle raceway

滚道表面上，滚道两边缘间的中点或中线。

07.0737 圆锥外圈小内径 cup small inside diameter

与外圈滚道在公称接触点相切的内接圆锥体与外圈背面相交的假想圆直径。

07.0738 圆锥外圈角 cup angle

在包含圆锥外圈轴心线的平面内，与外圈滚道在公称接触点相切的两条线间的夹角。对于无前端面挡边的圆锥外圈，该角度等于轴承接触角的两倍。

07.0739 套圈宽度 ring width

滚动轴承套圈两端面之间的轴向距离。

07.0740 垫圈高度 washer height

滚动轴承垫圈两最外端面间的轴向距离。

07.0741 球直径 ball diameter

与球表面相切的两平行平面间的距离。

07.0742 球批 ball lot

假定制造条件相同并可视为一整体的一定数量的球。

07.0743 球等级 ball grade

球的尺寸、形状、表面粗糙度及分组公差的特定组合。

07.0744 球规值 ball gauge

球批平均直径与球公称直径之间的微小差量，此量为一确定系列中的量。

07.0745 [圆柱]滚子直径 roller diameter

在垂直于滚子轴心线的平面内，与滚子表面相切的彼此平行的两条切线之间的距离。

07.0746 滚子长度 roller length

包含滚子末端在内的两径向平面间的距离。

07.0747 滚子规值 roller gauge

在规定的同一径向平面内，由单一平面滚子平均直径偏离滚子公称直径的上偏差和下偏差所限定的直径偏差范围。

07.0748 滚子等级 roller grade

滚子尺寸、形状、表面粗糙度及分组公差的特定组合。

07.0749 球组节圆直径 pitch diameter of ball

set

轴承内一列球的球心组成的圆的直径。

07.0750 滚子组节圆直径 pitch diameter of roller set

轴承内一列滚子的中部，贯穿滚子轴心线的圆的直径。

07.0751 球组内径 ball set bore diameter

轴承内一列球的内接圆柱体的直径。

07.0752 球组外径 ball set outside diameter

轴承内一列球的外接圆柱孔的直径。

07.0753 滚子组内径 roller set bore diameter

径向接触滚子轴承内，一列滚子的内接圆柱体的直径。

07.0754 滚子组外径 roller set outside diameter

径向接触滚子轴承内，一列滚子的外接圆柱孔的直径。

07.0755 球总体内径 ball complement bore diameter

在向心球轴承内，所有球的内接圆柱体的直径。

07.0756 球总体外径 ball complement outside diameter

在向心球轴承内，所有球的外接圆柱孔的直径。

07.0757 滚子总体内径 roller complement bore diameter

在径向接触滚子轴承内，所有滚子的内接圆柱体的直径。

07.0758 滚子总体外径 roller complement outside diameter

在径向接触滚子轴承内，所有滚子的外接圆柱孔的直径。

07.0759 径向游隙 radial internal clearance

在不同角度方向，不承受任何外载荷，一套圈相对另一套圈从一个径向偏心极限位置移到相反的极限位置的径向距离的算术平均值。

07.0760 轴向游隙 axial internal clearance

不承受任何外载荷，一套圈或垫圈相对于另一套圈或垫圈从一个轴向极限位置移到相反的极限位置的轴向距离的算术平均值。

07.06.07 滚动轴承力矩、载荷及寿命

07.0761 启动转矩 starting torque

使一轴承套圈或垫圈相对于另一固定的套圈或垫圈开始旋转所需的力矩。

07.0762 旋转转矩 running torque

当一个轴承套圈或垫圈旋转时，阻止另一套圈或垫圈运动所需的力矩。

07.0763 径向载荷 radial load

作用方向垂直于轴承轴心线的载荷。

07.0764 轴向载荷 axial load

作用方向平行于轴承轴心线的载荷。

07.0765 中心轴向载荷 centric axial load

载荷作用线与轴承轴心线相重合的轴向载荷。

07.0766 轴承静载荷 static load

轴承套圈或垫圈彼此相对旋转速度为零时或滚动元件沿滚动方向无运动时，作用在轴承上的载荷。

07.0767 轴承动载荷 dynamic load

轴承套圈或垫圈彼此相对旋转时或滚动元件间沿滚动方向运动时，作用在轴承上的载荷。

07.0768 摆动载荷 oscillating load

载荷作用线相对于轴承的一个或两个套圈或垫圈，以小于 2π 弧度的角连续往复摆动的载荷。

07.0769 变载荷 fluctuating load
大小或方向随时间变化的载荷。

07.0770 预载荷 preload
在施加"使用"载荷(外部载荷)前，通过相对于另一轴承的轴向调整而作用在轴承上的力，或由轴承内滚道与滚动体的尺寸形成"负游隙"(内部预载荷)而产生的力。

07.0771 当量载荷 equivalent load
轴承的理论计算载荷，在特定的场合，轴承在该理论载荷作用下如同承受了实际载荷。

07.0772 平均有效载荷 mean effective load
恒定的平均载荷，在该载荷作用下，滚动轴承的寿命与在实际载荷条件下的轴承寿命相同。

07.0773 基本额定静载荷 basic static load rating
轴承最大载荷滚动体和滚道接触中心处产生与计算接触应力相当的假想径向载荷或中心轴向静载荷。

07.0774 基本额定动载荷 basic dynamic load rating
基本额定寿命为一百万转时滚动轴承所能承受的恒定载荷。

07.0775 轴承寿命 bearing life
轴承的一个套圈或垫圈或一个滚动体的材料上出现第一个疲劳扩展迹象之前，一个套圈或垫圈相对于另一个套圈或垫圈旋转的转数，或某一转速下的工作小时数。

07.0776 中值寿命 median life
在同一条件下运转的一组近于相同的滚动

轴承的 50%达到或超过的寿命。

07.0777 额定寿命 rating life
以径向基本额定动载荷或轴向基本额定动载荷为基础的寿命的预测值。

07.0778 基本额定寿命 basic rating life
与 90%可靠度关联的额定寿命。

07.0779 修正额定寿命 adjusted rating life
为了修正除 90%以外的可靠度、非惯用的材料特性或非常规的运转条件而采用的基本额定寿命。

07.0780 中值额定寿命 median rating life
与 50%可靠度关联的额定寿命，即以径向基本额定动载荷或轴向基本额定动载荷为基础的预测中值寿命。

07.0781 径向载荷系数 radial load factor
计算当量载荷时，用于径向载荷的修正系数。

07.0782 轴向载荷系数 axial load factor
计算当量载荷时，用于轴向载荷的修正系数。

07.0783 寿命系数 life factor
为了得到与给定额定寿命相应的径向基本额定动载荷或轴向基本额定动载荷，适用于当量动载荷的修正系数。

07.0784 速度系数 speed factor
为了得到在不同的速度下与相同的额定寿命相应的额定载荷，适用于给定的额定寿命相应的径向基本额定动载荷或轴向基本额定动载荷的修正系数，该额定寿命用在一定的旋转速度下的运转小时数来表示。

07.0785 [额定]寿命修正系数 life adjustment factor
为了得到修正额定寿命而用于额定寿命的修正系数。

07.06.08 其 他

07.0786 轴承座 bearing housing
安装轴承的部件。环绕轴承且有一个与轴承外圈或座圈的外表面匹配的内表面。

07.0787 偏心套 eccentric locking collar
一端有相对内孔偏心的凹槽,安装在外球面轴承内圈等偏心伸长端上的钢圈。内圈旋转偏心套将内圈固紧,然后以紧定螺丝固定在轴上。

07.0788 同心套 concentric locking collar
安装在外球面轴承宽内圈上的钢圈。有平头螺丝旋入内圈上的孔内与轴接触。

07.07 机 械 密 封

07.07.01 各种机械密封

07.0789 机械密封 mechanical seal
由至少一对垂直于旋转轴线的端面在流体压力和补偿机构弹力(或磁力)的作用以及辅助密封的配合下,保持端面贴合并相对滑动而构成的防止流体泄漏的装置。

07.0790 流体动压式机械密封 hydrodynamic mechanical seal
密封端面设计成特殊的几何形状,利用相对旋转自行产生流体动压效应的机械密封。

07.0791 流体静压式机械密封 hydrostatic mechanical seal
密封端面设计成特殊的几何形状,利用外部引入的压力流体或被密封介质本身通过密封界面的压力降产生流体静压效应的机械密封。

07.0792 非接触式密封 non-contacting mechanical seal
靠流体静压或动压作用,在密封端面间充满一层完整的流体膜,迫使密封端面彼此分离而不存在硬性固体接触的机械密封。

07.0793 接触式机械密封 contacting mechanical seal
靠弹性元件的弹力和密封流体的压力使密封端面紧密贴合的机械密封。通常密封端面处于边界润滑工况。

07.0794 内装式机械密封 internally mounted mechanical seal
静止环装于密封端盖(或相当于密封端盖的零件)内侧(即面向主机工作腔的一侧)的机械密封。

07.0795 外装式机械密封 externally mounted mechanical seal
静止环装于密封端盖(或相当于密封端盖的零件)外侧(即背向主机工作腔的一侧)的机械密封。

07.0796 弹簧内置式机械密封 mechanical seal with inside mounted spring
弹簧置于密封流体之内的机械密封。

07.0797 弹簧外置式机械密封 mechanical seal with outside mounted spring
弹簧置于密封流体之外的机械密封。

07.0798 内流式机械密封 mechanical seal with inward leakage
密封流体在密封端面间的泄漏方向与离心力方向相反的机械密封。

07.0799 外流式机械密封 mechanical seal

with outward leakage

密封流体在密封端面间的泄漏方向与离心力方向相同的机械密封。

07.0800 弹簧旋转式机械密封 rotating mechanical seal

弹性元件随轴旋转的机械密封。

07.0801 弹簧静止式机械密封 standing mechanical seal

弹性元件不随轴旋转的机械密封。

07.0802 单弹簧式机械密封 single-spring mechanical seal

补偿机构中只包含有一个弹簧的机械密封。

07.0803 多弹簧式机械密封 multiple-spring mechanical seal

补偿机构中含有多个弹簧的机械密封。

07.0804 非平衡式机械密封 unbalanced mechanical seal

平衡系数 $B \geqslant 1$ 的机械密封。

07.0805 平衡式机械密封 balanced mechanical seal

平衡系数 $0 < B < 1$ 的机械密封。

07.0806 过平衡式机械密封 overbalanced mechanical seal

平衡系数 $B \leqslant 0$ 的机械密封。

07.0807 单端面机械密封 single mechanical seal

由一对密封端面组成的机械密封。

07.0808 双端面机械密封 double mechanical seal

由两对密封端面组成的机械密封。

07.0809 轴向双端面机械密封 axial double mechanical seal

沿轴向相对或相背布置的双端面机械密封。

07.0810 径向双端面机械密封 radial double mechanical seal

沿径向布置的双端面机械密封。

07.0811 串联机械密封 tandem mechanical seal

由两套或两套以上同向布置的单端面机械密封所组成的机械密封。

07.0812 背对背双端面机械密封 back-to-back double mechanical seal

轴向双端面密封中，两个补偿元件装在两对密封环之间的双端面机械密封。

07.0813 面对面双端面机械密封 face-to-face double mechanical seal

轴向双端面密封中，两对密封环均装在两个补偿元件之间的双端面机械密封。

07.0814 面对背双端面机械密封 face-to-back double mechanical seal mechanical seal)

轴向双端面密封中，两个补偿元件之间装有一对密封环，且一个补偿元件装在两对密封环之间的双端面机械密封。

07.0815 橡胶波纹管机械密封 rubber bellows mechanical seal

补偿环的辅助密封为橡胶波纹管的机械密封。

07.0816 聚四氟乙烯波纹管机械密封 PTFE bellows mechanical seal

补偿环的辅助密封为聚四氟乙烯波纹管的机械密封。

07.0817 金属波纹管机械密封 metal bellows mechanical seal

补偿环的辅助密封为金属波纹管的机械

密封。

07.0818　焊接金属波纹管机械密封　welded metal-bellows mechanical seal
使用由波片焊接组合而成的金属波纹管的机械密封。

07.0819　压力成型金属波纹管机械密封　formed metal bellows mechanical seal
使用压力成型金属波纹管的机械密封。

07.0820　带中间环的机械密封　mechanical seal with intermediate ring
一个密封环被一个旋转环和一个静止环所夹持与其对磨并在径向能浮动的机械密封。

07.0821　抑制密封　containment seal
面对背双端面(串联式)机械密封中，采用气体缓冲或者无缓冲流体时，外侧的密封。在内侧密封失效后，一定的时间内能够起密封作用。

07.0822　集装式机械密封　cartridge mechanical seal
将密封环、补偿元件、辅助密封圈、密封端盖和轴套等，在安装前组装在一起并调整好的机械密封。

07.0823　磁力机械密封　magnetic mechanical seal
用磁力代替弹力起补偿作用的机械密封。

07.07.02　机械密封零件

07.0824　密封环　seal ring
机械密封中其端面垂直于旋转轴线相互贴合并相对滑动的两个环形零件。

07.0825　密封端面　seal face
密封环在工作时与另一个密封环相贴合的端面。

07.0826　密封界面　seal interface
一对相互贴合的密封端面之间的交界面。

07.0827　旋转环　rotating ring
又称"动环"。随轴做旋转运动的密封环。

07.0828　静止环　stationary ring
简称"静环"。不随轴做旋转运动的密封环。

07.0829　补偿环　compensated ring
具有轴向补偿能力的密封环。

07.0830　非补偿环　uncompensated ring
不具有轴向补偿能力的密封环。

07.0831　补偿环组件　seal head
由补偿环、弹性补偿元件和副密封等构成的组合件。

07.0832　辅助密封　auxiliary seal
阻止密封流体通过密封端面以外部位泄漏的元件，如 O 形圈、柔性石墨环、柔性石墨垫片、波纹管等。

07.0833　波纹管　bellows
在补偿环组件中能在外力或自身弹力作用下伸缩并起辅助密封作用的波纹状管形弹性元件。

07.0834　撑环　pushing out ring
能够撑开 V 形圈等辅助密封圈使之起密封作用的零件。

07.0835　挡圈　back-up ring
防止辅助密封圈在轴向力作用下被挤到缝隙中的零件。

07.0836　补偿环座　primary ring adaptor
用于装嵌补偿环的零件。

07.0837 非补偿环座 mating ring adaptor
用于装嵌非补偿环的零件。

07.0838 弹簧座 retainer
用于支承和定位弹簧的零件。

07.0839 波纹管座 bellows seal adaptor
轴向联结并定位波纹管的零件。

07.0840 传动座 drive retainer
用于与轴或轴套固定并直接带动旋转环转动的零件。

07.0841 传动螺钉 driving screw
传递扭矩的螺钉。

07.0842 紧定螺钉 set screw
用于把弹簧座、传动座或其他零件固定于轴或轴套上的螺钉。

07.0843 卡环 snap ring
对补偿环起轴向限位作用的零件。

07.0844 夹紧环 clamp ring
将橡胶或聚四氟乙烯波纹管夹紧固定在轴上的零件。

07.0845 防转销 anti-rotating pin
用于防止相邻两个零件相对旋转的销钉。

07.0846 密封腔 annular seal space
在需要安装密封处旋转轴与静止壳体之间的环状空间。

07.0847 密封腔体 seal chamber
直接包容密封腔的静止壳体。

07.0848 密封端盖 end cover
与密封腔体连接并托撑静止环组件的零件。

07.0849 弹性元件 flexible element
弹簧或波纹管之类的具有弹性的元件。

07.0850 传动元件 drive element
可传递扭矩，带动旋转环转动的零件。如传动螺钉、传动销、传动突耳、拔叉、传动座、并圈弹簧、键等。

07.0851 驱动环 drive collar
安装在集装式密封装置的外部零件。用于将转矩传递给密封轴套，并阻止密封轴套相对于轴产生轴向位移。

07.0852 喉口衬套 throat bushing
用于在内部密封和叶轮之间的轴套(或轴)的周围形成较小间隙的装置。

07.0853 节流衬套 throttle bushing
在机械密封端盖法兰外侧(或轴)的周围形成有限狭小间隙控制流体流量的装置。

07.07.03 流体及其回路

07.0854 阻封 quench
又称"急冷"。当用单端面机械密封来密封易结晶或危险的介质时，在机械密封的外侧(大气侧)设置简单的密封(如衬套密封、填料密封、唇密封等)。在两种密封之间引入其压力稍高于大气压力的清洁中性流体以便对密封冷却或加热，并将泄漏出来的被密封介质及时带走，以改善密封工作条件的一种方法。

07.0855 阻封流体 quench fluid
又称"急冷流体"。起阻封作用的外部流体。

07.0856 隔离流体 buffer fluid
在双端面机械密封或外加压流体静压式机械密封中，从外部引入的高于内侧密封腔压力、并与被密封介质相容的流体。

07.0857 冲洗 flush
对于单端面或面对背双端面(串联式)机械密封，当被密封介质不宜做密封流体时，将泵送流体或与被密封介质相容的外部流体引入到密封腔中靠近密封端面附近，用于冷却和润滑密封端面，使其保持清洁的过程。

07.0858 冲洗方案 flush plan
又称"机械密封辅助系统方案"。用于将冲洗流体引向密封端面的管路、仪表和控制设备的整体布置方式。其辅助管路方案因应用场合、密封型式和密封配置的不同而不同。

07.0859 冲洗流体 flush fluid
起冲洗作用的流体。

07.0860 调温流体 temperature adjustable fluid

不与密封端面接触的能使密封得到冷却或加热的外部循环流体。

07.0861 缓冲流体 buffer fluid
在面对背双端面(串联式)机械密封中，从外部引入的低于内侧密封腔压力的流体。

07.0862 冷却流体 coolant
起冷却作用的调温流体。

07.0863 加热流体 heating fluid
起加热作用的调温流体。

07.0864 被密封介质 sealed medium
主机中需要加以密封的工作介质。

07.0865 密封流体 sealant
密封端面直接接触的高压侧流体。它可以是被密封介质本身，经过分离或过滤的被密封介质、冲洗流体、缓冲流体或隔离流体。

07.07.04 机械密封性能参数

07.0866 密封环带 seal band
较窄的那个密封端面外径与内径之间的环形区域。

07.0867 弹簧压强 spring pressure
弹性元件施加到密封环带单位面积上的力。

07.0868 闭合力 closing force
由密封流体压力和弹性元件的弹力(或磁性元件的磁力)等引起的作用于补偿环上使之对于非补偿环趋于闭合的力。

07.0869 开启力 opening force
作用于补偿环上使之对于非补偿环趋于开启的力。该力一般是由密封端面间的流体膜的压力引起的。

07.0870 反压系数 back pressure factor

密封端面间流体膜平均压力与密封流体压力差之比。

07.0871 平衡直径 balance diameter
密封流体压力在补偿环辅助密封处的有效作用直径。根据具体结构的不同，它或者是与辅助密封圈接触的内表面的直径，或者是与辅助密封圈接触的外表面的直径。

07.0872 载荷系数 load factor
密封流体压力作用在补偿环上，使之对于非补偿环趋于闭合的有效作用面积与密封环带面积的比值。密封端面内径或外径处承受压力不同的机械密封，平衡系数的计算公式也不同。

07.0873 波纹管有效直径 effective diameter of bellows

波纹管受内压或外压时的有效直径，采用不同的相应计算公式进行计算。

07.0874 流体膜 fluid film
机械密封端面间的流体薄膜。

07.0875 辅助密封摩擦力 friction force of auxiliary secondary seal
补偿环在辅助密封处轴向移动时的摩擦力。

07.0876 端面压强 end face pressure
作用在密封环带的单位面积上净剩的闭合力。

07.0877 *pv* 值 *pv* value
密封流体压力 p 与密封端面平均滑动线速度 v 的乘积。

07.0878 *pv* 极限值 limiting *pv* value
密封达到失效时的 *pv* 值。用以表示密封的水平。

07.0879 *pv* 许用值 allowable *pv* value
pv 极限值除以安全系数。

07.0880 *$p_c v$* 值 *$p_c v$* value
端面压强与密封端面平均滑动线速度 v 的乘积。

07.0881 *$p_c v$* 极限值 limiting *$p_c v$* value
密封达到失效时的 *$p_c v$* 值。它表示密封材料的工作能力。

07.0882 *$p_c v$* 许用值 working *$p_c v$* value
极限 *$p_c v$* 值除以安全系数。

07.0883 气穴现象 cavitation
在密封端面间局部产生汽(或气)泡的一种现象。通常发生在压力迅速减少的区域。

07.0884 干摩擦 dry running
在密封端面间无流体润滑膜的摩擦状态(吸附的气体或蒸气除外)。

07.0885 边界摩擦 boundary friction
在密封端面间存在一层只有若干个分子层厚并且不连续的极薄的流体膜的摩擦状态。在这种摩擦状态下，局部发生固体接触，润滑膜的黏度对摩擦性质没有多大的影响，基本上测不出流体膜的压力。

07.0886 流体摩擦 full film friction
密封端面完全被流体膜所隔开的摩擦状态。

07.0887 混合摩擦 mixed film friction
在密封端面间同时存在流体摩擦和边界摩擦的摩擦状态。

07.0888 闪蒸现象 flash
在密封界面间液膜突然迅速汽化的一种现象。这种现象通常在摩擦热过大或者由于压降过大而使液体压力低于其饱和蒸汽压的情况下发生。

07.0889 搅拌转矩 stirring torque
机械密封正常运转时由旋转组件对流体的搅拌作用而引起的转矩。

07.0890 摩擦因数 friction factor
密封端面摩擦力与净闭合力的比值。

07.0891 端面摩擦转矩 friction torque
机械密封正常运转时由端面摩擦而引起的扭矩。

07.0892 跑合 run-in
在密封开始工作初期密封端面的摩擦系数、磨损率和泄漏率逐渐趋于稳定值的过程。

07.0893 功率消耗 power consumption
机械密封工作时由端面摩擦和旋转组件搅拌作用等各种因素所引起的总的功率消耗。

07.0894 泄漏率 leakage rate
单位时间内通过主密封和辅助密封泄漏的流体总量。

07.0895 泄漏浓度 leakage concentration
在密封周围的环境中所测量到的挥发性有机化合物或其他常规类排放物的浓度。

07.0896 跳动 run out
由于旋转环对旋转轴的不同心引起的动态径向跳动或者由于非补偿环端面对旋转轴的不垂直引起的动态端面位移。

07.0897 追随性 tracing ability
当机械密封存在跳动、振动、转轴的窜动和密封端面磨损时，补偿环对于非补偿环保持贴合的性能。

07.0898 工作寿命 operating life
在选型合理和安装使用正确的前提下，机械密封从开始工作到失效累计运行的时间。

07.08　弹　簧

07.08.01　各 种 弹 簧

07.0899 弹簧 spring
利用材料的弹性和结构特点，使变形与载荷之间保持规定关系的一种弹性元件。

07.0900 螺旋弹簧 helical spring
呈螺旋状的弹簧。

07.0901 圆柱螺旋弹簧 cylindrical helical spring
呈圆柱形的螺旋弹簧。

07.0902 圆柱螺旋压缩弹簧 cylindrical helical compression spring
承受压缩力的圆柱螺旋弹簧。

07.0903 圆柱螺旋拉伸弹簧 cylindrical helical tension spring
承受拉伸力的圆柱螺旋弹簧。

07.0904 圆柱螺旋扭转弹簧 cylindrical helical torsion spring
承受扭力矩的圆柱螺旋弹簧。

07.0905 不等节距圆柱螺旋弹簧 variable pitch cylindrical helical spring
节距不相等的圆柱螺旋弹簧。

07.0906 多股螺旋弹簧 stranded wire helical spring
用多股钢丝拧成钢索制成的圆柱螺旋弹簧。

07.0907 中凸形螺旋弹簧 barrel shaped helical spring
簧圈直径向两端递减的螺旋弹簧。

07.0908 中凹形螺旋弹簧 hourglass shaped helical spring
簧圈直径向两端递增的螺旋弹簧。

07.0909 密圈螺旋弹簧 tightly coiled helical spring
在冷卷成形时，沿弹簧轴向施加压力使弹簧各圈间有相互挤压力的螺旋弹簧。

07.0910 截锥螺旋弹簧 conical helical spring
呈截锥状的螺旋弹簧。

07.0911 截锥涡卷弹簧 volute spring
用带材制成的截锥形的截锥螺旋弹簧。

07.0912 平面涡卷弹簧 flat spiral spring
螺旋线在一个平面内的弹簧。

07.0913 碟形弹簧 belleville spring
呈碟状的弹簧。

07.0914 组合碟形弹簧 dish shaped spring stack

用多片碟形弹簧对合或叠合、或者用几组多片叠合的碟簧再对合而成的组合弹簧。

07.0915 环形弹簧 ring spring

利用多个具有内外锥面配合的弹性环组成的弹簧。

07.0916 板弹簧 leaf spring

单片或多片板材(簧板)制成的弹簧。

07.0917 弹簧箍 buckle

固紧簧板的金属箍。

07.0918 弓形板弹簧 semi-elliptic leaf spring

外廓呈弓状的板弹簧。

07.0919 等刚度弓形板弹簧 constant stiffness semi-elliptic spring

在工作中刚度不变的弓形板弹簧。

07.0920 变刚度弓形板弹簧 variable rate semi-elliptic spring

在工作中刚度发生变化的弓形板弹簧。

07.0921 椭圆形板弹簧 full-elliptic spring

外廓呈椭圆状的板弹簧。

07.0922 等刚度椭圆形板弹簧 constant rate full-elliptic spring

在工作中刚度不变化的椭圆形板弹簧。

07.0923 变刚度椭圆形板弹簧 variable rate full-elliptic spring

在工作中刚度发生变化的椭圆形板弹簧。

07.0924 悬臂板弹簧 quarter-elliptic spring

在工作中呈悬臂状的板弹簧。

07.0925 组合弹簧 combined spring

多个或多种弹簧的组合。

07.0926 扭杆弹簧 torsion bar spring

承受扭力矩的杆状弹簧。

07.0927 蛇形弹簧 serpentine spring

形状弯曲呈蛇形的弹簧。

07.0928 异形弹簧 wire spring

用金属丝(或金属线)制成的特殊形状的弹簧。

07.0929 片弹簧 flat spring

用带材或板材制成的各种片状弹簧。

07.0930 橡胶弹簧 rubber spring

利用橡胶弹性起缓冲、减震作用的弹簧。

07.0931 压缩式橡胶弹簧 compression type rubber spring

承受压缩力的橡胶弹簧。

07.0932 剪切式橡胶弹簧 shear type rubber spring

承受剪切力的橡胶弹簧。

07.0933 扭转式橡胶弹簧 torsion type rubber spring

承受扭力矩的橡胶弹簧。

07.0934 组合式橡胶弹簧 combined type rubber spring

由几个简单形状橡胶元件组成的橡胶弹簧。

07.0935 层状橡胶弹簧 laminated rubber spring

多个橡胶垫用金属隔板层压而成的橡胶弹簧。

07.0936 衬套式橡胶弹簧 sleeve-type rubber spring

由橡胶套与内外钢套组合而成的橡胶弹簧。

07.0937 橡胶挡 rubber stop
限制运动体位移量并起缓冲作用的橡胶元件。

07.0938 空气弹簧 air spring
在可伸缩的密闭容器中充以压缩空气，利用空气弹性作用的弹簧。

07.08.02 弹簧的设计和工艺

07.0939 [弹簧]节距 pitch
螺旋弹簧两相邻有效圈截面中心线的轴向距离。

07.0940 间距 space
螺旋弹簧两相邻有效圈的轴向间距。

07.0941 自由高度 free height
弹簧无载荷时的高度(或长度)。

07.0942 [弹簧]工作高度 working height
螺旋弹簧承受工作载荷时的高度(或长度)。

07.0943 [弹簧]工作载荷 specified load
弹簧工作过程中承受的力或扭矩。

07.0944 [弹簧]极限载荷 ultimate load
对应于弹簧材料屈服极限的载荷。

07.0945 [弹簧]工作极限载荷 working ultimate load
弹簧工作中可能出现的最大载荷。

07.0946 总圈数 total number of coils
沿螺旋轴线两端间的螺旋圈数。

07.0947 有效圈数 effective coil number
弹簧参与变形部分的总圈数。

07.0948 极限高度 height under ultimate load, length under ultimate load
螺旋弹簧承受极限载荷时的高度(或长度)。

07.0949 弹簧中径 mean diameter of coil
螺旋弹簧内径和外径的平均值。

07.0950 旋绕比 spring index
螺旋弹簧中径与材料直径(或材料截面沿弹簧径向宽度)的比值。

07.0951 曲度系数 curvature correction factor
旋绕比对应力影响的修正系数。

07.0952 支承圈数 number of end coils
弹簧端部用于支承或固定的圈数。

07.0953 高径比 slenderness ratio
螺旋压缩弹簧自由高度与中径的比值。

07.0954 压并载荷 solid load
螺旋压缩弹簧压并时的实际或理论载荷。

07.0955 压并高度 solid height
螺旋压缩弹簧压至各圈接触时的实际或理论高度。

07.0956 压并应力 stress at solid height
螺旋压缩弹簧压并时的实际或理论应力。

07.0957 工作扭转角 working torsion angle
扭转弹簧承受工作载荷时的角位移。

07.0958 极限扭转角 ultimate torsion angle
扭转弹簧承受极限载荷时的角位移。

07.0959 工作极限扭转角 working ultimate torsion angle
扭转弹簧承受工作极限载荷时的角位移。

07.0960 自由角度 free angle
扭转弹簧无载荷时两臂的夹角。

07.0961 索径 diameter of wire cord
多股螺旋弹簧的钢索直径。

07.0962 索距 pitch of wire cord
多股螺旋弹簧钢索中钢丝的导程。

07.0963 索拧角 twist angle of strands
多股螺旋弹簧钢索中心线与钢丝中心线的夹角。

07.0964 初拉力 initial tension
密圈螺旋拉伸弹簧在冷卷时形成的内力，其值为弹簧开始产生拉伸变形时所需加的作用力。

07.0965 径向节距 radial pitch
截锥涡卷弹簧径向的节距。

07.0966 轴向节距 axial pitch
截锥涡卷弹簧轴向的节距。

07.0967 初始触合变形量 deflection of first bottoming
截锥涡卷弹簧第一有效圈与支承面接触时的变形量。

07.0968 初始触合载荷 load at first bottoming
截锥涡卷弹簧第一有效圈与支承面接触时的载荷。

07.0969 支承面宽度 width of contact surface
碟形弹簧上、下支承面带的宽度。

07.0970 支承面宽度系数 coefficient of contact surface width
碟簧的外径与支承面宽度之比。

07.0971 碟簧内锥高 formed height of unloaded single disc
单个碟簧无载荷时的内锥高度。

07.0972 组合碟簧自由高度 height of unloaded spring stack
组合碟簧无载荷时的总高度。

07.0973 弧高 camber
板弹簧两支承点连线与第一片凹面间最大的垂直距离。

07.0974 自由弧高 free camber
板弹簧在无载荷时的弧高。

07.0975 单片弧高 camber of a leaf
板弹簧片两端或支承点连线与凹面间最大垂直距离。

07.0976 载荷弧高 camber under load
板弹簧承受载荷时的弧高。

07.0977 弦长 span
板弹簧两支承点间的距离。

07.0978 自由弦长 free span
板弹簧无载荷时的弦长。

07.0979 载荷弦长 span under load
板弹簧承受载荷时的弦长。

07.0980 伸直弦长 flat span
板弹簧在载荷作用下呈平直状态时两支承点间的距离。

07.0981 主片 main leaf
长度等于和大于伸直弦长的簧板。

07.0982 副片 auxiliary leaf
长度小于伸直弦长的簧板。

07.0983 承载面积 load area
橡胶弹簧承受载荷的面积。

07.0984 自由面积 free area

橡胶弹簧不承受载荷的面积。

07.0985 内压 internal air pressure
空气弹簧的内部压力(表压力)。

07.0986 工作压力 working pressure
空气弹簧在工作载荷下的内部压力。

07.0987 [空气弹簧]有效直径 effective diameter
空气弹簧有效面积圆直径。

07.0988 有效面积 effective area
空气弹簧在实际支承载荷时其内压有效作用面积。

07.0989 有效面积变化特性 characteristic of effective area variation
空气弹簧有效面积随其垂直变形量的变化规律。

07.0990 设计高度 design height
空气弹簧在标准状态下的高度。

07.0991 基本容积 basic spring volume
空气弹簧本体的内容积。

07.0992 附加容积 additional volume
空气弹簧附加空气室的容积。

07.0993 总容积 total volume
空气弹簧的基本容积和附加容积之和。

07.0994 附加空气室 auxiliary air reservoir
为了增加空气弹簧的空气容积以取得柔软性而附加的辅助空气室。

07.0995 变形量 deflection
弹簧沿载荷作用方向产生的相对位移。

07.0996 弹簧特性 characteristic of spring

弹簧的工作载荷与变形量(挠度)之间的关系。

07.0997 弹簧刚度 stiffness of spring
产生单位变形量的弹簧载荷。

07.0998 弹簧柔度 flexibility of spring
单位工作载荷下的弹簧变形量。

07.0999 整定处理 setting
又称"立定处理"。将热处理后的压缩弹簧压缩到工作极限载荷下的高度或压并高度(拉伸弹簧拉伸到工作极限载荷下的长度,扭转弹簧扭转到工作极限扭转角),一次或多次短暂压缩(拉伸、扭转)以达到稳定弹簧几何尺寸为主要目的的一种工艺方法。

07.1000 加温整定处理 hot setting
又称"加温立定处理"。在高于弹簧工作温度条件下的立定处理。

07.1001 强压处理 [compressive] prestressing
将压缩弹簧压缩至弹簧材料表层产生有益的与工作应力反向的残余应力,以达到提高弹簧承载能力和稳定几何尺寸的一种工艺方法。

07.1002 加温强压处理 hot [compressive] prestressing
在高于弹簧工作温度条件下进行的强压处理。

07.1003 强拉处理 [tension] prestressing
将拉伸弹簧拉伸至弹簧材料表层产生有益的与工作应力反向的残余应力,以提高弹簧承载能力和稳定其几何尺寸的一种工艺方法。

07.1004 加温强拉处理 hot [tension] prestressing
在高于弹簧工作温度条件下进行的强拉处理。

07.1005 强扭处理 [torsion] prestressing

将扭转弹簧扭转至弹簧材料表层产生有益的与工作应力反向的残余应力，以提高弹簧承载能力和稳定其几何尺寸的一种工艺方法。

07.1006 加温强扭处理 hot [torsion] pre-stressing
在高于弹簧工作温度条件下进行的强扭处理。

07.09 法　兰

07.1007 法兰 flange
又称"凸缘"。结构或机械零件上垂直于零件轴线突出的边缘。

07.1008 窄面法兰 narrow contact face flange
与垫片接触的面都位于螺栓孔圆周之内的法兰。

07.1009 宽面法兰 wide contact face flange
在螺栓孔圆周内外布满垫片的法兰。

07.1010 钢管法兰 steel pipe flange

07.1011 整体法兰 integral flange
又称"长径法兰"。带有一个锥形截面颈的法兰。

07.1012 活套法兰 loose flange
又称"自由法兰"。不直接固定在设备或管道上，只是松套在设备或管道端部的法兰。

07.1013 螺纹法兰 crewed flange
与设备或管道采用螺纹连接的法兰。

07.1014 对焊法兰 welding neck flange

07.1015 平焊法兰 welded flange
通过角焊缝与设备或管道连接的法兰。

07.1016 板式平焊法兰 slip on welding plate flange

07.1017 带颈平焊法兰 hubbed clip on welding flange

07.1018 带颈承焊法兰 hubbed socked welding flange

07.1019 对焊环松套带颈法兰 loose hubbed flange with welding nack collar

07.1020 板式新边松套法兰 loose plate flange with lapped pipe end

07.1021 衬环法兰 lined flange
带有衬环层的法兰。

07.1022 突面法兰 raised face flange

07.1023 凹凸面法兰 male and female flange

07.1024 榫槽面法兰 tongue and groove face flange
密封面具有相互配合的榫面和槽面的法兰。

07.1025 反向法兰 counter flange
外直径与容器筒体外直径相同的法兰。

07.1026 铸铁管法兰 cast iron pipe flange

07.1027 灰铸铁管法兰 grey cast iron pipe flange

07.1028 灰铸铁螺纹管法兰 grey cast iron screwed pipe flange

07.10 操 作 件

07.1029 手柄 handle

07.1030 曲面手柄 machine handle

07.1031 直手柄 straight handle

07.1032 转动小手柄 small handle with sleeve

07.1033 转动手柄 handle with sleeve

07.1034 曲面转动手柄 machine handle with sleeve

07.1035 锥柱手柄 tapered patten handle

07.1036 球头手柄 ball handle

07.1037 单柄对重手柄 ball-crank handle

07.1038 双柄对重手柄 bi-lever balanced handle

07.1039 手柄球 ball knob

07.1040 手柄套 taper knob

07.1041 椭圆手柄套 curved surface knob

07.1042 长手柄套 long sleeve knob

07.1043 手柄杆 handle lever

07.1044 手柄座 handle seat

07.1045 手轮 handwheel

07.1046 锁紧手柄套 locking handle seat

07.1047 圆盘手柄套 disc handle seat

07.1048 定位手柄座 position fixing handle seat

07.1049 小波纹手柄轮 small sinuate handwheel

07.1050 小手轮 small handwheel

07.1051 波纹手轮 sinuate handwheel

07.1052 圆轮缘手轮 disc handwheel

07.1053 波纹圆轮缘手轮 sinuate disc handwheel

07.1054 把手 knob

07.1055 压花把手 knurlied knob

07.1056 十字把手 palm grip knob

07.1057 星形把手 star grip knob

07.1058 定位把手 position fixing knob

07.1059 定位手柄 position fixing handle

07.1060 定位手柄杆 position fixing handle lever

07.1061 旋转定位手轮座 position fixing handle seat with sleeve

07.11 筛 网

07.1062 筛子 sieve
将筛面装在筛框内，用以筛分的装置。

07.1063 筛框 frame
固定筛面并限制待筛物料散落的刚性框架。

07.1064 筛面 sieving medium
具有规则排列且形状、尺寸相同的孔的面。

07.1065 筛孔[眼] screen opening
由筛子的经丝和纬丝相互交织成的有规则排列的孔眼。

07.1066 筛孔尺寸 aperture size
筛面上开孔的尺寸。

07.1067 筛分面积百分率 percentage sieving area
筛面的总开孔面积与该筛面的全面积的比值，用百分比表示。

07.1068 编织形式 type of weave
经丝和纬丝相互交织的方式。

07.1069 金属丝编织网 woven wire cloth
由金属丝相互交叉织成网孔的筛面。

07.1070 孔距 pitch
穿孔板上相邻两孔的同位点之间的距离。

07.1071 试验筛 test sieve
符合标准规范的用于对待筛物料作粒度分析的筛子。

07.1072 丝径 wire diameter
编织网上金属丝的直径。

07.1073 经丝 warp
编织时网上所有纵向的金属丝。

07.1074 纬丝 weft
编织时网上所有横向的金属丝。

07.1075 穿孔板 perforated plate
具有规则排列的同样孔的板的筛面。

07.1076 筋宽 bridge width
穿孔板上相邻两孔边缘之间的最近距离。

07.1077 边宽 margin
穿孔板的边与其最外一排孔的外边缘之间的距离。

07.1078 筛板厚度 plate thickness
穿孔后的筛板厚度。

07.1079 冲孔面 punch side
冲头进入穿孔板的一面。

07.1080 筛盖 lid
紧贴地装配在试验筛上面以防止待筛物料逸出的盖。

07.1081 接料盘 receiver
紧贴地装配在筛子下面以承接通过所有筛子的那部分物料的盘。

07.1082 合格试验筛 certified test sieve
经指定的专门机构检验、鉴定，认为符合一项标准或约定规范的试验筛。

07.1083 匹配试验筛 matched test sieve
对一种给定物料，并在规定范围内，能复现一个校对试验结果的试验筛。

07.1084 全套试验筛 full set of test sieves
一项标准规范中所包括的某一给定种类筛面的全部试验筛。

07.1085 常规试验筛组 regular set of test sieves

为作粒度分析从全套试验筛中按正常规律选取的若干筛子。

07.1086 非常规试验筛组 irregular set of test sieves

为作粒度分析从全套试验筛中不按正常规律选取的若干筛子。

07.1087 试验用套筛 nest of test sieves

与上盖和接料盘组装在一起的常规的或非常规的一组试验筛。

07.1088 筛分 sieving

用一个或一个以上的筛子将不同的颗粒按尺寸大小进行分离的过程。

07.1089 筛分试验 test sieving

用一个或一个以上的试验筛进行筛分。

07.1090 过筛率 sieving rate

在给定的时间内物料通过筛子的量，以质量单位表示或装料量的百分比表示。

07.1091 筛下物 undersize

装料量中通过指定筛子筛孔的部分。

07.1092 筛上物 oversize

装料量中未通过指定筛子筛孔的部分。

07.1093 筛分终点 end point

当筛分进行到再进一步筛分所通过的量不足以显著地改变筛分结果的时候。

07.1094 近似尺寸颗粒 near size particle

约等于筛孔尺寸的颗粒。

07.1095 颗粒尺寸 particle size

一个颗粒在最有利的姿态下能通过的最小筛孔的尺寸。

07.1096 筛分粒度分析 size analysis by sieving

通过筛分试验将样品分成不同粒度级并报出结果。

07.1097 粒度分布曲线 size distribution curve

粒度分析结果的曲线图。

07.1098 筛上物累计分布曲线 cumulative oversize distribution curve

在筛孔尺寸递降的一套试验筛中，每个筛子筛上物的质量累计百分比与其对应的筛孔尺寸关系的曲线。

07.1099 筛下物累计分布曲线 cumulative undersize distribution curve

在筛孔尺寸递降的一套试验筛中，每个筛子筛下物的质量累计百分比与其对应的筛孔尺寸关系的曲线。

07.1100 干筛分 dry sieving

不加液体的筛分。

07.1101 湿筛分 wet sieving

加液体的筛分。

07.1102 堵塞 blinding

待筛物料的颗粒将筛孔堵住。

07.1103 团块 agglomerate

互相粘在一起的若干颗粒。

07.1104 装料量 charge

放入单个试验筛或试验用套筛中的试样或部分试样。

07.1105 松装密度 apparent bulk density

装料量的质量与将其放在筛面上时的体积之比。

08. 传　　动

08.01　一般名词

08.0001　传动[装置]　transmission driving
传递运动和动力的装置。

08.0002　传动比　transmission ratio
又称"速比〔speed ratio〕"。在机械传动系统中，其始端主动轮与末端从动轮的角速度或转速的比值。

08.0003　减速比　speed reducing ratio
减速传动的传动比。

08.0004　增速比　speed increasing ratio
增速传动的传动比。

08.0005　变速　speed changing
运动部件从某一速度变换为另一速度的过程。

08.0006　速比变化率　speed ratio rate
无级变速传动的传动比变化速率。

08.0007　有级变速　step speed changing
在若干固定速度级内，不连续的变换速度。

08.0008　无级变速　stepless speed changing
在一定速度范围内，能连续的变换速度。

08.0009　自动变速　automatic speed changing
在工作运动中，无人为动作的自动变换速度。

08.0010　变速器　transmission
用于改变转速和转矩的机构。

08.0011　减速器　speed reducer
又称"减速箱""减速机"。用于降低转速、传递动力、增大转矩的独立传动部件。

08.0012　机械传动　mechanical drive
利用机械传递运动或动力的传动方式。

08.02　齿轮传动

08.02.01　一般名词

08.0013　齿轮传动　gear drive
利用齿轮传递运动和动力的传动方式。

08.0014　齿轮　gear
一个有齿构件，它与另一个有齿构件通过其共轭面的相继啮合，从而传递或接受运动。

08.0015　齿轮副　gear pair
可围绕其轴线转动的两齿轮组成的机构，其轴线的相对位置是固定的，通过轮齿的相继接触作用由一个齿轮带动另一个齿轮转动。

08.0016　平行轴齿轮副　gear pair with parallel axes
两轴线互相平行的齿轮副。

08.0017　相交轴齿轮副　gear pair with intersecting axes
两轴线相交的齿轮副。

08.0018　交错轴齿轮副　gear pair with non parallel non intersecting axes
两轴线不平行、也不相交的齿轮副。

08.0019　齿轮系　train of gears
若干齿轮副的任意组合。

08.0020　配对齿轮　mating gear
齿轮副中的任意一个齿轮，均可称为该齿轮副中的另一齿轮的配对齿轮。

08.0021　小齿轮　pinion
齿轮副中齿数较少的那个齿轮。

08.0022　大齿轮　wheel, gear
齿轮副中齿数较多的那个齿轮。

08.0023　主动齿轮　driving gear
齿轮副中的用于驱动其配对齿轮的齿轮。

08.0024　从动齿轮　driven gear
齿轮副中的被其配对齿轮驱动的齿轮。

08.0025　外齿轮　external gear
齿顶曲面位于齿根曲面之外的齿轮。

08.0026　内齿轮　internal gear
齿顶曲面位于齿根曲面之内的齿轮。

08.0027　外齿轮副　external gear pair
两齿轮均为外齿轮的齿轮副。

08.0028　内齿轮副　internal gear pair
有一个齿轮是内齿轮的齿轮副。

08.0029　中心距　center distance
（1）平行轴或交错轴齿轮副的两轴线之间的最短距离。（2）蜗杆轴线与蜗轮轴线间的距离。

08.0030　轴交角　shaft angle

（1）在相交轴齿轮副中使两轴线重合，或在交错轴齿轮副中使两轴线平行，从而两齿轮的旋转方向得以相反时，两轴线之一所必须旋转的最小角度。（2）蜗杆轴线与蜗轮轴线之间的最小交错角。

08.0031　连心线　line of centre
（1）在平行轴或交错轴齿轮副中，两轴线的公共垂直线。（2）蜗杆轴线与蜗轮轴线的垂线。

08.0032　减速齿轮副　speed reducing gear pair
从动轮角速度小于主动轮角速度的齿轮副。

08.0033　增速齿轮副　speed increasing gear pair
从动轮角速度大于主动轮角速度的齿轮副。

08.0034　减速齿轮系　speed reducing gear train
齿轮系末端从动轮的角速度小于始端主动轮角速度的齿轮系。

08.0035　增速齿轮系　speed increasing gear train
齿轮系末端从动轮的角速度大于始端主动轮角速度的齿轮系。

08.0036　齿数比　gear ratio
齿轮副中，大轮齿数与小轮齿数（对于蜗杆，为蜗杆头数）的比值。

08.0037　轴平面　axial plane
任何一个包含齿轮轴线的平面。

08.0038　[齿条]基准平面　datum plane
基本齿条或冠轮上的一个假想平面。在该平面上，齿厚与齿距的比值为一个给定的标准值。

08.0039　节平面　pitch plane
在平行轴或相交轴齿轮副中，垂直于公共轴

平面，并与两齿轮的节曲面相切的平面。

08.0040 端平面 transverse plane
在圆柱齿轮或圆柱蜗杆上，垂直于其轴线的平面。

08.0041 齿线 tooth trace
齿面与分度曲面的交线。

08.0042 法平面 normal plane
垂直于轮齿齿线的平面。在斜齿条上，法平面垂直于与它相交的每一个齿的齿线，但是，在斜齿轮或锥齿轮上，法平面只能与一个齿上的一条齿线实现垂直相交，在这个交点上，法平面包含一条垂直于该齿面的直线（即齿面在该交点处的法线）和一条垂直于分度曲面的直线（即基准平面在该交点处的法线）。在曲线齿锥齿轮中，法平面的位置通常令其通过齿线中点，并垂直于齿线。

08.0043 分度曲面 reference surface
齿轮上的一个约定的假想曲面，齿轮的轮齿尺寸均以此曲面为基准而加以确定。

08.0044 节曲面 pitch surface
在齿轮副中的任意一个齿轮上，其配对齿轮相对于该齿轮运转时的瞬时轴的轨迹曲面。

08.0045 齿顶曲面 tip surface
包含齿轮各个齿的齿顶面的假想曲面。

08.0046 齿根曲面 root surface
包含齿轮各个齿槽底面的假想曲面。

08.0047 基本齿廓 basic rack tooth profile
基本齿条的齿廓，是确定某种齿制的轮齿尺寸比例的依据。

08.0048 基本齿条 basic rack
(1)在法平面内具有基本齿廓的假想齿条。
(2)以其齿廓作为带轮轮齿标准化基础的齿条，加工带轮轮齿的刀具与该齿条具有相同的齿廓。

08.0049 产形齿条 counterpart rack
一个能与基本齿条相贴合的齿条，其中一个齿条的齿恰好充满另一个齿条的齿槽。

08.0050 产形齿轮 generating gear of a gear
被用于确定某一个正着手设计研究或加工制造齿轮时的实际存在的齿轮或假想齿轮。

08.0051 产形齿面 generating flank
产形齿轮的假想齿面。在某些切齿工艺中，产形齿面就是切齿刀具的切削刃按照一定的运动规律，在空间描绘出的轨迹曲面。

08.0052 [齿条]基准线 datum line
基本齿条的齿廓平面与基准平面的交线，或是与确定标准基本齿条齿廓尺寸参数有关的直线。

08.0053 轮齿 gear teeth
齿轮上的每一个呈辐射状排列并用于持续啮合的凸起部分。

08.0054 齿槽 tooth space
(1)齿轮上两相邻轮齿之间的空间。(2)带轮两相邻齿间的空间。

08.0055 右旋齿 right hand teeth
对斜齿圆柱齿轮和蜗杆，当齿轮轴线立于观察者前方，所见轮齿向右上方倾斜者为右旋齿。对曲线齿锥齿轮，当观察者从锥顶朝大端看过去，轮齿上的背锥齿廓，相对中间锥面上的齿廓，按顺时针方向转过了一个角度时，此轮齿也称为右旋齿。

08.0056 左旋齿 left hand teeth
对于斜齿圆柱齿轮和蜗杆，当齿轮轴线立于观察者前方，所见轮齿向左上方倾斜者为左旋齿。对于曲线齿锥齿轮，当观察者从锥顶朝大端看过去，轮齿上的背锥齿部相对于中间锥面上的齿廓，按逆时针方向转过了一个角度时，此轮齿也称为左旋齿。

08.0057 齿面 tooth flank
位于齿顶曲面和齿根曲面之间的轮齿侧表面。

08.0058 右侧齿面 right flank
面对齿轮的一个选定端面，观察其齿顶朝上的轮齿，位于齿体右侧的齿面。

08.0059 左侧齿面 left flank
面对齿轮的一个选定端面，观察其齿顶朝上的轮齿，位于齿体左侧的齿面。

08.0060 同侧齿面 corresponding flanks
在一个齿轮上，各右侧齿面互称为同侧齿面，各左侧齿面也互称为同侧齿面。

08.0061 异侧齿面 opposite flanks
在一个齿轮上，右侧齿面与左侧齿面互称为异侧齿面。

08.0062 工作齿面 working flank
(1)轮齿上的一个齿面，它与配对齿轮的齿面相啮合并传递运动。(2)带齿与轮齿相啮合，传递运动或动力的接触面。

08.0063 非工作齿面 non working flank
轮齿工作齿面的异侧齿面。

08.0064 相啮齿面 mating flank
在齿轮副中，两个相互啮合的齿面，互称为相啮齿面。

08.0065 共轭齿面 conjugate flank
一对相啮齿面，它们在整个啮合过程中，能始终保持相切并按照预定的规律运动。

08.0066 可用齿面 usable flank
齿轮齿面上可用于啮合的区域。

08.0067 有效齿面 active flank
齿轮齿面上与配对齿轮相啮合的区域。

08.0068 上齿面 addendum flank
位于齿顶曲面与分度曲面之间的那一部分齿面。

08.0069 下齿面 dedendum flank
位于分度曲面与齿根曲面之间的那一部分齿面。

08.0070 齿根过渡曲面 fillet
位于可用齿面与齿槽底面之间的那一部分齿面。

08.0071 齿顶 crest
全称"齿顶面"。位于轮齿顶部，被齿顶曲面所包含的那一部分轮齿表面。

08.0072 齿槽底面 bottom land
位于齿槽底部，被齿根曲面所包含，并与齿根过渡曲面相连接的那一部分齿槽表面。

08.0073 齿廓 tooth profile
齿面被一个与齿线相交的既定平面或曲面所截的截线。

08.0074 端面齿廓 transverse profile
在圆柱齿轮和圆柱蜗杆上，齿面被端平面所截的截线。

08.0075 法向齿廓 normal profile
齿面被法平面所截的截线。

08.0076 轴向齿廓 axial profile
齿面被轴平面所截的截线。

08.0077 背锥齿廓 back cone tooth profile
背锥面上的锥齿轮和双曲面齿轮齿面的齿廓。

08.0078 渐开线齿廓 involute profile
齿廓为渐开线。

08.0079 直线齿廓 straight sided profile
齿廓为直线。

08.0080 摆线齿廓 cycloidal profile
齿廓为摆线或摆线的等距曲线。

08.0081 圆弧齿廓 circular arc profile
齿廓为圆弧。

08.0082 共轭齿廓 conjugate profile
一对相啮合的齿廓，在整个啮合过程中，能在保持相切的条件下按照预定的规律运动。

08.0083 齿棱 tip
齿面延长部分与齿顶曲面的交线。

08.0084 齿高 tooth depth
齿顶圆与齿根圆之间的径向距离。

08.0085 工作高度 working depth
两个配对齿轮的齿顶圆柱面各与连心线相交，所得到的交点之间的最短距离。

08.0086 齿顶高 addendum
齿顶圆与分度圆之间的径向距离。

08.0087 齿根高 dedendum
齿根圆与分度圆之间的径向距离。

08.0088 弦齿高 chordal height
法向弦齿厚的中点到齿顶面的最短距离。

08.0089 齿宽 facewidth
齿轮的有齿部位沿分度圆柱面的直母线方向量度的宽度。

08.0090 齿厚 tooth thickness
一个轮齿的两侧齿面之间的分度圆弧长。

08.0091 模数 module
分度曲面上齿距(以毫米计)除以圆周率 π 所得到的商。

08.0092 端面模数 transverse module
端面齿距除以圆周率 π 所得到的商。

08.0093 法向模数 normal module
法向齿距除以圆周率 π 所得到的商。

08.0094 轴向模数 axial module
轴向齿距除以圆周率 π 所得到的商。

08.0095 径节 diametral pitch
圆周率 π 除以分度曲面上齿距(以英尺计)所得的商。

08.0096 齿数 number of teeth
一个齿轮的轮齿总数。

08.0097 当量齿数 virtual number of teeth
当量齿轮的齿数。

08.0098 头数 number of threads
蜗杆螺旋齿的齿数。

08.0099 圆柱螺旋线 circular helix
动点沿圆柱面上的一条直母线作为等速移动，而该直母线又绕圆柱面的轴线做等角速的旋转运动时，动点在此圆柱面上的运动轨迹。

08.0100 圆锥螺旋线 conical spiral
动点沿圆锥面上的一条直母线做等速移动，而该直母线又绕圆锥面的轴线做等角速的旋转运动时，动点在此圆锥面上的运动轨迹。

08.0101 螺旋角 helix angle
在圆柱面上，圆柱螺旋线的切线与通过切点的圆柱面直母线之间所夹的锐角。在圆锥面上，圆锥螺旋线的切线与通过切点的圆锥面直母线之间所夹的锐角。

08.0102 基圆螺旋角 base helix angle

对于渐开线斜齿轮，是基圆螺旋线的螺旋角。

08.0103 导程角 lead angle

圆柱螺旋线的切线与端平面之间所夹的锐角。

08.0104 基圆导程角 base lead angle

(1)对于渐开线斜齿轮，是基圆螺旋线的导程角。(2)渐开线蜗杆的基圆螺旋线的导程角。

08.0105 阿基米德螺线 Archimedes spiral

动点沿一直线做等速移动，而此直线又围绕与其直交的轴线做等角速的旋转运动时，动点在该直线的旋转平面上的轨迹。

08.0106 摆线 cycloid

在平面上，一个动圆(发生圆)沿着一条固定的直线(基线)或固定圆(基圆)做纯滚动时，此动圆上一点的轨迹。

08.0107 长幅摆线 prolate cycloid

在平面上，一个动圆(发生圆)沿着一条固定的直线(基线)做纯滚动时，在动圆之外并与动圆固连的一点的轨迹。

08.0108 短幅摆线 curtate cycloid

在平面上，一个动圆(发生圆)沿着一条固定的直线(基线)做纯滚动时，在动圆之内并与动圆固连的一点的轨迹。

08.0109 外摆线 epicycloid

在平面上，一个动圆(发生圆)沿着一个固定圆(基圆)的外侧做外切或内切的纯滚动时，动圆上任意一点的轨迹。

08.0110 长幅外摆线 prolate epicycloid

在平面上，一个动圆(发生圆)沿着一个固定的圆(基圆)的外侧做外切或内切的纯滚动时，位于外切的动圆之外或位于作内切的动圆之内，并与动圆固连的一点的轨迹。

08.0111 短幅外摆线 curtate epicycloid

在平面上，一个动圆(发生圆)沿着一个固定的圆(基圆)的外侧做外切或内切的纯滚动时，位于外切的动圆之内或位于作内切的动圆之外，并与动圆固连的一点的轨迹。

08.0112 内摆线 hypocycloid

在平面上，一个动圆(发生圆)沿着一个固定的圆(基圆)的内侧做纯滚动时，此圆上一点的轨迹。

08.0113 长幅内摆线 prolate hypocycloid

在平面上，一个动圆(发生圆)沿着一个固定的圆(基圆)的内侧做纯滚动时，在动圆之外并与动圆固连的一点的轨迹。

08.0114 短幅内摆线 curtate hypocycloid

在平面上，一个动圆(发生圆)沿着一个固定的圆(基圆)的内侧做纯滚动时，在动圆之内并与动圆固连的一点的轨迹。

08.0115 渐开线 involute

在平面上，一条动直线(发生线)沿着一个固定的圆(基圆)做纯滚动时，此动直线上一点的轨迹。

08.0116 延伸渐开线 prolate involute

在平面上，一条动直线(发生线)沿着一个固定的圆(基圆)做纯滚动时，与圆心同居于动直线的一侧，并与动直线固连的一点的轨迹。

08.0117 缩短渐开线 curtate involute

在平面上，一条动直线(发生线)沿着一个固定的圆(基圆)做纯滚动时，与圆心分别居于动直线的各一侧，并与动直线固连的一点的轨迹。

08.0118 球面渐开线 spherical involute

球面上的一个大圆(发生圆)沿着位于同一球面上的一个固定的小圆(基圆)做纯滚动时，位于该大圆上的一个任意点在球面上的运动轨迹。

08.0119 渐开螺旋面 involute helicoid
平面沿着一个固定的圆柱面（基圆柱面）做纯滚动时，此平面上的一条以恒定角度与基圆柱的轴线倾斜交错的直线在固定空间内的轨迹曲面。

08.0120 阿基米德螺旋面 Archimedes helicoid, screw helicoid
动直线以恒定的角度与一条固定的直线（轴线）相交，并沿此轴线方向做等速移动时，又绕此轴线做等角速的旋转运动；此动直线在固定空间内的运动轨迹。

08.0121 球面渐开螺旋面 spherical involute helicoid
平面沿着一个固定的［基］圆锥面做纯滚动时，此平面上的一条以恒定的角度与基圆锥的轴线倾斜交错的直线在固定空间内的轨迹曲面。

08.0122 圆环面 toroid
母圆围绕着位于圆周之外，但与此圆在同一平面内的一条直线（轴线）做旋转运动，此圆在固定空间内的轨迹曲面。

08.0123 圆环面母圆 generant of the toroid
圆环面被其轴平面所截出的两个圆之中的任意一个圆。

08.0124 圆环面中性圆 middle circle of the toroid
圆环面的母圆圆心绕轴线做旋转运动时的轨迹。

08.0125 圆环面中间平面 mid plane of the toroid
圆环面的对称平面，它包含中性圆，并与轴线相交。

08.0126 圆环面内圆 inner circle of the toroid
圆环面被中间平面所截取的两个圆之中，直径较小的那个圆。

08.0127 啮合干涉 meshing interference
齿轮副在啮合过程中，由于必要的正确啮合的条件不足，其中一个齿轮的齿面越出了所允许的运动界限，而出现的在理论上穿越其相啮齿面的现象。

08.0128 切齿干涉 cutter interference
切齿时，刀具穿越了工件的理论齿面，以致工件材料切除过多，导致被加工出来的齿面形状与理论齿面相比，发生了有规律的变动的现象。

08.0129 过渡曲线干涉 fillet interference
齿轮副在啮合过程中，发生在一齿轮的齿顶与其配偶齿轮齿根过渡曲线处的干涉。

08.0130 齿廓重叠干涉 profile overlap interference
内啮传动中，两齿轮的渐开线齿廓可能在靠近基圆处发生的重叠现象。

08.0131 齿廓修形 profile modification
有意识地微量修削齿廓，使齿廓形状偏离理论齿廓。

08.0132 修缘 tip relief
齿廓修形的一种，在齿顶有效齿面附近对齿廓形状进行有意识的修削。

08.0133 修根 root relief
齿廓修形的一种，在齿根有效齿面附近对齿廓形状进行有意识的修削。

08.0134 齿向修形 axial modification
有意识地沿齿线方向微量修削齿面，使齿面形状偏离理论上的齿形。

08.0135 齿端修薄 end relief
对轮齿的一端或两端，在一小段齿宽范围

内，将齿厚向齿端方向逐渐削薄。

08.0136 鼓形修整 crowning
采用齿向修形的办法，使轮齿的齿宽中部向外凸出。

08.0137 鼓形齿 crowned teeth
经过鼓形修整的轮齿。

08.0138 挖根 undercut
由于加工工艺的需要，对轮齿的齿根过渡曲面进行有意识的修削。

08.0139 瞬时轴 instantaneous axis
在平行轴或相交轴的齿轮副中，两齿轮做相对的瞬时回转运动的轴线。在交错轴齿轮副中，两齿轮做相对的瞬时螺旋运动的轴线。

08.0140 [瞬时]接触点 point of contact
两个相啮齿廓在某一瞬时的公切点。

08.0141 [瞬时]接触线 line of contact
在某一瞬时内，两个相啮齿面的所有接触点的连接线。

08.0142 啮合 engagement
一对齿轮的齿依次交替地接触，从而实现一定规律的相对运动的过程和形态。

08.0143 啮合线 path of contact
对点接触齿轮副，在其整个啮合过程中，端面齿廓瞬时接触点的轨迹。

08.0144 端面啮合线 transverse path of con-tact
平行轴圆柱齿轮副中的任意一对相啮合的端面齿廓在其整个啮合过程中，其瞬时接触点在端平面上的运动轨迹。

08.0145 啮合曲面 surface of action
一对相啮合的齿面整个啮合过程中，其瞬时接触线在固定空间内的轨迹曲面。

08.0146 啮合平面 plane of action
平行轴渐开线圆柱齿轮副的啮合曲面（曲面的特例——平面）。

08.0147 啮合区域 zone of action
啮合曲面上有效齿面啮合的区域。

08.0148 总作用弧 total arc of transmission
齿轮在啮合过程中，它的一个齿面从啮合开始到啮合终止所转过的分度圆弧长。

08.0149 端面作用弧 transverse arc of trans-mission
齿轮在啮合过程中，它的一个端面齿廓从啮合开始到啮合终止所转过的分度圆弧长。对于锥齿轮，背锥齿廓在相应的啮合期间所转过的分度圆弧长。

08.0150 纵向作用弧 overlap arc
包含同一条齿线各一个端点的两个轴平面间所截取的分度圆弧长。

08.0151 总作用角 total angle of transmission
总作用弧所对圆心角。对于锥齿轮，其值应在冠轮上量度。

08.0152 端面作用角 transverse angle of transmission
端面作用弧所对圆心角，对于锥齿轮，其值应在冠轮上量度。

08.0153 纵向作用角 overlap angle
纵向作用弧所对圆心角。对于锥齿轮，其值应在冠轮上量度。

08.0154 齿距角 tooth pitch angle
整个圆周（以角单位表示）与齿数的比值。

08.0155 总重合度 total contact ratio

总作用角与齿距角的比值。对于锥齿轮，其值应在冠轮上量度。

08.0156 端面重合度 transverse contact ratio
端面作用角与齿距角的比值。对于锥齿轮，其值应在冠轮上量度。

08.0157 纵向重合度 overlap ratio
纵向作用角与齿距角的比值。对于锥齿轮，其值应在冠轮上量度。

08.0158 标准中心距 reference center distance
两齿轮分度曲面相切时的中心距。

08.0159 名义中心距 nominal center distance
实际齿厚为公称值的两齿轮无侧隙啮合时的中心距。

08.0160 径向变位 addendum modification
简称"变位"。产形齿条或产形蜗杆的分度曲面与齿轮的分度曲面不相切的情况。

08.0161 正变位 positive addendum modification
刀具由标准位置自轮坯中心移出的切齿方式。

08.0162 负变位 negative addendum modification
刀具由标准位置向轮坯中心移进的切齿方式。

08.0163 非变位齿轮 X-zero gear
又称"标准齿轮"。变位系数为零的齿轮。

08.0164 径向变位量 addendum modification
圆柱齿轮与产形齿条作紧密啮合时，介于齿轮的分度圆柱面与齿条的基准平面之间沿公垂线量度的距离。

08.0165 径向变位系数 addendum modification coefficient

简称"变位系数"。径向变位量除以模数所得的商。

08.0166 变位齿轮副 X-gear pair, modified gear pair
至少包含一个变位齿轮的齿轮副。

08.0167 角变位齿轮副 gear pair with modified centre distance
两相啮合圆柱齿轮的变位系数之和不为零的变位齿轮副。

08.0168 正角变位齿轮副 gear pair with positive modified centre distance
两相啮合圆柱齿轮的变位系数之和大于零的角变位齿轮副。

08.0169 负角变位齿轮副 gear pair with negative modified centre distance
两相啮合圆柱齿轮的变位系数之和小于零的角变位齿轮副。

08.0170 高变位齿轮副 gear pair with reference centre distance
两相啮合圆柱齿轮的非零变位系数之和等于零的角变位齿轮副。

08.0171 中心距变动系数 center distance modification coefficient
名义中心距与标准中心距之差除以模数所得到的商。

08.0172 传动误差 transmission error
与传动特性有关的齿轮误差要素的实际值与理论值之差。

08.0173 传动精度 transmission accuracy
与传动特性有关的齿轮误差要素的实际值接近理论值的程度。

08.0174 齿轮承载能力 load capacity of gears

齿轮在规定使用寿命期内，在给定使用条件下，不发生失效，安全工作的载荷。

08.02.02　圆弧齿轮传动

08.0175　圆柱齿轮　cylindrical gear
分度曲面为圆柱面的齿轮。

08.0176　圆柱齿轮副　cylindrical gear pair
两轴线平行或交错的一对啮合着的圆柱齿轮。

08.0177　高变位圆柱齿轮副　X-gear pair with reference center distance
公称中心距等于标准中心距的变位齿轮副。

08.0178　角变位圆柱齿轮副　X-gear pair with modified center distance
名义中心距不等于标准中心距的变位齿轮副。

08.0179　齿条　rack
具有一系列等距离分布齿的平板或直杆。

08.0180　当量齿轮　virtual gear
对于斜齿轮，其齿线上某一点处的法平面与分度圆柱面的交线是一个椭圆，以此椭圆的最大曲率半径作为某一个假想直齿轮的分度圆半径，并以此斜齿轮的法向模数和法向压力角作为上述假想直齿轮的端面模数和端面压力角，此假想直齿轮就称为所述的斜齿轮的当量齿轮。

08.0181　直齿轮　spur gear
齿线为分度圆柱面直母线的圆柱齿轮。

08.0182　斜齿轮　helical gear
齿线为螺旋线的圆柱齿轮。

08.0183　直齿条　spur rack
齿线是垂直于齿的运动方向的直线齿条。

08.0184　斜齿条　helical rack
齿线是倾斜于齿的运动方向的直线齿条。

08.0185　直齿轮副　spur gear pair
由两个配对的直齿圆柱齿轮组成的平行轴齿轮副。

08.0186　斜齿轮副　helical gear pair
由两个配对的斜齿圆柱齿轮组成的平行轴齿轮副。

08.0187　交错轴斜齿轮副　crossed helical gear pair
由两个配对的斜齿圆柱齿轮组成的交错轴齿轮副。

08.0188　人字齿轮　herringbone gear
又称"双斜齿轮(double helical gear)"。一半齿宽上为右旋齿，另一半齿宽上为左旋齿的圆柱齿轮。

08.0189　渐开线圆柱齿轮　involute cylindrical gear
简称"渐开线齿轮"。端面上的可用齿廓是一段渐开线的圆柱齿轮。

08.0190　摆线[圆柱]齿轮　cycloidal [cylindrical] gear
齿廓为摆线形状的圆柱齿轮。

08.0191　圆弧[圆柱]齿轮　circular arc gear
基本齿条的法向(或端面)可用齿廓为圆弧(或近似于圆弧的某种曲线)的斜齿圆柱齿轮。

08.0192　单圆弧齿轮　single circular arc gear
基本齿条的法向(或端面)可用齿廓由一段圆弧(或近似于圆弧的某种曲线)组成的斜齿圆柱齿轮。

08.0193　双圆弧齿轮　double circular arc gear

主要由凸凹两段圆弧组成(或近似于圆弧的某种曲线)的斜齿圆柱齿轮。

08.0194 分度圆柱面 reference cylinder
圆柱齿轮的分度曲面。

08.0195 节圆柱面 pitch cylinder
平行轴齿轮副中的圆柱齿轮的节曲面。

08.0196 基圆柱面 base cylinder
渐开线圆柱齿轮上的一个假想的圆柱面,形成齿轮齿面(渐开螺旋面)的发生平面在此假想圆柱面上做纯滚动。

08.0197 齿顶圆柱面 tip cylinder
圆柱齿轮的齿顶曲面。

08.0198 齿根圆柱面 root cylinder
圆柱齿轮的齿根曲面。

08.0199 节点 pitch point
在一对相啮合的齿轮上,其两节圆的切点。

08.0200 节线 pitch line
齿条的节平面与端平面的交线。

08.0201 分度圆 reference circle
圆柱齿轮的分度圆柱面与端平面的交线。

08.0202 节圆 pitch circle
(1)圆柱齿轮的节圆柱面与端平面的交线。
(2)基准节圆柱面与带轮轴线的垂直平面的交线。

08.0203 基圆 base circle
渐开线圆柱齿轮(或摆线圆柱齿轮)上的一个假想圆,形成渐开线齿廓的发生线(或形成摆线齿廓的发生圆)在此假想圆的圆周上做纯滚动时,此假想圆就称为基圆。

08.0204 顶圆 tip circle

全称"齿顶圆"。在圆柱齿轮上,其齿顶圆柱面与端平面的交线。

08.0205 根圆 root circle
全称"齿根圆"。在圆柱齿轮上,其齿根圆柱面与端平面的交线。

08.0206 分度圆螺旋线 reference helix
斜齿轮的分度圆柱面与齿面的交线,分度圆螺旋线也就是斜齿轮的齿线。

08.0207 节圆螺旋线 pitch helix
斜齿轮的节圆柱面与齿面的交线。

08.0208 基圆螺旋线 base helix
渐开线斜齿轮的基圆柱面与形成该齿轮齿面的渐开螺旋面的交线。

08.0209 法向螺旋线 normal helix
在同一圆柱面上的两条相交的螺旋线中,如果在任何交点处两螺旋线的切线相互垂直,那么,其中的一条螺旋线就称为另一条螺旋线的法向螺旋线。这两条螺旋线的螺旋方向相反,螺旋角互余。

08.0210 端面齿距 transverse pitch
在齿轮上,两个相邻而同侧的端面齿廓之间的分度圆弧长。

08.0211 法向齿距 normal pitch
在斜齿轮的分度圆柱面上,其齿线的法向螺旋线在两个相邻的同侧齿面之间的弧长。

08.0212 轴向齿距 axial pitch
在斜齿轮的一个轴平面内,两个相邻同侧齿廓之间的轴向距离。

08.0213 公法线长度 base tangent length
对于外齿轮,指相隔若干个齿的两外侧齿面各与两平行平面中的一个平面相切,此两平行平面之间的垂直距离。对于内齿轮,指相隔若干个齿槽的两外侧齿面。

08.0214 分度圆直径 reference diameter
圆柱齿轮的分度圆柱面(或分度圆)的直径。

08.0215 节圆直径 pitch diameter
圆柱齿轮的节圆柱面和节圆的直径。

08.0216 基圆直径 base diameter
渐开线齿轮和摆线齿轮的基圆柱面和基圆的直径。

08.0217 顶圆直径 tip diameter
齿顶圆柱面和齿顶圆的直径。

08.0218 根圆直径 root diameter
齿根圆柱面和齿根圆的直径。

08.0219 齿根圆角半径 fillet radius
齿根过渡曲面的最小曲率半径。

08.0220 端面齿厚 transverse tooth thickness
在圆柱齿轮的端平面上，一个齿的两侧端面齿廓之间的分度圆弧长。

08.0221 法向齿厚 normal tooth thickness
在斜齿轮上，其齿线的法向螺旋线介于一个齿的两侧齿面之间的弧长。

08.0222 端面弦齿厚 transverse chordal tooth thickness
在齿轮的一个端平面上，一个齿的两侧端面齿廓之间的分度圆弧长所对应的弦长。

08.0223 法向弦齿厚 normal chordal tooth thickness
一个齿的两侧齿线之间的最短距离。即法向齿厚所对应的弦长。

08.0224 端面齿槽宽 transverse spacewidth
简称"槽宽"。在端平面上，一个齿槽的两侧齿廓之间的分度圆弧长。

08.0225 法向齿槽宽 normal spacewidth
简称"法向槽宽"。在斜齿轮的一个齿槽内，其两侧齿线的法向螺旋线位于该齿槽内的弧长。

08.0226 齿厚半角 tooth thickness half angle
端面齿厚所对圆心角的一半。

08.0227 槽宽半角 spacewidth half angle
端面齿槽宽所对圆心角的一半。

08.0228 端面压力角 transvevse pressure angle
在齿轮端平面内，端面齿廓与分度圆的交点处，径向直线与在齿廓该点处切线之间所夹的锐角。

08.0229 法向压力角 normal pressure angle
轮齿齿线上一个点的径向直线与该点处齿面的切平面之间所夹的锐角。

08.0230 齿形角 nominal pressure angle
(1)基本齿条的法向压力角。(2)带齿两齿面间的夹角。

08.0231 啮合角 working pressure angle
一般情况下，两相啮轮齿的端面齿廓在接触点处的公法线与两节圆的内公切线所夹的锐角。

08.0232 顶隙 bottom clearance
在齿轮副中，一个齿轮的齿根圆柱面与配对齿轮的齿顶圆柱面之间在连心线上量度的距离。

08.0233 圆周侧隙 circumferential backlash
在一对相啮合的齿轮中，固定其中一个齿轮，另一个齿轮所能转过的节圆弧长的最大值。

08.0234　法向侧隙　normal backlash
两齿轮的工作齿面互相接触时，其非工作齿

面之间的最短距离。

08.02.03　行星齿轮传动

08.0235　行星齿轮　planet gear
简称"行星轮"。在行星齿轮传动中，做行星运动的齿轮。

08.0236　行星架　planet carrier
在行星齿轮传动中，支承一个或多个行星齿轮与太阳轮同轴线的构件。

08.0237　中心轮　center gear
在行星齿轮传动中，与行星齿轮相啮合且轴线固定的齿轮。

08.0238　太阳轮　sun gear
行星齿轮传动中，与行星架同一轴线的外齿轮。

08.0239　内齿圈　ring gear
行星齿轮传动中，与行星架同一轴线的内齿轮。

08.0240　行星齿轮系　planetary gear train
至少有一个行星齿轮传动机构的若干个齿轮副的组合。

08.0241　单级行星齿轮系　single planetary gear train
由一级行星齿轮传动机构组成的轮系。

08.0242　多级行星齿轮系　multiple stage planetary gear train
由两级或两级以上单级行星齿轮传动机构组成的轮系。

08.0243　组合行星齿轮系　compound planetary train
由一级或多级行星齿轮传动机构与其他类型的齿轮传动机构组成的轮系。

08.0244　均载机构　load balancing mechanism

能够补偿误差，使各行星齿轮均匀承受载荷的机构。

08.0245　偏心元件　eccentric element
在少齿差行星齿轮传动中，支承行星齿轮的构件。

08.0246　输出机构　output mechanism
在少齿差行星齿轮传动中，使行星齿轮的运动传递到输出元件上的机构。

08.0247　销孔输出机构　pin hole type output mechanism
由输出轴盘、圆柱销、柱销套及行星齿轮上的相应销孔组成。固定并均布在输出轴盘上的各圆柱销戴上柱销套插入行星齿轮上的相应销孔中，传动时沿销孔接触滚动，从而输出运动或动力。

08.0248　浮动盘输出机构　floating disc type output mechanism
采用传递平行轴运动的浮动盘机构作为输出机构。

08.0249　[十字]滑块输出机构　[cross] slide block type output mechanism
采用传递平行轴运动的十字滑块机构作为输出机构。

08.0250　万向联轴器输出机构　universal joint type output mechanism
采用万向联轴器作为输出机构。

08.0251　零齿差输出机构　zero teeth difference type output mechanism
由具有较大的法向侧隙，且齿数相等的内齿轮副(或锥齿轮副)构成的输出机构。

08.0252 行星齿轮传动机构 planetary gear drive mechanism
由行星齿轮系构成的齿轮传动机构。

08.0253 少齿差齿轮副 gear pair with small teeth difference
由齿数差很少的内齿圈与行星齿轮组成的齿轮副。

08.0254 少齿差行星齿轮传动机构 planetary gear drive mechanism with small teeth difference
由某一种类型的少齿差齿轮副、偏心元件和输出机构所组成的传动机构。

08.0255 摆线少齿差传动 cycloidal drive with small teeth difference
由摆线少齿差齿轮副、偏心元件及输出机构组成的传动机构。

08.0256 摆线少齿差齿轮副 cycloidal gear pair with small teeth difference
由齿数差很少的摆线齿轮和针轮组成的齿轮副。

08.0257 圆弧少齿差齿轮副 circular arc gear pair with small teeth difference
由齿数差很少的圆弧直齿轮与针轮组成的齿轮副。

08.0258 锥齿少齿差齿轮副 bevel gear pair with small teeth difference
由齿数差很少的锥齿轮组成的齿轮副。

08.0259 摆动锥齿轮 swing bevel gear
做摆动或同时做回转运动的锥齿轮。

08.0260 曲拐元件 crank element
在锥齿少齿差传动中，使摆动锥齿轮产生摆动的元件。

08.0261 周向限制机构 circumferential restricting mechanism
将空间摆动变成平面回转运动并传至输出元件上的输出机构。

08.0262 活齿 oscillating tooth
与内齿圈或针轮啮合，并能在活齿架的孔中做往复运动和回转运动的构件。

08.0263 活齿轮 oscillating tooth gear
由活齿和活齿架组成的齿轮。

08.0264 活齿架 oscillating tooth carrier
活齿按圆周方向分布在其孔(或槽)中，并能在孔(或槽)中做往复和滚转运动的盘架。

08.0265 活齿少齿差齿轮副 oscillating tooth gear pair with small teeth difference
由齿数差很少的内齿圈(或针轮)与活齿轮组成的齿轮副。

08.0266 滚珠活齿 ball oscillating tooth
采用滚珠作为活齿。

08.0267 滚子活齿 roller oscillating tooth
采用滚子作为活齿。

08.0268 推杆活齿 push rod oscillating tooth
采用推杆作为活齿。

08.0269 组合活齿 compound oscillating tooth
用滚子与推杆组成的传动构件。

08.02.04 摆线针轮行星齿轮传动

08.0270 摆线针轮减速机 cycloidal pin gear speed reducer

采用摆线针轮行星传动机构的具有单独箱体的齿轮减速传动装置。

08.0271 摆线针轮行星传动机构 cycloidal pin wheel planetary gearing mechanism
由摆线少齿差齿轮副、偏心元件(转臂)及输出机构组成的传动机构。

08.0272 摆线齿轮 cycloidal gear
齿廓为准确的或近似摆线的圆柱齿轮。

08.0273 外齿摆线轮 external cycloidal gear
齿顶曲面位于齿根曲面之外的摆线轮。

08.0274 内齿摆线轮 internal cycloidal gear
齿顶曲面位于齿根曲面之内的摆线轮。

08.0275 复合齿形的摆线轮 cycloidal gear with compound profile
端面上的齿廓是由一条短幅外摆线内侧的等距曲线与另一条曲线复合而成摆线轮。

08.0276 针齿轮 pin wheel
简称"针轮"。轮齿由若干个圆柱销(有套时包括销套)所构成,这些圆柱销的轴线均布于同一圆周上,并与齿轮轴线平行的圆柱或圆环形齿轮。

08.0277 外齿针齿轮 external pin wheel
齿顶圆柱面位于齿根圆柱面之外的针齿轮。

08.0278 内齿针齿轮 internal pin wheel
齿顶圆柱面位于齿根圆柱面之内的针齿轮。

08.0279 针齿壳 pin wheel housing
沿圆周方向有均匀分布的孔或槽以便安置针齿销的壳体。

08.0280 针齿销 wheel pin
作为轮齿而安置在针齿壳上相应孔中的圆柱销。

08.0281 针齿套 wheel roller
套在针齿销外并与摆线轮齿啮合的圆柱套筒。

08.0282 柱销 pin
在摆线针轮行星传动机构中,固定并均布在销孔输出机构的输出轴盘上相应孔中的圆柱销。

08.0283 柱销套 roller
在摆线针轮行星传动机构中,套在销孔输出机构中的柱销上,并与摆线轮上相应柱销孔的圆柱面啮合的圆柱套筒。

08.0284 分布曲面 distribution surface
摆线轮(或针轮)上一个约定的假想曲面或分布图。摆线轮(或针轮)的轮齿尺寸及位置均以此曲面或分布图为基准而加以确定。

08.0285 柱销孔中心曲面 center surface of pin holes
包含摆线轮(或输出轴)上各柱销孔的中心线的假想曲面。

08.0286 等距曲线 equidistant curve
在平面上,与一既定曲线上各点的法向距离处处相等的曲线,称为该既定曲线的等距曲线。若以该既定曲线上各点为圆心,作一系列等直径的圆,则这些圆内外两侧的包络线也就是该既定曲线的等距曲线。

08.0287 外摆线等距曲线 equidistant curve of epicycloid
在平面上,以外摆线为既定曲线时的等距曲线。

08.0288 长幅外摆线的等距曲线 equidistant curve of prolate epicycloid
在平面上,以长幅外摆线为既定曲线时的等距曲线。

08.0289 短幅外摆线等距曲线 equidistant curve of curtate epicycloid
在平面上，以短幅外摆线为既定曲线时的等距曲线。

08.0290 内摆线等距曲线 equidistant curve of hypocycloid
在平面上，以内摆线为既定曲线时的等距曲线。

08.0291 短幅内摆线等距曲线 equidistant curve of curtate hypocycloid
在平面上，以短幅内摆线为既定曲线时的等距曲线。

08.0292 针齿中心圆柱面 center cylinder of gear pins
在针轮上各针齿的中心线所在的曲面。

08.0293 发生圆柱面 generating cylinder
在基圆柱面上做纯滚动以形成摆线轮齿面的一个假想圆柱面。

08.0294 柱销孔中心圆柱面 center cylinder of pin holes
摆线轮的柱销孔中心曲面。

08.0295 针齿中心圆 center circle of gear pins
针轮的针齿中心圆柱面与端平面的交线。

08.0296 柱销孔中心圆 center circle of pin holes
摆线轮的柱销孔中心圆柱面与端平面的交线。

08.0297 分布圆直径 distribution diameter
摆线轮的分布圆柱面和分布圆的直径。

08.0298 针齿中心圆直径 center diameter of gear pins
针轮的针齿中心圆柱面和针齿中心圆的直径。

08.0299 发生圆直径 generating diameter
形成摆线齿廓的发生圆柱面和发生圆的直径。

08.0300 柱销孔中心圆直径 center diameter of pin holes
摆线轮的柱销孔中心圆柱面和柱销孔中心圆的直径。

08.0301 针齿直径 gear pin diameter
针齿销直径。对于具有针齿套的针齿，指的是针齿套的外径。

08.0302 分布圆齿距 distribution pitch
在摆线轮的一个端平面上，两个相邻而同侧的理论齿廓之间的分布圆弧长。

08.0303 基圆齿距 base pitch
在摆线轮的一个端平面上，两个相邻而同侧的齿廓之间的相对应的基圆弧长。

08.0304 顶根距 tip root distance
以整支摆线为基础形成齿廓的奇数齿的摆线轮，在 180°方向上，摆线轮的齿顶圆与齿根圆之间的垂直距离。

08.0305 针齿中心圆齿距 center circle pitch of gear pins
在针轮的一个端平面上，两个相邻而同侧的齿廓之间的针齿中心圆弧长。

08.0306 啮合相位角 phase angle of meshing
在摆线轮与针轮啮合副中，转臂相对于某一针齿中心的转角。设转臂固定并与直角坐标系的纵轴重合时（坐标原点取在针轮中心上），即由纵轴至某一针齿中心的转角。

08.0307 啮合侧隙 working backlash
当一对相啮合的摆线轮与针轮处于理论啮合位置时，在某一针齿中心与节点的连线上，摆线轮齿廓与针齿齿廓之间量度的最短距离。摆线轮轮齿和针轮轮齿在不同位置啮合时，其啮合侧隙不相等。

08.0308 幅高 panel height
在平面上，以整支摆线为基础形成齿廓的理

论齿廓曲线，在半径方向的最低点与最高点之间的距离。

08.0309 短幅系数 curtate ratio
短幅外（或内）摆线的幅高与外（或内）摆线幅高的比值。

08.0310 长幅系数 prolate ratio
长幅外（或内）摆线的幅高与外（或内）摆线幅高的比值。

08.0311 变幅系数 radius variation ratio
短幅系数和长幅系数的统称。

08.0312 针径系数 coefficient of gear pin diameter
在针轮的端平面上，相邻两针齿中心之间的距离与针齿直径的比值。

08.0313 齿宽系数 coefficient of facewidth
摆线轮轮齿宽度与针齿中心圆直径的比值。

08.0314 移距修形 modification of moved distance
在摆线轮齿最后成形加工时，将切齿工具相对于轮坯中心沿径向移动一个微小的距离，从而对摆线的齿廓进行齿廓修形。

08.0315 等距修形 modification of equidistance
在摆线轮齿最后成形加工时，将切齿工具的曲率半径适当变动，从而对摆线轮的齿廓进行齿廓修形。

08.0316 转角修形 modification of rotated angle
在摆线轮齿最后成形加工时，相对切齿工具在初始加工时的位置，将摆线轮坯绕其中心转过一个微小的角度，从而对摆线轮的齿廓进行齿廓修形。

08.02.05 锥齿轮传动

08.0317 锥齿轮 bevel gear
分度曲面为圆锥面的齿轮。

08.0318 直齿锥齿轮 straight bevel gear
齿线是分度圆锥面的直母线的锥齿轮。

08.0319 锥齿轮副 bevel gear pair
一对轴线相交的锥齿轮。

08.0320 准双曲面齿轮副 hypoid gear pair
一对轴线交错的，且偏置的圆锥形或近似圆锥形的齿轮。

08.0321 准双曲面齿轮 hypoid gear
准双曲面齿轮副中的任何一个齿轮。

08.0322 冠轮 crown gear
又称"平面齿轮"。分锥角为 90°的锥齿轮。

08.0323 端面齿轮 contrate gear
顶锥角及根锥角均为 90°的锥齿轮或准双曲面齿轮。

08.0324 弧齿锥齿轮 spiral bevel gear
产形冠轮上的齿线是圆弧的锥齿轮。

08.0325 摆线齿锥齿轮 epicycloid bevel gear
产形冠轮上的齿线是长幅外摆线的锥齿轮。

08.0326 零度齿锥齿轮 zerol bevel gear
中点螺旋角为零度的曲线齿锥齿轮。

08.0327 平顶齿轮 bevel gear with 90° face angle
顶锥角为 90°的锥齿轮。

08.0328 正交锥齿轮副 bevel gear pair with

axes at right angles
一对轴线相交成 90°的锥齿轮。

08.0329 正交锥齿轮 bevel gear with axes at right angles
正交锥齿轮副中的任何一个齿轮。

08.0330 斜交锥齿轮副 angular bevel gear pair
一对轴线相交成不等于 90°的任意角度的锥齿轮。

08.0331 斜交锥齿轮 angular bevel gear
斜交锥齿轮副中的任何一个齿轮。

08.0332 准渐开线齿锥齿轮 palioid gear
产形冠轮上的齿线近似于渐开线的锥齿轮。

08.0333 左旋齿锥齿轮 left hand spiral bevel gear
具有左旋齿的锥齿轮。

08.0334 右旋齿锥齿轮 right hand spiral bevel gear
具有右旋齿的锥齿轮。

08.0335 直线齿廓锥齿轮 bevel gear with straight tooth profile
法向齿廓为直线的锥齿轮。

08.0336 圆弧齿廓锥齿轮 bevel gear with circular arc tooth profile
法向齿廓为圆弧的锥齿轮。

08.0337 正常锥度齿锥齿轮 bevel gear with standard tapered teeth
又称"标准收缩齿锥齿轮"。轮齿的根锥锥顶、顶锥锥顶均同分锥锥顶相重合的锥齿轮。

08.0338 双重锥度齿锥齿轮 bevel gear with duplex tapered teeth
又称"双重收缩齿锥齿轮"。轮齿的根锥锥顶、顶锥锥顶均不同分锥锥顶重合的锥齿轮。

08.0339 等高齿弧齿锥齿轮 spiral bevel gear with constant teeth depth
轮齿大小端齿高相等的弧齿锥齿轮。

08.0340 根锥顶点 root apex
齿轮的轴向剖面内，齿轮轴线和根锥母线的交点。

08.0341 斜齿锥齿轮 skew [helical] bevel gear
产形冠轮上的齿线是不通过锥顶的直线的锥齿轮。

08.0342 曲线齿锥齿轮 curved tooth bevel gear
产形冠轮上的齿线是某种平面曲线的锥齿轮。

08.0343 圆柱齿轮端面齿轮副 contrate gear pair
由端面齿轮及其配对的圆柱齿轮组成的、轴交角呈 90°相交或交错的齿轮副。

08.0344 锥齿轮当量圆柱齿轮 virtual cylindrical gear of bevel gear
假想的圆柱齿轮，其节圆半径等于所研究的锥齿轮的背锥距，并且其端面模数、齿高系数、变位系数等于此锥齿轮的背锥面上的这些参数。

08.0345 当量圆柱齿轮副 virtual cylindrical gear pair
在锥齿轮副中，它的两个锥齿轮的相啮合的当量圆柱齿轮。

08.0346 8 字啮合锥齿轮 octoid gear
产形冠轮的齿面形状为平面的齿轮。

08.0347 圆弧齿弧齿锥齿轮 spiral bevel gear with circular arc tooth profile
产形冠轮的轮齿的法向齿廓是圆心位于分度平面附近的圆弧的弧齿锥齿轮。

08.0348 分度圆锥面 reference cone
简称"分锥"。锥齿轮的分度曲面。

08.0349 节圆锥面 pitch cone
简称"节锥"。相交轴齿轮副中的两个锥齿轮的节曲面。

08.0350 齿顶圆锥面 tip cone
简称"顶锥"。锥齿轮的齿顶曲面。

08.0351 齿根圆锥面 root cone
简称"根锥"。锥齿轮的齿根曲面。

08.0352 背锥[面] back cone
锥齿轮上的一个假想圆锥[面]，它与节锥同轴线，其母线与节锥母线垂直相交，交点位于节圆上。通常，背锥面被定为锥齿轮轮齿的大端端面。

08.0353 前锥[面] front cone
在锥齿轮上，通常作为轮齿小端端面的一个假想圆锥面，其母线与节锥母线垂直相交。

08.0354 中间锥面 middle cone
简称"中锥"。锥齿轮上的假想圆锥面，其母线通过齿宽中点，并与节锥垂直相交。

08.0355 分锥顶点 reference cone apex
分度圆锥面的顶点。

08.0356 轴线交点 crossing point of axes
锥齿轮副的两轴线的交点。对于交错轴齿轮副，指的是两轴线在垂直于连心线的平面上的投影的交点。

08.0357 公共锥顶 common apex
锥齿轮副两节锥的公共顶点，即轴线交点。

08.0358 定位面 locating face
作为安装基准面用于确定锥齿轮轴向位置的平面。

08.0359 锥距 outer cone distance
分锥顶点沿分锥母线至背锥的距离。

08.0360 内锥距 inner cone distance
分锥顶点沿分锥母线至前锥的距离。

08.0361 中点锥距 mean cone distance
分锥顶点沿分锥母线至轮齿齿宽中点的距离。

08.0362 背锥距 back cone distance
背锥顶点沿背锥母线至分锥的距离。

08.0363 齿顶圆直径 tip diameter
背锥面上齿顶圆的直径。

08.0364 齿根圆直径 root diameter
背锥面上齿根圆的直径。

08.0365 [锥齿轮]分度圆 reference circle
分度圆锥面被某一垂直于轴线的平面所截的圆。该圆上的齿距是给定值。

08.0366 安装距 mounting distance
分锥顶点至定位面的轴向距离，对于准曲面齿轮则为两轴公垂线与定位面间的最短距离。

08.0367 轮冠距 tip distance
大端齿顶圆所在平面至定位面的距离。

08.0368 冠顶距 apex to crown
分锥顶点至大端齿顶圆所在平面的距离。

08.0369 偏置距 offset
准双曲面齿轮副的中心距。

08.0370 齿线偏移量 offset of tooth trace
斜齿锥齿轮的产形冠轮的齿线与冠轮轴线

之间的最短距离。

08.0371 分度圆锥角 reference cone angle
又称"分锥角"。锥齿轮轴线与分锥母线之间的夹角。对外锥齿轮，此角为锐角；对内锥齿轮，此角为钝角。

08.0372 节[圆]锥角 pitch angle
锥齿轮轴线与节锥母线之间的夹角。

08.0373 顶[圆]锥角 tip angle
锥齿轮轴线与顶锥母线之间的夹角。

08.0374 根圆锥角 root angle
简称"根锥角"。锥齿轮轴线与根锥母线之间的夹角。

08.0375 背锥角 back cone angle
锥齿轮轴线与背锥母线之间的夹角，即节锥角的余角。

08.0376 齿顶角 addendum angle
顶锥角与分锥角之差。

08.0377 齿根角 dedendum angle
分锥角与根锥角之差。

08.0378 大端螺旋角 outer spiral angle
锥齿轮的齿线在轮齿大端端点的螺旋角。

08.0379 小端螺旋角 inner spiral angle
锥齿轮的齿线在轮齿小端端点的螺旋角。

08.0380 高变位锥齿轮副 gear pair with addendum modification
轴交角等于两齿轮分锥角之和的变位锥齿轮副。

08.0381 角变位锥齿轮副 gear pair with shaft angle modification
轴交角不等于两齿轮分锥角之和的变位锥齿轮副。

08.0382 锥齿轮基本齿廓 basic tooth profile of bevel gears
8字啮合冠轮的大端法面假想齿廓。

08.0383 齿尖 crown
齿轮的轴向剖面内顶锥与背锥的交点。

08.0384 8字啮合冠轮 octoid crown gear
又称"平面产形齿轮"。8字啮合锥齿轮的冠轮，其齿面为一平面。

08.0385 凹面 concave side
全称"凹齿面"。由铣刀盘的外切刀齿切削的齿面，该齿面在齿长方向是凹的。

08.0386 凸面 convex side
全称"凸齿面"。由铣刀盘的内切刀齿切削的齿面，该齿面在齿长方向是凸的。

08.0387 正车齿面 drive side
车辆在向前方向开动时，大轮或小轮与相配轮齿面相接触的齿面。

08.0388 倒车齿面 coast side
车辆在倒车方向开动时，大轮或小轮与相配轮齿面接触的齿面。

08.0389 齿角 tooth angle
双刨刀刨齿机上的一个调整角度，其值为一个齿的两齿面上的节锥母线所对的角度的一半。

08.02.06 谐波齿轮传动

08.0390 谐波齿轮传动 harmonic gear drive
主要由波发生器、柔性齿轮和刚性齿轮三个

基本构件组成，是一种靠波发生器使柔性齿轮产生可控弹性变形，并与刚性齿轮相啮合来传递运动和动力的齿轮传动。

08.0391 谐波齿轮传动机构 harmonic gear drive mechanism
由柔性齿轮、刚性齿轮、波发生器构成的齿轮传动机构。

08.0392 波发生器 wave generator
使柔轮按一定变形规律产生周期性弹性变形波的构件。

08.0393 柔性齿轮 flexible gear, flexspline
简称"柔轮"。在波发生器作用下能产生可控弹性变形的薄壁齿轮。

08.0394 刚性齿轮 circular spline
简称"刚轮"。相对于柔性齿轮，它和普通齿轮一样，工作时保持其原始形状的齿轮。

08.0395 波数 wave number
当波发生器每转360°，柔轮齿圈壁厚中性层任一点上产生变形波的循环次数。

08.0396 单波 single wave
当波发生器每转360°，柔轮齿圈壁厚中性层任一点上产生变形波的循环次数为一。

08.0397 双波 double wave
当波发生器每转360°，柔轮齿圈壁厚中性层任一点上产生变形波的循环次数为二。

08.0398 三波 triple wave
当波发生器每转360°，柔轮齿圈壁厚中性层任一点上产生变形波的循环次数为三。

08.0399 波高 wave height
从波谷底到波峰顶的高度。

08.0400 波高系数 coefficient of wave height
波高与模数的比值。

08.0401 径向变形[量] radial deflection
又称"径向位移"。在波发生器的作用下，柔轮齿圈壁厚中性层上任一点在径向方向产生的变形[量]。

08.0402 切向变形[量] tangential deflection
又称"切向位移"。在波发生器作用下，柔轮齿圈壁厚中性层上的任一点在切线方向产生的变形[量]。

08.0403 轴向变形[量] axial deflection
又称"轴向位移"。在波发生器作用下，柔轮齿圈壁厚中性层上的任一点在轴线方向产生的变形[量]。

08.0404 最大变形[量] maximum deflection
又称"最大位移"。在波发生器作用下，柔轮齿圈壁厚中性层上任一点变形的最大值（径向、切向、轴向）。

08.0405 最大变形量系数 coefficient of maximum deflection
最大变形量与模数之比。

08.0406 畸变 distortion
在传动机构超载的情况下，柔轮齿圈壁厚中性层的实际廓形相对其空载下的原始廓形产生偏离或扭歪现象。

08.0407 空程 lost motion
在工作状态下，当输入轴由正向改为反向旋转时，输出轴在转角上的滞后量。

08.0408 间隙空程 lost motion caused by clearance
因柔轮与刚轮的齿隙和其他构件内的间隙所引起的空程。

08.0409 弹变空程 lost motion caused by elastic deflection
因构件弹性变形所引起的空程。

08.0410 跳齿现象 slippage phenomenon

因超载或设计制造不当，在啮合中柔轮齿从刚轮齿中滑脱的现象（滑脱时产生响声）。

08.0411 啮入 approach, engaging in

柔轮齿从开始进入啮合到柔轮齿达到最大啮入深度为止的过程。

08.0412 啮出 recess, engaging out

柔轮齿从最大啮入深度处开始退出，直到柔轮齿脱离啮合为止的过程。

08.0413 啮合齿数 total number of teeth in engagement

柔轮与刚轮同时啮合的齿数。

08.0414 啮合区 zone of meshing, region of engagement

在波发生器作用下，柔轮齿与刚轮齿具有啮合作用的区域。

08.0415 啮入区 zone of approach, engaging in region

啮入过程经过的区域。

08.0416 啮出区 zone of recess, engaging out region

啮出过程经过的区域。

08.0417 啮合区中心角 circular arc angle of engagement

啮合区域所对应的中心角。

08.0418 正常啮合 normal engagement

柔轮齿与刚轮齿的接触点位于齿廓工作段之内。

08.0419 顶缘啮合 tip edge engagement

柔轮齿顶边缘与刚轮齿廓，或刚轮齿顶边缘与柔轮齿廓相接触的啮合。

08.0420 最大啮入深度 maximum depth in engaging

在啮合状态下，柔轮变形后长半轴（或短半轴）上的齿顶圆与刚轮齿顶圆半径之差的绝对值。

08.0421 谐波齿轮减速器 harmonic gear reducer

输出轴转速小于输入轴转速的谐波齿轮传动装置。

08.0422 谐波齿轮增速器 harmonic gear increaser

输出轴转速大于输入轴转速的谐波齿轮传动装置。

08.0423 单级谐波齿轮传动 single stage harmonic gear drive

由一个波发生器、一个柔轮和一个刚轮组合而成的传动。

08.0424 多级谐波齿轮传动 multiple stage harmonic gear drive

由数个单级谐波齿轮传动串联组合而成的传动。

08.0425 复波谐波齿轮传动 dual harmonic gear drive

柔轮上的两个齿圈，通过一个波发生器的作用，分别与两个刚轮相啮合，以产生复合运动的传动。

08.0426 密闭谐波齿轮传动 hermetically sealed harmonic gear drive

波发生器通过密闭式柔轮，在两种不同性质的空间严格隔离的条件下，传递运动或动力的传动。

08.0427 径向谐波齿轮传动 harmonic gear drive with radial gear meshing

在波发生器的作用下，柔轮与刚轮呈径向啮合，它们之间的变形波垂直于谐波齿轮传动的输出轴。

08.0428 端面谐波齿轮传动 harmonic gear drive with transverse gear meshing
在波发生器的作用下,柔轮与刚轮呈端面啮合,变形波平行于谐波齿轮传动机构的输出轴。

08.0429 积极控制式波发生器 wave generator of positive control
柔轮齿圈整周变形都受到波发生器的确实控制的波发生器。

08.0430 行星式波发生器 planetary wave generator
配置有行星传动构件的波发生器。

08.0431 外波发生器 external wave generator
配置在柔轮齿圈之外的波发生器。

08.0432 内波发生器 internal wave generator
配置于柔轮齿圈之内的波发生器。

08.0433 电磁式波发生器 electromagnetic wave generator
利用电磁力使柔轮齿圈产生变形波的波发生器。

08.0434 液动式波发生器 hydraulic wave generator
利用液力使柔轮齿圈产生变形波的波发生器。

08.0435 气动式波发生器 pneumatic wave generator
利用气动力使柔轮齿圈产生变形波的波发生器。

08.0436 机械式波发生器 mechanical wave generator
利用机械力使柔轮齿圈产生变形波的波发生器。

08.0437 圆盘式波发生器 disk type wave generator
由圆盘偏心设置于输入轴上的非积极控制式波发生器。

08.0438 双圆盘波发生器 two disk wave generator
两个等直径圆盘对称偏心设置于输入轴的非积极控制式波发生器。

08.0439 三圆盘波发生器 three disk wave generator
由三个等直径圆盘(一双一单)对称偏心设置于输入轴的非积极控制式双波发生器。

08.0440 凸轮式波发生器 cam-type wave generator
以某种轮廓环线的凸轮(常装有柔性滚动轴承)作为基本构件的积极控制式波发生器。

08.0441 余弦凸轮波发生器 cosine cam wave generator
以余弦变化规律作为凸轮基本廓形的积极控制式波发生器。

08.0442 椭圆凸轮波发生器 elliptical cam wave generator
以椭圆作为凸轮基本廓形的积极控制式波发生器。

08.0443 滚轮式波发生器 roller type wave generator
以滚轮及滚轮架为基本构件组成的波发生器。

08.0444 双滚轮波发生器 double roller wave generator
在滚轮架上装有两个对称滚轮的波发生器。

08.0445 三滚轮波发生器 triple roller wave generator
在滚轮架上装有三个均布滚轮的波发生器。

08.0446 四滚轮波发生器 four roller wave

generator

在滚轮架上对称装有四个滚轮的双波发生器。

08.0447 滚轮架 roller carrier
波发生器中支架滚轮用的构件。

08.0448 柔性滚动轴承 flexible rolling bearing
专用于谐波齿轮传动中凸轮式波发生器的薄壁滚动轴承。

08.0449 波发生器长轴 major axis of wave generator
波发生器的最大径向尺寸(实际的或假想的)。

08.0450 凸轮长轴 major axis of cam
凸轮的最大径向尺寸。

08.0451 柔轮长轴 major axis of flexspline
柔轮变形后中性层的最大径向尺寸。

08.0452 波发生器短轴 minor axis of wave generator
波发生器的最小径向尺寸(实际的或假想的)。

08.0453 凸轮短轴 minor axis of cam
凸轮的最小径向尺寸。

08.0454 柔轮短轴 minor axis of flexspline
柔轮变形后中性层的最小径向尺寸。

08.0455 长轴半径 major semi axis
长轴之半(实际的或假想的),对于三波发生器指最大半径。

08.0456 短轴半径 minor semi axis
短轴之半(实际的或假想的),对于三波发生器指最小半径。

08.0457 包角 angle of contact

圆盘式波发生器的圆盘上与柔轮内表面贴合的角度。

08.0458 圆筒形柔轮 cylindrical tube shape flexspline
基本形状呈圆筒形的柔轮。

08.0459 环形柔轮 ring shape flexspline
基本形状呈环形的柔轮。

08.0460 杯形柔轮 cup shape flexspline
基本形状呈圆柱杯形的柔轮。

08.0461 钟形柔轮 bell-shape flexspline
基本形状呈古钟形状的柔轮。

08.0462 双钟形柔轮 double bell shape flexspline
基本形状呈近似单叶双曲面形状柔轮。

08.0463 柔轮齿圈 flexspline's toothed ring
柔轮上具有轮齿的部位。

08.0464 柔轮衬环 lining ring
配置于波发生器与柔轮齿圈内表面之间的薄壁圆环。

08.0465 柔轮齿圈壁厚中性层 neutral layer of flexspline's toothed ring
设定于柔轮齿圈段,平分齿根至柔轮内壁距离所在的曲面。

08.0466 柔轮齿渐开线起始圆 beginning circle of involute profile on external flexspline
在外齿柔轮的齿面上,接近齿根处开始有渐开线齿廓的圆。

08.0467 柔轮长度 length of flexspline
筒形或环形柔轮的总长,对于杯形柔轮或其他柔轮指顶端至筒底外表面的长度。

08.0468 柔轮内径 inner diameter of

flexspline
柔轮光滑筒体的内径。

08.0469 柔轮外径 outer diameter of
flexspline
柔轮光滑筒体的外径。

08.0470 柔轮齿圈壁厚 wall thickness of
flexspline
柔轮齿根至柔轮内壁(或外壁)的壁厚。

08.0471 柔轮长径比 length to diameter ratio
of flexspline
柔轮长度与内径的比值。

08.0472 柔轮筒体壁厚 wall thickness of cyl-
inder
柔轮光滑筒体段的壁厚。

08.0473 滑块联接 Oldham coupling
输入轴与波发生器之间借十字滑块联接的

形式。

08.0474 固定联结 integrated coupling
柔轮底部与输出连接盘以螺钉或焊接法联
结的形式。

08.0475 齿啮式联结 dynamic coupling
柔轮筒壁与输出连接盘以相同齿数的内、外
齿圈,构成同步啮合运动的联接形式。

08.0476 花键联结 spline coupling
柔轮筒壁与输出连接盘以内外花键之间联
结的形式。

08.0477 牙嵌式联结 castellated coupling
柔轮与输出连接盘以矩形牙相嵌的联结形
式。

08.0478 径向销联结 radial pin coupling
柔轮与输出连接盘以径向孔和圆柱销联结
的形式。

08.03 蜗 杆 传 动

08.03.01 一 般 名 词

08.0479 蜗杆传动 worm drive
由蜗杆与蜗轮互相啮合组成的交错轴间的
齿轮传动。

08.0480 蜗杆 worm
只具有一个或几个螺旋齿,并且与蜗轮啮合
而组成交错轴齿轮副的齿轮。其分度曲面可
以是圆柱面,圆锥面或圆环面。

08.0481 蜗轮 worm wheel
作为交错轴齿轮副中的大齿轮,与配对蜗杆
相啮合的齿轮。

08.0482 蜗杆副 worm gear pair
由蜗杆及其配对蜗轮组成的交错轴齿轮副。

08.0483 圆柱蜗杆 cylindrical worm
分度曲面为圆柱面的蜗杆。

08.0484 圆柱蜗杆副 cylindrical worm gear
pair
由圆柱蜗杆及其配对的蜗轮组成的交错轴
齿轮副。

08.0485 环面蜗杆 toroid worm, enveloping
worm
分度曲面是圆环面的蜗杆。

08.0486 环面蜗杆副 toroid worm gear pair,
enveloping worm gear pair
由环面蜗杆及其配对的蜗轮组成的交错轴

齿轮副。

08.0487 锥蜗杆 spiroid
分度曲面为圆锥面的蜗杆。它有一条或若干条等导程的锥螺纹。

08.0488 锥蜗轮 spiroid gear
与锥蜗杆配对的、其外形类似锥齿轮的蜗轮。

08.0489 锥蜗杆副 spiroid gear pair
由锥蜗杆和锥蜗轮组成的交错轴齿轮副。

08.03.02 蜗 杆 分 类

08.03.02.01 圆 柱 蜗 杆

08.0490 标准圆柱蜗杆传动 standard gears for cylindrical worm gear
蜗杆节圆与分度圆重合时的圆柱蜗杆传动。

08.0491 变位圆柱蜗杆传动 profile shifted gears for cylindrical worm gear
蜗杆节圆与分度圆不重合时的圆柱蜗杆传动。

08.0492 单导程圆柱蜗杆 single lead cylindrical worm
蜗杆轮齿两侧齿面导程相等的圆柱蜗杆。

08.0493 双导程圆柱蜗杆 dual lead cylindrical worm
蜗杆轮齿两侧齿面导程不等的圆柱蜗杆。

08.0494 基准蜗杆 basic worm
确定蜗杆轮齿基本尺寸及齿形的蜗杆，无制造误差的一种理想蜗杆。

08.0495 阿基米德蜗杆 straight sided axial worm
齿面为阿基米德螺旋面的圆柱蜗杆。其端面齿廓是阿基米德螺旋线；轴向齿廓是直线。

08.0496 渐开线蜗杆 involute helicoid worm
齿面为渐开螺旋面的圆柱蜗杆，其端面齿廓是渐开线。

08.0497 法向直廓蜗杆 straight sided normal worm
法平面上，齿廓为直线的圆柱蜗杆。

08.0498 锥面包络圆柱蜗杆 milled helicoid worm
齿面是圆锥面族的包络曲面的圆柱蜗杆。

08.0499 圆弧圆柱蜗杆 hollow flank worm
蜗杆齿面一般为凹面的圆柱蜗杆。它用具有凸圆弧刃的工具加工而成。

08.03.02.02 环 面 蜗 杆

08.0500 直廓环面蜗杆 toroid enveloping worm with straight line generatrix
具有螺旋齿的齿轮，其分度曲面为圆环面，在轴平面内理论齿廓为直线的蜗杆。

08.0501 直廓环面蜗杆副 double enveloping worm gear pair with straight line generatrix
直廓环面蜗杆及其配对蜗轮组成的交错轴齿轮副。

08.0502 变速比修形蜗杆传动 worm gearing modified with varying of transmission ratio
蜗杆加工时，刀具转动瞬时角速度随蜗杆转角按一定规律连续变化的修形蜗杆与配对蜗轮的直廓环面蜗杆传动。

08.0503 渐开面包络环面蜗杆 toroid enveloping worm with involute helicoid generatrix

以直齿的或斜齿的渐开线圆柱轮为产形轮所展成的环面蜗杆。

08.0504 锥面包络环面蜗杆 toroid enveloping worm with cone generatrix

以齿面呈圆锥面形状的产形轮所展成的环面蜗杆。

08.0505 平面包络环面蜗杆 planar double enveloping worm

以直齿或斜齿的平面蜗轮为产形轮而展成的环面蜗杆。

08.03.03　蜗杆尺寸和性能参数

08.0506 中间平面 mid plane

垂直于蜗轮轴线并包含蜗杆副连心线的平面。当蜗杆与蜗轮的轴线呈直角交错时，蜗杆轴线在中间平面内。

08.0507 啮合节点 working pitch point

蜗杆与其配对蜗轮连心线上的一个点，在该点上蜗杆理论螺旋面沿自身轴向的平移速度等于蜗轮的圆周速度。

08.0508 蜗杆节圆柱面 pitch cylinder of worm

过啮合节点且平行于蜗杆轴线的直线绕蜗杆轴线回转时所形成的圆柱面。

08.0509 蜗杆节圆 pitch circle of worm

蜗杆节圆柱面与垂直于蜗杆轴线的平面的交线。

08.0510 蜗轮节圆柱面 pitch cylinder of wormwheel

过啮合节点且平行于蜗轮轴线的直线绕蜗轮轴线回转时所形成的圆柱面。

08.0511 蜗轮节圆 pitch circle of wormwheel

蜗轮节圆柱面与中间平面的交线。

08.0512 蜗杆轮齿 worm thread

蜗杆的螺旋齿。

08.0513 蜗杆头数 number of threads of worm

蜗杆轮齿的总数，也就是蜗杆轮齿的齿数。

08.0514 蜗杆齿宽 worm face width

蜗杆有齿部分在分度圆柱面上沿轴线方向量度的宽度。

08.0515 蜗杆旋向 hands of worm

蜗杆轮齿螺旋方向。

08.0516 蜗杆分度圆 reference circle of worm

蜗杆分度圆柱面与端平面的交线。

08.0517 蜗杆齿顶圆柱面 tip cylinder of worm

蜗杆轮齿顶部的圆柱面。

08.0518 蜗杆齿顶圆 tip circle of worm

蜗杆齿顶圆柱面与端平面的交线。

08.0519 蜗杆齿根圆柱面 root cylinder of worm

与蜗杆齿槽底部相切的圆柱面。

08.0520 蜗杆齿根圆 root circle of worm

蜗杆齿根圆柱面与端平面的交线。

08.0521 渐开线蜗杆基圆柱面 base cylinder of involute helicoid worm

与蜗杆同轴的一个圆柱面，形成渐开线圆柱蜗杆齿面（渐开螺旋面）的成形线在此圆柱面上做纯滚动。

08.0522 渐开线蜗杆基圆 base circle of involute helicoid worm
渐开线蜗杆基圆柱面与端平面的交线。

08.0523 蜗杆螺旋线 helix of cylindrical worm
圆柱蜗杆齿面与蜗杆同轴圆柱面的交线。

08.0524 蜗轮分度圆 reference circle of wormwheel
蜗轮在中间平面的一个给定的基准圆，此圆被两个相邻同侧齿面所截取的弧长，等于蜗杆的轴向齿距。

08.0525 蜗轮齿顶曲面 tip surface of wormwheel
位于蜗轮轮齿顶部的曲面。用它来限制蜗轮的外圆柱面及齿顶圆环面的径向尺寸。

08.0526 蜗轮顶圆柱面 tip cylinder of wormwheel
蜗轮齿顶曲面上呈圆柱形的那一部分齿顶表面。

08.0527 蜗轮顶圆 tip circle of wormwheel
蜗轮顶圆柱面与端平面的交线。

08.0528 咽喉面 gorge
蜗轮齿顶曲面上呈圆环形状的那一部分齿顶表面。

08.0529 喉圆 gorge circle
齿顶圆环面的内圆。

08.0530 咽喉母圆 generant circle of gorge
蜗轮咽喉面的母圆。

08.0531 蜗轮齿根圆环面 root toroid of wormwheel
在蜗轮上，与齿槽底面相切的圆环面。

08.0532 蜗轮齿根圆 root circle of wormwheel
齿根圆环面与中间平面的交线。

08.0533 蜗轮轴平面 axial plane of wormwheel
通过蜗轮轴线的平面。

08.0534 蜗轮端平面 transverse plane of wormwheel
垂直于蜗轮轴线的平面。

08.0535 蜗轮端面齿廓 transverse profile of wormwheel
蜗轮齿面被蜗轮的端平面所截的截线。

08.0536 蜗轮齿宽 face width of wormwheel
蜗轮轮齿的计算宽度。

08.0537 齿宽角 width angle
蜗轮齿宽所对应的蜗杆圆心角。

08.0538 咽喉母圆半径 gorge radius
蜗轮咽喉母圆的半径。

08.0539 分度圆齿距 reference pitch
蜗轮上，两个相邻的同侧齿廓之间的分度圆弧长。蜗轮分度圆齿距等于其配对蜗杆的轴向齿距。

08.0540 分度圆齿顶高 reference addendum
蜗轮喉圆与分度圆之间的径向距离。

08.0541 蜗轮齿廓变位量 addendum modification of wormwheel
圆柱蜗杆传动中，蜗杆分度圆柱面与蜗轮分度圆之间沿连心线量度的距离。

08.0542 蜗轮变位系数 addendum modification coefficient of wormwheel
蜗轮齿廓变位量除以模数的商。

08.0543 分度圆齿根高 reference dedendum

蜗轮分度圆与齿根圆之间的径向距离。

**08.0544　蜗轮齿厚　tooth thickness of worm-
　　　　wheel**
蜗轮中间平面上，一个轮齿两侧齿面间的分
度圆弧长。

**08.0545　蜗轮齿槽宽　space width of worm-
　　　　wheel**
蜗轮的中间平面上，一个齿槽两侧齿面间的
分度圆弧长。

08.0546　直径系数　diametral quotient
圆柱蜗杆的分度圆直径与轴向模数的比值。

08.0547　包围齿数　enveloping teeth
蜗杆螺旋齿面在中间平面内包围的蜗轮齿数。

08.0548　滑动角　lubrication angle
又称"润滑角"。蜗杆副接触线上某点的切线
与该点的相对运动方向间的锐角。

08.0549　理论接触面　theory contact area
蜗杆和蜗轮的共轭齿面。

08.0550　蜗杆轴平面　axial plane of worm
过蜗杆轴线的平面。

08.0551　蜗杆法平面　normal plane of worm
垂直于蜗杆某一圆柱螺旋线或与该圆柱螺
旋线平行的假想螺旋线的平面。

**08.0552　蜗杆喉法平面　gorge normal plane of
　　　　worm**
过蜗杆轮齿中点螺旋线与喉平面交点且垂
直于蜗杆轮齿中点螺旋线的平面。

**08.0553　蜗杆端平面　transverse plane of
　　　　worm**
垂直于蜗杆轴线的平面。

**08.0554　平面二次包络蜗轮　planar double
　　　　enveloping wormwheel**
以平面包络环面蜗杆为产形轮展成的蜗轮。

08.0555　平面蜗轮　planar wormwheel
一个齿面形状为平面的齿轮，它与环面蜗杆
啮合而组成交错轴齿轮副。

08.04　带　传　动

08.04.01　一　般　名　词

08.0556　带传动　belt drive
由柔性带和带轮组成传递运动和(或)动力
的机械传动，分摩擦传动和啮合传动。

08.0557　平带传动　flat belt drive
由平带和平带轮组成的摩擦传动，带的工作
面与带轮的轮缘表面接触。

08.0558　V带传动　V-belt drive
由一条或数条V带和V带轮组成的摩擦传动。

08.0559　圆带传动　round belt drive

由圆带和带轮组成的摩擦传动。

08.0560　同步带传动　synchronous belt drive
由同步带和同步带轮组成的啮合传动，其同
步运动和(或)动力是通过带齿与轮齿相啮
合传递的。

08.0561　开口传动　open belt drive
带轮两轴线平行、两轮宽的中心平面重合，
转向相同的带传动。

08.0562　交叉传动　cross belt drive

带轮两轴线平行、两轮宽的中心平面重合，转向相反的带传动。

08.0563 半交叉传动 quarter twist belt drive
带轮两轴线在空间交错的带传动，交错角度通常为90°。

08.0564 角度传动 angle drive
带轮两轴线相交成任意角度的带传动。

08.0565 主动带轮 driving pulley
传动中用于驱动带运动的带轮。

08.0566 从动带轮 driven pulley
传动中被带驱动的带轮。

08.0567 塔轮 step pulley
由几个不同直径、按大小顺序排列的带轮组。

08.0568 锥轮 cone pulley
形状为截圆锥体的带轮，用于无级变速传动。

08.0569 导轮 idler pulley
在半交叉传动或角度传动中，引导带的运动方向，使其导入边对准轮宽的中心平面的空转带轮。

08.0570 [带传动]张紧轮 tension pulley
为改变带轮的包角或控制带的张紧力而压在带上的随动轮。

08.0571 [带]中心距 center distance
当带处于规定的张紧力时，两带轮轴线间的距离。

08.0572 带长 belt length
对于平带为内周长度，对于V带为基准长度或有效长度，对同步带为节线长度。

08.0573 [带轮]包角 angle of contact
带传动装置中，带与带轮接触弧所对应的带轮圆心角。

08.0574 带速 belt speed
带运动中的节线速度。

08.0575 滑动率 sliding ratio
传动中由带的滑动引起的从动轮圆周速度相对于主动轮圆周速度的降低率。

08.0576 带轮初拉力 initial tension
带运行前张紧在带轮上的拉力。

08.0577 紧边拉力 tight side tension
带运行时，紧边(拉力较大的一边)的拉力。

08.0578 松边拉力 slack side tension
带运行时，松边(拉力较小的一边)的拉力。

08.0579 有效拉力 effective tension
带运行时，紧边拉力与松边拉力的差值。

08.0580 离心拉力 centrifugal tension
带随轮做弧线运行时，由于离心力所产生的拉力。

08.0581 传动带 driving belt
在带传动中，用以传递运动和(或)动力的带。

08.0582 平带 flat belt
横截面为矩形或近似为矩形的传动带，其工作面为宽平面。

08.0583 皮革平带 leather belt
由皮革制成的平带。

08.0584 普通平带 conventional belt
以帆布为承载层的平带。

08.0585 编织平带 cotton belt
由纤维线(棉、毛、丝等)编织成的无接头平带。

08.0586 复合平带 laminated belt
由尼龙片基或涤纶绳为承载层，工作面贴铬鞣革或挂胶帆布等层压而成的平带。

08.0587 V 带 V-belt
横截面为等腰梯形或近似为等腰梯形的传动带，其工作面为两侧面。

08.0588 普通 V 带 classical V belt
楔角为 40°，相对高度约为 0.7 的 V 带。

08.0589 窄 V 带 narrow V belt
楔角为 40°、相对高度约为 0.9 的 V 带。

08.0590 宽 V 带 wide V belt
相对高度约为 0.3 的 V 带。

08.0591 半宽 V 带 half wide V belt
相对高度约为 0.5 的 V 带。

08.0592 大楔角 V 带 wide angle V belt
楔角为 60°的 V 带。

08.0593 汽车 V 带 automotive V belt
汽车、拖拉机等内燃机专用的 V 带。

08.0594 金属 V 型传动带 metallic V-belt
由两百多个金属片和两组金属环组成，通过两侧工作轮挤压力作用下传递动力的 V 带，主要用在汽车无级变速器中。

08.0595 齿形 V 带 cogged V belt
具有均布横向齿的 V 带。

08.0596 联组 V 带 joined V belt
几条相同的普通 V 带或窄 V 带在顶面联成一体的 V 带组。

08.0597 接头 V 带 open end V belt
按需要截取一定长度的普通 V 带，用专用接头连接成的环形带。

08.0598 双面 V 带 double V belt
横截面为六角形或近似为六角形的传动带，其工作面为四个侧面。

08.0599 多楔带 poly V belt
以平带为基体、内表面具有等距纵向楔的环形传动带，其工作面为楔的侧面。

08.0600 圆带 round belt
横截面为圆形或近似为圆形的传动带。

08.0601 同步带 synchronous belt
横截面为矩形或近似为矩形、内表面(或内、外表面)具有等距横向齿的环形传动带。

08.04.02　V 带和多楔带传动

08.0602 节线 pitch line
当带垂直其底边弯曲时，在带中保持原长度不变的任意一条周线。

08.0603 节面 pitch zone
由全部节线构成的面。

08.0604 节宽 pitch width
带的节面宽度。当带垂直其底边弯曲时，该宽度保持不变。

08.0605 顶宽 top width
横截面中梯形轮廓的最大宽度。

08.0606 高度 height
横截面中梯形轮廓的高度。

08.0607 相对高度 relative height
带的高度与其节宽的比值。

08.0608 [V 带]楔角 wedge angle

V 带两侧边的夹角。

08.0609　基准长度　datum length
V 带在规定的张紧力下，位于测量带轮基准直径上的周线长度。

08.0610　有效长度　effective length
V 带在规定的张紧力下，位于测量带轮有效直径上的周线长度。

08.0611　V 带轮　V-grooved pulley
轮缘上具有一条或数条梯形沟槽的带轮。

08.0612　轮槽节宽　pitch width of pulley groove
轮槽上与配用 V 带的节宽尺寸的相同的宽度。

08.0613　槽角　angle of pulley groove
轮槽横截面两侧边的夹角。

08.0614　节圆周长　pitch circumference
直径等于节径的圆周长。

08.0615　基准宽度　datum width
表示槽形轮廓宽度的一个无公差规定值，该

宽度通常和所配用 V 带的节面处于同一位置，其值应在规定公差范围内与 V 带的节宽一致。

08.0616　有效宽度　effective width
表示槽形轮廓宽度的一个无公差规定的值，该宽度通常位于轮槽两侧边的最外端。

08.0617　基准直径　datum diameter
轮槽基准宽度处带轮的直径。

08.0618　带轮有效直径　effective diameter
轮槽有效宽度处带轮的直径。

08.0619　基准圆周长　datum circumference
直径等于基准直径的圆周长。

08.0620　有效圆周长　effective circumference
直径等于有效直径的圆周长。

08.0621　基准线差　datum line differential
节宽与基准宽度的位置在径向的偏移。

08.0622　有效线差　effective line differential
节宽与有效宽度的位置在径向的偏移。

08.04.03　同步带传动

08.0623　带节距　belt pitch
在规定的张紧力下，带的纵截面上相邻两齿对称中心线间的直线距离。

08.0624　节线长　pitch length
带的节线长度。

08.0625　带宽　belt width
用以传递动力的带的横向尺寸。

08.0626　带高　belt height
带的总高度。

08.0627　带齿　tooth of synchronous belt

与同步带轮轮齿啮合的带表面横向突起部分。

08.0628　齿顶线　tip line
各齿顶的连线。

08.0629　齿根线　root line
各齿根的连线。

08.0630　齿顶圆角半径　radius at tooth tip
连接齿面与齿顶的圆弧半径。

08.0631　齿根厚　width at tooth root
带在平直状态时，同一齿的两个齿面与齿根线理论交点间的直线距离。

08.0632 同步带轮 synchronous pulley
轮缘上具有等间距轴向齿的带轮。

08.0633 基准节圆柱面 pitch reference cylinder
带轮上用以确定轮齿尺寸的同轴假想圆柱面。

08.0634 [带]齿顶圆 tip circle
带轮上包容齿顶的圆柱面与其轴线的垂直平面的交线。

08.0635 [带]齿根圆 root circle
带轮上包容齿根的圆柱面与其轴线的垂直平面的交线。

08.0636 外径 outside diameter
齿顶圆的直径。

08.0637 节径 pitch diameter
带轮节圆的直径。

08.0638 节顶距 pitch line differential
带轮节圆与齿顶圆之间的径向距离。

08.0639 节根距 pitch line location
齿根线与节线间的距离。

08.0640 节距 pitch

带轮节圆上相邻两齿，同侧齿面间的弧长。

08.0641 最小轮宽 minimum pulley width
与同步带配用的带轮端面间(或有挡圈带轮的挡圈间)的最小轴向距离。

08.0642 测量带轮 measuring pulley
用以精确测量同步带长度的特制或精选的带轮。

08.0643 测量带轮的齿侧间隙 measuring pulley tooth clearance
当带与测量带轮的工作齿面接触时，带的非工作齿面与测量带轮齿面间的最短距离。

08.0644 齿槽深 tooth space depth
齿顶圆与齿根圆间的径向距离。

08.0645 齿槽底宽 width at tooth space root
齿槽两齿面与齿根圆理论交点间的直线距离。

08.0646 齿槽角 tooth space angle
齿槽两齿面间的夹角。

08.0647 齿顶宽 width at tooth tip
齿顶线与同一齿的两齿面理论交点间的直线距离。

08.05 链 传 动

08.05.01 链 条

08.0648 链传动 chain drive
利用链与链轮轮齿的啮合来传递动力和运动的机械传动。

08.0649 链条 chain
由相同或间隔相同的构件以运动副形式串接起来的组合件。

08.0650 滚子链 roller chain

组成零件中具有回转滚子，且滚子表面在啮合时直接与链轮齿接触的链条。

08.0651 短节距滚子链 short pitch roller chain
基本节距与滚子外径的比值小于 2 且滚子外径小于链板高度的滚子链。

08.0652 单排滚子链 simplex roller chain

仅含有一排滚子的链条。

08.0653 双排滚子链 duplex roller chain
含有两排并列滚子的链条。

08.0654 三排滚子链 triplex roller chain
含有三排并列滚子的链条。

08.0655 多排滚子链 multiplex roller chain
含有三排以上并列滚子的链条。

08.0656 弯板链 cranked link chain
相邻链节相同，每一链节具有宽端与窄端结构的滚子链。

08.0657 带附件的滚子链 roller chain with attachments
为输送物料在链条上装有专用元件的滚子链。

08.0658 延长节距滚子链 extended pitch roller chain
基本节距与滚子外径的比值大于2的滚子链。

08.0659 带空心销轴的滚子链 roller chain with hollow pins
组成滚子链的销轴具有空心结构的链条。

08.0660 套筒链 bush chain
组成零件中没有滚子，套筒表面在啮合时直接与链轮齿接触的链条。

08.0661 板式链 leaf chain
由多片链板用销轴连接而成的链条。

08.0662 块链 block chain

08.0663 齿形链 inverted tooth chain
由多个链片铰接而成，铰链为滚动副或滑动副，链片与轮齿作楔入啮合的链条。

08.0664 销合链 pintle chain

链节由可锻铸铁铸成并用钢销轴连接起来，无内外链节之分的链条。

08.0665 平顶链 hinge type flattop chain
由带铰卷的链板和销轴两个基本零件组成的具有连续平顶面的链条。

08.0666 易拆链 detachableless chain
又称"无铆链"。多用模锻制成，内链节为一整体，外链节由两块日字形链板组成，内链节内部空间供装附件用的链条。

08.0667 可拆链 detachable chain
由开式钩头与尾杆组成整体链节框架，并靠钩头套住尾杆连接起来的容易拆装链节的链条。

08.0668 侧弯链 side bow roller chain
内外链板间与销轴套筒间的间隙比标准滚子链大，使链条增加了横向弯曲与扭曲性能的链条。

08.0669 传动链 transmission chain
主要用于传递运动和动力的链条。

08.0670 输送链 conveyor chain
主要用作输送工件、物品和材料的链条。

08.0671 双排输送链 double strand conveyor chain
两排链条平行安装组成的链条。

08.0672 拉曳链 drag chain
套筒迎向物料的一面被设计成具有较大推刮能力的平面，弯链板可装以各种附件的链条。

08.0673 管钳链 wrench chain
又称"扳手链"。板式链变形型式，专门用于夹紧圆柱状或不规则形状物体的链条。

08.05.02　链条元件

08.0674　内链节　inner link
由套筒和链板过盈配合连接而成的链节。

08.0675　外链节　outer link
由销轴和链板过盈配合连接而成的链节。

08.0676　过渡链节　cranked link
链条一端为内链节，另一端为外链节时所用的接头链节。

08.0677　连接链节　connecting link
链条两端均为内链节时所用的接头链节。

08.0678　套筒　bush
与销轴构成铰链副的筒形元件。

08.0679　[链传动]滚子　roller
装在套筒上可以自由转动的筒形元件。

08.0680　链板　link plate
带孔的片状链条元件。

08.0681　内链板　inner plate
内链节上的链板。

08.0682　外链板　outer plate
外链节上的链板。

08.0683　中链板　intermediate plate
双排及多排链中，两排内链节之间的链板。

08.0684　8 字形链板　figure eight shaped link
　　　　　　plate, waisted plate
廓线近于 8 字形的链板。

08.0685　直边链板　straight[sided] link plate
中部廓线平行且端部圆弧中心角不大于
180°的链板。

08.0686　弯板链板　cranked plate
侧面两端平行、中部弯折的链板。

08.0687　[链传动]销轴　pin
用作链条铰链回转轴的细长圆柱形元件。

08.0688　连接销轴　connecting link pin
连接链节上具有安装止锁件用的槽（或孔）的销轴。

08.0689　实心销轴　solid pin
用作链条铰链回转轴的细长实心圆柱形元件。

08.0690　空心销轴　hollow pin
形状为空心圆柱体的销轴。

08.0691　可拆销轴　detachable connecting pin
过渡链节上的连接用销轴。

08.0692　带肩销轴　shouldered
端部带有轴肩的销轴。

08.0693　小滚子　small roller
外径小于链板高度的滚子。

08.0694　大滚子　large roller
外径大于链板高度的滚子。

08.0695　带边滚子　flange roller
一端带有凸缘的滚子。

08.0696　止锁件　fastener
为防止链节松脱，在链条侧端装设的限位元件。

08.0697　弹性锁片　spring clip
卡装在连接销轴端部的、具有弹性的片状止锁件。

08.0698　钢丝锁销　solid long cotter
穿过连接销轴端部的折曲钢丝锁件。

08.0699 链轮 chainwheel, sprocket
与链条相啮合的带齿的轮形机械零件。

08.0700 主动链轮 driving chain wheel
简称"主动轮"。驱动链条的链轮。

08.0701 从动链轮 driven chain wheel
简称"从动轮"。被链条所驱动的链轮。

08.0702 小链轮 minor sprocket

08.0703 单排链轮 sprocket for simplex chain
具有单排轮齿的链轮。

08.0704 双排链轮 sprocket for double chain

具有双排轮齿的链轮。

08.0705 多排链轮 sprocket for multiple chain
具有三排及三排以上轮齿的链轮。

08.0706 带轮毂链轮 sprocket with hub

08.0707 盘状链轮 plate sprocket

08.0708 导轨 guide rail
用以支撑链条的导向元件。

08.0709 [链传动]张紧轮 tensioner
为避免松边张力不足引起链条在链轮上跳齿或掉链而设置的张紧链条的装置。

08.06 其他机械传动

08.0710 螺旋传动 screw drive
由螺杆和旋合螺母组成的机械传动。

08.0711 螺杆 screw
利用本身的螺纹传递运动或动力的杆状机械零件。

08.0712 滚珠丝杠副 ball screw
丝杠与旋合螺母之间以钢珠为滚动体的螺旋传动副。它可将旋转运动变为直线运动或将直线运动变为旋转运动。

08.0713 定位滚珠丝杠副 positioning ball screw
又称"P类滚珠丝杠副"。通过旋转角度和导程控制轴向位移量的滚珠丝杠副。

08.0714 传动滚珠丝杠副 transport ball screw
又称"T类滚珠丝杠副"。与旋转角度无关，用于传递动力的滚珠丝杠副。

08.0715 单线滚珠丝杠副 single start ball screw

导程和螺距相等的滚珠丝杠副。

08.0716 滚珠丝杠 ball screw shaft
具有螺纹滚道的轴。

08.0717 滚珠螺母组件 ball nut
由滚珠螺母、钢球、循环机构和附件所构成的组件。

08.0718 循环列数 number of circuits
在滚珠螺母上循环钢球闭合回路条数。

08.0719 圈数 number of turns
一列循环中钢球链所用的导程数。

08.0720 载荷钢球 load ball
承受载荷的钢球。

08.0721 间隔钢球 spacer ball
起隔离作用的钢球，其直径比载荷钢球略小。

08.0722 [丝杠]滚道 ball track
在丝杠和螺母上供钢球滚动用的空间螺旋

通道。

08.0723　摩擦轮传动　friction wheel drive

08.07　液 压 传 动

08.07.01　一 般 名 词

08.0724　流体传动　fluid power
用受压流体作为介质传递、控制、分配信号和能量的方式。

08.0725　液压技术　hydraulics
用受压液体作为介质传递、控制、分配能量的技术。

08.0726　液压传动　hydraulic drive
用液体压力能来转换或传递机械能的传动方式。

08.0727　流体力学　hydrodynamics
主要研究在各种力的作用下，流体本身的静止状态和运动状态以及流体和固体界壁间有相对运动时的相互作用和流动规律的学科。

08.0728　流体静力学　hydrostatics
研究静止流体的压力分布以及对包围流体固体的相互作用力的学科。

08.0729　流体动力学　hydrokinetics
研究流体运动所产生的力及其运动规律的学科。

08.0730　液压系统　fluid power system
一种以油液作为工作介质，利用油液的压力能，并通过控制阀门等元件驱动液压执行机构工作的系统。

08.0731　流体动力源　fluid power supply
产生具有一定压力和流量的能量转换元件。

08.0732　射流技术　fluidics

利用两轮直接接触并压紧而产生摩擦力来实现动力传递的机械传动。

利用射流中的某些物理现象(如卷吸现象、附壁效应等)做成不同功能的射流元件，和辅件组成控制线路，从而改变射流方向，达到自动控制目的技术。

08.0733　反馈　feedback
系统的输出返回到输入端并以某种方式改变输入，进而影响系统功能的过程，即将输出量通过恰当的检测装置返回到输入端并与输入量进行比较的过程。

08.0734　液压功率　hydraulic power
油液的流量与压力的乘积。

08.0735　气蚀　cavitation
流体在高速流动和压力变化条件下，与流体接触的金属表面上发生洞穴状腐蚀破坏的现象。

08.0736　堆积　silting
流体中的微细污染物颗粒聚集在系统中特定部位的现象。

08.0737　淤积卡紧　silt lock
活塞或阀芯因污染物而导致的不良锁紧。

08.0738　黏性摩擦　stick slip
由液体的黏性剪切力而产生的摩擦。

08.0739　磨蚀　erosion
由流体或悬浮颗粒流体的冲刷、微射流或它们的组合引起的机械零件的材料损失。

08.0740　破裂　burst

过高压力引起元件壳体和配管破坏导致流体流出的现象。

08.0741 流道 flow path
输送流体的通道。

08.0742 压溃 collapse
由于过高压差引起元件结构破坏的现象。

08.0743 液压卡紧 hydraulic lock
活塞或阀芯被活塞周围空隙中的不平衡压力卡住，不平衡压力侧向推动活塞，引起足以阻止轴向运动的摩擦现象。

08.0744 充气 aeration
向液压元件如蓄能器中充入压缩气体的过程。

08.0745 露点 dew point
蒸汽开始凝结的温度。

08.0746 压力露点 pressure dew point
压缩空气在实际压力下的露点。

08.0747 大气露点 atmospheric dew point
在大气压下测量的露点。

08.0748 相对湿度 relative humidity
空气中水气压与相同温度下水气压的百分比。

08.0749 绝对湿度 absolute humidity
在标准状态下每立方米湿空气中所含水蒸气的重量。

08.07.02　工　作　液　体

08.0750 流体 fluid
在流体传动系统中用作传动介质的液体或气体。

08.0751 相容流体 compatible fluid
对系统、元件或其他流体的性质和寿命没有不良影响的流体。

08.0752 不相容流体 incompatible fluid
对系统、元件或其他流体的性质和寿命有不良影响的流体。

08.0753 液压油液 hydraulic fluid
液压系统中用作传动介质的油液。

08.0754 难燃液压油 fire-resistant hydraulic fluid
不易点燃，且火焰传播趋向极小的液压油液。

08.0755 矿物油 mineral oil, petroleum fluid
由含有不同精炼程度和其他成分的石油烃类组成的液压油液。

08.0756 水基液 aqueous fluid
除其他成分外，水作为主要成分的液压介质。

08.0757 水包油乳化液 oil-in-water emulsion
极小的油滴分布在水中的乳浊液。

08.0758 油包水乳化液 water-in-oil emulsion
极小的水滴分散在油液中的乳浊液。

08.0759 水聚合物溶液 polyglycol solution, water polymer solution
一种主要成分是水和一种或多种乙二醇或聚乙二醇的难燃液压介质。

08.0760 合成液压油 synthetic fluid
采用不同的聚合工艺生产的主要基于酯、聚醇的液压油液。

08.0761 磷酸酯液压油 phosphate ester fluid
由磷酸酯组成的合成液压油液。

08.0762 氢化烃油液 chlorinated hydrocarbon

fluid

一种由芳香烃或链烷烃组成的不含水的合成液压油液。

08.0763 可生物降解油液 bio-degradable
fluid
能在很大程度上迅速生物降解的液压油液。

08.0764 黏度指数 viscosity index
表示一切流体黏度随温度变化的程度。

08.0765 流体密度 fluid density
在规定温度下，流体的质量除以体积得到的商。

08.0766 流体弹性模量 bulk modulus of a
fluid
施加于流体的压力变化所引起的体积应变之比。

08.0767 流体压缩率 compressibility of a
fluid
单位压力变化所引起的流体单位体积的变化量。

08.0768 排气能力 air release capacity
液压油液排出浮于其中气泡的能力。

08.0769 液体混合性 liquid miscibility
液体以任何比率混合起来而没有不良后果的能力。

08.0770 流体稳定性 fluid stability
在规定条件下，流体抵抗其物理、化学性质或状态发生改变的能力。

08.0771 乳化液稳定性 emulsion stability
乳化液在规定条件下对分离的抵抗性。

08.0772 乳化液不稳定性 emulsion instabil-
ity

乳化液容易分离成单独两相的性质。

08.0773 液压油液衰变 hydraulic fluid break-
down
液压油液的化学性能或物理性能降低的现象。

08.0774 溶解空气 dissolved air
以分子形式分散于液压油液中的空气。

08.0775 空气混入量 air inclusion
混入到系统流体中的空气体积。

08.0776 溶解水 dissolved water
以分子水平分散于液压油液中的水。

08.0777 含水量 water content
流体中所含水的百分比。

08.0778 游离水 free water
进入流体传动系统中，由于水和系统中流体密度不同而分离的水。

08.0779 闪点 flash point
液体蒸发出足量的蒸汽，当在施加小明火时，其与空气相遇被点燃的温度。

08.0780 燃点 fire point
在受控条件下，已挥发出的足量蒸汽在空气中遇微小明火被点燃并持续燃烧的温度。

08.0781 高压喷雾燃烧试验 high-pressure
spray test
用一个受控火源测定液体在加压射流或雾化情况下点燃的燃烧性试验。

08.0782 倾点 pour point
流体能够保持流动状态的最低温度。

08.0783 流体调节 fluid conditioning
通过物理或化学方法将流体特性调整为期望值的过程。

08.0784 黏度指数改进剂 viscosity index improver

添加到流体中，改变其黏温特性的化学物质。

08.0785 生成污染 generated contamination

在系统或元件的工作过程中产生的污染。

08.0786 环境污染物 environmental contaminant

存在于系统周围环境中的污染物。

08.0787 实际流体温度 actual fluid temperature

在给定时间和规定位置测量的流体的温度。

08.07.03 流动和流量

08.0788 流动 flow

流体在压力差作用下引起的宏观运动。

08.0789 流量 flow rate

在规定工况下，单位时间穿过流道横截面的流体的体积。

08.0790 体积流量 volumetric flow rate

单位时间内流经流道有效截面的流体体积。

08.0791 质量流量 mass flow rate

单位时间内流经流道有效截面的流体质量。

08.0792 额定流量 rated flow

在额定工况下，通过元件或配管的流量。

08.0793 排量 delivery

液压泵和液压马达每转一圈所排出和吸收的流体体积。

08.0794 输出流量 supply flow rate

液压源提供给系统的流量。

08.0795 进口流量 inlet flow rate

通过元件进口横截面的流量。

08.0796 负载流量 loaded flow rate

在负载压力下，通过阀出口的流量。

08.0797 控制流量 control flow rate

控制信号所对应的流量。

08.0798 总流量 total flow rate

先导流量、内部泄漏流量和出口流量的总和。

08.0799 先导流量 pilot flow rate

通过先导控制级的流量。

08.0800 泄漏 leakage

由于存在压力差，在液压元件内部相对运动间隙产生的不期望流出或漏出的流体，有内泄漏和外泄漏两种。

08.0801 内泄漏 internal leakage

元件内腔之间的泄漏。

08.0802 外泄漏 external leakage

从元件或配管的内部向周围环境的泄漏。

08.0803 层流 laminar flow

流体的速度、压力等物理参数随时间和空间的变化都很平滑的流动。

08.0804 紊流 turbulent flow

流体的速度、压力等随时间和空间都以很不规则、很不光滑的方式变化的流动。

08.0805 壅塞流 choked flow

在给定的初始条件下，可压缩流体在流道内的流动情况不再随下游条件而变化的流动。此时质量流率达到最大值，即临界流量。

08.0806 亚音速流动 subsonic flow

流体在流场中所有各点处的流速,都低于当地声速(见声速)的流动。

08.0807 雷诺数 Reynolds numbers
表征流体惯性力和黏性力相对大小的数,记为 Re。

08.0808 临界雷诺数 critical Reynolds numbers
对于给定的一组条件,表示流动是层流或紊流的量化标准。

08.0809 流量波动 flow ripple
液压油液中流量的波动。

08.0810 流量冲击 flow rate surge
在一定时间段中流量的升降。

08.0811 流量对称度 flow rate symmetry
伺服阀的两个方向的名义流量增益的一致程度,用二者之差对较大名义流量的流量增益值之比表示。

08.0812 流量线性度 flow rate linearity
伺服阀名义流量曲线的直线性,以实际流量曲线与名义流量增益线的最大偏差电流值与额定电流值的百分比表示。

08.0813 流量恢复率 flow rate recovery
出口的空载流量与供给流量的比值。

08.0814 收缩流 contraction
流体从一个小的截面流出,由于流体动量发生变化,液流直径小于流体通道直径的流体

流动。

08.0815 自由流动 free flow
没有约束和控制的流体的流动。

08.0816 可控流动 controlled flow
流量的大小和方向可通过控制元件改变的流动。

08.0817 过渡流 interflow
阀在切换过程中通过各阀口的流体流动。

08.0818 流量切断 flow cut-off
阀口完全关闭,不再提供流体的操作。

08.0819 流动损失 hydrodynamic losses
液体流动过程中,由黏性摩擦引起的损失。有沿程损失与局部损失。

08.0820 流量特性 flow characteristic
反映流量随相关参数变化的描述。

08.0821 流量系数 flow coefficient
表征流体传动元件或配管通流能力的系数。

08.0822 流量增益 flow gain, flow rate amplification
在给定点,输出流量的变化与输入信号变化的比值。

08.0823 液动力 flow force
液流流经阀口时,流动方向和流速的变化造成液体动量的改变,阀芯受到的附加作用力。

08.07.04 压　　力

08.0824 压力 pressure
流体垂直施加在其约束体单位面积上的力。

08.0825 全压 total pressure

流体静压与动压之和。

08.0826 静压 static pressure
在静态工况或稳态工况下流体中的压力。

08.0827 动压 dynamic pressure
带动流体流动的压力。

08.0828 绝对压力 absolute pressure
以绝对真空作为基准，直接作用于容器或物体表面的压力。

08.0829 表压力 gauge pressure
压力表显示的压力。数值为绝对压力减去大气压力。

08.0830 公称压力 nominal pressure
液压元件、系统或管路所能承受的压力等级。

08.0831 压差 differential pressure
在同一元件、系统或管路中，两个不同位置点之间的压力差值。

08.0832 破坏压力 burst pressure
引起元件或配管破裂和导致流体外泄的压力。

08.0833 耐压压力 proof pressure
在装配后施加的，超过元件或配管的最高额定压力而不引起元件损坏或后期故障的试验压力。

08.0834 最高压力 maximum pressure
暂时出现的对元件或系统的性能、寿命没有任何严重影响的最高瞬时压力。

08.0835 最高工作压力 maximum working pressure
一个系统或子系统在稳定工况下工作的最高压力。

08.0836 最低工作压力 minimum working pressure
一个系统或子系统在稳定工况下工作的最低压力。

08.0837 额定压力 rated pressure
通过试验确定的，按其设计的元件或配管能够保证达到足够使用寿命的工作压力。

08.0838 最低操作压力 minimum operating pressure
能够满足操作功能要求的最低压力。

08.0839 起动压力 breakaway pressure, breakout pressure
系统开始起动所需的最低压力。

08.0840 使用压力范围 working pressure range
在稳态工况下，系统或子系统最高工作压力与最低工作压力之间的差值。

08.0841 运行压力范围 operating pressure range
系统、子系统、元件或配管在实现其功能时所能承受的压力范围。

08.0842 基准压力 reference pressure
确认作为基准的压力。

08.0843 设定压力 set pressure, setting pressure
希望通过压力控制元件达到的压力。

08.0844 内部压力 internal pressure
从内部作用于元件或系统的压力。

08.0845 外部压力 external pressure
从外部作用于元件或系统的压力。

08.0846 供给压力 supply pressure
由动力源所产生供系统运行的压力。

08.0847 背压 back pressure
由下游阻力产生的压力。

08.0848 负载压力 load pressure

由外部负载所产生的压力。

08.0849 预加载压力 preload pressure
施加在元件或系统上的初始压力。

08.0850 残余压力 residual pressure
系统停运后，管道、元件内的压力。

08.0851 进口压力 inlet pressure
元件、配管或系统进口处的压力。

08.0852 出口压力 outlet pressure
元件、配管或系统出口处的压力。

08.0853 先导压力 pilot pressure
先导级控制管路或控制回路中的压力。

08.0854 水头 head
基准面上的液体柱或体积的高度。

08.0855 压头 pressure head
产生给定的压力所需的液体柱的高度。

08.0856 压力响应 response pressure
元件或系统起动或关闭时，压力的变化过程。

08.0857 关闭压力 closing pressure
在一定工况条件下使元件关闭的压力。

08.0858 控制压力 control pressure
在控制口用来提供控制功能的压力。

08.0859 切换压力 switching pressure
系统或元件的运行状态发生变化需要的压力。

08.0860 压力梯度 pressure gradient
沿流体流动方向，单位路程长度上的压力变化值。

08.0861 压降 pressure drop
元件两端高、低压力之间的差。

08.0862 峰值压力 peak pressure
动态过程中系统压力所出现的超过稳态压力的最高值。

08.0863 开启压力 cracking pressure, valve opening pressure
在一定条件下，阀开始打开并进入工作状态的压力。

08.0864 [阀]关闭压力 reseat pressure
单向阀或溢流阀等，阀开始关闭时的压力。

08.0865 调压偏差 override pressure
对于压力控制阀，从规定的最低流量到工作流量的过程中压力的增量。

08.0866 怠速压力 idling pressure
机器在怠速过程中，维持一定输出功率所需要的压力。

08.0867 缓冲压力 cushioning pressure
为减小压力冲击，并使运动元件减速而产生的压力。

08.0868 充气压力 charge pressure
元件充气后达到的压力。

08.0869 增压压力 boost pressure
通过改变液体作用面积比得到的高于原有液体的压力。

08.0870 吸油压力 suction pressure
泵进口处流体的绝对压力。

08.0871 循环压力 recirculating pressure
当系统或系统的一部分循环时,其内部的压力。

08.0872 预充压力 pre-charge pressure
充气式蓄能器的充气压力。

08.0873 回油压力 return pressure

液压元件或液压系统回油管路中的油液压力。

08.0874 零位压力 null pressure
连续控制的方向控制阀处于液压零位时，两个工作口的压力。

08.0875 压力损失 pressure loss
流体在管道内流动所发生的能量损失。流体流动时的能量损失由摩擦阻力所引起的沿程能量损失和由流道形状变化引起的局部能量损失组成，通常用压差形式表示能量损失，即压力损失。

08.0876 压力变动 pressure fluctuation
压力随时间不受控制的变化。

08.0877 压力脉冲 pressure pulse
系统中出现的压力短时间内的上升或下降。

08.0878 压力波动 pressure pulsation
幅值变化比较小的连续的压力变化。

08.0879 压力脉动 pressure ripple
由泵流量的周期性变化和系统相互作用而产生的波动幅值较小的周期性压力变化。

08.0880 压力波 pressure wave
液流受阻而流速突然变小，从而引起管道局部压力急剧升高和降低的交替变化，并以波的形式在管道内往返周期性地传播，这种压力的升降和传播称为压力波。

08.0881 压力冲击 pressure surge
在短时间内，压力的快速上升和快速下降的现象。

08.0882 压力增益 pressure amplification,
pressure gain
单位阀芯位移导致的负载压力增量。

08.0883 压力补偿 pressure compensation
实现机器与回路内压力在规定值保持不变的方法。

08.0884 啸叫 chattering
由于液压阀特别是压力阀不稳定，高频振动产生的刺耳噪声。

08.0885 水击 water hammer
在有压管道中，液体流速发生急剧变化所引起的压力大幅度波动的现象。

08.07.05 动力元件

08.0886 液压泵 hydraulic pump
靠发动机或电动机驱动，将机械能转换为液压能的液压系统动力元件。

08.0887 手动泵 hand pump
靠手动操作的液压泵。

08.0888 气驱液压泵 hydropneumatic pump
靠压缩空气驱动的液压泵。

08.0889 多级串联泵 multi-stage pump,
staged pump
为实现多级加压而串联在一起的两个或多个液压泵。

08.0890 补油泵 charge pump, make-up pump
提高另一个泵的进口压力的液压泵。

08.0891 单向泵 uni-flow pump
流体只能沿一个方向流动，进出油口不可变的液压泵。

08.0892 双向泵 reversible pump
通过改变驱动轴的旋转方向，流体流动方向可以变换的液压泵。

08.0893 流向可变泵 over-center pump
在旋转方向不变的情况下，通过改变变量机构摆角改变流体的流动方向的液压泵。

08.0894 离心泵 centrifugal pump
靠叶轮旋转时产生的离心力来输送液体的液压泵。

08.0895 冷却泵 cooling pump
用于降低液压系统中油液温度的液压泵。

08.0896 计量泵 metering pump
用于计量流体流量或质量的液压泵。

08.0897 循环泵 circulating pump
循环液压油液以便实现冷却、过滤和润滑功能的液压泵。

08.0898 容积式泵 displacement pump, positive-displacement pump
依靠密闭工作容积的改变实现液体的吸入和压出，将机械能转换为液压能的泵。

08.0899 定量泵 fixed displacement pump
排量固定不变的液压泵。

08.0900 螺杆泵 screw pump
依靠公共外套中旋转的一根或数根相互啮合的螺杆沿轴向输送流体的容积式泵。

08.0901 齿轮泵 gear pump
依靠泵体与啮合齿轮间所形成的工作容积变化来输送液体或使之增压的容积式泵。

08.0902 摆线泵 gerotor pump
齿形为摆线的一种内啮合齿轮泵。

08.0903 双联齿轮泵 double gear pump
由两个单级齿轮泵装在一个泵体内，在油路上并联组成的齿轮泵。

08.0904 多联齿轮泵 multiple gear pump
将两套或多套齿轮泵的泵芯组件并排组装在一起，由一根传动轴来驱动的齿轮泵。

08.0905 外啮合齿轮泵 external gear pump
齿轮啮合副的配置为外啮合型的齿轮泵。

08.0906 内啮合齿轮泵 internal gear pump
齿轮啮合副的配置为内啮合型的齿轮泵。

08.0907 叶片泵 vane pump
依靠叶片在转子槽内的径向滑动，从而使定子、转子、端盖所形成的密闭工作空间变化，实现吸油、排油的液压泵。

08.0908 多联叶片泵 multiple vane pump
将两套或多套叶片泵的泵芯组件并排组装在一起，由一根传动轴来驱动的叶片泵。

08.0909 单作用叶片泵 single action vane pump
转子每转一周，完成一次吸排油的叶片泵。

08.0910 双作用叶片泵 double action vane pump
转子每转一周，相邻两叶片所形成的工作腔完成两次吸排油的叶片泵。

08.0911 平衡式叶片泵 balanced vane pump
作用于内部转子上的径向力保持平衡的叶片泵。

08.0912 双叶片泵 double vane pump
由两个单级叶片泵装在一个泵体内的油路上并联组成的叶片泵。

08.0913 凸轮转子式叶片泵 cam rotor vane pump
叶片滑道在凸轮状转子外表面上的叶片泵。

08.0914 平衡转子式叶片泵 balanced rotor vane pump
作用于内部转子上的径向力保持平衡的转子式叶片泵。

08.0915 柱塞泵 piston pump

依靠一个或多个柱塞在缸体中往复运动，使密闭工作容腔的容积发生变化以实现吸、压油的液压泵。

08.0916 单作用柱塞泵 single action piston pump

柱塞在旋转一周的过程中完成一次吸油、排油的柱塞泵。

08.0917 双作用柱塞泵 double action piston pump

柱塞在旋转一周的过程中完成两次吸油、排油的柱塞泵。

08.0918 单柱塞泵 single piston pump

只有一个柱塞的柱塞泵。

08.0919 轴向柱塞泵 axial piston pump

活塞或柱塞的往复运动方向与缸体中心轴平行的柱塞泵。

08.0920 斜轴式轴向柱塞泵 bent axis type axial piston pump

驱动轴与缸体中心线成一定角度的轴向柱塞泵。

08.0921 斜盘式轴向柱塞泵 swash plate axial piston pump

驱动轴与缸体中心线平行，且斜盘不随驱动轴转动的轴向柱塞泵。

08.0922 摆盘式轴向柱塞泵 wobble plate axial piston pump

驱动轴平行于缸体中心线，且斜盘与驱动轴连接，柱塞被斜盘驱动的轴向柱塞泵。

08.0923 配流盘式轴向柱塞泵 port plate axial piston pump

通过配流盘实现吸排流的轴向柱塞泵。

08.0924 直列式柱塞泵 in-line piston pump

在同一平面内，几个柱塞轴线相互平行排列的柱塞泵。

08.0925 径向柱塞泵 radial piston pump

活塞或柱塞的往复运动方向与驱动轴垂直的柱塞泵。

08.0926 单向阀配流轴向柱塞泵 checkvalve axial piston pump

通过单向阀实现吸排油的轴向柱塞泵。

08.0927 单向阀配流径向柱塞泵 checkvalve radial piston pump

通过单向阀实现吸排流的径向柱塞泵。

08.0928 轴配流径向柱塞泵 pintle valve radial piston pump

通过设置在驱动轴内的流道实现吸排油的径向柱塞泵。

08.0929 变量泵 variable displacement pump

排量可调的液压泵。

08.0930 压力补偿变量泵 pressure-compensated variable displacement pump

通过泵出口压力控制变量机构，保持泵出口压力不变的液压泵。

08.0931 变量叶片泵 variable displacement vane pump

排量可调的叶片泵。

08.0932 平衡式变量叶片泵 balanced variable vane pump

排量可变的平衡式叶片泵。

08.0933 轴向柱塞变量泵 axial variable displacement piston pump

斜盘倾角或缸体倾角可连续改变的轴向柱塞泵。

08.0934 径向柱塞变量泵 radial variable displacement piston pump

通过改变定子和转子的偏心量使排量发生变化的径向柱塞泵。

08.0935 斜轴式轴向柱塞变量泵 axial piston variable displacement pump bent axis design
通过改变缸体的倾斜角度使排量发生变化的轴向柱塞泵。

08.0936 斜盘式轴向柱塞变量泵 axial piston variable displacement pump swashplate design
通过改变斜盘摆角使排量发生变化的轴向柱塞泵。

08.0937 恒压变量泵 constant pressure variable displacement pump
系统压力低于调定压力时，流量为最大流量，当压力达到调定值时，可自动调节流量，保持压力不变的液压泵。

08.0938 恒压泵 constant pressure pump
压力保持不变的液压泵。

08.0939 恒流量泵 constant flow variable displacement pump
输出流量只与控制阀开度有关，而不受负载压力变化和原动机转速波动影响的变量泵。

08.0940 恒功率变量泵 constant power variable pump
根据负载压力的变化自行调整输出流量，使泵的输出功率与设定值一致的变量泵。

08.0941 功率匹配泵 power matching pump
根据负载提供相应的压力和流量，且压力和流量能随负载变化而变化，使系统高效运行的变量泵。

08.0942 电液比例泵 electro-hydraulic proportional variable pump
输出压力、流量、功率随输入电信号成比例变化的变量泵。

08.0943 比例压力控制变量泵 proportional pressure control variable pump
输出压力随控制电信号连续比例变化，且输出压力不受负载压力变化影响的变量泵。

08.0944 比例流量控制变量泵 proportional flow control variable pump
输出流量可随控制电信号比例变化，且输出流量不受负载压力变化影响的变量泵。

08.0945 比例流量压力复合控制变量泵 proportional flow and pressure combined control variable pump
流量或压力都可随输入电信号成比例变化的变量泵。

08.0946 负载敏感变量泵 load-sensing variable pump
通过负载敏感机构，根据输出压力与负载压力的差值调节排量机构，输出相应流量的变量泵。

08.0947 开式泵 open-loop pump
用于开式回路，进出油口通过油箱连通的液压泵。

08.0948 闭式泵 closed loop pump
用于闭式回路，进出油口直接连通的液压泵。

08.0949 泵零位 pump zero position
泵处于零排量时变量机构的位置。

08.0950 泵总效率 pump overall efficiency
泵的输出功率与机械输入功率之比。

08.0951 泵功率损失 pump power losses
泵所吸收的功率未转变成流体传动功率的部分功率。包括容积损失、流动损失和机械损失。

08.0952 泵容积效率 pump volumetric efficiency
液压泵的实际输出流量与理论输出流量之比。

08.0953 泵容积损失 pump volumetric losses
由泵的泄漏引起的流体输出损失。

08.0954 泵吸收功率 pump absorbed power
在给定的负载条件下，泵的驱动轴所吸收的功率。

08.0955 泵机械效率 pump mechanical efficiency
液压泵的理论输入转矩与实际输入转矩之比。

08.07.06　控制方式和元件

08.0956 手动控制 manual control
用手或脚操纵的控制方法。

08.0957 机械控制 mechanical control
依靠机械手段操纵的控制方法。

08.0958 电气控制 electrical control
通过控制电气设备的电压、电流、频率、通断、连锁、速度等实现操作的控制方法。

08.0959 液压控制 hydraulic control
以液体作为工作介质，运用液体动力改变操纵对象工作状态的控制方法。

08.0960 气压控制 pneumatic control
以压缩空气为工作介质，通过改变控制管路中的气体压力改变操纵对象工作状态的控制方法。

08.0961 输入信号 input signal
提供给元件，并使其产生给定输出的信号。

08.0962 控制信号 control signal
施加于被控制机构的操作、测量、检测、动作及控制等信号。

08.0963 控制机构 control mechanism
向执行元件提供输入信号的装置。

08.0964 过中位控制机构 over-center control mechanism
一种运动件不能停在一个中间位置上的控制机构。

08.0965 滚轮 roller
一种由凸轮或滑块操纵的控制机构的旋转件。

08.0966 滚轮推杆 roller plunger
带滚轮的推杆控制机构。

08.0967 滚轮杠杆 roller lever
带滚轮的杠杆控制机构。

08.0968 滚轮摇杆 roller rocker
带滚轮的摇杆控制机构。

08.0969 单向棘爪 one-way trip
拨动棘轮做间歇运动的零件。由连杆带动做往复运动，从而带动棘轮做单向运动。

08.0970 喷嘴挡板控制 flapper and nozzle control
喷嘴和配套的挡板或圆板形成一个可变的缝隙，通过改变喷嘴与挡板之间的相对位移来改变液流通路大小，从而控制通过喷嘴的流量的一种控制方法。

08.0971 间接压力控制 indirectly pressure control
依靠一个中间先导装置，改变控制压力的大小，从而控制运动件位置的一种控制方法。

08.0972 主级 main stage
先导控制阀的功率放大级。

08.0973 弹簧对中 spring center
通过弹簧实现运动件对中的方式。

08.0974 压力对中 pressure center
通过液压力实现运动件对中的方式。

08.0975 弹簧复位 spring return
控制力去除后，运动件依靠弹簧力返回到初始位置的复位方式。

08.07.07 控制阀

08.0976 油口 port
与管道相连，使流体流出或流入元件的元件内流道的终端。

08.0977 主阀口 valve main port
阀的主要油口。当控制机构动作时，可与其他油口连通或关闭，不包括泄油口、控制口等其它辅助油口。

08.0978 进油口 inlet port
为输入流体提供通道的油口。

08.0979 出油口 outlet port
为输出流体提供通道的油口。

08.0980 工作油口 working port
元件中与工作油路相配合连接的油口。

08.0981 回油口 return port
元件中与回油油路相配合连接的油口。

08.0982 泄油口 drain port
元件中与泄油油路相配合连接的油口。

08.0983 控制口 control port
元件中连接到控制管路的油(气)口。

08.0984 节流面积 throttling area, restriction area
油液通过一定形状的节流流道时的横截面的面积。

08.0985 阀 valve
液压传动中用来控制液体压力、流量和方向的元件。

08.0986 锥阀 poppet valve
阀芯或阀套带有锥面并且靠锥面密封的液压阀。

08.0987 滑阀芯 spool
结构为圆柱状、具有多个台肩的阀芯。

08.0988 阀套 sleeve
安装于阀体，开有节流孔与阀芯配合，改变节流面积大小的零件。

08.0989 节流孔 orifice
通流面积非常小的过流小孔。

08.0990 喷嘴 nozzle
一种喷射流体用的管状流道。

08.0991 滑动式阀 slide valve
利用阀芯在密封面上滑动,实现流道通断的阀。

08.0992 圆柱滑阀 spool valve
阀芯是圆柱件的滑阀。

08.0993 常闭阀 normally closed valve
在常位时其进口与出口不连通的阀。

08.0994 常开阀 normally open valve
在常位时其进口与出口连通的阀。

08.0995 板式阀 subplate valve
设计成与底板、底座或集成块一起使用的阀。

08.0996 叠加阀 ganged valves
各个阀的上下面为安装面，进出油口分别在这两个面上，各个阀可通过螺栓串联叠加安装在底板上，对外连接的进出油口由底板引出。

08.0997 弹簧对中阀 spring-centered valve
阀芯靠弹簧力返回到中间位置的阀。属于弹簧复位阀的一种。

08.0998 自对中阀 self-centering valve
当所有外部控制力去除时，阀芯返回中间位置的阀。

08.0999 先导型阀 pilot operated valve
阀芯由先导级输出的压力或流量控制的阀。

08.1000 先导阀 pilot valve
为操纵其他阀或元件中的控制机构，而使用的辅助阀。

08.1001 直动阀 direct operated valve
阀芯被控制机构直接操纵的阀。

08.1002 手动阀 hand valve
借助手轮、手柄、杠杆，由人力来操纵的阀。

08.1003 机械控制阀 mechanically operated valve
通过机械机构控制而动作的阀。

08.1004 电控阀 electrically operated valve
通过电气控制实现操作的阀。

08.1005 比例电磁铁 proportional solenoid
输出力随控制信号的变化而变化，并呈一定比例关系的电磁铁。

08.1006 电–机械转换器 electro-mechanical transmission
一种将电信号转换为机械信号的装置。

08.1007 电磁阀 solenoid valve, solenoid controlled valve
通过电磁铁来控制阀芯位移，实现阀口通断的阀。

08.1008 连续控制阀 continuous control valve
根据输入信号连续控制液压系统中流体的压力、流量和方向的阀。

08.1009 缓冲阀 surge damping valve
通过限制流体流动的加速度来减小冲击的阀。

08.1010 流量阀 flow valve
通过控制阀口开关或调节阀口面积实现系统流量变化的阀。

08.1011 节流阀 throttle valve
通过改变节流截面或节流长度来控制流体流量的阀。

08.1012 流量控制阀 flow control valve
在一定压力差下，依靠改变节流口液阻的大小来控制节流口的流量，从而调节执行元件（液压缸或液压马达）运动速度的阀。

08.1013 压差补偿型流量控制阀 pressure differential compensated flow control valve
依靠压差补偿器，在节流阀开口一定的情况下，使节流口压差保持不变，从而保证流量恒定的流量控制阀。

08.1014 压力补偿型流量控制阀 pressure-compensated flow control valve
主阀口串联一个定差减压阀或并联一个定差溢流阀，使阀口压差基本保持不变，从而使流量不受负载压力变化而变化的流量控制阀。

08.1015 单向流量控制阀 one-way flow control valve, non-return valve

允许流体在一个方向上自由流动，反向截止的流量控制阀。

08.1016 分流阀 flow divider
将输入流量按选定的比例分成两股或多股输出流量的流量控制阀。

08.1017 集流阀 flow-combining valve
将两股或多股进口流量汇合成一股出口流量的流量控制阀。

08.1018 减速阀 deceleration valve
逐渐减少流量使执行元件减速的流量控制阀。

08.1019 充液阀 prefill valve
用于低压回路快速补充大量油液的液压阀。

08.1020 溢流节流阀 overflow throttle valve
由溢流阀和节流阀并联而成的一种压力补偿型流量阀。

08.1021 流量放大器 flow rate amplifier
以压力油作为传动介质，通过调节输入端小流量控制信号，实现对输出端大流量进行控制的流量放大装置。

08.1022 方向控制阀 directional-control valve
借助于改变阀芯的位置，来实现与阀体相连的几个油路之间的连通或断开，从而控制液压系统执行机构的换向、启动和停止的阀。

08.1023 手动方向阀 hand operated directional valve
阀芯由手动装置控制的方向阀。

08.1024 两位阀 two-position valve
具有两个工作位(工作状态)的阀。

08.1025 三位阀 three-position valve
具有三个工作位(工作状态)的阀。

08.1026 四位阀 four position valve
具有四个工作位(工作状态)的阀。

08.1027 两通阀 two-port valve
具有两个主阀口的阀。

08.1028 三通阀 three-port valve
具有三个主阀口的阀。

08.1029 四通阀 four-port valve
带有四个主阀口的阀。

08.1030 五通阀 five-port valve
具有五个主阀口的阀。

08.1031 六通阀 six-port valve
具有六个主阀口的阀。

08.1032 截止阀 shut-off valve, isolating valve
连通或关断管路中的介质流动通道的阀。

08.1033 球阀 ball valve
通过转动带流道的球形阀芯实现油口连通或封闭的阀。

08.1034 电磁球阀 solenoid ball valve
依靠杠杆放大电磁铁推力，从而推动钢球实现油路通断和切换的球阀。

08.1035 旋转阀 rotary valve
一种通过旋转部件实现阀口通断的阀。

08.1036 多路阀 stack valve
一种能控制多个液压执行机构的方向阀组合。

08.1037 单向阀 check valve
仅允许油液在一个方向上流动，反向截止的阀。

08.1038 液控单向阀 hydraulic operated

check valve

既可实现普通单向阀的功能，又可依靠控制流体压力实现反向流动的单向阀。

08.1039 液压换向阀 hydraulic directional control valve

利用控制液体压力推动阀芯来改变流体流动方向的方向控制阀。

08.1040 插装式单向阀 cartridge type check valve

主阀结构为插装形式的单向阀。

08.1041 弹簧加载单向阀 spring-loaded non-return valve

阀芯借助于弹簧保持关闭，当流体压力克服弹簧力时，阀芯打开的单向阀。

08.1042 二位二通阀 two-position two-way valve

具有两个主油口和两个阀位的方向阀。

08.1043 二位三通阀 two-position three-way valve

具有三个主油口和两个阀位的方向阀。

08.1044 二位四通阀 two-position four-way valve

具有四个主油口和两个阀位的方向阀。

08.1045 三位四通阀 three-position four-way valve

具有四个主油口和三个阀位的方向阀。

08.1046 手动方向阀 hand directional spool valve

依靠手动杠杆驱动阀芯运动而实现对油路控制的方向阀。

08.1047 液动方向阀 hydraulic operated directional valve

依靠外部供给的控制压力油驱动阀芯实现对油路控制的方向阀。

08.1048 电液方向阀 electro-hydraulic directional valve

依靠电磁先导阀供给的控制压力油驱动阀芯实现对油路控制的方向阀。

08.1049 先导式电磁方向阀 solenoid controlled pilot operated directional control valve

先导级由电磁式电–机械转换器控制的一种方向控制阀。

08.1050 压力控制阀 pressure control valve

以压力为控制输入量或输出量，用来控制系统压力的阀，包括安全阀、溢流阀、减压阀和顺序阀。

08.1051 卸荷阀 unloading valve

在一定条件下，能使液压泵卸荷，当阀开启后，油液直接流入油箱的压力阀。

08.1052 溢流阀 pressure relief valve

当进口压力达到设定压力时，阀芯开启，限制进口压力的压力阀。

08.1053 双向溢流阀 bi-directional pressure relief valve

有两个阀口，其中任何一个可以作为进口，而另一个作为出口的溢流阀。

08.1054 插装式溢流阀 cartridge type pressure relief valve

主阀为插装式结构的溢流阀。

08.1055 直动式溢流阀 direct operated pressure relief valve

系统的压力油（进油）直接作用在主阀芯上与其他力（如弹簧力）相平衡，以控制阀芯的启闭动作的溢流阀。

08.1056 先导式溢流阀 pilot operated pressure relief valve

通过先导阀阀芯的启闭来改变作用在主阀阀芯上的力的平衡状态，以控制主阀阀芯启闭动作的溢流阀。

08.1057 卸荷溢流阀 unloading relief valve

由单向阀和溢流阀组成，当系统压力达到某一个设定值后，阀口打开，油口和油箱直接连通的溢流阀。

08.1058 安全阀 safety valve

主阀芯在外力作用下处于常闭状态，当系统或配管内的流体压力升高超过规定值时，阀口开启的阀。

08.1059 减压阀 pressure reducing valve

出口压力不受进口压力或输出流量的变化影响，基本保持恒定的阀。

08.1060 溢流减压阀 relieving pressure-reducing valve

为防止输出压力超过其设定压力而配备溢流装置的一种压力复合控制阀。

08.1061 直动式减压阀 direct operated pressure reducing valve

系统的压力油（进油）直接作用在主阀芯上与其他力（如弹簧力）相平衡，以控制阀芯的启闭动作的减压阀。

08.1062 先导式减压阀 pilot operated pressure reducing valve

通过先导阀阀芯的启闭来改变作用在主阀阀芯上的力的平衡状态，以控制主阀阀芯启闭动作的减压阀。

08.1063 定值减压阀 fixed pressure reducing valve

在不同工况时保持其出口压力基本不变的减压阀。

08.1064 定差减压阀 fixed differential reducing valve

使其进口压力与出口压力之差保持恒定的减压阀。

08.1065 定比减压阀 proportioning pressure reducing valve

使其进口压力与出口压力成固定比例的减压阀。

08.1066 三通减压阀 three-way pressure reducing valve

由两个串联的可变节流口组成，具有三个主油口的减压阀。

08.1067 顺序阀 sequence valve

一种以压力为输入量的压力控制阀，用来控制液压系统中各执行机构动作先后顺序的阀。

08.1068 直动式顺序阀 direct operated sequence valve

系统的压力油（进油）直接作用在主阀芯上与其他力（如弹簧力）相平衡，以控制阀芯的启闭动作的顺序阀。

08.1069 先导式顺序阀 pilot operated sequence valve

通过先导阀阀芯的启闭来改变作用在主阀阀芯上的力的平衡状态，以控制主阀阀芯启闭动作的顺序阀。

08.1070 梭阀 shuttle valve

相当于两个单向阀的组合，有两个进口和一个公共出口，每次流体仅从一个进口通过，另一个进口封闭的阀。

08.1071 优先梭阀 priority shuttle valve

当两个进油口压力相等时，其中一个进口优先接通的梭阀。

08.1072 压力继电器 pressure switch

液压系统中当流体压力达到预定值时，使电接点动作，可发出警报或控制信号的一种简单的压力控制装置。

08.1073 平衡阀 counterbalance valve
为了防止负载自由下落而保持背压的压力控制阀。

08.1074 插装阀 cartridge valve
主阀芯采用圆柱形结构，插入到阀套中，阀芯和阀套具有标准系列尺寸，且整体安装在油路块中实现油路通断的阀。

08.1075 滑入式插装阀 slip-in cartridge valve
阀套和阀体的安装形式为滑入式的插装阀。

08.1076 螺纹式插装阀 screw-in cartridge valve
阀套和阀体安装形式为螺纹旋入式的插装阀。

08.1077 电液比例阀 electro-hydraulic proportional valve
用电-机械转换器代替传统的手调或开关电磁铁，通过电信号连续控制阀的输出位移、流量、压力以及方向的控制阀。

08.1078 比例流量阀 proportional flow control valve
通过电信号连续控制阀的输出流量的控制阀。

08.1079 二通比例节流阀 two-way proportional throttle valve
通过电信号连续控制阀的开口及节流面积的控制阀。

08.1080 二通先导式比例节流阀 two-way pilot-operated proportional throttle valve
具有两个主油口，电信号通过先导阀连续控制主阀开口及节流面积的比例节流阀。

08.1081 二通比例插装阀 two-way proportional cartridge valve
具有两个主油口，通过电信号连续控制阀的开口及节流面积的插装阀。

08.1082 电液比例方向阀 electro-hydraulic proportional directional control valve
用电-机械转换器代替传统的手调或开关电磁铁，通过电信号连续控制阀芯位移大小、方向及开口面积的控制阀。

08.1083 定差溢流型比例方向流量阀 fixed differential overflow type proportional directional flow valve
阀进油路上并联一个定差溢流阀构成的比例方向阀。

08.1084 比例压力阀 proportional pressure valve
可通过电信号连续改变阀输出压力的控制阀。

08.1085 比例溢流阀 proportional pressure relief valve
可通过电信号连续改变阀进口压力的溢流阀。

08.1086 二通比例溢流阀 two-way proportional pressure relief valve
具有两个主油口，可通过电信号连续改变阀进口压力的溢流阀。

08.1087 直动式比例溢流阀 direct operated proportional relief valve
被控压力与电磁铁输出力直接平衡，并通过电信号连续改变阀进口压力的溢流阀。

08.1088 先导式比例溢流阀 pilot operated proportional relief valve
被控压力作用在先导阀芯上与电磁铁输出力平衡，并可通过电信号连续改变主阀进口压力的比例溢流阀。

08.1089 比例减压阀 proportional reducing valve

可通过电信号连续改变阀出口压力的减压阀。

08.1090 二通比例减压阀 two-way proportional reducing valve

具有两个主油口，可通过电信号连续改变阀出口压力的比例减压阀。

08.1091 三通比例减压阀 three-way proportional reducing valve

具有进口、出口、与油箱连通口三个油口，可通过电信号连续改变阀出口压力，油液可以从进口到出口以及出口到油箱口两个方向流动的比例减压阀。

08.1092 直动式比例减压阀 direct operated proportional reducing valve

被控压力与电磁铁输出力直接平衡，并通过电信号连续改变阀出口压力的比例减压阀。

08.1093 先导式比例减压阀 pilot operated proportional reducing valve

被控压力作用在先导阀芯上与电磁铁输出力平衡，并可通过电信号连续改变主阀出口压力的比例减压阀。

08.1094 伺服阀 servo-valve

根据输入信号的大小成比例、连续控制液压系统中液流流量、流动方向和压力高低的阀。工作时着眼于阀的零点附近的性能以及性能的连续性。

08.1095 电液伺服阀 electro-hydraulic servo valve

接收模拟或数字电信号后，输出信号能够快速跟随输入信号变化，相应输出相应的流量和压力的伺服阀。

08.1096 流量伺服阀 flow servo-valve

用来改变管道内液体流向和流量的伺服阀。

08.1097 压力伺服阀 pressure servo-valve

用来改变管道内液体压力的伺服阀。

08.1098 数字阀 digital valve

用数字输入信号对阀的输出量进行控制的液压阀，有离散和连续两大类。

08.1099 数字流量阀 digital flow control valve

用数字输入信号对阀的开度或流量进行控制的流量阀。

08.1100 数字溢流阀 digital relief valve

用步进电机作为电-机械转换器，用脉冲信号控制阀进口压力的溢流阀。

08.1101 直接式数字阀 direct digital valve

用步进电机直接驱动的液压阀或采用脉宽调制方式(PWM)直接驱动的液压阀。

08.1102 直接式数字溢流阀 direct digital relief valve

用步进电机代替传统手调机构直接驱动的溢流阀。

08.1103 增量型数字阀 incremental digital valve

用增量型步进电机作为电-机械转换器进行控制的阀。

08.1104 脉宽调制型数字阀 pulse width modulation type digital valve

通过改变脉宽调制信号占空比控制电磁铁的吸合时间，从而改变流量和压力的液压阀。

08.1105 高速开关阀 high speed on-off valve

阀芯可在非常短时间内高速开启和关闭的液压阀。

08.1106 遮盖 lap

滑阀式阀的阀芯台肩部分和窗口部分之间的重叠状态。

08.1107 零遮盖 zero lap
当滑阀式阀的阀芯在中立位置时，窗口正好完全被关闭，而当阀芯稍有一点儿位移时，窗口即打开的重叠状态。

08.1108 正遮盖 overlap
滑阀式阀的阀芯在中位时，要有一定位移量，窗口才可打开的重叠状态。

08.1109 负遮盖 underlap
滑阀式阀的阀芯在中位时，就已有一定开口量的重叠状态。

08.1110 底板 subplate
用于单个板式阀或插装阀的安装装置。

08.1111 阀块 manifold block
通常可以安装插装阀和板式阀，阀口通过流道相互连通的金属块。

08.07.08 执 行 元 件

08.1112 执行器 actuator
接收控制信息并对受控对象施加控制作用，将流体能量转换成机械能的装置。

08.1113 液压马达 hydraulic motor
液压系统中提供连续回转运动并输出转矩的液压执行器。

08.1114 容积式液压马达 displacement motor, positive-displacement motor
由于流体从进口侧向排油侧流动，使与壳体内接的可动部件间的密闭空间发生移动或变化，从而实现连续旋转运动的执行元件。

08.1115 定量马达 fixed displacement motor
输出排量保持固定不变的液压马达。

08.1116 齿轮马达 gear motor
由两个或多个啮合的齿轮作为工作件的马达。

08.1117 摆线齿轮马达 cycloidal gear motor
内齿圈与壳体固定连接在一起，依靠压力油推动转子绕一个中心点公转的齿轮马达。

08.1118 外啮合齿轮马达 external gear motor
齿轮啮合副的配置为外啮合型的齿轮马达。

08.1119 内啮合齿轮马达 internal gear motor
齿轮啮合副的配置为内啮合型的齿轮马达。

08.1120 叶片马达 vane motor
转子槽内的叶片与壳体(定子环)相接触，在流入的液体作用下使转子旋转的液压马达。

08.1121 平衡式叶片马达 balanced vane motor
作用于内部转子上的径向力保持平衡的叶片马达。

08.1122 不平衡式叶片马达 unbalance vane motor
作用于内部转子上的径向力不平衡的叶片马达。

08.1123 双作用叶片马达 double action vane motor
旋转一周的过程中完成两次吸油、排油的叶片马达。

08.1124 柱塞马达 piston motor
高压工作介质作用在活塞或柱塞的端面上，使活塞或柱塞做直线往复运动，再通过运动转换机构，将活塞或柱塞的往复运动转化为输出轴旋转运动的液压马达。

08.1125 轴向柱塞马达 axial piston motor
活塞或柱塞的往复运动方向与缸体中心轴平行的柱塞马达。

08.1126 斜盘式轴向柱塞马达 swash plate

axial piston motor

驱动轴与缸体中心线平行，且斜盘与驱动轴不连接的轴向柱塞马达。

08.1127　斜轴式轴向柱塞马达　bent axis type axial piston motor

驱动轴与缸体中心线成一定角度的轴向柱塞马达。

08.1128　径向柱塞马达　radial piston motor

活塞或柱塞的往复运动方向与驱动轴垂直的柱塞马达。

08.1129　螺杆马达　screw motor

高压工作介质作用在公共外套中的一根或数根相互啮合的螺杆实现轴旋转的马达。

08.1130　变量马达　variable displacement motor

排量可变的液压马达。

08.1131　单作用叶片马达　single action vane motor

压油和排油一次，输出轴旋转一周的叶片马达。

08.1132　变量叶片马达　vane variable displacement motor

排量可调的叶片马达。

08.1133　径向柱塞变量马达　radial piston variable motor

排量可调的径向柱塞马达。

08.1134　轴向柱塞变量马达　axial piston variable motor

排量可调的轴向柱塞马达。

08.1135　斜盘式轴向柱塞变量马达　swash plate axial piston variable displacement motor

排量可调的斜盘式轴向柱塞马达。

08.1136　斜轴式轴向柱塞变量马达　bent axis type axial piston variable displacement motor

排量可调的斜轴式轴向柱塞马达。

08.1137　多联马达　multiple motor

具有一个公共轴的两个或多个马达的组合式马达。

08.1138　液压步进马达　hydraulic stepping motor

按照步进输入信号的指令，实现马达轴角位移按步进方式输出的液压马达。

08.1139　摆动马达　semi-rotary motor

输出转矩且输出轴带动负载做往复摆动运动的液压执行器。

08.1140　齿轮齿条式摆动马达　rack and pinion gear type oscillating motor

由压力油推动活塞做直线往复运动，通过齿轮齿条传动，将直线运动转变为输出轴的往复回转摆动的马达。

08.1141　叶片式摆动马达　vane type oscillating motor

叶片和挡块将工作腔分为进油和排油两腔，压力油推动叶片旋转驱动输出轴转动，同时使两腔容积变化，当进出油口换向时，输出轴反转的马达。

08.1142　双向马达　reversible motor

通过互换高低压油，改变驱动轴旋转方向的液压马达。

08.1143　液压泵-马达　hydraulic pump-motor

可同时作为液压泵或液压马达的一种元件。

08.1144　静液传动　hydrostatic transmission

由变量泵和液压马达组成的闭式传动系统进行传动的传动方式。

08.1145 集成式静液传动装置 integral hydrostatic transmission
将液压泵、液压马达及其变量装置等置于一个公用壳体中的静液传动装置。

08.1146 液压缸 cylinder
提供直线运动的液压执行元件。

08.1147 单作用缸 single acting cylinder
只有一个有效作用面积，复位只能借助弹簧、活塞自重或外力作用，只能产生推力的液压缸。

08.1148 双作用缸 double-acting cylinder
能由活塞的两侧输入压力油的液压缸。

08.1149 单出杆缸 single-rod cylinder
活塞杆只能从一端伸出的液压缸。

08.1150 双出杆缸 double-ended rod cylinder, through-rod cylinder
活塞杆能从缸体两端伸出的液压缸。

08.1151 双活塞杆缸 double-rod cylinder
具有两根相互平行动作的活塞杆的液压缸。

08.1152 多活塞杆缸 multi-rod cylinder
在不同轴线上具有一个以上活塞杆的液压缸。

08.1153 缓冲缸 cushioned cylinder
带有缓冲装置的液压缸。

08.1154 串联缸 tandem cylinder
在同一活塞杆上至少有两个活塞在同一个缸的分隔腔室内运动的液压缸。

08.1155 伸缩缸 telescopic cylinder
可以得到较长工作行程的具有多级套筒形活塞杆的液压缸。

08.1156 柱塞缸 plunger cylinder, ram cylinder
缸筒内没有活塞，压力直接作用于活塞杆的单作用缸。

08.1157 膜片缸 diaphragm cylinder
依靠作用在膜片上的流体压力差产生机械位移和输出力的液压缸。

08.1158 波纹管执行器 bellows actuator
一种不用活塞和活塞杆，而是靠带一个或多个波纹的挠性波纹管的膨胀产生机械力和运动的单作用线性执行元件。

08.1159 波纹管液压缸 bellows cylinder
一种不用活塞和活塞杆，而是靠带一个或多个波纹的挠性波纹管的膨胀产生机械力和运动的单作用缸。

08.1160 差动液压缸 differential cylinder
利用液压缸两端的有效面积差来进行传动的液压缸。

08.1161 对称缸 symmetrical cylinder
两腔有效面积相同的液压缸。

08.1162 非对称缸 asymmetric cylinder
两腔有效面积不相同的液压缸。

08.1163 多位缸 multi-position cylinder
活塞杆沿行程方向上可在多个位置停留的液压缸。

08.1164 双行程缸 dual stroke cylinder
只有两个固定行程的液压缸。

08.1165 弹簧回程缸 spring-return cylinder
通过弹簧实现活塞杆回程的液压缸。

08.1166 重力回程缸 gravity return cylinder
通过负载和活塞杆中立实现回程的液压缸。

08.1167 伺服执行器 servo-actuator
能够跟随输入信号连续输出位置、速度和力的执行元件。

08.1168 伺服缸 servo-cylinder
摩擦力非常低的液压缸，通常集成有伺服阀、位移传感器、控制器等。

08.1169 活塞 cylinder piston
依靠压力流体，在缸中移动并传递机械力和运动的缸零件。

08.1170 活塞杆 cylinder piston rod
与活塞同轴且为一体，传递来自活塞的机械力和运动的缸零件。

08.1171 缸体 cylinder body,cylinder tube
活塞在其中运动的中空的承压零件。

08.1172 机械缓冲 mechanical cushioning
依靠摩擦力或使用弹性材料等机械方式实现的缓冲。

08.07.09　液压传动系统

08.1173 供压管路 pressure supply line, supply line
从压力源向控制元件供给压力流体的管路。

08.1174 工作管路 working line
液压系统中用于传输压力流体的主管路。

08.1175 回油管路 return line
使液压油返回油箱的管路。

08.1176 泄油管路 drain line
使元件泄漏油返回油箱的管路。

08.1177 先导管路 pilot line
向先导级供给压力油和先导级回油的管路。

08.1178 排气管路 bleed line
将空气从液压系统排出的管路。

08.1179 恒功率回路 constant power circuit
可在各种输出条件下始终以高效率传递全部输入功率或按一定功率驱动负载的回路。

08.1180 开式回路 open circuit
液压执行器排出的油液经过油箱后连通到液压泵入口的液压回路。

08.1181 闭式回路 closed circuit
液压执行器排出的油液不经过油箱直接连通到液压泵入口的液压回路。

08.1182 方向控制回路 directional control circuit
控制液压系统中执行元件的起动、停止或改变运动方向的液压回路。

08.1183 顺序回路 sequencing circuit
使几个执行元件按照顺序依次进行动作的液压回路。

08.1184 压力控制 pressure-operated control
以系统中某点的压力作为被控变量,依靠控制管路中流体压力的变化来操纵的控制方法。

08.1185 压力控制回路 pressure control circuit
控制液压系统整体或系统中某一部分的压力,以满足执行元件对力或力矩要求的回路。

08.1186 调压回路 pressure control circuit
控制系统的工作压力,使它不超过某一预先调定好的数值,或使工作机构在运动过程中的各个阶段具有不同的工作压力的回路。

08.1187 减压回路 pressure reducing circuit
使系统中某一部分具有较低压力的回路。

08.1188 增压回路 booster circuit
提高系统中某一支路的工作压力，以满足系统局部工作机构使用要求的回路。

08.1189 保压回路 pressure holding circuit
在执行机构不动或仅有微小位移时，使系统保持压力恒定的回路。

08.1190 安全回路 safety circuit
防止系统发生偶然过载的液压回路。

08.1191 过载保护回路 overload protection circuit
防止负载运动时产生异常压力的回路。

08.1192 卸荷回路 unloading circuit
在定量泵的出口并联一个控制阀，当阀打开后，泵出口油液以最低压力连通油箱的回路。

08.1193 平衡回路 balancing circuit
防止立式缸或垂直部件因自重下滑或在下行运动中速度过快使工作腔出现真空的回路。

08.1194 速度控制回路 speed control circuit
控制和调节液压执行元件运动速度的基本回路。

08.1195 节流调速回路 throttle speed governing circuit
通过改变流量控制阀的通流面积来控制和调节进入或流出执行元件的流量，从而达到调速目的的回路。

08.1196 出口节流调速回路 meter-out speed control circuit
将节流阀串联在执行元件出油口，通过改变节流阀的通流面积，实现对执行元件调速的回路。

08.1197 进口节流调速回路 meter-in speed control circuit
将节流阀串联在执行元件进油口，通过改变节流阀的通流面积，实现对执行元件调速的回路。

08.1198 容积调速回路 hydraulic capacity speed governing circuit
通过改变液压泵或液压马达的输出或输入流量来进行调速的回路。

08.1199 位置保持回路 position holding circuit
使执行元件保持在任意位置的回路。

08.1200 补油回路 make-up line
在闭式回路中，设置补油泵向泵吸油侧进行高压补油的回路。

08.1201 系统充油 system filling
将规定量的流体加入到系统中的过程。

08.1202 系统泄油 system draining
将系统中多余的液体排出的过程。

08.1203 差动回路 differential circuit
从无杆腔进油，使有杆腔的油回到无杆腔的回路。

08.1204 同步回路 synchronizing circuit
在液压系统中，控制两个或多个液压执行元件以相同的位移或相同的速度(或固定速度比)同步运行的回路。

08.1205 节流式开环同步回路 throttle synchronous open circuit
用流量阀来进行同步控制的同步回路。

08.1206 泵控闭环同步回路 pump controlled synchronous closed circuit
采用伺服泵或比例泵进行同步控制的同步回路。

08.1207　机械式同步回路　mechanical synchronous circuit
把执行元件用机械方法连接起来以实现同步的同步回路。

08.1208　再生回路　regenerative circuit
执行元件排出的液压油液被直接引到其执行器，从而降低系统功耗的回路。

08.1209　先导回路　pilot circuit
为先导控制油液提供传递路径的回路。

08.1210　互锁　interlock
几个液压回路之间，利用某一回路的辅助触点，控制其他回路，进行状态保持或功能限制的方式。

08.07.10　检测及辅助元件

08.1211　油量计　reservoir contents gauge
测量并指示油箱中油液的液面高度、质量或压力的仪器。

08.1212　温度控制器　temperature controller
使系统中的流体温度维持在某一设定值的装置。

08.1213　流量计　flowmeter
测量并指示系统中被测流体流量的仪表。

08.1214　积分式流量计　integrating flowmeter
测量并显示一定时间段内通过测量点的流体总体积的仪器。

08.1215　流量指示计　flow indicator
观察管道内介质流动情况的元件。

08.1216　流量传感器　flow rate transducer
检测流体流量并将其转换成可用输出信号的一种传感器。

08.1217　流量记录仪　flow rate recorder
对系统、元件或配管中的流量进行记录的仪器。

08.1218　流量继电器　flow rate switch
一种以流量作为输入控制信号，可检测系统中流体流量的大小，并在流量高于或者低于设定点时触发，使系统做出相应动作的继电器。

08.1219　液位开关　liquid level switch
用来控制液体位置的开关。从形式上主要分为接触式和非接触式。

08.1220　压力表　pressure gauge
测量并指示表压力值的仪表。

08.1221　压力传感器　pressure transducer
检测流体压力并将其转换成可用的输出信号的传感器。

08.1222　压差表　differential pressure gauge
用以测量系统中某两个压力值之差的一种压力表。

08.1223　软管总成　hose assembly
一种由高压钢丝编织或缠绕胶管及钢件接头经专用设备扣压而成的液压系统中常用的辅助装置。

08.1224　管接头　connector
把硬管、软管或管子相互连接或连接到元件的连接件。

08.1225　过滤器　filter
通过截留不可溶解的污染物保持液体的污染度在允许范围内的装置。

08.1226　分离器　separator
把混合的物质分离成两种或两种以上不同的物质的装置。

08.1227 粗滤器 strainer
只截留大型颗粒的具有编织线结构的过滤器。

08.1228 两级过滤器 two-stage filter
两个过滤器串联而成的过滤器。

08.1229 双联过滤器 double filter
两个过滤器并联而成的过滤器。

08.1230 管道过滤器 in-line filter
一种进口、出口和滤芯的中心线同轴的用于管路部分的过滤器。

08.1231 离心分离机 centrifugal separator
利用离心作用分离比重与被净化流体不同的液体和固体颗粒的分离器。

08.1232 液压蓄能器 hydraulic accumulator
用来存储和释放液压能的元件。

08.1233 充气式蓄能器 gas-loaded accumulator
利用惰性气体的可压缩性对液体加压的液压蓄能器。

08.1234 重力蓄能器 weight-loaded accumulator
用重物加载活塞产生压力的液压蓄能器。

08.1235 弹簧式蓄能器 spring-loaded accumulator
用弹簧加载活塞产生压力的液压蓄能器。

08.1236 气囊式蓄能器 bladder accumulator
内部液体和气体之间用柔性囊隔离的充气式液压蓄能器。

08.1237 隔膜式蓄能器 diaphragm accumulator
其内部液体和气体之间靠一个挠性隔膜隔的充气式蓄能器。

08.1238 活塞式蓄能器 piston accumulator
依靠一个带密封的滑动活塞来实现气液隔离的充气式蓄能器。

08.1239 密封装置 sealing device
由一个或多个密封件和配套件组合成的防止容腔内的气体或液体向外泄漏的装置。

08.1240 密封件 seal
用于防止流体或固体微粒从相邻结合面泄漏或防止外界污染物侵入机器内部的元件。

08.1241 动密封件 dynamic seal
用于相对运动的零件之间的密封装置。

08.1242 静密封件 static seal
用于没有相对运动的零件之间的密封装置。

08.1243 液压泵站 power unit
原动机、带或不带油箱的泵以及辅助装置的总成。

08.1244 油箱 reservoir
用来存放系统中的流体的容器。

08.1245 常压油箱 atmospheric reservoir
在大气压下存放液压油液的油箱。

08.1246 压力油箱 pressure-sealed reservoir
贮存的液压油液压力高于大气压的密闭油箱。

08.1247 闭式油箱 sealed reservoir
液压油液与大气隔绝的油箱。分为隔离式和充气式两种。

08.1248 压力脉动阻尼器 pressure pulsation damper
用于消除管道内液体压力脉动或者流量脉动的压力容器。

08.1249 液压减震器 hydraulic shock

absorber
利用液体的可压缩性以及液体在压缩时吸收能量和流动时耗散能量的特性，实现快速减缓液体压力和流量冲击的元件或回路。

08.08　液 力 传 动

08.08.01　一 般 名 词

08.1250　液力传动　hydrodynamic drive
以液体为工作介质，在两个或两个以上的叶轮组成的工作腔内，通过液体动量矩的变化来传递能量的传动。

08.1251　液力元件　hydrodynamic unit
液力偶合器与液力变矩器的总称，它是液力传动的基本单元。

08.1252　液力变矩器　hydrodynamic torque converter
输出力矩与输入力矩之比可变的液力元件。

08.1253　液力机械元件　hydromechanical unit
由液力元件与齿轮传动机构组成的传动元件，其特点是存在功率分流。

08.1254　液力传动装置　hydrodynamic transmission
具有液力元件及液力机械元件与齿轮传动的传动装置。

08.1255　辅助系统　auxiliary system
为保证液力元件及液力传动装置正常工作所必须的补偿、润滑、冷却、操纵及控制等系统的总称。

08.1256　补偿系统　charging system
为补偿液力元件的泄漏，防止气蚀和保证冷却而设置的供液系统。

08.08.02　液力偶合器

08.1257　液力偶合器　fluid coupling
输出转矩与输入转矩相等的液力元件。

08.1258　普通型液力偶合器　general type of constant filling fluid coupling
没有任何限矩、调速机构及其他措施的液力偶合器。

08.1259　限矩型液力偶合器　load limiting type of constant filling fluid coupling
采用某种措施在低转速比时限制转矩升高的液力偶合器。

08.1260　调速型液力偶合器　variable speed fluid coupling
通过改变工作腔中充液量来调节输出转速的液力偶合器。

08.1261　单腔液力偶合器　single space fluid coupling
具有一个工作腔的液力偶合器。

08.1262　双腔液力偶合器　two space fluid coupling
具有两个工作腔的液力偶合器。

08.1263　闭锁式液力偶合器　locking fluid coupling
在高转速比时，涡轮与泵轮同步运转的液力偶合器。

08.1264　液力缓冲器　hydrodynamic retarder

涡轮固定,并起减速制动作用的液力偶合器。

08.08.03 液力变矩器

08.1265 正转液力变矩器 direct running torque converter
在牵引工况区,涡轮与泵轮转向一致的液力变矩器。

08.1266 反转液力变矩器 backward running torque converter
在牵引工况区,涡轮与泵轮转向相反的液力变矩器。

08.1267 综合式液力变矩器 torque converter coupling
具有偶合器工况区的液力变矩器。

08.1268 闭锁液力变矩器 locking torque converter
泵轮与涡轮通过闭锁离合器闭锁为一体的液力变矩器。

08.1269 可调式液力变矩器 adjustable torque converter
可通过某种措施(如转动叶片等)来调节特性参数的液力变矩器。

08.1270 双泵轮液力变矩器 twin impeller torque converter
具有连续排列的两个泵轮的液力变矩器。

08.1271 级 stage
在液力变矩器中,被其他叶轮叶栅隔开的涡轮叶栅数目。

08.1272 相 phase
液力变矩器中,由于单向离合器或其他结构(如离合器、制动器)的作用所能达到的叶轮工作状态。

08.1273 外分流液力机械变矩器 external shunting current hydromechanical torque converter
由液力变矩器与齿轮机构组成,其功率分流在液力变矩器外部进行的传动元件。

08.1274 内分流液力机械变矩器 internal shunting current hydromechanical torque converter
由液力变矩器与齿轮机构组成,其功率分流在液力变矩器内部进行的传动元件。

08.1275 双涡轮液力变矩器 twin turbine torque converter
具有连续排列的两个涡轮的液力变矩器。

08.1276 复合分流液力机械变矩器 composition shunting current hydromechanical torque converter
由液力变矩器与齿轮机构组成,其功率分流可以在液力变矩器内部或外部进行的传动元件。

08.08.04 叶轮及结构参数

08.1277 叶轮 blade wheel
具有一列或多列叶片的工作轮。

08.1278 离心叶轮 centrifugal wheel
工作液体由中心向周边流动的叶轮。

08.1279 向心叶轮 centripetal wheel
工作液体由周边向中心流动的叶轮。

08.1280 轴流叶轮 axial wheel
工作液体沿着轴向流动的叶轮。

08.1281 泵轮 impeller
从动力机吸收机械能并使工作液体动量矩增加的叶轮。

08.1282 涡轮 turbine
向工作机输出机械能并使工作液体动量矩发生变化的叶轮。

08.1283 导轮 reactor
在液力变矩器中，能使工作液体动量矩发生变化，但又不输出也不吸收机械能的不转动叶轮。

08.1284 叶片 blade
是叶轮的主要导流部分，它直接改变工作液体的动量矩。

08.1285 回转叶片 rotating blade
可绕自身轴线回转的叶片。

08.1286 平面叶片 flat blade
骨面为平面的叶片。

08.1287 径向叶片 radial blade
骨面通过叶轮轴线的平面叶片。

08.1288 柱面叶片 cylindrical blade
骨面为柱形的叶片。

08.1289 空间叶片 space blade
骨面为空间曲面的叶片。

08.1290 倾斜叶片 inclined blade
骨面与叶轮轴面相交的平面叶片。

08.1291 前倾叶片 forward blade
泵轮流道出口处骨面向着泵轮转向的倾斜叶片，涡轮叶片的倾斜方向与泵轮相反。

08.1292 后倾叶片 backward inclined blade
泵轮流道出口处骨面与泵轮转向相反的倾

斜叶片，涡轮叶片的倾斜方向与泵轮相反。

08.1293 叶栅 cascade
按照一定规律排列的一组叶片。

08.1294 无叶片区 inter space
工作腔内的无叶栅区。

08.1295 工作腔 working space
由叶轮叶片间通道表面和引导工作液体运动的内、外环间的其他表面所限定的空间（不包括液力偶合器的辅助腔）。

08.1296 循环圆 circulating circle section of working space
工作腔的轴面投影图，以旋转轴线上半部的形状表示。

08.1297 [循环圆]有效直径 maximum diameter of flow path
循环圆（或工作腔）的最大直径。

08.1298 工作腔内径 minimum diameter of flow path
循环圆（或工作腔）的最小直径。

08.1299 外环 shell
叶轮流道的外壁面。

08.1300 内环 wre
叶轮流道的内壁面。

08.1301 流道 interval channel
两相邻叶片与内外环组成的过流空间。

08.1302 设计流线 center line of fluid flow
工作腔轴面流道内将流道分为流量相等两部分的中间流线。

08.1303 中间流线 center line of flow path
工作腔轴面流道内切圆圆心的连线。

08.1304 叶片正面 pressure side of blade
在设计工况时，叶片承受液流平均压力较高的面。

08.1305 叶片背面 vacuum side of blade
在计算工况时，叶片承受液流平均压力较低的面。

08.1306 叶片进口边 entrance edge of blade
液流流入叶轮的叶片边。

08.1307 叶片出口边 exit edge of blade
液流流出叶轮的叶片边。

08.1308 叶片进口半径 entrance radius of blade
叶轮叶片进口边与设计流线的交点至轴线的距离。

08.1309 叶片出口半径 exit radius of blade
叶轮叶片出口边与设计流线的交点至轴线的距离。

08.1310 叶片骨线 center line of blade profile
叶片沿流线方向截面形状的中线。

08.1311 叶片骨面 center surface of blade
由同一叶片的骨线所构成的面。

08.1312 流道宽度 width of flow path
叶片在循环圆上垂直于流线方向的宽度。

08.1313 叶片长度 length of blade
叶片的骨线长度。

08.1314 叶片厚度 thickness of blade
垂直于骨面方向上叶片的厚度。

08.1315 叶片角 blade angle
叶片骨线沿液流方向的切线与圆周速度反方向的夹角。

08.1316 叶片进口角 entrance blade angle
叶片进口处的叶片角。

08.1317 叶片出口角 exit blade angle
叶片出口处的叶片角。

08.1318 叶片包角 scroll of blade
设计流线与叶片进、出口边交点处两个轴面间的夹角。

08.1319 液流角 flow angle
相对速度与圆周速度的反方向间的夹角。

08.1320 冲角 attack angle
液流角与叶片角的差值，液流冲向叶片正面的为正冲角，反之为负冲角。

08.1321 阻流板 step
液力偶合器中为控制液流流动状态而在泵轮、涡轮之间加设的挡板。

08.1322 导管 scoop tube
调速型液力偶合器中用来调节工作腔充液量的导流管。

08.1323 过流断面 inside section
在流道内，液流所通过的并与之垂直的断面。

08.08.05 性 能 参 数

08.1324 圆周速度 peripheral velocity
叶轮上某点的旋转线速度。

08.1325 轴面分速度 axial plane component of velocity
液体质点的绝对速度在轴面上的速度分量。

08.1326 圆周分速度 circumcomponent of

velocity

液体质点的绝对速度在圆周切线方向上的速度分量。

08.1327 速度环量 circulation
速度矢量在某一封闭周界切线上投影沿着该周界的线积分，对于叶轮，即为设计流线上某点的圆周分速度与该点所在位置圆周长度之积。

08.1328 循环流量 quantity of fluid flow
单位时间内流过循环流道某一过流断面的工作液体的容量。

08.1329 能头 head
以液柱高度表示的单位重量工作液体所具有的能量。

08.1330 理论能头 theoretical head
不考虑液力损失时，工作液体流经叶轮后能头的增量。

08.1331 实际能头 effective head
考虑液力损失时，工作液体流经叶轮后能头的增量。

08.1332 有限叶片修正系数 finite blade correction coefficient
叶片数有限时对叶轮理论能头的修正系数。

08.1333 排挤系数 excretion coefficient
因叶片厚度使过流断面减少的系数。

08.1334 液力损失 hydraulic losses
在液力元件循环流道内，工作液体因黏性、流道形状以及流动状态所引起的能量损失。

08.1335 摩擦损失 frictional losses
工作液体与流道和工作腔表面之间的摩擦及工作液体内部摩擦的液力损失。

08.1336 冲击损失 shock losses
工作液体进入叶片流道时，液流相对速度方向与叶片进口骨线方向不一致造成的局部液力损失。

08.1337 通流损失 ventilation losses
除冲击损失以外的所有液力损失，它包括沿程摩擦和各种局部阻力损失。

08.1338 机械损失 mechanical losses
圆盘损失、密封及轴承处的机械摩擦损失的总和。

08.1339 圆盘损失 disc friction losses
流道以外的所有相对旋转表面与工作液体摩擦所引起的能量损失。

08.1340 容积损失 volumetric losses
由于泄漏所造成的液体容量损失。

08.1341 导管损失 scoop tube losses
工作液体绕导管流动及导出液流所引起的能量损失。

08.1342 液力效率 hydraulic efficiency
只考虑液力损失时的效率。

08.1343 容积效率 volumetric efficiency
只考虑容积损失时的效率。

08.1344 最高效率 maximum efficiency
扣除所有最小损失后的液力元件的效率。

08.1345 泵轮转矩 impeller torque
作用在泵轮上的转矩。

08.1346 涡轮转矩 turbine torque
外界载荷作用于涡轮轴上的转矩。

08.1347 泵轮液力转矩 hydraulic torque of impeller
在工作腔内，泵轮作用于液流的转矩。

08.1348 涡轮液力转矩 hydraulic torque of turbine
在工作腔内，涡轮作用于液流的转矩。

08.1349 导轮液力转矩 hydraulic torque of reactor
在工作腔内，导轮作用于液流的转矩。

08.1350 能容 capacity
液力元件传递能量的能力。

08.1351 变矩系数 torque ratio
液力变矩器输出转矩与输入转矩之比。

08.1352 零速变矩系数 stall torque ratio
零速工况时的变矩系数。

08.1353 相位转换工况点 phase position condition cut over
液力变矩器两个相邻相之间的交点。

08.1354 透穿数 permeability number
液力变矩器的透穿程度。

08.1355 叶轮轴向力 axial force on blade wheel
工作液体对叶轮及其相连零件表面作用力的轴向分量。

08.1356 补偿压力 charging pressure
补偿系统在液力元件进口处的供液压力。

08.1357 几何相似 geometric similarity
两液力元件过流部分及相应的各线性尺寸成比例和相应角度相等的工况。

08.1358 运动相似 kinematic similarity
几何相似的液力元件的转速比相同的工况。

08.1359 动力相似 dynamic similarity
具有几何相似和运动相似的工况。

08.1360 零矩工况 stall torque condition
涡轮转矩为零时的工况。

08.1361 零速工况 stall condition
转速比为零时的工况。

08.1362 计算工况 design condition
设计计算时所采用的工况。

08.1363 反转工况 reversing damped condition
泵轮正转，涡轮在外载荷带动下反转的工况。

08.1364 反传工况 backward condition
在超越工况中，涡轮在外载荷带动下，泵轮从动力机吸收功率的工况。

08.1365 启动工况 starting condition
零速工况下，涡轮由静止到运转的工况。

08.1366 制动工况 damped condition
零速工况下，涡轮由运转到静止时的工况。

08.1367 加速[起动]特性 stating characteristic
原动机转速不变，涡轮轴转速从零加速到额定转速时的特性。

08.1368 制动特性 brake characteristic
原动机转速不变，涡轮从额定转速减少到零时的特性。

08.1369 共同工作范围 range of combination work
液力元件输入特性与动力机允许工作范围所形成的区域。

08.1370 牵引工况性能试验 traction condition characteristic test
输入轴与输出轴均按正常的旋转方向旋转，动力由泵轮轴输入，由涡轮输出的试验。

08.1371 定转矩试验 constant torque characteristic test

输出转速保持为零或接近零,提高输入转速到试验规定的输入转矩值,然后按设定的增量逐次提高输出转速,并在整个试验过程中保持输入转矩不变,直至预定值或极限值(相应的输入转速或功率不得大于最大设计值),再以相同的增量逐次降低输出转速至零或接近于零的试验。

08.1372 定转速试验 constant speed characteristic test
提高输入转速到试验规定的转速值,并在整个试验过程中保持不变。按设定的增量逐次降低输出转速直至预定值(输入转矩不得大于液力变矩器的最大设计转矩),再以相同的增量逐次提高输出转速到初始值的试验。

08.1373 泵轮公称力矩 nominal torque of impeller
泵轮转速为 1000r/min 时,最高效率工况泵轮所吸收的力矩。

08.1374 制动转矩 damped torque
零速工况时,涡轮由运转到静止瞬间的输出转矩。

08.1375 标定转矩 rated torque
液力偶合器额定工况时的转矩。

08.1376 过载系数 overload ratio
液力偶合器最大转矩与标定转矩的比值。

08.1377 启动过载系数 starting overload ratio
液力偶合器启动转矩与标定转矩的比值。

08.1378 制动过载系数 damped overload ratio
制动转矩与标定转矩的比值。

08.1379 转差率 slip
液力偶合器的泵轮转速和涡轮转速之差,再除以泵轮转速的百分比。

08.1380 额定转速 rated speed
产品出厂规定的转速。

08.1381 充液量 filling amount
充入液力元件腔体中的工作液体容量。

08.1382 充液率 filling factor
充液量与腔体总容量之比的百分比。

08.1383 导管开度 scoop tube span
导管实际行程与最大行程之比。

08.1384 波动比 fluctuate ratio
液力偶合器外特性曲线的最大波峰值与最小波谷值之比。

08.1385 调速范围 regulating range
调速型液力偶合器输出轴最高转速与最低稳定转速之比。

08.09 气压传动

08.1386 气压传动 pneumatic transmission
以气体(常用压缩空气)为工作介质来驱动和控制各种机械设备以实现生产过程机械化和自动化的一种技术。

08.1387 气动技术 pneumatics
以气体(常用压缩空气)为工作介质实现动力传动、信号传送或状态控制的技术。

08.1388 气动系统 pneumatic system
以气体(常用压缩空气)为工作介质实现动力传动、信号传送或状态控制的系统。

08.1389 气动回路 pneumatic circuit
用以实现某种特定功能的气动系统或系统中的一部分。

08.1390 气动控制 pneumatic control
压缩空气传动过程中的压力、流量等物理量的控制。

08.1391 湿空气 humid air
含有水蒸气的空气。

08.1392 临界压力比 critical pressure ratio
在气流通过气阻或气动元件时，气流由亚音速达到音速流动时点的下游绝对压力与上游绝对压力的比值。

08.1393 耗气量 air consumption
气动元件或装置为完成规定的动作或在规定的时间内所消耗的标准状态空气量。

08.1394 理论耗气量 theoretical air consumption
气动元件或装置为完成规定的动作或在规定时间内按理论的计算方法所预测的空气消耗量。

08.1395 实际耗气量 actual air consumption
气动元件或装置为完成规定的动作或在规定的时间内实际消耗的空气量。

08.1396 额定耗气量 rated air consumption
在额定工况下，气动元件或装置在工作时所消耗的空气量。

08.1397 溢流量 relief flow rate
在规定工况下，当压力超过设定的某一规定值时，从卸荷元件中流过的空气流量。

08.1398 无热再生 heatless regeneration
将干燥空气通入吸水饱和状态的干燥剂吸除干燥剂中的水分的过程。

08.1399 加热再生 heat regeneration
对吸水饱和状态的干燥剂加热使其析出水分的过程。

08.1400 除油过滤器 oil removing filter
去除压缩空气中油分的过滤装置。

08.1401 空气干燥器 air dryer
减小空气中湿蒸气含量的装置。

08.1402 冷冻式干燥器 refrigerant type dryer
通过制冷循环冷却分离出水蒸气的干燥器。

08.1403 再生式干燥器 regenerative type dryer
无需更换干燥剂便可使干燥器分离水分，重新恢复干燥能力的干燥器。

08.1404 空气调解单元 air conditioner unit
由空气过滤器、减压阀(带压力表)和油雾器组成的组件，使空气保持适当的状态。

08.1405 油雾器 atomized lubricator
将润滑油雾化后混入压缩空气的装置。

08.1406 射流真空发生器 ejector vacuum generator
利用气体的喷射原理获得真空的装置。

08.1407 伯努利真空发生器 Bernoulli vacuum generator
利用空气的减加速流动形成真空的装置。

08.1408 气旋流真空发生器 vortex vacuum generator
利用空气的旋转流动形成真空的装置。

08.1409 气动控制元件 pneumatic control components
能够改变工作介质的压力、流量或流动方向，实现执行元件所规定的运动及其他功能的装置。如各种压力、流量、方向控制阀和各种气动逻辑元件。

08.1410 单向节流阀 one-way throttle valve

由单向阀和节流阀并联而成的组合式流量控制阀。

08.1411 行程节流阀 stroke throttle valve
依靠凸轮、杠杆等机械方法控制节流阀的开度，以实现流量控制的阀。

08.1412 快速排气阀 quick exhaust valve
当输入口气压下降到一定值时，排出口能自动打开，使气体排往大气的阀。

08.1413 排气节流阀 exhaust throttle valve
安装在气动系统执行机构的排气口处，通过调节排入大气的空气流量来改变气动执行机构的运动速度的阀。

08.1414 气控阀 pneumatic operated valve
用外部气压信号作为控制信号控制阀作动的阀。

08.1415 [气压传动]梭阀 shuttle valve
有两个进气口，一个出气口，并具有逻辑"或"功能的控制阀。有一个进气口通气，则该进气口与出气口接通；两个进气口同时接通，则高压进气口与出气口相通。若两个进气口压力相等，则先接入的进气口与出气口接通。

08.1416 双压阀 dual pressure valve
有两个输入口和一个输出口。当两个输入口同时有输入时，才会有输出的控制阀。具有逻辑"与"功能。

08.1417 气动逻辑元件 pneumatic logic element
压缩空气作用在用膜片、阀芯等元件上改变气流方向，具有一定逻辑功能的气动元件。

08.1418 气动逻辑控制元件 pneumatic logic control component

包括逻辑功能元件及时间控制元件在内以实现逻辑控制功能的气动逻辑元件。

08.1419 伺服阀 servo-valve
接收模拟控制信号而控制输出相应的流量或压力的阀。

08.1420 气动执行元件 pneumatic actuator
以压缩空气为工作介质产生机械运动的装置，如做直线运动的气缸或做回转运动的气马达。

08.1421 气缸 air cylinder
由缸筒与活塞构成，活塞在压力差的驱动下实现缸筒内直线往复运动的装置。

08.1422 气马达 air motor
将压缩空气能转化成转动机械能的气动元件。

08.1423 叶片式气马达 vane type air motor
由定子和转子组成。转子偏心安装在定子内，其上有与转轴平行的沟槽，气压作用在可在沟槽内滑动的叶片上，叶片之间容积变化，以致叶片两侧形成压差，驱动转子转动。

08.1424 柱塞式气马达 piston type air motor
通常由几个柱塞驱动主轴旋转的马达。通过马达的转动控制阀门使气压相继作用在各个柱塞上。

08.1425 气动消声器 pneumatic silencer
用于降低排气噪声的装置。

08.1426 气动辅助元件 supplemental pneumatic components
主要指气动消声器、转换器、放大器、气管、管接头、显示器等辅助性元件。

08.1427 绳索气缸 cable cylinder
以柔性缆索拉动活塞或滑台移动的气缸。

08.10　电气传动

08.1428　气动气液阻尼缸　gas-liquid damping cylinder

以压缩空气为介质推动气缸活塞做直线往复运动，并带动阻尼油缸同步运动的气缸。

08.1429　气动传感器　pneumatic sensor

将压缩空气的状态（压力、流量、温度等）转换成相应的模拟信号或数字信号，供后续系统进行判断和控制的装置。

08.1430　气动放大器　pneumatic amplifier

将小功率气动信号转换成大功率流量、压力或功率输出的装置。

08.1431　电气传动　electric drive

又称"电力拖动"。生产过程中，以电动机作为原动机来带动生产机械，并按所给定的规律运动的电气设备。

08.1432　直流电气传动　direct-current electric drive

应用直流电动机的电气传动。

08.1433　交流电气传动　alternating-current electric drive

应用交流电动机的电气传动。

08.1434　可逆电气传动　reversible electric drive

电动机运行方向可变的电气传动。

08.1435　不可逆电气传动　nonreversible electric drive

电动机运行方向不变的电气传动。

08.1436　调速电气传动　adjustable speed electric drive

电动机转速可调的电气传动。

08.1437　非调速电气传动　unadjustable speed electric drive

电动机转速不可调的电气传动。

08.1438　步进电气传动　step motion electric drive

应用步进电动机的电气传动。

08.1439　直线电气传动　linear motion electric drive

应用直线电动机的电气传动。

08.1440　整流器供电直流[电气]传动　rectifier fed electric drive

直流电动机由静止整流装置供电的电气传动。

08.1441　串级电气传动　electric drive with cascade

又称"谢比乌斯电气传动（Scherbius electric drive）"。绕线式感应电动机的转差功率，通过变流装置回馈到交流电网的电气传动。

08.1442　超同步串级电气传动　supersynchronous Scherbius electric drive

绕线式感应电动机的转子，从电网吸收能量以运行于同步转速以上的串级电气传动。

08.1443　变频电气传动　variable frequency electric drive

交流电动机由变频装置供电的电气传动。

08.1444　施控系统　controlling system

又称"施控装置（controlling equipment）"。由对被控系统进行控制的所有元件组成的系统。

08.1445　非线性控制系统　nonlinear control system

用非线性方程来描述的非线性控制系统。系统中包含有非线性元件或环节。

08.1446 开环控制系统 open-loop control system

系统的输出量对系统的控制没有影响的控制系统。

08.1447 闭环控制系统 closed-loop control system

又称"反馈控制系统(feedback control system)"。系统的输出量对系统的控制作用有直接影响的控制系统。

08.1448 集中分散控制系统 total distributed control system

简称"集散系统"。具有控制功能分散,显示和操作功能集中的控制系统。

英汉索引

A

Abbe comparator principle　阿贝比长原理　06.0143

aberrance design　变异性设计，*变异设计　03.0103

above-resonance balancing machine　高于共振平衡机　02.0287

abrasion　磨料磨损，*磨粒磨损　05.0221

abrasive erosion　磨料侵蚀　05.0241

abrasive particle　磨粒　05.0232

abrasive wear　磨料磨损，*磨粒磨损　05.0221

absolute error　绝对误差　06.0253

absolute humidity　绝对湿度　08.0749

absolute interchangeability　完全互换性，*绝对互换　03.0324

absolute measurement of pitch　齿距绝对测量　06.0188

absolute motion　绝对运动　01.0279

absolute pressure　绝对压力　08.0828

absolute pressure sensor　绝压传感器　06.0058

absolute pressure transducer　绝压传感器　06.0058

absolute velocity　绝对速度　01.0284

accelerated corrosion test　加速腐蚀试验　05.0560

accelerated weathering test　加速老化试验，*人工老化试验　05.0568

acceleration　加速度　01.0287，02.0003

acceleration mobility　加速度导纳　02.0038

acceleration sensor　加速度传感器　06.0063

acceptability limit　合格界限　02.0279

acceptance limit determination　验收极限　06.0351

acceptance principle of smooth workpiece　光滑工件验收原则　06.0220

accumulative pitch error　齿距累积误差　06.0190

AC drive technology　交流传动技术　06.0455

acid number　酸值　05.0413

acid value　酸值　05.0413

acorn hexagon head bolt　六角头盖形螺栓　07.0078

acorn nut　盖形螺母　07.0162

acoustical fatigue　声疲劳　04.0079

acoustics　声学　02.0007

activator　活化剂　05.0470

active braking distance　有效制动距离　07.0470

active flank　有效齿面　08.0067

active force　作用力　01.0304

active-passive cell　活态-钝态电池　05.0522

active sensor　有源传感器　06.0052

active state　活态　05.0468

active transducer　有源传感器　06.0052

active working time　有效工作时间，*有效制动时间　07.0471

actual air consumption　实际耗气量　08.1395

actual deviation　实际偏差　03.0337

actual feature　实际要素　03.0345

actual fluid temperature　实际流体温度　08.0787

actual profile　实际轮廓　06.0313

actual profile of surface roughness　表面粗糙度实际轮廓线　06.0154

actual size　实际尺寸　03.0329

actual surface　实际表面　06.0312

actuator　致动器　01.0520，执行器，*驱动件，*驱动器，*操动件，*促动器　06.0039，执行机构　06.0490，执行器　08.1112

adaptive control　自适应控制　06.0439

adaptive design　适应性设计　03.0018

adaptive system　自适应系统　06.0038

addendum　牙顶高　07.0036，齿顶高　08.0086

addendum angle　齿顶角　08.0376

addendum flank　上齿面　08.0068

addendum modification　径向变位，*变位　08.0160，径向变位量　08.0164

addendum modification coefficient　径向变位系数，*变位系数　08.0165

addendum modification coefficient of wormwheel　蜗轮变位系数　08.0542

addendum modification of wormwheel　蜗轮齿廓变位量　08.0541

additional load　附加负载　01.0488

additional mass　*附加质量　01.0488

additional volume　附加容积　07.0992

additive　添加剂　05.0421

adhesion　黏附　05.0075，黏着　05.0189

adhesive force　黏着力　05.0249

adhesive wear　黏着磨损　05.0222

adjustable linkage mechanism　可调连杆机构　01.0095

adjustable speed electric drive　调速电气传动

08.1436

adjustable torque converter 可调式液力变矩器
08.1269

adjusted rating life 修正额定寿命 07.0779

adsorption 吸附 05.0098

advance-to-return time ratio 行程速度变化系数
01.0101

advancing angle 前进角 05.0087

advantage design 优势设计 03.0093

aeration 充气 08.0744

aerodynamic bearing 气体动压轴承 07.0512

aerodynamic lubrication 气体动力润滑 05.0387

aerostatic bearing 气体静压轴承 07.0513

aerostatic lubrication 气体静力润滑 05.0388

age-hardening[of grease] 润滑脂时效硬化
05.0335

agglomerate 团块 07.1103

aggregation 集聚，*聚集 05.0093

AGV 自动导引车 01.0446

air conditioner unit 空气调解单元 08.1404

air consumption 耗气量 08.1393

air cylinder 气缸 08.1421

air dryer 空气干燥器 08.1401

airframe bearing 飞机机架轴承 07.0635

air hammer 气击 05.0382

air inclusion 空气混入量 08.0775

air motor 气马达 08.1422

air release capacity 排气能力 08.0768

air spring 空气弹簧 07.0938

aligning surface center height 调心表面中心高度
07.0731

aligning surface radius 调心表面半径 07.0730

alignment pose 校准位姿 01.0529

allowable frictional surface temperature 许用摩擦面
温度 05.0173

allowable friction power 许用摩擦功率，*许用滑摩
功率，*许用制动功率 07.0481

allowable friction work 许用摩擦功，*许用滑摩
功，*许用制动功 07.0480

allowable *pv* value *pv* 许用值 07.0879

allowable thermic load value 许用热载荷值
07.0487

alternate immersion test 间浸试验 05.0562

alternating circle *交变圆 01.0221

alternating-current electric drive 交流电气传动
08.1433

alternating current servo driving 交流伺服驱动
06.0502

ambient vibration 环境振动 02.0084

Amontons-Coulomb's law 阿蒙顿-库仑定律
05.0134

amount of unbalance 不平衡量 02.0233

amplitude 振幅 02.0130

analysis of mechanism 机构分析 01.0052

angle-attack sensor 迎角传感器 06.0130

angle-attack transducer 迎角传感器 06.0130

angle block 弯板 06.0329

angle displacement sensor 角位移传感器 06.0068

angle drive 角度传动 08.0564

angle gauge 角度量规 06.0248

angle indicator 相角指示器 02.0295

angle of contact 包角 08.0457，[带轮]包角
08.0573

angle of friction 摩擦角 05.0169

angle of pulley groove 槽角 08.0613

angle of unbalance 不平衡相角，*不平衡相位
02.0235

angle reference generator 相角参考发生器 02.0296

angle reference marks 相角参考标志 02.0297

angle sensor 角度传感器 06.0064

angle series 角度系列 07.0719

angle transducer 角度传感器 06.0064

angular acceleration 角加速度 01.0288

angular bevel gear 斜交锥齿轮 08.0331

angular bevel gear pair 斜交锥齿轮副 08.0330

angular contact bearing 角接触轴承 07.0623

angular contact radial bearing 向心角接触轴承
07.0641

angular contact thrust bearing 角接触推力轴承
07.0649

angular displacement 角位移 01.0283，02.0051

angular gauge block 角度块，*角度量块 06.0247

angular velocity 角速度 01.0286，02.0053

angular velocity sensor 角速度传感器 06.0065

angular velocity transducer 角速度传感器 06.0065

angular vibration 角振动 02.0052

aniline point 苯胺点 05.0412

annular seal space 密封腔 07.0846

anode control 阳极控制 05.0536

anodic protection 阳极保护 05.0546

anti-emulsifying degree 抗乳化度 05.0416

antifriction ability 减摩性 05.0192

anti-friction bearing material 减摩轴承材料 07.0584

antinode 波腹 02.0132

antiparallel-crank mechanism 逆平行四边形机构 01.0079

antiresonance 反共振 02.0149

antiresonance frequency 反共振频率 02.0150

anti-rotating pin 防转销 07.0845

anti-seizure property 抗咬性 05.0286

anti-wear bionic 仿生耐磨 03.0139

any kinematic chain 任一运动链 01.0276

aperiodic motion 非周期运动 01.0293

aperiodic speed fluctuation 非周期性速度波动 01.0357

aperiodic vibration 非周期振动 02.0086

aperture size 筛孔尺寸 07.1066

apex to crown 冠顶距 08.0368

apparent bulk density 松装密度 07.1105

apparent mass 视在质量 02.0040

apparent viscosity 表观黏度 05.0319

applied force 作用力 01.0304

applied tribology *应用摩擦学 05.0127

approach 啮入 08.0411

approximate straight-line mechanism 近似直线机构 01.0099

aqueous fluid 水基液 08.0756

Archard model 阿查德模型 05.0256

arch-height and chord-length method 弓高弦长法 06.0216

Archimedes helicoid 阿基米德螺旋面 08.0120

Archimedes spiral 阿基米德螺线 08.0105

arithmetical mean centre line of the profile 轮廓算术平均中线 05.0032

arithmetic average deviation of profile 轮廓算术平均偏差 06.0278

arithmetic average line of surface roughness profile 表面粗糙度轮廓算术平均中线 06.0155

arithmetic average median line of profile 轮廓算术平均中线 06.0269

arithmetic mean deviation of the profile 轮廓算术平均偏差 05.0036

arm *手臂 01.0521

armature 衔铁 07.0346

arm of force 力臂 01.0315

articulated robot 关节机器人 01.0434

artificial sea water 人造海水 05.0464

asbestos-free friction material 无石棉摩擦材料 05.0207

asbestos friction material 石棉摩擦材料 07.0377

asperity 微凸体 05.0024

asperity peak contact theory 粗糙峰接触理论 05.0050

assembly 装配 03.0275

assembly constraint 装配约束 03.0283

assembly design 装配设计 03.0039

assembly drawing 装配图 03.0168

assembly line 流水线, *装配线 06.0456

assembly modeling 装配建模 03.0282

assembly unit 部件 01.0008, 装配单元 03.0276

associative creative method 联想创造法 03.0086

Assur group 阿苏尔杆组, *基本杆组 01.0036

ASTM viscosity temperature equation 黏[度]-温[度]方程 05.0326

ASTM viscosity temperature slope 黏[度]-温[度]斜率 05.0327

asymmetric cylinder 非对称缸 08.1162

asymmetry cycle 不对称循环 04.0108

atmospheric corrosion 大气腐蚀 05.0479

atmospheric dew point 大气露点 08.0747

atmospheric exposure test 大气暴露试验 05.0564

atmospheric reservoir 常压油箱 08.1245

atomic wear 原子磨损 05.0276

atomized lubricator 油雾器 08.1405

attack angle 攻角, *冲击角 05.0265, 冲角 08.1320

attained pose 实到位姿 01.0528

attitude angle 偏位角 07.0603

attitude sensor 姿态传感器 06.0080

attitude transducer 姿态传感器 06.0080

audio frequency 声频 02.0144

autocollimation 自准直仪 06.0376

auto-controlled clutch 自控离合器 07.0296

automated guided vehicle 自动导引车 01.0446

automatic control 自动控制 06.0437

automatic control system 自动控制系统 06.0438

automatic end effector exchange system 末端执行器自动更换系统 01.0428

automatic measurement technology 自动检测技术, *非电量检测技术 06.0495

automatic mode 自动方式, *自动模式 01.0540

automatic operation 自动操作 01.0542

automatic production line 自动生产线 06.0496

automatic speed changing 自动变速 08.0009

automatic test technology 自动测试技术 06.0037

automatic tool changer 自动换刀装置 06.0494

automatic workshop 自动化车间 06.0493

automotive V belt 汽车 V 带 08.0593

autonomy 自主能力 01.0404

auto warehouse 自动仓库 06.0492

auxiliary air reservoir 附加空气室 07.0994

auxiliary leaf 副片 07.0982

auxiliary seal 辅助密封 07.0832

auxiliary system 辅助系统 08.1255

availability 可用性 04.0248

average length deviation of common normal line 公
法线平均长度偏差 06.0217

axial chamfer dimension 轴向倒角尺寸 07.0724

axial clearance of plain journal bearing 滑动轴承轴
向间隙 07.0569

axial contact bearing 轴向接触轴承 07.0648

axial deflection 轴向变形[量]，*轴向位移
08.0403

axial double mechanical seal 轴向双端面机械密封
07.0809

axial force on blade wheel 叶轮轴向力 08.1355

axial internal clearance 轴向游隙 07.0760

axial load 轴向载荷 07.0764

axial load factor 轴向载荷系数 07.0782

axial modification 齿向修形 08.0134

axial module 轴向模数 08.0094

axial parallelism error in x direction x 方向轴向平行
度误差 06.0141

axial parallelism error in y direction y 方向轴向平行
度误差 06.0142

axial piston motor 轴向柱塞马达 08.1125

axial piston pump 轴向柱塞泵 08.0919

axial piston variable displacement pump bent axis de-
sign 斜轴式轴向柱塞变量泵 08.0935

axial piston variable displacement pump swashplate de-
sign 斜盘式轴向柱塞变量泵 08.0936

axial piston variable motor 轴向柱塞变量马达
08.1134

axial pitch 轴向节距 07.0966，轴向齿距
08.0212

axial plane 轴平面 08.0037

axial plane component of velocity 轴面分速度
08.1325

axial plane of worm 蜗杆轴平面 08.0550

axial plane of wormwheel 蜗轮轴平面 08.0533

axial profile 轴向齿廓 08.0076

axial strain 轴向应变 04.0017

axial stress 轴向应力 04.0008

axial variable displacement piston pump 轴向柱塞变
量泵 08.0933

axial wheel 轴流叶轮 08.1280

axiomatic design theory 公理化设计理论 03.0047

axis 轴 01.0451

axis of rotation 旋转轴 02.0042

axis of thread 螺纹轴线 07.0048

axis rotation matrix 轴旋转矩阵 01.0232

axode 瞬轴面 01.0239

axonometric drawing 轴测图 03.0232

axonometric projection 轴测投影 03.0213

B

back cone 背锥[面] 08.0352

back cone angle 背锥角 08.0375

back cone distance 背锥距 08.0362

back cone tooth profile 背锥齿廓 08.0077

backing material 衬背材料 07.0609

back pressure 背压 08.0847

back pressure factor 反压系数 07.0870

back-to-back arrangement 背对背配置 07.0705

back-to-back double mechanical seal 背对背双端面
机械密封 07.0812

back-up ring 挡圈 07.0835

backward condition 反传工况 08.1364

backward inclined blade 后倾叶片 08.1292

backward running torque converter 反转液力变矩器
08.1266

balance diameter 平衡直径 07.0871

balanced mechanical seal 平衡式机械密封 07.0805

balanced rotor vane pump 平衡转子式叶片泵
08.0914

balanced vane motor 平衡式叶片马达 08.1121

balanced vane pump 平衡式叶片泵 08.0911

balanced variable vane pump 平衡式变量叶片泵
08.0932

balance of machinery 机械平衡 01.0366

balance of mechanism　机构平衡　01.0363

balance quality grade　转子平衡等级　02.0278

balance tolerance　平衡允差　02.0247

balancing　平衡　02.0254

balancing arbor　平衡心轴　02.0311

balancing bearing　平衡轴承　02.0310

balancing circuit　平衡回路　08.1193

balancing machine　平衡机　02.0280

balancing machine accuracy　平衡机准确度　02.0301

balancing machine minimum response　平衡机最小响应　02.0300

balancing machine sensitivity　平衡机灵敏度　02.0303

balancing mass　平衡质量　01.0367

balancing run　平衡操作　02.0307

balancing speed　平衡转速　01.0368，02.0216

ball　球　07.0695

ball bearing　球轴承　07.0654

ball complement bore diameter　球总体内径　07.0755

ball complement outside diameter　球总体外径　07.0756

ball-crank handle　单柄对重手柄　07.1037

ball diameter　球直径　07.0741

ball gauge　球规值　07.0744

ball grade　球等级　07.0743

ball handle　球头手柄　07.1036

ball knob　手柄球　07.1039

ball lot　球批　07.0742

ball nut　滚珠螺母组件　08.0717

ball oscillating tooth　滚珠活齿　08.0266

ball pass frequency of the inner race　滚珠通过内圈频率　02.0190

ball pass frequency of the outer race　滚珠通过外圈频率　02.0191

ball screw　滚珠丝杠副　08.0712

ball screw shaft　滚珠丝杠　08.0716

ball set bore diameter　球组内径　07.0751

ball set outside diameter　球组外径　07.0752

ball spin frequency　滚珠自旋频率　02.0192

Ball's point　鲍尔点　01.0229

ball track　[丝杠]滚道　08.0722

ball valve　球阀　08.1033

band-brake　带式制动器　07.0419

bar　杆　01.0060

barrel shaped helical spring　中凸形螺旋弹簧　07.0907

Barus equation　巴勒斯方程　05.0329

base　机座　01.0424

base circle　基圆　08.0203

base circle of cam contour　凸轮工作轮廓基圆　01.0138

base circle of cam pitch curve　凸轮理论轮廓基圆　01.0137

base circle of involute helicoid worm　渐开线蜗杆基圆　08.0522

base coordinate system　机座坐标系　01.0457

base cylinder　基圆柱面　08.0196

base cylinder of involute helicoid worm　渐开线蜗杆基圆柱面　08.0521

base diameter　基圆直径　08.0216

base helix　基圆螺旋线　08.0208

base helix angle　基圆螺旋角　08.0102

base lead angle　基圆导程角　08.0104

baseline　基准线　06.0240

base mounting surface　机座安装面　01.0524

base pitch　基圆齿距　08.0303

base plane　基准平面　06.0239

base tangent length　公法线长度　08.0213

base view　基本视图　03.0218

basic dynamic load rating　基本额定动载荷　07.0774

basic hole　基准孔　03.0366

basic kinematic chain　基本运动链　01.0275

basic motion curve　基本运动轨迹　01.0150

basic rack　基本齿条　08.0048

basic rack tooth profile　基本齿廓　08.0047

basic rating life　基本额定寿命　07.0778

basic shaft　基准轴　03.0368

basic spring volume　基本容积　07.0991

basic static load rating　基本额定静载荷　07.0773

basic tooth profile of bevel gears　锥齿轮基本齿廓　08.0382

basic tooth type　基本牙型　06.0237

basic worm　基准蜗杆　08.0494

basipodium　基节　06.0238

bath lubrication　油浴润滑　05.0404

Bauschinger effect　包辛格效应　04.0056

bearing　轴承　07.0498

bearing anti-friction layer　轴承减摩层　07.0551

bearing axial load　轴承轴向载荷　07.0593

bearing bore diameter　轴承内径　07.0720

bearing bore relief　轴瓦[瓦口]削薄量　07.0578

[bearing] boundary dimension　外形尺寸　07.0712

bearing bush wall thickness　轴套壁厚　07.0572

bearing center line　轴承连心线　07.0600

bearing characteristic number　轴承特性数　05.0367

bearing disc　承压盘　07.0358

bearing housing　轴承座　07.0786

bearing length of profile　轮廓支承长度　06.0282

bearing length ratio of profile　轮廓支承长度率　06.0283

bearing life　轴承寿命　07.0775

bearing liner　轴承衬　07.0553

bearing liner backing　轴瓦衬背　07.0550

bearing liner wall thickness　轴瓦壁厚　07.0571

bearing load carrying capacity　轴承承载能力　07.0599

bearing material layer thickness　轴承减摩层厚度　07.0573

bearing mean specific load　轴承压强　07.0608

bearing outside diameter　轴承外径　07.0721

bearing projected area　轴承投影面积　07.0607

bearing radial load　轴承径向载荷　07.0592

bearing ring　轴承套圈　07.0678

bearing running-in layer　轴承磨合层　07.0552

bearing series　轴承系列　07.0714

[bearing] shield　防尘盖　07.0692

bearing support　轴承支架　02.0215

bearing torque resistance　轴承旋转阻转矩　07.0595

bearing washer　轴承垫圈　07.0681

bearing width　轴承宽度　07.0722

bearing wrapped bush　卷制轴套　07.0546

bear pair tangential comprehensive error　切向综合误差　06.0305

beat　拍　02.0153

beat frequency　拍频　02.0154

bedding degree of bearing liner　轴瓦贴合度　07.0583

beginning circle of involute profile on external flexspline　柔轮齿渐开线起始圆　08.0466

belleville spring　碟形弹簧　07.0913

bellows　波纹管　07.0833

bellows actuator　波纹管执行器　08.1158

bellows cylinder　波纹管液压缸　08.1159

bellows seal adaptor　波纹管座　07.0839

bell-shape flexspline　钟形柔轮　08.0461

below-resonance balancing machine　低于共振平衡机　02.0285

belt drive　带传动　08.0556

belt height　带高　08.0626

belting bolt　带用螺栓　07.0073

belt length　带长　08.0572

belt pitch　带节距　08.0623

belt speed　带速　08.0574

belt width　带宽　08.0625

bending vibration　弯曲振动　02.0074

beneficiary　*受服者　01.0515

bent axis type axial piston motor　斜轴式轴向柱塞马达　08.1127

bent axis type axial piston pump　斜轴式轴向柱塞泵　08.0920

bent axis type axial piston variable displacement motor　斜轴式轴向柱塞变量马达　08.1136

Bernoulli vacuum generator　伯努利真空发生器　08.1407

bevel gear　锥齿轮　08.0317

bevel gear pair　锥齿轮副　08.0319

bevel gear pair with axes at right angles　正交锥齿轮副　08.0328

bevel gear pair with small teeth difference　锥齿少齿差齿轮副　08.0258

bevel gear with axes at right angles　正交锥齿轮　08.0329

bevel gear with circular arc tooth profile　圆弧齿廓锥齿轮　08.0336

bevel gear with duplex tapered teeth　双重锥度齿锥齿轮，*双重收缩齿锥齿轮　08.0338

bevel gear with 90° face angle　平顶齿轮　08.0327

bevel gear with standard tapered teeth　正常锥度齿锥齿轮，*标准收缩齿锥齿轮　08.0337

bevel gear with straight tooth profile　直线齿廓锥齿轮　08.0335

bias mass　偏置质量　02.0313

bi-directional brake　双向制动器　07.0405

bi-directional pressure relief valve　双向溢流阀　08.1053

bifurcated motion　分叉运动　01.0578

bihexagonal head screw　十二角头法兰面螺栓　07.0080

bi-lever balanced handle　双柄对重手柄　07.1038

bimetallic corrosion　双金属腐蚀　05.0514

bimetallic temperature sensor　双金属片温度传感器

06.0119

bimetallic temperature transducer 双金属片温度传感器 06.0119

Bingham solid 宾厄姆固体 05.0330

bio-assembly forming 生物组装成形 03.0156

bio-degradable fluid 可生物降解油液 08.0763

bio-forming 生物加工成形 03.0151

bio-growing forming 生物生长成形 03.0155

bioinspiration 生物灵感 03.0125

biomanufacturing 生物制造 03.0136

bio-mechanism 仿生机构 01.0058, 03.0130

biomimetic actuation 仿生驱动 03.0134

biomimetic design 仿生设计 03.0128

biomimetic mechanical system 仿生机械系统 03.0129

biomimetic robot 仿生机器人 03.0135

biomimetic sensing 仿生传感，*仿生感知 03.0133

biomimetic structure 仿生结构，*结构仿生 03.0131

biomimetic surface 仿生表面，*仿生功能表面 03.0132

bio-mineralization 生物矿化成形 03.0158

bionic adhesion 仿生脱附 03.0140

bionic anti-cracking 仿生止裂 03.0142

bionic anti-erosion 仿生抗冲蚀 03.0145

bionic discoloration 仿生变色 03.0143

bionic engineering 仿生工程 03.0121

bionic forming 仿生成形 03.0150

bionic intelligence 仿生智能 03.0147

bionic manufacturing 仿生制造 03.0137

bionic mechanical engineering 机械仿生学 03.0124

bionic modeling 仿生建模 03.0149

bionic noise reduction 仿生降噪 03.0146

bionic repairing 仿生修复 03.0148

bionic resistance reduction 仿生减阻 03.0138

bionics 仿生学 03.0122

bionic self-cleaning 仿生自洁 03.0141

bionic stealth 仿生隐形 03.0144

bio-removal 生物去除成形 03.0152

bio-replication 生物复制成形 03.0153

bio-synthetic forming 生物合成成形 03.0157

bio-template forming 生物约束成形 03.0154

biotribology 生物摩擦学 05.0125

biped robot 双足机器人 01.0439

bistable compliant mechanism 双稳态柔顺机构 01.0190

bladder accumulator 气囊式蓄能器 08.1236

blade 叶片 08.1284

blade angle 叶片角 08.1315

blade wheel 叶轮 08.1277

blank drawing 空白图 03.0172

blast wave 爆炸波 02.0176

bleeding 渗析 05.0336

bleed line 排气管路 08.1178

blinding 堵塞 07.1102

block brake 块式制动器，*闸瓦制动器，*闸块制动器 07.0427

block chain 块链 08.0662

block diagram 框图 03.0181

blocked impedance 约束阻抗 02.0032

bobed bearing 多油叶轴承 07.0537

bob weight 摆重 02.0308

bolt 螺栓 07.0068

bonding 结合能力 07.0580

Boolean operation 布尔运算 03.0263

booster circuit 增压回路 08.1188

boost pressure 增压压力 08.0869

border 图框 03.0196

bottom clearance 顶隙 08.0232

bottom land 齿槽底面 08.0072

bottom-up assembly method 从底向上装配法 03.0272

bottom-up design 自底向上设计 03.0271

bottom view 仰视图 03.0224

boundary control principle 边界控制原则 06.0149

boundary friction 边界摩擦 07.0885

boundary layer 边界层 05.0004

boundary lubrication 边滑 05.0094，边界润滑 05.0395

Bowden-Tabor theory 鲍登-泰伯理论，*摩擦二项式定律 05.0151

brake 制动器 07.0397

brake arm 制动臂 07.0453

brake-band clutch 闸带离合器 07.0326

brake belt 制动带 07.0459

brake calliper 制动钳 07.0451

brake calliper plate yoke 制动钳板臂 07.0452

brake capacity 制动容量 05.0156

brake chamber 制动气室 07.0464

brake characteristic 制动特性 08.1368

brake chatter　制动颤振　07.0492

brake disk　制动盘　07.0450

brake drum　制动鼓　07.0449

brake hysteresis　制动滞后　07.0467

brake lining　制动衬片　07.0447，制动衬带
　07.0458

brake noise　制动噪声　07.0493

brake pad　制动衬块　07.0454

brake piece　制动块　07.0462

brake shoe　闸块　07.0371，制动蹄　07.0448

brake shoe clutch　闸块离合器　07.0327

brake steel belt　制动钢带　07.0457

brake wheel　制动轮　07.0456

braking　制动　05.0073

braking deceleration　制动减速度　07.0484

braking drag　制动拖滞　07.0489

braking failure　制动失效　07.0495

braking force　制动力　07.0465

braking frequency　制动频率　07.0482

braking hop　制动跳动　07.0494

braking noise vibration harshness　制动 NVH
　07.0496

braking rotational speed　制动转速　07.0483

braking safety coefficient　制动安全系数　07.0497

braking torque　制动力矩　07.0466

breakaway pressure　起动压力　08.0839

breakout pressure　起动压力　08.0839

Bresse normal circle　法向圆　01.0221

bridge width　筋宽　07.1076

Brinell hardness　布氏硬度　04.0032

brittle fracture　脆性断裂　04.0177

brittle temperature　脆断温度　04.0185

broad-band random vibration　宽带随机振动
　02.0056

buckle　弹簧箍　07.0917

buffer engaging process　缓冲接合过程　07.0380

buffer fluid　隔离流体　07.0856，缓冲流体
　07.0861

bulk modulus of a fluid　流体弹性模量　08.0766

bump　连续冲击　02.0162

bump test　连续冲击试验　02.0129

burning　烧伤　05.0202

burst　破裂　08.0740

burst pressure　破坏压力　08.0832

bus control　总线控制　06.0506

bush　套筒　08.0678

bush chain　套筒链　08.0660

button head rivet　半圆头铆钉　07.0244

by coordinate measurement　逐齿坐标点测量
　06.0375

C

cable cylinder　绳索气缸　08.1427

cage　保持架　07.0698

calibration mass　标定质量　02.0273

calibration rotor　标定转子　02.0316

caliper　卡尺　06.0254

caliper disk brake　钳盘式制动器　07.0421

cam　凸轮　01.0104

camber　弧高　07.0973

camber of a leaf　单片弧高　07.0975

camber under load　载荷弧高　07.0976

cam brake　凸轮制动器　07.0431

cam contour　凸轮工作轮廓　01.0135

cam follower　凸轮从动件　01.0130

cam mechanism　凸轮机构　01.0105

cam pitch curve　凸轮理论轮廓　01.0136

cam profile　凸轮工作轮廓　01.0135

cam rotor vane pump　凸轮转子式叶片泵　08.0913

camshaft　凸轮轴　01.0106

cam-type wave generator　凸轮式波发生器　08.0440

capacitive sensor　电容式传感器　06.0083

capacitive transducer　电容式传感器　06.0083

capacity　能容　08.1350

cap nut　盖形薄螺母　07.0163

capped bearing　闭型轴承　07.0633

carbon base friction material　碳基摩擦材料
　07.0376

carbon-carbon composite material　碳-碳复合材料
　07.0378

carbon deposit　积碳　05.0345

carbon residue value　残碳值　05.0415

Cartesian robot　*笛卡儿坐标机器人　01.0430

cartridge mechanical seal　集装式机械密封　07.0822

cartridge type check valve　插装式单向阀　08.1040

cartridge type pressure relief valve　插装式溢流阀
　08.1054

cartridge valve　插装阀　08.1074

cascade　叶栅　08.1293

castellated coupling　牙嵌式联结　08.0477

cast iron pipe flange　铸铁管法兰　07.1026

catastrophic wear　毁坏性磨损　05.0217

cathode control　阴极控制　05.0537

cathodic protection　阴极保护　05.0547

caustic embrittlement　碱脆　05.0507

cavitation　空蚀，*穴蚀　05.0226，空化
　05.0270，气穴现象　07.0883，气蚀　08.0735

cavitation effect　空穴效应　05.0375

cavitation erosion　气体侵蚀　05.0246

cavitation number　空穴数　05.0272

cavitation wear　气蚀磨损　05.0243

center circle of gear pins　针齿中心圆　08.0295

center circle of pin holes　柱销孔中心圆　08.0296

center circle pitch of gear pins　针齿中心圆齿距
　08.0305

center cylinder of gear pins　针齿中心圆柱面
　08.0292

center cylinder of pin holes　柱销孔中心圆柱面
　08.0294

center diameter of gear pins　针齿中心圆直径
　08.0298

center diameter of pin holes　柱销孔中心圆直径
　08.0300

center distance　中心距　08.0029，[带]中心距
　08.0571

center distance deviation　中心距偏差　06.0373

center distance modification coefficient　中心距变动
　系数　08.0171

center gear　中心轮　08.0237

center line of blade profile　叶片骨线　08.1310

center line of flow path　中间流线　08.1303

center line of fluid flow　设计流线　08.1302

center of mass　质心　02.0041

center point　枢点，*轴点　01.0227

center point curve　枢点曲线，*轴点曲线　01.0228

center surface of blade　叶片骨面　08.1311

center surface of pin holes　柱销孔中心曲面
　08.0285

centralized control system　集中控制系统　06.0403

central projection method　中心投影法　03.0207

central washer　中圈　07.0684

centric axial load　中心轴向载荷　07.0765

centric slider crank mechanism　对心曲柄滑块机构
　01.0081

centrifugal brake　离心制动器　07.0413

centrifugal clutch　离心离合器　07.0305

centrifugal force　离心力　01.0302

centrifugal governor　离心调速器　01.0362

centrifugal pump　离心泵　08.0894

centrifugal separator　离心分离机　08.1231

centrifugal tension　离心拉力　08.0580

centrifugal wheel　离心叶轮　08.1278

centripetal force　向心力　01.0303

centripetal wheel　向心叶轮　08.1279

centrode　瞬心线　01.0217

centrode mechanism　瞬心线机构　01.0170

cepstrum　倒频谱　02.0189

ceramic friction material　金属陶瓷摩擦材料
　05.0205

certified test sieve　合格试验筛　07.1082

chain　链条　08.0649

chain coupling　链条联轴器　07.0271

chain drive　链传动　08.0648

chainwheel　链轮　08.0699

chamfer　倒角　03.0260

channeling　沟道效应　05.0379

chaos　混沌　02.0083

characteristic of effective area variation　有效面积变
　化特性　07.0989

characteristic of spring　弹簧特性　07.0996

charge　装料量　07.1104

charged coupled device　CCD 图像传感器，*电荷耦
　合器件　06.0107

charge pressure　充气压力　08.0868

charge pump　补油泵　08.0890

charging pressure　补偿压力　08.1356

charging system　补偿系统　08.1256

Charles movement　查尔斯运动　01.0260

chart　表图　03.0187

chatter　颤振　02.0081

chattering　啸叫　08.0884

checking gauge　验收量规　06.0352

check-out flat ruler　检验平尺　06.0243

check valve　单向阀　08.1037

checkvalve axial piston pump　单向阀配流轴向柱塞
　泵　08.0926

checkvalve radial piston pump　单向阀配流径向柱塞
　泵　08.0927

chemical corrosion　化学腐蚀　05.0477

chemical mechanical polishing　化学机械抛光

05.0109

chemisorption 化学吸附 05.0100

chlorinated hydrocarbon fluid 氢化烃油液 08.0762

chlorinated lubricant 氯化润滑剂 05.0418

choked flow 壅塞流 08.0805

chordal height 弦齿高 08.0088

circle of friction 摩擦圆 05.0171

circling point 环点, *曲率驻点 01.0225

circling point curve 环点曲线 01.0226

circlip 弹性挡圈 07.0202

circuit diagram 电路图 03.0183

circular arc angle of engagement 啮合区中心角 08.0417

circular arc cam 圆弧凸轮 01.0118

circular arc gear 圆弧[圆柱]齿轮 08.0191

circular arc gear pair with small teeth difference 圆弧少齿差齿轮副 08.0257

circular arc profile 圆弧齿廓 08.0081

circular degree 圆度 03.0299

circular helix 圆柱螺旋线 08.0099

circular interpolation 圆弧插补 06.0488

circular plain bearing 圆形滑动轴承 07.0525

circular spline 刚性齿轮, *刚轮 08.0394

circular vibration 圆振动 02.0089

circulating circle section of working space 循环圆 08.1296

circulating lubrication 循环润滑 05.0403

circulating pump 循环泵 08.0897

circulation 速度环量 08.1327

circumcomponent of velocity 圆周分速度 08.1326

circumferential backlash 圆周侧隙 06.0363, 08.0233

circumferential closed principle 圆周封闭原则 06.0364

circumferential restricting mechanism 周向限制机构 08.0261

claimed minimum achievable residual unbalance 标称最小可达剩余不平衡量 02.0306

clamp ring 夹紧环 07.0844

classical V belt 普通 V 带 08.0588

clearance 间隙 03.0340

clearance fit 间隙配合 03.0342

clevis pin with head 销轴 07.0238

clip bolt 卡箍螺栓 07.0074

closed circuit 闭式回路 08.1181

closed kinematic chain 闭式运动链 01.0033

closed-loop control 闭环控制 06.0388

closed-loop control system 闭环控制系统 08.1447

closed loop pump 闭式泵 08.0948

closing force 闭合力 07.0868

closing pressure 关闭压力 08.0857

[closing]ring 挡圈 07.0197

clutch 离合器 07.0294

[clutch]caging device [离合器]限位装置 07.0342

CMOS image sensors CMOS 图像传感器 06.0108

CNC machine tool 数控机床 06.0025

coast side 倒车齿面 08.0388

coaxiality 同轴度 03.0310，同心度 03.0318

coefficient of adhesion 黏着系数 05.0190

coefficient of contact surface width 支承面宽度系数 07.0970

coefficient of facewidth 齿宽系数 08.0313

coefficient of gear pin diameter 针径系数 08.0312

coefficient of kinetic friction 动摩擦系数, *滑动摩擦系数 05.0165

coefficient of maximum deflection 最大变形量系数 08.0405

coefficient of sliding friction 动摩擦因数 07.0394

coefficient of static friction 静摩擦系数 05.0164, 静摩擦因数 07.0393

coefficient of travel speed variation 行程速度变化系数 01.0101

coefficient of wave height 波高系数 08.0400

coefficient of wear 磨损系数 05.0283

cogged V belt 齿形 V 带 08.0595

cognate mechanism 同源机构 01.0096

cold weld 冷焊 05.0251

collaborative design 协同设计 03.0054

collaborative operation 协作操作 01.0414

collaborative robot 协作机器人 01.0415

collaborative workspace 协作工作空间 01.0465

collapse 压溃 08.0742

collar screw 凸缘螺钉 07.0095

combination innovative method 组合创新法 03.0087

combined motion curve 组合运动轨迹 01.0151

combined sliding and rolling 滑滚运动 05.0139

combined spring 组合弹簧 07.0925

combined standard uncertainty 合成标准不确定度, *合成标准测量不确定度 06.0230

combined substance 组合体 03.0262

combined surface roughness 综合表面粗糙度

05.0028

combined type rubber spring　组合式橡胶弹簧
07.0934

commissioning　试运行　01.0517

common apex　公共锥顶　08.0357

commond pose　指令位姿　01.0527

common normal line of involute gear　渐开线齿轮公
法线　06.0244

compact tension specimen　紧凑拉伸试件　04.0189

compared with ideal element principle　与理想要素比
较原则　06.0361

comparison method　比较法　06.0147

compatible fluid　相容流体　08.0751

compensated ring　补偿环　07.0829

compensating balancing machine　补偿式平衡机
02.0288

compensation　补偿作用　05.0378

compensator　补偿器　02.0293，[静压轴承]补偿器
07.0561

complete decoupling　完全解耦性　01.0263

complete disk brake　全盘式制动器　07.0424

complete machine design　整机设计　03.0023

complete thread　完整螺纹　07.0023

complex controller　复合控制器　06.0396

complex excitation　复激励　02.0025

complex response　复响应　02.0026

compliance　柔顺性　01.0476，柔度　02.0018

compliant mechanism　柔顺机构　01.0187

component measuring device　分量测量装置
02.0299

composite bearing material　复合轴承材料　07.0586

composite sensor　复合传感器　06.0055

composite transducer　复合传感器　06.0055

composite transmission　复合传动　06.0445

composition shunting current hydromechanical torque
converter　复合分流液力机械变矩器　08.1276

compound hinges　复合铰链　01.0023

compound oscillating tooth　组合活齿　08.0269

compound pendulum　复摆　01.0341

compound planetary train　组合行星齿轮系
08.0243

compound rotating joints　复合铰链　01.0023

compound screw mechanism　复式螺旋机构
01.0168

comprehensive measurement of double flank rolling
双面啮合综合测量　06.0321

comprehensive measuring of single mesh　单面啮合
综合测量　06.0197

compressibility number　压缩特性数　05.0372，[滑
动轴承]压缩数　07.0597

compressibility of a fluid　流体压缩率　08.0767

compressional wave　压缩波　02.0137

compression effect　压缩效应　07.0606

compression type rubber spring　压缩式橡胶弹簧
07.0931

compressive force　压力　01.0387

[compressive] prestressing　强压处理　07.1001

compressive strength　抗压强度　04.0046

computer aided design　计算机辅助设计　03.0110

computer aided drawing　计算机辅助绘图　03.0160

computer aided engineering　计算机辅助工程
03.0118

computer-aided facilities planning　计算机辅助设施
规划　06.0451

computer-aided manufacturing　计算机辅助制造
06.0453

computer-aided process programming　计算机辅助工
艺规划　06.0450

computer-aided production management　计算机辅助
生产管理　06.0452

computer-aided quality control　计算机辅助质量控制
06.0404

computer-aided test　计算机辅助测试　06.0449

computer integrated manufacturing system　计算机集
成制造系统　06.0454

computer interface　计算机接口　06.0497

computer numerical control　计算机数字控制
06.0405

computer numerical control machine tools　数控机床
06.0025

concave globoid cam　凹弧面凸轮　01.0115

concave side　凹面，*凹齿面　08.0385

concentration corrosion cell　浓差腐蚀电池
05.0520

concentric locking collar　同心套　07.0788

conceptual design　概念设计　03.0020

concurrent design　并行设计　03.0053

condensed phase　凝聚相　05.0006

condition monitoring　状态监测　06.0036

condition of self locking　自锁条件　01.0334

cone assembly　圆锥内圈组件　07.0710

cone brake　圆锥制动器　07.0426

cone clutch　圆锥离合器　07.0322

cone head rivet　平锥头铆钉　07.0246

cone head semi-tubular rivet　平锥头半空心铆钉　07.0256

cone of friction　摩擦锥　05.0170

cone pulley　锥轮　08.0568

cone resistance value　锥阻值　05.0334

configuration　构形　01.0418

configuration design　配置设计　03.0035

conformal surface　同曲表面　05.0070

conical angle tolerance　圆锥角公差　03.0302

conical cam　圆锥凸轮　01.0114

conical diameter tolerance　圆锥直径公差　03.0303

conical [external toothed] lock washer　锥形[外齿]锁紧垫圈　07.0189

conical form tolerance　圆锥形状公差　03.0301

conical helical spring　截锥螺旋弹簧　07.0910

conical pin　圆锥销　07.0228

conical serrated external toothed lock washer　锥形锯齿锁紧垫圈　07.0192

conical spiral　圆锥螺旋线　08.0100

conical spring washer　锥形弹性垫圈　07.0184

conjugate cam　共轭凸轮　01.0125

conjugate flank　共轭齿面　08.0065

conjugate profile　共轭齿廓　08.0082

connecting link　连接链节　08.0677

connecting link pin　连接销轴　08.0688

connection degree　连接度　01.0273

connection diagram　接线图　03.0184

connector　管接头　08.1224

consistency　稠度　05.0323

constant acceleration and deceleration motion curve　等加速等减速运动轨迹　01.0157

constant-breadth cam　等宽凸轮　01.0122

constant diameter cam　等径凸轮　01.0123

constant flow valve　恒流量阀　07.0563

constant flow variable displacement pump　恒流量泵　08.0939

constant loading　恒幅载荷　04.0081

constant power circuit　恒功率回路　08.1179

constant power variable pump　恒功率变量泵　08.0940

constant pressure pump　恒压泵　08.0938

constant pressure variable displacement pump　恒压变量泵　08.0937

constant rate full-elliptic spring　等刚度椭圆形板弹簧　07.0922

constant speed characteristic test　定转速试验　08.1372

constant stiffness semi-elliptic spring　等刚度弓形板弹簧　07.0919

constant torque characteristic test　定转矩试验　08.1371

constant velocity motion curve　等速运动轨迹　01.0154

constraint element　约束要素　03.0280

constraint screw system of mechanism　机构约束旋量系　01.0270

constraint singularity　约束奇异　01.0251，约束奇异点　01.0577

contact　接触　05.0045

contact angle　接触角　05.0084，07.0732

contact area　接触面积　05.0065

contact fatigue　接触疲劳　04.0077

contact fatigue tester　接触疲劳试验机　05.0434

contacting mechanical seal　接触式机械密封　07.0793

contact line error of helical gear　斜齿轮接触线误差　06.0344

contact spot　接触斑点　06.0249

contact stress　接触应力　05.0068

contact surface　接触表面　05.0064

containment seal　抑制密封　07.0821

continuous control　连续控制　06.0412

continuous control system　连续控制系统　06.0413

continuous control valve　连续控制阀　08.1008

continuous geometric singularity　连续几何奇异　01.0247

continuous lubrication　连续润滑　05.0401

continuous path control　连续路径控制　01.0472

continuous system　[机构动力学]连续系统　01.0379，连续系统　02.0014

contouring control　轮廓控制　06.0414

contouring control system　轮廓控制系统　06.0415

contraction　收缩流　08.0814

contrate gear　端面齿轮　08.0323

contrate gear pair　圆柱齿轮端面齿轮副　08.0343

control flow rate　控制流量　08.0797

controlled clutch　操纵离合器　07.0295

controlled flow　可控流动　08.0816

controlled initial unbalance　受控初始不平衡　02.0245

controller 控制器 06.0410

controlling equipment *施控装置 08.1444

controlling system 施控系统 08.1444

control mechanism 控制机构 08.0963

control port 控制口 08.0983

control pressure 控制压力 08.0858

control program 控制程序 01.0535

control signal 控制信号 08.0962

control system 控制系统 06.0020

control technology 控制技术 06.0019

control valve 控制阀 06.0409

conventional belt 普通平带 08.0584

convex globoid cam 凸弧面凸轮 01.0116

convex side 凸面，*凸齿面 08.0386

conveyor 输送带 06.0470

conveyor chain 输送链 08.0670

coolant 冷却流体 07.0862

cooling pump 冷却泵 08.0895

coordinate measurement 坐标测量 06.0382

coordinate measuring machine 三坐标测量机 06.0308

coordinate method 坐标法 06.0383

coordinate transformation 坐标变换 01.0467

copper base friction plate 铜基摩擦片 07.0373

copying method 印模法 06.0359

core plate 芯片 07.0354

corner crack 角裂纹 04.0171

corrected value 校正值，*修正值 06.0342

correcting element 调节机构 06.0474

correction [balancing] plane 校正[平衡]平面 02.0265

correction mass 校正质量 02.0272

correction plane interference 校正平面干扰 02.0302

correlation coefficient 相关系数 06.0339

corresponding flanks 同侧齿面 08.0060

corrodokote test 腐蚀膏试验 05.0567

corrosion 腐蚀 05.0444

corrosion cell 腐蚀电池 05.0519

corrosion damage 腐蚀损伤 04.0151

corrosion depth 腐蚀深度 05.0454

corrosion effect 腐蚀效应 05.0445

corrosion environment 腐蚀环境 05.0447

corrosion failure 腐蚀失效 05.0449

corrosion fatigue 腐蚀疲劳 04.0065

corrosion fatigue limit 腐蚀疲劳极限 05.0467

corrosion inhibitor 缓蚀剂 05.0553

corrosion likelihood 腐蚀倾向 05.0460

corrosion potential 腐蚀电位 05.0525

corrosion product 腐蚀产物 05.0450

corrosion protection 防蚀，*防腐蚀 05.0472，腐蚀保护 05.0551

corrosion rate 腐蚀速率 05.0455

corrosion resistance 耐蚀性 05.0458

corrosion system 腐蚀体系 05.0446

corrosion test 腐蚀试验 05.0555

corrosion wear 腐蚀磨损 05.0264

corrosive agent 腐蚀剂 05.0448

corrosivity 腐蚀性 05.0457

cosine acceleration motion curve 余弦加速度运动轨迹 01.0155

cosine cam wave generator 余弦凸轮波发生器 08.0441

cotter pin 开口销 07.0240

cotton belt 编织平带 08.0585

Coulomb friction 库仑摩擦 05.0185

counterbalance valve 平衡阀 08.1073

counterbore ball bearing 锁口球轴承 07.0658

counter flange 反向法兰 07.1025

counterpart rack 产形齿条 08.0049

countersunk grooved pin 沉头槽销 07.0237

countersunk head rivet 沉头铆钉 07.0247

countersunk head screw with forged slot 锻槽沉头螺钉 07.0106

countersunk head semi-tubular rivet 沉头半空心铆钉 07.0257

counterweight 配重 02.0292

couple 力偶 01.0313

coupled bionics 耦合仿生 03.0127

coupled modes 耦合模态 02.0095，耦合振型 02.0102

coupler 连杆 01.0064

couple unbalance 偶不平衡 02.0231

coupling 联轴器 07.0263

coupling design theory 耦合设计理论 03.0046

coupling with corrugated pipe 波纹管联轴器 07.0280

coupling with elastic spider 梅花形弹性联轴器 07.0291

coupling with metallic elastic element 金属弹性元件联轴器 07.0277

coupling with non-metallic elastic element 非金属弹

性元件联轴器 07.0283

coupling with polygonal rubber element 多角形橡胶联轴器 07.0289

coupling with rubber metal ring 橡胶金属环联轴器 07.0285

coupling with rubber pads 橡胶块联轴器 07.0287

coupling with rubber plates 橡胶板联轴器 07.0288

coupling with rubber sleeve 橡胶套筒联轴器 07.0286

coupling with rubber type element 轮胎式联轴器 07.0284

covariance 协方差 06.0343

covering coefficient 覆盖系数 05.0199

cover screw 面板螺钉 07.0102

CP control *CP控制 01.0472

crack extension energy rate 裂纹扩展能量释放率 04.0174

cracking pressure 开启压力 08.0863

crack initiation life 裂纹形成寿命 04.0206

crack propagation life 裂纹扩展寿命 04.0205

crack size 裂纹尺寸 04.0193

crack tip field 裂纹尖端场 04.0173

crack tip opening angle 裂纹尖端张开角 04.0183

crack-tip opening displacement 裂纹张开位移 04.0181

crank 曲柄 01.0062

crank and oscillating guide bar mechanism 曲柄摆动导杆机构 01.0086

crank and rotating guide bar mechanism 曲柄转动导杆机构 01.0087

crank and swing guide bar mechanism 曲柄摆动导杆机构 01.0086

crank and translating guide bar mechanism 曲柄移动导杆机构 01.0088

crank angle between two limit positions 极位夹角 01.0102

cranked link 过渡链节 08.0676

cranked link chain 弯板链 08.0656

cranked plate 弯板链板 08.0686

crank element 曲拐元件 08.0260

crank-link system 连杆系 01.0271

crank rocker mechanism 曲柄摇杆机构 01.0075

crawler robot 履带式机器人 01.0440

crazing 龟裂 05.0504

creep 蠕滑 05.0058

creep damage 蠕变损伤，*黏塑性损伤 04.0148

creep fatigue 蠕变疲劳 04.0063

crest 牙顶 07.0033，齿顶，*齿顶面 08.0071

crest diameter ［螺纹］顶径 07.0044

crevice corrosion 缝隙腐蚀 05.0487

crewed flange 螺纹法兰 07.1013

critical crack size 临界裂纹尺寸 04.0216

critical damping 临界阻尼 02.0106

critical humidity 临界湿度 05.0461

critical J integral 临界J积分 04.0192

critical oil film thickness 临界油膜厚度 05.0366

critical passivation current 临界钝化电流 05.0529

critical passivation potential 临界钝化电位 05.0528

critical pressure ratio 临界压力比 08.1392

critical protective potential 临界保护电位 05.0544

critical Reynolds numbers 临界雷诺数 08.0808

critical speed 临界转速 02.0043

cross belt drive 交叉传动 08.0562

crossed helical gear pair 交错轴斜齿轮副 08.0187

crossed roller bearing 交叉滚子轴承 07.0672

crossing point of axes 轴线交点 08.0356

crossing point size 交点尺寸 06.0246

crossover 跨越 01.0163

cross-over frequency 交越频率 02.0123

crossover impact 跨越冲击 01.0164

crossover shock 跨越冲击 01.0164

cross recessed countersunk flat head screw 十字槽沉头螺钉 07.0123

cross recessed countersunk flat head wood screw 十字槽沉头木螺钉 07.0133

cross recessed pan head screw 十字槽盘头螺钉 07.0122

cross recessed pan head thread cutting screw 十字槽盘头自切螺钉 07.0125

cross recessed pan head wood screw 十字槽盘头木螺钉 07.0132

cross recessed raised countersunk oval head screw 十字槽半沉头螺钉 07.0124

cross recessed raised countersunk oval head wood screw 十字槽半沉头木螺钉 07.0134

[cross] slide block type output mechanism ［十字］滑块输出机构 08.0249

crosswise Moiré fringe 横向莫尔条纹 06.0232

crown 齿尖 08.0383

crowned teeth 鼓形齿 08.0137

crown gear 冠轮，*平面齿轮 08.0322

crowning 鼓形修整 08.0136

crush 测量高出度 07.0575

CRV 锥阻值 05.0334

cubic design method 三次设计法，*三阶段设计 03.0094

cumulative error in lead 导程累积误差 07.0065

cumulative error in pitch 螺距累积误差 07.0063

cumulative fatigue damage 疲劳累积损伤 04.0136

cumulative oversize distribution curve 筛上物累计分布曲线 07.1098

cumulative undersize distribution curve 筛下物累计分布曲线 07.1099

cup angle 圆锥外圈角 07.0738

cup nib bolt 圆头带榫螺栓 07.0085

cup shape flexspline 杯形柔轮 08.0460

cup small inside diameter 圆锥外圈小内径 07.0737

curtate cycloid 短幅摆线 08.0108

curtate epicycloid 短幅外摆线 08.0111

curtate hypocycloid 短幅内摆线 08.0114

curtate involute 缩短渐开线 08.0117

curtate ratio 短幅系数 08.0309

curvature correction factor 曲度系数 07.0951

curved spring washer 鞍形弹性垫圈 07.0182

curved surface knob 椭圆手柄套 07.1041

curved surface object 曲面立体 03.0251

curved tooth bevel gear 曲线齿锥齿轮 08.0342

curve of the profile bearing length ratio 轮廓支承长度率曲线 05.0044

cushioned cylinder 缓冲缸 08.1153

cushioning pressure 缓冲压力 08.0867

customization design 定制设计 03.0104

cutter interference 切齿干涉 08.0128

cutting lubricant 切削润滑剂 05.0312

cycle counting method 循环计数法 04.0133

cycle run-out 圆跳动 03.0312

cyclic creep 循环蠕变 04.0066

cyclic efficiency of machinery 机械的循环效率 01.0354

cyclic hardening 循环硬化 04.0096

cyclic loading 循环载荷 04.0080

cyclic relaxation 循环松弛 04.0067

cyclic softening 循环软化 04.0097

cyclic strain hardening exponent 循环应变硬化指数 04.0098

cyclic strength coefficient 循环强化系数，*循环强度系数 04.0099

cyclic stress-strain curve 循环应力-应变曲线 04.0111

cyclic temperature loading fatigue 热疲劳 04.0075

cyclic yield strength 循环屈服强度 04.0100

cycloid 摆线 08.0106

cycloidal［cylindrical］gear 摆线［圆柱］齿轮 08.0190

cycloidal drive with small teeth difference 摆线少齿差传动 08.0255

cycloidal gear 摆线齿轮 08.0272

cycloidal gear motor 摆线齿轮马达 08.1117

cycloidal gear pair with small teeth difference 摆线少齿差齿轮副 08.0256

cycloidal gear with compound profile 复合齿形的摆线轮 08.0275

cycloidal pin gear speed reducer 摆线针轮减速机 08.0270

cycloidal pin wheel planetary gearing mechanism 摆线针轮行星传动机构 08.0271

cycloidal profile 摆线齿廓 08.0080

cylinder 液压缸 08.1146

cylinder body 缸体 08.1171

cylinder piston 活塞 08.1169

cylinder piston rod 活塞杆 08.1170

cylinder tube 缸体 08.1171

cylindrical blade 柱面叶片 08.1288

cylindrical cam 圆柱凸轮 01.0112

cylindrical gear 圆柱齿轮 08.0175

cylindrical gear pair 圆柱齿轮副 08.0176

cylindrical helical compression spring 圆柱螺旋压缩弹簧 07.0902

cylindrical helical spring 圆柱螺旋弹簧 07.0901

cylindrical helical tension spring 圆柱螺旋拉伸弹簧 07.0903

cylindrical helical torsion spring 圆柱螺旋扭转弹簧 07.0904

cylindrical indexing cam mechanism 圆柱分度凸轮机构 01.0127

cylindrical joint 圆柱关节 01.0422

cylindrical pair 圆柱副 01.0024

cylindrical pin 圆柱销 07.0223

cylindrical pin with external thread 螺纹圆柱销 07.0225

cylindrical pin with internal thread 内螺纹圆柱销 07.0226

cylindrical robot　圆柱坐标机器人　01.0431

cylindrical roller bearing　圆柱滚子轴承　07.0667

cylindrical roller thrust bearing　推力圆柱滚子轴承　07.0674

cylindrical tube shape flexspline　圆筒形柔轮　08.0458

cylindrical worm　圆柱蜗杆　08.0483

cylindrical worm gear pair　圆柱蜗杆副　08.0484

D

damage criterion　损伤准则　04.0139

damage driving force　损伤驱动力　04.0160

damage evolution　损伤演化　04.0135

damage model　损伤模型　04.0137

damage safety structure　破损安全结构　04.0164

damage tolerance design　损伤容限设计　04.0154

damage variable　损伤变量　04.0158

damage zone　损伤区　04.0140

damped condition　制动工况　08.1366

damped natural mode　阻尼固有模态　02.0097

damped overload ratio　制动过载系数　08.1378

damped torque　制动转矩　08.1374

damper　阻尼器　02.0108

damping　阻尼　01.0392，02.0105

dashpot　缓冲器　02.0110

database management system　数据库管理系统　06.0471

datum　基准　03.0288

datum circumference　基准圆周长　08.0619

datum diameter　基准直径　08.0617

datum length　基准长度　08.0609

datum line　[齿条]基准线　08.0052

datum line differential　基准线差　08.0621

datum plane　[齿条]基准平面　08.0038

datum system　基准制　03.0294

datum width　基准宽度　08.0615

DCS　集散式控制系统　06.0402

dead reckoning　航位推算法，*航迹推算法　01.0565

deceleration valve　减速阀　08.1018

dedendum　牙底高　07.0037，齿根高　08.0087

dedendum angle　齿根角　08.0377

dedendum flank　下齿面　08.0069

deep groove ball bearing　深沟球轴承　07.0657

definitional uncertainty　定义不确定度　06.0201

deflection　变形量　07.0995

deflection of first bottoming　初始触合变形量　07.0967

degeneration　衰退　07.0395

degree of freedom　自由度　01.0449

degree of freedom of link　构件自由度　01.0019

degree of protection　保护度　05.0474

degree of symmetry　对称度　03.0311

delamination　剥层　05.0248

delivery　排量　08.0793

depassivation　去钝化　05.0469

deposit corrosion　沉积物腐蚀　05.0488

depth gauge　深度量规　06.0310

depth micrometer　深度千分尺　06.0311

design condition　计算工况　08.1362

design constraint　设计约束　03.0013

design criterion　设计准则　03.0009

design drawing　设计图　03.0177

design expert system　设计专家系统　03.0082

design for assembly　面向装配的设计，*可装配性设计　03.0057

design for cost　面向成本的设计　03.0062

design for disassembly　面向拆卸的设计，*可拆卸设计　03.0059

design for environment　面向环境的设计　03.0063

design for maintenance　面向维修的设计，*可维修性设计　03.0060

design for manufacturing　面向制造的设计，*可制造性设计　03.0058

design for quality　面向质量的设计，*保质设计　03.0061

design for six sigma　六西格玛设计　03.0089

design height　设计高度　07.0990

design knowledge　设计知识　03.0010

design life　设计寿命　04.0225

design methodology　设计方法学　03.0004

design objective　设计目标　03.0012

design process　设计过程，*设计流程　03.0006

design profile　设计牙型　07.0032

design resource　设计资源　03.0011

design specification　设计规范　03.0008

design tool　设计工具　03.0007

design type　设计类型　03.0005

design variable 设计变量，*设计参数 03.0014

desorption 脱附，*解吸 05.0101

detachable chain 可拆链 08.0667

detachable connecting pin 可拆销轴 08.0691

detachableless chain 易拆链，*无铆链 08.0666

detail 详图 03.0164

detail drawing 零件图 03.0167

detailed design 详细设计 03.0028

detergency 清净性 05.0343

deterministic force 确定力 01.0310

deterministic vibration 确定性振动 02.0050

detrimental resistance 有害阻力 01.0299

developing drawing 展开图 03.0237

deviation 尺寸偏差，*偏差 03.0333

deviation in lead 导程偏差 07.0064

deviation in pitch 螺距偏差 07.0062

deviation of flank angle 牙侧角偏差 07.0066

deviation of stroke 行程偏差 07.0067

dew point 露点 08.0745

dexterous hand 灵巧手 01.0199

dexterous workspace 灵活工作空间 01.0257

dezincification of brass 黄铜脱锌 05.0492

diagram 简图 03.0163

dial caliper 带表卡尺，*附表卡尺 06.0196

diameter measurement 对径测量 06.0204

diameter of wire cord 索径 07.0961

diameter series 直径系列 07.0716

diametral clearance of plain journal bearing 滑动轴
承直径间隙 07.0567

diametral pitch 径节 08.0095

diametral quotient 直径系数 08.0546

diaphragm 隔模片 07.0340

diaphragm accumulator 隔膜式蓄能器 08.1237

diaphragm clutch 隔膜离合器，*膜片式离合器
07.0329

diaphragm coupling 膜片联轴器 07.0282

diaphragm cylinder 膜片缸 08.1157

diaphragm spring 膜片弹簧 07.0363

difference operation 求差运算 03.0265

differential aeration cell 差异充气电池 05.0521

differential circuit 差动回路 08.1203

differential constraint 微分约束 01.0378

differential cylinder 差动液压缸 08.1160

differential gear train 差动轮系 01.0203

differential mechanism 差动机构 01.0186

differential pressure 压差 08.0831

differential pressure gauge 压差表 08.1222

differential pressure sensor 差压传感器 06.0074

differential pressure transducer 差压传感器
06.0074

differential screw mechanism 差动螺旋机构
01.0169

differential test masses 差分试验质量 02.0268

differential unbalance 差分不平衡 02.0269

diffusion control 扩散控制 05.0538

diffusion effect 扩散效应 07.0610

diffusive wear 扩散磨损 05.0274

digital caliper 数显卡尺 06.0319

digital control system 数字控制系统 06.0425

digital design 数字化设计 03.0050

digital display type electronic micrometer gauge 数显
式电子测微仪 06.0320

digital factory 数字工厂 06.0472

digital flow control valve 数字流量阀 08.1099

digital manufacturing 数字制造 06.0473

digital prototype 数字样机，*虚拟原型，*虚拟样
机 03.0113

digital relief valve 数字溢流阀 08.1100

digital sensor 数字式传感器，*自源传感器
06.0040

digital transducer 数字式传感器，*自源传感器
06.0040

digital valve 数字阀 08.1098

dimension 尺寸 03.0193

dimensional tolerance 尺寸公差，*公差 03.0346

dimension chain 尺寸链 03.0293

dimension plan 尺寸方案 07.0713

dimension sensor 尺度传感器 06.0076

dimension series 尺寸系列 07.0715

dimension transducer 尺度传感器 06.0076

direct contact brake 直接接触式制动器 07.0398

direct-current electric drive 直流电气传动 08.1432

direct current servo driving 直流伺服驱动 06.0501

direct digital relief valve 直接式数字溢流阀
08.1102

direct digital valve 直接式数字阀 08.1101

directional control circuit 方向控制回路 08.1182

directional-control valve 方向控制阀 08.1022

direction of surface texture 表面加工纹理方向
06.0158

direct operated pressure reducing valve 直动式减压
阀 08.1061

direct operated pressure relief valve　直动式溢流阀　08.1055

direct operated proportional reducing valve　直动式比例减压阀　08.1092

direct operated proportional relief valve　直动式比例溢流阀　08.1087

direct operated sequence valve　直动式顺序阀　08.1068

direct operated valve　直动阀　08.1001

direct reading balancing machine　直读式平衡机　02.0289

direct running torque converter　正转液力变矩器　08.1265

disc clutch　片式离合器，*盘式离合器　07.0321

disc friction losses　圆盘损失　08.1339

disc handle seat　圆盘手柄套　07.1047

disc handwheel　圆轮缘手轮　07.1052

discrete control system　离散控制系统　06.0411

discrete system　[机构动力学]离散系统　01.0380，离散系统　02.0013

disengaging mechanism　分离机构　07.0338

disengaging process　分离过程　07.0381

disengaging time　分离时间　07.0383

dish shaped spring stack　组合碟形弹簧　07.0914

disk brake　盘式制动器　07.0420

disk brake with fixed caliper　固定钳盘式制动器　07.0422

disk brake with floating caliper　浮动钳盘式制动器　07.0423

disk cam　盘形凸轮　01.0109

disk type wave generator　圆盘式波发生器　08.0437

dislocation　位错　04.0142

displacement　位移　01.0281，02.0001

displacement matrix　位移矩阵　01.0235

displacement motor　容积式液压马达　08.1114

displacement pump　容积式泵　08.0898

displacement response　位移响应　01.0166

displacement sensor　位移传感器　06.0066

displacement transducer　位移传感器　06.0066

dissolved air　溶解空气　08.0774

dissolved oxygen　溶解氧　05.0463

dissolved water　溶解水　08.0776

distance accuracy　距离准确度　01.0556

distance repeatability　距离重复性　01.0557

distortion　畸变　08.0406

distributed control system　分布式控制系统　06.0395，集散式控制系统　06.0402

distribute numerical control　分布式数字控制　06.0444

distribution diameter　分布圆直径　08.0297

distribution pitch　分布圆齿距　08.0302

distribution surface　分布曲面　08.0284

dive key　导向平键　07.0210

division value　分度值，*刻度值　06.0207

DMT contact model　DMT 接触模型　05.0054

DNC　分布式数字控制　06.0444

DoF　自由度　01.0449

dominant frequency　优势频率　02.0068

double-acting cylinder　双作用缸　08.1148

double action piston pump　双作用柱塞泵　08.0917

double action vane motor　双作用叶片马达　08.1123

double action vane pump　双作用叶片泵　08.0910

double bell shape flexspline　双钟形柔轮　08.0462

double circular arc gear　双圆弧齿轮　08.0193

double coil spring lock washer　双圈弹簧垫圈　07.0186

double crank mechanism　双曲柄机构　01.0077

double direction thrust bearing　双向推力轴承　07.0651

double-ended rod cylinder　双出杆缸　08.1150

double enveloping worm gear pair with straight line generatrix　直廓环面蜗杆副　08.0501

double filter　双联过滤器　08.1229

double-frequency laser interferometer　双频激光干涉仪　06.0323

double gear pump　双联齿轮泵　08.0903

double guide bar mechanism　双导杆机构　01.0090

double helical gear　*双斜齿轮　08.0188

double mechanical seal　双端面机械密封　07.0808

double rocker mechanism　双摇杆机构　01.0076

double-rod cylinder　双活塞杆缸　08.1151

double roller wave generator　双滚轮波发生器　08.0444

double-roll tester　双辊试验机　05.0432

double row bearing　双列轴承　07.0620

double row single direction thrust ball bearing　双列单向推力球轴承　07.0664

double slider mechanism　双滑块机构　01.0084

double strand conveyor chain　双排输送链　08.0671

double universal joint　双万向联轴器　07.0273

double vane pump　双叶片泵　08.0912

double V belt　双面 V 带　08.0598

double wave　双波　08.0397

Dowson-Higginson equation　道森-希金森方程
　05.0358

drag chain　拉曳链　08.0672

drag torque of clutch　离合器带排转矩，*拖拽转
　矩，*空转转矩　07.0392

drain line　泄油管路　08.1176

drain port　泄油口　08.0982

drawing　图　03.0161

drawing of partial enlargement　局部放大图
　03.0238

drawing of tolerance range　公差带图　03.0317

drawn cup needle roller bearing　冲压外圈滚针轴承
　07.0670

drift of pose repeatability　位姿重复性漂移　01.0496

drift pose accuracy　位姿准确度漂移　01.0495

drive collar　驱动环　07.0851

drive element　传动元件　07.0850

driven chain wheel　从动链轮，*从动轮　08.0701

driven gear　从动齿轮　08.0024

driven link　从动件　01.0018

driven part　从动部件　07.0336

driven pulley　从动带轮　08.0566

drive retainer　传动座　07.0840

drive side　正车齿面　08.0387

driving belt　传动带　08.0581

driving chain wheel　主动链轮，*主动轮　08.0700

driving force　驱动力　01.0297

driving gear　主动齿轮　08.0023

driving link　主动件，*原动件　01.0017

driving moment　驱动力矩　01.0317

driving part　主动部件　07.0335

driving point impedance　驱动点阻抗　02.0029

driving-point mobility　驱动点导纳　02.0036

driving pulley　主动带轮　08.0565

driving screw　传动螺钉　07.0841

drop feed lubrication　滴油润滑　05.0408

dropping corrosion test　点滴腐蚀试验　05.0566

drum　鼓轮　07.0368

drum assembly　摩擦鼓部件　07.0367

drum brake　鼓式制动器　07.0418

drum cam　圆柱凸轮　01.0112

drum clutch　鼓式离合器　07.0328

dry brake　干式制动器　07.0406

dry clutch　干式离合器　07.0332

dry film lubricant　干膜润滑剂　05.0315

dry friction　干摩擦　05.0183

dry running　干摩擦　07.0884

dry sieving　干筛分　07.1100

dry wear　干磨损　05.0218

dual clutch　双作用离合器，*双联离合器　07.0314

dual harmonic gear drive　复波谐波齿轮传动
　08.0425

dual lead cylindrical worm　双导程圆柱蜗杆
　08.0493

dual pressure valve　双压阀　08.1416

dual stroke cylinder　双行程缸　08.1164

ductile-brittle transition temperature　韧脆转变温度
　04.0187

ductile fracture　韧性断裂　04.0178

ductility　延性　04.0041

dummy rotor　仿真转子　02.0227

duplex roller chain　双排滚子链　08.0653

duration of shock pulse　冲击脉冲持续时间
　02.0173

dwell linkage mechanism　间歇运动连杆机构
　01.0094

dynamically loaded plain bearing　动载滑动轴承
　07.0507

dynamical reaction　动反力，*动压力　01.0306

dynamic balance of rotor　转子动平衡　01.0365

dynamic balancing machine　动平衡机　02.0284

dynamic characteristics of sensor　传感器动态特性
　06.0138

dynamic chip thickness　动态切屑厚度　02.0146

dynamic contact angle　动态接触角　05.0086

dynamic coupling　齿啮式联结　08.0475

dynamic design　动态设计　03.0091

dynamic load　动载荷　01.0301，轴承动载荷
　07.0767

dynamic oil film　动压油膜　05.0359

dynamic optimization design　动态优化设计
　03.0079

dynamic pressure　动压　08.0827

dynamics design　动力学设计　03.0031

dynamic seal　动密封件　08.1241

dynamic similarity　动力相似　08.1359

dynamics of machinery　机械动力学　01.0295

dynamic stiffness　动刚度　02.0039

dynamic tuning　动力调谐　01.0396

dynamic unbalance　动不平衡　02.0232

dynamic vibration absorber　动力吸振器　02.0120，　　　　动力减振器　02.0121

E

eccentric element　偏心元件　08.0245

eccentricity　[滑动轴承]偏心距　07.0601

eccentric locking collar　偏心套　07.0787

eccentric mechanism　偏心轮机构　01.0091

edge fillet　边倒圆　03.0258

effective area　有效面积　07.0988

effective circumference　有效圆周长　08.0620

effective coil number　有效圈数　07.0947

effective crack size　有效裂纹尺寸　04.0215

effective diameter　[空气弹簧]有效直径　07.0987，
　带轮有效直径　08.0618

effective diameter of bellows　波纹管有效直径
　07.0873

effective head　实际能头　08.1331

effective length　有效长度　08.0610

effective line differential　有效线差　08.0622

effective resistance　工作阻力，*有效阻力
　01.0298

effective resistance moment　工作阻力矩　01.0319

effective stress　有效应力　04.0159

effective stress concentration factor　有效应力集中系
　数，*疲劳缺口系数　04.0094

effective stress intensity factor range　有效应力强度
　因子幅度　04.0198

effective tension　有效拉力　08.0579

effective width　有效宽度　08.0616

efficiency　效率　01.0352

ejector vacuum generator　射流真空发生器
　08.1406

elastic damage　弹性损伤，*弹脆性损伤　04.0146

elastic impact　弹性碰撞　01.0337

elastic limit　弹性极限　04.0029

elastic link　弹性构件　01.0011

elastic pin coupling　弹性柱销联轴器　07.0292

elastic-plastic fracture mechanics analysis　弹塑性断
　裂力学分析　04.0213

elastic strain　弹性应变　04.0023

elastic support　弹性支承　01.0372

elastodynamic analysis　弹性动力学分析　01.0373

elasto-hydrodynamic lubrication　弹性流体动力润滑
　05.0391

elastomer friction plate　高弹性摩擦片　05.0210

elastoplastic contact　弹塑性接触　05.0051

electric actuator　电动执行机构　06.0442

electrical control　电气控制　08.0958

electrically operated valve　电控阀　08.1004

electrical pitting　电剥蚀　05.0279

electric contourgraph　电动轮廓仪　06.0199

electric current sensor　电流传感器　06.0082

electric current transducer　电流传感器　06.0082

electric double layer effect　双电层效应　05.0097

electric drive　电气传动，*电力拖动　08.1431

electric drive with cascade　串级电气传动　08.1441

electric quantity sensor　电学量传感器　06.0085

electric quantity transducer　电学量传感器　06.0085

electric transmission　电动传动　06.0487

electrification by friction　摩擦起电　05.0153

electrochemical corrosion　电化学腐蚀　05.0518

electrochemical protection　电化学保护　05.0542

electrodynamic vibration generator　电动振动发生
　器　02.0112

electro erosion wear　电蚀磨损　05.0225

electro-hydraulic directional valve　电液方向阀
　08.1048

electro-hydraulic proportional directional control valve
　电液比例方向阀　08.1082

electro-hydraulic proportional valve　电液比例阀
　08.1077

electro-hydraulic proportional variable pump　电液比
　例泵　08.0942

electro-hydraulic servo system　电液伺服系统
　06.0443

electro-hydraulic servo valve　电液伺服阀　08.1095

electromagnetic brake　电磁制动器　07.0410

electromagnetic clutch　电磁离合器　07.0298

electromagnetic vibration generator　振动发生器
　02.0111

electromagnetic wave generator　电磁式波发生器
　08.0433

electromagnetic whirlpool brake　电磁涡流制动器
　07.0440

electro-mechanical transmission　电-机械转换器
　08.1006

electrostatic bearing　静电轴承　07.0520

elementary work 微元功 01.0339

elevation 立面图 03.0166

elliptical cam wave generator 椭圆凸轮波发生器 08.0442

elliptical vibration 椭圆振动 02.0087

elliptic bearing 椭圆轴承 07.0527

embed ability 嵌藏性 05.0240

embeddability 嵌入性 07.0589

embedded crack 内埋裂纹 04.0172

emulsion instability 乳化液不稳定性 08.0772

emulsion stability 乳化液稳定性 08.0771

end cam 端面凸轮 01.0113

end cover 密封端盖 07.0848

end effector 末端执行器 01.0426

end effector coupling device 末端执行器连接装置 01.0427

end face pressure 端面压强 07.0876

end point 筛分终点 07.1093

end relief 齿端修薄 08.0135

endurance test 耐振试验 02.0126

energy equivalence assumption 能量等价假定 04.0163

energy release rate criterion 能量释放率判据, *G判据 04.0211

energy-saving design 节能降耗设计 03.0067

engagement 啮合 08.0142

engaging element 接合元件 07.0339

engaging frequency 接合频率 07.0385

engaging in 啮入 08.0411

engaging in region 啮入区 08.0415

engaging mechanism 接合机构 07.0337

engaging out 啮出 08.0412

engaging out region 啮出区 08.0416

engaging process 接合过程 07.0379

engaging rotating speed 接合转速 07.0384

engaging time 接合时间 07.0382

engine 发动机 01.0388

engineering bionics 工程仿生学 03.0123

engineering database management 工程数据库管理 03.0120

engineering drawing 工程图样, *工程图 03.0162

engineering element 工程要素 03.0281

engineering tribology *工程摩擦学 05.0127

entrance blade angle 叶片进口角 08.1316

entrance edge of blade 叶片进口边 08.1306

entrance radius of blade 叶片进口半径 08.1308

envelope mechanism 包络线机构 01.0171

envelope requirement 包容要求 06.0145

enveloping teeth 包围齿数 08.0547

enveloping worm 环面蜗杆 08.0485

enveloping worm gear pair 环面蜗杆副 08.0486

environmental contaminant 环境污染物 08.0786

environment map 环境地图 01.0501

environment model *环境模型 01.0501

epicyclic gear train 周转轮系 01.0202

epicycloid 外摆线 08.0109

epicycloid bevel gear 摆线齿锥齿轮 08.0325

equal-life curve 等寿命曲线 04.0115

equal-life design 等寿命设计 04.0241

equidistant curve 等距曲线 08.0286

equidistant curve of curtate epicycloid 短幅外摆线等距曲线 08.0289

equidistant curve of curtate hypocycloid 短幅内摆线等距曲线 08.0291

equidistant curve of epicycloid 外摆线等距曲线 08.0287

equidistant curve of hypocycloid 内摆线等距曲线 08.0290

equidistant curve of prolate epicycloid 长幅外摆线的等距曲线 08.0288

equilibrant moment 平衡力矩 01.0322

equilibrium 力平衡 01.0324

equivalent coefficient of friction 当量摩擦系数 05.0166

equivalent force 等效力 01.0307

equivalent force system 等效力系 01.0329

equivalent friction radius 当量摩擦半径 05.0181

equivalent link 等效构件 01.0342

equivalent load 当量载荷 07.0771

equivalent mass 等效质量, *简化质量 01.0343

equivalent moment 等效力矩 01.0321

equivalent moment of inertia 等效转动惯量, *简化转动惯量 01.0350

"E" ring 开口挡圈 07.0201

ergonomics design 人机工程设计 03.0038

erosion 磨蚀 08.0739

erosion corrosion 冲蚀腐蚀 05.0273, 磨损腐蚀 05.0499

erosion loss 冲蚀量 05.0267

erosion rate 冲蚀率 05.0269

erosion wear 冲蚀磨损, *冲蚀 05.0224

erosive wear 侵蚀磨损 05.0242

error compensation　误差补偿　06.0030

escapement　擒纵机构　01.0185

Euler angles　欧拉角　01.0233

Euler rotation matrix　欧拉旋转矩阵　01.0234

Euler-Savery equation　欧拉-萨弗里公式　01.0230

evaluation length of surface roughness　表面粗糙度评定长度　06.0152

exact straight line mechanism　正确直线机构　01.0098

excitation　激励　02.0023

excretion coefficient　排挤系数　08.1333

exhaust throttle valve　排气节流阀　08.1413

exit blade angle　叶片出口角　08.1317

exit edge of blade　叶片出口边　08.1307

exit radius of blade　叶片出口半径　08.1309

exoskeleton　外骨骼　01.0444

expanded connecting　胀接　07.0006

expanded uncertainty　扩展不确定度，*扩展测量不确定度　06.0259

expansion ring　胀圈　07.0365

expansion ring clutch　胀圈离合器　07.0324

experimental standard deviation　实验标准偏差，*试验标准差　06.0314

expert control　专家控制　06.0436

extended pitch roller chain　延长节距滚子链　08.0658

external aligning bearing　外调心轴承　07.0626

external cone plate　外锥盘　07.0463

external contacting brake　外抱式制动器，*抱闸式制动器　07.0428

external cycloidal gear　外齿摆线轮　08.0273

external gear　外齿轮　08.0025

external gear motor　外啮合齿轮马达　08.1118

external gear pair　外齿轮副　08.0027

external gear pump　外啮合齿轮泵　08.0905

external leakage　外泄漏　08.0802

externally mounted mechanical seal　外装式机械密封　07.0795

external pin wheel　外齿针齿轮　08.0277

external pressure　外部压力　08.0845

external shunting current hydromechanical torque converter　外分流液力机械变矩器　08.1273

external state sensor　*外部状态传感器　01.0568

external tab washer　外舌止动垫圈　07.0195

external teeth lock washer　外齿锁紧垫圈　07.0187

external teeth serrated lock washer　外锯齿锁紧垫圈　07.0190

external thread　外螺纹　07.0016

external wave generator　外波发生器　08.0431

exteroceptive sensor　外感受传感器　01.0568

extraneous vibration　附加振动　02.0085

extremely displacement singularity　极限位移奇异　01.0244

extreme pressure lubricant　极压润滑剂　05.0420

extreme pressure lubrication　极压润滑　05.0396

extrusion　拉伸　03.0252

eye bolt　活节螺栓　07.0082

F

face cam　端面凸轮　01.0113

face fillet　面倒圆　03.0259

face-to-back double mechanical seal　面对背双端面机械密封　07.0814

face-to-face arrangement　面对面配置　07.0706

face-to-face double mechanical seal　面对面双端面机械密封　07.0813

facewidth　齿宽　08.0089

face width of wormwheel　蜗轮齿宽　08.0536

failure　失效　04.0219

failure mechanism　失效机理　04.0232

failure mode　失效模式　04.0231

failure rate　失效率　04.0222

FAS　柔性装配自动化系统　06.0463

fastener　紧固件　07.0001，止锁件　08.0696

fatigue　疲劳　04.0061

fatigue crack growth　疲劳裂纹扩展　04.0184

fatigue crack growth threshold　疲劳裂纹扩展门槛值　04.0202

fatigue crack length　疲劳裂纹长度　04.0127

fatigue crack propagation life estimation　疲劳裂纹扩展寿命预估　04.0209

fatigue crack propagation rate equation　疲劳裂纹扩展速率方程　04.0203

fatigue crack propagation speed　疲劳裂纹扩展速率　04.0201

fatigue damage　疲劳损伤　04.0150

fatigue ductility coefficient　疲劳延性系数　04.0110

fatigue life 疲劳寿命，*循环次数 04.0228

fatigue limit 疲劳极限 04.0088

fatigue limit diagram 疲劳极限线图 04.0114

fatigue resistance 抗疲劳性 07.0590

fatigue strength 疲劳强度 04.0084

fatigue strength at N cycles N 次循环后的疲劳强度 04.0085

fatigue strength design 疲劳强度设计 04.0087

fatigue strength exponent 疲劳强度指数 04.0086

fatigue test 疲劳试验 04.0128

fatigue test piece 疲劳试样 04.0129

fatigue wear 疲劳磨损，*表面疲劳 05.0287

fault 故障 04.0220

fault modes and effect analysis 故障模式与影响分析 04.0233

fault modes effects and criticality analysis 故障模式影响与危害度分析 04.0234

fault rate *故障率 04.0222

fault tree 故障树 04.0235

fault tree analysis 故障树分析 04.0236

feather key 导向平键 07.0210，滑键 07.0211

feature 特征 03.0248，要素 06.0354

feature of size 尺寸要素 03.0289

feature tree of part model 零件特征树 03.0249

feedback 反馈 08.0733

feedback control 反馈控制 06.0394

feedback control system *反馈控制系统 08.1447

feed forward control 前馈控制 06.0419

Ferguson cam mechanism 弧面分度凸轮机构 01.0128

ferrograph 铁谱仪 05.0435

fiber grating sensor 光纤光栅传感器 06.0103

field balancing equipment 现场平衡设备 02.0291

field corrosion test 自然环境腐蚀试验 05.0557

figuration drawing 外形图 03.0173

figure eight shaped link plate 8 字形链板 08.0684

filiform corrosion 丝状腐蚀 05.0497

fillet 齿根过渡曲面 08.0070

fillet interference 过渡曲线干涉 08.0129

fillet radius 齿根圆角半径 08.0219

filling amount 充液量 08.1381

filling factor 充液率 08.1382

filling slot 装填槽 07.0702

filling slot ball bearing 装填槽球轴承 07.0659

film thickness tester 润滑膜厚测试仪 05.0433

filter 滤波器 02.0188，过滤器 08.1225

final design 定型设计 03.0042

final peak sawtooth shock pulse 后峰锯齿冲击脉冲 02.0165

finite blade correction coefficient 有限叶片修正系数 08.1332

finite element analysis 有限元分析，*有限元法 03.0117

finite life design 有限寿命设计 04.0240

fire point 燃点 08.0780

fire-resistant hydraulic fluid 难燃液压油 08.0754

first angle method 第一角画法 03.0202

fit 配合 03.0339

fitment 配合件 02.0219

fit tolerance 配合公差 03.0364

fit tolerance zone 配合公差带 03.0355

five-port valve 五通阀 08.1030

fixed axode 定瞬轴面 01.0240

fixed centrode 定瞬心线 01.0218

fixed connection 静连接 07.0004

fixed differential overflow type proportional directional flow valve 定差溢流型比例方向流量阀 08.1083

fixed differential reducing valve 定差减压阀 08.1064

fixed displacement motor 定量马达 08.1115

fixed displacement pump 定量泵 08.0899

fixed link 固定构件 01.0013

fixed pressure reducing valve 定值减压阀 08.1063

fixed speed ratio mechanism 定速比机构 01.0193

fixed support 固定支承 01.0370

flange 法兰，*凸缘 07.1007

flange coupling 凸缘联轴器 07.0266

flanged bearing 凸缘轴承 07.0644

flange height 凸缘高度 07.0726

flanger bearing bush 翻边轴套 07.0549

flanger bearing liner 翻边轴瓦 07.0548

flange roller 带边滚子 08.0695

flange width 凸缘宽度 07.0725

flank 牙侧 07.0035

flank angle 牙侧角 06.0348

flapper and nozzle control 喷嘴挡板控制 08.0970

flash 闪蒸现象 07.0888

flash point 闪点 08.0779

flash temperature 闪温 05.0077

flat belt 平带 08.0582

flat belt drive 平带传动 08.0557

flat blade　平面叶片　08.1286

flat countersunk nib bolt　沉头带榫螺栓　07.0086

flat head anchor bolt　平头固定螺栓　07.0072

flat head rivet　平头铆钉　07.0251

flat key　平键　07.0208

flat leaf screw　平片头螺钉　07.0099

flatness　平面度　03.0298

flat nut　扁环螺母　07.0173

flat round head rivet　扁圆头铆钉　07.0249

flat span　伸直弦长　07.0980

flat spiral spring　平面涡卷弹簧　07.0912

flat spring　片弹簧　07.0929

flat spring coupling　簧片联轴器　07.0278

flexibility of spring　弹簧柔度　07.0998

flexible assembly　弹性部件　07.0341

flexible assembly system　柔性装配自动化系统
　06.0463

flexible automation　柔性自动化，*可变编程自动化
　06.0464

flexible clutch　弹性离合器　07.0307

flexible element　弹性元件　07.0849

flexible gear　柔性齿轮，*柔轮　08.0393

flexible link　挠性构件　01.0012

flexible manufacturing cell　柔性制造单元　06.0461

flexible manufacturing system　柔性制造系统
　06.0462

flexible robot　柔性机器人　01.0197

flexible rolling bearing　柔性滚动轴承　08.0448

flexible rotor　挠性转子，*柔性转子　02.0204

flexible system　柔性系统　06.0024

flexspline　柔性齿轮，*柔轮　08.0393

flexspline's toothed ring　柔轮齿圈　08.0463

flexural vibration　挠曲振动　02.0195

flinger　护圈　07.0693

floating disc type output mechanism　浮动盘输出机
　构　08.0248

floating link　连杆　01.0064

floating ring bearing　浮环轴承　07.0522

float level sensor　浮子式物位传感器　06.0095

float level transducer　浮子式物位传感器　06.0095

flocculation　絮凝　05.0347

flood lubrication　溢流润滑　05.0409

flow　流动　08.0788

flow angle　液流角　08.1319

flow characteristic　流量特性　08.0820

flow coefficient　流量系数　08.0821

flow-combining valve　集流阀　08.1017

flow control valve　流量控制阀　08.1012

flow cut-off　流量切断　08.0818

flow diagram　流程图　03.0182

flow divider　分流阀　08.1016

flow force　液动力　08.0823

flow gain　流量增益　08.0822

flow indicator　流量指示计　08.1215

flowmeter　流量计　08.1213

flow path　流道　08.0741

flow rate　流量　08.0789

flow rate amplification　流量增益　08.0822

flow rate amplifier　流量放大器　08.1021

flow rate linearity　流量线性度　08.0812

flow rate recorder　流量记录仪　08.1217

flow rate recovery　流量恢复率　08.0813

flow rate surge　流量冲击　08.0810

flow rate switch　流量继电器　08.1218

flow rate symmetry　流量对称度　08.0811

flow rate transducer　流量传感器　08.1216

flow ripple　流量波动　08.0809

flow servo-valve　流量伺服阀　08.1096

flow valve　流量阀　08.1010

fluctuate ratio　波动比　08.1384

fluctuating load　变载荷　07.0769

fluid　流体　08.0750

fluid conditioning　流体调节　08.0783

fluid coupling　液力偶合器　08.1257

fluid density　流体密度　08.0765

fluid erosion　流体侵蚀　05.0244

fluid film　流体膜　07.0874

fluid friction　流体摩擦　05.0182

fluidics　射流技术　08.0732

fluid lubrication　流体润滑　05.0299，液体润滑
　05.0384

fluid power　流体传动　08.0724

fluid power supply　流体动力源　08.0731

fluid power system　液压系统　08.0730

fluid stability　流体稳定性　08.0770

flush　冲洗　07.0857

flush fluid　冲洗流体　07.0859

flush plan　冲洗方案，*机械密封辅助系统方案
　07.0858

fluting　沟蚀　05.0260

flutter　颤振　02.0081

fly-by point　路径点　01.0478

flywheel 飞轮 01.0358

FMC 柔性制造单元 06.0461

FMEA 故障模式与影响分析 04.0233

FMECA 故障模式影响与危害度分析 04.0234

FMS 柔性制造系统 06.0462

force 力 01.0382

force closed cam mechanism 力封闭的凸轮机构 01.0120

forced vibration 受迫振动 01.0391，02.0071

force polygon 力多边形 01.0331

force sensor 力传感器 06.0059

force transducer 力传感器 06.0059

format 图纸幅面 03.0191

form closed cam mechanism 形封闭的凸轮机构 01.0121

formed height of unloaded single disc 碟簧内锥高 07.0971

formed metal bellows mechanical seal 压力成型金属波纹管机械密封 07.0819

form error 形状误差 06.0347

form of thread 螺纹牙型 07.0029

form tolerance 形状公差 03.0347

forward blade 前倾叶片 08.1291

forward dynamics 动力学正问题 01.0403

forward kinematics 运动学正解 01.0447

forward position analysis 位置正解 01.0255

foundation bolt 地脚螺栓 07.0083

foundation nut 地脚螺母 07.0152

four-ball tester 四球试验机 05.0428

four bar linkage 四杆运动链 01.0071

four bar mechanism 四杆机构 01.0072

four point contact ball bearing 四点接触球轴承 07.0662

four-port valve 四通阀 08.1029

four position valve 四位阀 08.1026

four roller wave generator 四滚轮波发生器 08.0446

fractal contact mechanics 分形接触力学 05.0049

fractography inverse theory 断口反推理论 04.0126

fracture criterion 断裂准则 04.0176

fracture mechanics analysis 断裂力学分析 04.0212

fracture toughness 断裂韧性，*断裂韧度 04.0175

frame 筛框 07.1063

free angle 自由角度 07.0960

free area 自由面积 07.0984

free camber 自由弧高 07.0974

free corrosion potential 自然腐蚀电位 05.0526

free flow 自由流动 08.0815

free height 自由高度 07.0941

free impedance 自由阻抗 02.0031

free span 自由弦长 07.0978

free spread 自由弹张量 07.0577

free vibration 自由振动 01.0390，02.0072

free water 游离水 08.0778

frequency convertible governor 变频调速器 06.0498

frequency resolution 频率分辨率 02.0185

frequency response function 频率响应函数 02.0033

frequency response range 频率响应范围 06.0298

fretting 微动 05.0142

fretting corrosion 微动腐蚀 05.0263

fretting corrosion wear 微动腐蚀磨损 05.0500

fretting fatigue 微动疲劳 04.0078

fretting tester 微动试验机 05.0436

fretting wear 微动磨损 05.0262

friction 摩擦 05.0114

frictional coefficient 摩擦系数 05.0163

frictional compatibility 摩擦相容性 05.0191

frictional conformability [摩擦]顺应性 07.0588

frictional force 摩擦力 05.0149

frictional losses 摩擦损失 08.1335

frictional moment 摩擦力矩 05.0152

frictional oscillation 摩擦振荡 05.0197

frictional surface temperature 摩擦面温度 05.0172

frictional vibration *摩擦颤动 05.0197

friction block clutch 摩擦块离合器，*块式离合器 07.0323

friction brake 摩擦制动 05.0146，摩擦制动器 07.0400

friction clutch 摩擦式离合器 07.0320

[friction] condition [摩擦]工况 05.0137

friction drive 摩擦传动 05.0145

friction energy conversion 摩擦能量转换 05.0074

friction energy dissipation 摩擦能量耗散 05.0150

friction facing 摩擦衬片 07.0355

friction factor 摩擦因数 07.0890

friction force microscope 摩擦力显微镜 05.0441

friction force of auxiliary secondary seal 辅助密封摩擦力 07.0875

friction induced noise 摩擦噪声 05.0198

friction induced sublimation 摩擦升华 05.0194

friction induced thermal impulse　摩擦热脉冲　05.0193

friction plate　摩擦片　07.0356

friction power　摩擦功率　05.0148

friction surface　摩擦[表]面　05.0135

friction torque　端面摩擦转矩　07.0891

friction wheel drive　摩擦轮传动　08.0723

friction wheel mechanism　摩擦轮机构　01.0195

friction work　摩擦功　05.0144

front cone　前锥[面]　08.0353

front view　主视图　03.0220

FTA　故障树分析　04.0236

full complement bearing　满装滚动体轴承　07.0622

full-elliptic spring　椭圆形板弹簧　07.0921

full film friction　流体摩擦　07.0886

full metallic friction material　金属摩擦材料　05.0209

full sectional view　全剖视图　03.0228

full set of test sieves　全套试验筛　07.1084

fully-automatic factory　无人化工厂，*全自动化工厂，*自动化工厂　06.0479

fully compliant mechanism　全柔顺机构　01.0188

functional design　功能设计　03.0027

functional optimization design　功能优化设计　03.0072

fundamental deviation　基本偏差　03.0338

fundamental mode　基本振型　02.0101

fundamental tolerance　标准公差　03.0357

fundamental train frequency　轴承保持架损坏频率　02.0193

fundamental triangle　原始三角形　07.0030

fundamental triangle height　原始三角形高度　07.0031

fuzzy control　模糊控制　06.0416

fuzzy control system　模糊控制系统　06.0417

fuzzy design　模糊设计　03.0088

G

galling　咬合　05.0239

galloping　弛振　02.0082

galvanic corrosion　电偶腐蚀　05.0515

galvanic series　电偶序　05.0523

ganged valves　叠加阀　08.0996

gaseous corrosion　气体腐蚀　05.0478

gas film critical thickness　临界气膜厚度　07.0612

gas film stiffness　气膜刚度　07.0616

gas-liquid damping cylinder　气动气液阻尼缸　08.1428

gas-loaded accumulator　充气式蓄能器　08.1233

gas lubrication　气体润滑　05.0383

gas whirl　气膜振荡　07.0617

gauge block　量块，*块规　06.0262

gauge diameter　[螺纹]基准直径　07.0047

gauge pressure　表压力　08.0829

gauge pressure sensor　表压传感器　06.0073

gauge pressure transducer　表压传感器　06.0073

Gaussian random noise　*高斯随机噪声　02.0065

gear　齿轮　08.0014，大齿轮　08.0022

gear coupling　齿式联轴器　07.0268

gear coupling with elastic pins　弹性柱销齿式联轴器　07.0293

gear drive　齿轮传动　08.0013

gear mesh frequency　齿轮啮合频率　02.0200

gear motor　齿轮马达　08.1116

gear pair　齿轮副　08.0015

gear pair with addendum modification　高变位锥齿轮副　08.0380

gear pair with intersecting axes　相交轴齿轮副　08.0017

gear pair with modified centre distance　角变位齿轮副　08.0167

gear pair with negative modified centre distance　负角变位齿轮副　08.0169

gear pair with non parallel non intersecting axes　交错轴齿轮副　08.0018

gear pair with parallel axes　平行轴齿轮副　08.0016

gear pair with positive modified centre distance　正角变位齿轮副　08.0168

gear pair with reference centre distance　高变位齿轮副　08.0170

gear pair with shaft angle modification　角变位锥齿轮副　08.0381

gear pair with small teeth difference　少齿差齿轮副　08.0253

gear pin diameter　针齿直径　08.0301

gear pump　齿轮泵　08.0901

gear ratio　齿数比　08.0036

gear shifting mechanism　变速机构　01.0194

gear teeth　轮齿　08.0053

general constraint　公共约束　01.0047

general cylindrical pin　普通圆柱销　07.0224

general dimension　总体尺寸　03.0291

general flat key　普通平键　07.0209

general inspection tool　通用量具　06.0327

general plan　总布置图　03.0179

general taper key　普通楔键　07.0215

general taper pin　普通圆锥销　07.0229

general type of constant filling fluid coupling　普通型液力偶合器　08.1258

generant circle of gorge　咽喉母圆　08.0530

generant of the toroid　圆环面母圆　08.0123

generated contamination　生成污染　08.0785

generating cylinder　发生圆柱面　08.0293

generating diameter　发生圆直径　08.0299

generating flank　产形齿面　08.0051

generating gear of a gear　产形齿轮　08.0050

geneva mechanism　槽轮机构　01.0179

geneva wheel　槽轮　01.0178

geometrical element　几何要素　03.0279

geometric constraint　几何约束　01.0377

geometric precision of rolling bearing　滚动轴承几何精度　06.0228

geometric similarity　几何相似　08.1357

geometric tolerance　几何公差　03.0316

gerotor pump　摆线泵　08.0902

gib head taper key　钩头楔键　07.0216

given conical diameter tolerance　给定圆锥直径公差　03.0304

glaze　釉面　05.0079

globoid indexing cam mechanism　弧面分度凸轮机构　01.0128

gorge　咽喉面　08.0528

gorge circle　喉圆　08.0529

gorge normal plane of worm　蜗杆喉法平面

08.0552

gorge radius　咽喉母圆半径　08.0538

gouging　凿削　05.0236

governor　调速器　01.0361

graph　算图　03.0186

graphitic corrosion　石墨化腐蚀　05.0493

Grashof 's criterion　曲柄存在条件　01.0103

gravity brake　重力制动器　07.0412

gravity return cylinder　重力回程缸　08.1166

grease　润滑脂　05.0310

grease property　润滑脂特性　05.0344

green design　绿色设计，*生态化设计　03.0064

green design evaluation　绿色设计评价，03.0065

green tribology　绿色摩擦学　05.0120

grey cast iron pipe flange　灰铸铁管法兰　07.1027

grey cast iron screwed pipe flange　灰铸铁螺纹管法兰　07.1028

gripper　夹持器　01.0429

grip ring　夹紧挡圈　07.0204

groove ball bearing　沟型球轴承　07.0656

groove cam　沟槽凸轮　01.0124

grooved pin　槽销　07.0233

groovy corrosion　沟状腐蚀　05.0485

gross error　粗大误差，*寄生误差　06.0195

ground link frame　*机架　01.0013

group test method　成组试验法　04.0131

guide bar　导杆　01.0066

guide bar mechanism　导杆机构　01.0085

guide block　导块　01.0067

guide line　引导线　03.0256

guide link　导杆　01.0066

guide rail　导轨　08.0708

guide ring　中挡圈　07.0687

guideway　导轨　06.0441

gum　胶质　05.0341

gyroscopic moment　陀螺力矩　02.0194

H

half of thread angle　牙型半角　06.0349

half peripheral length of bearing liner　轴瓦半圆周长　07.0574

half sectional view　半剖视图　03.0229

half-sine shock pulse　半正弦冲击脉冲　02.0164

half wide V belt　半宽 V 带　08.0591

Hall sensor　霍尔式传感器　06.0088

Hall transducer　霍尔式传感器　06.0088

hammer head bolt　T 形螺栓　07.0084

hand directional spool valve　手动方向阀　08.1046

handle　手柄　07.1029

handle lever　手柄杆　07.1043

handle seat　手柄座　07.1044

handle with sleeve　转动手柄　07.1033

hand operated directional valve 手动方向阀 08.1023

hand pump 手动泵 08.0887

hands of worm 蜗杆旋向 08.0515

hand valve 手动阀 08.1002

handwheel 手轮 07.1045

hardness 硬度 04.0031

hardness sensor 硬度传感器 06.0132

hardness transducer 硬度传感器 06.0132

harmonic excitation 谐波激励 02.0027

harmonic gear drive 谐波齿轮传动 08.0390

harmonic gear drive mechanism 谐波齿轮传动机构 08.0391

harmonic gear drive with radial gear meshing 径向谐波齿轮传动 08.0427

harmonic gear drive with transverse gear meshing 端面谐波齿轮传动 08.0428

harmonic gear increaser 谐波齿轮增速器 08.0422

harmonic gear reducer 谐波齿轮减速器 08.0421

Hartman number 哈特曼数 05.0356

h_∞ control h_∞控制 06.0384

head 水头 08.0854，能头 08.1329

headless rivet 无头铆钉 07.0259

headless screw 无头螺钉 07.0103

heat affected layer [摩擦]热影响层 05.0200

heat and moisture test 湿热试验 05.0569

heat fade 热衰退 07.0490

heat flux sensor 热流传感器 06.0114

heat flux transducer 热流传感器 06.0114

heating fluid 加热流体 07.0863

heatless regeneration 无热再生 08.1398

heat regeneration 加热再生 08.1399

heat spot 热斑 05.0201

heavy series hexagon nut 大六角螺母 07.0148

height 高度 08.0606

height gauge 高度量规 06.0213

height of unloaded spring stack 组合碟簧自由高度 07.0972

height series 高度系列 07.0718

height under ultimate load 极限高度 07.0948

helical gear 斜齿轮 08.0182

helical gear pair 斜齿轮副 08.0186

helical pair 螺旋副 01.0028

helical rack 斜齿条 08.0184

helical spring 螺旋弹簧 07.0900

helical spring lockwasher 弹簧垫圈 07.0185

helix 螺旋线 07.0012

helix angle 螺旋角 08.0101

helix of cylindrical worm 蜗杆螺旋线 08.0523

hermetically sealed harmonic gear drive 密闭谐波齿轮传动 08.0426

herringbone gear 人字齿轮 08.0188

Hersey number 赫西数 05.0368

Hertzian contact 赫兹接触 05.0052

Hessian matrix 海塞矩阵 01.0259

hexagon bolt 六角头螺栓 07.0075

hexagon bolt with collar 六角头凸缘螺栓 07.0076

hexagon bolt with flange 六角头法兰面螺栓 07.0077

hexagon castle nut 六角冠状螺母 07.0160

hexagon head pipe plug 六角头管塞 07.0139

hexagon head screw plug 六角头螺塞 07.0136

hexagon head tapping screw 六角头自攻螺钉 07.0117

hexagon head thread cutting screw 六角头自切螺钉 07.0118

hexagon head wood screw 六角头木螺钉 07.0127

hexagon nut 六角螺母 07.0143

hexagon nut with collar 六角凸缘螺母 07.0145

hexagon nut with flange 六角法兰面螺母 07.0146

hexagon slotted nut 六角开槽螺母 07.0159

hexagon socket countersunk flat cap head screw 内六角沉头螺钉 07.0121

hexagon socket head cap screw 内六角圆柱头螺钉 07.0120

hexagon socket headless screw with cup point 内六角无头凹端螺钉 07.0119

hexagon socket pipe plug 内六角管塞 07.0138

hexagon socket screw plug 内六角螺塞 07.0137

hexagon thin castle nut 六角冠状薄螺母 07.0161

hexagon thin nut 六角薄螺母 07.0144

hexagon weld nut 焊接六角螺母 07.0149

hierarchical tree of assembly model 装配结构树 03.0278

high-cycle fatigue 高周疲劳 04.0071

higher pair 高副 01.0031

higher pair mechanism 高副机构 01.0041

high frequency sensor 高频响传感器 06.0050

high frequency transducer 高频响传感器 06.0050

high impact sensor 高冲击传感器 06.0046

high impact transducer 高冲击传感器 06.0046

high limit 最大极限尺寸 03.0331

high overload sensor 高过载传感器 06.0048

high overload transducer 高过载传感器 06.0048

high precision sensor 高精度传感器 06.0049

high precision transducer 高精度传感器 06.0049

high-pressure spray test 高压喷雾燃烧试验 08.0781

high resolution sensor 高分辨率传感器 06.0047

high resolution transducer 高分辨率传感器 06.0047

high speed balancing of flexible rotor 挠性转子高速平衡 02.0263

high speed on-off valve 高速开关阀 08.1105

high temperature fatigue 高温疲劳 04.0073

high temperature lubricant 高温润滑剂 05.0313

high temperature sensor 高温传感器 06.0051

high temperature transducer 高温传感器 06.0051

hinge 铰链连接 01.0022

hinge type flattop chain 平顶链 08.0665

holding time 保持时间 04.0116

hole 孔 03.0327

hole basic system of fits 基孔制 03.0365

hollow 抽壳 03.0257

hollow flank worm 圆弧圆柱蜗杆 08.0499

hollow pin 空心销轴 08.0690

horizontal intercept of profile 轮廓水平截距 06.0277

horizontal length meter 卧式测长仪 06.0333

horizontal profile 横向轮廓 06.0231

hose assembly 软管总成 08.1223

hot [compressive] prestressing 加温强压处理 07.1002

hot corrosion 热腐蚀 05.0510

hot setting 加温整定处理，*加温立定处理 07.1000

hot [tension] prestressing 加温强拉处理 07.1004

hot [torsion] prestressing 加温强扭处理 07.1006

hourglass shaped helical spring 中凹形螺旋弹簧 07.0908

housing washer 座圈 07.0683

HRI 人-机器人交互 01.0417

hubbed clip on welding flange 带颈平焊法兰 07.1017

hubbed socked welding flange 带颈承焊法兰 07.1018

human-machine system 人机系统 06.0460

humanoid robot 仿人机器人 01.0441

human-robot interaction 人-机器人交互 01.0417

humid air 湿空气 08.1391

hybrid bearing 动静压混合轴承 07.0514

hybrid control system 混合控制系统 06.0400

hydraulic accumulator 液压蓄能器 08.1232

hydraulic actuator 液动执行机构 06.0481

hydraulically brake 液压制动器 07.0408

hydraulically controlled clutch 液压离合器 07.0299

hydraulic capacity speed governing circuit 容积调速回路 08.1198

hydraulic control 液压控制 08.0959

hydraulic directional control valve 液压换向阀 08.1039

hydraulic drive 液压传动 08.0726

hydraulic efficiency 液力效率 08.1342

hydraulic fluid 液压油液 08.0753

hydraulic fluid breakdown 液压油液衰变 08.0773

hydraulic lock 液压卡紧 08.0743

hydraulic losses 液力损失 08.1334

hydraulic mechanism 液压机构 01.0056

hydraulic motor 液压马达 08.1113

hydraulic operated check valve 液控单向阀 08.1038

hydraulic operated directional valve 液动方向阀 08.1047

hydraulic power 液压功率 08.0734

hydraulic pump 液压泵 06.0482，08.0886

hydraulic pump-motor 液压泵-马达 08.1143

hydraulics 液压技术 08.0725

hydraulic shock absorber 液压减震器 08.1249

hydraulic stepping motor 液压步进马达 08.1138

hydraulic system 液压系统 06.0483

hydraulic torque of impeller 泵轮液力转矩 08.1347

hydraulic torque of reactor 导轮液力转矩 08.1349

hydraulic torque of turbine 涡轮液力转矩 08.1348

hydraulic vibration generator 液压振动发生器 02.0113

hydraulic wave generator 液动式波发生器 08.0434

hydrodynamic bearing 动压轴承 07.0508，液体动压轴承 07.0510

hydrodynamic drive 液力传动 08.1250

hydrodynamic losses 流动损失 08.0819

hydrodynamic lubrication 液体动力润滑 05.0389

hydrodynamic mechanical seal　流体动压式机械密封　07.0790

hydrodynamic retarder　液力缓冲器　08.1264

hydrodynamics　流体力学　08.0727

hydrodynamic torque converter　液力变矩器　08.1252

hydrodynamic transmission　液力传动装置　08.1254

hydrodynamic unit　液力元件　08.1251

hydrogen blister　氢鼓泡　05.0509

hydrogen embrittlement　氢脆　05.0508

hydrogen wear　氢致磨损，*氢磨损　05.0295

hydrokinetics　流体动力学　08.0729

hydromechanical unit　液力机械元件　08.1253

hydrophilicity　亲水性　05.0090

hydrophobicity　疏水性　05.0091

hydropneumatic pump　气驱液压泵　08.0888

hydrostatic bearing　静压轴承　07.0509，液体静压轴承　07.0511

hydrostatic lubrication　静压润滑　05.0302，液体静力润滑　05.0390

hydrostatic mechanical seal　流体静压式机械密封　07.0791

hydrostatics　流体静力学　08.0728

hydrostatic transmission　静液传动　08.1144

hypocycloid　内摆线　08.0112

hypoid gear　准双曲面齿轮　08.0321

hypoid gear pair　准双曲面齿轮副　08.0320

hysteresis loop　迟滞回线　04.0095

hysteresis of contact angle　接触角滞后性　05.0089

I

ideal shock pulse　理想冲击脉冲　02.0163

idler pulley　导轮　08.0569

idle torque of clutch　离合器带排转矩，*拖拽转矩，*空转转矩　07.0392

idling pressure　怠速压力　08.0866

illuminance sensor　照度传感器，*照度计　06.0105

illuminance transducer　照度传感器，*照度计　06.0105

image sensor　图像传感器　06.0106

image transducer　图像传感器　06.0106

immersion test　全浸试验　05.0561

immunity　免蚀态　05.0473

impact　碰撞，*撞击　01.0335

impact damage　冲击损伤　04.0153

impact erosion　冲击侵蚀　05.0245

impact force　碰撞力　01.0336

impact toughness　冲击韧性　04.0043

impact velocity　冲击速度　05.0266

impact wear　冲击磨损　05.0223

impeller　泵轮　08.1281

impeller torque　泵轮转矩　08.1345

impingement erosion　冲击侵蚀　05.0245

impressed current corrosion　外加电流腐蚀　05.0513

impressed current protection　外加电流保护　05.0550

improved design　改进设计，*产品改良设计　03.0017

impulse　冲量　01.0309，02.0160

impulsive force　冲力　01.0308

inboard rotor　内质心转子　02.0207

inch bearing　英制轴承　07.0629

inclination　倾斜度　03.0309

inclination of bearing parting face　轴瓦对口面平行度　07.0576

inclined blade　倾斜叶片　08.1290

incompatible fluid　不相容流体　08.0752

incomplete gear mechanism　不完全齿轮机构　01.0176

incomplete thread　不完整螺纹　07.0024

increasing time of brake torque　制动力矩增长时间　07.0475

incremental digital valve　增量型数字阀　08.1103

incremental theory of plasticity　增量理论　04.0055

increment or decrement of work　盈亏功　01.0360

indentation hardness　压痕硬度　04.0034

indentation modulus　压痕模量　04.0035

indentation test　压痕试验　04.0033

independence principle　独立原则　06.0202

independent axiom　独立公理　03.0048

indexed projection　标高投影　03.0216

indexing　转位　02.0257

indexing unbalance　转位不平衡　02.0258

indication error　示值误差　06.0317

indication range　示值范围　06.0316

indication table method　指示表法　06.0370

indirectly pressure control　间接压力控制　08.0971

individual axis acceleration　*单轴加速度　01.0554

individual axis velocity　*单轴速度　01.0552

individual joint acceleration　单关节加速度　01.0554

individual joint velocity　单关节速度　01.0552

inductive comparator　电感式比较仪　06.0200

inductive sensor　电感式传感器　06.0081

inductive transducer　电感式传感器　06.0081

inductosyn　感应同步器　06.0209

industrial automatic production　工业自动化生产　06.0447

industrial automation　工业自动化　06.0446

industrial robot　工业机器人　01.0406, 06.0009

industrial robot cell　工业机器人单元　01.0412

industrial robot line　工业机器人生产线　01.0413

industrial robot system　工业机器人系统　01.0512

industrial tribology　工业摩擦学　05.0127

inelastic impact　非弹性碰撞　01.0338

inertia brake　惯性制动器　07.0411

inertia couple　惯性力偶矩，*惯性力系主矩　01.0320

inertial force　惯性力　01.0386，02.0006

inertial reference system　惯性参考系统　02.0005

inertia tensor　惯性张量　01.0349

infinite life design　无限寿命设计　04.0239

inflection center　拐点中心　01.0223

inflection circle　*拐点圆　01.0222

inflection point　拐点　01.0224

influence coefficient method　影响系数法　02.0277

information axiom　信息公理　03.0049

infrared detector　红外探测器　06.0111

infrared sensor　红外传感器　06.0110

inheritance design　继承设计　03.0098

initial peak sawtooth shock pulse　前峰锯齿冲击脉冲　02.0166

initial pitting　初始剥蚀，*初始点蚀　05.0259

initial tension　初拉力　07.0964，带轮初拉力　08.0576

initial unbalance　初始不平衡　02.0244

initial vibration　初始振动　02.0248

inlet flow rate　进口流量　08.0795

inlet port　进油口　08.0978

inlet pressure　进口压力　08.0851

in-line filter　管道过滤器　08.1230

in-line piston pump　直列式柱塞泵　08.0924

inner circle of the toroid　圆环面内圆　08.0126

inner cone assembly　内锥体部件　07.0369

inner cone distance　内锥距　08.0360

inner diameter of flexspline　柔轮内径　08.0468

inner driving medium　内传动件　07.0352

inner dwell angle　近休止角　01.0143

inner link　内链节　08.0674

inner plate　内片　07.0350，内链板　08.0681

inner ring　内圈　07.0679

inner spiral angle　小端螺旋角　08.0379

innovation design　创新设计　03.0016

input link　输入构件　01.0015

input quantity in a measurement model　测量模型输入量，*输入量　06.0177

input signal　输入信号　08.0961

input torque　输入转矩　01.0326

insert bearing　外球面轴承　07.0642

inside micrometer　内径千分尺　06.0295

inside section　过流断面　08.1323

inside shrink way　内缩方式　06.0296

in-situ inspection　在位检测　06.0031

inspection box　检验方箱　06.0242

installation　安装　01.0516

installation drawing　安装图　03.0174

instantaneous axis　瞬时轴　08.0139

instantaneous center of absolute velocity　绝对速度瞬心　01.0213

instantaneous center of acceleration　加速度瞬心　01.0220

instantaneous center of relative velocity　相对速度瞬心　01.0212

instantaneous center of velocity　速度瞬心　01.0214

instantaneous coefficient of kinetic friction　瞬间动摩擦系数　05.0168

instantaneous efficiency of machinery　机械瞬时效率　01.0353

instantaneous geometric singularity　瞬时几何奇异　01.0246

instantaneous screw axis　瞬时螺旋轴　01.0237

instantaneous variety-DoF singularity　瞬时自由度变化奇异　01.0248

instrumental measurement uncertainty　仪器测量不确定度　06.0358

instrument precision bearing　仪器精密轴承　07.0637

integral controller　积分控制器　06.0401

integral flange　整体法兰，*长径法兰　07.1011

integral hydrostatic transmission　集成式静液传动装置　08.1145

integrated coupling　固定联结　08.0474

integrated design theory　集成设计理论　03.0045

integrated-redundant factor　综合冗余因子　01.0266

integrated transducer　集成传感器，*单片集成传感器，*硅传感器　06.0135

integrating flowmeter　积分式流量计　08.1214

integration　集成　01.0518

intelligent control　智能控制　06.0434

intelligent control system　智能控制系统　06.0435

intelligent control technology　智能控制技术　06.0033

intelligent design　智能设计　03.0080

intelligent instrument　智能仪器　06.0035

intelligent robot　智能机器人　01.0416

intelligent system　智能化系统　06.0034

intensity　强度　04.0030

interchangeability　互换性　03.0322

interchangeable sub-unit　可互换分部件　07.0709

intercrystalline corrosion test　晶间腐蚀试验　05.0563

interface　界面　05.0002

interface barrier potential　界面势垒　05.0013

interface behavior　界面行为，*界面效应　05.0014

interface behavior control　界面行为控制　05.0015

interface microslip　界面微滑移　05.0096

interfacial energy　界面能　05.0012

interfacial film　界面膜　05.0102

interfacial layer　界面层　05.0003

interfacial tension　界面张力　05.0009

interference　过盈　03.0341

interference fit　过盈配合　03.0343

interference fit connection　过盈连接　07.0005

interferometry　干涉测量　06.0008，干涉法　06.0210

interflow　过渡流　08.0817

intergranular corrosion　晶间腐蚀　05.0494

intergranular cracking　晶间破裂　05.0506

interlock　互锁　08.1210

intermediate plate　中链板　08.0683

intermediate precision condition of measurement　期间精密度测量条件，*期间精密度条件　06.0302

intermittent mechanism　间歇运动机构　01.0174

internal air pressure　内压　07.0985

internal cycloidal gear　内齿摆线轮　08.0274

internal expanding brake　内胀式制动器，*胀闸式制动器　07.0429

internal gear　内齿轮　08.0026

internal gear motor　内啮合齿轮马达　08.1119

internal gear pair　内齿轮副　08.0028

internal gear pump　内啮合齿轮泵　08.0906

internal interchangeable　内互换　03.0325

internal leakage　内泄漏　08.0801

internally mounted mechanical seal　内装式机械密封　07.0794

internal pin wheel　内齿针齿轮　08.0278

internal pressure　内部压力　08.0844

internal shunting current hydromechanical torque converter　内分流液力机械变矩器　08.1274

internal state sensor　*内部状态传感器　01.0567

internal tab washer　内舌止动垫圈　07.0196

internal teeth lock washer　内齿锁紧垫圈　07.0188

internal teeth serrated lock washer　内锯齿锁紧垫圈　07.0191

internal thread　内螺纹　07.0017

internal wave generator　内波发生器　08.0432

intersecting line　相贯线　03.0241

intersection operation　求交运算　03.0266

inter space　无叶片区　08.1294

interval channel　流道　08.1301

intuitive thinking method　直觉思维法　03.0084

inverse cam mechanism　反凸轮机构　01.0129

inverse dynamics　动力学反问题　01.0402

inverse kinematics　运动学逆解　01.0448

inverse position analysis　位置逆解　01.0256

inverted tooth chain　齿形链　08.0663

involute　渐开线　08.0115

involute cylindrical gear　渐开线圆柱齿轮，*渐开线齿轮　08.0189

involute helicoid　渐开螺旋面　08.0119

involute helicoid worm　渐开线蜗杆　08.0496

involute polar angle　渐开线极角　06.0245

involute profile　渐开线齿廓　08.0078

involute spline　渐开线花键　07.0221

iodine number　碘值　05.0414

ionic liquid lubricant　离子液体润滑剂　05.0314

iron base friction plate　铁基摩擦片　07.0374

irradiation corrosion　辐照腐蚀　05.0511

irregular set of test sieves　非常规试验筛组　07.1086

iso-corrosion line　等腐蚀线　05.0456

isolating valve　截止阀　08.1032

isometric drawing　正等侧轴测图　03.0233

isotropic　各向同性　01.0272

isotropic bearing support　各向同性的轴承支架
02.0220

isotropic degree　各向同性度　01.0274

isotropic hardening　各向同性强化，*等向强化
04.0057

item block　明细栏　03.0195

J

jaw and toothed coupling　牙嵌式联轴器　07.0281

jaw brake　牙嵌式制动器　07.0417

jaw clutch　牙嵌离合器　07.0316

jerk　加加速度　02.0004

jewel bearing　宝石轴承　07.0533

J integral　J 积分　04.0180

JKR contact model　JKR 接触模型　05.0053

joined V belt　联组 V 带　08.0596

joint coordinate system　关节坐标系　01.0458

journal　轴颈　02.0210

journal axis　轴颈中心线　02.0211

journal center　轴颈中心　02.0212

joy stick　操作杆　01.0544

J-R curve　J 阻力曲线　04.0182

jump　跳跃　02.0080

K

Kennedy-Aronhold theorem　三心定理　01.0215

key　键　07.0206

key joint　键联接　07.0008

key-type clutch　键式离合器　07.0319

key way　键槽　07.0207

kinematic analysis of mechanism　机构运动学分析
01.0208

kinematic chain　运动链　01.0032

kinematic diagram of mechanism　机构运动简图
01.0051

kinematic hardening　随动强化　04.0058

kinematic Jacobian matrix　运动雅可比矩阵，*广义
传动比矩阵　01.0252

kinematic pair　运动副　01.0020

kinematic redundancy of mechanism　机构运动冗余
度　01.0268

kinematic screw system of mechanism　机构运动旋
量系　01.0269

kinematics design　运动学设计　03.0030

kinematic similarity　运动相似　08.1358

kinematics of mechanism　机构运动学　01.0207

kinematics singularity　运动学奇异　01.0250

kinematic synthesis of mechanism　机构运动学综合
01.0209

kinematic viscosity　运动黏度　05.0318

kinetic friction　动摩擦　05.0162

kinetic friction force　动摩擦力　05.0187

kinetic friction torque　动摩擦力矩　05.0176

kineto-elastodynamic analysis　运动弹性动力学分析
01.0375

kineto-elastodynamics　运动弹性动力学　01.0374

kineto-elastodynamic synthesis　运动弹性动力学综
合　01.0376

kinetostatic analysis　动态静力分析　01.0401

knife line corrosion　刀口腐蚀　05.0496

knob　把手　07.1054

Knoop hardness　努氏硬度　04.0036

knowledge-based design　基于知识的设计　03.0081

Knudsen number　克努森数　05.0355

knurled nut with collar　滚花高螺母　07.0165

knurled thin nut　滚花薄螺母　07.0166

knurled thumb screw　滚花高头螺钉　07.0098

knurlied knob　压花把手　07.1055

Kramer effect　克雷默效应　05.0111

L

lacquer　亮漆膜　05.0339

laminar flow　层流　08.0803

laminated belt　复合平带　08.0586

laminated rubber spring　层状橡胶弹簧　07.0935

land　封油面　07.0560

landmark　地标　01.0503

Langmuir Blodgett film   LB 膜   05.0106

lap   遮盖   08.1106

laparoendoscopic single-site surgery   单孔手术
　　01.0570

large roller   大滚子   08.0694

laser sensor   激光传感器   06.0101

laser technology   激光技术   06.0017

laser transducer   激光传感器   06.0101

latch   掣子   01.0183

layer corrosion   层间腐蚀   05.0498

layout design   布局设计   03.0034

LB film   LB 膜   05.0106

lead   [螺纹]导程   07.0051

lead angle   螺纹升角   07.0052，导程角   08.0103

leading shoe   领蹄，*紧蹄   07.0460

leading shoe brake   领蹄制动器   07.0436

leaf chain   板式链   08.0661

leaf spring   板弹簧   07.0916

leakage   泄漏   08.0800

leakage concentration   泄漏浓度   07.0895

leakage rate   泄漏率   07.0894

learning control   学习控制   06.0431

least material condition   最小实体状态   03.0371

least material requirement   最小实体要求   06.0380

least material size   最小实体尺寸   03.0372

least square median line of profile   轮廓最小二乘中
　　线   06.0270

least squares line of surface roughness profile   表面粗
　　糙度轮廓最小二乘中线   06.0156

leather belt   皮革平带   08.0583

Leeb hardness   里氏硬度   04.0040

left flank   左侧齿面   08.0059

left hand spiral bevel gear   左旋齿锥齿轮   08.0333

left hand teeth   左旋齿   08.0056

left hand thread   左旋螺纹   07.0022

left view   左视图   03.0222

leg   *腿   01.0523

legged robot   腿式机器人   01.0438

length change of common normal line   公法线长度变
　　动   06.0218

length measurement transmission system   长度量值
　　传递系统   06.0366

length measuring instrument   测长仪   06.0184

length of assembly   螺纹装配长度   07.0057

length of blade   叶片长度   08.1313

length of flexspline   柔轮长度   08.0467

length to diameter ratio of flexspline   柔轮长径比
　　08.0471

length under ultimate load   极限高度   07.0948

LESS   单孔手术   01.0570

level braking   水平制动   07.0468

level sensor   物位传感器   06.0128

level transducer   物位传感器   06.0128

leverage gears comparator   杠杆齿轮比较仪
　　06.0212

lever comparator   杠杆比较仪   06.0211

lid   筛盖   07.1080

life adjustment factor   [额定]寿命修正系数
　　07.0785

life cycle design   全生命周期设计   03.0056

life estimation   寿命估算   04.0117

life factor   寿命系数   07.0783

lifting eye bolt   吊环螺钉   07.0097

lifting eye nut   吊环螺母   07.0172

light driving technology   光能驱动技术   06.0013

light gap method   光隙法   06.0224

light-sectioning method   光切法   06.0222

light-section microscope   光切显微镜   06.0223

lightweight design   轻量化设计   03.0070

limit deviation   极限偏差   03.0336

limited interchangeability   不完全互换性，*有限互
　　换   03.0323

limiting device   限位装置   01.0483

limiting friction   极限摩擦   05.0161

limiting load   极限负载   01.0487

limiting p_cv value p_cv 极限值   07.0881

limiting pv value pv 极限值   07.0878

limits of size   极限尺寸   03.0330

linear acceleration sensor   线速度传感器   06.0062

linear acceleration transducer   线速度传感器
　　06.0062

linear control system   线性控制系统   06.0430

linear [motion] bearing   直线[运动]轴承   07.0652

linear motion electric drive   直线电气传动   08.1439

linear strain   *线应变   04.0019

lined flange   衬环法兰   07.1021

line displacement sensor   线位移传感器   06.0067

line interpolation   直线插补   06.0491

line of centre   连心线   08.0031

line of contact   [瞬时]接触线   08.0141

line of profile peaks   轮廓峰顶线   05.0038

line of profile valleys   轮廓谷底线   05.0039

lines plan　型线图　03.0170

line vector　线矢量　01.0242

lining ring　柔轮衬环　08.0464

link　构件　01.0009，杆　01.0060，杆件　01.0419

linkage　低副运动链　01.0070

linkage mechanism　连杆机构　01.0059

link plate　链板　08.0680

liquid boundary layer　液体边界层　05.0005

liquid level switch　液位开关　08.1219

liquid miscibility　液体混合性　08.0769

load　负载　01.0485

load angle　载荷角　07.0604

load area　承载面积　07.0983

load at first bottoming　初始触合载荷　07.0968

load balancing mechanism　均载机构　08.0244

load ball　载荷钢球　08.0720

load capacity of gears　齿轮承载能力　08.0174

load carrying capacity　承载能力　05.0352

load centre　载荷中心　07.0733

loaded flow rate　负载流量　08.0796

load factor　载荷系数　07.0872

loading spectrum　载荷谱　04.0124

load limiting type of constant filling fluid coupling　限矩型液力偶合器　08.1259

load normal force　载荷法向力　05.0063

load pressure　负载压力　08.0848

load-sensing variable pump　负载敏感变量泵　08.0946

load-time history　载荷–时间历程　04.0123

lobed plain bearing　多楔滑动轴承　07.0535

local degree of freedom　局部自由度　01.0046

localization　定位　01.0502

localized corrosion　局部腐蚀　05.0484

local mass eccentricity　局部质量偏心距　02.0214

local sensitivity　局部灵敏度，*影响系数　02.0253

local view　局部视图　03.0239

locating face　定位面　08.0358

locating snap ring　止动环　07.0688

location dimension　定位尺寸　03.0292

location tolerance　定位公差　03.0350

locking angle　楔角　07.0386

locking fluid coupling　闭锁式液力偶合器　08.1263

locking handle seat　锁紧手柄套　07.1046

locking torque converter　闭锁液力变矩器　08.1268

lock ring at the end of shaft　轴端挡圈　07.0199

lock ring with screw　螺钉锁紧挡圈　07.0200

loft　放样　03.0255

logic diagram　逻辑图　03.0185

long crack propagation life　长裂纹扩展寿命　04.0208

longitudinal Moiré fringe　纵向莫尔条纹　06.0377

longitudinal vibration　纵向振动　02.0073

longitudinal wave　纵波　02.0135

long sleeve knob　长手柄套　07.1042

loose flange　活套法兰，*自由法兰　07.1012

loose hubbed flange with welding nack collar　对焊环松套带颈法兰　07.1019

loose plate flange with lapped pipe end　板式新边松套法兰　07.1020

loose rib　平挡圈　07.0685

loss of brake efficiency　制动效率损失　05.0155

lost motion　空程　08.0407

lost motion caused by clearance　间隙空程　08.0408

lost motion caused by elastic deflection　弹变空程　08.0409

low carbon design　低碳设计　03.0068

low-cycle fatigue　低周疲劳　04.0070

lower deviation　下偏差　03.0335

lower-DoF parallel manipulator　少自由度并联机构　01.0254

lower pair　低副　01.0030

lower pair mechanism　低副机构　01.0040

low limit　最小极限尺寸　03.0332

low speed balancing of flexible rotor　挠性转子低速平衡　02.0262

low temperature fatigue　低温疲劳　04.0074

lubricant　润滑剂　05.0410

lubricant compatibility　润滑剂相容性　05.0424

lubricant property　润滑油特性　05.0411

lubricating film　润滑膜　05.0297

lubricating material　润滑材料　05.0308

lubricating oil　润滑油　05.0309

lubrication　润滑　05.0116

lubrication angle　滑动角，*润滑角　08.0548

lubrication characteristic　润滑特性　05.0364

lubrication system　润滑系统　05.0296

lubricity　润滑性，*油性　05.0316

lumped mass　集总质量　02.0122

M

machanism drawing　机械制图　03.0159

machine　机器　01.0003

machine actuator　*机器致动器　01.0520

machine body　机床本体　06.0014

machine element　[机械]零件　01.0007

machine handle　曲面手柄　07.1030

machine handle with sleeve　曲面转动手柄　07.1034

machine part　*机械元件　01.0007

machinery　机械　01.0005

machinery joining　机械连接　07.0002

machinery parts design　零部件设计　03.0032

magnetic bearing　磁力轴承　07.0519

magnetic field strength sensor　磁场强度传感器　06.0090

magnetic field strength transducer　磁场强度传感器　06.0090

magnetic flux sensor　磁通传感器　06.0092

magnetic flux transducer　磁通传感器　06.0092

magnetic mechanical seal　磁力机械密封　07.0823

magnetic oxygen sensor　磁式氧传感器　06.0091

magnetic oxygen transducer　磁式氧传感器　06.0091

magnetic powder　磁粉　07.0372

magnetic powder brake　磁粉制动器　07.0439

magnetic powder clutch　磁粉离合器　07.0331

magnetic quantity sensor　磁学量传感器　06.0089

magnetic quantity transducer　磁学量传感器　06.0089

magnetic remanence brake　磁滞制动器　07.0441

magnetic yoke　磁轭　07.0345

magneto ball bearing　磁电机球轴承　07.0660

magneto-hydrodynamic lubrication　磁流体动力润滑　05.0394

magnetostrictive sensor　磁致伸缩式传感器　06.0093

magnetostrictive transducer　磁致伸缩式传感器　06.0093

magnetostrictive vibration generator　磁致伸缩振动发生器　02.0118

main leaf　主片　07.0981

main stage　主级　08.0972

maintainability　维修性　04.0246

main working time　主工作时间　07.0473

major axis of cam　凸轮长轴　08.0450

major axis of flexspline　柔轮长轴　08.0451

major axis of wave generator　波发生器长轴　08.0449

major clearance　大径间隙　07.0055

major diameter　[螺纹]大径　07.0042

major semi axis　长轴半径　08.0455

make-up line　补油回路　08.1200

make-up pump　补油泵　08.0890

male and female flange　凹凸面法兰　07.1023

maltese mechanism　槽轮机构　01.0179

manifold block　阀块　08.1111

manipulator　操作机，*机械手　01.0443

man-machine interface　人机接口　06.0459

manual brake　人力制动器　07.0415

manual control　手动控制　06.0423，08.0956

manual data input programming　人工数据输入编程　01.0537

manual mode　手动方式，*手动模式　01.0541

manufacture tribology　制造摩擦学　05.0124

manufacturing network　制造网络　06.0032

map building　*地图构建　01.0563

map generation　*地图生成　01.0563

mapping　绘制地图　01.0563

margin　边宽　07.1077

marine corrosion　海洋腐蚀　05.0481

marine tribology　海洋摩擦学　05.0123

Martens hardness　马氏硬度　04.0037

Martin equation　马丁方程　05.0357

mass centering　质量定心　02.0260

mass eccentricity　质量偏心距　02.0213

mass flow rate　质量流量　08.0791

mass radius product　质径积　01.0369

master computer　上位机　06.0465

master rotor　主转子　02.0314

master-slave control　主从控制　01.0538

matched bearing　组配轴承　07.0638

matched test sieve　匹配试验筛　07.1083

mating flank　相啮齿面　08.0064

mating gear　配对齿轮　08.0020

mating material　对偶材料　05.0211

mating plate　对偶件　07.0357

mating ring adaptor　非补偿环座　07.0837

mature degree　成熟度　03.0285

maximum clearance　最大间隙　03.0361

maximum deflection　最大变形[量]，*最大位移　08.0404

maximum depth in engaging　最大啮入深度　08.0420

maximum diameter of flow path　[循环圆]有效直径　08.1297

maximum efficiency　最高效率　08.1344

maximum height of profile　轮廓最大平均高度　05.0035，轮廓最大高度　06.0285

maximum height of the profile　轮廓最大高度　03.0320

maximum interference　最大过盈，*最大干涉　03.0363

maximum material condition　最大实体状态　03.0369

maximum material requirement　最大实体要求　06.0378

maximum material size　最大实体尺寸　03.0370

maximum moment　最大力矩　01.0489

maximum peak height of profile　轮廓最大峰高　06.0284

maximum peak to valley height　轮廓最大高度　05.0040

maximum pressure　最高压力　08.0834

maximum space　最大空间　01.0460

maximum strain　最大应变　04.0014

maximum stress　最大应力　04.0005

maximum stress intensity factor　最大应力强度因子　04.0195

maximum torque　*最大扭矩　01.0489

maximum valley depth of profile　轮廓最大谷深　06.0286

maximum working pressure　最高工作压力　08.0835

mean braking deceleration　平均制动减速度　07.0485

mean coefficient of kinetic sliding friction　平均动摩擦系数　05.0167

mean cone distance　中点锥距　08.0361

mean depth of erosion　平均冲蚀深度　05.0268

mean diameter of coil　弹簧中径　07.0949

mean effective load　平均有效载荷　07.0772

mean friction radius　平均摩擦半径　05.0180

mean kinetic friction force　平均动摩擦力　05.0179

mean life　平均寿命　04.0223

mean strain　平均应变　04.0016

mean stress　平均应力　04.0007

mean time between failures　平均故障间隔时间，*平均无故障间隔　04.0230

mean time to failure　平均失效前时间　04.0229

measurand　被测量　06.0146

measured quantity value　测得量值，*测得值　06.0161

measurement　测量，*计量　06.0162

measurement accuracy　测量精度　06.0172

measurement and control circuit　测控电路　06.0002

measurement and control technology　测控技术　06.0001

measurement error　测量误差，*误差　06.0180

measurement function　测量函数　06.0170

measurement model　测量模型　06.0175

measurement precision　测量精密度，*精密度　06.0173

measurement range　测量范围　06.0167

measurement repeatability　测量重复性，*重复性　06.0181

measurement reproducibility　测量复现性，*复现性　06.0169

measurement technology　测量技术　06.0004

measurement uncertainty　测量不确定度　06.0163

measurement unit　测量单位　06.0166

measuring and controlling terminal　测控终端　06.0003

measuring beating principle　测量跳动原则　06.0179

measuring characteristic parameter principle　测量特征参数原则　06.0178

measuring coordinate value principle　测量坐标值原则　06.0182

measuring force　测量力　06.0174

measuring machine　测长机　06.0183

measuring method　测量方法　06.0168

measuring plane　测量平面　02.0264

measuring pulley　测量带轮　08.0642

measuring pulley tooth clearance　测量带轮的齿侧间隙　08.0643

mechanical advantage　机械效益　01.0355

mechanical brake　机械制动器　07.0414

mechanical comparator　机械比较仪　06.0236

mechanical control　机械控制　08.0957

mechanical cushioning　机械缓冲　08.1172

mechanical damage　机械损伤　04.0149

mechanical design　机械设计　03.0001

mechanical design science　机械设计学　03.0003

mechanical drive　机械传动　08.0012

mechanical engineering　机械工程　01.0001

mechanical fatigue　机械疲劳　04.0062

mechanical impedance　机械阻抗　02.0028

mechanical interface　机械接口　01.0425

mechanical interface coordinate system　机械接口坐标系　01.0530

mechanical losses　机械损失　08.1338

mechanically controlled clutch　机械离合器　07.0297

mechanically operated valve　机械控制阀　08.1003

mechanical mobility　机械导纳　02.0035

mechanical property　力学性能　04.0001

mechanical seal　机械密封　07.0789

mechanical seal with inside mounted spring　弹簧内置式机械密封　07.0796

mechanical seal with intermediate ring　带中间环的机械密封　07.0820

mechanical seal with inward leakage　内流式机械密封　07.0798

mechanical seal with outside mounted spring　弹簧外置式机械密封　07.0797

mechanical seal with outward leakage　外流式机械密封　07.0799

mechanical shock　机械冲击　02.0157

mechanical structure type sensor　结构型传感器　06.0041

mechanical structure type transducer　结构型传感器　06.0041

mechanical synchronous circuit　机械式同步回路　08.1207

mechanical system　机械系统　01.0006

mechanical testing　力学试验　04.0002

mechanical vibration　机械振动　02.0045

mechanical wave generator　机械式波发生器　08.0436

mechanical wear　机械磨损　05.0219

mechanism　机构　01.0004

mechanism design　机构设计　03.0029

mechanism with joint clearance　含间隙机构　01.0397

mechanism with multiple degrees of freedom　多自由度机构　01.0045

mechanism with single degree of freedom　单自由度机构　01.0044

mechano-chemical wear　机械化学磨损　05.0220

mechatronics　机电一体化　06.0011

mechatronics engineering　机械电子工程，*机电整合学　06.0015

mechatronics servo system　机电伺服系统　06.0448

mechatronics technology　机械电子技术　06.0016

median life　中值寿命　07.0776

median rating life　中值额定寿命　07.0780

MEMS　微机电系统　06.0028，微型电机-机电系统，*微系统，*微机械　06.0478

meshing interference　啮合干涉　08.0127

meso-damage mechanics　细观损伤力学　04.0157

metal bellows mechanical seal　金属波纹管机械密封　07.0817

metallic V-belt　金属 V 型传动带　08.0594

metamorphic mechanism　变胞机构　01.0196

metering pump　计量泵　08.0896

meter-in speed control circuit　进口节流调速回路　08.1197

meter-out speed control circuit　出口节流调速回路　08.1196

method of correction　校正方法　02.0266

methods of lubrication　润滑方式　05.0400

metric bearing　米制轴承　07.0628

metrological optical grating　计量光栅　06.0241

MHD lubrication　磁流体动力润滑　05.0394

microbial corrosion　微生物腐蚀　05.0480

micro-computer digital display micrometer　微机式数显测微仪　06.0332

microcontroller　微控制器　06.0429

micro crack　微裂纹　04.0144

micro-cutting　微切削　05.0235

micro defect　微缺陷　04.0141

micro displacement mechanism　微动机构，*微量进给机构　01.0191

micro-electromechanical system　微电子机械系统　06.0475，微型电机-机电系统，*微系统，*微机械　06.0478，微机电系统　06.0028

micro-electronic control system　微电控制系统　06.0428

microfabrication technology　微加工技术　06.0476

micro-fracture　微断裂　05.0237

micro hole　微孔洞　04.0143

micro mechanism 微机构 01.0192

micrometer 千分尺，*螺旋测微器 06.0303

micro-motor 微型电动机 06.0477

[micro-] ploughing [微]犁削，*[微]犁沟 05.0234

micro sensor 微传感器 06.0070

microslip 微观滑动 05.0143

micro transducer 微传感器 06.0070

microtribology 微观摩擦学，*纳米摩擦学 05.0119

micro unevenness average distance of profile 轮廓微观不平度平均间距 06.0280

micro unevenness distance of profile 轮廓微观不平度间距 06.0279

micro unevenness height of profile 轮廓微观不平度高度 06.0281

microwave Doppler sensor 微波多普勒传感器 06.0127

middle circle of the toroid 圆环面中性圆 08.0124

middle cone 中间锥面，*中锥 08.0354

middle raceway 滚道中部 07.0736

mid plane 中间平面 08.0506

mid plane of the toroid 圆环面中间平面 08.0125

mild wear 轻微磨损 05.0215

milled helicoid worm 锥面包络圆柱蜗杆 08.0498

mineral oil 矿物油 08.0755

minimum achievable residual unbalance 最小可达剩余不平衡量 02.0305

minimum clearance 最小间隙 03.0360

minimum containment zone 最小包容区域 06.0379

minimum diameter of flow path 工作腔内径 08.1298

minimum gas film thickness 最小气膜厚度 07.0614

minimum interference 最小过盈，*最小干涉 03.0362

minimum oil film thickness 最小油膜厚度 07.0613

minimum operating pressure 最低操作压力 08.0838

minimum posing time 最小定位时间 01.0499

minimum pulley width 最小轮宽 08.0641

minimum strain 最小应变 04.0015

minimum stress 最小应力 04.0006

minimum stress intensity factor 最小应力强度因子 04.0196

minimum working pressure 最低工作压力 08.0836

minor axis of cam 凸轮短轴 08.0453

minor axis of flexspline 柔轮短轴 08.0454

minor axis of wave generator 波发生器短轴 08.0452

minor clearance 小径间隙 07.0056

minor diameter [螺纹]小径 07.0043

minor semi axis 短轴半径 08.0456

minor sprocket 小链轮 08.0702

mirror operation 几何镜像 03.0267

misalignment 不对中 02.0201

Mises yield criterion 米泽斯屈服准则 04.0050

mist lubrication 油雾润滑 05.0405

mixed control 混合控制 05.0540

mixed film friction 混合摩擦 07.0887

mixed lubrication 混合润滑 05.0300

mix mode crack 复合型裂纹 04.0168

mobile kinematic chain 开式运动链 01.0034

mobile platform 移动平台 01.0445

mobile platform coordinate system 移动平台坐标系 01.0531

mobile platform origin 移动平台原点 01.0533

mobile platform reference point *移动平台参考点 01.0533

mobile robot 移动机器人 01.0511

modal analysis 模态分析 02.0091

modal balancing 振型平衡 02.0276

modal density 模态密度 02.0094

modal eccentricity 振型偏心距 02.0222

modal of vibration 振动模态 02.0090

modal parameter 模态参数 02.0092

modal sensitivity 振型灵敏度 02.0223

modal stiffness 模态刚度 02.0093

modal test 模态试验 02.0127

modal unbalance tolerance 振型不平衡允差 02.0250

model based definition 基于模型的定义 03.0114

model drawing 毛坯图 03.0169

model predictive control 模型预测控制 01.0575

model reference adaptive control 模型参考自适应控制 06.0418

mode shape 振型 02.0100

modification of equidistance 等距修形 08.0315

modification of moved distance 移距修形 08.0314

modification of rotated angle 转角修形 08.0316

modified constant velocity motion curve 改进等速运

动轨迹 01.0159

modified gear pair 变位齿轮副 08.0166

modified sine acceleration motion curve 改进正弦加速度运动轨迹 01.0160

modular design 模块化设计 03.0106

module 模数 08.0091

modulus of elasticity 弹性模量，*杨氏模量 04.0026

Mohr criterion 莫尔准则 04.0052

Moiré fringe 莫尔条纹 06.0293

Moiré fringe of radial circular optical grating 径向圆光栅莫尔条纹 06.0251

Moiré fringe of tangential circular optical grating 切向圆光栅莫尔条纹 06.0304

molecular deposition film 分子沉积膜 05.0107

molecular film 分子膜 05.0103

molecule mechanical wear 分子机械磨损 05.0278

molecule self-assembled film 分子自组装膜 05.0105

moment 力矩 01.0312

moment arm 力臂 01.0315

moment of couple 力偶矩 01.0314

moment of flywheel 飞轮矩 01.0359

moment of inertia 转动惯量 01.0344，惯性矩 02.0015

monolayer plain bearing 单层滑动轴承 07.0528

motion angle for return travel 回程运动角 01.0142

motion angle for rise travel 推程运动角 01.0141

motion planning 运动规划 01.0475

motion transfer 运动传递 06.0489

mounting distance 安装距 08.0366

movable connection 动连接 07.0003

movable support 可动支承 01.0371

move operation 几何平移 03.0268

moving axode 动瞬轴面 01.0241

moving centrode 动瞬心线 01.0219

moving link 运动构件 01.0014

MPC 模型预测控制 01.0575

MTBF 平均故障间隔时间，*平均无故障间隔

04.0230

MTTF 平均失效前时间 04.0229

multiaxial fatigue 多轴疲劳，*复合疲劳 04.0069

multi-degree-of-freedom system 多自由度系统 02.0012

multidirectional pose accuracy variation 多方向位姿准确度变动 01.0492

multidisciplinary joint simulation 多学科联合仿真 03.0115

multidisciplinary optimization design 多学科优化设计 03.0076

multi-function sensor 多功能传感器 06.0054

multi-function transducer 多功能传感器 06.0054

multi-impulse fatigue 多冲疲劳 04.0076

multilayer metallic bearing 多层金属轴承 07.0530

multilayer plain bearing 多层滑动轴承 07.0529

multiloop mechanism 多环机构 01.0043

multi-oil wedge bearing 多油楔轴承 07.0536

multiplane balancing 多面平衡 02.0259

multiple disk brake 多片盘式制动器 07.0425

multiple frequency vibration 倍频振动 02.0062

multiple gear pump 多联齿轮泵 08.0904

multiple hinges 复合铰链 01.0023

multiple motor 多联马达 08.1137

multiple-spring mechanical seal 多弹簧式机械密封 07.0803

multiple stage harmonic gear drive 多级谐波齿轮传动 08.0424

multiple stage planetary gear train 多级行星齿轮系 08.0242

multiple vane pump 多联叶片泵 08.0908

multiplex roller chain 多排滚子链 08.0655

multi-position cylinder 多位缸 08.1163

multi-rod cylinder 多活塞杆缸 08.1152

multi row bearing 多列轴承 07.0621

multi-stage pump 多级串联泵 08.0889

multi start thread 多线螺纹 07.0020

mushroom head anchor bolt 扁圆头固定螺栓 07.0071

N

nano-electromechanical system 纳米机电系统 06.0457

nano scratch tester 纳米划痕仪 05.0440

narrow-band random vibration 窄带随机振动 02.0055

narrow contact face flange 窄面法兰 07.1008

narrow V belt 窄 V 带 08.0589

nascent surface 初生表面 05.0018

natural frequency loci veering 固有频率轨迹跃迁 01.0393

natural frequency splitting 固有频率分裂 01.0394

natural mode of vibration 固有振动模态 02.0099

natural orifice transluminal endoscopic surgery 自然腔道手术 01.0571

Navier-Stokes equations 纳维-斯托克斯方程 05.0350

navigation 导航 01.0505

NDT 无损探伤 06.0029

near size particle 近似尺寸颗粒 07.1094

needle roller 滚针 07.0697

needle roller bearing 滚针轴承 07.0669

needle roller bearing without inner ring 无内圈滚针轴承 07.0711

needle roller thrust bearing 推力滚针轴承 07.0676

negative addendum modification 负变位 08.0162

negative speed difference of clutch 离合器负转差 07.0391

NEMS 纳米机电系统 06.0457

neonatal surface *新生表面 05.0018

nest of test sieves 试验用套筛 07.1087

net positive suction head 净正吸头 05.0271

network design 网络化设计 03.0055

neural network control 神经网络控制 06.0420

neutral layer of flexspline's toothed ring 柔轮齿圈壁厚中性层 08.0465

Newtonian fluid 牛顿流体 05.0349

new-type design 新型设计 03.0015

nip 测量高出度 07.0575

nodal bar 节杆 02.0315

node 波节 02.0131

no inside shrink way 不内缩方式 06.0159

noise 噪声 02.0063

noise sensor 噪声传感器 06.0133

noise transducer 噪声传感器 06.0133

nominal center distance 名义中心距 08.0159

nominal contact area 名义接触面积 05.0066

nominal contact point 公称接触点 07.0734

nominal diameter 公称直径 07.0041

nominal pressure 公称压力 08.0830

nominal pressure angle 齿形角 08.0230

nominal shock pulse 标称冲击脉冲 02.0171

nominal size 公称尺寸，*基本尺寸，*名义尺寸 03.0286

nominal strain 名义应变 04.0021

nominal stress 名义应力 04.0011

nominal torque of impeller 泵轮公称力矩 08.1373

nominal value of shock pulse 冲击脉冲的标称值 02.0172

noncircular gear mechanism 非圆齿轮机构 01.0177

noncircular plain bearing 非圆滑动轴承 07.0526

non-contacting mechanical seal 非接触式密封 07.0792

non-destructive test 无损探伤 06.0029

non-direct contact brake 非直接接触式制动器 07.0399

non dwell motion 无停歇运动 01.0145

non-friction brake 非摩擦制动器 07.0401

nonlinear control system 非线性控制系统 08.1445

nonlinear vibration 非线性振动 02.0078

non-Newton behavior 非牛顿行为 05.0311

non-return valve 单向流量控制阀 08.1015

nonreversible electric drive 不可逆电气传动 08.1435

non-rotation balancing machine 非旋转式平衡机 02.0281

non-stationary vibration 非平稳振动 02.0060

non working flank 非工作齿面 08.0063

normal backlash 法向间隙 06.0205，法向侧隙 08.0234

normal chordal tooth thickness 法向弦齿厚 08.0223

normal conicity gauge 一般锥度量规 06.0355

normal engagement 正常啮合 08.0418

normal helix 法向螺旋线 08.0209

normalized K-gradient 正则化 K 梯度 04.0200

normally closed valve 常闭阀 08.0993

normally disengaged brake 常开制动器 07.0402

normally disengaged clutch 常开离合器 07.0311

normally engaged brake 常闭制动器 07.0403

normally engaged clutch 常合离合器 07.0312

normally open valve 常开阀 08.0994

normal module 法向模数 08.0093

normal operating conditions 正常操作条件 01.0551

normal pitch 法向齿距 08.0211

normal plane 法平面 08.0042

normal plane of worm 蜗杆法平面 08.0551

normal pressure angle 法向压力角 08.0229

normal profile 法向齿廓 08.0075

normal random noise　正态随机噪声　02.0065

normal reaction　法向反作用力　01.0383

normal spacewidth　法向齿槽宽，*法向槽宽　08.0225

normal strain　正应变　04.0019

normal stress　正应力　04.0009

normal tooth thickness　法向齿厚　08.0221

normal wear　正常磨损　05.0214

NOTES　自然腔道手术　01.0571

nozzle　喷嘴　08.0990

null measurement uncertainty　零的测量不确定度　06.0266

null pressure　零位压力　08.0874

number of braking pairs　制动副数　07.0488

number of circuits　循环列数　08.0718

number of end coils　支承圈数　07.0952

number of friction pairs　摩擦副数　07.0390

number of lines　谱线数　02.0186

number of teeth　齿数　08.0096

number of threads　头数　08.0098

number of threads of worm　蜗杆头数　08.0513

number of turns　圈数　08.0719

numerical control　数字控制　06.0424

numerical control system　数控系统　06.0026

nut　螺母　07.0142

NZ claw type coupling　滑块联轴器，*NZ 爪型联轴器　07.0270

O

oblique dimetric drawing　斜二侧轴测图，*斜二测图　03.0234

oblique projection　斜投影　03.0212

oblique projection method　斜投影法　03.0211

oblique view　斜视图　03.0226

obstacle　障碍　01.0504

octagon bolt　八角头螺栓　07.0079

octagon nut　八角螺母　07.0156

octoid crown gear　8 字啮合冠轮，*平面产形齿轮　08.0384

octoid gear　8 字啮合锥齿轮　08.0346

Ocvirk number　欧克魏克数　05.0370

offline inspection　离线检测　06.0021

off-line programming　离线编程　01.0470

offset　偏置距　08.0369

offset of tooth trace　齿线偏移量　08.0370

offset slider crank mechanism　偏置曲柄滑块机构　01.0082

offset translating follower　偏置直动从动件　01.0133

ohmic control　欧姆控制　05.0539

oil duct　油道　07.0558

oil film critical thickness　临界油膜厚度　07.0611

oil film dynamic characteristic　油膜动力特性　05.0362

oil film instability　油膜失稳　05.0363

oil film stiffness　油膜刚度　07.0615

oil flow in bearing　轴承润滑油流量　07.0594

oil groove　油槽　07.0556

oil hole　油孔　07.0557

oil-in-water emulsion　水包油乳化液　08.0757

oil pocket　油腔　07.0559

oil recess　油腔　07.0559

oil removing filter　除油过滤器　08.1400

oil ring　油环　07.0540

oil ring lubrication　油环润滑　05.0406

oil starvation　缺油，*乏油　05.0380

oil whip　油膜振荡　02.0197

oil whirl　油膜涡动　05.0373

Oldham coupling　十字滑块联轴器　07.0269，滑块联接　08.0473

omissive representation　省略画法　03.0199

omni-directional mobile mechanism　全向移动机构　01.0526

once per revolution vibration　同频振动　02.0061

one dwell motion　单停歇运动　01.0146

one-point testing method　单点试验法，*常规试验法　04.0130

one shoe brake　单蹄制动器　07.0434

one-way clutch　单向离合器　07.0309

one-way flow control valve　单向流量控制阀　08.1015

one-way throttle valve　单向节流阀　08.1410

one-way trip　单向棘爪　08.0969

online inspection　在线检测　06.0022

open bearing　开型轴承　07.0630

open belt drive　开口传动　08.0561

open circuit　开式回路　08.1180

open control system　开放式控制系统　06.0406

open end V belt　接头 V 带　08.0597

opening force　开启力　07.0869

opening mode crack　张开型裂纹，*Ⅰ型裂纹　04.0165

open kinematic chain　开式运动链　01.0034

open-loop control　开环控制　06.0407

open-loop control system　开环控制系统　08.1446

open-loop pump　开式泵　08.0947

operating life　工作寿命　07.0898

operating mode　操作方式　01.0539

operating pressure range　运行压力范围　08.0841

operating space　操作空间　01.0462

operational mode　*操作模式　01.0539

operational space　操作空间　01.0462

operator　操作员　01.0513

opposite flanks　异侧齿面　08.0061

optical comparator　光学比较仪，*光学仪　06.0225

optical dividing head　光学分度头　06.0226

optical fiber sensor　光纤传感器　06.0102

optical fiber temperature sensor　光纤温度传感器　06.0104

optical fiber transducer　光纤传感器　06.0102

optical isolation　光电隔离　06.0097

optical quantity sensor　光学量传感器　06.0096

optical quantity transducer　光学量传感器　06.0096

optics probe method　光学探针法　06.0227

optimal control　最优控制　06.0440

optimization design　优化设计　03.0071

optimum roughness　最佳表面粗糙度　05.0027

optoelectronic inspection　光电检测　06.0010

optomechatronics　光机电一体化　06.0012

oral tribology　口腔摩擦学　05.0121

orbit of axle center　轴心轨迹　07.0596

organized molecular film　有序分子膜　05.0104

orientation tolerance　定向公差　03.0349

orifice　节流孔　08.0989

original crack size　原始裂纹尺寸　04.0214

original damage size　初始损伤尺寸　04.0138

original drawing　原图　03.0189

orthogonal projection　正投影　03.0210

orthogonal projection method　正投影法　03.0209

oscillating follower　摆动从动件　01.0134

oscillating load　摆动载荷　07.0768

oscillating tooth　活齿　08.0262

oscillating tooth carrier　活齿架　08.0264

oscillating tooth gear　活齿轮　08.0263

oscillating tooth gear pair with small teeth difference　活齿少齿差齿轮副　08.0265

oscillation　振荡　02.0009

outboard rotor　外质心转子　02.0208

outer cone distance　锥距　08.0359

outer cone part　外锥体　07.0370

outer diameter of flexspline　柔轮外径　08.0469

outer driving medium　外传动件　07.0353

outer dwell angle　远休止角　01.0144

outer interchangeable　外互换　03.0326

outer link　外链节　08.0675

outer plate　外片　07.0351，外链板　08.0682

outer ring　外圈　07.0680

outer spiral angle　大端螺旋角　08.0378

outer strut angle　外撑角　07.0388

outlet port　出油口　08.0979

outlet pressure　出口压力　08.0852

output link　输出构件　01.0016

output mechanism　输出机构　08.0246

output quantity in a measurement model　测量模型输出量，*输出量　06.0176

output torque　输出转矩　01.0327

outside diameter　外径　08.0636

oval countersunk head rivet　半沉头铆钉　07.0248

oval head semi-tubular rivet　扁圆头半空心铆钉　07.0254

overall design　总体设计，*概要设计　03.0022

overbalanced mechanical seal　过平衡式机械密封　07.0806

over-center control mechanism　过中位控制机构　08.0964

over-center pump　流向可变泵　08.0893

overconstraint　过约束　01.0579

overflow throttle valve　溢流节流阀　08.1020

overhung　外悬　02.0206

overlap　正遮盖　08.1108

overlap angle　纵向作用角　08.0153

overlap arc　纵向作用弧　08.0150

overlap ratio　纵向重合度　08.0157

overload protection circuit　过载保护回路　08.1191

overload ratio　过载系数　08.1376

over protection　过保护　05.0475

over recovery　过恢复　07.0491

override pressure　调压偏差　08.0865

overrunning clutch　超越离合器　07.0300

overshoot 过冲 02.0021

oversize 筛上物 07.1092

oxidative wear 氧化磨损 05.0257

P

pad 瓦块 07.0554

pad bearing 瓦块轴承 07.0523

pad lubrication 油垫润滑 05.0407

paired mounting 成对安装 07.0703

palioid gear 准渐开线齿锥齿轮 08.0332

palm grip knob 十字把手 07.1056

panel height 幅高 08.0308

paper base friction material 纸基摩擦材料 05.0208

parallel crank mechanism 平行四边形机构 01.0078

parallel force system 平行力系 01.0330

parallelism 平行度 03.0307

parallel link robot *并联杆式机器人 01.0436

parallel mechanism 并联机构 01.0576

parallel projection method 平行投影法 03.0208

parallel robot 并联机器人 01.0436

parallel screw thread 圆柱螺纹 07.0014

paraller pin 圆柱销 07.0223

parametric design 参数化设计 03.0097

parched lubrication 干涸润滑 05.0381

parking brake 驻车制动器 07.0446

part 零件 03.0274

partial decoupling 部分解耦性 01.0262

partial degree of freedom 部分自由度 01.0277

partially compliant mechanism 部分柔顺机构 01.0189

partial sectional view 局部剖视图 03.0230

particle lubrication 颗粒润滑 05.0303

particles interface mechanics 颗粒界面力学 05.0048

particle size 颗粒尺寸 07.1095

pass gauge 通规 06.0326

passivation 钝化 05.0527

passive constraint 虚约束 01.0048

passive current 钝态电流 05.0531

passive sensor 无源传感器 06.0053

passive state 钝态，*钝性 05.0530

passive transducer 无源传感器 06.0053

path 路径 01.0453

path acceleration 路径加速度 01.0555

path accuracy 路径准确度 01.0497

path line of the plane 平面迹线 03.0242

path of contact 啮合线 08.0143

path repeatability 路径重复性 01.0498

path velocity 路径速度 01.0553

path velocity accuracy 路径速度准确度 01.0558

path velocity fluctuation 路径速度波动 01.0560

path velocity repeatability 路径速度重复性 01.0559

patina 铜绿 05.0453

pawl 棘爪 01.0180

$p_c v$ value $p_c v$ 值 07.0880

peak height of profile 轮廓峰高 06.0273

peak line of profile 轮廓峰顶线 06.0272

peak pressure 峰值压力 08.0862

peening wear 锤击磨损 05.0261

pendant 示教盒 01.0479

pendular robot 摆动式机器人 01.0433

penetrated crack 穿透裂纹 04.0169

penetration [of grease] [润滑脂]针入度 05.0333

pentagon nut 五角螺母 07.0157

percentage sieving area 筛分面积百分率 07.1067

perfectly balanced rotor 完全平衡的转子 02.0209

perforated plate 穿孔板 07.1075

periodical lubrication 间歇润滑 05.0402

periodic motion 周期运动 01.0292

periodic speed fluctuation 周期性速度波动 01.0356

periodic vibration 周期振动 02.0046

peripheral velocity 圆周速度 08.1324

permeability number 透穿数 08.1354

perpendicularity 垂直度 03.0308

personal service robot 个人服务机器人 01.0408

perspective projection 透视投影 03.0214

perturbed force 扰动力，*干扰力 01.0296

perturbed moment 扰动力矩，*干扰力矩 01.0316

Petroff equation 彼得罗夫方程 05.0353

petroleum fluid 矿物油 08.0755

phantom unbalance indication 虚假不平衡示值 02.0309

phase 相 08.1272

phase angle of meshing 啮合相位角 08.0306

phase change lubrication　相变润滑　05.0397

phase position condition cut over　相位转换工况点　08.1353

phase tuning　相位调谐　01.0395

phosphate ester fluid　磷酸酯液压油　08.0761

photoelectric auto-collimator　光电自准直仪　06.0219

photoelectric speed sensor　光电转速传感器　06.0100

photoelectric switch　光电开关，*光电接近开关　06.0099

phototube　光电管　06.0098

physical alteration　物理变更　01.0508

physical property type sensor　物性型传感器　06.0129

physical property type transducer　物性型传感器　06.0129

physisorption　物理吸附，*范德瓦耳斯吸附　05.0099

PID controller　PID 控制器，*比例–积分–微分控制器　06.0385

piezoelectric sensor　压电式传感器　06.0122

piezoelectric transducer　压电式传感器　06.0122

piezoelectric vibration generator　压电振动发生器　02.0117

piezoresistive sensor　压阻式传感器　06.0124

piezoresistive transducer　压阻式传感器　06.0124

pilot circuit　先导回路　08.1209

pilot flow rate　先导流量　08.0799

pilot line　先导管路　08.1177

pilot operated pressure reducing valve　先导式减压阀　08.1062

pilot operated pressure relief valve　先导式溢流阀　08.1056

pilot operated proportional reducing valve　先导式比例减压阀　08.1093

pilot operated proportional relief valve　先导式比例溢流阀　08.1088

pilot operated sequence valve　先导式顺序阀　08.1069

pilot operated valve　先导型阀　08.0999

pilot pin joint　铰链连接　01.0022

pilot pressure　先导压力　08.0853

pilot valve　先导阀　08.1000

pin　销，*销子　07.0222，柱销　08.0282，[链传动]销轴　08.0687

pin coupling with elastic sleeve　弹性套柱销联轴器　07.0290

pin hole type output mechanism　销孔输出机构　08.0247

pinion　小齿轮　08.0021

pink noise　粉红噪声　02.0067

pink random vibration　粉红随机振动　02.0058

pinned joint　销连接　07.0010

pin on disk tester　销盘试验机　05.0430

pintle chain　销合链　08.0664

pintle valve radial piston pump　轴配流径向柱塞泵　08.0928

pin-type clutch　销式离合器　07.0318

pin wheel　针齿轮，*针轮　08.0276

pin wheel housing　针齿壳　08.0279

pin with split pin hole　带孔销　07.0239

pipe type rivet　管状铆钉　07.0261

piping system drawing　管系图　03.0175

piston accumulator　活塞式蓄能器　08.1238

piston motor　柱塞马达　08.1124

piston pump　柱塞泵　08.0915

piston type air motor　柱塞式气马达　08.1424

pitch　齿距，*周节　06.0187，螺距　07.0050，[弹簧]节距　07.0939，孔距　07.1070，节距　08.0640

pitch angle　节[圆]锥角　08.0372

pitch diameter equivalent of error in pitch　螺距误差中径当量　06.0290

pitch circle　节圆　08.0202

pitch circle of worm　蜗杆节圆　08.0509

pitch circle of wormwheel　蜗轮节圆　08.0511

pitch circumference　节圆周长　08.0614

pitch cone　节圆锥面，*节锥　08.0349

pitch cylinder　节圆柱面　08.0195

pitch cylinder of worm　蜗杆节圆柱面　08.0508

pitch cylinder of wormwheel　蜗轮节圆柱面　08.0510

pitch diameter　中径　06.0372

pitch diameter　[螺纹]中径　07.0046

pitch diameter　节圆直径　08.0215

pitch diameter　节径　08.0637

pitch diameter of ball set　球组节圆直径　07.0749

pitch diameter of roller set　滚子组节圆直径　07.0750

pitch helix　节圆螺旋线　08.0207

pitch length　节线长　08.0624

pitch line　中径线　07.0049，节线　08.0200，节线　08.0602

pitch line differential　节顶距　08.0638

pitch line location　节根距　08.0639

pitch of wire cord　索距　07.0962

pitch plane　节平面　08.0039

pitch point　节点　08.0199

pitch reference cylinder　基准节圆柱面　08.0633

pitch surface　节曲面　08.0044

pitch variation　齿距偏差　06.0191

pitch width　节宽　08.0604

pitch width of pulley groove　轮槽节宽　08.0612

pitch zone　节面　08.0603

pitting　点蚀　05.0229，剥蚀　05.0258

pitting corrosion　孔蚀　05.0486

pitting factor　点蚀系数，*孔蚀系数　05.0476

pitting potential　点蚀电位，*孔蚀电位　05.0535

pivoting friction　转动摩擦　05.0159

pivot point curve　*曲率中心点曲线　01.0228

plain bearing　滑动轴承　07.0499

plain bearing bore　滑动轴承孔　07.0542

[plain] bearing bush　[滑动轴承]轴套　07.0545

plain bearing housing　滑动轴承座　07.0543

plain bearing housing bore　滑动轴承座孔　07.0544

[plain] bearing liner　[滑动轴承]轴瓦　07.0547

plain bearing unit　滑动轴承系统　07.0502

plain journal bearing　径向滑动轴承　07.0503

plain journal bearing inside diameter　滑动轴承孔径　07.0564

plain journal bearing width　滑动轴承宽度　07.0565

plain self aligningbearing　自位滑动轴承　07.0521

plain thrust bearing　止推滑动轴承　07.0504

plain washer　平垫圈　07.0175

plan　平面图　03.0165

planar cam mechanism　平面凸轮机构　01.0107

planar contact pair　平面副　01.0029

planar double enveloping worm　平面包络环面蜗杆　08.0505

planar double enveloping wormwheel　平面二次包络蜗轮　08.0554

planar linkage mechanism　平面连杆机构　01.0068

planar mechanism　平面机构　01.0037

planar object　平面立体　03.0250

planar pivot four bar mechanism　平面铰链四杆机构，*铰链四杆机构　01.0073

planar rotation matrix　平面旋转矩阵　01.0231

planar wormwheel　平面蜗轮　08.0555

plane of action　啮合平面　08.0146

plane-strain fracture toughness　平面应变断裂韧度　04.0191

planetary gear drive mechanism　行星齿轮传动机构　08.0252

planetary gear drive mechanism with small teeth difference　少齿差行星齿轮传动机构　08.0254

planetary gear train　行星轮系　01.0204，行星齿轮系　08.0240

planetary wave generator　行星式波发生器　08.0430

planet carrier　行星架　08.0236

planet gear　行星齿轮，*行星轮　08.0235

plane transposition　平面转换　02.0275

plane wave　平面波　02.0141

plastic bearing　塑料轴承　07.0532

plastic damage　塑性损伤　04.0147

plastic flow　塑性流动，*塑性变形　05.0233

plastic strain　塑性应变　04.0024

plastic zone of crack tip　裂纹尖端塑性区　04.0186

plasto-hydrodynamic lubrication　塑性流体动力润滑　05.0392

plate cam　盘形凸轮　01.0109

plate sprocket　盘状链轮　08.0707

plate thickness　筛板厚度　07.1078

platform　平板，*平台　06.0299

playback operation　示教再现操作　01.0545

playback robot　示教再现机器人　01.0442

PLC　可编程控制器，*可编程逻辑控制器　06.0408

PLC control　PLC控制　06.0503

ploughing　犁沟，*犁皱　05.0247

plowing　犁沟，*犁皱　05.0247

plunger brake　柱塞制动器　07.0432

plunger cylinder　柱塞缸　08.1156

pneumatic actuator　气动执行机构，*气压执行机构　06.0458，气动执行元件　08.1420

pneumatically brake　气压制动器　07.0409

pneumatically controlled clutch　气压离合器　07.0304

pneumatic amplifier　气动放大器　08.1430

pneumatic circuit　气动回路　08.1389

pneumatic control　气压控制　08.0960，气动控制　08.1390

pneumatic control components　气动控制元件　08.1409

pneumatic logic control component 气动逻辑控制元件 08.1418

pneumatic logic element 气动逻辑元件 08.1417

pneumatic mechanism 气动机构 01.0057

pneumatic operated valve 气控阀 08.1414

pneumatic pump 气压泵 06.0485

pneumatics 气动技术 08.1387

pneumatic sensor 气动传感器 08.1429

pneumatic silencer 气动消声器 08.1425

pneumatic system 气压系统 06.0486, 气动系统 08.1388

pneumatic transmission 气压传动 06.0023, 08.1386, 气动传动 06.0484

pneumatic tube 气胎 07.0366

pneumatic tube brake 气胎制动器, *罗管式制动器 07.0438

pneumatic tube clutch 气胎离合器, *轮胎式离合器 07.0330

pneumatic wave generator 气动式波发生器 08.0435

pointer type inductance comparator 指针式电感比较仪 06.0371

12 point flange nut 十二角法兰面螺母 07.0158

12 point flange screw 十二角头法兰面螺栓 07.0080

point of contact [瞬时]接触点 08.0140

point-to-point control 点位控制 06.0391

point-to-point control system 点位控制系统 06.0392

poise 泊 05.0325

Poisson ratio 泊松比 04.0027

polarization resistance 极化电阻 05.0541

polar moment of inertia 极转动惯量 01.0345

polar robot 极坐标机器人 01.0432

pole velocity 极点速度 01.0216

polydyne cam 动力多项式凸轮 01.0165

polyglycol solution 水聚合物溶液 08.0759

polynomial motion curve 多项式运动轨迹 01.0158

poly V belt 多楔带 08.0599

poppet valve 锥阀 08.0986

porous bearing 多孔质轴承 07.0518

port 油口 08.0976

portable pitch instrument 手提式齿距仪 06.0318

port plate axial piston pump 配流盘式轴向柱塞泵 08.0923

pose 位姿 01.0452

pose accuracy 位姿准确度 01.0490

pose overshoot 位姿超调 01.0494

pose repeatability 位姿重复性 01.0491

pose stabilization time 位姿稳定时间 01.0493

pose-to-pose control [机器人]点位控制 01.0471

position degree 位置度 03.0319

position fixing handle 定位手柄 07.1059

position fixing handle lever 定位手柄杆 07.1060

position fixing handle seat 定位手柄座 07.1048

position fixing handle seat with sleeve 旋转定位手轮座 07.1061

position fixing knob 定位把手 07.1058

position holding circuit 位置保持回路 08.1199

positioning accuracy 定位精度 06.0185

positioning ball screw 定位滚珠丝杠副, *P类滚珠丝杠副 08.0713

position sensor 位置传感器 06.0069

position tolerance 位置公差 03.0348

position transducer 位置传感器 06.0069

positive addendum modification 正变位 08.0161

positive clutch 嵌合式离合器 07.0315

positive-displacement motor 容积式液压马达 08.1114

positive-displacement pump 容积式泵 08.0898

positive return cam 确动凸轮 01.0126

potentiometric sensor 电位器式传感器 06.0084

potentiometric transducer 电位器式传感器 06.0084

pour point 倾点 08.0782

powder interface mechanics *粉体界面力学 05.0048

powder metallurgy bearing 粉末冶金轴承 07.0531

power consumption 功率消耗 07.0893

power matching pump 功率匹配泵 08.0941

power unit 液压泵站 08.1243

pre-charge pressure 预充压力 08.0872

precision design 精度设计, *公差设计 03.0037

precision machine 精密机械 06.0018

predictive control 预测控制, *模型预测控制 06.0432

prefill valve 充液阀 08.1019

preload 预载荷 07.0770

preload pressure 预加载压力 08.0849

prelubricated bearing 预润滑轴承 07.0634

pressure 压力 08.0824

pressure amplification 压力增益 08.0882

pressure angle　压力角　01.0200

pressure center　压力对中　08.0974

pressure-compensated flow control valve　压力补偿型流量控制阀　08.1014

pressure-compensated variable displacement pump　压力补偿变量泵　08.0930

pressure compensation　压力补偿　08.0883

pressure control circuit　压力控制回路　08.1185，调压回路　08.1186

pressure control valve　压力控制阀　08.1050

pressure dew point　压力露点　08.0746

pressure differential compensated flow control valve　压差补偿型流量控制阀　08.1013

pressure drop　压降　08.0861

pressure fluctuation　压力变动　08.0876

pressure gain　压力增益　08.0882

pressure gauge　压力表　08.1220

pressure gradient　压力梯度　08.0860

pressure head　压头　08.0855

pressure holding circuit　保压回路　08.1189

pressure loss　压力损失　08.0875

pressure-operated control　压力控制　08.1184

pressure plate　压盘　07.0359

pressure pulsation　压力波动　08.0878

pressure pulsation damper　压力脉动阻尼器　08.1248

pressure pulse　压力脉冲　08.0877

pressure reducing circuit　减压回路　08.1187

pressure reducing valve　减压阀　08.1059

pressure relief valve　溢流阀　08.1052

pressure ripple　压力脉动　08.0879

pressure-sealed reservoir　压力油箱　08.1246

pressure sensor　压力传感器　06.0123

pressure servo-valve　压力伺服阀　08.1097

pressure side of blade　叶片正面　08.1304

pressure spring　压紧弹簧　07.0360

pressure supply line　供压管路　08.1173

pressure surge　压力冲击　08.0881

pressure switch　压力继电器　08.1072

pressure transducer　压力传感器　06.0123

pressure transducer　压力传感器　08.1221

pressure viscosity coefficient　压黏系数　05.0328

pressure wave　压力波　08.0880

pressure wedge　压力楔　05.0361

primary axes　*主关节轴　01.0521

primary ring adaptor　补偿环座　07.0836

prime circle　凸轮理论轮廓基圆　01.0137

principal axis of inertia　惯性主轴，*主惯性轴　01.0347

principal moment of inertia　主转动惯量　01.0348

principle design　原理设计　03.0021

priority shuttle valve　优先梭阀　08.1071

prismatic joint　棱柱关节　01.0420

probabilistic estimation of fatigue crack propagation life　概率疲劳裂纹扩展寿命预估　04.0210

probabilistic fatigue crack propagation rate equation　概率疲劳裂纹扩展速率方程　04.0204

probability life estimation　概率寿命估算　04.0118

process control　过程控制　06.0398

process control computer　工业控制计算机　06.0397

process damping　过程阻尼　02.0145

process planning　工艺设计　03.0040

product assembly modeling　产品装配建模　03.0112

product comprehensive design theory　综合设计理论　03.0044

product data management　产品数据管理　03.0119

product design　产品设计　03.0002

product family design　产品族设计　03.0105

product information modeling　产品信息建模　03.0111

production drawing　施工图　03.0178

production line　生产线　06.0467

production line control system　生产线控制系统　06.0468

product of inertia　惯性积　01.0346，02.0016

product platform　产品平台　03.0108

product platform design　产品平台化设计　03.0107

professional service robot　专用服务机器人　01.0409

profile arithmetic average error　轮廓算术平均偏差　03.0321

profile bearing length　轮廓支承长度　05.0042

profile bearing length ratio　轮廓支承长度率　05.0043

profile departure　轮廓偏距　05.0031

profile modification　齿廓修形　08.0131

profile of any line　线轮廓度　03.0305

profile of any plane　面轮廓度　03.0306

profile overlap interference　齿廓重叠干涉　08.0130

profile peak　轮廓峰　06.0271

profile peak height　轮廓峰高　05.0033

profile section level　轮廓水平截距　05.0041

profile shaft connection 型面连接 07.0009

profile shifted gear 变位齿轮 01.0201

profile shifted gears for cylindrical worm gear 变位圆柱蜗杆传动 08.0491

profile valley 轮廓谷 06.0274

profile valley depth 轮廓谷深 05.0034

programmable logical controller 可编程控制器，*可编程逻辑控制器 06.0408

programmed pose *编程位姿 01.0527

programmer 编程员 01.0514

programming *编程 01.0536

program verification 程序验证 01.0484

progressive balancing 逐步平衡 02.0271

projection 投影 03.0206

projection method 投影法 03.0204

projection plane 投影面 03.0205

projection tolerance zone 延伸公差带 03.0356

prolate cycloid 长幅摆线 08.0107

prolate epicycloid 长幅外摆线 08.0110

prolate hypocycloid 长幅内摆线 08.0113

prolate involute 延伸渐开线 08.0116

prolate ratio 长幅系数 08.0310

proof pressure 耐压压力 08.0833

proofreading gauge 校对量规 06.0341

proportional controller 比例控制器 06.0387

proportional flow and pressure combined control variable pump 比例流量压力复合控制变量泵 08.0945

proportional flow control valve 比例流量阀 08.1078

proportional flow control variable pump 比例流量控制变量泵 08.0944

proportional pressure control variable pump 比例压力控制变量泵 08.0943

proportional pressure relief valve 比例溢流阀 08.1085

proportional pressure valve 比例压力阀 08.1084

proportional reducing valve 比例减压阀 08.1089

proportional solenoid 比例电磁铁 08.1005

proportioning pressure reducing valve 定比减压阀 08.1065

proprioceptive sensor 本体感受传感器 01.0567

protective atmosphere 保护性气氛 05.0462

protective coating 保护覆盖层 05.0552

protective current density 保护电流密度 05.0545

protective potential range 保护电位范围 05.0543

protective stop 保护性停止 01.0547

pseudoplastic behaviour 假塑性 05.0331

P-S-N curve 概率-疲劳应力-寿命曲线 04.0113

PTFE bellows mechanical seal 聚四氟乙烯波纹管机械密封 07.0816

PTP control *PTP 控制 01.0471

pulley 滑轮 01.0205

pulsation cycle 脉动循环 04.0109

pulse drop-off time 脉冲下降时间 02.0175

pulse rise time 脉冲上升时间 02.0174

pulse width modulation 脉冲宽度调制，*脉宽调制 06.0507

pulse width modulation type digital valve 脉宽调制型数字阀 08.1104

pump absorbed power 泵吸收功率 08.0954

pump controlled synchronous closed circuit 泵控闭环同步回路 08.1206

pump mechanical efficiency 泵机械效率 08.0955

pump overall efficiency 泵总效率 08.0950

pump power losses 泵功率损失 08.0951

pump volumetric efficiency 泵容积效率 08.0952

pump volumetric losses 泵容积损失 08.0953

pump zero position 泵零位 08.0949

punch side 冲孔面 07.1079

pure rolling 纯滚动 05.0056

pushing out ring 撑环 07.0834

pushrod brake 推杆制动器 07.0433

push rod oscillating tooth 推杆活齿 08.0268

pv value pv 值 07.0877

PWM 脉冲宽度调制，*脉宽调制 06.0507

pyroelectric temperature sensor 热释电式温度传感器 06.0117

pyroelectric temperature transducer 热释电式温度传感器 06.0117

Q

quadrant 分角，*象限 03.0201

quality function deployment design 质量功能展开设计 03.0090

quantitative structure property relationship 构性关系 05.0023

quantity of fluid flow 循环流量 08.1328

quarter-elliptic spring　悬臂板弹簧　07.0924

quarter twist belt drive　半交叉传动　08.0563

quasi-periodic vibration　准周期振动　02.0047

quasi-rigid rotor　准刚性转子　02.0205

quasi-sinusoidal vibration　准正弦振动　02.0049

quasi-static unbalance　准静不平衡　02.0230

quench　阻封，*急冷　07.0854

quench fluid　阻封流体，*急冷流体　07.0855

quick exhaust valve　快速排气阀　08.1412

quick release pin　快卸销　07.0242

quick return mechanism　急回运动机构　01.0093

R

Rabinowicz's equation　拉宾洛维奇公式　05.0231

race　滚道　07.0347

raceway　[滚动轴承]滚道　07.0700

raceway contact diameter　滚道接触直径　07.0735

rack　齿条　08.0179

rack and pinion gear type oscillating motor　齿轮齿条
式摆动马达　08.1140

radial ball bearing　向心球轴承　07.0655

radial bearing　向心轴承　07.0639

radial blade　径向叶片　08.1287

radial chamfer dimension　径向倒角尺寸　07.0723

radial clearance of plain journal bearing　滑动轴承半
径间隙　07.0568

radial comprehensive error　径向综合误差　06.0252

radial comprehensive error of a tooth　一齿径向综合
误差　06.0356

radial contact bearing　径向接触轴承　07.0640

radial deflection　径向变形[量]，*径向位移
08.0401

radial double mechanical seal　径向双端面机械密封
07.0810

radial fretting　径向微动　05.0060

radial internal clearance　径向游隙　07.0759

radial load　径向载荷　07.0763

radial load factor　径向载荷系数　07.0781

radial pin coupling　径向销联结　08.0478

radial piston motor　径向柱塞马达　08.1128

radial piston pump　径向柱塞泵　08.0925

radial piston variable motor　径向柱塞变马达
08.1133

radial pitch　径向节距　07.0965

radial roller bearing　向心滚子轴承　07.0666

radial run-out　径向圆跳动　03.0314

radial run-out of gear ring　齿圈径向跳动　06.0192

radial translating follower　对心直动从动件
01.0132

radial variable displacement piston pump　径向柱塞
变量泵　08.0934

radiant heat detector　辐射热探测器　06.0121

radiation damage　辐照损伤　04.0152

radiation temperature sensor　辐射式温度传感器
06.0118

radiation temperature transducer　辐射式温度传感器
06.0118

radius at tooth tip　齿顶圆角半径　08.0630

radius of gyration　回转半径，*惯性半径　01.0351

radius of rounded crest　牙顶圆弧半径　07.0039

radius of rounded root　牙底圆弧半径　07.0040

radius variation ratio　变幅系数　08.0311

railway axle box bearing　铁路轴箱轴承　07.0636

rain flow counting method　雨流计数法，*塔顶法
04.0134

raised face flange　突面法兰　07.1022

ram cylinder　柱塞缸　08.1156

random error　随机误差　06.0324

random loading　随机载荷　04.0083

random noise　随机噪声　02.0064

random vibration　随机振动　01.0389，02.0054

range of combination work　共同工作范围　08.1369

rapid response design　快速响应设计　03.0095

ratchet　棘轮　01.0181

ratchet clutch　棘轮离合器　07.0303

ratchet mechanism　棘轮机构　01.0182

rated air consumption　额定耗气量　08.1396

rated flow　额定流量　08.0792

rated load　额定负载　01.0486

rated pressure　额定压力　08.0837

rated speed　额定转速　08.1380

rated torque　标定转矩　08.1375

rating life　额定寿命　07.0777

ray sensor technology　射线传感技术　06.0309

reachable workspace　可达操作空间　01.0258

reaction　反作用力　01.0305

reaction time of brake　制动器反应时间　07.0472

reactivation potential　再活化电位　05.0532

reactor　导轮　08.1283

real contact area　实际接触面积　05.0067

real feature　实际要素　03.0345

real-time control system　实时控制系统　06.0422

real-time data acquisition　实时数据采集　06.0469

rear view　后视图　03.0225

reasoning thinking method　推理思维法　03.0085

receding angle　后退角　05.0088

receiver　接料盘　07.1081

recess　啮出　08.0412

recipient　受益人　01.0515

reciprocating sliding　往复滑动　05.0141

reciprocating tester　往复试验机　05.0429

recirculating ball〔roller〕linear bearing　循环球〔滚子〕直线轴承　07.0653

recirculating pressure　循环压力　08.0871

rectangle spline　矩形花键　07.0220

rectangular robot　直角坐标机器人　01.0430

rectangular shock pulse　矩形冲击脉冲　02.0169

rectifier fed electric drive　整流器供电直流〔电气〕传动　08.1440

rectilinear vibration　直线振动　02.0088

recuperation　恢复　07.0396

recycling design　回收设计　03.0066

reduced speed control　慢速控制　01.0550

redundancy　冗余度　01.0580

redundant constraint　虚约束　01.0048

redundant degree of freedom　局部自由度　01.0046

redundant flexible robot　冗余度柔性机器人　01.0198

redundant mechanism　冗余机构　01.0267

redundant mobility　〔机器人〕冗余自由度　01.0450

reference addendum　分度圆齿顶高　08.0540

reference arrow view　向视图　03.0235

reference center distance　标准中心距　08.0158

reference circle　分度圆　08.0201，〔锥齿轮〕分度圆　08.0365

reference circle of worm　蜗杆分度圆　08.0516

reference circle of wormwheel　蜗轮分度圆　08.0524

reference cone　分度圆锥面，*分锥　08.0348

reference cone angle　分度圆锥角，*分锥角　08.0371

reference cone apex　分锥顶点　08.0355

reference cylinder　分度圆柱面　08.0194

reference dedendum　分度圆齿根高　08.0543

reference diameter　分度圆直径　08.0214

reference helix　分度圆螺旋线　08.0206

reference line　基准线　05.0029

reference pitch　分度圆齿距　08.0539

reference pressure　基准压力　08.0842

reference surface　分度曲面　08.0043

reflection thickness measurement　反射式测厚　06.0206

reflective projection　镜像投影　03.0215

refrigerant type dryer　冷冻式干燥器　08.1402

regenerative circuit　再生回路　08.1208

regenerative type dryer　再生式干燥器　08.1403

region map of lubrication　润滑状态区域图　05.0365

region of engagement　啮合区　08.0414

regular set of test sieves　常规试验筛组　07.1085

regulating range　调速范围　08.1385

Rehbinder effect　罗宾德效应，*列宾捷尔效应　05.0110

relative clearance of plain bearing　滑动轴承相对间隙　07.0570

relative coordinate system　相对坐标系　01.0456

relative displacement　相对位移　01.0282

relative eccentricity　偏心率　07.0602

relative error　相对误差　06.0337

relative force　相对力　01.0385

relative height　相对高度　08.0607

relative humidity　相对湿度　08.0748

relative measurement across tooth　跨齿相对测量　06.0258

relative measurement by point　逐齿相对测量　06.0374

relative measurement of pitch　齿距相对测量　06.0189

relative motion　相对运动　01.0280

relative standard uncertainty　相对标准不确定度，*相对标准测量不确定度　06.0336

relative velocity　相对速度　01.0285

relative wear　相对磨损　05.0281

relative wear rate　相对磨损率　05.0282

relative wear resistance　相对耐磨性　05.0288

relaxation vibration　张弛振动　02.0079

release spring　分离弹簧　07.0362

release time　放松时间，*释放时间　07.0474

relevant size　相关尺寸　06.0338

reliability 可靠性 04.0218, 可靠度 04.0221

reliability allocation 可靠性分配 04.0243

reliability assessment 可靠性评估 04.0245

reliability design 可靠性设计 04.0237

reliability prediction 可靠性预测 04.0242

reliability test 可靠性试验 04.0244

reliable life 可靠寿命 04.0224

relief flow rate 溢流量 08.1397

relieving pressure-reducing valve 溢流减压阀
08.1060

reluctance sensor 磁阻式传感器 06.0094

reluctance transducer 磁阻式传感器 06.0094

remnant-freedom singularity 剩余自由度奇异
01.0245

remote control 远程控制 06.0433

reproducibility condition 复现性测量条件 06.0208

reprogrammable 可重复编程 01.0509

requirement design 需求设计 03.0019

reseat pressure ［阀］关闭压力 08.0864

reservoir 油箱 08.1244

reservoir contents gauge 油量计 08.1211

residual life 剩余寿命 04.0227

residual pressure 残余压力 08.0850

residual strength 剩余强度 04.0156

residual unbalance 剩余不平衡 02.0246

residual vibration 剩余振动 02.0249

resilient shaft coupling 弹性联轴器 07.0276

resistive sensor 电阻式传感器 06.0087

resistive transducer 电阻式传感器 06.0087

resolution 分辨率 01.0500

resonance 共振 02.0147

resonance balancing machine 谐振式平衡机
02.0286

resonance frequency 共振频率 02.0148

resonance test 共振试验 02.0125

resonance vibration generator 共振式振动发生器
02.0116

resonant speed *共振转速 02.0043, 共振速度
02.0151

resonato rsensor 谐振式传感器 06.0079

resonator transducer 谐振式传感器 06.0079

response 响应 02.0024

response pressure 压力响应 08.0856

response time 响应时间 06.0340

restricted space 限定空间 01.0461

restriction area 节流面积 08.0984

restrictor 节流器 07.0562

resultant moment unbalance 合成不平衡力矩
02.0241

resultant unbalance 合成不平衡 02.0238

resultant unbalance force 合成不平衡力 02.0239

result of measurement 测量结果 06.0171

retainer 弹簧座 07.0838

retaining snap ring 锁圈 07.0689

retarder 缓速［制动］器 07.0444

reticle gauge 刻线式量规 06.0257

retrace error 回程误差 06.0235

return line 回油管路 08.1175

return port 回油口 08.0981

return pressure 回油压力 08.0873

return spring 回位弹簧 07.0361

return travel 回程 01.0140

reusable design 可重用设计 03.0069

reverse design 反求设计, *逆向设计 03.0109

reversible electric drive 可逆电气传动 08.1434

reversible motor 双向马达 08.1142

reversible pump 双向泵 08.0892

reversible requirement 可逆要求 06.0255

reversing damped condition 反转工况 08.1363

revolute joint *旋转关节 01.0421

revolve 回转 03.0253

revolve pair 转动副 01.0021

Reynolds equation 雷诺方程 05.0351

Reynolds numbers 雷诺数 08.0807

rheodynamic lubrication 流变动力润滑 05.0393

rheology 流变学 05.0348

rheometer 流变仪 05.0443

rheopectic material 触变材料 05.0423

rib 挡边 07.0701

right angle ruler 直角尺 06.0368

right flank 右侧齿面 08.0058

right hand spiral bevel gear 右旋齿锥齿轮 08.0334

right hand teeth 右旋齿 08.0055

right hand thread 右旋螺纹 07.0021

right view 右视图 03.0223

rigid bearing 刚性轴承 07.0624

rigid clutch 刚性离合器 07.0308

rigid coupling 刚性联轴器 07.0264

rigid free-body 刚性自由体 02.0224

rigid free-body balancing 刚性自由体平衡
02.0226

rigid free-body unbalance 刚性自由体不平衡

02.0225

rigid impact　刚性冲击　01.0161

rigid link　刚性构件　01.0010

rigid rotor　刚性转子　02.0203

rigid shock　刚性冲击　01.0161

ring-block tester　环块试验机　05.0431

ring form corrosion　环形腐蚀　05.0490

ring for shoulder　轴肩挡圈　07.0198

ring gear　内齿圈　08.0239

ring shape flexspline　环形柔轮　08.0459

ring spring　环形弹簧　07.0915

ring width　套圈宽度　07.0739

rise-dwell-return-dwell motion　*升-停-回-停运动　01.0149

rise-dwell-return motion　升-停-回运动　01.0147

rise-return-dwell motion　升-回-停运动　01.0148

rise-return-rise motion　*升-回-升运动　01.0145

rise travel　推程，*升程　01.0139

rivet　铆钉　07.0243

riveted joint　铆钉连接，*铆接　07.0011

riveting　铆钉连接，*铆接　07.0011

rivets for rame plate　标牌铆钉　07.0262

robot　机器人　01.0405

robot actuator　*机器人致动器　01.0520

robot cooperation　机器人合作　01.0519

robotic arm　机器人手臂　01.0521

robotic device　机器人装置　01.0510

robotic leg　机器人腿　01.0523

robotics　机器人学　01.0411

robotic wrist　机器人手腕　01.0522

robotic wrist centre point　*机器人手腕中心点　01.0532

robotic wrist origin　*机器人手腕原点　01.0532

robotic wrist reference point　机器人手腕参考点　01.0532

robot language　机器人语言　01.0546

robot sensor　机器人传感器　01.0566

robot system　机器人系统　01.0410

robust design　稳健设计，*鲁棒设计　03.0092

robust optimization design　稳健优化设计　03.0078

rocker　摇杆　01.0063

Rockwell hardness　洛氏硬度　04.0038

roller　滚子　07.0696，柱销套　08.0283，[链传动]滚子　08.0679，滚轮　08.0965

roller bearing　滚子轴承　07.0665

roller carrier　滚轮架　08.0447

roller chain　滚子链　08.0650

roller chain with attachments　带附件的滚子链　08.0657

roller chain with hollow pins　带空心销轴的滚子链　08.0659

roller clutch　滚柱离合器　07.0301

roller complement bore diameter　滚子总体内径　07.0757

roller complement outside diameter　滚子总体外径　07.0758

roller diameter　[圆柱]滚子直径　07.0745

roller gauge　滚子规值　07.0747

roller grade　滚子等级　07.0748

roller length　滚子长度　07.0746

roller lever　滚轮杠杆　08.0967

roller oscillating tooth　滚子活齿　08.0267

roller plunger　滚轮推杆　08.0966

roller rocker　滚轮摇杆　08.0968

roller set bore diameter　滚子组内径　07.0753

roller set outside diameter　滚子组外径　07.0754

roller type wave generator　滚轮式波发生器　08.0443

rolling　滚动　05.0132

rolling and sliding　滚滑　05.0057

rolling bearing　滚动轴承　07.0618

rolling bearing test machine　滚动轴承试验机　05.0438

rolling contact　滚动接触　05.0055

rolling contact mechanics　滚动接触力学　05.0047

rolling element　滚动体　07.0694

[rolling element] separator　隔离件　07.0699

rolling friction　滚动摩擦　05.0157

rolling method　对滚法　06.0203

rolling tester　滚动试验机　05.0437

rolling velocity　滚动速度　05.0133

root　牙底　07.0034

root angle　根圆锥角，*根锥角　08.0374

root apex　根锥顶点　08.0340

root circle　根圆，*齿根圆　08.0205，[带]齿根圆　08.0635

root circle of worm　蜗杆齿根圆　08.0520

root circle of wormwheel　蜗轮齿根圆　08.0532

root cone　齿根圆锥面，*根锥　08.0351

root cylinder　齿根圆柱面　08.0198

root cylinder of worm　蜗杆齿根圆柱面　08.0519

root diameter　[螺纹]底径　07.0045，根圆直径

08.0218，齿根圆直径 08.0364

root line 齿根线 08.0629

root mean square deviation of the profile 轮廓均方根偏差 05.0037

root relief 修根 08.0133

root surface 齿根曲面 08.0046

root toroid of wormwheel 蜗轮齿根圆环面 08.0531

rotary joint 回转关节 01.0421

rotary sectional view 旋转剖视图 03.0231

rotary valve 旋转阀 08.1035

rotating blade 回转叶片 08.1285

rotating mechanical seal 弹簧旋转式机械密封 07.0800

rotating precision of rolling bearing 滚动轴承旋转精度 06.0229

rotating ring 旋转环，*动环 07.0827

rotation 旋转 01.0290

rotational balancing machine 旋转式平衡机 02.0282

rotational fretting 转动微动 05.0061

rotational motion 旋转运动 02.0155

rotation operation 几何旋转 03.0269

rotor 转子 02.0202

rotor field balancing 转子现场平衡 02.0261

rotor flexural principal mode 转子挠曲主振型 02.0044

rotor flow sensor 转子流量传感器 06.0125

rotor flow transducer 转子流量传感器 06.0125

round belt 圆带 08.0600

round belt drive 圆带传动 08.0559

round head grooved pin 圆头槽销 07.0236

roundness 圆柱度 03.0300

roundness measuring equipment 圆度仪 06.0362

round nut 圆螺母 07.0164

round nut with drilled holes in one face 端面带孔圆螺母 07.0170

round nut with set pin holes in side 侧面带孔圆螺母 07.0169

round washer with square hole 方孔圆垫圈 07.0178

round wire circlip 钢丝锁圈 07.0205

roundwire snap ring 钢丝挡圈 07.0203

rubber bearing 橡胶轴承 07.0534

rubber bellows mechanical seal 橡胶波纹管机械密封 07.0815

rubber spring 橡胶弹簧 07.0930

rubber stop 橡胶挡 07.0937

rubbing pair 摩擦副 05.0138

rubbing pair material 摩擦副材料 05.0130

run-in 跑合 07.0892

running in 磨合 05.0174

running-in ability 磨合性 07.0579

running-in property 磨合性 05.0294

running torque 旋转转矩 07.0762

run out 跳动 07.0896

runout tolerance 跳动公差 03.0351

rust 铁锈 05.0452

rusting grade 锈蚀等级 05.0570

S

sacrificial anode 牺牲阳极 05.0549

sacrificial anode protection 牺牲阳极保护 05.0548

saddle key 鞍形键 07.0218

safeguarded space 安全防护空间 01.0464

safety 安全性 04.0247

safety brake 安全制动器 07.0443

safety circuit 安全回路 08.1190

safety clutch 安全离合器 07.0306

safety margin 安全裕度 06.0144

safety pin 安全销 07.0241

safety-rated 安全适用 01.0548

safety valve 安全阀 08.1058

salt spray test 盐雾试验 05.0565

sample length 取样长度 06.0306

sampling control 采样控制 06.0389

sampling frequency 采样频率 02.0183

sampling length of surface roughness 表面粗糙度取样长度 06.0153

sampling period 采样周期 02.0184

sandwich pair 平面副 01.0029

scale 比例 03.0192，氧化皮 05.0451

scale-control decoupling 尺度控制解耦 01.0265

scale span 刻度间距 06.0256

scaling 放缩 03.0261

SCARA robot SCARA 机器人 01.0435

schematic diagram 原理图 03.0180

schematic diagram of mechanism　机构简图
　01.0050

schematic representation　示意画法　03.0200

scheme design　方案设计　03.0025

scheme drawing　方案图　03.0176

Scherbius electric drive　*谢比乌斯电气传动
　08.1441

scoop tube　导管　08.1322

scoop tube losses　导管损失　08.1341

scoop tube span　导管开度　08.1383

scotchyoke mechanism　曲柄移动导杆机构
　01.0088

scratching　划伤，*刮伤　05.0238，擦伤　05.0253

screen opening　筛孔［眼］　07.1065

screw　旋量　01.0243，螺钉　07.0091，螺杆
　08.0711

screw axis　螺旋轴　01.0236

screw displacement matrix　螺旋位移矩阵　01.0238

screw drive　螺旋传动　08.0710

screwed joint　螺纹连接　07.0007

screw helicoid　阿基米德螺旋面　08.0120

screw-in cartridge valve　螺纹式插装阀　08.1076

screw mechanism　螺旋机构　01.0167

screw motor　螺杆马达　08.1129

screw pair　螺旋副　01.0028

screw pitch accumulation limit deviation　螺距累积极
　限偏差　06.0288

screw pitch axial limit deviation　螺距轴向极限偏差
　06.0289

screw pitch limit deviation　螺距极限偏差　06.0287

screw plugs　螺塞　07.0135

screw pump　螺杆泵　08.0900

screw thread　螺纹　07.0013

screw thread dial gauge　螺纹百分尺　06.0291

screw thread pair　螺纹副　07.0018

scroll of blade　叶片包角　08.1318

scuffing　胶合　05.0228，黏焊　05.0252

seal　密封　05.0081，密封件　08.1240

sealant　密封流体　07.0865

seal band　密封环带　07.0866

seal chamber　密封腔体　07.0847

sealed bearing　密封圈轴承　07.0631

sealed medium　被密封介质　07.0864

sealed reservoir　闭式油箱　08.1247

seal face　密封端面　07.0825

seal head　补偿环组件　07.0831

sealing device　密封装置　08.1239

sealing ring　密封圈　07.0691

seal interface　密封界面　07.0826

seal ring　密封环　07.0824

season cracking　季裂　05.0502

secondary axes　*副关节轴　01.0522

sectional view　剖视图　03.0227

section drawing　断面图　03.0236

section test conicity gauge　截面检验锥度量规
　06.0250

seismic system　惯性系统　02.0010

seizure　咬死　05.0254，抗咬黏性　07.0581

selective corrosion　选择性腐蚀　05.0491

selective transfer　选择性转移　05.0255

self-aligning bearing　调心轴承　07.0625

self-balancing device　自平衡装置　02.0304

self-centering valve　自对中阀　08.0998

self-excited vibration　自激振动　02.0076

self locking　自锁　01.0333

self-locking brake　自锁制动器　07.0416

self-locking mechanism　自锁机构　01.0173

self-lubricating bearing　自润滑轴承　07.0517

self-lubricating bearing material　自润滑轴承材料
　07.0587

self-lubrication　自润滑　05.0301

semi-closed loop control　半闭环控制　06.0386

semi-elliptic leaf spring　弓形板弹簧　07.0918

semi-liquid lubrication　半液体润滑　05.0385

semimetalic friction material　半金属摩擦材料
　05.0206

semi-rotary motor　摆动马达　08.1139

semi-round head rivet　半圆头铆钉　07.0244

semi-round head rivet with small head　小半圆头铆钉
　07.0245

semi-tubular rivet　半空心铆钉　07.0253

sensing technology　传感技术　06.0006

sensitive limit　灵敏限，*迟钝度　06.0265

sensitivity analysis　灵敏度分析　03.0116

sensitivity switch　灵敏度开关　02.0294

sensitivity to unbalance　不平衡灵敏度　02.0252

sensitizing treatment　敏化处理　05.0471

sensor accuracy　传感器精度　06.0139

sensor array　传感阵列　06.0057

sensor characteristic　传感器特性　06.0136

sensor fusion　传感器融合　01.0506

sensor network　传感网络　06.0056

sensors in mechanical system　机械工程传感器，*机械传感器　06.0007

sensory control　传感控制　01.0474

separable degree of freedom　可分离自由度　01.0278

separate thrust collar　斜挡圈　07.0686

separator　分离器　08.1226

sequence control　顺序控制　06.0426

sequence effect of loading　载荷顺序效应　04.0125

sequence valve　顺序阀　08.1067

sequencing circuit　顺序回路　08.1183

sequential control　时序控制　06.0421

sequential control system　顺序控制系统　06.0427

sequential design　串行设计　03.0052

serial design　系列化设计　03.0101

serpentine spring　蛇形弹簧　07.0927

serpentine steel flex coupling　蛇形弹簧联轴器　07.0279

service brake　行车制动器　07.0445

service corrosion test　服役腐蚀试验　05.0558

service life　使用寿命　04.0226

service robot　服务机器人　01.0407

service speed　工作转速　02.0218

service test　实用[腐蚀]试验　05.0556

servo-actuator　伺服执行器　08.1167

servo-control　伺服控制　01.0477，06.0027

servo-cylinder　伺服缸　08.1168

servo driving　伺服驱动　06.0499

servo sensor　伺服式传感器　06.0043

servo transducer　伺服式传感器　06.0043

servo-valve　伺服阀　08.1094，08.1419

set pressure　设定压力　08.0843

set screw　紧定螺钉　07.0842

setting　整定处理，*立定处理　07.0999

setting pressure　设定压力　08.0843

severe wear　严重磨损　05.0216

shaft　轴　03.0328

shaft angle　轴间角　03.0243，轴交角　08.0030

shaft basic system of fits　基轴制　03.0367

shaft washer　轴圈　07.0682

shaking moment　振动力矩　01.0323

shape design　造型设计，*工业造型设计，*外形设计　03.0036

shape memory polymers　形状记忆聚合物　01.0572

shape optimization design　形状优化设计　03.0075

shaping dimension　定形尺寸　03.0290

shear band　剪切带　04.0145

shear modulus of elasticity　剪切模量　04.0028

shear stability　剪切安定性　05.0425

shear strain　切应变，*剪应变　04.0020

shear stress　切应力，*剪应力　04.0010

shear type rubber spring　剪切式橡胶弹簧　07.0932

shear wave　剪切波　02.0138

sheath　保护鞘　01.0573

shell　外环　08.1299

shielded bearing　防尘盖轴承　07.0632

shock absorber　冲击吸收器　02.0180

shock excitation　冲击激励　02.0159

shock losses　冲击损失　08.1336

shock motion　冲击运动　02.0161

shock pulse　冲击脉冲　02.0158

shock response spectrum　冲击响应谱　02.0179

shock sensor　冲击传感器　06.0077

shock spectrum　*冲击谱　02.0179

shock test　冲击试验　02.0128

shock testing machine　冲击试验机　02.0178

shock transducer　冲击传感器　06.0077

shock wave　冲击波　02.0177

shoes of brakes　制动瓦　07.0455

short crack propagation life　短裂纹扩展寿命　04.0207

short pitch roller chain　短节距滚子链　08.0651

shouldered　带肩销轴　08.0692

shoulder screw　轴位螺钉　07.0096

shut-off valve　截止阀　08.1032

shuttle valve　梭阀　08.1070，[气压传动]梭阀　08.1415

side bow roller chain　侧弯链　08.0668

side link　连架杆　01.0061

sieve　筛子　07.1062

sieving　筛分　07.1088

sieving medium　筛面　07.1064

sieving rate　过筛率　07.1090

silicon microsensor　硅微传感器　06.0109

silting　堆积　08.0736

silt lock　淤积卡紧　08.0737

similar design　相似性设计　03.0102

simple bionics　单元仿生，*简单仿生　03.0126

simple harmonic motion　简谐运动　01.0294

simple harmonic vibration　简谐振动　02.0048

simple loading　简单加载　04.0054

simple pendulum　单摆　01.0340

simplex roller chain　单排滚子链　08.0652

simplified representation　简化画法　03.0197

simulative corrosion test　模拟腐蚀试验　05.0559

simultaneous motion　联动　01.0482

sine acceleration motion curve　正弦加速度运动轨迹　01.0156

sine gauge　正弦规　06.0367

single acting cylinder　单作用缸　08.1147

single action piston pump　单作用柱塞泵　08.0916

single action vane motor　单作用叶片马达　08.1131

single action vane pump　单作用叶片泵　08.0909

single board computer　单板机　06.0504

single chamfer plain washer　单面倒角平垫圈　07.0176

single chip microcomputer　单片机　06.0505

single circular arc gear　单圆弧齿轮　08.0192

single coil spring lock washer with tang ends　尖钩端弹性垫圈　07.0181

single-degree-of-freedom system　单自由度系统　02.0011

single direction thrust bearing　单向推力轴承　07.0650

single-factor bionics　单元仿生，*简单仿生　03.0126

single-frequency laser interferometer　单频激光干涉仪　06.0322

single lead cylindrical worm　单导程圆柱蜗杆　08.0492

single loop mechanism　单环机构　01.0042

single mechanical seal　单端面机械密封　07.0807

single open chain　单开链　01.0261

single peak average distance of profile　轮廓单峰平均间距　06.0268

single peak distance of profile　轮廓单峰间距　06.0267

single piston pump　单柱塞泵　08.0918

single pitch diameter　单一中径　06.0198

single-plane [static] balancing　单面[静]平衡　02.0255

single planetary gear train　单级行星齿轮系　08.0241

single point of control　单点控制　01.0549

single-rod cylinder　单出杆缸　08.1149

single row bearing　单列轴承　07.0619

single space fluid coupling　单腔液力偶合器　08.1261

single-spring mechanical seal　单弹簧式机械密封　07.0802

single stage harmonic gear drive　单级谐波齿轮传动　08.0423

single start ball screw　单线滚珠丝杠副　08.0715

single start thread　单线螺纹　07.0019

single wave　单波　08.0396

singularity　奇异　01.0468

singularity configuration　奇异位形，*奇异构型　01.0581

sintered bearing material　烧结轴承材料　07.0585

sintered metalic friction material　烧结金属摩擦材料　05.0204

sinuate disc handwheel　波纹圆轮缘手轮　07.1053

sinuate handwheel　波纹手轮　07.1051

six-port valve　六通阀　08.1031

size analysis by sieving　筛分粒度分析　07.1096

size distribution curve　粒度分布曲线　07.1097

size effect　尺寸效应　05.0017

size factor　尺寸系数　04.0119

skeleton model　骨架模型　03.0284

sketch　草图　03.0188

skew [helical] bevel gear　斜齿锥齿轮　08.0341

skin tribology　皮肤摩擦学　05.0126

slack side tension　松边拉力　08.0578

slant Moiré fringe　斜向莫尔条纹　06.0346

slave computer　下位机　06.0466

sleeve　阀套　08.0988

sleeve coupling　套筒联轴器　07.0265

sleeve-type rubber spring　衬套式橡胶弹簧　07.0936

slenderness ratio　高径比　07.0953

slider　滑块　01.0065

slider and swing guide bar mechanism　摆动导杆滑块机构　01.0089

slider crank mechanism　曲柄滑块机构　01.0080

slider rocker mechanism　摇杆滑块机构　01.0083

slide valve　滑动式阀　08.0991

sliding　滑动　05.0131

sliding bearing test machine　滑动轴承试验机　05.0439

sliding component　滑移件　07.0344

sliding friction　滑动摩擦　05.0158

sliding joint　*滑动关节　01.0420

sliding mode control　滑模控制，*变结构控制　06.0399

sliding mode crack 滑开型裂纹，*Ⅱ型裂纹 04.0166

sliding ratio 滑动率 08.0575

sliding-roll ratio 滑滚率 05.0140

sliding surface 滑动表面 07.0539

sliding velocity ［滑动轴承］滑动速度 07.0591

slip 滑差 07.0389，转差率 08.1379

slip-in cartridge valve 滑入式插装阀 08.1075

slip on welding plate flange 板式平焊法兰 07.1016

slippage phenomenon 跳齿现象 08.0410

slip resistance of fluid-solid interface 流–固界面滑移阻力 05.0108

slope 斜度 06.0345

sloshing 晃动 02.0199

slotted capstan screw 开槽带孔球面柱头螺钉 07.0112

slotted cheese head screw 开槽圆柱头螺钉 07.0108

slotted cheese head thread cutting screw 开槽圆柱头自切螺钉 07.0116

slotted countersunk flat head drive screw 开槽沉头强攻螺钉 07.0115

slotted countersunk flat head screw 开槽沉头螺钉 07.0110

slotted counter sunk flat head wood screw 开槽沉头木螺钉 07.0130

slotted headless screw with flat chamfered end 开槽无头倒角端螺钉 07.0107

slotted pan head screw 开槽盘头螺钉 07.0109

slotted pan head tapping screw 开槽盘头自攻螺钉 07.0114

slotted raised countersunk oval head screw 开槽半沉头螺钉 07.0111

slotted raised countersunk oval head wood screw 开槽半沉头木螺钉 07.0131

slotted round head screw 开槽圆头螺钉 07.0113

slotted round head wood screw 开槽圆头木螺钉 07.0129

slotted round nut 开槽圆螺母 07.0167

slotted round nut for hook-spanner 侧面开槽圆螺母 07.0168

slow speed control 慢速控制 01.0550

slow speed runout 慢转速偏差 02.0217

sludge 泥渣 05.0342

slumpability 重力流动性 05.0337

small handle with sleeve 转动小手柄 07.1032

small handwheel 小手轮 07.1050

small roller 小滚子 08.0693

small scale yielding 小范围屈服 04.0190

small sinuate handwheel 小波纹手柄轮 07.1049

smart sensor 智能化传感器 06.0042

smart transducer 智能化传感器 06.0042

smearing 涂抹 05.0227

smooth limit gauge 光滑极限量规 06.0221

SMP 形状记忆聚合物 01.0572

snap ring 弹性挡圈 07.0202，卡环 07.0843

snap ring groove depth 止动环槽深度 07.0729

snap ring groove diameter 止动环槽直径 07.0727

snap ring groove width 止动环槽宽度 07.0728

S-N curve 应力-寿命曲线 04.0112

soft impact 柔性冲击 01.0162

soft shock 柔性冲击 01.0162

soil corrosion 土壤腐蚀 05.0482

solenoid ball valve 电磁球阀 08.1034

solenoid controlled pilot operated directional control valve 先导式电磁方向阀 08.1049

solenoid controlled valve 电磁阀 08.1007

solenoid valve 电磁阀 08.1007

solid adhesion 固体黏附 05.0076

solid bearing 整体式滑动轴承 07.0500

solid body 实体 03.0246

solid-contact mechanics 固体接触力学 05.0046

solid film lubricated bearing 固体润滑轴承 07.0515

solid film lubrication 固体润滑 05.0386

solid height 压并高度 07.0955

solid-liquid interface 固–液界面 05.0080

solid-liquid phase composite lubrication 固液复合润滑 05.0304

solid load 压并载荷 07.0954

solid long cotter 钢丝锁销 08.0698

solid lubricant dispersion 固体润滑分散液，*固体润滑悬浮液 05.0346

solid modeling 实体造型 03.0247

solid pin 实心销轴 08.0689

Sommerfeld number 索末菲数 05.0371

sound 声音 02.0008

space 间距 07.0940

space blade 空间叶片 08.1289

spacer ball 间隔钢球 08.0721

spacer ［ring］ 隔圈 07.0690

space tribology 空间摩擦学 05.0122

spacewidth half angle 槽宽半角 08.0227

space width of wormwheel 蜗轮齿槽宽 08.0545

spalling 剥落 05.0230

span 弦长 07.0977

span under load 载荷弦长 07.0979

spatial cam mechanism 空间凸轮机构 01.0108

spatial linkage mechanism 空间连杆机构 01.0069

spatial mechanism 空间机构 01.0038

special sensor 特种传感器 06.0045

special transducer 特种传感器 06.0045

specific pressure 比压 05.0069

specific unbalance 不平衡度 02.0243

specified load ［弹簧］工作载荷 07.0943

specified representation 规定画法 03.0198

specimen 试件，*试样 04.0003

spectral leakage 谱泄漏 02.0187

speed changing 变速 08.0005

speed control circuit 速度控制回路 08.1194

speed factor 速度系数 07.0784

speed increasing gear pair 增速齿轮副 08.0033

speed increasing gear train 增速齿轮系 08.0035

speed increasing ratio 增速比 08.0004

speed ratio *速比 08.0002

speed ratio rate 速比变化率 08.0006

speed reducer 减速器，*减速箱，*减速机 08.0011

speed reducing gear pair 减速齿轮副 08.0032

speed reducing gear train 减速齿轮系 08.0034

speed reducing ratio 减速比 08.0003

speed regulator 调速器 01.0361

sphere pin pair 球销副 01.0026

sphere trough pair 球槽副 01.0027

spherical cam 球面凸轮 01.0117

spherical involute 球面渐开线 08.0118

spherical involute helicoid 球面渐开螺旋面 08.0121

spherical joint 球关节 01.0423

spherical mechanism 球面机构 01.0039

spherical motion 球面运动 01.0291

spherical pair 球面副，*球铰 01.0025

spherical pivot four bar mechanism 球面铰链四杆机构 01.0074

spherical robot *球坐标机器人 01.0432

spherical roller bearing 调心滚子轴承 07.0671

spherical thrust roller bearing 推力调心滚子轴承 07.0677

spherical wave 球面波 02.0142

spigot 定心接口 02.0221

spine robot 脊柱式机器人 01.0525

spin friction 转动摩擦 05.0159

spiral bevel gear 弧齿锥齿轮 08.0324

spiral bevel gear with circular arc tooth profile 圆弧齿弧齿锥齿轮 08.0347

spiral bevel gear with constant teeth depth 等高齿弧齿锥齿轮 08.0339

spiroid 锥蜗杆 08.0487

spiroid gear 锥蜗轮 08.0488

spiroid gear pair 锥蜗杆副 08.0489

spline 花键 07.0219

spline coupling 花键联结 08.0476

splined key comprehensive test 花键综合检验 06.0234

splined key single measurement 花键单项测量 06.0233

split bearing 剖分轴承 07.0627

split coupling 夹壳联轴器 07.0267

split pin 开口销 07.0240

split plain bearing 剖分式滑动轴承 07.0501

spool 滑阀芯 08.0987

spool valve 圆柱滑阀 08.0992

sprag 楔块 07.0349

sprag clutch 楔块离合器 07.0302

spray-coated friction plate 喷涂摩擦片 07.0375

spreading 铺展 05.0092

spring 弹簧 07.0899

spring bolt 弹性螺栓 07.0081

spring center 弹簧对中 08.0973

spring-centered valve 弹簧对中阀 08.0997

spring clip 弹性锁片 08.0697

spring index 旋绕比 07.0950

spring-loaded accumulator 弹簧式蓄能器 08.1235

spring-loaded non-return valve 弹簧加载单向阀 08.1041

spring pin 弹性圆柱销 07.0227

spring pressure 弹簧压强 07.0867

spring return 弹簧复位 08.0975

spring-return cylinder 弹簧回程缸 08.1165

spring type straight pin 弹性圆柱销 07.0227

spring washer 弹性垫圈 07.0180

sprocket 链轮 08.0699

sprocket for double chain 双排链轮 08.0704

sprocket for multiple chain 多排链轮 08.0705

sprocket for simplex chain　单排链轮　08.0703

sprocket wheel　链轮　01.0206

sprocket with hub　带轮毂链轮　08.0706

spur gear　直齿轮　08.0181

spur gear pair　直齿轮副　08.0185

spur rack　直齿条　08.0183

square head screw　方头螺钉　07.0104

square head screw plug　方头螺塞　07.0141

square head screw with collar　方头凸缘螺钉
　07.0105

square head wood screw　方头木螺钉　07.0128

square nut　方螺母　07.0150

square nut with collar　方凸缘螺母　07.0153

square nut without chamfer　冲压方螺母　07.0151

square socket screw plug　内四方螺塞　07.0140

square taper washer　方斜垫圈　07.0179

square washer with round hole　方垫圈　07.0177

square weld nut　焊接方螺母　07.0154

squeeze effect　挤压效应　05.0377

squeeze oil film　挤压油膜　05.0360

squeeze oil film bearing　挤压油膜轴承　07.0538

squeezing number　挤压数　05.0354

stack mounting　组合安装　07.0704

stack valve　多路阀　08.1036

stage　级　08.1271

staged pump　多级串联泵　08.0889

stall condition　零速工况　08.1361

stall torque condition　零矩工况　08.1360

stall torque ratio　零速变矩系数　08.1352

standard cycle　标准循环　01.0562

standard cylinder method　标准圆柱法　06.0151

standard gears for cylindrical worm gear　标准圆柱蜗
　杆传动　08.0490

standardized design　标准化设计　03.0100

standard tolerance　标准公差　03.0357

standard tolerance unit　公差单位　03.0358

standard uncertainty　标准不确定度，*标准测量不
　确定度　06.0150

standing mechanical seal　弹簧静止式机械密封
　07.0801

standing wave　驻波　02.0143

star grip knob　星形把手　07.1057

starting condition　启动工况　08.1365

starting moment　启动力矩　01.0318

starting overload ratio　启动过载系数　08.1377

starting torque　启动转矩　07.0761

starved-oil lubrication　乏油润滑　05.0306

star wheel　星轮　07.0348

state of lubrication　润滑状态，*润滑类型　05.0298

static balance of rotor　转子静平衡　01.0364

static balancing machine　静平衡机　02.0283

static characteristics of sensor　传感器静态特性
　06.0137

static compliance　静态柔顺性　01.0561

static contact angle　静态接触角　05.0085

static friction　静摩擦　05.0160

static friction coefficient of braking　制动静摩擦系数
　05.0147

static friction force　静摩擦力　05.0186

static friction torque　静摩擦力矩　05.0175

static Jacobian matrix　静力雅可比矩阵　01.0253

static load　静载荷　01.0300，轴承静载荷
　07.0766

static pressure　静压　08.0826

static seal　静密封件　08.1242

static unbalance　静不平衡　02.0229

stating characteristic　加速［起动］特性　08.1367

stationary cam　固定凸轮　01.0111

stationary ring　静止环，*静环　07.0828

stationary vibration　平稳振动　02.0059

steadily loaded plain bearing　静载滑动轴承
　07.0506

steady coefficient of friction moment　摩擦力矩稳定
　系数　05.0154

steady-state vibration　稳态振动　02.0069

steel pipe flange　钢管法兰　07.1010

step　阻流板　08.1321

stepless speed changing　无级变速　08.0008

step mechanism　步进运动机构　01.0175

step motion electric drive　步进电气传动　08.1438

stepped gauge　台阶式量规　06.0325

stepping servo driving　步进伺服驱动　06.0500

step pulley　塔轮　08.0567

step speed changing　有级变速　08.0007

stick slip　黏滑　05.0095，黏性摩擦　08.0738

stiffness　刚度　02.0017

stiffness of spring　弹簧刚度　07.0997

stirring torque　搅拌转矩　07.0889

stirrup bolt　U 形螺栓　07.0070

stochastic force　随机力　01.0311

stokes　斯　05.0324

stop　挡块　01.0184

stop gauge　止规　06.0369

stop-point　停止点　01.0543

straight bevel gear　直齿锥齿轮　08.0318

straight grooved pin　直槽销　07.0234

straight handle　直手柄　07.1031

straight line mechanism　直线机构　01.0097

straightness　直线度　03.0297

straightness tester　平直度检查仪　06.0301

straight pin　圆柱销　07.0223

straight sided axial worm　阿基米德蜗杆　08.0495

straight[sided] link plate　直边链板　08.0685

straight sided normal worm　法向直廓蜗杆　08.0497

straight sided profile　直线齿廓　08.0079

strain　应变　04.0013

strain amplitude　应变幅　04.0102

strain concentration　应变集中　04.0091

strain energy density factor　应变能密度因子理论
　04.0179

strain equivalence assumption　应变等价假定
　04.0161

strainer　粗滤器　08.1227

strain gauge sensor　应变[计]式传感器　06.0131

strain gauge transducer　应变[计]式传感器
　06.0131

strain hardening　应变硬化　04.0059

strain range　应变变程　04.0104

strain ratio　应变比　04.0106

strain softening　应变软化　04.0060

stranded wire helical spring　多股螺旋弹簧　07.0906

stray-current　杂散电流　05.0524

stray-current corrosion　杂散电流腐蚀　05.0512

stress　应力　04.0004

stress amplitude　应力幅　04.0101

stress at solid height　压并应力　07.0956

stress concentration　应力集中　04.0089

stress concentration factor　应力集中系数　04.0092

stress corrosion　应力腐蚀　05.0501

stress corrosion cracking　应力腐蚀破裂　05.0503

stress corrosion threshold intensity factor　应力腐蚀
　界限强度因子　05.0466

stress corrosion threshold stress　应力腐蚀界限应力
　05.0465

stress equivalence assumption　应力等价假定
　04.0162

stress intensity factor　应力强度因子　04.0194

stress intensity factor criterion　应力强度因子判据,

*K 判据　04.0199

stress intensity factor range　应力强度因子幅度
　04.0197

stress range　应力变程　04.0103

stress ratio　应力比　04.0105

stress relaxation　应力松弛　04.0090

stress strength interference model　应力强度干涉模
　型　04.0238

Stribeck curve　斯特里贝克曲线　05.0369

stroke　[螺纹]行程　07.0060

stroke throttle valve　行程节流阀　08.1411

structural damping　结构阻尼　02.0107

structural formula of mechanism　机构结构公式
　01.0053

structural integrity assessment　结构完整性评估
　04.0155

structural optimization design　结构优化设计
　03.0073

structure design　结构设计　03.0033

structure of mechanism　机构结构　01.0049

strut angle　撑角　07.0387

stud　双头螺柱　07.0069

stud bolt　全螺纹螺柱　07.0089

stud with under cut[groove]　带退刀槽螺柱
　07.0087

subassembly　部件　01.0008, 子装配　03.0277

subharmonic resonance　亚谐共振　01.0399

subharmonic response　次谐波共振响应　02.0152

subplate　底板　08.1110

subplate valve　板式阀　08.0995

subsonic flow　亚音速流动　08.0806

substitutive mechanism　替代机构　01.0054

subsurface　亚表面　05.0019

subsurface structure　亚表面结构　05.0021

sub-unit　分部件　07.0708

suction pressure　吸油压力　08.0870

sulfochlorinated lubricant　硫氯化润滑剂　05.0419

sulfurized lubricant　硫化润滑剂　05.0417

sun gear　太阳轮　08.0238

superharmonic resonance　超谐共振　01.0398

super high-cycle fatigue　超高周疲劳　04.0072

super-lubricity　超滑, *近零摩擦, *超润滑
　05.0307

supersynchronous Scherbius electric drive　超同步串
　级电气传动　08.1442

supplemental pneumatic components　气动辅助元件

08.1426

supply flow rate 输出流量 08.0794

supply line 供压管路 08.1173

supply pressure 供给压力 08.0846

supporting plate 支承盘 07.0343

surface 表面 05.0001

surface crack 表面裂纹 04.0170

surface effect 表面效应 05.0016

surface energy 表面能 05.0010

surface force 表面力 05.0007

surface force apparatus 表面力仪 05.0442

surface free energy 表面自由能 05.0011

surface hardening 表面硬化 04.0120

surface machining factor 表面加工系数 04.0121

surface of action 啮合曲面 08.0145

surface processed texture 表面加工纹理 06.0157

surface profile 表面轮廓[线] 05.0030

surface reconstruction 表面重构 05.0022

surface roughness 表面粗糙度 03.0296

surface roughness sensor 表面粗糙度传感器 06.0072

surface roughness transducer 表面粗糙度传感器 06.0072

surface strengthening factor 表面强化系数 04.0122

surface structure 表面结构 03.0315，05.0020

surface tension 表面张力 05.0008

surface topography 表面形貌 05.0025

surface wave 表面波 02.0139

surface waveness 表面波纹度 05.0026

surfactant 表面活性剂 05.0422

surge damping valve 缓冲阀 08.1009

surgical robot 医疗机器人 01.0569

surging 喘振 02.0198

swash plate axial piston motor 斜盘式轴向柱塞马达 08.1126

swash plate axial piston pump 斜盘式轴向柱塞泵 08.0921

swash plate axial piston variable displacement motor 斜盘式轴向柱塞变量马达 08.1135

sweating 发汗 05.0203

sweeping 扫掠 03.0254

swing bevel gear 摆动锥齿轮 08.0259

swing diameter 回转直径 02.0290

switching pressure 切换压力 08.0859

symbol of tolerance zone 公差带代号 03.0353

symmetrical cylinder 对称缸 08.1161

symmetrical motion curve 对称运动轨迹 01.0152

symmetrical triangular shock pulse 对称三角形冲击脉冲 02.0167

symmetry cycle 对称循环 04.0107

synchro clutch 同步离合器 07.0313

synchronizing circuit 同步回路 08.1204

synchronizing universal coupling with ball and sacker 球笼式同步万向联轴器 07.0275

synchronous belt 同步带 08.0601

synchronous belt drive 同步带传动 08.0560

synchronous pulley 同步带轮 08.0632

syneresis [of grease] [润滑脂]脱水收缩 05.0332

synthesis of mechanism 机构综合 01.0055

synthetic fluid 合成液压油 08.0760

systematic design methodology 系统化设计理论 03.0043

systematic error 系统误差 06.0335

system design 系统设计 03.0024

system draining 系统泄油 08.1202

system filling 系统充油 08.1201

system self-calibration 系统自校准 06.0480

T

tabular drawing 表格图 03.0171

tab washer with long tab 单耳止动垫圈 07.0193

tab washer with long tab and wing 双耳止动垫圈 07.0194

Taguchi method 田口方法 03.0077

tandem arrangement 串联配置 07.0707

tandem cylinder 串联缸 08.1154

tandem mechanical seal 串联机械密封 07.0811

tangent cam 圆弧-直线凸轮 01.0119

tangent circle 切向圆 01.0222

tangential comprehensive error of a tooth 一齿切向综合误差 06.0357

tangential deflection 切向变形[量]，*切向位移 08.0402

tangential fretting 切向微动 05.0059

tangential key 切向键 07.0217

tangential reaction 切向反作用力 01.0384

taper 锥度 03.0295

tapered bore bearing　锥孔轴承　07.0643

tapered patten handle　锥柱手柄　07.1035

tapered roller bearing　圆锥滚子轴承　07.0668

tapered roller thrust bearing　推力圆锥滚子轴承　07.0675

taper grooved pin　锥槽销　07.0235

taper key　楔键　07.0214

taper knob　手柄套　07.1040

taper pin　圆锥销　07.0228

taper pin with external thread　螺尾圆锥销　07.0231

taper pin with internal thread　内螺纹圆锥销　07.0230

taper pin with split　开尾圆锥销　07.0232

taper screw thread　圆锥螺纹　07.0015

tapping screw　自攻螺钉　07.0092

tapping screw thread　自攻螺纹　07.0027

target uncertainty　目标不确定度，*目标测量不确定度　06.0294

task planning　任务规划　01.0507

task program　任务程序　01.0534

task programming　任务编程　01.0536

Taylor vortices　泰勒涡流　05.0374

TCP　工具中心点　01.0466

TCS　工具坐标系　01.0459

teach pendant　示教盒　01.0479

teach programming　示教编程　01.0469

tearing mode crack　撕开型裂纹，*Ⅲ型裂纹　04.0167

technical design　技术设计　03.0026

teleoperation　遥操作　01.0480

telescopic cylinder　伸缩缸　08.1155

temperature adjustable fluid　调温流体　07.0860

temperature controller　温度控制器　08.1212

temperature sensor　温度传感器　06.0115

temperature stability　温度稳定性　07.0582

temperature transducer　温度传感器　06.0115

template comparison method　样板比较法　06.0353

ten-point height unevenness of profile　微观不平度10点高度　06.0331

tensile strength　抗拉强度　04.0044

tensioner　[链传动]张紧轮　08.0709

[tension] prestressing　强拉处理　07.1003

tension pulley　[带传动]张紧轮　08.0570

testing on platform　平板检测　06.0300

test mass　试验质量　02.0267

test rotor　试验转子　02.0317

test sieve　试验筛　07.1071

test sieving　筛分试验　07.1089

T-head bolt　T形螺栓　07.0084

the "grade" of gauge block　量块的"等"　06.0263

the length of the measurement standard　长度计量标准　06.0365

the "level" of gauge block　量块的"级"　06.0264

theoretical air consumption　理论耗气量　08.1394

theoretical head　理论能头　08.1330

theoretical stress concentration factor　理论应力集中系数　04.0093

theory contact area　理论接触面　08.0549

theory of mechanisms　机构学　01.0002

thermal conductivity gas sensor　热导式气体传感器　06.0112

thermal conductivity gas transducer　热导式气体传感器　06.0112

thermally induced unbalance　热致不平衡　02.0251

thermal strain　热应变　04.0025

thermal wear　热磨损　05.0275

thermal wedge　热楔　05.0376

thermic load value　热载荷值　07.0486

thermodynamic quantity sensor　热学量传感器　06.0120

thermodynamic quantity transducer　热学量传感器　06.0120

thermoelectric sensor　热电式传感器　06.0113

thermoelectric transducer　热电式传感器　06.0113

thermogalvanic corrosion　热偶腐蚀　05.0516

thermo-mechanical fatigue　热机械疲劳　04.0064

the sensor zero drift and temperature drift　传感器零漂和温漂　06.0140

thick film lubrication　厚膜润滑　05.0399

thickness of blade　叶片厚度　08.1314

thickness sensor　厚度传感器　06.0071

thickness transducer　厚度传感器　06.0071

thin film lubrication　薄膜润滑　05.0398

thin [flat] key　薄型平键　07.0212

thin head rivet　扁平头铆钉　07.0252

thin head semi-tubular rivet　扁平头半空心铆钉　07.0258

third angle method　第三角画法　03.0203

thixotropy　触变性　05.0338

thread angle　牙型角　06.0350

thread contact height　螺纹接触高度　07.0058

thread cutting screw　自切螺钉　07.0093

thread engagement length　螺纹旋合长度　06.0292

thread groove width　螺纹槽宽　07.0054

thread height　牙型高度　07.0038

thread ridge thickness　螺纹牙厚　07.0053

three-dimensional cam mechanism　空间凸轮机构　01.0108

three-dimensional digital model　三维数字模型　03.0245

three-dimensional modeling　三维建模　03.0244

three disk wave generator　三圆盘波发生器　08.0439

three point bending specimen　三点弯曲试件　04.0188

three point contact ball bearing　三点接触球轴承　07.0661

three point internal micrometers　三爪内径千分尺　06.0307

three-port valve　三通阀　08.1028

three-position four-way valve　三位四通阀　08.1045

three-position valve　三位阀　08.1025

three-view drawing　三视图　03.0219

three-way pressure reducing valve　三通减压阀　08.1066

three-way proportional reducing valve　三通比例减压阀　08.1091

threshold of crack extension　裂纹扩展阈值，*裂纹扩展门槛值　04.0217

throat bushing　喉口衬套　07.0852

throttle bushing　节流衬套　07.0853

throttle speed governing circuit　节流调速回路　08.1195

throttle synchronous open circuit　节流式开环同步回路　08.1205

throttle valve　节流阀　08.1011

throttling area　节流面积　08.0984

through-rod cylinder　双出杆缸　08.1150

thrust ball bearing　推力球轴承　07.0663

thrust bearing　推力轴承　07.0647

thrust collar　止推环　07.0541

thrust journal plain bearing　径向止推滑动轴承　07.0505

thrust roller bearing　推力滚子轴承　07.0673

thrust washer　止推垫圈　07.0555

tightly coiled helical spring　密圈螺旋弹簧　07.0909

tight side tension　紧边拉力　08.0577

tilting pad bearing　可倾瓦块轴承　07.0524

time-invariant systems　定常系统，*时不变系统　06.0393

tip　齿棱　08.0083

tip angle　顶[圆]锥角　08.0373

tip circle　顶圆，*齿顶圆　08.0204，[带]齿顶圆　08.0634

tip circle of worm　蜗杆齿顶圆　08.0518

tip circle of wormwheel　蜗轮顶圆　08.0527

tip cone　齿顶圆锥面，*顶锥　08.0350

tip cylinder　齿顶圆柱面　08.0197

tip cylinder of worm　蜗杆齿顶圆柱面　08.0517

tip cylinder of wormwheel　蜗轮顶圆柱面　08.0526

tip diameter　顶圆直径　08.0217，齿顶圆直径　08.0363

tip distance　轮冠距　08.0367

tip edge engagement　顶缘啮合　08.0419

tip line　齿顶线　08.0628

tip relief　修缘　08.0132

tip root distance　顶根距　08.0304

tip surface　齿顶曲面　08.0045

tip surface of wormwheel　蜗轮齿顶曲面　08.0525

title block　标题栏　03.0194

toggle mechanism　肘杆机构　01.0092

tolerance grade　公差等级　03.0359

tolerance quality　螺纹精度　07.0061

tolerance zone　公差域，*公差带　03.0287

tolerance zone of size　尺寸公差带　03.0354

tommy screw　旋棒螺钉　07.0100

tongue and groove face flange　榫槽面法兰　07.1024

tool centre point　工具中心点　01.0466

tool coordinate system　工具坐标系　01.0459

tooling design　工装设计　03.0041

tool microscope　工具显微镜　06.0214

tooth alignment error　齿向误差　06.0193

tooth angle　齿角　08.0389

tooth depth　齿高　08.0084

toothed clutch　齿形离合器　07.0317

tooth flank　齿面　08.0057

tooth of synchronous belt　带齿　08.0627

tooth pitch angle　齿距角　08.0154

tooth profile　齿廓　08.0073

tooth space　齿槽　08.0054

tooth space angle　齿槽角　08.0646

tooth space depth　齿槽深　08.0644

tooth thickness　齿厚　08.0090

tooth thickness deviation　齿厚偏差　06.0186

tooth thickness half angle　齿厚半角　08.0226

tooth thickness of wormwheel　蜗轮齿厚　08.0544

tooth trace　齿线　08.0041

top-down assembly method　从顶向下装配法 03.0273

top-down design　自顶向下设计　03.0270

topology-control decoupling　拓扑控制解耦 01.0264

topology optimization design　拓扑优化设计 03.0074

top view　俯视图　03.0221

top width　顶宽　08.0605

toroid　圆环面　08.0122

toroid enveloping worm with cone generatrix　锥面包 络环面蜗杆　08.0504

toroid enveloping worm with involute helicoid genera-trix　渐开面包络环面蜗杆　08.0503

toroid enveloping worm with straight line generatrix 直廓环面蜗杆　08.0500

toroid worm　环面蜗杆　08.0485

toroid worm gear pair　环面蜗杆副　08.0486

torque　*扭矩　01.0325

torque capacity　[摩擦]力矩容量　05.0178

torque converter coupling　综合式液力变矩器 08.1267

torque curve　力矩曲线　05.0177

torque ratio　变矩系数　08.1351

torque sensor　力矩传感器　06.0060

torque transducer　力矩传感器　06.0060

torsional fretting　扭动微动　05.0062

torsional moment　转矩　01.0325

torsional spring　扭转弹簧　07.0364

torsional spring clutch　扭簧离合器　07.0325

torsional spring comparator　扭簧比较仪　06.0297

torsional strength　抗扭强度　04.0047

torsional vibration　扭转振动　02.0075

torsion bar spring　扭杆弹簧　07.0926

[torsion] prestressing　强扭处理　07.1005

torsion type rubber spring　扭转式橡胶弹簧 07.0933

total angle of transmission　总作用角　08.0151

total arc of transmission　总作用弧　08.0148

total braking distance　总制动距离　07.0476

total contact ratio　总重合度　08.0155

total distributed control system　集中分散控制系 统，*集散系统　08.1448

total flow rate　总流量　08.0798

total number of coils　总圈数　07.0946

total number of teeth in engagement　啮合齿数 08.0413

total pressure　全压　08.0825

total run-out　全跳动　03.0313

total theory of plasticity　全量理论，*塑性形变理论 04.0053

total volume　总容积　07.0993

total working time　总工作时间，*总制动时间 07.0477

toughness　韧性　04.0042

traced drawing　底图　03.0190

tracer method　触针法，*针描法　06.0194

tracing ability　追随性　07.0897

tracked robot　履带式机器人　01.0440

track roller [rolling] bearing　滚轮[滚动]轴承 07.0645

traction　牵引　05.0071

traction condition characteristic test　牵引工况性能试 验　08.1370

tractive stress　牵引应力　05.0072

trailing shoe　从蹄，*松蹄　07.0461

trailing shoe brake　从蹄制动器　07.0437

train of gears　齿轮系　08.0019

trajectory　轨迹　01.0454

trajectory control　轨迹控制　01.0473

transducer array　传感阵列　06.0057

transducer network　传感网络　06.0056

transfer　转移　05.0250

transfer film　转移膜　05.0078

transfer function　传递函数　02.0019，06.0390

transfer impedance　传递阻抗　02.0030

transfer mobility　传递导纳　02.0037

transgranular cracking　穿晶破裂　05.0505

transient vibration　瞬态振动　02.0070

transistor temperature sensor　晶体管温度传感器 06.0116

transistor temperature transducer　晶体管温度传感器 06.0116

transition fit　过渡配合　03.0344

transition of wear mechanism　磨损转型　05.0290

transition wear mode　磨损状态转化　05.0280

translating cam　移动凸轮　01.0110

translating follower　直动从动件　01.0131

translation　平移　01.0289

translational motion　平移运动　02.0156

transmissibility　传递率　02.0020

transmission　变速器　08.0010

transmission accuracy　传动精度　08.0173

transmission chain　传动链　08.0669

transmission driving　传动［装置］　08.0001

transmission error　传动误差　08.0172

transmission mechanism　传动机构　06.0005

transmission ratio　机构传动比　01.0211，传动比
　　08.0002

transmission thickness measurement　透射式测厚
　　06.0328

transpassivation potential　过钝化电位　05.0533

transpassive state　过钝态　05.0534

transport ball screw　传动滚珠丝杠副，*T 类滚珠丝
　　杠副　08.0714

transversal line　截交线　03.0240

transversal strain　横向应变　04.0018

transverse angle of transmission　端面作用角
　　08.0152

transverse arc of transmission　端面作用弧　08.0149

transverse chordal tooth thickness　端面弦齿厚
　　08.0222

transverse contact ratio　端面重合度　08.0156

transverse impact　横越冲击　01.0400

transverse module　端面模数　08.0092

transverse path of contact　端面啮合线　08.0144

transverse pitch　端面齿距　08.0210

transverse plane　端平面　08.0040

transverse plane of worm　蜗杆端平面　08.0553

transverse plane of wormwheel　蜗轮端平面
　　08.0534

transverse profile　端面齿廓　08.0074

transverse profile of wormwheel　蜗轮端面齿廓
　　08.0535

transverse spacewidth　端面齿槽宽，*槽宽
　　08.0224

transverse tooth thickness　端面齿厚　08.0220

transverse wave　横波　02.0136

transvevse pressure angle　端面压力角　08.0228

trapezoidal shock pulse　梯形冲击脉冲　02.0170

travel　行程　01.0100

travel surface　行走面　01.0564

tree-like kinematic chain　树状运动链　01.0035

Tresca yield criterion　特雷斯卡屈服准则　04.0049

trial mass　试加质量　02.0274

triangle nut with collar　三角凸缘螺母　07.0155

tribochemistry　摩擦化学　05.0118

tribocracking　摩擦裂解　05.0195

tribo element　摩擦学元素　05.0136

tribological design　摩擦学设计　05.0129

tribological system　摩擦学系统　05.0128

tribology　摩擦学　05.0113

tribology test　摩擦学试验　05.0426

tribometer　摩擦试验机　05.0427

tribopair　摩擦副　05.0138

tribophysics　摩擦物理　05.0117

tribopolymer　摩擦聚合物　05.0196

trim balancing　精细平衡　02.0270

triple roller wave generator　三滚轮波发生器
　　08.0445

triple wave　三波　08.0398

triplex roller chain　三排滚子链　08.0654

TRIZ theory　发明问题解决理论，*TRIZ 理论
　　03.0083

true strain　真实应变　04.0022

true stress　真实应力　04.0012

truss head rivet　大扁圆头铆钉　07.0250

truss head semi-tubular rivet　大扁圆头半空心铆钉
　　07.0255

T-slot screw　T 形槽螺钉　07.0101

tubular rivet　空心铆钉　07.0260

tunneling sensor　隧道效应式传感器　06.0044

tunneling transducer　隧道效应式传感器　06.0044

turbine　涡轮　08.1282

turbine flow sensor　涡轮式流量传感器　06.0126

turbine flow transducer　涡轮式流量传感器
　　06.0126

turbine torque　涡轮转矩　08.1346

turbulent flow　紊流　08.0804

twin-direction clutch　双向离合器　07.0310

twin impeller torque converter　双泵轮液力变矩器
　　08.1270

twin-shear yield criterion　双剪屈服准则　04.0051

twin turbine torque converter　双涡轮液力变矩器
　　08.1275

twist angle of strands　索拧角　07.0963

two disk wave generator　双圆盘波发生器　08.0438

two dwell motion　双停歇运动　01.0149

two-plane [dynamic] balancing　双面［动］平衡
　　02.0256

two-port valve　两通阀　08.1027

two-position four-way valve　二位四通阀　08.1044

two-position three-way valve　二位三通阀　08.1043

two-position two-way valve　二位二通阀　08.1042

two-position valve　两位阀　08.1024

two shoe brake　双蹄制动器　07.0435

two space fluid coupling　双腔液力偶合器　08.1262

two-stage filter　两级过滤器　08.1228

two-way pilot-operated proportional throttle valve　二通先导式比例节流阀　08.1080

two-way proportional cartridge valve　二通比例插装阀　08.1081

two-way proportional pressure relief valve　二通比例溢流阀　08.1086

two-way proportional reducing valve　二通比例减压阀　08.1090

two-way proportional throttle valve　二通比例节流阀　08.1079

type A evaluation of measurement uncertainty　测量不确定度 A 类评定，*A 类评定　06.0164

type B evaluation of measurement uncertainty　测量不确定度 B 类评定，*B 类评定　06.0165

type of weave　编织形式　07.1068

U

U-bolt　U 形螺栓　07.0070

ultimate load　[弹簧]极限载荷　07.0944

ultimate torsion angle　极限扭转角　07.0958

ultrasonic sensor　超声[波]传感器　06.0075

ultrasonic transducer　超声[波]传感器　06.0075

unadjustable speed electric drive　非调速电气传动　08.1437

unbalance　不平衡　02.0228

unbalance bias of a balancing arbor　平衡心轴不平衡偏置　02.0312

unbalance couple　不平衡力偶　02.0242

unbalanced mass vibration generator　非平衡质量振动发生器　02.0115

unbalanced mechanical seal　非平衡式机械密封　07.0804

unbalance force　不平衡力　02.0237

unbalance mass　不平衡质量　02.0234

unbalance moment　不平衡力矩　02.0240

unbalance vane motor　不平衡式叶片马达　08.1122

unbalance vector　不平衡矢量　02.0236

uncertainty budge　不确定度报告　06.0160

uncompensated ring　非补偿环　07.0830

uncoupled modes　非耦合模态　02.0096，非耦合振型　02.0103

undamped natural mode　无阻尼固有模态　02.0098

undercut　挖根　08.0138

underlap　负遮盖　08.1109

undershoot　欠冲　02.0022

undersize　筛下物　07.1091

uniaxial fatigue　单轴疲劳　04.0068

unidirectional brake　单向制动器　07.0404

unidirectional pose accuracy　*单方向准确度　01.0490

unidirectional pose repeatability　*单方向位姿重复性　01.0491

uni-flow pump　单向泵　08.0891

uniform corrosion　均匀腐蚀　05.0483

union operation　求和运算　03.0264

unit friction power　单位摩擦功率，*滑摩功率，*制动功率　07.0479

unit friction work　单位摩擦功，*单位制动功　07.0478

unit impulse response function　单位脉冲响应函数　02.0034

universal coupling with spider　十字轴式万向联轴器　07.0274

universal design　通用化设计　03.0099

universal gear instrument　万能测齿仪　06.0330

universal joint　万向联轴器　07.0272

universal joint type output mechanism　万向联轴器输出机构　08.0250

universal matching bearing　万能组配轴承　07.0646

unloading circuit　卸荷回路　08.1192

unloading relief valve　卸荷溢流阀　08.1057

unloading valve　卸荷阀　08.1051

unlubricated bearing　无润滑轴承　07.0516

unsymmetrical motion curve　非对称运动轨迹　01.0153

up and down test method　升降试验法　04.0132

upper deviation　上偏差　03.0334

usable flank　可用齿面　08.0066

useful thread　有效螺纹　07.0026

user interface　用户接口　01.0481

vacuum side of blade　叶片背面　08.1305

valley depth of profile　轮廓谷深　06.0276

valley line of profile　轮廓谷底线　06.0275

valve　阀　08.0985

valve main port　主阀口　08.0977

valve opening pressure　开启压力　08.0863

vane motor　叶片马达　08.1120

vane pump　叶片泵　08.0907

vane type air motor　叶片式气马达　08.1423

vane type oscillating motor　叶片式摆动马达　08.1141

vane variable displacement motor　变量叶片马达　08.1132

variable amplitude loading　变幅载荷　04.0082

variable displacement motor　变量马达　08.1130

variable displacement pump　变量泵　08.0929

variable displacement vane pump　变量叶片泵　08.0931

variable frequency electric drive　变频电气传动　08.1443

variable mass system　变质量系统　01.0381

variable pitch cylindrical helical spring　不等节距圆柱螺旋弹簧　07.0905

variable rate full-elliptic spring　变刚度椭圆形板弹簧　07.0923

variable rate semi-elliptic spring　变刚度弓形板弹簧　07.0920

variable speed clutch　调速离合器，*油膜离合器　07.0334

variable speed fluid coupling　调速型液力偶合器　08.1260

variant design　变型设计　03.0096

variation of fit　配合公差　03.0364

variation of indication　示值变动性　06.0315

variety-DoF singularity　自由度变化奇异　01.0249

varnish　漆膜　05.0340

V-belt　V 带　08.0587

V-belt drive　V 带传动　08.0558

vector measuring device　矢量测量装置　02.0298

vector transformation　矢量变换　01.0582

velocity　速度　02.0002

velocity accuracy　速度精度　01.0583

velocity polygon lever method　速度多边形杠杆法　01.0332

velocity ratio of link　构件速比　01.0210

velocity sensor　速度传感器　06.0061

velocity transducer　速度传感器　06.0061

ventilation losses　通流损失　08.1337

vernier caliper　游标卡尺　06.0360

versine shock pulse　正矢冲击脉冲　02.0168

vertical braking　垂直制动　07.0469

vertical contact interferometers　立式接触干涉仪　06.0261

vertical length meter　立式测长仪　06.0260

V-grooved pulley　V 带轮　08.0611

via point　路径点　01.0478

vibration exciter　激振器　02.0109

vibration generator system　振动发生器系统　02.0114

vibration isolator　隔振器　02.0119

vibration of parametric excitation　参数振动　02.0077

vibration sensor　振动传感器　06.0078

vibration severity　振动烈度　02.0104

vibration test　振动试验　02.0124

vibration transducer　振动传感器　06.0078

vibrograph　示振仪　02.0181

vibrometer　振动计　02.0182

Vickers hardness　维氏硬度　04.0039

view　视图　03.0217

virtual cylindrical gear of bevel gear　锥齿轮当量圆柱齿轮　08.0344

virtual cylindrical gear pair　当量圆柱齿轮副　08.0345

virtual design　虚拟设计　03.0051

virtual gear　当量齿轮　08.0180

virtual number of teeth　当量齿数　08.0097

virtual pitch diameter　作用中径　06.0381

visco-elasticity　黏弹性　05.0322

viscosity　黏度，*黏滞系数，*动力黏度　05.0317

viscosity index　黏度指数　08.0764

viscosity index improver　黏度指数改进剂　08.0784

viscosity ratio　黏度比　05.0320

viscosity-temperature coefficient　黏温系数　05.0321

Vogel-Colson-Russell effect　罗素效应　05.0112

volatile corrosion inhibitor　挥发性缓蚀　05.0554

voltage sensor　电压传感器　06.0086

voltage transducer　电压传感器　06.0086

volumetric efficiency　容积效率　08.1343

volumetric flow rate　体积流量　08.0790

volumetric losses　容积损失　08.1340

volute spring　截锥涡卷弹簧　07.0911

vortex vacuum generator　气旋流真空发生器
　08.1408

W

waisted plate　8 字形链板　08.0684

waisted stud　腰状杆螺柱　07.0088

wall thickness micrometer　壁厚千分尺　06.0148

wall thickness of cylinder　柔轮筒体壁厚　08.0472

wall thickness of flexspline　柔轮齿圈壁厚　08.0470

warp　经丝　07.1073

washer　垫圈　07.0174

washer faced hexagon nut　六角垫圈面螺母
　07.0147

washer height　垫圈高度　07.0740

washout thread　螺尾　07.0025

water content　含水量　08.0777

water hammer　水击　08.0885

water-in-oil emulsion　油包水乳化液　08.0758

waterline corrosion　水线腐蚀　05.0489

water lubrication　水润滑　05.0305

water polymer solution　水聚合物溶液　08.0759

water whirlpool brake　水涡流制动器　07.0442

wave front　波阵面　02.0140

wave generator　波发生器　08.0392

wave generator of positive control　积极控制式波发
　生器　08.0429

wave height　波高　08.0399

wave length　波长　02.0134

wave number　波数　08.0395

wave spring washer　波形弹性垫圈　07.0183

wave train　波列　02.0133

wear　磨损　05.0115

wear debris　磨屑　05.0293

wear factor　[轴承]磨损因子，*轴承比磨损率
　05.0284

wear in running-in　磨合磨损　05.0277

wear intensity　磨损度　07.0598

wear loss　磨损量　05.0212

wear mechanism　磨损机理　05.0289

wear [mechanism] map　磨损[机制]图　05.0291

wear rate　磨损率　05.0213

wear resistance　耐磨性　05.0285

wear track　磨痕　05.0292

weathering　老化　05.0517

weathering resistance　耐候性　05.0459

wedge angle　[V 带]楔角　08.0608

wedge brake　楔块制动器　07.0430

wedge effect　楔效应　07.0605

wedge mechanism　楔块机构　01.0172

weft　纬丝　07.1074

weighing sensor　重量传感器，*称重传感器
　06.0134

weighing transducer　重量传感器，*称重传感器
　06.0134

weight-loaded accumulator　重力蓄能器　08.1234

weld corrosion　焊接腐蚀　05.0495

welded flange　平焊法兰　07.1015

welded metal-bellows mechanical seal　焊接金属波纹
　管机械密封　07.0818

welded stud　焊接螺柱　07.0090

welding　焊合　05.0188

welding neck flange　对焊法兰　07.1014

wet brake　湿式制动器　07.0407

wet clutch　湿式离合器，*浸油离合器　07.0333

wet friction　湿式摩擦　05.0184

wet sieving　湿筛分　07.1101

wettability　润湿性　05.0083

wetting　润湿　05.0082

wheel　大齿轮　08.0022

wheeled robot　轮式机器人　01.0437

wheel pin　针齿销　08.0280

wheel roller　针齿套　08.0281

whirling　涡动　02.0196

white noise　白噪声　02.0066

white random vibration　白随机振动　02.0057

wide angle V belt　大楔角 V 带　08.0592

wide contact face flange　宽面法兰　07.1009

wide V belt　宽 V 带　08.0590

width angle　齿宽角　08.0537

width at tooth root　齿根厚　08.0631

width at tooth space root　齿槽底宽　08.0645

width at tooth tip　齿顶宽　08.0647

width diameter ratio　宽径比　07.0566

width of contact surface　支承面宽度　07.0969

width of flow path　流道宽度　08.1312

width series　宽度系列　07.0717

wing nut　翼形螺母　07.0171

wing screw　翼形螺钉，*蝶形螺钉　07.0094

wire diameter　丝径　07.1072

wire driven　丝传动　01.0574

wire spring　异形弹簧　07.0928

wobble plate axial piston pump　摆盘式轴向柱塞泵　08.0922

woodruff key　半圆键　07.0213

wood screw　木螺钉　07.0126

wood screw thread　木螺钉螺纹　07.0028

working backlash　啮合侧隙　08.0307

working depth　工作高度　08.0085

working flank　工作齿面　08.0062

working gauge　工作量规　06.0215

working height　[弹簧]工作高度　07.0942

working line　工作管路　08.1174

working p_cv value　p_cv 许用值　07.0882

working pitch point　啮合节点　08.0507

working port　工作油口　08.0980

working pressure　工作压力　07.0986

working pressure angle　啮合角　08.0231

working pressure range　使用压力范围　08.0840

working space　工作空间　01.0463，工作腔　08.1295

working torsion angle　工作扭转角　07.0957

working ultimate load　[弹簧]工作极限载荷　07.0945

working ultimate torsion angle　工作极限扭转角　07.0959

world coordinate system　绝对坐标系，*世界坐标系　01.0455

worm　蜗杆　08.0480

worm drive　蜗杆传动　08.0479

worm face width　蜗杆齿宽　08.0514

worm gearing modified with varying of transmission ratio　变速比修形蜗杆传动　08.0502

worm gear pair　蜗杆副　08.0482

worm thread　蜗杆轮齿　08.0512

worm wheel　蜗轮　08.0481

woven wire cloth　金属丝编织网　07.1069

wre　内环　08.1300

wrench　力旋量　01.0328

wrench chain　管钳链，*扳手链　08.0673

wrenching allowance　旋紧余量　07.0059

wrist　*手腕　01.0522

wrong collection　误收　06.0334

X

X-gear pair　变位齿轮副　08.0166

X-gear pair with modified center distance　角变位圆柱齿轮副　08.0178

X-gear pair with reference center distance　高变位圆柱齿轮副　08.0177

X-zero gear　非变位齿轮，*标准齿轮　08.0163

Y

yield criterion　屈服准则　04.0048

yield strength　屈服强度　04.0045

yoke radial cam with flat-faced follower　等宽凸轮　01.0122

yoke radial cam with roller follower　等径凸轮　01.0123

Z

zero lap　零遮盖　08.1107

zerol bevel gear　零度齿锥齿轮　08.0326

zero line　零线　03.0352

zero teeth difference type output mechanism　零齿差输出机构　08.0251

zone of action　啮合区域　08.0147

zone of approach　啮入区　08.0415

zone of meshing　啮合区　08.0414

zone of recess　啮出区　08.0416

汉 英 索 引

A

阿贝比长原理　Abbe comparator principle　06.0143

阿查德模型　Archard model　05.0256

阿基米德螺线　Archimedes spiral　08.0105

阿基米德螺旋面　Archimedes helicoid, screw helicoid　08.0120

阿基米德蜗杆　straight sided axial worm　08.0495

阿蒙顿-库仑定律　Amontons-Coulomb's law　05.0134

阿苏尔杆组　Assur group　01.0036

安全阀　safety valve　08.1058

安全防护空间　safeguarded space　01.0464

安全回路　safety circuit　08.1190

安全离合器　safety clutch　07.0306

安全适用　safety-rated　01.0548

安全销　safety pin　07.0241

安全性　safety　04.0247

安全裕度　safety margin　06.0144

安全制动器　safety brake　07.0443

安装　installation　01.0516

安装距　mounting distance　08.0366

安装图　installation drawing　03.0174

鞍形键　saddle key　07.0218

鞍形弹性垫圈　curved spring washer　07.0182

*凹齿面　concave side　08.0385

凹弧面凸轮　concave globoid cam　01.0115

凹面　concave side　08.0385

凹凸面法兰　male and female flange　07.1023

B

八角螺母　octagon nut　07.0156

八角头螺栓　octagon bolt　07.0079

巴勒斯方程　Barus equation　05.0329

把手　knob　07.1054

白随机振动　white random vibration　02.0057

白噪声　white noise　02.0066

摆动从动件　oscillating follower　01.0134

摆动导杆滑块机构　slider and swing guide bar mechanism　01.0089

摆动马达　semi-rotary motor　08.1139

摆动式机器人　pendular robot　01.0433

摆动载荷　oscillating load　07.0768

摆动锥齿轮　swing bevel gear　08.0259

摆盘式轴向柱塞泵　wobble plate axial piston pump　08.0922

摆线　cycloid　08.0106

摆线泵　gerotor pump　08.0902

摆线齿廓　cycloidal profile　08.0080

摆线齿轮　cycloidal gear　08.0272

摆线齿轮马达　cycloidal gear motor　08.1117

摆线齿锥齿轮　epicycloid bevel gear　08.0325

摆线少齿差齿轮副　cycloidal gear pair with small teeth difference　08.0256

摆线少齿差传动　cycloidal drive with small teeth difference　08.0255

摆线［圆柱］齿轮　cycloidal［cylindrical］gear　08.0190

摆线针轮行星传动机构　cycloidal pin wheel planetary gearing mechanism　08.0271

摆线针轮减速机　cycloidal pin gear speed reducer　08.0270

摆重　bob weight　02.0308

*扳手链　wrench chain　08.0673

板式阀　subplate valve　08.0995

板式链　leaf chain　08.0661

板式平焊法兰　slip on welding plate flange　07.1016

板式新边松套法兰　loose plate flange with lapped pipe end　07.1020

板弹簧　leaf spring　07.0916

半闭环控制　semi-closed loop control　06.0386

半沉头铆钉　oval countersunk head rivet　07.0248

半交叉传动　quarter twist belt drive　08.0563

半金属摩擦材料　semimetalic friction material　05.0206

半空心铆钉　semi-tubular rivet　07.0253

半宽 V 带　half wide V belt　08.0591

半剖视图　half sectional view　03.0229

半液体润滑　semi-liquid lubrication　05.0385

半圆键　woodruff key　07.0213

半圆头铆钉　semi-round head rivet, button head rivet

07.0244

半正弦冲击脉冲　half-sine shock pulse　02.0164

包角　angle of contact　08.0457

包络线机构　envelope mechanism　01.0171

包容要求　envelope requirement　06.0145

包围齿数　enveloping teeth　08.0547

包辛格效应　Bauschinger effect　04.0056

薄膜润滑　thin film lubrication　05.0398

薄型平键　thin [flat] key　07.0212

宝石轴承　jewel bearing　07.0533

保持架　cage　07.0698

保持时间　holding time　04.0116

保护电流密度　protective current density　05.0545

保护电位范围　protective potential range　05.0543

保护度　degree of protection　05.0474

保护覆盖层　protective coating　05.0552

保护鞘　sheath　01.0573

保护性气氛　protective atmosphere　05.0462

保护性停止　protective stop　01.0547

保压回路　pressure holding circuit　08.1189

*保质设计　design for quality　03.0061

*抱闸式制动器　external contacting brake　07.0428

鲍登-泰伯理论　Bowden-Tabor theory　05.0151

鲍尔点　Ball's point　01.0229

爆炸波　blast wave　02.0176

杯形柔轮　cup shape flexspline　08.0460

背对背配置　back-to-back arrangement　07.0705

背对背双端面机械密封　back-to-back double mechanical seal　07.0812

背压　back pressure　08.0847

背锥齿廓　back cone tooth profile　08.0077

背锥角　back cone angle　08.0375

背锥距　back cone distance　08.0362

背锥[面]　back cone　08.0352

倍频振动　multiple frequency vibration　02.0062

被测量　measurand　06.0146

被密封介质　sealed medium　07.0864

本体感受传感器　proprioceptive sensor　01.0567

苯胺点　aniline point　05.0412

泵功率损失　pump power losses　08.0951

泵机械效率　pump mechanical efficiency　08.0955

泵零位　pump zero position　08.0949

泵容积损失　pump volumetric losses　08.0953

泵容积效率　pump volumetric efficiency　08.0952

泵吸收功率　pump absorbed power　08.0954

泵总效率　pump overall efficiency　08.0950

泵控闭环同步回路　pump controlled synchronous closed circuit　08.1206

泵轮　impeller　08.1281

泵轮公称力矩　nominal torque of impeller　08.1373

泵轮液力转矩　hydraulic torque of impeller　08.1347

泵轮转矩　impeller torque　08.1345

比较法　comparison method　06.0147

比例　scale　03.0192

比例电磁铁　proportional solenoid　08.1005

*比例-积分-微分控制器　PID controller　06.0385

比例减压阀　proportional reducing valve　08.1089

比例控制器　proportional controller　06.0387

比例流量阀　proportional flow control valve　08.1078

比例流量控制变量泵　proportional flow control variable pump　08.0944

比例流量压力复合控制变量泵　proportional flow and pressure combined control variable pump　08.0945

比例压力阀　proportional pressure valve　08.1084

比例压力控制变量泵　proportional pressure control variable pump　08.0943

比例溢流阀　proportional pressure relief valve　08.1085

比压　specific pressure　05.0069

彼得罗夫方程　Petroff equation　05.0353

闭合力　closing force　07.0868

闭环控制　closed-loop control　06.0388

闭环控制系统　closed-loop control system　08.1447

闭式泵　closed loop pump　08.0948

闭式回路　closed circuit　08.1181

闭式油箱　sealed reservoir　08.1247

闭式运动链　closed kinematic chain　01.0033

闭锁式液力偶合器　locking fluid coupling　08.1263

闭锁液力变矩器　locking torque converter　08.1268

闭型轴承　capped bearing　07.0633

壁厚千分尺　wall thickness micrometer　06.0148

边倒圆　edge fillet　03.0258

边滑　boundary lubrication　05.0094

边界层　boundary layer　05.0004

边界控制原则　boundary control principle　06.0149

边界摩擦　boundary friction　07.0885

边界润滑　boundary lubrication　05.0395

边宽　margin　07.1077

*编程　programming　01.0536

*编程位姿　programmed pose　01.0527

编程员　programmer　01.0514

编织平带　cotton belt　08.0585

编织形式　type of weave　07.1068

扁环螺母　flat nut　07.0173

扁平头半空心铆钉　thin head semi-tubular rivet　07.0258

扁平头铆钉　thin head rivet　07.0252

扁圆头半空心铆钉　oval head semi-tubular rivet　07.0254

扁圆头固定螺栓　mushroom head anchor bolt　07.0071

扁圆头铆钉　flat round head rivet　07.0249

变胞机构　metamorphic mechanism　01.0196

变幅系数　radius variation ratio　08.0311

变幅载荷　variable amplitude loading　04.0082

变刚度弓形板弹簧　variable rate semi-elliptic spring　07.0920

变刚度椭圆形板弹簧　variable rate full-elliptic spring　07.0923

*变结构控制　sliding mode control　06.0399

变矩系数　torque ratio　08.1351

变量泵　variable displacement pump　08.0929

变量马达　variable displacement motor　08.1130

变量叶片泵　variable displacement vane pump　08.0931

变量叶片马达　vane variable displacement motor　08.1132

变频电气传动　variable frequency electric drive　08.1443

变频调速器　frequency convertible governor　06.0498

变速　speed changing　08.0005

变速比修形蜗杆传动　worm gearing modified with varying of transmission ratio　08.0502

变速机构　gear shifting mechanism　01.0194

变速器　transmission　08.0010

*变位　addendum modification　08.0160

变位齿轮　profile shifted gear　01.0201

变位齿轮副　X-gear pair, modified gear pair　08.0166

*变位系数　addendum modification coefficient　08.0165

变位圆柱蜗杆传动　profile shifted gears for cylindrical worm gear　08.0491

变形量　deflection　07.0995

变型设计　variant design　03.0096

*变异设计　aberrance design　03.0103

变异性设计　aberrance design　03.0103

变载荷　fluctuating load　07.0769

变质量系统　variable mass system　01.0381

标称冲击脉冲　nominal shock pulse　02.0171

标称最小可达剩余不平衡量　claimed minimum achievable residual unbalance　02.0306

标定质量　calibration mass　02.0273

标定转矩　rated torque　08.1375

标定转子　calibration rotor　02.0316

标高投影　indexed projection　03.0216

标牌铆钉　rivets for rame plate　07.0262

标题栏　title block　03.0194

标准不确定度　standard uncertainty　06.0150

*标准测量不确定度　standard uncertainty　06.0150

*标准齿轮　X-zero gear　08.0163

标准公差　standard tolerance,fundamental tolerance　03.0357

标准化设计　standardized design　03.0100

*标准收缩齿锥齿轮　bevel gear with standard tapered teeth　08.0337

标准循环　standard cycle　01.0562

标准圆柱法　standard cylinder method　06.0151

标准圆柱蜗杆传动　standard gears for cylindrical worm gear　08.0490

标准中心距　reference center distance　08.0158

表格图　tabular drawing　03.0171

表观黏度　apparent viscosity　05.0319

表面　surface　05.0001

表面波　surface wave　02.0139

表面波纹度　surface waveness　05.0026

表面粗糙度　surface roughness　03.0296

表面粗糙度传感器　surface roughness transducer, surface roughness sensor　06.0072

表面粗糙度轮廓算术平均中线　arithmetic average line of surface roughness profile　06.0155

表面粗糙度轮廓最小二乘中线　least squares line of surface roughness profile　06.0156

表面粗糙度评定长度　evaluation length of surface roughness　06.0152

表面粗糙度取样长度　sampling length of surface roughness　06.0153

表面粗糙度实际轮廓线　actual profile of surface roughness　06.0154

表面活性剂　surfactant　05.0422

表面加工纹理　surface processed texture　06.0157

表面加工纹理方向　direction of surface texture　06.0158

表面加工系数　surface machining factor　04.0121

表面结构　surface structure　03.0315，05.0020

表面力　surface force　05.0007

表面力仪　surface force apparatus　05.0442

表面裂纹　surface crack　04.0170

表面轮廓[线]　surface profile　05.0030

表面能　surface energy　05.0010

*表面疲劳　fatigue wear　05.0287

表面强化系数　surface strengthening factor　04.0122

表面效应　surface effect　05.0016

表面形貌　surface topography　05.0025

表面硬化　surface hardening　04.0120

表面张力　surface tension　05.0008

表面重构　surface reconstruction　05.0022

表面自由能　surface free energy　05.0011

表图　chart　03.0187

表压传感器　gauge pressure transducer, gauge pressure sensor　06.0073

表压力　gauge pressure　08.0829

宾厄姆固体　Bingham solid　05.0330

并行设计　concurrent design　03.0053

*并联杆式机器人　parallel link robot　01.0436

并联机构　parallel mechanism　01.0576

并联机器人　parallel robot　01.0436

波动比　fluctuate ratio　08.1384

波发生器　wave generator　08.0392

波发生器短轴　minor axis of wave generator　08.0452

波发生器长轴　major axis of wave generator　08.0449

波腹　antinode　02.0132

波高　wave height　08.0399

波高系数　coefficient of wave height　08.0400

波节　node　02.0131

波列　wave train　02.0133

波数　wave number　08.0395

波纹管　bellows　07.0833

波纹管有效直径　effective diameter of bellows　07.0873

波纹管联轴器　coupling with corrugated pipe　07.0280

波纹管液压缸　bellows cylinder　08.1159

波纹管执行器　bellows actuator　08.1158

波纹管座　bellows seal adaptor　07.0839

波纹手轮　sinuate handwheel　07.1051

波纹圆轮缘手轮　sinuate disc handwheel　07.1053

波形弹性垫圈　wave spring washer　07.0183

波长　wave length　02.0134

波阵面　wave front　02.0140

剥层　delamination　05.0248

剥落　spalling　05.0230

剥蚀　pitting　05.0258

伯努利真空发生器　Bernoulli vacuum generator　08.1407

泊　poise　05.0325

泊松比　Poisson ratio　04.0027

补偿环　compensated ring　07.0829

补偿环组件　seal head　07.0831

补偿环座　primary ring adaptor　07.0836

补偿器　compensator　02.0293

补偿式平衡机　compensating balancing machine　02.0288

补偿系统　charging system　08.1256

补偿压力　charging pressure　08.1356

补偿作用　compensation　05.0378

补油泵　charge pump, make-up pump　08.0890

补油回路　make-up line　08.1200

不等节距圆柱螺旋弹簧　variable pitch cylindrical helical spring　07.0905

不对称循环　asymmetry cycle　04.0108

不对中　misalignment　02.0201

不可逆电气传动　nonreversible electric drive　08.1435

不内缩方式　no inside shrink way　06.0159

不平衡　unbalance　02.0228

不平衡度　specific unbalance　02.0243

不平衡力　unbalance force　02.0237

不平衡力矩　unbalance moment　02.0240

不平衡力偶　unbalance couple　02.0242

不平衡量　amount of unbalance　02.0233

不平衡灵敏度　sensitivity to unbalance　02.0252

不平衡矢量　unbalance vector　02.0236

不平衡式叶片马达　unbalance vane motor　08.1122

不平衡相角　angle of unbalance　02.0235

*不平衡相位　angle of unbalance　02.0235

不平衡质量　unbalance mass　02.0234

不确定度报告　uncertainty budge　06.0160

不完全齿轮机构　incomplete gear mechanism

01.0176

不完全互换性　limited interchangeability　03.0323

不完整螺纹　incomplete thread　07.0024

不相容流体　incompatible fluid　08.0752

布尔运算　Boolean operation　03.0263

布局设计　layout design　03.0034

布氏硬度　Brinell hardness　04.0032

步进电气传动　step motion electric drive　08.1438

步进伺服驱动　stepping servo driving　06.0500

步进运动机构　step mechanism　01.0175

部分解耦性　partial decoupling　01.0262

部分柔顺机构　partially compliant mechanism　01.0189

部分自由度　partial degree of freedom　01.0277

部件　assembly unit, subassembly　01.0008

C

擦伤　scratching　05.0253

采样控制　sampling control　06.0389

采样频率　sampling frequency　02.0183

采样周期　sampling period　02.0184

参数化设计　parametric design　03.0097

参数振动　vibration of parametric excitation　02.0077

残碳值　carbon residue value　05.0415

残余压力　residual pressure　08.0850

*操动件　actuator　06.0039

操纵离合器　controlled clutch　07.0295

操作方式　operating mode　01.0539

操作杆　joy stick　01.0544

操作机　manipulator　01.0443

操作空间　operational space, operating space　01.0462

*操作模式　operational mode　01.0539

操作员　operator　01.0513

槽角　angle of pulley groove　08.0613

*槽宽　transverse spacewidth　08.0224

槽宽半角　spacewidth half angle　08.0227

槽轮　geneva wheel　01.0178

槽轮机构　geneva mechanism, maltese mechanism　01.0179

槽销　grooved pin　07.0233

草图　sketch　03.0188

侧面带孔圆螺母　round nut with set pin holes in side　07.0169

侧面开槽圆螺母　slotted round nut for hook-spanner　07.0168

侧弯链　side bow roller chain　08.0668

测得量值　measured quantity value　06.0161

*测得值　measured quantity value　06.0161

测控电路　measurement and control circuit　06.0002

测控技术　measurement and control technology

06.0001

测控终端　measuring and controlling terminal　06.0003

测量　measurement　06.0162

测量不确定度　measurement uncertainty　06.0163

测量不确定度 A 类评定　type A evaluation of measurement uncertainty　06.0164

测量不确定度 B 类评定　type B evaluation of measurement uncertainty　06.0165

测量带轮　measuring pulley　08.0642

测量带轮的齿侧间隙　measuring pulley tooth clearance　08.0643

测量单位　measurement unit　06.0166

测量范围　measurement range　06.0167

测量方法　measuring method　06.0168

测量复现性　measurement reproducibility　06.0169

测量高出度　nip,crush　07.0575

测量函数　measurement function　06.0170

测量技术　measurement technology　06.0004

测量结果　result of measurement　06.0171

测量精度　measurement accuracy　06.0172

测量精密度　measurement precision　06.0173

测量力　measuring force　06.0174

测量模型　measurement model　06.0175

测量模型输出量　output quantity in a measurement model　06.0176

测量模型输入量　input quantity in a measurement model　06.0177

测量平面　measuring plane　02.0264

测量特征参数原则　measuring characteristic parameter principle　06.0178

测量跳动原则　measuring beating principle　06.0179

测量误差　measurement error　06.0180

测量重复性　measurement repeatability　06.0181

测量坐标值原则 measuring coordinate value principle 06.0182

测长机 measuring machine 06.0183

测长仪 length measuring instrument 06.0184

层间腐蚀 layer corrosion 05.0498

层流 laminar flow 08.0803

层状橡胶弹簧 laminated rubber spring 07.0935

插装阀 cartridge valve 08.1074

插装式单向阀 cartridge type check valve 08.1040

插装式溢流阀 cartridge type pressure relief valve 08.1054

查尔斯运动 Charles movement 01.0260

差动回路 differential circuit 08.1203

差动机构 differential mechanism 01.0186

差动轮系 differential gear train 01.0203

差动螺旋机构 differential screw mechanism 01.0169

差动液压缸 differential cylinder 08.1160

差分不平衡 differential unbalance 02.0269

差分试验质量 differential test masses 02.0268

差压传感器 differential pressure transducer, differential pressure sensor 06.0074

差异充气电池 differential aeration cell 05.0521

*产品改良设计 improved design 03.0017

产品平台 product platform 03.0108

产品平台化设计 product platform design 03.0107

产品设计 product design 03.0002

产品数据管理 product data management 03.0119

产品信息建模 product information modeling 03.0111

产品装配建模 product assembly modeling 03.0112

产品族设计 product family design 03.0105

产形齿轮 generating gear of a gear 08.0050

产形齿面 generating flank 08.0051

产形齿条 counterpart rack 08.0049

颤振 flutter, chatter 02.0081

长度计量标准 the length of the measurement standard 06.0365

长度量值传递系统 length measurement transmission system 06.0366

长幅摆线 prolate cycloid 08.0107

长幅内摆线 prolate hypocycloid 08.0113

长幅外摆线 prolate epicycloid 08.0110

长幅外摆线的等距曲线 equidistant curve of prolate epicycloid 08.0288

长幅系数 prolate ratio 08.0310

*长径法兰 integral flange 07.1011

长裂纹扩展寿命 long crack propagation life 04.0208

长手柄套 long sleeve knob 07.1042

长轴半径 major semi axis 08.0455

常闭阀 normally closed valve 08.0993

常闭制动器 normally engaged brake 07.0403

*常规试验法 one-point testing method 04.0130

常规试验筛组 regular set of test sieves 07.1085

常合离合器 normally engaged clutch 07.0312

常开阀 normally open valve 08.0994

常开离合器 normally disengaged clutch 07.0311

常开制动器 normally disengaged brake 07.0402

常压油箱 atmospheric reservoir 08.1245

超高周疲劳 super high-cycle fatigue 04.0072

超滑 super-lubricity 05.0307

*超润滑 super-lubricity 05.0307

超声[波]传感器 ultrasonic transducer, ultrasonic sensor 06.0075

超同步串级电气传动 supersynchronous Scherbius electric drive 08.1442

超谐共振 superharmonic resonance 01.0398

超越离合器 overrunning clutch 07.0300

掣子 latch 01.0183

沉积物腐蚀 deposit corrosion 05.0488

沉头半空心铆钉 countersunk head semi-tubular rivet 07.0257

沉头槽销 countersunk grooved pin 07.0237

沉头带榫螺栓 flat countersunk nib bolt 07.0086

沉头铆钉 countersunk head rivet 07.0247

衬背材料 backing material 07.0609

衬环法兰 lined flange 07.1021

衬套式橡胶弹簧 sleeve-type rubber spring 07.0936

*称重传感器 weighing transducer, weighing sensor 06.0134

撑环 pushing out ring 07.0834

撑角 strut angle 07.0387

成对安装 paired mounting 07.0703

成熟度 mature degree 03.0285

成组试验法 group test method 04.0131

承压盘 bearing disc 07.0358

承载面积 load area 07.0983

承载能力 load carrying capacity 05.0352

程序验证 program verification 01.0484

弛振 galloping 02.0082

冲击波　shock wave　02.0177

冲击传感器　shock transducer, shock sensor
　06.0077

冲击激励　shock excitation　02.0159

*冲击角　attack angle　05.0265

冲击脉冲　shock pulse　02.0158

冲击脉冲持续时间　duration of shock pulse
　02.0173

冲击脉冲的标称值　nominal value of shock pulse
　02.0172

冲击磨损　impact wear　05.0223

*冲击谱　shock spectrum　02.0179

冲击侵蚀　impact erosion, impingement erosion
　05.0245

冲击韧性　impact toughness　04.0043

冲击试验　shock test　02.0128

冲击试验机　shock testing machine　02.0178

冲击速度　impact velocity　05.0266

冲击损伤　impact damage　04.0153

冲击损失　shock losses　08.1336

冲击吸收器　shock absorber　02.0180

冲击响应谱　shock response spectrum　02.0179

冲击运动　shock motion　02.0161

冲角　attack angle　08.1320

冲孔面　punch side　07.1079

冲力　impulsive force　01.0308

冲量　impulse　01.0309，02.0160

*冲蚀　erosion wear　05.0224

冲蚀腐蚀　erosion corrosion　05.0273

冲蚀量　erosion loss　05.0267

冲蚀率　erosion rate　05.0269

冲蚀磨损　erosion wear　05.0224

冲洗　flush　07.0857

冲洗方案　flush plan　07.0858

冲洗流体　flush fluid　07.0859

冲压方螺母　square nut without chamfer　07.0151

冲压外圈滚针轴承　drawn cup needle roller bearing
　07.0670

充气　aeration　08.0744

充气式蓄能器　gas-loaded accumulator　08.1233

充气压力　charge pressure　08.0868

充液阀　prefill valve　08.1019

充液量　filling amount　08.1381

充液率　filling factor　08.1382

*重复性　measurement repeatability　06.0181

抽壳　hollow　03.0257

稠度　consistency　05.0323

出口节流调速回路　meter-out speed control circuit
　08.1196

出口压力　outlet pressure　08.0852

出油口　outlet port　08.0979

初拉力　initial tension　07.0964

初生表面　nascent surface　05.0018

初始剥蚀　initial pitting　05.0259

初始不平衡　initial unbalance　02.0244

初始触合变形量　deflection of first bottoming
　07.0967

初始触合载荷　load at first bottoming　07.0968

*初始点蚀　initial pitting　05.0259

初始损伤尺寸　original damage size　04.0138

初始振动　initial vibration　02.0248

除油过滤器　oil removing filter　08.1400

触变材料　rheopectic material　05.0423

触变性　thixotropy　05.0338

触针法　tracer method　06.0194

穿晶破裂　transgranular cracking　05.0505

穿孔板　perforated plate　07.1075

穿透裂纹　penetrated crack　04.0169

传递导纳　transfer mobility　02.0037

传递函数　transfer function　02.0019，06.0390

传递率　transmissibility　02.0020

传递阻抗　transfer impedance　02.0030

传动比　transmission ratio　08.0002

传动带　driving belt　08.0581

传动滚珠丝杠副　transport ball screw　08.0714

传动机构　transmission mechanism　06.0005

传动精度　transmission accuracy　08.0173

传动链　transmission chain　08.0669

传动螺钉　driving screw　07.0841

传动误差　transmission error　08.0172

传动元件　drive element　07.0850

传动[装置]　transmission driving　08.0001

传动座　drive retainer　07.0840

传感技术　sensing technology　06.0006

传感控制　sensory control　01.0474

传感器动态特性　dynamic characteristics of sensor
　06.0138

传感器精度　sensor accuracy　06.0139

传感器静态特性　static characteristics of sensor
　06.0137

传感器零漂和温漂　the sensor zero drift and temper-
　ature drift　06.0140

传感器融合　sensor fusion　01.0506

传感器特性　sensor characteristic　06.0136

传感网络　transducer network, sensor network　06.0056

传感阵列　transducer array, sensor array　06.0057

喘振　surging　02.0198

串行设计　sequential design　03.0052

串级电气传动　electric drive with cascade　08.1441

串联缸　tandem cylinder　08.1154

串联机械密封　tandem mechanical seal　07.0811

串联配置　tandem arrangement　07.0707

创新设计　innovation design　03.0016

垂直度　perpendicularity　03.0308

垂直制动　vertical braking　07.0469

锤击磨损　peening wear　05.0261

纯滚动　pure rolling　05.0056

磁场强度传感器　magnetic field strength transducer, magnetic field strength sensor　06.0090

磁电机球轴承　magneto ball bearing　07.0660

磁轭　magnetic yoke　07.0345

磁粉　magnetic powder　07.0372

磁粉离合器　magnetic powder clutch　07.0331

磁粉制动器　magnetic powder brake　07.0439

磁力机械密封　magnetic mechanical seal　07.0823

磁力轴承　magnetic bearing　07.0519

磁流体动力润滑　magneto- hydrodynamic lubrication, MHD lubrication　05.0394

磁式氧传感器　magnetic oxygen transducer, magnetic oxygen sensor　06.0091

磁通传感器　magnetic flux transducer, magnetic flux sensor　06.0092

磁学量传感器　magnetic quantity transducer, magnetic quantity sensor　06.0089

磁致伸缩式传感器　magnetostrictive transducer, magnetostrictive sensor　06.0093

磁致伸缩振动发生器　magnetostrictive vibration generator　02.0118

磁滞制动器　magnetic remanence brake　07.0441

磁阻式传感器　reluctance transducer, reluctance sensor　06.0094

次谐波共振响应　subharmonic response　02.0152

N 次循环后的疲劳强度　fatigue strength at N cycles　04.0085

从底向上装配法　bottom-up assembly method　03.0272

从顶向下装配法　top-down assembly method　03.0273

从动部件　driven part　07.0336

从动齿轮　driven gear　08.0024

从动带轮　driven pulley　08.0566

从动件　driven link　01.0018

从动链轮　driven chain wheel　08.0701

*从动轮　driven chain wheel　08.0701

从蹄　trailing shoe　07.0461

从蹄制动器　trailing shoe brake　07.0437

粗糙峰接触理论　asperity peak contact theory　05.0050

粗大误差　gross error　06.0195

粗滤器　strainer　08.1227

*促动器　actuator　06.0039

脆断温度　brittle temperature　04.0185

脆性断裂　brittle fracture　04.0177

D

大扁圆头半空心铆钉　truss head semi-tubular rivet　07.0255

大扁圆头铆钉　truss head rivet　07.0250

大齿轮　wheel, gear　08.0022

大端螺旋角　outer spiral angle　08.0378

大滚子　large roller　08.0694

大径间隙　major clearance　07.0055

大六角螺母　heavy series hexagon nut　07.0148

大气暴露试验　atmospheric exposure test　05.0564

大气腐蚀　atmospheric corrosion　05.0479

大气露点　atmospheric dew point　08.0747

大楔角 V 带　wide angle V belt　08.0592

V 带　V-belt　08.0587

带边滚子　flange roller　08.0695

带表卡尺　dial caliper　06.0196

带齿　tooth of synchronous belt　08.0627

[带]齿顶圆　tip circle　08.0634

[带]齿根圆　root circle　08.0635

带传动　belt drive　08.0556

V 带传动　V-belt drive　08.0558

[带传动]张紧轮　tension pulley　08.0570

带附件的滚子链　roller chain with attachments　08.0657

带高　belt height　08.0626

带肩销轴　shouldered　08.0692

带节距　belt pitch　08.0623

带颈承焊法兰　hubbed socked welding flange　07.1018

带颈平焊法兰　hubbed clip on welding flange　07.1017

带空心销轴的滚子链　roller chain with hollow pins　08.0659

带孔销　pin with split pin hole　07.0239

带宽　belt width　08.0625

V 带轮　V-grooved pulley　08.0611

[V 带]楔角　wedge angle　08.0608

[带轮]包角　angle of contact　08.0573

带轮初拉力　initial tension　08.0576

带轮毂链轮　sprocket with hub　08.0706

带轮有效直径　effective diameter　08.0618

带式制动器　band-brake　07.0419

带速　belt speed　08.0574

带退刀槽螺柱　stud with under cut [groove]　07.0087

带用螺栓　belting bolt　07.0073

带长　belt length　08.0572

带中间环的机械密封　mechanical seal with intermediate ring　07.0820

[带]中心距　center distance　08.0571

怠速压力　idling pressure　08.0866

单摆　simple pendulum　01.0340

单板机　single board computer　06.0504

单柄对重手柄　ball-crank handle　07.1037

单波　single wave　08.0396

单层滑动轴承　monolayer plain bearing　07.0528

单出杆缸　single-rod cylinder　08.1149

单导程圆柱蜗杆　single lead cylindrical worm　08.0492

单点控制　single point of control　01.0549

单点试验法　one-point testing method　04.0130

单端面机械密封　single mechanical seal　07.0807

单耳止动垫圈　tab washer with long tab　07.0193

*单方向位姿重复性　unidirectional pose repeatability　01.0491

*单方向准确度　unidirectional pose accuracy　01.0490

单关节加速度　individual joint acceleration　01.0554

单关节速度　individual joint velocity　01.0552

单环机构　single loop mechanism　01.0042

单级行星齿轮系　single planetary gear train　08.0241

单级谐波齿轮传动　single stage harmonic gear drive　08.0423

单开链　single open chain　01.0261

单孔手术　laparoendoscopic single-site surgery, LESS　01.0570

单列轴承　single row bearing　07.0619

单面倒角平垫圈　single chamfer plain washer　07.0176

单面[静]平衡　single-plane [static] balancing　02.0255

单面啮合综合测量　comprehensive measuring of single mesh　06.0197

单排滚子链　simplex roller chain　08.0652

单排链轮　sprocket for simplex chain　08.0703

单片弧高　camber of a leaf　07.0975

单片机　single chip microcomputer　06.0505

*单片集成传感器　integrated transducer　06.0135

单频激光干涉仪　single-frequency laser interferometer　06.0322

单腔液力偶合器　single space fluid coupling　08.1261

单弹簧式机械密封　single-spring mechanical seal　07.0802

单蹄制动器　one shoe brake　07.0434

单停歇运动　one dwell motion　01.0146

单位脉冲响应函数　unit impulse response function　02.0034

单位摩擦功　unit friction work　07.0478

单位摩擦功率　unit friction power　07.0479

*单位制动功　unit friction work　07.0478

单线滚珠丝杠副　single start ball screw　08.0715

单线螺纹　single start thread　07.0019

单向泵　uni-flow pump　08.0891

单向阀　check valve　08.1037

单向阀配流径向柱塞泵　checkvalve radial piston pump　08.0927

单向阀配流轴向柱塞泵　checkvalve axial piston pump　08.0926

单向棘爪　one-way trip　08.0969

单向节流阀　one-way throttle valve　08.1410

单向离合器　one-way clutch　07.0309

单向流量控制阀　one-way flow control valve,non-return valve　08.1015

单向推力轴承　single direction thrust bearing

07.0650

单向制动器　unidirectional brake　07.0404

单一中径　single pitch diameter　06.0198

单元仿生　simple bionics, single-factor bionics　03.0126

单圆弧齿轮　single circular arc gear　08.0192

*单轴加速度　individual axis acceleration　01.0554

单轴疲劳　uniaxial fatigue　04.0068

*单轴速度　individual axis velocity　01.0552

单柱塞泵　single piston pump　08.0918

单自由度机构　mechanism with single degree of freedom　01.0044

单自由度系统　single-degree-of-freedom system　02.0011

单作用缸　single acting cylinder　08.1147

单作用叶片泵　single action vane pump　08.0909

单作用叶片马达　single action vane motor　08.1131

单作用柱塞泵　single action piston pump　08.0916

当量齿轮　virtual gear　08.0180

当量齿数　virtual number of teeth　08.0097

当量摩擦半径　equivalent friction radius　05.0181

当量摩擦系数　equivalent coefficient of friction　05.0166

当量圆柱齿轮副　virtual cylindrical gear pair　08.0345

当量载荷　equivalent load　07.0771

挡边　rib　07.0701

挡块　stop　01.0184

挡圈　［closing］ring　07.0197，back-up ring　07.0835

刀口腐蚀　knife line corrosion　05.0496

导程角　lead angle　08.0103

导程累积误差　cumulative error in lead　07.0065

导程偏差　deviation in lead　07.0064

导杆　guide bar, guide link　01.0066

导杆机构　guide bar mechanism　01.0085

导管　scoop tube　08.1322

导管开度　scoop tube span　08.1383

导管损失　scoop tube losses　08.1341

导轨　guideway　06.0441，guide rail　08.0708

导航　navigation　01.0505

导块　guide block　01.0067

导轮　idler pulley　08.0569，reactor　08.1283

导轮液力转矩　hydraulic torque of reactor　08.1349

导向平键　feather key, dive key　07.0210

倒车齿面　coast side　08.0388

倒角　chamfer　03.0260

倒频谱　cepstrum　02.0189

道森-希金森方程　Dowson-Higginson equation　05.0358

等腐蚀线　iso-corrosion line　05.0456

等刚度弓形板弹簧　constant stiffness semi-elliptic spring　07.0919

等刚度椭圆形板弹簧　constant rate full-elliptic spring　07.0922

等高齿弧齿锥齿轮　spiral bevel gear with constant teeth depth　08.0339

等加速等减速运动轨迹　constant acceleration and deceleration motion curve　01.0157

等径凸轮　yoke radial cam with roller follower, constant diameter cam　01.0123

等距曲线　equidistant curve　08.0286

等距修形　modification of equidistance　08.0315

等宽凸轮　yoke radial cam with flat-faced follower, constant-breadth cam　01.0122

等寿命曲线　equal-life curve　04.0115

等寿命设计　equal-life design　04.0241

等速运动轨迹　constant velocity motion curve　01.0154

*等向强化　isotropic hardening　04.0057

等效构件　equivalent link　01.0342

等效力　equivalent force　01.0307

等效力矩　equivalent moment　01.0321

等效力系　equivalent force system　01.0329

等效质量　equivalent mass　01.0343

等效转动惯量　equivalent moment of inertia　01.0350

低副　lower pair　01.0030

低副机构　lower pair mechanism　01.0040

低副运动链　linkage　01.0070

低碳设计　low carbon design　03.0068

低温疲劳　low temperature fatigue　04.0074

低于共振平衡机　below-resonance balancing machine　02.0285

低周疲劳　low-cycle fatigue　04.0070

滴油润滑　drop feed lubrication　05.0408

*笛卡儿坐标机器人　Cartesian robot　01.0430

底板　subplate　08.1110

底图　traced drawing　03.0190

地标　landmark　01.0503

地脚螺母　foundation nut　07.0152

地脚螺栓　foundation bolt　07.0083

*地图构建　map building　01.0563

*地图生成　map generation　01.0563

第三角画法　third angle method　03.0203

第一角画法　first angle method　03.0202

点滴腐蚀试验　dropping corrosion test　05.0566

点蚀　pitting　05.0229

点蚀电位　pitting potential　05.0535

点蚀系数　pitting factor　05.0476

点位控制　point-to-point control　06.0391

点位控制系统　point-to-point control system
　　06.0392

碘值　iodine number　05.0414

电剥蚀　electrical pitting　05.0279

电磁阀　solenoid valve, solenoid controlled valve
　　08.1007

电磁离合器　electromagnetic clutch　07.0298

电磁球阀　solenoid ball valve　08.1034

电磁式波发生器　electromagnetic wave generator
　　08.0433

电磁涡流制动器　electromagnetic whirlpool brake
　　07.0440

电磁制动器　electromagnetic brake　07.0410

电动传动　electric transmission　06.0487

电动轮廓仪　electric contourgraph　06.0199

电动振动发生器　electrodynamic vibration generator
　　02.0112

电动执行机构　electric actuator　06.0442

电感式比较仪　inductive comparator　06.0200

电感式传感器　inductive transducer, inductive sensor
　　06.0081

*电荷耦合器件　charged coupled device　06.0107

电化学保护　electrochemical protection　05.0542

电化学腐蚀　electrochemical corrosion　05.0518

电-机械转换器　electro-mechanical transmission
　　08.1006

电控阀　electrically operated valve　08.1004

*电力拖动　electric drive　08.1431

电流传感器　electric current transducer, electric
　　current sensor　06.0082

电路图　circuit diagram　03.0183

电偶腐蚀　galvanic corrosion　05.0515

电偶序　galvanic series　05.0523

电气传动　electric drive　08.1431

电气控制　electrical control　08.0958

电容式传感器　capacitive transducer, capacitive
　　sensor　06.0083

电蚀磨损　electro erosion wear　05.0225

电位器式传感器　potentiometric transducer,
　　potentiometric sensor　06.0084

电学量传感器　electric quantity transducer, electric
　　quantity sensor　06.0085

电压传感器　voltage transducer, voltage sensor
　　06.0086

电液比例泵　electro-hydraulic proportional variable
　　pump　08.0942

电液比例阀　electro-hydraulic proportional valve
　　08.1077

电液比例方向阀　electro-hydraulic proportional
　　directional control valve　08.1082

电液方向阀　electro-hydraulic directional valve
　　08.1048

电液伺服阀　electro-hydraulic servo valve　08.1095

电液伺服系统　electro-hydraulic servo system
　　06.0443

电阻式传感器　resistive transducer, resistive sensor
　　06.0087

垫圈　washer　07.0174

垫圈高度　washer height　07.0740

吊环螺钉　lifting eye bolt　07.0097

吊环螺母　lifting eye nut　07.0172

叠加阀　ganged valves　08.0996

碟簧内锥高　formed height of unloaded single disc
　　07.0971

*蝶形螺钉　wing screw　07.0094

碟形弹簧　belleville spring　07.0913

顶根距　tip root distance　08.0304

顶宽　top width　08.0605

顶隙　bottom clearance　08.0232

顶圆　tip circle　08.0204

顶圆直径　tip diameter　08.0217

顶[圆]锥角　tip angle　08.0373

顶缘啮合　tip edge engagement　08.0419

*顶锥　tip cone　08.0350

定比减压阀　proportioning pressure reducing valve
　　08.1065

定差减压阀　fixed differential reducing valve
　　08.1064

定差溢流型比例方向流量阀　fixed differential
　　overflow type proportional directional flow valve
　　08.1083

定常系统　time-invariant systems　06.0393

定量泵　fixed displacement pump　08.0899

定量马达　fixed displacement motor　08.1115

定瞬心线　fixed centrode　01.0218

定瞬轴面　fixed axode　01.0240

定速比机构　fixed speed ratio mechanism　01.0193

定位　localization　01.0502

定位把手　position fixing knob　07.1058

定位尺寸　location dimension　03.0292

定位公差　location tolerance　03.0350

定位滚珠丝杠副　positioning ball screw　08.0713

定位精度　positioning accuracy　06.0185

定位面　locating face　08.0358

定位手柄　position fixing handle　07.1059

定位手柄杆　position fixing handle lever　07.1060

定位手柄座　position fixing handle seat　07.1048

定向公差　orientation tolerance　03.0349

定心接口　spigot　02.0221

定形尺寸　shaping dimension　03.0290

定型设计　final design　03.0042

定义不确定度　definitional uncertainty　06.0201

定值减压阀　fixed pressure reducing valve　08.1063

定制设计　customization design　03.0104

定转矩试验　constant torque characteristic test　08.1371

定转速试验　constant speed characteristic test　08.1372

动不平衡　dynamic unbalance　02.0232

动反力　dynamical reaction　01.0306

动刚度　dynamic stiffness　02.0039

*动环　rotating ring　07.0827

动静压混合轴承　hybrid bearing　07.0514

动力多项式凸轮　polydyne cam　01.0165

动力减振器　dynamic vibration absorber　02.0121

*动力黏度　viscosity　05.0317

动力调谐　dynamic tuning　01.0396

动力吸振器　dynamic vibration absorber　02.0120

动力相似　dynamic similarity　08.1359

动力学反问题　inverse dynamics　01.0402

动力学设计　dynamics design　03.0031

动力学正问题　forward dynamics　01.0403

动连接　movable connection　07.0003

动密封件　dynamic seal　08.1241

动摩擦　kinetic friction　05.0162

动摩擦力　kinetic friction force　05.0187

动摩擦力矩　kinetic friction torque　05.0176

动摩擦系数　coefficient of kinetic friction　05.0165

动摩擦因数　coefficient of sliding friction　07.0394

动平衡机　dynamic balancing machine　02.0284

动瞬心线　moving centrode　01.0219

动瞬轴面　moving axode　01.0241

动态接触角　dynamic contact angle　05.0086

动态静力分析　kinetostatic analysis　01.0401

动态切屑厚度　dynamic chip thickness　02.0146

动态设计　dynamic design　03.0091

动态优化设计　dynamic optimization design　03.0079

动压　dynamic pressure　08.0827

*动压力　dynamical reaction　01.0306

动压油膜　dynamic oil film　05.0359

动压轴承　hydrodynamic bearing　07.0508

动载荷　dynamic load　01.0301

动载滑动轴承　dynamically loaded plain bearing　07.0507

独立公理　independent axiom　03.0048

独立原则　independence principle　06.0202

堵塞　blinding　07.1102

端面齿槽宽　transverse spacewidth　08.0224

端面齿厚　transverse tooth thickness　08.0220

端面齿距　transverse pitch　08.0210

端面齿廓　transverse profile　08.0074

端面齿轮　contrate gear　08.0323

端面带孔圆螺母　round nut with drilled holes in one face　07.0170

端面模数　transverse module　08.0092

端面摩擦转矩　friction torque　07.0891

端面啮合线　transverse path of contact　08.0144

端面凸轮　end cam, face cam　01.0113

端面弦齿厚　transverse chordal tooth thickness　08.0222

端面谐波齿轮传动　harmonic gear drive with transverse gear meshing　08.0428

端面压力角　transevse pressure angle　08.0228

端面压强　end face pressure　07.0876

端面重合度　transverse contact ratio　08.0156

端面作用弧　transverse arc of transmission　08.0149

端面作用角　transverse angle of transmission　08.0152

端平面　transverse plane　08.0040

短幅摆线　curtate cycloid　08.0108

短幅内摆线　curtate hypocycloid　08.0114

短幅内摆线等距曲线　equidistant curve of curtate hypocycloid　08.0291

短幅外摆线　curtate epicycloid　08.0111

短幅外摆线等距曲线　equidistant curve of curtate epicycloid　08.0289

短幅系数　curtate ratio　08.0309

短节距滚子链　short pitch roller chain　08.0651

短裂纹扩展寿命　short crack propagation life　04.0207

短轴半径　minor semi axis　08.0456

断口反推理论　fractography inverse theory　04.0126

断裂力学分析　fracture mechanics analysis　04.0212

*断裂韧度　fracture toughness　04.0175

断裂韧性　fracture toughness　04.0175

断裂准则　fracture criterion　04.0176

断面图　section drawing　03.0236

锻槽沉头螺钉　countersunk head screw with forged slot　07.0106

堆积　silting　08.0736

对称度　degree of symmetry　03.0311

对称缸　symmetrical cylinder　08.1161

对称三角形冲击脉冲　symmetrical triangular shock pulse　02.0167

对称循环　symmetry cycle　04.0107

对称运动轨迹　symmetrical motion curve　01.0152

对滚法　rolling method　06.0203

对焊法兰　welding neck flange　07.1014

对焊环松套带颈法兰　loose hubbed flange with welding nack collar　07.1019

对径测量　diameter measurement　06.0204

对偶材料　mating material　05.0211

对偶件　mating plate　07.0357

对心曲柄滑块机构　centric slider crank mechanism　01.0081

对心直动从动件　radial translating follower　01.0132

钝化　passivation　05.0527

钝态　passive state　05.0530

钝态电流　passive current　05.0531

*钝性　passive state　05.0530

多层滑动轴承　multilayer plain bearing　07.0529

多层金属轴承　multilayer metallic bearing　07.0530

多冲疲劳　multi-impulse fatigue　04.0076

多方向位姿准确度变动　multidirectional pose accuracy variation　01.0492

多功能传感器　multi-function transducer, multi-function sensor　06.0054

多股螺旋弹簧　stranded wire helical spring　07.0906

多环机构　multiloop mechanism　01.0043

多活塞杆缸　multi-rod cylinder　08.1152

多级串联泵　multi-stage pump, staged pump　08.0889

多级行星齿轮系　multiple stage planetary gear train　08.0242

多级谐波齿轮传动　multiple stage harmonic gear drive　08.0424

多角形橡胶联轴器　coupling with polygonal rubber element　07.0289

多孔质轴承　porous bearing　07.0518

多联齿轮泵　multiple gear pump　08.0904

多联马达　multiple motor　08.1137

多联叶片泵　multiple vane pump　08.0908

多列轴承　multi row bearing　07.0621

多路阀　stack valve　08.1036

多面平衡　multiplane balancing　02.0259

多排滚子链　multiplex roller chain　08.0655

多排链轮　sprocket for multiple chain　08.0705

多片盘式制动器　multiple disk brake　07.0425

多弹簧式机械密封　multiple-spring mechanical seal　07.0803

多位缸　multi-position cylinder　08.1163

多线螺纹　multi start thread　07.0020

多项式运动轨迹　polynomial motion curve　01.0158

多楔带　poly V belt　08.0599

多楔滑动轴承　lobed plain bearing　07.0535

多学科联合仿真　multidisciplinary joint simulation　03.0115

多学科优化设计　multidisciplinary optimization design　03.0076

多油楔轴承　multi-oil wedge bearing　07.0536

多油叶轴承　bobed bearing　07.0537

多轴疲劳　multiaxial fatigue　04.0069

多自由度机构　mechanism with multiple degrees of freedom　01.0045

多自由度系统　multi-degree-of-freedom system　02.0012

E

额定负载　rated load　01.0486

额定耗气量　rated air consumption　08.1396

额定流量　rated flow　08.0792

额定寿命　rating life　07.0777

F

*防腐蚀   corrosion protection   05.0472

防蚀   corrosion protection   05.0472

防转销   anti-rotating pin   07.0845

仿人机器人   humanoid robot   01.0441

仿生变色   bionic discoloration   03.0143

仿生表面   biomimetic surface   03.0132

仿生成形   bionic forming   03.0150

仿生传感   biomimetic sensing   03.0133

*仿生感知   biomimetic sensing   03.0133

仿生工程   bionic engineering   03.0121

*仿生功能表面   biomimetic surface   03.0132

仿生机构   bio-mechanism   01.0058, 03.0130

仿生机器人   biomimetic robot   03.0135

仿生机械系统   biomimetic mechanical system
   03.0129

仿生减阻   bionic resistance reduction   03.0138

仿生建模   bionic modeling   03.0149

仿生降噪   bionic noise reduction   03.0146

仿生结构   biomimetic structure   03.0131

仿生抗冲蚀   bionic anti-erosion   03.0145

仿生耐磨   anti-wear bionic   03.0139

仿生驱动   biomimetic actuation   03.0134

仿生设计   biomimetic design   03.0128

仿生脱附   bionic adhesion   03.0140

仿生修复   bionic repairing   03.0148

仿生学   bionics   03.0122

仿生隐形   bionic stealth   03.0144

仿生止裂   bionic anti-cracking   03.0142

仿生制造   bionic manufacturing   03.0137

仿生智能   bionic intelligence   03.0147

仿生自洁   bionic self-cleaning   03.0141

仿真转子   dummy rotor   02.0227

放松时间   release time   07.0474

放缩   scaling   03.0261

放样   loft   03.0255

飞机机架轴承   airframe bearing   07.0635

飞轮   flywheel   01.0358

飞轮矩   moment of flywheel   01.0359

非变位齿轮   X-zero gear   08.0163

非补偿环   uncompensated ring   07.0830

非补偿环座   mating ring adaptor   07.0837

非常规试验筛组   irregular set of test sieves
   07.1086

*非电量检测技术   automatic measurement technol-
   ogy   06.0495

非对称缸   asymmetric cylinder   08.1162

非对称运动轨迹   unsymmetrical motion curve
   01.0153

非工作齿面   non working flank   08.0063

非接触式密封   non-contacting mechanical seal
   07.0792

非金属弹性元件联轴器   coupling with non-metallic
   elastic element   07.0283

非摩擦制动器   non-friction brake   07.0401

非牛顿行为   non-Newton behavior   05.0311

非耦合模态   uncoupled modes   02.0096

非耦合振型   uncoupled modes   02.0103

非平衡式机械密封   unbalanced mechanical seal
   07.0804

非平衡质量振动发生器   unbalanced mass vibration
   generator   02.0115

非平稳振动   non-stationary vibration   02.0060

非弹性碰撞   inelastic impact   01.0338

非调速电气传动   unadjustable speed electric drive
   08.1437

非线性控制系统   nonlinear control system   08.1445

非线性振动   nonlinear vibration   02.0078

非旋转式平衡机   non-rotation balancing machine
   02.0281

非圆齿轮机构   noncircular gear mechanism
   01.0177

非圆滑动轴承   noncircular plain bearing   07.0526

非直接接触式制动器   non-direct contact brake
   07.0399

非周期性速度波动   aperiodic speed fluctuation
   01.0357

非周期运动   aperiodic motion   01.0293

非周期振动   aperiodic vibration   02.0086

分辨率   resolution   01.0500

分布曲面   distribution surface   08.0284

分布式控制系统   distributed control system
   06.0395

分布式数字控制   distribute numerical control, DNC
   06.0444

分布圆齿距   distribution pitch   08.0302

分布圆直径   distribution diameter   08.0297

分部件   sub-unit   07.0708

分叉运动   bifurcated motion   01.0578

分度曲面   reference surface   08.0043

分度圆   reference circle   08.0201

分度圆齿顶高   reference addendum   08.0540

分度圆齿根高   reference dedendum   08.0543

分度圆齿距　reference pitch　08.0539
分度圆螺旋线　reference helix　08.0206
分度圆直径　reference diameter　08.0214
分度圆柱面　reference cylinder　08.0194
分度圆锥角　reference cone angle　08.0371
分度圆锥面　reference cone　08.0348
分度值　division value　06.0207
分角　quadrant　03.0201
分离过程　disengaging process　07.0381
分离机构　disengaging mechanism　07.0338
分离器　separator　08.1226
分离时间　disengaging time　07.0383
分离弹簧　release spring　07.0362
分量测量装置　component measuring device
　02.0299
分流阀　flow divider　08.1016
分形接触力学　fractal contact mechanics　05.0049
*分锥　reference cone　08.0348
分锥顶点　reference cone apex　08.0355
*分锥角　reference cone angle　08.0371
分子沉积膜　molecular deposition film　05.0107
分子机械磨损　molecule mechanical wear　05.0278
分子膜　molecular film　05.0103
分子自组装膜　molecule self-assembled film
　05.0105
粉红随机振动　pink random vibration　02.0058
粉红噪声　pink noise　02.0067
粉末冶金轴承　powder metallurgy bearing　07.0531
*粉体界面力学　powder interface mechanics
　05.0048
封油面　land　07.0560
峰值压力　peak pressure　08.0862
缝隙腐蚀　crevice corrosion　05.0487
服务机器人　service robot　01.0407
服役腐蚀试验　service corrosion test　05.0558
浮动盘输出机构　floating disc type output mecha-
　nism　08.0248
浮动钳盘式制动器　disk brake with floating caliper
　07.0423
浮环轴承　floating ring bearing　07.0522
浮子式物位传感器　float level transducer, float level
　sensor　06.0095
幅高　panel height　08.0308
辐射热探测器　radiant heat detector　06.0121
辐射式温度传感器　radiation temperature transducer,
　radiation temperature sensor　06.0118

辐照腐蚀　irradiation corrosion　05.0511
辐照损伤　radiation damage　04.0152
俯视图　top view　03.0221
辅助密封　auxiliary seal　07.0832
辅助密封摩擦力　friction force of auxiliary second-
　ary seal　07.0875
辅助系统　auxiliary system　08.1255
腐蚀　corrosion　05.0444
腐蚀保护　corrosion protection　05.0551
腐蚀产物　corrosion product　05.0450
腐蚀电池　corrosion cell　05.0519
腐蚀电位　corrosion potential　05.0525
腐蚀膏试验　corrodokote test　05.0567
腐蚀环境　corrosion environment　05.0447
腐蚀剂　corrosive agent　05.0448
腐蚀磨损　corrosion wear　05.0264
腐蚀疲劳　corrosion fatigue　04.0065
腐蚀疲劳极限　corrosion fatigue limit　05.0467
腐蚀倾向　corrosion likelihood　05.0460
腐蚀深度　corrosion depth　05.0454
腐蚀失效　corrosion failure　05.0449
腐蚀试验　corrosion test　05.0555
腐蚀速率　corrosion rate　05.0455
腐蚀损伤　corrosion damage　04.0151
腐蚀体系　corrosion system　05.0446
腐蚀效应　corrosion effect　05.0445
腐蚀性　corrosivity　05.0457
负变位　negative addendum modification　08.0162
负角变位齿轮副　gear pair with negative modified
　centre distance　08.0169
负载　load　01.0485
负载流量　loaded flow rate　08.0796
负载敏感变量泵　load-sensing variable pump
　08.0946
负载压力　load pressure　08.0848
负遮盖　underlap　08.1109
*附表卡尺　dial caliper　06.0196
附加负载　additional load　01.0488
附加空气室　auxiliary air reservoir　07.0994
附加容积　additional volume　07.0992
附加振动　extraneous vibration　02.0085
*附加质量　additional mass　01.0488
复摆　compound pendulum　01.0341
复波谐波齿轮传动　dual harmonic gear drive
　08.0425
复合齿形的摆线轮　cycloidal gear with compound

profile 08.0275

复合传动 composite transmission 06.0445

复合传感器 composite transducer, composite sensor 06.0055

复合分流液力机械变矩器 composition shunting current hydromechanical torque converter 08.1276

复合铰链 compound hinges, multiple hinges, compound rotating joints 01.0023

复合控制器 complex controller 06.0396

*复合疲劳 multiaxial fatigue 04.0069

复合平带 laminated belt 08.0586

复合型裂纹 mix mode crack 04.0168

复合轴承材料 composite bearing material 07.0586

复激励 complex excitation 02.0025

复式螺旋机构 compound screw mechanism 01.0168

*复现性 measurement reproducibility 06.0169

复现性测量条件 reproducibility condition 06.0208

复响应 complex response 02.0026

*副关节轴 secondary axes 01.0522

副片 auxiliary leaf 07.0982

G

覆盖系数 covering coefficient 05.0199

改进等速运动轨迹 modified constant velocity motion curve 01.0159

改进设计 improved design 03.0017

改进正弦加速度运动轨迹 modified sine acceleration motion curve 01.0160

盖形薄螺母 cap nut 07.0163

盖形螺母 acorn nut 07.0162

概率疲劳裂纹扩展寿命预估 probabilistic estimation of fatigue crack propagation life 04.0210

概率疲劳裂纹扩展速率方程 probabilistic fatigue crack propagation rate equation 04.0204

概率–疲劳应力–寿命曲线 *P-S-N* curve 04.0113

概率寿命估算 probability life estimation 04.0118

概念设计 conceptual design 03.0020

*概要设计 overall design 03.0022

杆 bar, link 01.0060

杆件 link 01.0419

感应同步器 inductosyn 06.0209

干涸润滑 parched lubrication 05.0381

干膜润滑剂 dry film lubricant 05.0315

干摩擦 dry friction 05.0183，dry running 07.0884

干磨损 dry wear 05.0218

*干扰力 perturbed force 01.0296

*干扰力矩 perturbed moment 01.0316

干筛分 dry sieving 07.1100

干涉测量 interferometry 06.0008，interferometry 06.0210

干式离合器 dry clutch 07.0332

干式制动器 dry brake 07.0406

刚度 stiffness 02.0017

*刚轮 circular spline 08.0394

刚性齿轮 circular spline 08.0394

刚性冲击 rigid impact, rigid shock 01.0161

刚性构件 rigid link 01.0010

刚性离合器 rigid clutch 07.0308

刚性联轴器 rigid coupling 07.0264

刚性轴承 rigid bearing 07.0624

刚性转子 rigid rotor 02.0203

刚性自由体 rigid free-body 02.0224

刚性自由体不平衡 rigid free-body unbalance 02.0225

刚性自由体平衡 rigid free-body balancing 02.0226

钢管法兰 steel pipe flange 07.1010

钢丝挡圈 roundwire snap ring 07.0203

钢丝锁圈 round wire circlip 07.0205

钢丝锁销 solid long cotter 08.0698

缸体 cylinder body,cylinder tube 08.1171

杠杆比较仪 lever comparator 06.0211

杠杆齿轮比较仪 leverage gears comparator 06.0212

高变位齿轮副 gear pair with reference centre distance 08.0170

高变位圆柱齿轮副 X-gear pair with reference center distance 08.0177

高变位锥齿轮副 gear pair with addendum modification 08.0380

高冲击传感器 high impact transducer, high impact sensor 06.0046

高度 height 08.0606

高度量规 height gauge 06.0213

高度系列 height series 07.0718

高分辨率传感器　high resolution transducer, high resolution sensor　06.0047

高副　higher pair　01.0031

高副机构　higher pair mechanism　01.0041

高过载传感器　high overload transducer, high overload sensor　06.0048

高精度传感器　high precision transducer, high precision sensor　06.0049

高径比　slenderness ratio　07.0953

高频响传感器　high frequency transducer, high frequency sensor　06.0050

*高斯随机噪声　Gaussian random noise　02.0065

高速开关阀　high speed on-off valve　08.1105

高弹性摩擦片　elastomer friction plate　05.0210

高温传感器　high temperature transducer, high temperature sensor　06.0051

高温疲劳　high temperature fatigue　04.0073

高温润滑剂　high temperature lubricant　05.0313

高压喷雾燃烧试验　high-pressure spray test　08.0781

高于共振平衡机　above-resonance balancing machine　02.0287

高周疲劳　high-cycle fatigue　04.0071

隔离件　[rolling element] separator　07.0699

隔离流体　buffer fluid　07.0856

隔模片　diaphragm　07.0340

隔膜离合器　diaphragm clutch　07.0329

隔膜式蓄能器　diaphragm accumulator　08.1237

隔圈　spacer [ring]　07.0690

隔振器　vibration isolator　02.0119

个人服务机器人　personal service robot　01.0408

各向同性　isotropic　01.0272

各向同性的轴承支架　isotropic bearing support　02.0220

各向同性度　isotropic degree　01.0274

各向同性强化　isotropic hardening　04.0057

给定圆锥直径公差　given conical diameter tolerance　03.0304

根圆　root circle　08.0205

根圆直径　root diameter　08.0218

根圆锥角　root angle　08.0374

*根锥　root cone　08.0351

根锥顶点　root apex　08.0340

*根锥角　root angle　08.0374

工程仿生学　engineering bionics　03.0123

*工程摩擦学　engineering tribology　05.0127

工程数据库管理　engineering database management　03.0120

*工程图　engineering drawing　03.0162

工程图样　engineering drawing　03.0162

工程要素　engineering element　03.0281

工具显微镜　tool microscope　06.0214

工具中心点　tool centre point, TCP　01.0466

工具坐标系　tool coordinate system, TCS　01.0459

工业机器人　industrial robot　01.0406，06.0009

工业机器人单元　industrial robot cell　01.0412

工业机器人生产线　industrial robot line　01.0413

工业机器人系统　industrial robot system　01.0512

工业控制计算机　process control computer　06.0397

工业摩擦学　industrial tribology　05.0127

*工业造型设计　shape design　03.0036

工业自动化　industrial automation　06.0446

工业自动化生产　industrial automatic production　06.0447

工艺设计　process planning　03.0040

工装设计　tooling design　03.0041

工作齿面　working flank　08.0062

工作高度　working depth　08.0085

工作管路　working line　08.1174

工作极限扭转角　working ultimate torsion angle　07.0959

工作空间　working space　01.0463

工作量规　working gauge　06.0215

工作扭转角　working torsion angle　07.0957

工作腔　working space　08.1295

工作腔内径　minimum diameter of flow path　08.1298

工作寿命　operating life　07.0898

工作压力　working pressure　07.0986

工作油口　working port　08.0980

工作转速　service speed　02.0218

工作阻力　effective resistance　01.0298

工作阻力矩　effective resistance moment　01.0319

弓高弦长法　arch-height and chord-length method　06.0216

弓形板弹簧　semi-elliptic leaf spring　07.0918

*公差　dimensional tolerance　03.0346

*公差带　tolerance zone　03.0287

公差带代号　symbol of tolerance zone　03.0353

公差带图　drawing of tolerance range　03.0317

公差单位　standard tolerance unit　03.0358

公差等级　tolerance grade　03.0359

*公差设计　precision design　03.0037

公差域　tolerance zone　03.0287

公称尺寸　nominal size　03.0286

公称接触点　nominal contact point　07.0734

公称压力　nominal pressure　08.0830

公称直径　nominal diameter　07.0041

公法线平均长度偏差　average length deviation of common normal line　06.0217

公法线长度　base tangent length　08.0213

公法线长度变动　length change of common normal line　06.0218

公共约束　general constraint　01.0047

公共锥顶　common apex　08.0357

公理化设计理论　axiomatic design theory　03.0047

功率匹配泵　power matching pump　08.0941

功率消耗　power consumption　07.0893

功能设计　functional design　03.0027

功能优化设计　functional optimization design　03.0072

攻角　attack angle　05.0265

共轭齿廓　conjugate profile　08.0082

共轭齿面　conjugate flank　08.0065

共轭凸轮　conjugate cam　01.0125

共同工作范围　range of combination work　08.1369

共振　resonance　02.0147

共振频率　resonance frequency　02.0148

共振式振动发生器　resonance vibration generator　02.0116

共振试验　resonance test　02.0125

共振速度　resonant speed　02.0151

*共振转速　resonant speed　02.0043

供给压力　supply pressure　08.0846

供压管路　pressure supply line, supply line　08.1173

沟槽凸轮　groove cam　01.0124

沟道效应　channeling　05.0379

沟蚀　fluting　05.0260

沟型球轴承　groove ball bearing　07.0656

沟状腐蚀　groovy corrosion　05.0485

钩头楔键　gib head taper key　07.0216

构件　link　01.0009

构件速比　velocity ratio of link　01.0210

构件自由度　degree of freedom of link　01.0019

构形　configuration　01.0418

构性关系　quantitative structure property relationship　05.0023

骨架模型　skeleton model　03.0284

鼓轮　drum　07.0368

鼓式离合器　drum clutch　07.0328

鼓式制动器　drum brake　07.0418

鼓形齿　crowned teeth　08.0137

鼓形修整　crowning　08.0136

固定构件　fixed link　01.0013

固定联结　integrated coupling　08.0474

固定钳盘式制动器　disk brake with fixed caliper　07.0422

固定凸轮　stationary cam　01.0111

固定支承　fixed support　01.0370

固体接触力学　solid-contact mechanics　05.0046

固体黏附　solid adhesion　05.0076

固体润滑　solid film lubrication　05.0386

固体润滑分散液　solid lubricant dispersion　05.0346

*固体润滑悬浮液　solid lubricant dispersion　05.0346

固体润滑轴承　solid film lubricated bearing　07.0515

固液复合润滑　solid-liquid phase composite lubrication　05.0304

固-液界面　solid-liquid interface　05.0080

固有频率分裂　natural frequency splitting　01.0394

固有频率轨迹跃迁　natural frequency loci veering　01.0393

固有振动模态　natural mode of vibration　02.0099

故障　fault　04.0220

*故障率　fault rate　04.0222

故障模式影响与危害度分析　fault modes effects and criticality analysis, FMECA　04.0234

故障模式与影响分析　fault modes and effect analysis, FMEA　04.0233

故障树　fault tree　04.0235

故障树分析　fault tree analysis, FTA　04.0236

*刮伤　scratching　05.0238

拐点　inflection point　01.0224

*拐点圆　inflection circle　01.0222

拐点中心　inflection center　01.0223

关闭压力　closing pressure　08.0857

关节机器人　articulated robot　01.0434

关节坐标系　joint coordinate system　01.0458

管道过滤器　in-line filter　08.1230

管接头　connector　08.1224

管钳链　wrench chain　08.0673

管系图　piping system drawing　03.0175

管状铆钉　pipe type rivet　07.0261

冠顶距　apex to crown　08.0368

冠轮　crown gear　08.0322

*惯性半径　radius of gyration　01.0351

惯性参考系统　inertial reference system　02.0005

惯性积　product of inertia　01.0346，02.0016

惯性矩　moment of inertia　02.0015

惯性力　inertial force　01.0386，02.0006

惯性力偶矩　inertia couple　01.0320

*惯性力系主矩　inertia couple　01.0320

惯性系统　seismic system　02.0010

惯性张量　inertia tensor　01.0349

惯性制动器　inertia brake　07.0411

惯性主轴　principal axis of inertia　01.0347

光电隔离　optical isolation　06.0097

光电管　phototube　06.0098

光电检测　optoelectronic inspection　06.0010

*光电接近开关　photoelectric switch　06.0099

光电开关　photoelectric switch　06.0099

光电转速传感器　photoelectric speed sensor　06.0100

光电自准直仪　photoelectric auto-collimator　06.0219

光滑工件验收原则　acceptance principle of smooth workpiece　06.0220

光滑极限量规　smooth limit gauge　06.0221

光机电一体化　optomechatronics　06.0012

光能驱动技术　light driving technology　06.0013

光切法　light-sectioning method　06.0222

光切显微镜　light-section microscope　06.0223

光隙法　light gap method　06.0224

光纤传感器　optical fiber transducer, optical fiber sensor　06.0102

光纤光栅传感器　fiber grating sensor　06.0103

光纤温度传感器　optical fiber temperature sensor　06.0104

光学比较仪　optical comparator　06.0225

光学分度头　optical dividing head　06.0226

光学量传感器　optical quantity transducer,optical quantity sensor　06.0096

光学探针法　optics probe method　06.0227

*光学仪　optical comparator　06.0225

*广义传动比矩阵　kinematic Jacobian matrix　01.0252

规定画法　specified representation　03.0198

*硅传感器　integrated transducer　06.0135

硅微传感器　silicon microsensor　06.0109

轨迹　trajectory　01.0454

轨迹控制　trajectory control　01.0473

滚道　race　07.0347

滚道接触直径　raceway contact diameter　07.0735

滚道中部　middle raceway　07.0736

滚动　rolling　05.0132

滚动接触　rolling contact　05.0055

滚动接触力学　rolling contact mechanics　05.0047

滚动摩擦　rolling friction　05.0157

滚动试验机　rolling tester　05.0437

滚动速度　rolling velocity　05.0133

滚动体　rolling element　07.0694

滚动轴承　rolling bearing　07.0618

[滚动轴承]滚道　raceway　07.0700

滚动轴承几何精度　geometric precision of rolling bearing　06.0228

滚动轴承试验机　rolling bearing test machine　05.0438

滚动轴承旋转精度　rotating precision of rolling bearing　06.0229

滚花薄螺母　knurled thin nut　07.0166

滚花高螺母　knurled nut with collar　07.0165

滚花高头螺钉　knurled thumb screw　07.0098

滚滑　rolling and sliding　05.0057

滚轮　roller　08.0965

滚轮杠杆　roller lever　08.0967

滚轮[滚动]轴承　track roller [rolling] bearing　07.0645

滚轮架　roller carrier　08.0447

滚轮式波发生器　roller type wave generator　08.0443

滚轮推杆　roller plunger　08.0966

滚轮摇杆　roller rocker　08.0968

滚针　needle roller　07.0697

滚针轴承　needle roller bearing　07.0669

滚珠活齿　ball oscillating tooth　08.0266

滚珠螺母组件　ball nut　08.0717

滚珠丝杠　ball screw shaft　08.0716

滚珠丝杠副　ball screw　08.0712

滚珠通过内圈频率　ball pass frequency of the inner race　02.0190

滚珠通过外圈频率　ball pass frequency of the outer race　02.0191

滚珠自旋频率　ball spin frequency　02.0192

滚柱离合器　roller clutch　07.0301

滚子　roller　07.0696

滚子等级　roller grade　07.0748

滚子规值　roller gauge　07.0747

滚子活齿　roller oscillating tooth　08.0267

滚子链　roller chain　08.0650

滚子长度　roller length　07.0746

滚子轴承　roller bearing　07.0665

滚子总体内径　roller complement bore diameter
　　07.0757

滚子总体外径　roller complement outside diameter
　　07.0758

滚子组节圆直径　pitch diameter of roller set
　　07.0750

滚子组内径　roller set bore diameter　07.0753

滚子组外径　roller set outside diameter　07.0754

过保护　over protection　05.0475

过程控制　process control　06.0398

过程阻尼　process damping　02.0145

过冲　overshoot　02.0021

过渡链节　cranked link　08.0676

过渡流　interflow　08.0817

过渡配合　transition fit　03.0344

过渡曲线干涉　fillet interference　08.0129

过钝化电位　transpassivation potential　05.0533

过钝态　transpassive state　05.0534

过恢复　over recovery　07.0491

过流断面　inside section　08.1323

过滤器　filter　08.1225

过平衡式机械密封　overbalanced mechanical seal
　　07.0806

过筛率　sieving rate　07.1090

过盈　interference　03.0341

过盈连接　interference fit connection　07.0005

过盈配合　interference fit　03.0343

过约束　overconstraint　01.0579

过载保护回路　overload protection circuit　08.1191

过载系数　overload ratio　08.1376

过中位控制机构　over-center control mechanism
　　08.0964

H

哈特曼数　Hartman number　05.0356

海塞矩阵　Hessian matrix　01.0259

海洋腐蚀　marine corrosion　05.0481

海洋摩擦学　marine tribology　05.0123

含间隙机构　mechanism with joint clearance
　　01.0397

含水量　water content　08.0777

焊合　welding　05.0188

焊接方螺母　square weld nut　07.0154

焊接腐蚀　weld corrosion　05.0495

焊接金属波纹管机械密封　welded metal-bellows
　　mechanical seal　07.0818

焊接六角螺母　hexagon weld nut　07.0149

焊接螺柱　welded stud　07.0090

*航迹推算法　dead reckoning　01.0565

航位推算法　dead reckoning　01.0565

耗气量　air consumption　08.1393

合成标准不确定度　combined standard uncertainty
　　06.0230

*合成标准测量不确定度　combined standard uncer-
　　tainty　06.0230

合成不平衡　resultant unbalance　02.0238

合成不平衡力　resultant unbalance force　02.0239

合成不平衡力矩　resultant moment unbalance
　　02.0241

合成液压油　synthetic fluid　08.0760

合格界限　acceptability limit　02.0279

合格试验筛　certified test sieve　07.1082

赫西数　Hersey number　05.0368

赫兹接触　Hertzian contact　05.0052

恒幅载荷　constant loading　04.0081

恒功率变量泵　constant power variable pump
　　08.0940

恒功率回路　constant power circuit　08.1179

恒流量泵　constant flow variable displacement pump
　　08.0939

恒流量阀　constant flow valve　07.0563

恒压泵　constant pressure pump　08.0938

恒压变量泵　constant pressure variable displacement
　　pump　08.0937

横波　transverse wave　02.0136

横向轮廓　horizontal profile　06.0231

横向莫尔条纹　crosswise Moiré fringe　06.0232

横向应变　transversal strain　04.0018

横越冲击　transverse impact　01.0400

红外传感器　infrared sensor　06.0110

红外探测器　infrared detector　06.0111

喉口衬套　throat bushing　07.0852

喉圆　gorge circle　08.0529

后峰锯齿冲击脉冲　final peak sawtooth shock pulse　02.0165

后倾叶片　backward inclined blade　08.1292

后视图　rear view　03.0225

后退角　receding angle　05.0088

厚度传感器　thickness transducer, thickness sensor　06.0071

厚膜润滑　thick film lubrication　05.0399

弧齿锥齿轮　spiral bevel gear　08.0324

弧高　camber　07.0973

弧面分度凸轮机构　globoid indexing cam mechanism, Ferguson cam mechanism　01.0128

互换性　interchangeability　03.0322

互锁　interlock　08.1210

护圈　flinger　07.0693

花键　spline　07.0219

花键单项测量　splined key single measurement　06.0233

花键联结　spline coupling　08.0476

花键综合检验　splined key comprehensive test　06.0234

划伤　scratching　05.0238

滑差　slip　07.0389

滑动　sliding　05.0131

滑动表面　sliding surface　07.0539

*滑动关节　sliding joint　01.0420

滑动角　lubrication angle　08.0548

滑动率　sliding ratio　08.0575

滑动摩擦　sliding friction　05.0158

*滑动摩擦系数　coefficient of kinetic friction　05.0165

滑动式阀　slide valve　08.0991

滑动轴承　plain bearing　07.0499

滑动轴承半径间隙　radial clearance of plain journal bearing　07.0568

[滑动轴承]滑动速度　sliding velocity　07.0591

滑动轴承孔　plain bearing bore　07.0542

滑动轴承孔径　plain journal bearing inside diameter　07.0564

滑动轴承宽度　plain journal bearing width　07.0565

[滑动轴承]偏心距　eccentricity　07.0601

滑动轴承试验机　sliding bearing test machine　05.0439

滑动轴承系统　plain bearing unit　07.0502

滑动轴承相对间隙　relative clearance of plain bearing　07.0570

[滑动轴承]压缩数　compressibility number　07.0597

滑动轴承直径间隙　diametral clearance of plain journal bearing　07.0567

[滑动轴承]轴套　[plain] bearing bush　07.0545

[滑动轴承]轴瓦　[plain] bearing liner　07.0547

滑动轴承轴向间隙　axial clearance of plain journal bearing　07.0569

滑动轴承座　plain bearing housing　07.0543

滑动轴承座孔　plain bearing housing bore　07.0544

滑阀芯　spool　08.0987

滑滚率　sliding-roll ratio　05.0140

滑滚运动　combined sliding and rolling　05.0139

滑键　feather key　07.0211

滑开型裂纹　sliding mode crack　04.0166

滑块　slider　01.0065

滑块联接　Oldham coupling　08.0473

滑块联轴器　NZ claw type coupling　07.0270

滑轮　pulley　01.0205

滑模控制　sliding mode control　06.0399

*滑摩功率　unit friction power　07.0479

滑入式插装阀　slip-in cartridge valve　08.1075

滑移件　sliding component　07.0344

化学腐蚀　chemical corrosion　05.0477

化学机械抛光　chemical mechanical polishing　05.0109

化学吸附　chemisorption　05.0100

环点　circling point　01.0225

环点曲线　circling point curve　01.0226

环境地图　environment map　01.0501

*环境模型　environment model　01.0501

环境污染物　environmental contaminant　08.0786

环境振动　ambient vibration　02.0084

环块试验机　ring-block tester　05.0431

环面蜗杆　toroid worm, enveloping worm　08.0485

环面蜗杆副　toroid worm gear pair, enveloping worm gear pair　08.0486

环形腐蚀　ring form corrosion　05.0490

环形柔轮　ring shape flexspline　08.0459

环形弹簧　ring spring　07.0915

缓冲阀　surge damping valve　08.1009

缓冲缸　cushioned cylinder　08.1153

缓冲接合过程　buffer engaging process　07.0380

缓冲流体　buffer fluid　07.0861

缓冲器 dashpot 02.0110

缓冲压力 cushioning pressure 08.0867

缓蚀剂 corrosion inhibitor 05.0553

缓速[制动]器 retarder 07.0444

黄铜脱锌 dezincification of brass 05.0492

簧片联轴器 flat spring coupling 07.0278

晃动 sloshing 02.0199

灰铸铁管法兰 grey cast iron pipe flange 07.1027

灰铸铁螺纹管法兰 grey cast iron screwed pipe flange 07.1028

挥发性缓蚀 volatile corrosion inhibitor 05.0554

恢复 recuperation 07.0396

回程 return travel 01.0140

回程误差 retrace error 06.0235

回程运动角 motion angle for return travel 01.0142

回收设计 recycling design 03.0066

回位弹簧 return spring 07.0361

回油管路 return line 08.1175

回油口 return port 08.0981

回油压力 return pressure 08.0873

回转 revolve 03.0253

回转半径 radius of gyration 01.0351

回转关节 rotary joint 01.0421

回转叶片 rotating blade 08.1285

回转直径 swing diameter 02.0290

毁坏性磨损 catastrophic wear 05.0217

绘制地图 mapping 01.0563

混沌 chaos 02.0083

混合控制 mixed control 05.0540

混合控制系统 hybrid control system 06.0400

混合摩擦 mixed film friction 07.0887

混合润滑 mixed lubrication 05.0300

活齿 oscillating tooth 08.0262

活齿架 oscillating tooth carrier 08.0264

活齿轮 oscillating tooth gear 08.0263

活齿少齿差齿轮副 oscillating tooth gear pair with small teeth difference 08.0265

活化剂 activator 05.0470

活节螺栓 eye bolt 07.0082

活塞 cylinder piston 08.1169

活塞杆 cylinder piston rod 08.1170

活塞式蓄能器 piston accumulator 08.1238

活态 active state 05.0468

活态-钝态电池 active-passive cell 05.0522

活套法兰 loose flange 07.1012

霍尔式传感器 Hall transducer, Hall sensor 06.0088

J

机床本体 machine body 06.0014

机电伺服系统 mechatronics servo system 06.0448

机电一体化 mechatronics 06.0011

*机电整合学 mechatronics engineering 06.0015

机构 mechanism 01.0004

机构传动比 transmission ratio 01.0211

机构结构 structure of mechanism 01.0049

机构平衡 balance of mechanism 01.0363

[机构动力学]离散系统 discrete system 01.0380

[机构动力学]连续系统 continuous system 01.0379

机构分析 analysis of mechanism 01.0052

机构简图 schematic diagram of mechanism 01.0050

机构结构公式 structural formula of mechanism 01.0053

机构设计 mechanism design 03.0029

机构学 theory of mechanisms 01.0002

机构约束旋量系 constraint screw system of mechanism 01.0270

机构运动简图 kinematic diagram of mechanism 01.0051

机构运动冗余度 kinematic redundancy of mechanism 01.0268

机构运动旋量系 kinematic screw system of mechanism 01.0269

机构运动学 kinematics of mechanism 01.0207

机构运动学分析 kinematic analysis of mechanism 01.0208

机构运动学综合 kinematic synthesis of mechanism 01.0209

机构综合 synthesis of mechanism 01.0055

*机架 ground link frame 01.0013

机器 machine 01.0003

机器人 robot 01.0405

SCARA 机器人 SCARA robot 01.0435

机器人传感器 robot sensor 01.0566

机器人合作　robot cooperation　01.0519

[机器人]点位控制　pose-to-pose control　01.0471

[机器人]冗余自由度　redundant mobility　01.0450

机器人手臂　robotic arm　01.0521

机器人手腕　robotic wrist　01.0522

机器人手腕参考点　robotic wrist reference point　01.0532

*机器人手腕原点　robotic wrist origin　01.0532

*机器人手腕中心点　robotic wrist centre point　01.0532

机器人腿　robotic leg　01.0523

机器人系统　robot system　01.0410

机器人学　robotics　01.0411

机器人语言　robot language　01.0546

*机器人致动器　robot actuator　01.0520

机器人装置　robotic device　01.0510

*机器致动器　machine actuator　01.0520

机械　machinery　01.0005

机械比较仪　mechanical comparator　06.0236

机械冲击　mechanical shock　02.0157

机械传动　mechanical drive　08.0012

*机械传感器　sensors in mechanical system　06.0007

机械导纳　mechanical mobility　02.0035

机械的瞬效率　instantaneous efficiency of machinery　01.0353

机械的循环效率　cyclic efficiency of machinery　01.0354

机械电子工程　mechatronics engineering　06.0015

机械电子技术　mechatronics technology　06.0016

机械动力学　dynamics of machinery　01.0295

机械仿生学　bionic mechanical engineering　03.0124

机械工程　mechanical engineering　01.0001

机械工程传感器　sensors in mechanical system　06.0007

机械化学磨损　mechano-chemical wear　05.0220

机械缓冲　mechanical cushioning　08.1172

机械接口　mechanical interface　01.0425

机械接口坐标系　mechanical interface coordinate system　01.0530

机械控制　mechanical control　08.0957

机械控制阀　mechanically operated valve　08.1003

机械离合器　mechanically controlled clutch　07.0297

机械连接　machinery joining　07.0002

[机械]零件　machine element　01.0007

机械密封　mechanical seal　07.0789

*机械密封辅助系统方案　flush plan　07.0858

机械磨损　mechanical wear　05.0219

机械疲劳　mechanical fatigue　04.0062

机械平衡　balance of machinery　01.0366

机械设计　mechanical design　03.0001

机械设计学　mechanical design science　03.0003

机械式波发生器　mechanical wave generator　08.0436

机械式同步回路　mechanical synchronous circuit　08.1207

*机械手　manipulator　01.0443

机械损伤　mechanical damage　04.0149

机械损失　mechanical losses　08.1338

机械系统　mechanical system　01.0006

机械效益　mechanical advantage　01.0355

*机械元件　machine part　01.0007

机械振动　mechanical vibration　02.0045

机械制动器　mechanical brake　07.0414

机械制图　machanism drawing　03.0159

机械阻抗　mechanical impedance　02.0028

机座　base　01.0424

机座安装面　base mounting surface　01.0524

机座坐标系　base coordinate system　01.0457

J 积分　J integral　04.0180

积分控制器　integral controller　06.0401

积分式流量计　integrating flowmeter　08.1214

积极控制式波发生器　wave generator of positive control　08.0429

积碳　carbon deposit　05.0345

*基本尺寸　nominal size　03.0286

基本齿廓　basic rack tooth profile　08.0047

基本齿条　basic rack　08.0048

基本额定动载荷　basic dynamic load rating　07.0774

基本额定静载荷　basic static load rating　07.0773

基本额定寿命　basic rating life　07.0778

*基本杆组　Assur group　01.0036

基本偏差　fundamental deviation　03.0338

基本容积　basic spring volume　07.0991

基本视图　base view　03.0218

基本牙型　basic tooth type　06.0237

基本运动轨迹　basic motion curve　01.0150

基本运动链　basic kinematic chain　01.0275

基本振型　fundamental mode　02.0101

基节　basipodium　06.0238
基孔制　hole basic system of fits　03.0365
基于模型的定义　model based definition　03.0114
基于知识的设计　knowledge-based design　03.0081
基圆　base circle　08.0203
基圆齿距　base pitch　08.0303
基圆导程角　base lead angle　08.0104
基圆螺旋角　base helix angle　08.0102
基圆螺旋线　base helix　08.0208
基圆直径　base diameter　08.0216
基圆柱面　base cylinder　08.0196
基轴制　shaft basic system of fits　03.0367
基准　datum　03.0288
基准节圆柱面　pitch reference cylinder　08.0633
基准孔　basic hole　03.0366
基准宽度　datum width　08.0615
基准平面　base plane　06.0239
基准蜗杆　basic worm　08.0494
基准线　reference line　05.0029，baseline　06.0240
基准线差　datum line differential　08.0621
基准压力　reference pressure　08.0842
基准圆周长　datum circumference　08.0619
基准长度　datum length　08.0609
基准直径　datum diameter　08.0617
基准制　datum system　03.0294
基准轴　basic shaft　03.0368
畸变　distortion　08.0406
激光传感器　laser transducer, laser sensor　06.0101
激光技术　laser technology　06.0017
激励　excitation　02.0023
激振器　vibration exciter　02.0109
级　stage　08.1271
极点速度　pole velocity　01.0216
极化电阻　polarization resistance　05.0541
极位夹角　crank angle between two limit positions　01.0102
极限尺寸　limits of size　03.0330
极限负载　limiting load　01.0487
极限高度　height under ultimate load, length under ultimate load　07.0948
极限摩擦　limiting friction　05.0161
极限扭转角　ultimate torsion angle　07.0958
极限偏差　limit deviation　03.0336
极限位移奇异　extremely displacement singularity　01.0244
pv 极限值　limiting pv value　07.0878

p_cv 极限值　limiting p_cv value　07.0881
极压润滑　extreme pressure lubrication　05.0396
极压润滑剂　extreme pressure lubricant　05.0420
极转动惯量　polar moment of inertia　01.0345
极坐标机器人　polar robot　01.0432
急回运动机构　quick return mechanism　01.0093
*急冷　quench　07.0854
*急冷流体　quench fluid　07.0855
棘轮　ratchet　01.0181
棘轮机构　ratchet mechanism　01.0182
棘轮离合器　ratchet clutch　07.0303
棘爪　pawl　01.0180
集成　integration　01.0518
集成传感器　integrated transducer　06.0135
集成设计理论　integrated design theory　03.0045
集成式静液传动装置　integral hydrostatic transmission　08.1145
集聚　aggregation　05.0093
集流阀　flow-combining valve　08.1017
集散式控制系统　distributed control system, DCS　06.0402
*集散系统　total distributed control system　08.1448
集中分散控制系统　total distributed control system　08.1448
集中控制系统　centralized control system　06.0403
集装式机械密封　cartridge mechanical seal　07.0822
集总质量　lumped mass　02.0122
几何公差　geometric tolerance　03.0316
几何镜像　mirror operation　03.0267
几何平移　move operation　03.0268
几何相似　geometric similarity　08.1357
几何旋转　rotation operation　03.0269
几何要素　geometrical element　03.0279
几何约束　geometric constraint　01.0377
挤压数　squeezing number　05.0354
挤压效应　squeeze effect　05.0377
挤压油膜　squeeze oil film　05.0360
挤压油膜轴承　squeeze oil film bearing　07.0538
脊柱式机器人　spine robot　01.0525
*计量　measurement　06.0162
计量泵　metering pump　08.0896
计量光栅　metrological optical grating　06.0241
计算工况　design condition　08.1362
计算机辅助测试　computer-aided test　06.0449
计算机辅助工程　computer aided engineering　03.0118

计算机辅助工艺规划 computer-aided process pro-
gramming 06.0450
计算机辅助绘图 computer aided drawing 03.0160
计算机辅助设计 computer aided design 03.0110
计算机辅助设施规划 computer-aided facilities plan-
ning 06.0451
计算机辅助生产管理 computer-aided production
management 06.0452
计算机辅助制造 computer-aided manufacturing
06.0453
计算机辅助质量控制 computer-aided quality control
06.0404
计算机集成制造系统 computer integrated manufac-
turing system 06.0454
计算机接口 computer interface 06.0497
计算机数字控制 computer numerical control
06.0405
技术设计 technical design 03.0026
季裂 season cracking 05.0502
继承设计 inheritance design 03.0098
*寄生误差 gross error 06.0195
加加速度 jerk 02.0004
加热流体 heating fluid 07.0863
加热再生 heat regeneration 08.1399
加速度 acceleration 01.0287, 02.0003
加速度传感器 acceleration sensor 06.0063
加速度导纳 acceleration mobility 02.0038
加速度瞬心 instantaneous center of acceleration
01.0220
加速腐蚀试验 accelerated corrosion test 05.0560
加速老化试验 accelerated weathering test 05.0568
加速[起动]特性 stating characteristic 08.1367
*加温立定处理 hot setting 07.1000
加温强拉处理 hot [tension] prestressing 07.1004
加温强扭处理 hot [torsion] prestressing 07.1006
加温强压处理 hot [compressive] prestressing
07.1002
加温整定处理 hot setting 07.1000
夹持器 gripper 01.0429
夹紧挡圈 grip ring 07.0204
夹紧环 clamp ring 07.0844
夹壳联轴器 split coupling 07.0267
假塑性 pseudoplastic behaviour 05.0331
尖钩端弹性垫圈 single coil spring lock washer with
tang ends 07.0181
间隔钢球 spacer ball 08.0721

间接压力控制 indirectly pressure control 08.0971
间浸试验 alternate immersion test 05.0562
间距 space 07.0940
间隙 clearance 03.0340
间隙空程 lost motion caused by clearance 08.0408
间隙配合 clearance fit 03.0342
间歇润滑 periodical lubrication 05.0402
间歇运动机构 intermittent mechanism 01.0174
间歇运动连杆机构 dwell linkage mechanism
01.0094
检验方箱 inspection box 06.0242
检验平尺 check-out flat ruler 06.0243
减摩性 antifriction ability 05.0192
减摩轴承材料 anti-friction bearing material
07.0584
减速比 speed reducing ratio 08.0003
减速齿轮副 speed reducing gear pair 08.0032
减速齿轮系 speed reducing gear train 08.0034
减速阀 deceleration valve 08.1018
*减速机 speed reducer 08.0011
减速器 speed reducer 08.0011
*减速箱 speed reducer 08.0011
减压阀 pressure reducing valve 08.1059
减压回路 pressure reducing circuit 08.1187
剪切安定性 shear stability 05.0425
剪切波 shear wave 02.0138
剪切带 shear band 04.0145
剪切模量 shear modulus of elasticity 04.0028
剪切式橡胶弹簧 shear type rubber spring 07.0932
*剪应变 shear strain 04.0020
*剪应力 shear stress 04.0010
*简单仿生 simple bionics, single-factor bionics
03.0126
简单加载 simple loading 04.0054
简化画法 simplified representation 03.0197
*简化质量 equivalent mass 01.0343
*简化转动惯量 equivalent moment of inertia
01.0350
简图 diagram 03.0163
简谐运动 simple harmonic motion 01.0294
简谐振动 simple harmonic vibration 02.0048
碱脆 caustic embrittlement 05.0507
渐开螺旋面 involute helicoid 08.0119
渐开面包络环面蜗杆 toroid enveloping worm with
involute helicoid generatrix 08.0503
渐开线 involute 08.0115

渐开线齿廓　involute profile　08.0078

*渐开线齿轮　involute cylindrical gear　08.0189

渐开线齿轮公法线　common normal line of involute gear　06.0244

渐开线花键　involute spline　07.0221

渐开线极角　involute polar angle　06.0245

渐开线蜗杆　involute helicoid worm　08.0496

渐开线蜗杆基圆　base circle of involute helicoid worm　08.0522

渐开线蜗杆基圆柱面　base cylinder of involute helicoid worm　08.0521

渐开线圆柱齿轮　involute cylindrical gear　08.0189

键　key　07.0206

键槽　key way　07.0207

键联接　key joint　07.0008

键式离合器　key-type clutch　07.0319

*交变圆　alternating circle　01.0221

交叉传动　cross belt drive　08.0562

交叉滚子轴承　crossed roller bearing　07.0672

交错轴齿轮副　gear pair with non parallel non intersecting axes　08.0018

交错轴斜齿轮副　crossed helical gear pair　08.0187

交点尺寸　crossing point size　06.0246

交流传动技术　AC drive technology　06.0455

交流电气传动　alternating-current electric drive　08.1433

交流伺服驱动　alternating current servo driving　06.0502

交越频率　cross-over frequency　02.0123

胶合　scuffing　05.0228

胶质　gum　05.0341

角变位齿轮副　gear pair with modified centre distance　08.0167

角变位圆柱齿轮副　X-gear pair with modified center distance　08.0178

角变位锥齿轮副　gear pair with shaft angle modification　08.0381

角度传动　angle drive　08.0564

角度传感器　angle transducer, angle sensor　06.0064

角度块　angular gauge block　06.0247

角度量规　angle gauge　06.0248

*角度量块　angular gauge block　06.0247

角度系列　angle series　07.0719

角加速度　angular acceleration　01.0288

角接触推力轴承　angular contact thrust bearing　07.0649

角接触轴承　angular contact bearing　07.0623

角裂纹　corner crack　04.0171

角速度　angular velocity　01.0286，02.0053

角速度传感器　angular velocity transducer, angular velocity sensor　06.0065

角位移　angular displacement　01.0283，02.0051

角位移传感器　angle displacement sensor　06.0068

角振动　angular vibration　02.0052

铰链连接　hinge, pilot pin joint　01.0022

*铰链四杆机构　planar pivot four bar mechanism　01.0073

搅拌转矩　stirring torque　07.0889

校对量规　proofreading gauge　06.0341

校正方法　method of correction　02.0266

校正[平衡]平面　correction [balancing] plane　02.0265

校正平面干扰　correction plane interference　02.0302

校正值　corrected value　06.0342

校正质量　correction mass　02.0272

校准位姿　alignment pose　01.0529

接触　contact　05.0045

接触斑点　contact spot　06.0249

接触表面　contact surface　05.0064

接触角　contact angle　05.0084，07.0732

接触角滞后性　hysteresis of contact angle　05.0089

接触面积　contact area　05.0065

JKR 接触模型　JKR contact model　05.0053

DMT 接触模型　DMT contact model　05.0054

接触疲劳　contact fatigue　04.0077

接触疲劳试验机　contact fatigue tester　05.0434

接触式机械密封　contacting mechanical seal　07.0793

接触应力　contact stress　05.0068

接合过程　engaging process　07.0379

接合机构　engaging mechanism　07.0337

接合频率　engaging frequency　07.0385

接合时间　engaging time　07.0382

接合元件　engaging element　07.0339

接合转速　engaging rotating speed　07.0384

接料盘　receiver　07.1081

接头 V 带　open end V belt　08.0597

接线图　connection diagram　03.0184

节点　pitch point　08.0199

节顶距　pitch line differential　08.0638

节杆　nodal bar　02.0315

节根距　pitch line location　08.0639

节径　pitch diameter　08.0637

节距　pitch　08.0640

节宽　pitch width　08.0604

节流衬套　throttle bushing　07.0853

节流阀　throttle valve　08.1011

节流孔　orifice　08.0989

节流面积　throttling area,restriction area　08.0984

节流器　restrictor　07.0562

节流式开环同步回路　throttle synchronous open circuit　08.1205

节流调速回路　throttle speed governing circuit　08.1195

节面　pitch zone　08.0603

节能降耗设计　energy-saving design　03.0067

节平面　pitch plane　08.0039

节曲面　pitch surface　08.0044

节线　pitch line　08.0200，08.0602

节线长　pitch length　08.0624

节圆　pitch circle　08.0202

节圆螺旋线　pitch helix　08.0207

节圆直径　pitch diameter　08.0215

节圆周长　pitch circumference　08.0614

节圆柱面　pitch cylinder　08.0195

节[圆]锥角　pitch angle　08.0372

节圆锥面　pitch cone　08.0349

*节锥　pitch cone　08.0349

*结构仿生　biomimetic structure　03.0131

结构设计　structure design　03.0033

结构完整性评估　structural integrity assessment　04.0155

结构型传感器　mechanical structure type transducer, mechanical structure type sensor　06.0041

结构优化设计　structural optimization design　03.0073

结构阻尼　structural damping　02.0107

结合能力　bonding　07.0580

截交线　transversal line　03.0240

截面检验锥度量规　section test conicity gauge　06.0250

截止阀　shut-off valve,isolating valve　08.1032

截锥螺旋弹簧　conical helical spring　07.0910

截锥涡卷弹簧　volute spring　07.0911

*解吸　desorption　05.0101

界面　interface　05.0002

界面层　interfacial layer　05.0003

界面行为　interface behavior　05.0014

界面行为控制　interface behavior control　05.0015

界面膜　interfacial film　05.0102

界面能　interfacial energy　05.0012

界面势垒　interface barrier potential　05.0013

界面微滑移　interface microslip　05.0096

*界面效应　interface behavior　05.0014

界面张力　interfacial tension　05.0009

金属波纹管机械密封　metal bellows mechanical seal　07.0817

金属摩擦材料　full metallic friction material　05.0209

金属丝编织网　woven wire cloth　07.1069

金属弹性元件联轴器　coupling with metallic elastic element　07.0277

金属陶瓷摩擦材料　ceramic friction material　05.0205

金属 V 型传动带　metallic V-belt　08.0594

筋宽　bridge width　07.1076

紧边拉力　tight side tension　08.0577

紧凑拉伸试件　compact tension specimen　04.0189

紧定螺钉　set screw　07.0842

紧固件　fastener　07.0001

*紧蹄　leading shoe　07.0460

进口节流调速回路　meter-in speed control circuit　08.1197

进口流量　inlet flow rate　08.0795

进口压力　inlet pressure　08.0851

进油口　inlet port　08.0978

*近零摩擦　super-lubricity　05.0307

近似尺寸颗粒　near size particle　07.1094

近似直线机构　approximate straight-line mechanism　01.0099

近休止角　inner dwell angle　01.0143

*浸油离合器　wet clutch　07.0333

经丝　warp　07.1073

晶间腐蚀　intergranular corrosion　05.0494

晶间腐蚀试验　intercrystalline corrosion test　05.0563

晶间破裂　intergranular cracking　05.0506

晶体管温度传感器　transistor temperature transducer, transistor temperature sensor　06.0116

精度设计　precision design　03.0037

*精密度　measurement precision　06.0173

精密机械　precision machine　06.0018

精细平衡　trim balancing　02.0270

径节　diametral pitch　08.0095

径向变位　addendum modification　08.0160

径向变位量　addendum modification　08.0164

径向变位系数　addendum modification coefficient
　　08.0165

径向变形［量］　radial deflection　08.0401

径向倒角尺寸　radial chamfer dimension　07.0723

径向滑动轴承　plain journal bearing　07.0503

径向接触轴承　radial contact bearing　07.0640

径向节距　radial pitch　07.0965

径向双端面机械密封　radial double mechanical seal
　　07.0810

径向微动　radial fretting　05.0060

*径向位移　radial deflection　08.0401

径向销联结　radial pin coupling　08.0478

径向谐波齿轮传动　harmonic gear drive with radial
　　gear meshing　08.0427

径向叶片　radial blade　08.1287

径向游隙　radial internal clearance　07.0759

径向圆光栅莫尔条纹　Moiré fringe of radial circular
　　optical grating　06.0251

径向圆跳动　radial run-out　03.0314

径向载荷　radial load　07.0763

径向载荷系数　radial load factor　07.0781

径向止推滑动轴承　thrust journal plain bearing
　　07.0505

径向柱塞泵　radial piston pump　08.0925

径向柱塞变量泵　radial variable displacement piston
　　pump　08.0934

径向柱塞变量马达　radial piston variable motor
　　08.1133

径向柱塞马达　radial piston motor　08.1128

径向综合误差　radial comprehensive error　06.0252

净正吸头　net positive suction head　05.0271

静不平衡　static unbalance　02.0229

静电轴承　electrostatic bearing　07.0520

*静环　stationary ring　07.0828

静力雅可比矩阵　static Jacobian matrix　01.0253

静连接　fixed connection　07.0004

静密封件　static seal　08.1242

静摩擦　static friction　05.0160

静摩擦力　static friction force　05.0186

静摩擦力矩　static friction torque　05.0175

静摩擦系数　coefficient of static friction　05.0164

静摩擦因数　coefficient of static friction　07.0393

静平衡机　static balancing machine　02.0283

静态接触角　static contact angle　05.0085

静态柔顺性　static compliance　01.0561

静压　static pressure　08.0826

静压润滑　hydrostatic lubrication　05.0302

静压轴承　hydrostatic bearing　07.0509

［静压轴承］补偿器　compensator　07.0561

静液传动　hydrostatic transmission　08.1144

静载荷　static load　01.0300

静载滑动轴承　steadily loaded plain bearing
　　07.0506

静止环　stationary ring　07.0828

镜像投影　reflective projection　03.0215

局部放大图　drawing of partial enlargement
　　03.0238

局部腐蚀　localized corrosion　05.0484

局部灵敏度　local sensitivity　02.0253

局部剖视图　partial sectional view　03.0230

局部视图　local view　03.0239

局部质量偏心距　local mass eccentricity　02.0214

局部自由度　local degree of freedom, redundant de-
　　gree of freedom　01.0046

矩形冲击脉冲　rectangular shock pulse　02.0169

矩形花键　rectangle spline　07.0220

距离重复性　distance repeatability　01.0557

距离准确度　distance accuracy　01.0556

*聚集　aggregation　05.0093

聚四氟乙烯波纹管机械密封　PTFE bellows mechan-
　　ical seal　07.0816

卷制轴套　bearing wrapped bush　07.0546

*绝对互换　absolute interchangeability　03.0324

绝对湿度　absolute humidity　08.0749

绝对速度　absolute velocity　01.0284

绝对速度瞬心　instantaneous center of absolute ve-
　　locity　01.0213

绝对误差　absolute error　06.0253

绝对压力　absolute pressure　08.0828

绝对运动　absolute motion　01.0279

绝对坐标系　world coordinate system　01.0455

绝压传感器　absolute pressure transducer, absolute
　　pressure sensor　06.0058

龟裂　crazing　05.0504

均匀腐蚀　uniform corrosion　05.0483

均载机构　load balancing mechanism　08.0244

K

卡尺　caliper　06.0254
卡箍螺栓　clip bolt　07.0074
卡环　snap ring　07.0843
开槽半沉头螺钉　slotted raised countersunk oval head screw　07.0111
开槽半沉头木螺钉　slotted raised countersunk oval head wood screw　07.0131
开槽沉头螺钉　slotted countersunk flat head screw　07.0110
开槽沉头木螺钉　slotted counter sunk flat head wood screw　07.0130
开槽沉头强攻螺钉　slotted countersunk flat head drive screw　07.0115
开槽带孔球面柱头螺钉　slotted capstan screw　07.0112
开槽盘头螺钉　slotted pan head screw　07.0109
开槽盘头自攻螺钉　slotted pan head tapping screw　07.0114
开槽无头倒角端螺钉　slotted headless screw with flat chamfered end　07.0107
开槽圆螺母　slotted round nut　07.0167
开槽圆头螺钉　slotted round head screw　07.0113
开槽圆头木螺钉　slotted round head wood screw　07.0129
开槽圆柱头螺钉　slotted cheese head screw　07.0108
开槽圆柱头自切螺钉　slotted cheese head thread cutting screw　07.0116
开放式控制系统　open control system　06.0406
开环控制　open-loop control　06.0407
开环控制系统　open-loop control system　08.1446
开口传动　open belt drive　08.0561
开口挡圈　"E" ring　07.0201
开口销　cotter pin, split pin　07.0240
开启力　opening force　07.0869
开启压力　cracking pressure, valve opening pressure　08.0863
开式泵　open-loop pump　08.0947
开式回路　open circuit　08.1180
开式运动链　open kinematic chain, mobile kinematic chain　01.0034
开尾圆锥销　taper pin with split　07.0232
开型轴承　open bearing　07.0630

抗拉强度　tensile strength　04.0044
抗扭强度　torsional strength　04.0047
抗疲劳性　fatigue resistance　07.0590
抗乳化度　anti-emulsifying degree　05.0416
抗压强度　compressive strength　04.0046
抗咬黏性　seizure　07.0581
抗咬性　anti-seizure property　05.0286
颗粒尺寸　particle size　07.1095
颗粒界面力学　particles interface mechanics　05.0048
颗粒润滑　particle lubrication　05.0303
可编程控制器　programmable logical controller, PLC　06.0408
*可编程逻辑控制器　programmable logical controller, PLC　06.0408
*可变编程自动化　flexible automation　06.0464
可拆链　detachable chain　08.0667
可拆销轴　detachable connecting pin　08.0691
*可拆卸设计　design for disassembly　03.0059
可达操作空间　reachable workspace　01.0258
可动支承　movable support　01.0371
可分离自由度　separable degree of freedom　01.0278
可互换分部件　interchangeable sub-unit　07.0709
可靠度　reliability　04.0221
可靠寿命　reliable life　04.0224
可靠性　reliability　04.0218
可靠性分配　reliability allocation　04.0243
可靠性评估　reliability assessment　04.0245
可靠性设计　reliability design　04.0237
可靠性试验　reliability test　04.0244
可靠性预测　reliability prediction　04.0242
可控流动　controlled flow　08.0816
可逆电气传动　reversible electric drive　08.1434
可逆要求　reversible requirement　06.0255
可倾瓦块轴承　tilting pad bearing　07.0524
可生物降解油液　bio-degradable fluid　08.0763
可调连杆机构　adjustable linkage mechanism　01.0095
可调式液力变矩器　adjustable torque converter　08.1269
*可维修性设计　design for maintenance　03.0060
可用齿面　usable flank　08.0066

可用性　availability　04.0248

*可制造性设计　design for manufacturing　03.0058

可重复编程　reprogrammable　01.0509

可重用设计　reusable design　03.0069

*可装配性设计　design for assembly　03.0057

克雷默效应　Kramer effect　05.0111

克努森数　Knudsen number　05.0355

刻度间距　scale span　06.0256

*刻度值　division value　06.0207

刻线式量规　reticle gauge　06.0257

空白图　blank drawing　03.0172

空程　lost motion　08.0407

空化　cavitation　05.0270

空间机构　spatial mechanism　01.0038

空间连杆机构　spatial linkage mechanism　01.0069

空间摩擦学　space tribology　05.0122

空间凸轮机构　spatial cam mechanism, three-dimen-
sional cam mechanism　01.0108

空间叶片　space blade　08.1289

空气干燥器　air dryer　08.1401

空气混入量　air inclusion　08.0775

空气弹簧　air spring　07.0938

[空气弹簧]有效直径　effective diameter　07.0987

空气调解单元　air conditioner unit　08.1404

空蚀　cavitation　05.0226

空心铆钉　tubular rivet　07.0260

空心销轴　hollow pin　08.0690

空穴数　cavitation number　05.0272

空穴效应　cavitation effect　05.0375

*空转转矩　drag torque of clutch, idle torque of
clutch　07.0392

孔　hole　03.0327

孔距　pitch　07.1070

孔蚀　pitting corrosion　05.0486

*孔蚀电位　pitting potential　05.0535

*孔蚀系数　pitting factor　05.0476

*PTP 控制　PTP control　01.0471

*CP 控制　CP control　01.0472

h_∞控制　h_∞ control　06.0384

PLC 控制　PLC control　06.0503

控制程序　control program　01.0535

控制阀　control valve　06.0409

控制机构　control mechanism　08.0963

控制技术　control technology　06.0019

控制口　control port　08.0983

控制流量　control flow rate　08.0797

PID 控制器　PID controller　06.0385

控制器　controller　06.0410

控制系统　control system　06.0020

控制信号　control signal　08.0962

控制压力　control pressure　08.0858

口腔摩擦学　oral tribology　05.0121

库仑摩擦　Coulomb friction　05.0185

跨齿相对测量　relative measurement across tooth
06.0258

跨越　crossover　01.0163

跨越冲击　crossover impact, crossover shock
01.0164

*块规　gauge block　06.0262

块链　block chain　08.0662

*块式离合器　friction block clutch　07.0323

块式制动器　block brake　07.0427

快速排气阀　quick exhaust valve　08.1412

快速响应设计　rapid response design　03.0095

快卸销　quick release pin　07.0242

宽 V 带　wide V belt　08.0590

宽带随机振动　broad-band random vibration
02.0056

宽度系列　width series　07.0717

宽径比　width diameter ratio　07.0566

宽面法兰　wide contact face flange　07.1009

矿物油　mineral oil, petroleum fluid　08.0755

框图　block diagram　03.0181

扩散控制　diffusion control　05.0538

扩散磨损　diffusive wear　05.0274

扩散效应　diffusion effect　07.0610

扩展不确定度　expanded uncertainty　06.0259

*扩展测量不确定度　expanded uncertainty　06.0259

L

拉宾洛维奇公式　Rabinowicz's equation　05.0231

拉伸　extrusion　03.0252

拉曳链　drag chain　08.0672

老化　weathering　05.0517

雷诺方程　Reynolds equation　05.0351

雷诺数　Reynolds numbers　08.0807

*P 类滚珠丝杠副　positioning ball screw　08.0713

*T 类滚珠丝杠副　transport ball screw　08.0714

*A 类评定　type A evaluation of measurement uncertainty　06.0164

*B 类评定　type B evaluation of measurement uncertainty　06.0165

棱柱关节　prismatic joint　01.0420

冷冻式干燥器　refrigerant type dryer　08.1402

冷焊　cold weld　05.0251

冷却泵　cooling pump　08.0895

冷却流体　coolant　07.0862

离合器　clutch　07.0294

离合器带排转矩　drag torque of clutch, idle torque of clutch　07.0392

离合器负转差　negative speed difference of clutch　07.0391

[离合器]限位装置　[clutch]caging device　07.0342

离散控制系统　discrete control system　06.0411

离散系统　discrete system　02.0013

离线编程　off-line programming　01.0470

离线检测　offline inspection　06.0021

离心泵　centrifugal pump　08.0894

离心分离机　centrifugal separator　08.1231

离心拉力　centrifugal tension　08.0580

离心离合器　centrifugal clutch　07.0305

离心力　centrifugal force　01.0302

离心调速器　centrifugal governor　01.0362

离心叶轮　centrifugal wheel　08.1278

离心制动器　centrifugal brake　07.0413

离子液体润滑剂　ionic liquid lubricant　05.0314

犁沟　ploughing, plowing　05.0247

*犁皱　ploughing, plowing　05.0247

里氏硬度　Leeb hardness　04.0040

*TRIZ 理论　TRIZ theory　03.0083

理论耗气量　theoretical air consumption　08.1394

理论接触面　theory contact area　08.0549

理论能头　theoretical head　08.1330

理论应力集中系数　theoretical stress concentration factor　04.0093

理想冲击脉冲　ideal shock pulse　02.0163

力　force　01.0382

力臂　arm of force, moment arm　01.0315

力传感器　force transducer, force sensor　06.0059

力多边形　force polygon　01.0331

力封闭的凸轮机构　force closed cam mechanism　01.0120

力矩　moment　01.0312

力矩传感器　torque transducer, torque sensor　06.0060

力矩曲线　torque curve　05.0177

力偶　couple　01.0313

力偶矩　moment of couple　01.0314

力平衡　equilibrium　01.0324

力旋量　wrench　01.0328

力学试验　mechanical testing　04.0002

力学性能　mechanical property　04.0001

*立定处理　setting　07.0999

立面图　elevation　03.0166

立式测长仪　vertical length meter　06.0260

立式接触干涉仪　vertical contact interferometers　06.0261

粒度分布曲线　size distribution curve　07.1097

连杆　coupler, floating link　01.0064

连杆机构　linkage mechanism　01.0059

连杆系　crank-link system　01.0271

连架杆　side link　01.0061

连接度　connection degree　01.0273

连接链节　connecting link　08.0677

连接销轴　connecting link pin　08.0688

连心线　line of centre　08.0031

连续冲击　bump　02.0162

连续冲击试验　bump test　02.0129

连续几何奇异　continuous geometric singularity　01.0247

连续控制　continuous control　06.0412

连续控制阀　continuous control valve　08.1008

连续控制系统　continuous control system　06.0413

连续路径控制　continuous path control　01.0472

连续润滑　continuous lubrication　05.0401

连续系统　continuous system　02.0014

联动　simultaneous motion　01.0482

联想创造法　associative creative method　03.0086

联轴器　coupling　07.0263

联组 V 带　joined V belt　08.0596

链板　link plate　08.0680

链传动　chain drive　08.0648

[链传动]滚子　roller　08.0679

[链传动]销轴　pin　08.0687

[链传动]张紧轮　tensioner　08.0709

链轮　sprocket wheel　01.0206，chainwheel, sprocket　08.0699

链条　chain　08.0649

链条联轴器　chain coupling　07.0271

两级过滤器　two-stage filter　08.1228

两通阀　two-port valve　08.1027

两位阀　two-position valve　08.1024

亮漆膜　lacquer　05.0339

量块　gauge block　06.0262

量块的"等"　the "grade" of gauge block　06.0263

量块的"级"　the "level" of gauge block　06.0264

*列宾捷尔效应　Rehbinder effect　05.0110

裂纹尺寸　crack size　04.0193

裂纹尖端场　crack tip field　04.0173

裂纹尖端塑性区　plastic zone of crack tip　04.0186

裂纹尖端张开角　crack tip opening angle　04.0183

*裂纹扩展门槛值　threshold of crack extension
　04.0217

裂纹扩展能量释放率　crack extension energy rate
　04.0174

裂纹扩展寿命　crack propagation life　04.0205

裂纹扩展阈值　threshold of crack extension
　04.0217

裂纹形成寿命　crack initiation life　04.0206

裂纹张开位移　crack-tip opening displacement
　04.0181

临界保护电位　critical protective potential　05.0544

临界钝化电流　critical passivation current　05.0529

临界钝化电位　critical passivation potential
　05.0528

临界J积分　critical J integral　04.0192

临界雷诺数　critical Reynolds numbers　08.0808

临界裂纹尺寸　critical crack size　04.0216

临界气膜厚度　gas film critical thickness　07.0612

临界湿度　critical humidity　05.0461

临界压力比　critical pressure ratio　08.1392

临界油膜厚度　critical oil film thickness　05.0366,
　oil film critical thickness　07.0611

临界转速　critical speed　02.0043

临界阻尼　critical damping　02.0106

磷酸酯液压油　phosphate ester fluid　08.0761

灵活工作空间　dexterous workspace　01.0257

灵敏度分析　sensitivity analysis　03.0116

灵敏度开关　sensitivity switch　02.0294

灵敏限　sensitive limit　06.0265

灵巧手　dexterous hand　01.0199

零部件设计　machinery parts design　03.0032

零齿差输出机构　zero teeth difference type output
　mechanism　08.0251

零的测量不确定度　null measurement uncertainty
　06.0266

零度齿锥齿轮　zerol bevel gear　08.0326

零件　part　03.0274

零件特征树　feature tree of part model　03.0249

零件图　detail drawing　03.0167

零矩工况　stall torque condition　08.1360

零速变矩系数　stall torque ratio　08.1352

零速工况　stall condition　08.1361

零位压力　null pressure　08.0874

零线　zero line　03.0352

零遮盖　zero lap　08.1107

领蹄　leading shoe　07.0460

领蹄制动器　leading shoe brake　07.0436

流变动力润滑　rheodynamic lubrication　05.0393

流变学　rheology　05.0348

流变仪　rheometer　05.0443

流程图　flow diagram　03.0182

流道　flow path　08.0741，interval channel
　08.1301

流道宽度　width of flow path　08.1312

流动　flow　08.0788

流动损失　hydrodynamic losses　08.0819

流-固界面滑移阻力　slip resistance of fluid-solid in-
　terface　05.0108

流量　flow rate　08.0789

流量波动　flow ripple　08.0809

流量冲击　flow rate surge　08.0810

流量传感器　flow rate transducer　08.1216

流量对称度　flow rate symmetry　08.0811

流量阀　flow valve　08.1010

流量放大器　flow rate amplifier　08.1021

流量恢复率　flow rate recovery　08.0813

流量计　flowmeter　08.1213

流量记录仪　flow rate recorder　08.1217

流量继电器　flow rate switch　08.1218

流量控制阀　flow control valve　08.1012

流量切断　flow cut-off　08.0818

流量伺服阀　flow servo-valve　08.1096

流量特性　flow characteristic　08.0820

流量系数　flow coefficient　08.0821

流量线性度　flow rate linearity　08.0812

流量增益　flow gain, flow rate amplification
　08.0822

流量指示计　flow indicator　08.1215

流水线　assembly line　06.0456

流体　fluid　08.0750

流体传动　fluid power　08.0724

流体动力学　hydrokinetics　08.0729
流体动力源　fluid power supply　08.0731
流体动压式机械密封　hydrodynamic mechanical seal 07.0790
流体静力学　hydrostatics　08.0728
流体静压式机械密封　hydrostatic mechanical seal 07.0791
流体力学　hydrodynamics　08.0727
流体密度　fluid density　08.0765
流体膜　fluid film　07.0874
流体摩擦　fluid friction　05.0182，full film friction 07.0886
流体侵蚀　fluid erosion　05.0244
流体润滑　fluid lubrication　05.0299
流体弹性模量　bulk modulus of a fluid　08.0766
流体调节　fluid conditioning　08.0783
流体稳定性　fluid stability　08.0770
流体压缩率　compressibility of a fluid　08.0767
流向可变泵　over-center pump　08.0893
硫化润滑剂　sulfurized lubricant　05.0417
硫氯化润滑剂　sulfochlorinated lubricant　05.0419
六角薄螺母　hexagon thin nut　07.0144
六角垫圈面螺母　washer faced hexagon nut 07.0147
六角法兰面螺母　hexagon nut with flange　07.0146
六角冠状薄螺母　hexagon thin castle nut　07.0161
六角冠状螺母　hexagon castle nut　07.0160
六角开槽螺母　hexagon slotted nut　07.0159
六角螺母　hexagon nut　07.0143
六角头法兰面螺栓　hexagon bolt with flange 07.0077
六角头盖形螺栓　acorn hexagon head bolt　07.0078
六角头管塞　hexagon head pipe plug　07.0139
六角头螺塞　hexagon head screw plug　07.0136
六角头螺栓　hexagon bolt　07.0075
六角头木螺钉　hexagon head wood screw　07.0127
六角头凸缘螺栓　hexagon bolt with collar　07.0076
六角头自攻螺钉　hexagon head tapping screw 07.0117
六角头自切螺钉　hexagon head thread cutting screw 07.0118
六角凸缘螺母　hexagon nut with collar　07.0145
六通阀　six-port valve　08.1031
六西格玛设计　design for six sigma　03.0089
*鲁棒设计　robust design　03.0092
路径　path　01.0453

路径点　fly-by point, via point　01.0478
路径加速度　path acceleration　01.0555
路径速度　path velocity　01.0553
路径速度波动　path velocity fluctuation　01.0560
路径速度重复性　path velocity repeatability 01.0559
路径速度准确度　path velocity accuracy　01.0558
路径重复性　path repeatability　01.0498
路径准确度　path accuracy　01.0497
露点　dew point　08.0745
轮槽节宽　pitch width of pulley groove　08.0612
轮齿　gear teeth　08.0053
轮冠距　tip distance　08.0367
轮廓单峰间距　single peak distance of profile 06.0267
轮廓单峰平均间距　single peak average distance of profile　06.0268
轮廓峰　profile peak　06.0271
轮廓峰顶线　line of profile peaks　05.0038，peak line of profile　06.0272
轮廓峰高　profile peak height　05.0033，peak height of profile　06.0273
轮廓谷　profile valley　06.0274
轮廓谷底线　line of profile valleys　05.0039，valley line of profile　06.0275
轮廓谷深　profile valley depth　05.0034，valley depth of profile　06.0276
轮廓均方根偏差　root mean square deviation of the profile　05.0037
轮廓控制　contouring control　06.0414
轮廓控制系统　contouring control system　06.0415
轮廓偏距　profile departure　05.0031
轮廓水平截距　profile section level　05.0041，horizontal intercept of profile　06.0277
轮廓算术平均偏差　profile arithmetic average error 03.0321, arithmetic mean deviation of the profile 05.0036, arithmetic average deviation of profile 06.0278
轮廓算术平均中线　arithmetical mean centre line of the profile　05.0032, arithmetic average median line of profile　06.0269
轮廓微观不平度高度　micro unevenness height of profile　06.0281
轮廓微观不平度间距　micro unevenness distance of profile　06.0279

轮廓微观不平度平均间距　micro unevenness average distance of profile　06.0280

轮廓支承长度　profile bearing length　05.0042，bearing length of profile　06.0282

轮廓支承长度率　profile bearing length ratio　05.0043，bearing length ratio of profile　06.0283

轮廓支承长度率曲线　curve of the profile bearing length ratio　05.0044

轮廓最大峰高　maximum peak height of profile　06.0284

轮廓最大高度　maximum height of the profile　03.0320，maximum peak to valley height　05.0040，maximum height of profile　06.0285

轮廓最大谷深　maximum valley depth of profile　06.0286

轮廓最大平均高度　maximum height of profile　05.0035

轮廓最小二乘中线　least square median line of profile　06.0270

轮式机器人　wheeled robot　01.0437

*轮胎式离合器　pneumatic tube clutch　07.0330

轮胎式联轴器　coupling with rubber type element　07.0284

罗宾德效应　Rehbinder effect　05.0110

*罗管式制动器　pneumatic tube brake　07.0438

罗素效应　Vogel-Colson-Russell effect　05.0112

逻辑图　logic diagram　03.0185

螺钉　screw　07.0091

螺钉锁紧挡圈　lock ring with screw　07.0200

螺杆　screw　08.0711

螺杆泵　screw pump　08.0900

螺杆马达　screw motor　08.1129

螺距　pitch　07.0050

螺距极限偏差　screw pitch limit deviation　06.0287

螺距累积极限偏差　screw pitch accumulation limit deviation　06.0288

螺距累积误差　cumulative error in pitch　07.0063

螺距偏差　deviation in pitch　07.0062

螺距误差中径当量　pitch diameter equivalent of error in pitch　06.0290

螺距轴向极限偏差　screw pitch axial limit deviation　06.0289

螺母　nut　07.0142

螺塞　screw plugs　07.0135

螺栓　bolt　07.0068

螺尾　washout thread　07.0025

螺尾圆锥销　taper pin with external thread　07.0231

螺纹　screw thread　07.0013

螺纹百分尺　screw thread dial gauge　06.0291

螺纹槽宽　thread groove width　07.0054

[螺纹]大径　major diameter　07.0042

[螺纹]导程　lead　07.0051

[螺纹]底径　root diameter　07.0045

[螺纹]顶径　crest diameter　07.0044

螺纹法兰　crewed flange　07.1013

螺纹副　screw thread pair　07.0018

[螺纹]行程　stroke　07.0060

[螺纹]基准直径　gauge diameter　07.0047

螺纹接触高度　thread contact height　07.0058

螺纹精度　tolerance quality　07.0061

螺纹连接　screwed joint　07.0007

螺纹升角　lead angle　07.0052

螺纹式插装阀　screw-in cartridge valve　08.1076

[螺纹]小径　minor diameter　07.0043

螺纹旋合长度　thread engagement length　06.0292

螺纹装配长度　length of assembly　07.0057

螺纹牙厚　thread ridge thickness　07.0053

螺纹牙型　form of thread　07.0029

螺纹圆柱销　cylindrical pin with external thread　07.0225

[螺纹]中径　pitch diameter　07.0046

螺纹轴线　axis of thread　07.0048

*螺旋测微器　micrometer　06.0303

螺旋传动　screw drive　08.0710

螺旋副　helical pair, screw pair　01.0028

螺旋机构　screw mechanism　01.0167

螺旋角　helix angle　08.0101

螺旋弹簧　helical spring　07.0900

螺旋位移矩阵　screw displacement matrix　01.0238

螺旋线　helix　07.0012

螺旋轴　screw axis　01.0236

洛氏硬度　Rockwell hardness　04.0038

履带式机器人　crawler robot, tracked robot　01.0440

绿色摩擦学　green tribology　05.0120

绿色设计　green design　03.0064

绿色设计评价　green design evaluation　03.0065

氯化润滑剂　chlorinated lubricant　05.0418

滤波器　filter　02.0188

M

马丁方程　Martin equation　05.0357

马氏硬度　Martens hardness　04.0037

脉冲宽度调制　pulse width modulation, PWM　06.0507

脉冲上升时间　pulse rise time　02.0174

脉冲下降时间　pulse drop-off time　02.0175

脉动循环　pulsation cycle　04.0109

*脉宽调制　pulse width modulation, PWM　06.0507

脉宽调制型数字阀　pulse width modulation type digital valve　08.1104

满装滚动体轴承　full complement bearing　07.0622

慢速控制　reduced speed control, slow speed control　01.0550

慢转速偏差　slow speed runout　02.0217

毛坯图　model drawing　03.0169

铆钉　rivet　07.0243

铆钉连接　riveted joint, riveting　07.0011

*铆接　riveted joint, riveting　07.0011

梅花形弹性联轴器　coupling with elastic spider　07.0291

米泽斯屈服准则　Mises yield criterion　04.0050

米制轴承　metric bearing　07.0628

密闭谐波齿轮传动　hermetically sealed harmonic gear drive　08.0426

密封　seal　05.0081

密封端盖　end cover　07.0848

密封端面　seal face　07.0825

密封环　seal ring　07.0824

密封环带　seal band　07.0866

密封件　seal　08.1240

密封界面　seal interface　07.0826

密封流体　sealant　07.0865

密封腔　annular seal space　07.0846

密封腔体　seal chamber　07.0847

密封圈　sealing ring　07.0691

密封圈轴承　sealed bearing　07.0631

密封装置　sealing device　08.1239

密圈螺旋弹簧　tightly coiled helical spring　07.0909

免蚀态　immunity　05.0473

面板螺钉　cover screw　07.0102

面倒圆　face fillet　03.0259

面对背双端面机械密封　face-to-back double mechanical seal　07.0814

面对面配置　face-to-face arrangement　07.0706

面对面双端面机械密封　face-to-face double mechanical seal　07.0813

面轮廓度　profile of any plane　03.0306

面向拆卸的设计　design for disassembly　03.0059

面向成本的设计　design for cost　03.0062

面向环境的设计　design for environment　03.0063

面向维修的设计　design for maintenance　03.0060

面向制造的设计　design for manufacturing　03.0058

面向质量的设计　design for quality　03.0061

面向装配的设计　design for assembly　03.0057

敏化处理　sensitizing treatment　05.0471

*名义尺寸　nominal size　03.0286

名义接触面积　nominal contact area　05.0066

名义应变　nominal strain　04.0021

名义应力　nominal stress　04.0011

名义中心距　nominal center distance　08.0159

明细栏　item block　03.0195

模糊控制　fuzzy control　06.0416

模糊控制系统　fuzzy control system　06.0417

模糊设计　fuzzy design　03.0088

模块化设计　modular design　03.0106

模拟腐蚀试验　simulative corrosion test　05.0559

模数　module　08.0091

模态参数　modal parameter　02.0092

模态分析　modal analysis　02.0091

模态刚度　modal stiffness　02.0093

模态密度　modal density　02.0094

模态试验　modal test　02.0127

模型参考自适应控制　model reference adaptive control　06.0418

模型预测控制　model predictive control, MPC　01.0575

*模型预测控制　predictive control　06.0432

LB 膜　Langmuir Blodgett film, LB film　05.0106

膜片缸　diaphragm cylinder　08.1157

膜片联轴器　diaphragm coupling　07.0282

*膜片式离合器　diaphragm clutch　07.0329

膜片弹簧　diaphragm spring　07.0363

摩擦　friction　05.0114

摩擦[表]面　friction surface　05.0135

*摩擦颤动　frictional vibration　05.0197

摩擦衬片　friction facing　07.0355

摩擦传动　friction drive　05.0145

*摩擦二项式定律　Bowden-Tabor theory　05.0151

摩擦副　rubbing pair, tribopair　05.0138

摩擦副材料　rubbing pair material　05.0130

摩擦副数　number of friction pairs　07.0390

[摩擦]工况　[friction] condition　05.0137

摩擦功　friction work　05.0144

摩擦功率　friction power　05.0148

摩擦鼓部件　drum assembly　07.0367

摩擦化学　tribochemistry　05.0118

摩擦角　angle of friction　05.0169

摩擦聚合物　tribopolymer　05.0196

摩擦块离合器　friction block clutch　07.0323

摩擦力　frictional force　05.0149

摩擦力矩　frictional moment　05.0152

[摩擦]力矩容量　torque capacity　05.0178

摩擦力矩稳定系数　steady coefficient of friction moment　05.0154

摩擦力显微镜　friction force microscope　05.0441

摩擦裂解　tribocracking　05.0195

摩擦轮传动　friction wheel drive　08.0723

摩擦轮机构　friction wheel mechanism　01.0195

摩擦面温度　frictional surface temperature　05.0172

摩擦能量耗散　friction energy dissipation　05.0150

摩擦能量转换　friction energy conversion　05.0074

摩擦片　friction plate　07.0356

摩擦起电　electrification by friction　05.0153

摩擦热脉冲　friction induced thermal impulse　05.0193

[摩擦]热影响层　heat affected layer　05.0200

摩擦升华　friction induced sublimation　05.0194

摩擦式离合器　friction clutch　07.0320

摩擦试验机　tribometer　05.0427

[摩擦]顺应性　frictional conformability　07.0588

摩擦损失　frictional losses　08.1335

摩擦物理　tribophysics　05.0117

摩擦系数　frictional coefficient　05.0163

摩擦相容性　frictional compatibility　05.0191

摩擦学　tribology　05.0113

摩擦学设计　tribological design　05.0129

摩擦学试验　tribology test　05.0426

摩擦学系统　tribological system　05.0128

摩擦学元素　tribo element　05.0136

摩擦因数　friction factor　07.0890

摩擦圆　circle of friction　05.0171

摩擦噪声　friction induced noise　05.0198

摩擦振荡　frictional oscillation　05.0197

摩擦制动　friction brake　05.0146

摩擦制动器　friction brake　07.0400

摩擦锥　cone of friction　05.0170

磨合　running in　05.0174

磨合磨损　wear in running-in　05.0277

磨合性　running-in property　05.0294，running-in ability　07.0579

磨痕　wear track　05.0292

磨粒　abrasive particle　05.0232

*磨粒磨损　abrasion, abrasive wear　05.0221

磨料磨损　abrasion, abrasive wear　05.0221

磨料侵蚀　abrasive erosion　05.0241

磨蚀　erosion　08.0739

磨损　wear　05.0115

磨损度　wear intensity　07.0598

磨损腐蚀　erosion corrosion　05.0499

磨损机理　wear mechanism　05.0289

磨损[机制]图　wear [mechanism] map　05.0291

磨损量　wear loss　05.0212

磨损率　wear rate　05.0213

磨损系数　coefficient of wear　05.0283

磨损转型　transition of wear mechanism　05.0290

磨损状态转化　transition wear mode　05.0280

磨屑　wear debris　05.0293

末端执行器　end effector　01.0426

末端执行器连接装置　end effector coupling device　01.0427

末端执行器自动更换系统　automatic end effector exchange system　01.0428

莫尔条纹　Moiré fringe　06.0293

莫尔准则　Mohr criterion　04.0052

木螺钉　wood screw　07.0126

木螺钉螺纹　wood screw thread　07.0028

目标不确定度　target uncertainty　06.0294

*目标测量不确定度　target uncertainty　06.0294

N

纳米划痕仪　nano scratch tester　05.0440

纳米机电系统　nano-electromechanical system,

NEMS　06.0457

*纳米摩擦学　microtribology　05.0119

纳维-斯托克斯方程　Navier Stokes equations　05.0350

耐候性　weathering resistance　05.0459

耐磨性　wear resistance　05.0285

耐蚀性　corrosion resistance　05.0458

耐压压力　proof pressure　08.0833

耐振试验　endurance test　02.0126

难燃液压油　fire-resistant hydraulic fluid　08.0754

挠曲振动　flexural vibration　02.0195

挠性构件　flexible link　01.0012

挠性转子　flexible rotor　02.0204

挠性转子低速平衡　low speed balancing of flexible rotor　02.0262

挠性转子高速平衡　high speed balancing of flexible rotor　02.0263

内摆线　hypocycloid　08.0112

内摆线等距曲线　equidistant curve of hypocycloid　08.0290

内波发生器　internal wave generator　08.0432

内部压力　internal pressure　08.0844

*内部状态传感器　internal state sensor　01.0567

内齿摆线轮　internal cycloidal gear　08.0274

内齿轮　internal gear　08.0026

内齿轮副　internal gear pair　08.0028

内齿圈　ring gear　08.0239

内齿锁紧垫圈　internal teeth lock washer　07.0188

内齿针齿轮　internal pin wheel　08.0278

内传动件　inner driving medium　07.0352

内分流液力机械变矩器　internal shunting current hydromechanical torque converter　08.1274

内互换　internal interchangeable　03.0325

内环　wre　08.1300

内径千分尺　inside micrometer　06.0295

内锯齿锁紧垫圈　internal teeth serrated lock washer　07.0191

内链板　inner plate　08.0681

内链节　inner link　08.0674

内流式机械密封　mechanical seal with inward leakage　07.0798

内六角沉头螺钉　hexagon socket countersunk flat cap head screw　07.0121

内六角管塞　hexagon socket pipe plug　07.0138

内六角螺塞　hexagon socket screw plug　07.0137

内六角无头凹端螺钉　hexagon socket headless screw with cup point　07.0119

内六角圆柱头螺钉　hexagon socket head cap screw 07.0120

内螺纹　internal thread　07.0017

内螺纹圆柱销　cylindrical pin with internal thread　07.0226

内螺纹圆锥销　taper pin with internal thread　07.0230

内埋裂纹　embedded crack　04.0172

内啮合齿轮泵　internal gear pump　08.0906

内啮合齿轮马达　internal gear motor　08.1119

内片　inner plate　07.0350

内圈　inner ring　07.0679

内舌止动垫圈　internal tab washer　07.0196

内四方螺塞　square socket screw plug　07.0140

内缩方式　inside shrink way　06.0296

内泄漏　internal leakage　08.0801

内压　internal air pressure　07.0985

内胀式制动器　internal expanding brake　07.0429

内质心转子　inboard rotor　02.0207

内装式机械密封　internally mounted mechanical seal　07.0794

内锥距　inner cone distance　08.0360

内锥体部件　inner cone assembly　07.0369

能量等价假定　energy equivalence assumption　04.0163

能量释放率判据　energy release rate criterion　04.0211

能容　capacity　08.1350

能头　head　08.1329

泥渣　sludge　05.0342

逆平行四边形机构　antiparallel- crank mechanism　01.0079

*逆向设计　reverse design　03.0109

黏度　viscosity　05.0317

黏度比　viscosity ratio　05.0320

黏[度]-温[度]方程　ASTM viscosity temperature equation　05.0326

黏[度]-温[度]斜率　ASTM viscosity temperature slope　05.0327

黏度指数　viscosity index　08.0764

黏度指数改进剂　viscosity index improver　08.0784

黏附　adhesion　05.0075

黏焊　scuffing　05.0252

黏滑　stick slip　05.0095

*黏塑性损伤　creep damage　04.0148

黏弹性　visco-elasticity　05.0322

黏温系数　viscosity-temperature coefficient

05.0321

黏性摩擦　stick slip　08.0738

黏着　adhesion　05.0189

黏着力　adhesive force　05.0249

黏着磨损　adhesive wear　05.0222

黏着系数　coefficient of adhesion　05.0190

*黏滞系数　viscosity　05.0317

啮出　recess, engaging out　08.0412

啮出区　zone of recess, engaging out region
08.0416

啮合　engagement　08.0142

啮合侧隙　working backlash　08.0307

啮合齿数　total number of teeth in engagement
08.0413

啮合干涉　meshing interference　08.0127

啮合角　working pressure angle　08.0231

啮合节点　working pitch point　08.0507

啮合平面　plane of action　08.0146

啮合区　zone of meshing, region of engagement
08.0414

啮合区域　zone of action　08.0147

啮合区中心角　circular arc angle of engagement

08.0417

啮合曲面　surface of action　08.0145

啮合线　path of contact　08.0143

啮合相位角　phase angle of meshing　08.0306

啮入　approach, engaging in　08.0411

啮入区　zone of approach, engaging in region
08.0415

凝聚相　condensed phase　05.0006

牛顿流体　Newtonian fluid　05.0349

扭动微动　torsional fretting　05.0062

扭杆弹簧　torsion bar spring　07.0926

扭簧比较仪　torsional spring comparator　06.0297

扭簧离合器　torsional spring clutch　07.0325

*扭矩　torque　01.0325

扭转式橡胶弹簧　torsion type rubber spring
07.0933

扭转弹簧　torsional spring　07.0364

扭转振动　torsional vibration　02.0075

浓差腐蚀电池　concentration corrosion cell
05.0520

努氏硬度　Knoop hardness　04.0036

O

欧克魏克数　Ocvirk number　05.0370

欧拉角　Euler angles　01.0233

欧拉-萨弗里公式　Euler-Savery equation　01.0230

欧拉旋转矩阵　Euler rotation matrix　01.0234

欧姆控制　ohmic control　05.0539

偶不平衡　couple unbalance　02.0231

耦合仿生　coupled bionics　03.0127

耦合模态　coupled modes　02.0095

耦合设计理论　coupling design theory　03.0046

耦合振型　coupled modes　02.0102

P

拍　beat　02.0153

拍频　beat frequency　02.0154

排挤系数　excretion coefficient　08.1333

排量　delivery　08.0793

排气管路　bleed line　08.1178

排气节流阀　exhaust throttle valve　08.1413

排气能力　air release capacity　08.0768

*盘式离合器　disc clutch　07.0321

盘式制动器　disk brake　07.0420

盘形凸轮　plate cam, disk cam　01.0109

盘状链轮　plate sprocket　08.0707

*K 判据　stress intensity factor criterion　04.0199

*G 判据　energy release rate criterion　04.0211

跑合　run-in　07.0892

配对齿轮　mating gear　08.0020

配合　fit　03.0339

配合公差　variation of fit,fit tolerance　03.0364

配合公差带　fit tolerance zone　03.0355

配合件　fitment　02.0219

配流盘式轴向柱塞泵　port plate axial piston pump
08.0923

配置设计　configuration design　03.0035

配重　counterweight　02.0292

喷涂摩擦片　spray-coated friction plate　07.0375

喷嘴　nozzle　08.0990

喷嘴挡板控制　flapper and nozzle control　08.0970

碰撞　impact　01.0335

碰撞力　impact force　01.0336

皮肤摩擦学　skin tribology　05.0126

皮革平带　leather belt　08.0583

疲劳　fatigue　04.0061

疲劳极限　fatigue limit　04.0088

疲劳极限线图　fatigue limit diagram　04.0114

疲劳累积损伤　cumulative fatigue damage　04.0136

疲劳裂纹扩展　fatigue crack growth　04.0184

疲劳裂纹扩展门槛值　fatigue crack growth threshold
　　04.0202

疲劳裂纹扩展寿命预估　fatigue crack propagation
　　life estimation　04.0209

疲劳裂纹扩展速率　fatigue crack propagation speed
　　04.0201

疲劳裂纹扩展速率方程　fatigue crack propagation
　　rate equation　04.0203

疲劳裂纹长度　fatigue crack length　04.0127

疲劳磨损　fatigue wear　05.0287

疲劳强度　fatigue strength　04.0084

疲劳强度设计　fatigue strength design　04.0087

疲劳强度指数　fatigue strength exponent　04.0086

*疲劳缺口系数　effective stress concentration factor
　　04.0094

疲劳试验　fatigue test　04.0128

疲劳试样　fatigue test piece　04.0129

疲劳寿命　fatigue life　04.0228

疲劳损伤　fatigue damage　04.0150

疲劳延性系数　fatigue ductility coefficient　04.0110

匹配试验筛　matched test sieve　07.1083

*偏差　deviation　03.0333

偏位角　attitude angle　07.0603

偏心轮机构　eccentric mechanism　01.0091

偏心率　relative eccentricity　07.0602

偏心套　eccentric locking collar　07.0787

偏心元件　eccentric element　08.0245

偏置距　offset　08.0369

偏置曲柄滑块机构　offset slider crank mechanism
　　01.0082

偏置直动从动件　offset translating follower
　　01.0133

偏置质量　bias mass　02.0313

片式离合器　disc clutch　07.0321

片弹簧　flat spring　07.0929

频率分辨率　frequency resolution　02.0185

频率响应范围　frequency response range　06.0298

频率响应函数　frequency response function
　　02.0033

平板　platform　06.0299

平板检测　testing on platform　06.0300

平带　flat belt　08.0582

平带传动　flat belt drive　08.0557

平挡圈　loose rib　07.0685

平垫圈　plain washer　07.0175

平顶齿轮　bevel gear with 90° face angle　08.0327

平顶链　hinge type flattop chain　08.0665

平焊法兰　welded flange　07.1015

平行度　parallelism　03.0307

平行力系　parallel force system　01.0330

平行四边形机构　parallel crank mechanism
　　01.0078

平行投影法　parallel projection method　03.0208

平行轴齿轮副　gear pair with parallel axes　08.0016

平衡　balancing　02.0254

平衡操作　balancing run　02.0307

平衡阀　counterbalance valve　08.1073

平衡回路　balancing circuit　08.1193

平衡机　balancing machine　02.0280

平衡机灵敏度　balancing machine sensitivity
　　02.0303

平衡机准确度　balancing machine accuracy
　　02.0301

平衡机最小响应　balancing machine minimum re-
　　sponse　02.0300

平衡力矩　equilibrant moment　01.0322

平衡式变量叶片泵　balanced variable vane pump
　　08.0932

平衡式机械密封　balanced mechanical seal　07.0805

平衡式叶片泵　balanced vane pump　08.0911

平衡式叶片马达　balanced vane motor　08.1121

平衡心轴　balancing arbor　02.0311

平衡心轴不平衡偏置　unbalance bias of a balancing
　　arbor　02.0312

平衡允差　balance tolerance　02.0247

平衡直径　balance diameter　07.0871

平衡质量　balancing mass　01.0367

平衡轴承　balancing bearing　02.0310

平衡转速　balancing speed　01.0368，02.0216

平衡转子式叶片泵　balanced rotor vane pump
　　08.0914

平键　flat key　07.0208

平均冲蚀深度　mean depth of erosion　05.0268

平均动摩擦力　mean kinetic friction force　05.0179

平均动摩擦系数　mean coefficient of kinetic sliding friction　05.0167

平均故障间隔时间　mean time between failures, MTBF　04.0230

平均摩擦半径　mean friction radius　05.0180

平均失效前时间　mean time to failure, MTTF　04.0229

平均寿命　mean life　04.0223

*平均无故障间隔　mean time between failures, MTBF　04.0230

平均应变　mean strain　04.0016

平均应力　mean stress　04.0007

平均有效载荷　mean effective load　07.0772

平均制动减速度　mean braking deceleration　07.0485

平面包络环面蜗杆　planar double enveloping worm　08.0505

平面波　plane wave　02.0141

*平面产形齿轮　octoid crown gear　08.0384

*平面齿轮　crown gear　08.0322

平面度　flatness　03.0298

平面二次包络蜗轮　planar double enveloping worm-wheel　08.0554

平面副　planar contact pair, sandwich pair　01.0029

平面机构　planar mechanism　01.0037

平面迹线　path line of the plane　03.0242

平面铰链四杆机构　planar pivot four bar mechanism　01.0073

平面立体　planar object　03.0250

平面连杆机构　planar linkage mechanism　01.0068

平面凸轮机构　planar cam mechanism　01.0107

平面图　plan　03.0165

平面涡卷弹簧　flat spiral spring　07.0912

平面蜗轮　planar wormwheel　08.0555

平面旋转矩阵　planar rotation matrix　01.0231

平面叶片　flat blade　08.1286

平面应变断裂韧度　plane-strain fracture toughness　04.0191

平面转换　plane transposition　02.0275

平片头螺钉　flat leaf screw　07.0099

*平台　platform　06.0299

平头固定螺栓　flat head anchor bolt　07.0072

平头铆钉　flat head rivet　07.0251

平稳振动　stationary vibration　02.0059

平移　translation　01.0289

平移运动　translational motion　02.0156

平直度检查仪　straightness tester　06.0301

平锥头半空心铆钉　cone head semi-tubular rivet　07.0256

平锥头铆钉　cone head rivet　07.0246

破坏压力　burst pressure　08.0832

破裂　burst　08.0740

破损安全结构　damage safety structure　04.0164

剖分式滑动轴承　split plain bearing　07.0501

剖分轴承　split bearing　07.0627

剖视图　sectional view　03.0227

铺展　spreading　05.0092

普通 V 带　classical V belt　08.0588

普通平带　conventional belt　08.0584

普通平键　general flat key　07.0209

普通楔键　general taper key　07.0215

普通型液力偶合器　general type of constant filling fluid coupling　08.1258

普通圆柱销　general cylindrical pin　07.0224

普通圆锥销　general taper pin　07.0229

谱线数　number of lines　02.0186

谱泄漏　spectral leakage　02.0187

Q

期间精密度测量条件　intermediate precision condition of measurement　06.0302

*期间精密度条件　intermediate precision condition of measurement　06.0302

漆膜　varnish　05.0340

奇异　singularity　01.0468

*奇异构型　singularity configuration　01.0581

奇异位形　singularity configuration　01.0581

启动工况　starting condition　08.1365

启动过载系数　starting overload ratio　08.1377

启动力矩　starting moment　01.0318

启动转矩　starting torque　07.0761

起动压力　breakaway pressure, breakout pressure　08.0839

气动传动　pneumatic transmission　06.0484

气动传感器　pneumatic sensor　08.1429

气动放大器　pneumatic amplifier　08.1430

气动辅助元件　supplemental pneumatic components

08.1426

气动回路　pneumatic circuit　08.1389

气动机构　pneumatic mechanism　01.0057

气动技术　pneumatics　08.1387

气动控制　pneumatic control　08.1390

气动控制元件　pneumatic control components　08.1409

气动逻辑控制元件　pneumatic logic control component　08.1418

气动逻辑元件　pneumatic logic element　08.1417

气动气液阻尼缸　gas-liquid damping cylinder　08.1428

气动式波发生器　pneumatic wave generator　08.0435

气动系统　pneumatic system　08.1388

气动消声器　pneumatic silencer　08.1425

气动执行机构　pneumatic actuator　06.0458

气动执行元件　pneumatic actuator　08.1420

气缸　air cylinder　08.1421

气击　air hammer　05.0382

气控阀　pneumatic operated valve　08.1414

气马达　air motor　08.1422

气膜刚度　gas film stiffness　07.0616

气膜振荡　gas whirl　07.0617

气囊式蓄能器　bladder accumulator　08.1236

气驱液压泵　hydropneumatic pump　08.0888

气蚀　cavitation　08.0735

气蚀磨损　cavitation wear　05.0243

气胎　pneumatic tube　07.0366

气胎离合器　pneumatic tube clutch　07.0330

气胎制动器　pneumatic tube brake　07.0438

气体动力润滑　aerodynamic lubrication　05.0387

气体动压轴承　aerodynamic bearing　07.0512

气体腐蚀　gaseous corrosion　05.0478

气体静力润滑　aerostatic lubrication　05.0388

气体静压轴承　aerostatic bearing　07.0513

气体侵蚀　cavitation erosion　05.0246

气体润滑　gas lubrication　05.0383

气旋流真空发生器　vortex vacuum generator　08.1408

气穴现象　cavitation　07.0883

气压泵　pneumatic pump　06.0485

气压传动　pneumatic transmission　06.0023，08.1386

[气压传动]梭阀　shuttle valve　08.1415

气压控制　pneumatic control　08.0960

气压离合器　pneumatically controlled clutch　07.0304

气压系统　pneumatic system　06.0486

*气压执行机构　pneumatic actuator　06.0458

气压制动器　pneumatically brake　07.0409

汽车 V 带　automotive V belt　08.0593

千分尺　micrometer　06.0303

牵引　traction　05.0071

牵引工况性能试验　traction condition characteristic test　08.1370

牵引应力　tractive stress　05.0072

前峰锯齿冲击脉冲　initial peak sawtooth shock pulse　02.0166

前进角　advancing angle　05.0087

前馈控制　feed forward control　06.0419

前倾叶片　forward blade　08.1291

前锥[面]　front cone　08.0353

钳盘式制动器　caliper disk brake　07.0421

欠冲　undershoot　02.0022

嵌藏性　embed ability　05.0240

嵌合式离合器　positive clutch　07.0315

嵌入性　embeddability　07.0589

强度　intensity　04.0030

强拉处理　[tension] prestressing　07.1003

强扭处理　[torsion] prestressing　07.1005

强压处理　[compressive] prestressing　07.1001

切齿干涉　cutter interference　08.0128

切换压力　switching pressure　08.0859

切向变形[量]　tangential deflection　08.0402

切向反作用力　tangential reaction　01.0384

切向键　tangential key　07.0217

切向微动　tangential fretting　05.0059

*切向位移　tangential deflection　08.0402

切向圆　tangent circle　01.0222

切向圆光栅莫尔条纹　Moiré fringe of tangential circular optical grating　06.0304

切向综合误差　bear pair tangential comprehensive error　06.0305

切削润滑剂　cutting lubricant　05.0312

切应变　shear strain　04.0020

切应力　shear stress　04.0010

侵蚀磨损　erosive wear　05.0242

亲水性　hydrophilicity　05.0090

擒纵机构　escapement　01.0185

轻量化设计　lightweight design　03.0070

轻微磨损　mild wear　05.0215

氢脆　hydrogen embrittlement　05.0508

氢鼓泡　hydrogen blister　05.0509

氢化烃油液　chlorinated hydrocarbon fluid　08.0762

*氢磨损　hydrogen wear　05.0295

氢致磨损　hydrogen wear　05.0295

倾点　pour point　08.0782

倾斜度　inclination　03.0309

倾斜叶片　inclined blade　08.1290

清净性　detergency　05.0343

求差运算　difference operation　03.0265

求和运算　union operation　03.0264

求交运算　intersection operation　03.0266

球　ball　07.0695

球槽副　sphere trough pair　01.0027

球等级　ball grade　07.0743

球阀　ball valve　08.1033

球关节　spherical joint　01.0423

球规值　ball gauge　07.0744

*球铰　spherical pair　01.0025

球笼式同步万向联轴器　synchronizing universal coupling with ball and sacker　07.0275

球面波　spherical wave　02.0142

球面副　spherical pair　01.0025

球面机构　spherical mechanism　01.0039

球面渐开螺旋面　spherical involute helicoid　08.0121

球面渐开线　spherical involute　08.0118

球面铰链四杆机构　spherical pivot four bar mechanism　01.0074

球面凸轮　spherical cam　01.0117

球面运动　spherical motion　01.0291

球批　ball lot　07.0742

球头手柄　ball handle　07.1036

球销副　sphere pin pair　01.0026

球直径　ball diameter　07.0741

球轴承　ball bearing　07.0654

球总体内径　ball complement bore diameter　07.0755

球总体外径　ball complement outside diameter　07.0756

球组节圆直径　pitch diameter of ball set　07.0749

球组内径　ball set bore diameter　07.0751

球组外径　ball set outside diameter　07.0752

*球坐标机器人　spherical robot　01.0432

驱动点导纳　driving-point mobility　02.0036

驱动点阻抗　driving point impedance　02.0029

驱动环　drive collar　07.0851

*驱动件　actuator　06.0039

驱动力　driving force　01.0297

驱动力矩　driving moment　01.0317

*驱动器　actuator　06.0039

屈服强度　yield strength　04.0045

屈服准则　yield criterion　04.0048

曲柄　crank　01.0062

曲柄摆动导杆机构　crank and swing guide bar mechanism, crank and oscillating guide bar mechanism　01.0086

曲柄存在条件　Grashof's criterion　01.0103

曲柄滑块机构　slider crank mechanism　01.0080

曲柄摇杆机构　crank rocker mechanism　01.0075

曲柄移动导杆机构　crank and translating guide bar mechanism, scotchyoke mechanism　01.0088

曲柄转动导杆机构　crank and rotating guide bar mechanism　01.0087

曲度系数　curvature correction factor　07.0951

曲拐元件　crank element　08.0260

*曲率中心点曲线　pivot point curve　01.0228

*曲率驻点　circling point　01.0225

曲面立体　curved surface object　03.0251

曲面手柄　machine handle　07.1030

曲面转动手柄　machine handle with sleeve　07.1034

曲线齿锥齿轮　curved tooth bevel gear　08.0342

取样长度　sample length　06.0306

去钝化　depassivation　05.0469

圈数　number of turns　08.0719

全浸试验　immersion test　05.0561

全量理论　total theory of plasticity　04.0053

全螺纹螺柱　stud bolt　07.0089

全盘式制动器　complete disk brake　07.0424

全剖视图　full sectional view　03.0228

全柔顺机构　fully compliant mechanism　01.0188

全生命周期设计　life cycle design　03.0056

全套试验筛　full set of test sieves　07.1084

全跳动　total run-out　03.0313

全向移动机构　omni-directional mobile mechanism　01.0526

全压　total pressure　08.0825

*全自动化工厂　fully-automatic factory　06.0479

缺油　oil starvation　05.0380

确定力　deterministic force　01.0310

确定性振动　deterministic vibration　02.0050

确动凸轮　positive return cam　01.0126

R

燃点　fire point　08.0780

扰动力　perturbed force　01.0296

扰动力矩　perturbed moment　01.0316

热斑　heat spot　05.0201

热导式气体传感器　thermal conductivity gas transducer,thermal conductivity gas sensor　06.0112

热电式传感器　thermoelectric transducer, thermoelectric sensor　06.0113

热腐蚀　hot corrosion　05.0510

热机械疲劳　thermo-mechanical fatigue　04.0064

热流传感器　heat flux transducer, heat flux sensor　06.0114

热磨损　thermal wear　05.0275

热偶腐蚀　thermogalvanic corrosion　05.0516

热疲劳　cyclic temperature loading fatigue　04.0075

热释电式温度传感器　pyroelectric temperature transducer, pyroelectric temperature sensor　06.0117

热衰退　heat fade　07.0490

热楔　thermal wedge　05.0376

热学量传感器　thermodynamic quantity transducer, thermodynamic quantity sensor　06.0120

热应变　thermal strain　04.0025

热载荷值　thermic load value　07.0486

热致不平衡　thermally induced unbalance　02.0251

*人工老化试验　accelerated weathering test　05.0568

人工数据输入编程　manual data input programming　01.0537

人机工程设计　ergonomics design　03.0038

人机接口　man-machine interface　06.0459

人-机器人交互　human-robot interaction, HRI　01.0417

人机系统　human-machine system　06.0460

人力制动器　manual brake　07.0415

人造海水　artificial sea water　05.0464

人字齿轮　herringbone gear　08.0188

任务编程　task programming　01.0536

任务程序　task program　01.0534

任务规划　task planning　01.0507

任一运动链　any kinematic chain　01.0276

韧脆转变温度　ductile-brittle transition temperature　04.0187

韧性　toughness　04.0042

韧性断裂　ductile fracture　04.0178

容积式泵　displacement pump, positive-displacement pump　08.0898

容积式液压马达　displacement motor, positive-displacement motor　08.1114

容积损失　volumetric losses　08.1340

容积调速回路　hydraulic capacity speed governing circuit　08.1198

容积效率　volumetric efficiency　08.1343

溶解空气　dissolved air　08.0774

溶解水　dissolved water　08.0776

溶解氧　dissolved oxygen　05.0463

冗余度　redundancy　01.0580

冗余度柔性机器人　redundant flexible robot　01.0198

冗余机构　redundant mechanism　01.0267

柔度　compliance　02.0018

*柔轮　flexible gear, flexspline　08.0393

柔轮衬环　lining ring　08.0464

柔轮齿渐开线起始圆　beginning circle of involute profile on external flexspline　08.0466

柔轮齿圈　flexspline's toothed ring　08.0463

柔轮齿圈壁厚　wall thickness of flexspline　08.0470

柔轮齿圈壁厚中性层　neutral layer of flexspline's toothed ring　08.0465

柔轮短轴　minor axis of flexspline　08.0454

柔轮内径　inner diameter of flexspline　08.0468

柔轮筒体壁厚　wall thickness of cylinder　08.0472

柔轮外径　outer diameter of flexspline　08.0469

柔轮长度　length of flexspline　08.0467

柔轮长径比　length to diameter ratio of flexspline　08.0471

柔轮长轴　major axis of flexspline　08.0451

柔顺机构　compliant mechanism　01.0187

柔顺性　compliance　01.0476

柔性齿轮　flexible gear, flexspline　08.0393

柔性冲击　soft impact, soft shock　01.0162

柔性滚动轴承　flexible rolling bearing　08.0448

柔性机器人　flexible robot　01.0197

柔性系统　flexible system　06.0024

柔性制造单元　flexible manufacturing cell, FMC　06.0461

柔性制造系统　flexible manufacturing system, FMS

06.0462

*柔性转子　flexible rotor　02.0204

柔性装配自动化系统　flexible assembly system, FAS
06.0463

柔性自动化　flexible automation　06.0464

蠕变疲劳　creep fatigue　04.0063

蠕变损伤　creep damage　04.0148

蠕滑　creep　05.0058

乳化液不稳定性　emulsion instability　08.0772

乳化液稳定性　emulsion stability　08.0771

软管总成　hose assembly　08.1223

润滑　lubrication　05.0116

润滑材料　lubricating material　05.0308

润滑方式　methods of lubrication　05.0400

润滑剂　lubricant　05.0410

润滑剂相容性　lubricant compatibility　05.0424

*润滑角　lubrication angle　08.0548

*润滑类型　state of lubrication　05.0298

润滑膜　lubricating film　05.0297

润滑膜厚测试仪　film thickness tester　05.0433

润滑特性　lubrication characteristic　05.0364

润滑系统　lubrication system　05.0296

润滑性　lubricity　05.0316

润滑油　lubricating oil　05.0309

润滑油特性　lubricant property　05.0411

润滑脂　grease　05.0310

润滑脂时效硬化　age-hardening [of grease]
05.0335

润滑脂特性　grease property　05.0344

[润滑脂]脱水收缩　syneresis [of grease]　05.0332

[润滑脂]针入度　penetration [of grease]　05.0333

润滑状态　state of lubrication　05.0298

润滑状态区域图　region map of lubrication
05.0365

润湿　wetting　05.0082

润湿性　wettability　05.0083

S

三波　triple wave　08.0398

三次设计法　cubic design method　03.0094

三点接触球轴承　three point contact ball bearing
07.0661

三点弯曲试件　three point bending specimen
04.0188

三滚轮波发生器　triple roller wave generator
08.0445

三角凸缘螺母　triangle nut with collar　07.0155

*三阶段设计　cubic design method　03.0094

三排滚子链　triplex roller chain　08.0654

三视图　three-view drawing　03.0219

三通比例减压阀　three-way proportional reducing
valve　08.1091

三通阀　three-port valve　08.1028

三通减压阀　three-way pressure reducing valve
08.1066

三维建模　three-dimensional modeling　03.0244

三维数字模型　three-dimensional digital model
03.0245

三位阀　three-position valve　08.1025

三位四通阀　three-position four-way valve　08.1045

三心定理　Kennedy-Aronhold theorem　01.0215

三圆盘波发生器　three disk wave generator
08.0439

三爪内径千分尺　three point internal micrometers
06.0307

三坐标测量机　coordinate measuring machine
06.0308

扫掠　sweeping　03.0254

筛板厚度　plate thickness　07.1078

筛分　sieving　07.1088

筛分粒度分析　size analysis by sieving　07.1096

筛分面积百分率　percentage sieving area　07.1067

筛分试验　test sieving　07.1089

筛分终点　end point　07.1093

筛盖　lid　07.1080

筛孔尺寸　aperture size　07.1066

筛孔[眼]　screen opening　07.1065

筛框　frame　07.1063

筛面　sieving medium　07.1064

筛上物　oversize　07.1092

筛上物累计分布曲线　cumulative oversize distribu-
tion curve　07.1098

筛下物　undersize　07.1091

筛下物累计分布曲线　cumulative undersize distribu-
tion curve　07.1099

筛子　sieve　07.1062

闪点　flash point　08.0779

闪温　flash temperature　05.0077

闪蒸现象　flash　07.0888
上齿面　addendum flank　08.0068
上偏差　upper deviation　03.0334
上位机　master computer　06.0465
烧结金属摩擦材料　sintered metalic friction material　05.0204
烧结轴承材料　sintered bearing material　07.0585
烧伤　burning　05.0202
少齿差齿轮副　gear pair with small teeth difference　08.0253
少齿差行星齿轮传动机构　planetary gear drive mechanism with small teeth difference　08.0254
少自由度并联机构　lower-DoF parallel manipulator　01.0254
蛇形弹簧　serpentine spring　07.0927
蛇形弹簧联轴器　serpentine steel flex coupling　07.0279
设定压力　set pressure, setting pressure　08.0843
设计变量　design variable　03.0014
*设计参数　design variable　03.0014
设计方法学　design methodology　03.0004
设计高度　design height　07.0990
设计工具　design tool　03.0007
设计规范　design specification　03.0008
设计过程　design process　03.0006
设计类型　design type　03.0005
*设计流程　design process　03.0006
设计流线　center line of fluid flow　08.1302
设计目标　design objective　03.0012
设计寿命　design life　04.0225
设计图　design drawing　03.0177
设计牙型　design profile　07.0032
设计约束　design constraint　03.0013
设计知识　design knowledge　03.0010
设计专家系统　design expert system　03.0082
设计准则　design criterion　03.0009
设计资源　design resource　03.0011
射流技术　fluidics　08.0732
射流真空发生器　ejector vacuum generator　08.1406
射线传感技术　ray sensor technology　06.0309
伸缩缸　telescopic cylinder　08.1155
伸直弦长　flat span　07.0980
深度量规　depth gauge　06.0310
深度千分尺　depth micrometer　06.0311
深沟球轴承　deep groove ball bearing　07.0657

神经网络控制　neural network control　06.0420
渗析　bleeding　05.0336
*升程　rise travel　01.0139
*升-回-升运动　rise-return-rise motion　01.0145
升-回-停运动　rise-return-dwell motion　01.0148
升降试验法　up and down test method　04.0132
*升-停-回-停运动　rise-dwell-return-dwell motion　01.0149
升-停-回运动　rise-dwell-return motion　01.0147
生产线　production line　06.0467
生产线控制系统　production line control system　06.0468
生成污染　generated contamination　08.0785
*生态化设计　green design　03.0064
生物复制成形　bio-replication　03.0153
生物合成成形　bio-synthetic forming　03.0157
生物加工成形　bio-forming　03.0151
生物矿化成形　bio-mineralization　03.0158
生物灵感　bioinspiration　03.0125
生物摩擦学　biotribology　05.0125
生物去除成形　bio-removal　03.0152
生物生长成形　bio-growing forming　03.0155
生物约束成形　bio-template forming　03.0154
生物制造　biomanufacturing　03.0136
生物组装成形　bio-assembly forming　03.0156
声疲劳　acoustical fatigue　04.0079
声频　audio frequency　02.0144
声学　acoustics　02.0007
声音　sound　02.0008
绳索气缸　cable cylinder　08.1427
省略画法　omissive representation　03.0199
剩余不平衡　residual unbalance　02.0246
剩余强度　residual strength　04.0156
剩余寿命　residual life　04.0227
剩余振动　residual vibration　02.0249
剩余自由度奇异　remnant-freedom singularity　01.0245
失效　failure　04.0219
失效机理　failure mechanism　04.0232
失效率　failure rate　04.0222
失效模式　failure mode　04.0231
施工图　production drawing　03.0178
施控系统　controlling system　08.1444
*施控装置　controlling equipment　08.1444
湿空气　humid air　08.1391
湿热试验　heat and moisture test　05.0569

湿筛分　wet sieving　07.1101

湿式离合器　wet clutch　07.0333

湿式摩擦　wet friction　05.0184

湿式制动器　wet brake　07.0407

十二角法兰面螺母　12 point flange nut　07.0158

十二角头法兰面螺栓　12 point flange screw, bihexagonal head screw　07.0080

十字把手　palm grip knob　07.1056

十字槽半沉头螺钉　cross recessed raised countersunk oval head screw　07.0124

十字槽半沉头木螺钉　cross recessed raised countersunk oval head wood screw　07.0134

十字槽沉头螺钉　cross recessed countersunk flat head screw　07.0123

十字槽沉头木螺钉　cross recessed countersunk flat head wood screw　07.0133

十字槽盘头螺钉　cross recessed pan head screw　07.0122

十字槽盘头木螺钉　cross recessed pan head wood screw　07.0132

十字槽盘头自切螺钉　cross recessed pan head thread cutting screw　07.0125

十字滑块联轴器　Oldham coupling　07.0269

[十字]滑块输出机构　[cross] slide block type output mechanism　08.0249

十字轴式万向联轴器　universal coupling with spider　07.0274

石棉摩擦材料　asbestos friction material　07.0377

石墨化腐蚀　graphitic corrosion　05.0493

*时不变系统　time-invariant systems　06.0393

时序控制　sequential control　06.0421

实到位姿　attained pose　01.0528

实际表面　actual surface　06.0312

实际尺寸　actual size　03.0329

实际耗气量　actual air consumption　08.1395

实际接触面积　real contact area　05.0067

实际流体温度　actual fluid temperature　08.0787

实际轮廓　actual profile　06.0313

实际能头　effective head　08.1331

实际偏差　actual deviation　03.0337

实际要素　real feature, actual feature　03.0345

实时控制系统　real-time control system　06.0422

实时数据采集　real-time data acquisition　06.0469

实体　solid body　03.0246

实体造型　solid modeling　03.0247

实心销轴　solid pin　08.0689

实验标准偏差　experimental standard deviation　06.0314

实用[腐蚀]试验　service test　05.0556

矢量变换　vector transformation　01.0582

矢量测量装置　vector measuring device　02.0298

使用寿命　service life　04.0226

使用压力范围　working pressure range　08.0840

示教编程　teach programming　01.0469

示教盒　pendant, teach pendant　01.0479

示教再现操作　playback operation　01.0545

示教再现机器人　playback robot　01.0442

示意画法　schematic representation　03.0200

示振仪　vibrograph　02.0181

示值变动性　variation of indication　06.0315

示值范围　indication range　06.0316

示值误差　indication error　06.0317

*世界坐标系　world coordinate system　01.0455

试加质量　trial mass　02.0274

试件　specimen　04.0003

*试验标准差　experimental standard deviation　06.0314

试验筛　test sieve　07.1071

试验用套筛　nest of test sieves　07.1087

试验质量　test mass　02.0267

试验转子　test rotor　02.0317

*试样　specimen　04.0003

试运行　commissioning　01.0517

视图　view　03.0217

视在质量　apparent mass　02.0040

适应性设计　adaptive design　03.0018

*释放时间　release time　07.0474

[丝杠]滚道　ball track　08.0722

收缩流　contraction　08.0814

*手臂　arm　01.0521

手柄　handle　07.1029

手柄杆　handle lever　07.1043

手柄球　ball knob　07.1039

手柄套　taper knob　07.1040

手柄座　handle seat　07.1044

手动泵　hand pump　08.0887

手动阀　hand valve　08.1002

手动方式　manual mode　01.0541

手动方向阀　hand operated directional valve　08.1023，hand directional spool valve　08.1046

手动控制　manual control　06.0423，08.0956

*手动模式　manual mode　01.0541

手轮　handwheel　07.1045

手提式齿距仪　portable pitch instrument　06.0318

*手腕　wrist　01.0522

寿命估算　life estimation　04.0117

寿命系数　life factor　07.0783

*受服者　beneficiary　01.0515

受控初始不平衡　controlled initial unbalance　02.0245

受迫振动　forced vibration　01.0391，02.0071

受益人　recipient　01.0515

枢点　center point　01.0227

枢点曲线　center point curve　01.0228

疏水性　hydrophobicity　05.0091

输出构件　output link　01.0016

输出机构　output mechanism　08.0246

*输出量　output quantity in a measurement model　06.0176

输出流量　supply flow rate　08.0794

输出转矩　output torque　01.0327

输入构件　input link　01.0015

*输入量　input quantity in a measurement model　06.0177

输入信号　input signal　08.0961

输入转矩　input torque　01.0326

输送带　conveyor　06.0470

输送链　conveyor chain　08.0670

树状运动链　tree-like kinematic chain　01.0035

数据库管理系统　database management system　06.0471

数控机床　computer numerical control machine tools, CNC machine tool　06.0025

数控系统　numerical control system　06.0026

数显卡尺　digital caliper　06.0319

数显式电子测微仪　digital display type electronic micrometer gauge　06.0320

数字阀　digital valve　08.1098

数字工厂　digital factory　06.0472

数字化设计　digital design　03.0050

数字控制　numerical control　06.0424

数字控制系统　digital control system　06.0425

数字流量阀　digital flow control valve　08.1099

数字式传感器　digital transducer, digital sensor　06.0040

数字样机　digital prototype　03.0113

数字溢流阀　digital relief valve　08.1100

数字制造　digital manufacturing　06.0473

衰退　degeneration　07.0395

双泵轮液力变矩器　twin impeller torque converter　08.1270

双柄对重手柄　bi-lever balanced handle　07.1038

双波　double wave　08.0397

双出杆缸　double-ended rod cylinder, through-rod cylinder　08.1150

双导程圆柱蜗杆　dual lead cylindrical worm　08.0493

双导杆机构　double guide bar mechanism　01.0090

双电层效应　electric double layer effect　05.0097

双端面机械密封　double mechanical seal　07.0808

双耳止动垫圈　tab washer with long tab and wing　07.0194

双辊试验机　double-roll tester　05.0432

双滚轮波发生器　double roller wave generator　08.0444

双行程缸　dual stroke cylinder　08.1164

双滑块机构　double slider mechanism　01.0084

双活塞杆缸　double-rod cylinder　08.1151

双剪屈服准则　twin-shear yield criterion　04.0051

双金属腐蚀　bimetallic corrosion　05.0514

双金属片温度传感器　bimetallic temperature transducer, bimetallic temperature sensor　06.0119

双联齿轮泵　double gear pump　08.0903

双联过滤器　double filter　08.1229

*双联离合器　dual clutch　07.0314

双列单向推力球轴承　double row single direction thrust ball bearing　07.0664

双列轴承　double row bearing　07.0620

双面 V 带　double V belt　08.0598

双面[动]平衡　two-plane [dynamic] balancing　02.0256

双面啮合综合测量　comprehensive measurement of double flank rolling　06.0321

双排滚子链　duplex roller chain　08.0653

双排链轮　sprocket for double chain　08.0704

双排输送链　double strand conveyor chain　08.0671

双频激光干涉仪　double-frequency laser interferometer　06.0323

双腔液力偶合器　two space fluid coupling　08.1262

双曲柄机构　double crank mechanism　01.0077

双圈弹簧垫圈　double coil spring lock washer　07.0186

双蹄制动器　two shoe brake　07.0435

双停歇运动　two dwell motion　01.0149

双头螺柱　stud　07.0069

双万向联轴器　double universal joint　07.0273

双稳态柔顺机构　bistable compliant mechanism　01.0190

双涡轮液力变矩器　twin turbine torque converter　08.1275

双向泵　reversible pump　08.0892

双向离合器　twin-direction clutch　07.0310

双向马达　reversible motor　08.1142

双向推力轴承　double direction thrust bearing　07.0651

双向溢流阀　bi-directional pressure relief valve　08.1053

双向制动器　bi-directional brake　07.0405

*双斜齿轮　double helical gear　08.0188

双压阀　dual pressure valve　08.1416

双摇杆机构　double rocker mechanism　01.0076

双叶片泵　double vane pump　08.0912

双圆弧齿轮　double circular arc gear　08.0193

双圆盘波发生器　two disk wave generator　08.0438

双钟形柔轮　double bell shape flexspline　08.0462

*双重收缩齿锥齿轮　bevel gear with duplex tapered teeth　08.0338

双重锥度齿锥齿轮　bevel gear with duplex tapered teeth　08.0338

双足机器人　biped robot　01.0439

双作用缸　double-acting cylinder　08.1148

双作用离合器　dual clutch　07.0314

双作用叶片泵　double action vane pump　08.0910

双作用叶片马达　double action vane motor　08.1123

双作用柱塞泵　double action piston pump　08.0917

水包油乳化液　oil-in-water emulsion　08.0757

水击　water hammer　08.0885

水基液　aqueous fluid　08.0756

水聚合物溶液　polyglycol solution, water polymer solution　08.0759

水平制动　level braking　07.0468

水润滑　water lubrication　05.0305

水头　head　08.0854

水涡流制动器　water whirlpool brake　07.0442

水线腐蚀　waterline corrosion　05.0489

顺序阀　sequence valve　08.1067

顺序回路　sequencing circuit　08.1183

顺序控制　sequence control　06.0426

顺序控制系统　sequential control system　06.0427

瞬间动摩擦系数　instantaneous coefficient of kinetic friction　05.0168

瞬时几何奇异　instantaneous geometric singularity　01.0246

[瞬时]接触点　point of contact　08.0140

[瞬时]接触线　line of contact　08.0141

瞬时螺旋轴　instantaneous screw axis　01.0237

瞬时轴　instantaneous axis　08.0139

瞬时自由度变化奇异　instantaneous variety-DoF singularity　01.0248

瞬态振动　transient vibration　02.0070

瞬心线　centrode　01.0217

瞬心线机构　centrode mechanism　01.0170

瞬轴面　axode　01.0239

丝传动　wire driven　01.0574

丝径　wire diameter　07.1072

丝状腐蚀　filiform corrosion　05.0497

斯　stokes　05.0324

斯特里贝克曲线　Stribeck curve　05.0369

撕开型裂纹　tearing mode crack　04.0167

四点接触球轴承　four point contact ball bearing　07.0662

四杆机构　four bar mechanism　01.0072

四杆运动链　four bar linkage　01.0071

四滚轮波发生器　four roller wave generator　08.0446

四球试验机　four-ball tester　05.0428

四通阀　four-port valve　08.1029

四位阀　four position valve　08.1026

伺服阀　servo-valve　08.1094，08.1419

伺服缸　servo-cylinder　08.1168

伺服控制　servo-control　01.0477，06.0027

伺服驱动　servo driving　06.0499

伺服式传感器　servo transducer, servo sensor　06.0043

伺服执行器　servo-actuator　08.1167

松边拉力　slack side tension　08.0578

*松蹄　trailing shoe　07.0461

松装密度　apparent bulk density　07.1105

*速比　speed ratio　08.0002

速比变化率　speed ratio rate　08.0006

速度　velocity　02.0002

速度传感器　velocity transducer,velocity sensor　06.0061

速度多边形杠杆法　velocity polygon lever method　01.0332

速度环量 circulation 08.1327
速度精度 velocity accuracy 01.0583
速度控制回路 speed control circuit 08.1194
速度瞬心 instantaneous center of velocity 01.0214
速度系数 speed factor 07.0784
塑料轴承 plastic bearing 07.0532
*塑性变形 plastic flow 05.0233
塑性流动 plastic flow 05.0233
塑性流体动力润滑 plasto-hydrodynamic lubrication 05.0392
塑性损伤 plastic damage 04.0147
*塑性形变理论 total theory of plasticity 04.0053
塑性应变 plastic strain 04.0024
酸值 acid value, acid number 05.0413
算图 graph 03.0186
随动强化 kinematic hardening 04.0058
随机力 stochastic force 01.0311
随机误差 random error 06.0324
随机载荷 random loading 04.0083
随机噪声 random noise 02.0064

随机振动 random vibration 01.0389，02.0054
隧道效应式传感器 tunneling transducer, tunneling sensor 06.0044
损伤变量 damage variable 04.0158
损伤模型 damage model 04.0137
损伤区 damage zone 04.0140
损伤驱动力 damage driving force 04.0160
损伤容限设计 damage tolerance design 04.0154
损伤演化 damage evolution 04.0135
损伤准则 damage criterion 04.0139
榫槽面法兰 tongue and groove face flange 07.1024
梭阀 shuttle valve 08.1070
缩短渐开线 curtate involute 08.0117
索径 diameter of wire cord 07.0961
索距 pitch of wire cord 07.0962
索末菲数 Sommerfeld number 05.0371
索拧角 twist angle of strands 07.0963
锁紧手柄套 locking handle seat 07.1046
锁口球轴承 counterbore ball bearing 07.0658
锁圈 retaining snap ring 07.0689

T

*塔顶法 rain flow counting method 04.0134
塔轮 step pulley 08.0567
台阶式量规 stepped gauge 06.0325
太阳轮 sun gear 08.0238
泰勒涡流 Taylor vortices 05.0374
弹变空程 lost motion caused by elastic deflection 08.0409
*弹脆性损伤 elastic damage 04.0146
弹簧 spring 07.0899
弹簧垫圈 helical spring lockwasher 07.0185
弹簧对中 spring center 08.0973
弹簧对中阀 spring-centered valve 08.0997
弹簧复位 spring return 08.0975
弹簧刚度 stiffness of spring 07.0997
[弹簧]工作高度 working height 07.0942
[弹簧]工作极限载荷 working ultimate load 07.0945
[弹簧]工作载荷 specified load 07.0943
弹簧箍 buckle 07.0917
弹簧回程缸 spring-return cylinder 08.1165
[弹簧]极限载荷 ultimate load 07.0944
弹簧加载单向阀 spring-loaded non-return valve 08.1041

[弹簧]节距 pitch 07.0939
弹簧静止式机械密封 standing mechanical seal 07.0801
弹簧内置式机械密封 mechanical seal with inside mounted spring 07.0796
弹簧柔度 flexibility of spring 07.0998
弹簧式蓄能器 spring-loaded accumulator 08.1235
弹簧特性 characteristic of spring 07.0996
弹簧外置式机械密封 mechanical seal with outside mounted spring 07.0797
弹簧旋转式机械密封 rotating mechanical seal 07.0800
弹簧压强 spring pressure 07.0867
弹簧中径 mean diameter of coil 07.0949
弹簧座 retainer 07.0838
弹塑性断裂力学分析 elastic-plastic fracture mechanics analysis 04.0213
弹塑性接触 elastoplastic contact 05.0051
弹性部件 flexible assembly 07.0341
弹性挡圈 circlip, snap ring 07.0202
弹性垫圈 spring washer 07.0180
弹性动力学分析 elastodynamic analysis 01.0373
弹性构件 elastic link 01.0011

弹性极限　elastic limit　04.0029

弹性离合器　flexible clutch　07.0307

弹性联轴器　resilient shaft coupling　07.0276

弹性流体动力润滑　elasto-hydrodynamic lubrication　05.0391

弹性螺栓　spring bolt　07.0081

弹性模量　modulus of elasticity　04.0026

弹性碰撞　elastic impact　01.0337

弹性损伤　elastic damage　04.0146

弹性锁片　spring clip　08.0697

弹性套柱销联轴器　pin coupling with elastic sleeve　07.0290

弹性应变　elastic strain　04.0023

弹性元件　flexible element　07.0849

弹性圆柱销　spring type straight pin, spring pin　07.0227

弹性支承　elastic support　01.0372

弹性柱销齿式联轴器　gear coupling with elastic pins　07.0293

弹性柱销联轴器　elastic pin coupling　07.0292

碳基摩擦材料　carbon base friction material　07.0376

碳-碳复合材料　carbon-carbon composite material　07.0378

套圈宽度　ring width　07.0739

套筒　bush　08.0678

套筒联轴器　sleeve coupling　07.0265

套筒链　bush chain　08.0660

特雷斯卡屈服准则　Tresca yield criterion　04.0049

特征　feature　03.0248

特种传感器　special transducer, special sensor　06.0045

梯形冲击脉冲　trapezoidal shock pulse　02.0170

体积流量　volumetric flow rate　08.0790

替代机构　substitutive mechanism　01.0054

添加剂　additive　05.0421

田口方法　Taguchi method　03.0077

调节机构　correcting element　06.0474

调速电气传动　adjustable speed electric drive　08.1436

调速范围　regulating range　08.1385

调速离合器　variable speed clutch　07.0334

调速器　governor, speed regulator　01.0361

调速型液力偶合器　variable speed fluid coupling　08.1260

调温流体　temperature adjustable fluid　07.0860

调心表面半径　aligning surface radius　07.0730

调心表面中心高度　aligning surface center height　07.0731

调心滚子轴承　spherical roller bearing　07.0671

调心轴承　self-aligning bearing　07.0625

调压回路　pressure control circuit　08.1186

调压偏差　override pressure　08.0865

跳齿现象　slippage phenomenon　08.0410

跳动　run out　07.0896

跳动公差　runout tolerance　03.0351

跳跃　jump　02.0080

铁基摩擦片　iron base friction plate　07.0374

铁路轴箱轴承　railway axle box bearing　07.0636

铁谱仪　ferrograph　05.0435

铁锈　rust　05.0452

停止点　stop-point　01.0543

通规　pass gauge　06.0326

通流损失　ventilation losses　08.1337

通用化设计　universal design　03.0099

通用量具　general inspection tool　06.0327

同步带　synchronous belt　08.0601

同步带传动　synchronous belt drive　08.0560

同步带轮　synchronous pulley　08.0632

同步回路　synchronizing circuit　08.1204

同步离合器　synchro clutch　07.0313

同侧齿面　corresponding flanks　08.0060

同频振动　once per revolution vibration　02.0061

同曲表面　conformal surface　05.0070

同心度　coaxiality　03.0318

同心套　concentric locking collar　07.0788

同源机构　cognate mechanism　01.0096

同轴度　coaxiality　03.0310

铜基摩擦片　copper base friction plate　07.0373

铜绿　patina　05.0453

头数　number of threads　08.0098

投影　projection　03.0206

投影法　projection method　03.0204

投影面　projection plane　03.0205

透穿数　permeability number　08.1354

透射式测厚　transmission thickness measurement　06.0328

透视投影　perspective projection　03.0214

*凸齿面　convex side　08.0386

凸弧面凸轮　convex globoid cam　01.0116

凸轮　cam　01.0104

凸轮从动件　cam follower　01.0130

凸轮短轴　minor axis of cam　08.0453

凸轮工作轮廓　cam contour, cam profile　01.0135

凸轮工作轮廓基圆　base circle of cam contour　01.0138

凸轮机构　cam mechanism　01.0105

凸轮理论轮廓　cam pitch curve　01.0136

凸轮理论轮廓基圆　base circle of cam pitch curve, prime circle　01.0137

凸轮式波发生器　cam-type wave generator　08.0440

凸轮长轴　major axis of cam　08.0450

凸轮制动器　cam brake　07.0431

凸轮轴　camshaft　01.0106

凸轮转子式叶片泵　cam rotor vane pump　08.0913

凸面　convex side　08.0386

*凸缘　flange　07.1007

凸缘高度　flange height　07.0726

凸缘宽度　flange width　07.0725

凸缘联轴器　flange coupling　07.0266

凸缘螺钉　collar screw　07.0095

凸缘轴承　flanged bearing　07.0644

突面法兰　raised face flange　07.1022

图　drawing　03.0161

图框　border　03.0196

图像传感器　image transducer, image sensor　06.0106

CCD 图像传感器　charged coupled device　06.0107

CMOS 图像传感器　CMOS image sensors　06.0108

图纸幅面　format　03.0191

涂抹　smearing　05.0227

土壤腐蚀　soil corrosion　05.0482

团块　agglomerate　07.1103

推程　rise travel　01.0139

推程运动角　motion angle for rise travel　01.0141

推杆活齿　push rod oscillating tooth　08.0268

推杆制动器　pushrod brake　07.0433

推理思维法　reasoning thinking method　03.0085

推力滚针轴承　needle roller thrust bearing　07.0676

推力滚子轴承　thrust roller bearing　07.0673

推力球轴承　thrust ball bearing　07.0663

推力调心滚子轴承　spherical thrust roller bearing　07.0677

推力圆柱滚子轴承　cylindrical roller thrust bearing　07.0674

推力圆锥滚子轴承　tapered roller thrust bearing　07.0675

推力轴承　thrust bearing　07.0647

*腿　leg　01.0523

腿式机器人　legged robot　01.0438

*拖拽转矩　drag torque of clutch, idle torque of clutch　07.0392

脱附　desorption　05.0101

陀螺力矩　gyroscopic moment　02.0194

椭圆手柄套　curved surface knob　07.1041

椭圆凸轮波发生器　elliptical cam wave generator　08.0442

椭圆形板弹簧　full-elliptic spring　07.0921

椭圆振动　elliptical vibration　02.0087

椭圆轴承　elliptic bearing　07.0527

拓扑控制解耦　topology-control decoupling　01.0264

拓扑优化设计　topology optimization design　03.0074

W

挖根　undercut　08.0138

瓦块　pad　07.0554

瓦块轴承　pad bearing　07.0523

外摆线　epicycloid　08.0109

外摆线等距曲线　equidistant curve of epicycloid　08.0287

外抱式制动器　external contacting brake　07.0428

外波发生器　external wave generator　08.0431

外部压力　external pressure　08.0845

*外部状态传感器　external state sensor　01.0568

外撑角　outer strut angle　07.0388

外齿摆线轮　external cycloidal gear　08.0273

外齿轮　external gear　08.0025

外齿轮副　external gear pair　08.0027

外齿锁紧垫圈　external teeth lock washer　07.0187

外齿针齿轮　external pin wheel　08.0277

外传动件　outer driving medium　07.0353

外分流液力机械变矩器　external shunting current hydromechanical torque converter　08.1273

外感受传感器　exteroceptive sensor　01.0568

外骨骼　exoskeleton　01.0444

外互换　outer interchangeable　03.0326

外环　shell　08.1299

外加电流保护　impressed current protection

05.0550

外加电流腐蚀 impressed current corrosion 05.0513

外径 outside diameter 08.0636

外锯齿锁紧垫圈 external teeth serrated lock washer 07.0190

外链板 outer plate 08.0682

外链节 outer link 08.0675

外流式机械密封 mechanical seal with outward leakage 07.0799

外螺纹 external thread 07.0016

外啮合齿轮泵 external gear pump 08.0905

外啮合齿轮马达 external gear motor 08.1118

外片 outer plate 07.0351

外球面轴承 insert bearing 07.0642

外圈 outer ring 07.0680

外舌止动垫圈 external tab washer 07.0195

外调心轴承 external aligning bearing 07.0626

外泄漏 external leakage 08.0802

外形尺寸 [bearing] boundary dimension 07.0712

*外形设计 shape design 03.0036

外形图 figuration drawing 03.0173

外悬 overhung 02.0206

外质心转子 outboard rotor 02.0208

外装式机械密封 externally mounted mechanical seal 07.0795

外锥盘 external cone plate 07.0463

外锥体 outer cone part 07.0370

弯板 angle block 06.0329

弯板链 cranked link chain 08.0656

弯板链板 cranked plate 08.0686

弯曲振动 bending vibration 02.0074

完全互换性 absolute interchangeability 03.0324

完全解耦性 complete decoupling 01.0263

完全平衡的转子 perfectly balanced rotor 02.0209

完整螺纹 complete thread 07.0023

万能测齿仪 universal gear instrument 06.0330

万能组配轴承 universal matching bearing 07.0646

万向联轴器 universal joint 07.0272

万向联轴器输出机构 universal joint type output mechanism 08.0250

网络化设计 network design 03.0055

往复滑动 reciprocating sliding 05.0141

往复试验机 reciprocating tester 05.0429

微波多普勒传感器 microwave Doppler sensor 06.0127

微传感器 micro transducer, micro sensor 06.0070

微电控制系统 micro-electronic control system 06.0428

微电子机械系统 micro-electromechanical system 06.0475

微动 fretting 05.0142

微动腐蚀 fretting corrosion 05.0263

微动腐蚀磨损 fretting corrosion wear 05.0500

微动机构 micro displacement mechanism 01.0191

微动磨损 fretting wear 05.0262

微动疲劳 fretting fatigue 04.0078

微动试验机 fretting tester 05.0436

微断裂 micro-fracture 05.0237

微分约束 differential constraint 01.0378

微观不平度10点高度 ten-point height unevenness of profile 06.0331

微观滑动 microslip 05.0143

微观摩擦学 microtribology 05.0119

微机电系统 microelectromechanical system, MEMS 06.0028

微机构 micro mechanism 01.0192

微机式数显测微仪 micro-computer digital display micrometer 06.0332

*微机械 micro-electromechanical system, MEMS 06.0478

微加工技术 microfabrication technology 06.0476

微孔洞 micro hole 04.0143

微控制器 microcontroller 06.0429

*[微]犁沟 [micro-] ploughing 05.0234

[微]犁削 [micro-] ploughing 05.0234

*微量进给机构 micro displacement mechanism 01.0191

微裂纹 micro crack 04.0144

微切削 micro-cutting 05.0235

微缺陷 micro defect 04.0141

微生物腐蚀 microbial corrosion 05.0480

微凸体 asperity 05.0024

*微系统 micro-electromechanical system, MEMS 06.0478

微型电动机 micro-motor 06.0477

微型电机-机电系统 micro-electromechanical system, MEMS 06.0478

微元功 elementary work 01.0339

维氏硬度 Vickers hardness 04.0039

维修性 maintainability 04.0246

纬丝 weft 07.1074

位错　dislocation　04.0142

位移　displacement　01.0281，02.0001

位移传感器　displacement transducer, displacement sensor　06.0066

位移矩阵　displacement matrix　01.0235

位移响应　displacement response　01.0166

位置保持回路　position holding circuit　08.1199

位置传感器　position transducer, position sensor　06.0069

位置度　position degree　03.0319

位置公差　position tolerance　03.0348

位置逆解　inverse position analysis　01.0256

位置正解　forward position analysis　01.0255

位姿　pose　01.0452

位姿超调　pose overshoot　01.0494

位姿稳定时间　pose stabilization time　01.0493

位姿重复性　pose repeatability　01.0491

位姿重复性漂移　drift of pose repeatability　01.0496

位姿准确度　pose accuracy　01.0490

位姿准确度漂移　drift pose accuracy　01.0495

温度传感器　temperature transducer, temperature sensor　06.0115

温度控制器　temperature controller　08.1212

温度稳定性　temperature stability　07.0582

紊流　turbulent flow　08.0804

稳健设计　robust design　03.0092

稳健优化设计　robust optimization design　03.0078

稳态振动　steady-state vibration　02.0069

涡动　whirling　02.0196

涡轮　turbine　08.1282

涡轮式流量传感器　turbine flow transducer, turbine flow sensor　06.0126

涡轮液力转矩　hydraulic torque of turbine　08.1348

涡轮转矩　turbine torque　08.1346

蜗杆　worm　08.0480

蜗杆齿顶圆　tip circle of worm　08.0518

蜗杆齿顶圆柱面　tip cylinder of worm　08.0517

蜗杆齿根圆　root circle of worm　08.0520

蜗杆齿根圆柱面　root cylinder of worm　08.0519

蜗杆齿宽　worm face width　08.0514

蜗杆传动　worm drive　08.0479

蜗杆端平面　transverse plane of worm　08.0553

蜗杆法平面　normal plane of worm　08.0551

蜗杆分度圆　reference circle of worm　08.0516

蜗杆副　worm gear pair　08.0482

蜗杆喉法平面　gorge normal plane of worm 08.0552

蜗杆节圆　pitch circle of worm　08.0509

蜗杆节圆柱面　pitch cylinder of worm　08.0508

蜗杆轮齿　worm thread　08.0512

蜗杆螺旋线　helix of cylindrical worm　08.0523

蜗杆头数　number of threads of worm　08.0513

蜗杆旋向　hands of worm　08.0515

蜗杆轴平面　axial plane of worm　08.0550

蜗轮　worm wheel　08.0481

蜗轮变位系数　addendum modification coefficient of wormwheel　08.0542

蜗轮齿槽宽　space width of wormwheel　08.0545

蜗轮齿顶曲面　tip surface of wormwheel　08.0525

蜗轮齿根圆　root circle of wormwheel　08.0532

蜗轮齿根圆环面　root toroid of wormwheel　08.0531

蜗轮齿厚　tooth thickness of wormwheel　08.0544

蜗轮齿宽　face width of wormwheel　08.0536

蜗轮齿廓变位量　addendum modification of wormwheel　08.0541

蜗轮顶圆　tip circle of wormwheel　08.0527

蜗轮顶圆柱面　tip cylinder of wormwheel　08.0526

蜗轮端面齿廓　transverse profile of wormwheel　08.0535

蜗轮端平面　transverse plane of wormwheel　08.0534

蜗轮分度圆　reference circle of wormwheel　08.0524

蜗轮节圆　pitch circle of wormwheel　08.0511

蜗轮节圆柱面　pitch cylinder of wormwheel　08.0510

蜗轮轴平面　axial plane of wormwheel　08.0533

卧式测长仪　horizontal length meter　06.0333

无级变速　stepless speed changing　08.0008

*无铆链　detachableless chain　08.0666

无内圈滚针轴承　needle roller bearing without inner ring　07.0711

无热再生　heatless regeneration　08.1398

无人化工厂　fully-automatic factory　06.0479

无润滑轴承　unlubricated bearing　07.0516

无石棉摩擦材料　asbestos-free friction material　05.0207

无损探伤　non-destructive test, NDT　06.0029

无停歇运动　non dwell motion　01.0145

无头螺钉　headless screw　07.0103

无头铆钉　headless rivet　07.0259

无限寿命设计　infinite life design　04.0239

无叶片区　inter space　08.1294

无源传感器　passive transducer, passive sensor　06.0053

无阻尼固有模态　undamped natural mode　02.0098

五角螺母　pentagon nut　07.0157

五通阀　five-port valve　08.1030

物理变更　physical alteration　01.0508

物理吸附　physisorption　05.0099

物位传感器　level transducer, level sensor　06.0128

物性型传感器　physical property type transducer, physical property type sensor　06.0129

*误差　measurement error　06.0180

误差补偿　error compensation　06.0030

误收　wrong collection　06.0334

X

吸附　adsorption　05.0098

吸油压力　suction pressure　08.0870

牺牲阳极　sacrificial anode　05.0549

牺牲阳极保护　sacrificial anode protection　05.0548

系列化设计　serial design　03.0101

系统充油　system filling　08.1201

系统化设计理论　systematic design methodology　03.0043

系统设计　system design　03.0024

系统误差　systematic error　06.0335

系统泄油　system draining　08.1202

系统自校准　system self-calibration　06.0480

细观损伤力学　meso-damage mechanics　04.0157

下齿面　dedendum flank　08.0069

下偏差　lower deviation　03.0335

下位机　slave computer　06.0466

先导阀　pilot valve　08.1000

先导管路　pilot line　08.1177

先导回路　pilot circuit　08.1209

先导流量　pilot flow rate　08.0799

先导式比例减压阀　pilot operated proportional reducing valve　08.1093

先导式比例溢流阀　pilot operated proportional relief valve　08.1088

先导式电磁方向阀　solenoid controlled pilot operated directional control valve　08.1049

先导式减压阀　pilot operated pressure reducing valve　08.1062

先导式顺序阀　pilot operated sequence valve　08.1069

先导式溢流阀　pilot operated pressure relief valve　08.1056

先导型阀　pilo operated valve　08.0999

先导压力　pilot pressure　08.0853

弦齿高　chordal height　08.0088

弦长　span　07.0977

衔铁　armature　07.0346

现场平衡设备　field balancing equipment　02.0291

限定空间　restricted space　01.0461

限矩型液力偶合器　load limiting type of constant filling fluid coupling　08.1259

限位装置　limiting device　01.0483

线轮廓度　profile of any line　03.0305

线矢量　line vector　01.0242

线速度传感器　linear acceleration transducer, linear acceleration sensor　06.0062

线位移传感器　line displacement sensor　06.0067

线性控制系统　linear control system　06.0430

*线应变　linear strain　04.0019

相对标准不确定度　relative standard uncertainty　06.0336

*相对标准测量不确定度　relative standard uncertainty　06.0336

相对高度　relative height　08.0607

相对力　relative force　01.0385

相对磨损　relative wear　05.0281

相对磨损率　relative wear rate　05.0282

相对耐磨性　relative wear resistance　05.0288

相对湿度　relative humidity　08.0748

相对速度　relative velocity　01.0285

相对速度瞬心　instantaneous center of relative velocity　01.0212

相对位移　relative displacement　01.0282

相对误差　relative error　06.0337

相对运动　relative motion　01.0280

相对坐标系　relative coordinate system　01.0456

相关尺寸　relevant size　06.0338

相关系数　correlation coefficient　06.0339

相贯线　intersecting line　03.0241

相交轴齿轮副　gear pair with intersecting axes

08.0017

相啮齿面　mating flank　08.0064

相容流体　compatible fluid　08.0751

相似性设计　similar design　03.0102

详图　detail　03.0164

详细设计　detailed design　03.0028

响应　response　02.0024

响应时间　response time　06.0340

向视图　reference arrow view　03.0235

向心滚子轴承　radial roller bearing　07.0666

向心角接触轴承　angular contact radial bearing　07.0641

向心力　centripetal force　01.0303

向心球轴承　radial ball bearing　07.0655

向心叶轮　centripetal wheel　08.1279

向心轴承　radial bearing　07.0639

相　phase　08.1272

相变润滑　phase change lubrication　05.0397

相角参考标志　angle reference marks　02.0297

相角参考发生器　angle reference generator　02.0296

相角指示器　angle indicator　02.0295

相位调谐　phase tuning　01.0395

相位转换工况点　phase position condition cut over　08.1353

*象限　quadrant　03.0201

橡胶板联轴器　coupling with rubber plates　07.0288

橡胶波纹管机械密封　rubber bellows mechanical seal　07.0815

橡胶挡　rubber stop　07.0937

橡胶金属环联轴器　coupling with rubber metal ring　07.0285

橡胶块联轴器　coupling with rubber pads　07.0287

橡胶弹簧　rubber spring　07.0930

橡胶套筒联轴器　coupling with rubber sleeve　07.0286

橡胶轴承　rubber bearing　07.0534

销　pin　07.0222

销合链　pintle chain　08.0664

销孔输出机构　pin hole type output mechanism　08.0247

销连接　pinned joint　07.0010

销盘试验机　pin on disk tester　05.0430

销式离合器　pin-type clutch　07.0318

销轴　clevis pin with head　07.0238

*销子　pin　07.0222

小半圆头铆钉　semi-round head rivet with small head

07.0245

小波纹手柄轮　small sinuate handwheel　07.1049

小齿轮　pinion　08.0021

小端螺旋角　inner spiral angle　08.0379

小范围屈服　small scale yielding　04.0190

小滚子　small roller　08.0693

小径间隙　minor clearance　07.0056

小链轮　minor sprocket　08.0702

小手轮　small handwheel　07.1050

效率　efficiency　01.0352

啸叫　chattering　08.0884

楔键　taper key　07.0214

楔角　locking angle　07.0386

楔块　sprag　07.0349

楔块机构　wedge mechanism　01.0172

楔块离合器　sprag clutch　07.0302

楔块制动器　wedge brake　07.0430

楔效应　wedge effect　07.0605

协方差　covariance　06.0343

协同设计　collaborative design　03.0054

协作操作　collaborative operation　01.0414

协作工作空间　collaborative workspace　01.0465

协作机器人　collaborative robot　01.0415

斜齿轮　helical gear　08.0182

斜齿轮副　helical gear pair　08.0186

斜齿轮接触线误差　contact line error of helical gear　06.0344

斜齿条　helical rack　08.0184

斜齿锥齿轮　skew [helical] bevel gear　08.0341

斜挡圈　separate thrust collar　07.0686

斜度　slope　06.0345

斜二侧轴测图　oblique dimetric drawing　03.0234

*斜二测图　oblique dimetric drawing　03.0234

斜交锥齿轮　angular bevel gear　08.0331

斜交锥齿轮副　angular bevel gear pair　08.0330

斜盘式轴向柱塞泵　swash plate axial piston pump　08.0921

斜盘式轴向柱塞变量泵　axial piston variable displacement pump swashplate design　08.0936

斜盘式轴向柱塞变量马达　swash plate axial piston variable displacement motor　08.1135

斜盘式轴向柱塞马达　swash plate axial piston motor　08.1126

斜视图　oblique view　03.0226

斜投影　oblique projection　03.0212

斜投影法　oblique projection method　03.0211

斜向莫尔条纹　slant Moiré fringe　06.0346

斜轴式轴向柱塞泵　bent axis type axial piston pump　08.0920

斜轴式轴向柱塞变量泵　axial piston variable displacement pump bent axis design　08.0935

斜轴式轴向柱塞变量马达　bent axis type axial piston variable displacement motor　08.1136

斜轴式轴向柱塞马达　bent axis type axial piston motor　08.1127

谐波齿轮传动　harmonic gear drive　08.0390

谐波齿轮传动机构　harmonic gear drive mechanism　08.0391

谐波齿轮减速器　harmonic gear reducer　08.0421

谐波齿轮增速器　harmonic gear increaser　08.0422

谐波激励　harmonic excitation　02.0027

谐振式传感器　resonator transducer, resonato rsensor　06.0079

谐振式平衡机　resonance balancing machine　02.0286

泄漏　leakage　08.0800

泄漏率　leakage rate　07.0894

泄漏浓度　leakage concentration　07.0895

泄油管路　drain line　08.1176

泄油口　drain port　08.0982

卸荷阀　unloading valve　08.1051

卸荷回路　unloading circuit　08.1192

卸荷溢流阀　unloading relief valve　08.1057

*谢比乌斯电气传动　Scherbius electric drive　08.1441

芯片　core plate　07.0354

*新生表面　neonatal surface　05.0018

新型设计　new-type design　03.0015

信息公理　information axiom　03.0049

星轮　star wheel　07.0348

星形把手　star grip knob　07.1057

T 形槽螺钉　T-slot screw　07.0101

形封闭的凸轮机构　form closed cam mechanism　01.0121

U 形螺栓　stirrup bolt, U-bolt　07.0070

T 形螺栓　T-head bolt, hammer head bolt　07.0084

形状公差　form tolerance　03.0347

形状记忆聚合物　shape memory polymers, SMP　01.0572

形状误差　form error　06.0347

形状优化设计　shape optimization design　03.0075

行车制动器　service brake　07.0445

行程　travel　01.0100

行程节流阀　stroke throttle valve　08.1411

行程偏差　deviation of stroke　07.0067

行程速度变化系数　coefficient of travel speed variation, advance-to-return time ratio　01.0101

行星齿轮　planet gear　08.0235

行星齿轮传动机构　planetary gear drive mechanism　08.0252

行星齿轮系　planetary gear train　08.0240

行星架　planet carrier　08.0236

*行星轮　planet gear　08.0235

行星轮系　planetary gear train　01.0204

行星式波发生器　planetary wave generator　08.0430

行走面　travel surface　01.0564

*Ⅰ型裂纹　opening mode crack　04.0165

*Ⅱ型裂纹　sliding mode crack　04.0166

*Ⅲ型裂纹　tearing mode crack　04.0167

型面连接　profile shaft connection　07.0009

型线图　lines plan　03.0170

修根　root relief　08.0133

修缘　tip relief　08.0132

修正额定寿命　adjusted rating life　07.0779

*修正值　corrected value　06.0342

锈蚀等级　rusting grade　05.0570

虚假不平衡示值　phantom unbalance indication　02.0309

虚拟设计　virtual design　03.0051

*虚拟样机　digital prototype　03.0113

*虚拟原型　digital prototype　03.0113

虚约束　redundant constraint, passive constraint　01.0048

需求设计　requirement design　03.0019

*许用滑摩功　allowable friction work　07.0480

*许用滑摩功率　allowable friction power　07.0481

许用摩擦功　allowable friction work　07.0480

许用摩擦功率　allowable friction power　07.0481

许用摩擦面温度　allowable frictional surface temperature　05.0173

许用热载荷值　allowable thermic load value　07.0487

pv 许用值　allowable pv value　07.0879

p_cv 许用值　working p_cv value　07.0882

*许用制动功　allowable friction work　07.0480

*许用制动功率　allowable friction power　07.0481

絮凝　flocculation　05.0347

悬臂板弹簧　quarter-elliptic spring　07.0924

旋棒螺钉　tommy screw　07.0100

旋紧余量　wrenching allowance　07.0059

旋量　screw　01.0243

旋绕比　spring index　07.0950

旋转　rotation　01.0290

旋转定位手轮座　position fixing handle seat with sleeve　07.1061

旋转阀　rotary valve　08.1035

*旋转关节　revolute joint　01.0421

旋转环　rotating ring　07.0827

旋转剖视图　rotary sectional view　03.0231

旋转式平衡机　rotational balancing machine　02.0282

旋转运动　rotational motion　02.0155

旋转轴　axis of rotation　02.0042

旋转转矩　running torque　07.0762

选择性腐蚀　selective corrosion　05.0491

选择性转移　selective transfer　05.0255

*穴蚀　cavitation　05.0226

学习控制　learning control　06.0431

循环泵　circulating pump　08.0897

*循环次数　fatigue life　04.0228

循环计数法　cycle counting method　04.0133

循环列数　number of circuits　08.0718

循环流量　quantity of fluid flow　08.1328

*循环强度系数　cyclic strength coefficient　04.0099

循环强化系数　cyclic strength coefficient　04.0099

循环球［滚子］直线轴承　recirculating ball［roller］linear bearing　07.0653

循环屈服强度　cyclic yield strength　04.0100

循环蠕变　cyclic creep　04.0066

循环软化　cyclic softening　04.0097

循环润滑　circulating lubrication　05.0403

循环松弛　cyclic relaxation　04.0067

循环压力　recirculating pressure　08.0871

循环应变硬化指数　cyclic strain hardening exponent　04.0098

循环应力–应变曲线　cyclic stress-strain curve　04.0111

循环硬化　cyclic hardening　04.0096

循环圆　circulating circle section of working space　08.1296

［循环圆］有效直径　maximum diameter of flow path　08.1297

循环载荷　cyclic loading　04.0080

Y

压并高度　solid height　07.0955

压并应力　stress at solid height　07.0956

压并载荷　solid load　07.0954

压差　differential pressure　08.0831

压差表　differential pressure gauge　08.1222

压差补偿型流量控制阀　pressure differential compensated flow control valve　08.1013

压电式传感器　piezoelectric transducer, piezoelectric sensor　06.0122

压电振动发生器　piezoelectric vibration generator　02.0117

压痕模量　indentation modulus　04.0035

压痕试验　indentation test　04.0033

压痕硬度　indentation hardness　04.0034

压花把手　knurlied knob　07.1055

压降　pressure drop　08.0861

压紧弹簧　pressure spring　07.0360

压溃　collapse　08.0742

压力　compressive force　01.0387，pressure　08.0824

压力变动　pressure fluctuation　08.0876

压力表　pressure gauge　08.1220

压力波　pressure wave　08.0880

压力波动　pressure pulsation　08.0878

压力补偿　pressure compensation　08.0883

压力补偿变量泵　pressure-compensated variable displacement pump　08.0930

压力补偿型流量控制阀　pressure-compensated flow control valve　08.1014

压力成型金属波纹管机械密封　formed metal bellows mechanical seal　07.0819

压力冲击　pressure surge　08.0881

压力传感器　pressure transducer, pressure sensor　06.0123

压力传感器　pressure transducer　08.1221

压力对中　pressure center　08.0974

压力继电器　pressure switch　08.1072

压力角　pressure angle　01.0200

压力控制　pressure-operated control　08.1184

压力控制阀　pressure control valve　08.1050

压力控制回路　pressure control circuit　08.1185

压力露点　pressure dew point　08.0746

压力脉冲　pressure pulse　08.0877

压力脉动　pressure ripple　08.0879

压力脉动阻尼器　pressure pulsation damper　08.1248

压力伺服阀　pressure servo-valve　08.1097

压力损失　pressure loss　08.0875

压力梯度　pressure gradient　08.0860

压力响应　response pressure　08.0856

压力楔　pressure wedge　05.0361

压力油箱　pressure-sealed reservoir　08.1246

压力增益　pressure amplification, pressure gain　08.0882

压黏系数　pressure viscosity coefficient　05.0328

压盘　pressure plate　07.0359

压缩波　compressional wave　02.0137

压缩式橡胶弹簧　compression type rubber spring　07.0931

压缩特性数　compressibility number　05.0372

压缩效应　compression effect　07.0606

压头　pressure head　08.0855

压阻式传感器　piezoresistive transducer, piezoresistive sensor　06.0124

牙侧　flank　07.0035

牙侧角　flank angle　06.0348

牙侧角偏差　deviation of flank angle　07.0066

牙底　root　07.0034

牙底高　dedendum　07.0037

牙底圆弧半径　radius of rounded root　07.0040

牙顶　crest　07.0033

牙顶高　addendum　07.0036

牙顶圆弧半径　radius of rounded crest　07.0039

牙嵌离合器　jaw clutch　07.0316

牙嵌式联结　castellated coupling　08.0477

牙嵌式联轴器　jaw and toothed coupling　07.0281

牙嵌式制动器　jaw brake　07.0417

牙型半角　half of thread angle　06.0349

牙型高度　thread height　07.0038

牙型角　thread angle　06.0350

亚表面　subsurface　05.0019

亚表面结构　subsurface structure　05.0021

亚谐共振　subharmonic resonance　01.0399

亚音速流动　subsonic flow　08.0806

咽喉面　gorge　08.0528

咽喉母圆　generant circle of gorge　08.0530

咽喉母圆半径　gorge radius　08.0538

延伸公差带　projection tolerance zone　03.0356

延伸渐开线　prolate involute　08.0116

延性　ductility　04.0041

延长节距滚子链　extended pitch roller chain　08.0658

严重磨损　severe wear　05.0216

盐雾试验　salt spray test　05.0565

验收极限　acceptance limit determination　06.0351

验收量规　checking gauge　06.0352

阳极保护　anodic protection　05.0546

阳极控制　anode control　05.0536

*杨氏模量　modulus of elasticity　04.0026

仰视图　bottom view　03.0224

氧化磨损　oxidative wear　05.0257

氧化皮　scale　05.0451

样板比较法　template comparison method　06.0353

腰状杆螺柱　waisted stud　07.0088

摇杆　rocker　01.0063

摇杆滑块机构　slider rocker mechanism　01.0083

遥操作　teleoperation　01.0480

咬合　galling　05.0239

咬死　seizure　05.0254

要素　feature　06.0354

叶轮　blade wheel　08.1277

叶轮轴向力　axial force on blade wheel　08.1355

叶片　blade　08.1284

叶片包角　scroll of blade　08.1318

叶片背面　vacuum side of blade　08.1305

叶片泵　vane pump　08.0907

叶片出口半径　exit radius of blade　08.1309

叶片出口边　exit edge of blade　08.1307

叶片出口角　exit blade angle　08.1317

叶片骨面　center surface of blade　08.1311

叶片骨线　center line of blade profile　08.1310

叶片厚度　thickness of blade　08.1314

叶片角　blade angle　08.1315

叶片进口半径　entrance radius of blade　08.1308

叶片进口边　entrance edge of blade　08.1306

叶片进口角　entrance blade angle　08.1316

叶片马达　vane motor　08.1120

叶片式摆动马达　vane type oscillating motor　08.1141

叶片式气马达　vane type air motor　08.1423

叶片长度　length of blade　08.1313

叶片正面　pressure side of blade　08.1304

叶栅　cascade　08.1293

液动方向阀　hydraulic operated directional valve　08.1047

液动力　flow force　08.0823

液动式波发生器　hydraulic wave generator　08.0434

液动执行机构　hydraulic actuator　06.0481

液控单向阀　hydraulic operated check valve　08.1038

液力变矩器　hydrodynamic torque converter　08.1252

液力传动　hydrodynamic drive　08.1250

液力传动装置　hydrodynamic transmission　08.1254

液力缓冲器　hydrodynamic retarder　08.1264

液力机械元件　hydromechanical unit　08.1253

液力偶合器　fluid coupling　08.1257

液力损失　hydraulic losses　08.1334

液力效率　hydraulic efficiency　08.1342

液力元件　hydrodynamic unit　08.1251

液流角　flow angle　08.1319

液体边界层　liquid boundary layer　05.0005

液体动力润滑　hydrodynamic lubrication　05.0389

液体动压轴承　hydrodynamic bearing　07.0510

液体混合性　liquid miscibility　08.0769

液体静力润滑　hydrostatic lubrication　05.0390

液体静压轴承　hydrostatic bearing　07.0511

液体润滑　fluid lubrication　05.0384

液位开关　liquid level switch　08.1219

液压泵　hydraulic pump　06.0482，08.0886

液压泵-马达　hydraulic pump-motor　08.1143

液压泵站　power unit　08.1243

液压步进马达　hydraulic stepping motor　08.1138

液压传动　hydraulic drive　08.0726

液压缸　cylinder　08.1146

液压功率　hydraulic power　08.0734

液压换向阀　hydraulic directional control valve　08.1039

液压机构　hydraulic mechanism　01.0056

液压技术　hydraulics　08.0725

液压减震器　hydraulic shock absorber　08.1249

液压卡紧　hydraulic lock　08.0743

液压控制　hydraulic control　08.0959

液压离合器　hydraulically controlled clutch　07.0299

液压马达　hydraulic motor　08.1113

液压系统　hydraulic system　06.0483，fluid power system　08.0730

液压蓄能器　hydraulic accumulator　08.1232

液压油液　hydraulic fluid　08.0753

液压油液衰变　hydraulic fluid breakdown　08.0773

液压振动发生器　hydraulic vibration generator　02.0113

液压制动器　hydraulically brake　07.0408

一般锥度量规　normal conicity gauge　06.0355

一齿径向综合误差　radial comprehensive error of a tooth　06.0356

一齿切向综合误差　tangential comprehensive error of a tooth　06.0357

医疗机器人　surgical robot　01.0569

仪器测量不确定度　instrumental measurement uncertainty　06.0358

仪器精密轴承　instrument precision bearing　07.0637

移动机器人　mobile robot　01.0511

移动平台　mobile platform　01.0445

*移动平台参考点　mobile platform reference point　01.0533

移动平台原点　mobile platform origin　01.0533

移动平台坐标系　mobile platform coordinate system　01.0531

移动凸轮　translating cam　01.0110

移距修形　modification of moved distance　08.0314

异侧齿面　opposite flanks　08.0061

异形弹簧　wire spring　07.0928

抑制密封　containment seal　07.0821

易拆链　detachableless chain　08.0666

溢流阀　pressure relief valve　08.1052

溢流减压阀　relieving pressure-reducing valve　08.1060

溢流节流阀　overflow throttle valve　08.1020

溢流量　relief flow rate　08.1397

溢流润滑　flood lubrication　05.0409

翼形螺钉　wing screw　07.0094

翼形螺母　wing nut　07.0171

阴极保护　cathodic protection　05.0547

阴极控制　cathode control　05.0537

引导线　guide line　03.0256

印模法　copying method　06.0359

英制轴承　inch bearing　07.0629

迎角传感器　angle-attack transducer, angle-attack sensor　06.0130

盈亏功　increment or decrement of work　01.0360

*影响系数　local sensitivity　02.0253
影响系数法　influence coefficient method　02.0277
应变　strain　04.0013
应变比　strain ratio　04.0106
应变变程　strain range　04.0104
应变等价假定　strain equivalence assumption　04.0161
应变幅　strain amplitude　04.0102
应变集中　strain concentration　04.0091
应变[计]式传感器　strain gauge transducer, strain gauge sensor　06.0131
应变能密度因子理论　strain energy density factor　04.0179
应变软化　strain softening　04.0060
应变硬化　strain hardening　04.0059
应力　stress　04.0004
应力比　stress ratio　04.0105
应力变程　stress range　04.0103
应力等价假定　stress equivalence assumption　04.0162
应力幅　stress amplitude　04.0101
应力腐蚀　stress corrosion　05.0501
应力腐蚀界限强度因子　stress corrosion threshold intensity factor　05.0466
应力腐蚀界限应力　stress corrosion threshold stress　05.0465
应力腐蚀破裂　stress corrosion cracking　05.0503
应力集中　stress concentration　04.0089
应力集中系数　stress concentration factor　04.0092
应力强度干涉模型　stress strength interference model　04.0238
应力强度因子　stress intensity factor　04.0194
应力强度因子幅度　stress intensity factor range　04.0197
应力强度因子判据　stress intensity factor criterion　04.0199
应力-寿命曲线　*S-N* curve　04.0112
应力松弛　stress relaxation　04.0090
*应用摩擦学　applied tribology　05.0127
硬度　hardness　04.0031
硬度传感器　hardness transducer, hardness sensor　06.0132
壅塞流　choked flow　08.0805
用户接口　user interface　01.0481
优化设计　optimization design　03.0071
优势频率　dominant frequency　02.0068

优势设计　advantage design　03.0093
优先梭阀　priority shuttle valve　08.1071
油包水乳化液　water-in-oil emulsion　08.0758
油槽　oil groove　07.0556
油道　oil duct　07.0558
油垫润滑　pad lubrication　05.0407
油环　oil ring　07.0540
油环润滑　oil ring lubrication　05.0406
油孔　oil hole　07.0557
油口　port　08.0976
油量计　reservoir contents gauge　08.1211
油膜动力特性　oil film dynamic characteristic　05.0362
油膜刚度　oil film stiffness　07.0615
*油膜离合器　variable speed clutch　07.0334
油膜失稳　oil film instability　05.0363
油膜振荡　oil whip　02.0197
油膜涡动　oil whirl　05.0373
油腔　oil recess, oil pocket　07.0559
油雾器　atomized lubricator　08.1405
油雾润滑　mist lubrication　05.0405
油箱　reservoir　08.1244
*油性　lubricity　05.0316
油浴润滑　bath lubrication　05.0404
游标卡尺　vernier caliper　06.0360
游离水　free water　08.0778
有害阻力　detrimental resistance　01.0299
有级变速　step speed changing　08.0007
*有限互换　limited interchangeability　03.0323
有限寿命设计　finite life design　04.0240
有限叶片修正系数　finite blade correction coefficient　08.1332
*有限元法　finite element analysis　03.0117
有限元分析　finite element analysis　03.0117
有效齿面　active flank　08.0067
有效工作时间　active working time　07.0471
有效宽度　effective width　08.0616
有效拉力　effective tension　08.0579
有效裂纹尺寸　effective crack size　04.0215
有效螺纹　useful thread　07.0026
有效面积　effective area　07.0988
有效面积变化特性　characteristic of effective area variation　07.0989
有效圈数　effective coil number　07.0947
有效线差　effective line differential　08.0622
有效应力　effective stress　04.0159

有效应力集中系数 effective stress concentration factor 04.0094

有效应力强度因子幅度 effective stress intensity factor range 04.0198

有效圆周长 effective circumference 08.0620

有效长度 effective length 08.0610

有效制动距离 active braking distance 07.0470

*有效制动时间 active working time 07.0471

*有效阻力 effective resistance 01.0298

有序分子膜 organized molecular film 05.0104

有源传感器 active transducer, active sensor 06.0052

右侧齿面 right flank 08.0058

右视图 right view 03.0223

右旋齿 right hand teeth 08.0055

右旋齿锥齿轮 right hand spiral bevel gear 08.0334

右旋螺纹 right hand thread 07.0021

釉面 glaze 05.0079

淤积卡紧 silt lock 08.0737

余弦加速度运动轨迹 cosine acceleration motion curve 01.0155

余弦凸轮波发生器 cosine cam wave generator 08.0441

与理想要素比较原则 compared with ideal element principle 06.0361

雨流计数法 rain flow counting method 04.0134

预测控制 predictive control 06.0432

预充压力 pre-charge pressure 08.0872

预加载压力 preload pressure 08.0849

预润滑轴承 prelubricated bearing 07.0634

预载荷 preload 07.0770

*原动件 driving link 01.0017

原理设计 principle design 03.0021

原理图 schematic diagram 03.0180

原始裂纹尺寸 original crack size 04.0214

原始三角形 fundamental triangle 07.0030

原始三角形高度 fundamental triangle height 07.0031

原图 original drawing 03.0189

原子磨损 atomic wear 05.0276

圆带 round belt 08.0600

圆带传动 round belt drive 08.0559

圆度 circular degree 03.0299

圆度仪 roundness measuring equipment 06.0362

圆弧插补 circular interpolation 06.0488

圆弧齿弧齿锥齿轮 spiral bevel gear with circular arc tooth profile 08.0347

圆弧齿廓 circular arc profile 08.0081

圆弧齿廓锥齿轮 bevel gear with circular arc tooth profile 08.0336

圆弧少齿差齿轮副 circular arc gear pair with small teeth difference 08.0257

圆弧凸轮 circular arc cam 01.0118

圆弧[圆柱]齿轮 circular arc gear 08.0191

圆弧圆柱蜗杆 hollow flank worm 08.0499

圆弧-直线凸轮 tangent cam 01.0119

圆环面 toroid 08.0122

圆环面母圆 generant of the toroid 08.0123

圆环面内圆 inner circle of the toroid 08.0126

圆环面中间平面 mid plane of the toroid 08.0125

圆环面中性圆 middle circle of the toroid 08.0124

圆轮缘手轮 disc handwheel 07.1052

圆螺母 round nut 07.0164

圆盘式波发生器 disk type wave generator 08.0437

圆盘手柄套 disc handle seat 07.1047

圆盘损失 disc friction losses 08.1339

圆跳动 cycle run-out 03.0312

圆筒形柔轮 cylindrical tube shape flexspline 08.0458

圆头槽销 round head grooved pin 07.0236

圆头带榫螺栓 cup nib bolt 07.0085

圆形滑动轴承 circular plain bearing 07.0525

圆振动 circular vibration 02.0089

圆周侧隙 circumferential backlash 06.0363, 08.0233

圆周分速度 circumcomponent of velocity 08.1326

圆周封闭原则 circumferential closed principle 06.0364

圆周速度 peripheral velocity 08.1324

圆柱齿轮 cylindrical gear 08.0175

圆柱齿轮端面齿轮副 contrate gear pair 08.0343

圆柱齿轮副 cylindrical gear pair 08.0176

圆柱度 roundness 03.0300

圆柱分度凸轮机构 cylindrical indexing cam mechanism 01.0127

圆柱副 cylindrical pair 01.0024

圆柱关节 cylindrical joint 01.0422

[圆柱]滚子直径 roller diameter 07.0745

圆柱滚子轴承 cylindrical roller bearing 07.0667

圆柱滑阀 spool valve 08.0992

圆柱螺纹 parallel screw thread 07.0014

圆柱螺旋拉伸弹簧 cylindrical helical tension spring

07.0903

圆柱螺旋扭转弹簧　cylindrical helical torsion spring　07.0904

圆柱螺旋弹簧　cylindrical helical spring　07.0901

圆柱螺旋线　circular helix　08.0099

圆柱螺旋压缩弹簧　cylindrical helical compression spring　07.0902

圆柱凸轮　cylindrical cam, drum cam　01.0112

圆柱蜗杆　cylindrical worm　08.0483

圆柱蜗杆副　cylindrical worm gear pair　08.0484

圆柱销　cylindrical pin, straight pin, paraller pin　07.0223

圆柱坐标机器人　cylindrical robot　01.0431

圆锥滚子轴承　tapered roller bearing　07.0668

圆锥角公差　conical angle tolerance　03.0302

圆锥离合器　cone clutch　07.0322

圆锥螺纹　taper screw thread　07.0015

圆锥螺旋线　conical spiral　08.0100

圆锥内圈组件　cone assembly　07.0710

圆锥凸轮　conical cam　01.0114

圆锥外圈角　cup angle　07.0738

圆锥外圈小内径　cup small inside diameter　07.0737

圆锥销　conical pin, taper pin　07.0228

圆锥形状公差　conical form tolerance　03.0301

圆锥直径公差　conical diameter tolerance　03.0303

圆锥制动器　cone brake　07.0426

远程控制　remote control　06.0433

远休止角　outer dwell angle　01.0144

约束奇异　constraint singularity　01.0251

约束奇异点　constraint singularity　01.0577

约束要素　constraint element　03.0280

约束阻抗　blocked impedance　02.0032

运动传递　motion transfer　06.0489

运动副　kinematic pair　01.0020

运动构件　moving link　01.0014

运动规划　motion planning　01.0475

运动链　kinematic chain　01.0032

运动黏度　kinematic viscosity　05.0318

运动弹性动力学　kineto-elastodynamics　01.0374

运动弹性动力学分析　kineto-elastodynamic analysis　01.0375

运动弹性动力学综合　kineto-elastodynamic synthesis　01.0376

运动相似　kinematic similarity　08.1358

运动学逆解　inverse kinematics　01.0448

运动学奇异　kinematics singularity　01.0250

运动学设计　kinematics design　03.0030

运动学正解　forward kinematics　01.0447

运动雅可比矩阵　kinematic Jacobian matrix　01.0252

运行压力范围　operating pressure range　08.0841

Z

杂散电流　stray-current　05.0524

杂散电流腐蚀　stray-current corrosion　05.0512

载荷法向力　load normal force　05.0063

载荷钢球　load ball　08.0720

载荷弧高　camber under load　07.0976

载荷角　load angle　07.0604

载荷谱　loading spectrum　04.0124

载荷-时间历程　load-time history　04.0123

载荷顺序效应　sequence effect of loading　04.0125

载荷系数　load factor　07.0872

载荷弦长　span under load　07.0979

载荷中心　load centre　07.0733

再活化电位　reactivation potential　05.0532

再生回路　regenerative circuit　08.1208

再生式干燥器　regenerative type dryer　08.1403

在位检测　*in-situ* inspection　06.0031

在线检测　online inspection　06.0022

凿削　gouging　05.0236

造型设计　shape design　03.0036

噪声　noise　02.0063

噪声传感器　noise transducer, noise sensor　06.0133

增量理论　incremental theory of plasticity　04.0055

增量型数字阀　incremental digital valve　08.1103

增速比　speed increasing ratio　08.0004

增速齿轮副　speed increasing gear pair　08.0033

增速齿轮系　speed increasing gear train　08.0035

增压回路　booster circuit　08.1188

增压压力　boost pressure　08.0869

闸带离合器　brake-band clutch　07.0326

闸块　brake shoe　07.0371

闸块离合器　brake shoe clutch　07.0327

*闸块制动器　block brake　07.0427

*闸瓦制动器　block brake　07.0427

窄 V 带　narrow V belt　08.0589

窄带随机振动 narrow-band random vibration 02.0055

窄面法兰 narrow contact face flange 07.1008

展开图 developing drawing 03.0237

张弛振动 relaxation vibration 02.0079

张开型裂纹 opening mode crack 04.0165

胀接 expanded connecting 07.0006

胀圈 expansion ring 07.0365

胀圈离合器 expansion ring clutch 07.0324

*胀闸式制动器 internal expanding brake 07.0429

障碍 obstacle 01.0504

*NZ 爪型联轴器 NZ claw type coupling 07.0270

照度传感器 illuminance transducer, illuminance sensor 06.0105

*照度计 illuminance transducer, illuminance sensor 06.0105

遮盖 lap 08.1106

针齿壳 pin wheel housing 08.0279

针齿轮 pin wheel 08.0276

针齿套 wheel roller 08.0281

针齿销 wheel pin 08.0280

针齿直径 gear pin diameter 08.0301

针齿中心圆 center circle of gear pins 08.0295

针齿中心圆齿距 center circle pitch of gear pins 08.0305

针齿中心圆直径 center diameter of gear pins 08.0298

针齿中心圆柱面 center cylinder of gear pins 08.0292

针径系数 coefficient of gear pin diameter 08.0312

*针轮 pin wheel 08.0276

*针描法 tracer method 06.0194

真实应变 true strain 04.0022

真实应力 true stress 04.0012

振荡 oscillation 02.0009

振动传感器 vibration transducer, vibration sensor 06.0078

振动发生器 electromagnetic vibration generator 02.0111

振动发生器系统 vibration generator system 02.0114

振动计 vibrometer 02.0182

振动力矩 shaking moment 01.0323

振动烈度 vibration severity 02.0104

振动模态 modal of vibration 02.0090

振动试验 vibration test 02.0124

振幅 amplitude 02.0130

振型 mode shape 02.0100

振型不平衡允差 modal unbalance tolerance 02.0250

振型灵敏度 modal sensitivity 02.0223

振型偏心距 modal eccentricity 02.0222

振型平衡 modal balancing 02.0276

整定处理 setting 07.0999

整机设计 complete machine design 03.0023

整流器供电直流[电气]传动 rectifier fed electric drive 08.1440

整体法兰 integral flange 07.1011

整体式滑动轴承 solid bearing 07.0500

正变位 positive addendum modification 08.0161

正常操作条件 normal operating conditions 01.0551

正常磨损 normal wear 05.0214

正常啮合 normal engagement 08.0418

正常锥度齿锥齿轮 bevel gear with standard tapered teeth 08.0337

正车齿面 drive side 08.0387

正等侧轴测图 isometric drawing 03.0233

正交锥齿轮 bevel gear with axes at right angles 08.0329

正交锥齿轮副 bevel gear pair with axes at right angles 08.0328

正角变位齿轮副 gear pair with positive modified centre distance 08.0168

正确直线机构 exact straight line mechanism 01.0098

正矢冲击脉冲 versine shock pulse 02.0168

正态随机噪声 normal random noise 02.0065

正投影 orthogonal projection 03.0210

正投影法 orthogonal projection method 03.0209

正弦规 sine gauge 06.0367

正弦加速度运动轨迹 sine acceleration motion curve 01.0156

正应变 normal strain 04.0019

正应力 normal stress 04.0009

正则化 K 梯度 normalized K-gradient 04.0200

正遮盖 overlap 08.1108

正转液力变矩器 direct running torque converter 08.1265

支承面宽度 width of contact surface 07.0969

支承面宽度系数 coefficient of contact surface width 07.0970

支承盘　supporting plate　07.0343
支承圈数　number of end coils　07.0952
执行机构　actuator　06.0490
执行器　actuator　06.0039，08.1112
直边链板　straight［sided］link plate　08.0685
直槽销　straight grooved pin　07.0234
直齿轮　spur gear　08.0181
直齿轮副　spur gear pair　08.0185
直齿条　spur rack　08.0183
直齿锥齿轮　straight bevel gear　08.0318
直动从动件　translating follower　01.0131
直动阀　direct operated valve　08.1001
直动式比例减压阀　direct operated proportional reducing valve　08.1092
直动式比例溢流阀　direct operated proportional relief valve　08.1087
直动式减压阀　direct operated pressure reducing valve　08.1061
直动式顺序阀　direct operated sequence valve　08.1068
直动式溢流阀　direct operated pressure relief valve　08.1055
直读式平衡机　direct reading balancing machine　02.0289
直角尺　right angle ruler　06.0368
直角坐标机器人　rectangular robot　01.0430
直觉思维法　intuitive thinking method　03.0084
直接接触式制动器　direct contact brake　07.0398
直接式数字阀　direct digital valve　08.1101
直接式数字溢流阀　direct digital relief valve　08.1102
直径系列　diameter series　07.0716
直径系数　diametral quotient　08.0546
直廓环面蜗杆　toroid enveloping worm with straight line generatrix　08.0500
直廓环面蜗杆副　double enveloping worm gear pair with straight line generatrix　08.0501
直列式柱塞泵　in-line piston pump　08.0924
直流电气传动　direct-current electric drive　08.1432
直流伺服驱动　direct current servo driving　06.0501
直手柄　straight handle　07.1031
直线插补　line interpolation　06.0491
直线齿廓　straight sided profile　08.0079
直线齿廓锥齿轮　bevel gear with straight tooth profile　08.0335
直线电气传动　linear motion electric drive　08.1439

直线度　straightness　03.0297
直线机构　straight line mechanism　01.0097
直线［运动］轴承　linear［motion］bearing　07.0652
直线振动　rectilinear vibration　02.0088
pv 值　pv value　07.0877
$p_c v$ 值　$p_c v$ value　07.0880
止动环　locating snap ring　07.0688
止动环槽宽度　snap ring groove width　07.0728
止动环槽深度　snap ring groove depth　07.0729
止动环槽直径　snap ring groove diameter　07.0727
止规　stop gauge　06.0369
止锁件　fastener　08.0696
止推垫圈　thrust washer　07.0555
止推滑动轴承　plain thrust bearing　07.0504
止推环　thrust collar　07.0541
纸基摩擦材料　paper base friction material　05.0208
指令位姿　commond pose　01.0527
指示表法　indication table method　06.0370
指针式电感比较仪　pointer type inductance comparator　06.0371
制动　braking　05.0073
制动 NVH　braking noise vibration harshness　07.0496
制动安全系数　braking safety coefficient　07.0497
制动臂　brake arm　07.0453
制动颤振　brake chatter　07.0492
制动衬带　brake lining　07.0458
制动衬块　brake pad　07.0454
制动衬片　brake lining　07.0447
制动带　brake belt　07.0459
制动副数　number of braking pairs　07.0488
制动钢带　brake steel belt　07.0457
制动工况　damped condition　08.1366
*制动功率　unit friction power　07.0479
制动鼓　brake drum　07.0449
制动过载系数　damped overload ratio　08.1378
制动减速度　braking deceleration　07.0484
制动静摩擦系数　static friction coefficient of braking　05.0147
制动块　brake piece　07.0462
制动力　braking force　07.0465
制动力矩　braking torque　07.0466
制动力矩增长时间　increasing time of brake torque　07.0475
制动轮　brake wheel　07.0456
制动盘　brake disk　07.0450

制动频率　braking frequency　07.0482
制动气室　brake chamber　07.0464
制动器　brake　07.0397
制动器反应时间　reaction time of brake　07.0472
制动钳　brake calliper　07.0451
制动钳板臂　brake calliper plate yoke　07.0452
制动容量　brake capacity　05.0156
制动失效　braking failure　07.0495
制动特性　brake characteristic　08.1368
制动蹄　brake shoe　07.0448
制动跳动　braking hop　07.0494
制动拖滞　braking drag　07.0489
制动瓦　shoes of brakes　07.0455
制动效率损失　loss of brake efficiency　05.0155
制动噪声　brake noise　07.0493
制动滞后　brake hysteresis　07.0467
制动转矩　damped torque　08.1374
制动转速　braking rotational speed　07.0483
制造摩擦学　manufacture tribology　05.0124
制造网络　manufacturing network　06.0032
质径积　mass radius product　01.0369
质量定心　mass centering　02.0260
质量功能展开设计　quality function deployment design　03.0090
质量流量　mass flow rate　08.0791
质量偏心距　mass eccentricity　02.0213
质心　center of mass　02.0041
致动器　actuator　01.0520
智能化传感器　smart transducer, smart sensor　06.0042
智能化系统　intelligent system　06.0034
智能机器人　intelligent robot　01.0416
智能控制　intelligent control　06.0434
智能控制技术　intelligent control technology　06.0033
智能控制系统　intelligent control system　06.0435
智能设计　intelligent design　03.0080
智能仪器　intelligent instrument　06.0035
中凹形螺旋弹簧　hourglass shaped helical spring　07.0908
中挡圈　guide ring　07.0687
中点锥距　mean cone distance　08.0361
中间流线　center line of flow path　08.1303
中间平面　mid plane　08.0506
中间锥面　middle cone　08.0354
中径　pitch diameter　06.0372

中径线　pitch line　07.0049
中链板　intermediate plate　08.0683
中圈　central washer　07.0684
中凸形螺旋弹簧　barrel shaped helical spring　07.0907
中心距　center distance　08.0029
中心距变动系数　center distance modification coefficient　08.0171
中心距偏差　center distance deviation　06.0373
中心轮　center gear　08.0237
中心投影法　central projection method　03.0207
中心轴向载荷　centric axial load　07.0765
中值额定寿命　median rating life　07.0780
中值寿命　median life　07.0776
*中锥　middle cone　08.0354
钟形柔轮　bell-shape flexspline　08.0461
重力回程缸　gravity return cylinder　08.1166
重力流动性　slumpability　05.0337
重力蓄能器　weight-loaded accumulator　08.1234
重力制动器　gravity brake　07.0412
重量传感器　weighing transducer, weighing sensor　06.0134
*周节　pitch　06.0187
周期性速度波动　periodic speed fluctuation　01.0356
周期运动　periodic motion　01.0292
周期振动　periodic vibration　02.0046
周向限制机构　circumferential restricting mechanism　08.0261
周转轮系　epicyclic gear train　01.0202
轴　axis　01.0451, shaft　03.0328
轴测投影　axonometric projection　03.0213
轴测图　axonometric drawing　03.0232
轴承　bearing　07.0498
轴承保持架损坏频率　fundamental train frequency　02.0193
*轴承比磨损率　wear factor　05.0284
轴承衬　bearing liner　07.0553
轴承承载能力　bearing load carrying capacity　07.0599
轴承垫圈　bearing washer　07.0681
轴承动载荷　dynamic load　07.0767
轴承减摩层　bearing anti-friction layer　07.0551
轴承减摩层厚度　bearing material layer thickness　07.0573
轴承径向载荷　bearing radial load　07.0592

轴承静载荷　static load　07.0766

轴承宽度　bearing width　07.0722

轴承连心线　bearing center line　07.0600

轴承磨合层　bearing running-in layer　07.0552

[轴承]磨损因子　wear factor　05.0284

轴承内径　bearing bore diameter　07.0720

轴承润滑油流量　oil flow in bearing　07.0594

轴承寿命　bearing life　07.0775

轴承套圈　bearing ring　07.0678

轴承特性数　bearing characteristic number　05.0367

轴承投影面积　bearing projected area　07.0607

轴承外径　bearing outside diameter　07.0721

轴承系列　bearing series　07.0714

轴承旋转阻转矩　bearing torque resistance　07.0595

轴承压强　bearing mean specific load　07.0608

轴承支架　bearing support　02.0215

轴承轴向载荷　bearing axial load　07.0593

轴承座　bearing housing　07.0786

*轴点　center point　01.0227

*轴点曲线　center point curve　01.0228

轴端挡圈　lock ring at the end of shaft　07.0199

轴间角　shaft angle　03.0243

轴肩挡圈　ring for shoulder　07.0198

轴交角　shaft angle　08.0030

轴颈　journal　02.0210

轴颈中心　journal center　02.0212

轴颈中心线　journal axis　02.0211

轴流叶轮　axial wheel　08.1280

轴面分速度　axial plane component of velocity　08.1325

轴配流径向柱塞泵　pintle valve radial piston pump　08.0928

轴平面　axial plane　08.0037

轴圈　shaft washer　07.0682

轴套壁厚　bearing bush wall thickness　07.0572

轴瓦半圆周长　half peripheral length of bearing liner　07.0574

轴瓦壁厚　bearing liner wall thickness　07.0571

轴瓦衬背　bearing liner backing　07.0550

轴瓦对口面平行度　inclination of bearing parting face　07.0576

轴瓦贴合度　bedding degree of bearing liner　07.0583

轴瓦[瓦口]削薄量　bearing bore relief　07.0578

轴位螺钉　shoulder screw　07.0096

轴线交点　crossing point of axes　08.0356

轴向变形[量]　axial deflection　08.0403

轴向齿距　axial pitch　08.0212

轴向齿廓　axial profile　08.0076

轴向倒角尺寸　axial chamfer dimension　07.0724

轴向接触轴承　axial contact bearing　07.0648

轴向节距　axial pitch　07.0966

轴向模数　axial module　08.0094

轴向双端面机械密封　axial double mechanical seal　07.0809

*轴向位移　axial deflection　08.0403

轴向应变　axial strain　04.0017

轴向应力　axial stress　04.0008

轴向游隙　axial internal clearance　07.0760

轴向载荷　axial load　07.0764

轴向载荷系数　axial load factor　07.0782

轴向柱塞泵　axial piston pump　08.0919

轴向柱塞变量泵　axial variable displacement piston pump　08.0933

轴向柱塞变量马达　axial piston variable motor　08.1134

轴向柱塞马达　axial piston motor　08.1125

轴心轨迹　orbit of axle center　07.0596

轴旋转矩阵　axis rotation matrix　01.0232

肘杆机构　toggle mechanism　01.0092

逐步平衡　progressive balancing　02.0271

逐齿相对测量　relative measurement by point　06.0374

逐齿坐标点测量　by coordinate measurement　06.0375

主从控制　master-slave control　01.0538

主动部件　driving part　07.0335

主动齿轮　driving gear　08.0023

主动带轮　driving pulley　08.0565

主动件　driving link　01.0017

主动链轮　driving chain wheel　08.0700

*主动轮　driving chain wheel　08.0700

主阀口　valve main port　08.0977

主工作时间　main working time　07.0473

*主关节轴　primary axes　01.0521

*主惯性轴　principal axis of inertia　01.0347

主级　main stage　08.0972

主片　main leaf　07.0981

主视图　front view　03.0220

主转动惯量　principal moment of inertia　01.0348

主转子　master rotor　02.0314

驻波　standing wave　02.0143

驻车制动器　parking brake　07.0446
柱面叶片　cylindrical blade　08.1288
柱塞泵　piston pump　08.0915
柱塞缸　plunger cylinder, ram cylinder　08.1156
柱塞马达　piston motor　08.1124
柱塞式气马达　piston type air motor　08.1424
柱塞制动器　plunger brake　07.0432
柱销　pin　08.0282
柱销孔中心曲面　center surface of pin holes　08.0285
柱销孔中心圆　center circle of pin holes　08.0296
柱销孔中心圆直径　center diameter of pin holes　08.0300
柱销孔中心圆柱面　center cylinder of pin holes　08.0294
柱销套　roller　08.0283
铸铁管法兰　cast iron pipe flange　07.1026
专家控制　expert control　06.0436
专用服务机器人　professional service robot　01.0409
转差率　slip　08.1379
转动副　revolve pair　01.0021
转动惯量　moment of inertia　01.0344
转动摩擦　pivoting friction, spin friction　05.0159
转动手柄　handle with sleeve　07.1033
转动微动　rotational fretting　05.0061
转动小手柄　small handle with sleeve　07.1032
转角修形　modification of rotated angle　08.0316
转矩　torsional moment　01.0325
转位　indexing　02.0257
转位不平衡　indexing unbalance　02.0258
转移　transfer　05.0250
转移膜　transfer film　05.0078
转子　rotor　02.0202
转子动平衡　dynamic balance of rotor　01.0365
转子静平衡　static balance of rotor　01.0364
转子流量传感器　rotor flow transducer, rotor flow sensor　06.0125
转子挠曲主振型　rotor flexural principal mode　02.0044
转子平衡等级　balance quality grade　02.0278
转子现场平衡　rotor field balancing　02.0261
装料量　charge　07.1104
装配　assembly　03.0275
装配单元　assembly unit　03.0276
装配建模　assembly modeling　03.0282

装配结构树　hierarchical tree of assembly model　03.0278
装配设计　assembly design　03.0039
装配图　assembly drawing　03.0168
*装配线　assembly line　06.0456
装配约束　assembly constraint　03.0283
装填槽　filling slot　07.0702
装填槽球轴承　filling slot ball bearing　07.0659
状态监测　condition monitoring　06.0036
*撞击　impact　01.0335
追随性　tracing ability　07.0897
锥槽销　taper grooved pin　07.0235
锥齿轮　bevel gear　08.0317
锥齿轮当量圆柱齿轮　virtual cylindrical gear of bevel gear　08.0344
锥齿轮基本齿廓　basic tooth profile of bevel gears　08.0382
[锥齿轮]分度圆　reference circle　08.0365
锥齿轮副　bevel gear pair　08.0319
锥齿少齿差齿轮副　bevel gear pair with small teeth difference　08.0258
锥度　taper　03.0295
锥阀　poppet valve　08.0986
锥距　outer cone distance　08.0359
锥孔轴承　tapered bore bearing　07.0643
锥轮　cone pulley　08.0568
锥面包络环面蜗杆　toroid enveloping worm with cone generatrix　08.0504
锥面包络圆柱蜗杆　milled helicoid worm　08.0498
锥蜗杆　spiroid　08.0487
锥蜗杆副　spiroid gear pair　08.0489
锥蜗轮　spiroid gear　08.0488
锥形锯齿锁紧垫圈　conical serrated external toothed lock washer　07.0192
锥形弹性垫圈　conical spring washer　07.0184
锥形[外齿]锁紧垫圈　conical [external toothed] lock washer　07.0189
锥柱手柄　tapered patten handle　07.1035
锥阻值　cone resistance value, CRV　05.0334
准刚性转子　quasi-rigid rotor　02.0205
准渐开线齿锥齿轮　palioid gear　08.0332
准静不平衡　quasi-static unbalance　02.0230
准双曲面齿轮　hypoid gear　08.0321
准双曲面齿轮副　hypoid gear pair　08.0320
准正弦振动　quasi-sinusoidal vibration　02.0049
准周期振动　quasi-periodic vibration　02.0047

姿态传感器 attitude transducer, attitude sensor 06.0080

子装配 subassembly 03.0277

自底向上设计 bottom-up design 03.0271

自顶向下设计 top-down design 03.0270

自动变速 automatic speed changing 08.0009

自动仓库 auto warehouse 06.0492

自动操作 automatic operation 01.0542

自动测试技术 automatic test technology 06.0037

自动导引车 automated guided vehicle, AGV 01.0446

自动方式 automatic mode 01.0540

自动化车间 automatic workshop 06.0493

*自动化工厂 fully-automatic factory 06.0479

自动换刀装置 automatic tool changer 06.0494

自动检测技术 automatic measurement technology 06.0495

自动控制 automatic control 06.0437

自动控制系统 automatic control system 06.0438

*自动模式 automatic mode 01.0540

自动生产线 automatic production line 06.0496

自对中阀 self-centering valve 08.0998

自攻螺钉 tapping screw 07.0092

自攻螺纹 tapping screw thread 07.0027

自激振动 self-excited vibration 02.0076

自控离合器 auto-controlled clutch 07.0296

自平衡装置 self-balancing device 02.0304

自切螺钉 thread cutting screw 07.0093

自然腐蚀电位 free corrosion potential 05.0526

自然环境腐蚀试验 field corrosion test 05.0557

自然腔道手术 natural orifice transluminal endoscopic surgery, NOTES 01.0571

自润滑 self-lubrication 05.0301

自润滑轴承 self-lubricating bearing 07.0517

自润滑轴承材料 self-lubricating bearing material 07.0587

自适应控制 adaptive control 06.0439

自适应系统 adaptive system 06.0038

自锁 self locking 01.0333

自锁机构 self-locking mechanism 01.0173

自锁条件 condition of self locking 01.0334

自锁制动器 self-locking brake 07.0416

自位滑动轴承 plain self aligning bearing 07.0521

自由度 degree of freedom, DoF 01.0449

自由度变化奇异 variety-DoF singularity 01.0249

*自由法兰 loose flange 07.1012

自由高度 free height 07.0941

自由弧高 free camber 07.0974

自由角度 free angle 07.0960

自由流动 free flow 08.0815

自由面积 free area 07.0984

自由弹张量 free spread 07.0577

自由弦长 free span 07.0978

自由振动 free vibration 01.0390，02.0072

自由阻抗 free impedance 02.0031

*自源传感器 digital transducer, digital sensor 06.0040

自主能力 autonomy 01.0404

自准直仪 autocollimation 06.0376

8字啮合冠轮 octoid crown gear 08.0384

8字啮合锥齿轮 octoid gear 08.0346

8字形链板 figure eight shaped link plate, waisted plate 08.0684

综合表面粗糙度 combined surface roughness 05.0028

综合冗余因子 integrated-redundant factor 01.0266

综合设计理论 product comprehensive design theory 03.0044

综合式液力变矩器 torque converter coupling 08.1267

总布置图 general plan 03.0179

总工作时间 total working time 07.0477

总流量 total flow rate 08.0798

总圈数 total number of coils 07.0946

总容积 total volume 07.0993

总体尺寸 general dimension 03.0291

总体设计 overall design 03.0022

总线控制 bus control 06.0506

总制动距离 total braking distance 07.0476

*总制动时间 total working time 07.0477

总重合度 total contact ratio 08.0155

总作用弧 total arc of transmission 08.0148

总作用角 total angle of transmission 08.0151

纵波 longitudinal wave 02.0135

纵向莫尔条纹 longitudinal Moiré fringe 06.0377

纵向振动 longitudinal vibration 02.0073

纵向重合度 overlap ratio 08.0157

纵向作用弧 overlap arc 08.0150

纵向作用角 overlap angle 08.0153

阻封 quench 07.0854

阻封流体 quench fluid 07.0855

J阻力曲线 J-R curve 04.0182

(TH-1194.01)

ISBN 978-7-03-069102-6

9 787030 691026 >